Gunter Görner

Naturhistorische Chronik

VOM HARZ
UND SEINEM VORLAND

Impressum

Herausgeber: Dr. Gunter Görner

1. Auflage 2018

ISBN 978-3-95966-388-5

Titelbild: Zeitgenössische Darstellung des Kometen vom November 1577
(Stiftung Schloss Friedenstein Gotha. Aus den Sammlungen der Herzog von Sachsen Coburg und Gotha'schen Stiftung für Kunst und Wissenschaft)

Hintergrundbild Bucheinband: Adolf Rettelbuschs Pastell „Brocken über den Wolken"
(Dr. Gerd Kley)

Vor- und Nachsatz: Übersichtskarte Harz und Vorland
© GeoBasis-DE/BKG 2018

Gestaltung und Innenlayout: Rainer Gruneberg

Druck und Bindearbeit: Digital Print Group Oliver Schimek GmbH, Nürnberg/Mittelfranken

Gedruckt auf alterungsbeständigem Papier nach ISO 9706

Die Deutsche Nationalbibliothek verzeichnet diese Publikation in der Deutschen Nationalbibliografie. Detaillierte bibliografische Daten sind im Internet über http://portal.dnb.de abrufbar.

 Verlag Rockstuhl

Inhaber: Harald Rockstuhl, Mitglied des Börsenvereins des Deutschen Buchhandels e.V.
Lange Brüdergasse 12 in D-99947 Bad Langensalza/Thüringen
Telefon: 03603 / 81 22 46   Telefax: 03603 / 81 22 47
www.verlag-rockstuhl.de

Inhalt

Bildnachweis

Archiv Mühlhäuser Museen ....S. 30, 340

Bayerische Staatsbibliothek, ...S. 61, 96, 227, 276
Münchener Digitalisierungszentrum

Harzwasserwerke GmbH, Hildesheim ....S. 404

Montanhistorisches Dokumentationszentrum (montan.dok) ....S. 6, 147, 198 (oben), 455
beim Deutschen Bergbaumuseum Bochum 020500379001

Stadtarchiv Mühlhausen ....S. 255

Stiftung Schloss Friedenstein Gotha. Aus den Sammlungen ....Titelbild und
der Herzog von Sachsen Coburg und Gotha´schen Stiftung   S. 124, 132, 135, 151
für Kunst und Wissenschaft

Technische Universität Braunschweig ....S. 198 (unten), 211, 235 (unten)

Zoologisches Museum der Georg-August-Universität Göttingen ...S. 329

Sammlung Dr. Mathias Deutsch ....S. 326, 327, 337

Sammlung Eduard Fritze ....S. 186, 292, 295, 296, 310, 311,
                                                                319, 322, 328, 346, 347, 350,
                                                                375, 380, 387, 389

Sammlung Jörg Michael Junker ....S. 361

Sammlung Dr. Gerd Kley ....Hintergrundbild Bucheinband

Sammlung Paul Lauerwald ....S. 215, 226, 437, 488

Sammlung Edelgard Schmidt ....S. 13, 14 (oben), 204, 219, 253

Sammlung Manfred Schröter ....S. 338

Alle übrigen Abbildungen: Sammlung des Autors

Vorbemerkung

Die meisten Chroniken vom Harz oder von einzelnen seiner Territorien, Städte usw. haben vor allem politische, militärische, wirtschaftliche und kulturelle Begebenheiten zum Inhalt. Im Unterschied dazu wird in der vorliegenden Chronik vorrangig über datierbare Naturereignisse berichtet, die ohne Zutun des Menschen stattgefunden haben. Dazu gehören u. a. sichtbare Kometen und andere Himmelserscheinungen, Wetterextreme und Naturkatastrophen sowie Erdbeben, Bergstürze und Erdfälle im Harz und seinem Vorland.

Darüber hinaus wird auch über Eingriffe des Menschen in seine natürliche Umwelt, welche die Flora und Fauna und sogar das Landschaftsbild nachhaltig verändert haben, informiert. Das betrifft insbesondere das Berg- und Hüttenwesen und die Anlage der dafür notwendigen Einrichtungen der Wasserwirtschaft. Das Harzer Montanwesen bildete bekanntlich die erste geschlossene Industrielandschaft Deutschlands mit ihren tief greifenden Auswirkungen auf die natürliche Umwelt. Auch die Ausbreitung der Land- und Forstwirtschaft und die damit verbundene Einführung von Kulturpflanzen und Haustieren sowie die Veränderungen der Waldstruktur werden dargestellt. Flussregulierungen und der Bau von wichtigen Straßen und Eisenbahnlinien, die das Landschaftsbild sichtbar verändert haben, werden ebenfalls berücksichtigt. Die vorliegende Chronik berichtet darüber hinaus über die sozialen Auswirkungen, die bestimmte Naturereignisse und Eingriffe des Menschen in seine natürliche Umwelt hervorgerufen haben sowie über nachhaltige Umweltschäden, die durch menschliche Aktivitäten verursacht wurden.

Das Berichtsgebiet mit dem Harzgebirge im Zentrum erstreckt sich von Langelsheim, Goslar, Halberstadt und Staßfurt im Norden bis nach Nordhausen, Sondershausen und dem Kyffhäusergebirge im Süden und von Eisleben und dem Mansfelder Land im Osten bis nach Göttingen und dem Leinegraben bis Einbeck im Westen.

Die Grenzen des in der Mitte Deutschlands liegenden Berichtsgebiets werden jedoch flexibel gehandhabt. Um naturhistorische Zusammenhänge nicht zu zerstören, greifen die Darlegungen nicht selten auch auf die angrenzenden Regionen über. Über außergewöhnlich seltene Naturereignisse, die in angemessener Entfernung außerhalb des umschriebenen Gebiets stattfanden, wird ebenfalls informiert.

Da Chroniken nach der Zeitachse gegliedert sind, kann in diesen nur über datierbare Geschehnisse berichtet werden. Eine exakte Datierung ist jedoch bei langfristigen Abläufen in der Natur oft nicht möglich. So kann über das Aussterben heimischer Tier- und Pflanzenarten oder die Einwanderung fremder Arten in den Harz und sein Vorland nur unvollständig informiert werden. In Anbetracht der Themenbreite der vorliegenden Chronik musste auch eine Auswahl aus der Vielzahl der datierten Geschehnisse getroffen werden, so dass bei keinem Thema Vollständigkeit vorausgesetzt werden kann. Zum Beispiel wird über Sonnen- und Mondfinsternisse, die relativ oft vorkommen, in der Regel nur dann berichtet, wenn darüber auch schriftliche Aufzeichnungen von Augenzeugen vorliegen.

Um den Umfang des Buches in vertretbaren Grenzen zu halten, wird über den großen Zeitraum der Naturentwicklung von der erdgeschichtlichen Herausbildung des Harzgebirges und die erste Besiedlung seines Vorlandes durch die Menschen der Steinzeit bis zum Mittelalter nur skizzenhaft ein allgemeiner Überblick gegeben, zumal über die Geologie sowie die Ur- und Frühgeschichte vom Harz bereits eine umfassende wissenschaftliche Literatur vorliegt. Die Zeit ab dem 13. Jahrhundert nach Chr. bildet den Schwerpunkt der chronikalischen Darlegungen, denn seit dieser Zeit mehren sich die schriftlichen Aufzeichnungen von Zeitzeugen über Naturereignisse, die speziell unser Gebiet betreffen. Vorher beziehen sich die Berichte meist auf herausragende Geschehnisse, die den ganzen mitteleuropäischen Raum umfassen. Ungeachtet dessen wurden solche Informationen ebenfalls in die Chronik aufgenommen, sofern sie sehr wahrscheinlich auch auf den Harz und sein Vorland zutreffen.

Je näher die Ereignisse an die Gegenwart heranrücken, desto präziser wird ihre Datierung. Eine Ausnahme von dieser Regel bilden lediglich Sonnen- und Mondfinsternisse, da deren Eintritt bekanntlich bis weit zurück in die Vergangenheit auf Tag und Stunde mathematisch genau berechnet werden kann.

Aus den Berichten mittelalterlicher Chronisten über Kometen, Sonnen- und Mondfinsternisse, Nebensonnen und andere Himmelserscheinungen geht hervor, dass diese als göttliche Ankündigungen bedrohlicher Ereignisse verstanden wurden. Da darin mittelalterliche Naturvorstellungen veranschaulicht werden, wurden solche Interpretationen in einigen Fällen gleichfalls in die vorliegende Chronik aufgenommen. Deshalb wird z.B. das zeitgenössische Flugblatt über das Erscheinen eines Kometen vom November 1577 einschließlich des längeren Textes abgebildet, auf dem nicht nur der Komet dargestellt, sondern dieses Naturereignis als eine Verkündigung bevorstehender *grosser straffen / so Gott umb verachtung seines Wortes / und unbußfertigkeit der Menschen willen"* verstanden wird.

Die zahlreichen Nachrichten über das Auftreten von Seuchen bei Menschen und Tieren wurden nicht berücksichtigt, da diese Themen bereits eingehend in der medizinischen und veterinärmedizinischen Fachliteratur behandelt wurden. Stattdessen werden die schrittweise Entwicklung des Natur- und Landschaftsschutzes in unserem Gebiet seit seinen Anfängen in die Dokumentation einbezogen und auch die Nationalparks, Naturparks und Geoparks sowie einige Landschafts- und Naturschutzgebiete mit ihrer Flora und Fauna vorgestellt.
Die einzelnen Pflanzen- und Tierarten werden, um Platz zu sparen, in der Regel nur im Sachregister mit ihrem lateinischen Namen spezifiziert.

Über Brände wird nur dann berichtet, wenn sie durch einen Blitzschlag oder ein anderes Naturereignis verursacht wurden.

Da der vorliegende Text chronikalisch komprimiert und nicht selten nur stichpunktartig formuliert ist, sind die Einzelmeldungen mit Literaturangaben versehen, um dem Leser die Möglichkeit zu geben, durch das Studium der Quellen weitere interessante Details über die genannten Ereignisse zu erfahren. Die Informationen über die einzelnen Ereignisse beruhen meist auf mehreren Quellen, die sich zum Teil ergänzen, sodass eine größere Genauigkeit erreicht wird.
Ausführliche Angaben über die verwendeten Quellen sind im Quellen- und Literaturverzeichnis aufgeführt.

In Anbetracht der vielen tausend Fakten, die in der Chronik erfasst worden sind, kann trotz sorgfältiger Recherche nicht ausgeschlossen werden, dass dennoch einige fehlerhaft sind. Alle Informationen werden nach bestem Wissen und Gewissen, jedoch ohne jede Gewähr veröffentlicht.

Die vorliegenden Personennamen-, Ortsnamen- und Sachwortverzeichnisse enthalten eine Reihe von Querverweisen, damit die gesuchten Begriffe umfassender erschlossen werden können. Die Verzeichnisse werden hoffentlich, wenn auch nicht allen, so doch den meisten Anforderungen genügen und die Benutzung der Chronik erleichtern.

Bei der Erarbeitung dieser Chronik habe ich von vielen Seiten tatkräftige Unterstützung erhalten so dass ein echtes Gemeinschaftswerk entstanden ist. Es ist mir deshalb ein aufrichtiges Bedürfnis, an dieser Stelle all denen herzlich zu danken, die mir wertvolle Hinweise bei der Bearbeitung der einzelnen naturhistorischen Themenbereiche gegeben haben.
Besonderen Dank schulde ich meinem Freund Eduard Fritze, der mir bei der Erarbeitung des Buches mit Rat und Tat zur Seite gestanden und nicht nur seine umfangreiche Harz-Literatur zur Auswertung, sondern auch seltenes Bildmaterial zur Veröffentlichung zur Verfügung gestellt hat. Ausdrücklich zu

danken ist auch Frau Edelgard Schmidt und den Herren Dr. Mathias Deutsch, Jörg Michael Junker, Dr. Gerd Kley, Paul Lauerwald sowie Manfred und Raik Schröter, den Mitarbeitern des Münchener Digitalisierungszentrums der Bayerischen Staatsbibliothek, des Dienstleistungszentrums des Bundesamtes für Kartographie und Geodäsie, der Harzwasserwerke GmbH, Hildesheim, des Montanhistorischen Dokumentationszentrums beim Deutschen Bergbaumuseum Bochum, dem Referat Digitale Bibliothek und Publikationsservices der Technischen Universität Braunschweig, des Zoologischen Museums der Georg-August-Universität Göttingen, der Stiftung Schloss Friedenstein Gotha und nicht zuletzt der Mühlhäuser Museen, des Stadtarchivs und der Stadtbibliothek Mühlhausen, die mit großer Hilfsbereitschaft wichtige naturhistorische Quellen und Bildmaterial zur Verfügung gestellt haben.

Besonderer Dank gebührt Herrn Rainer Gruneberg, der ideenreich sowohl die Umschlaggestaltung und das Layout des Buches ausgeführt als auch die umfangreichen Register erarbeitet hat.

Dem Herrn Verleger Harald Rockstuhl danke ich für die Aufnahme des Werkes in sein Verlagsprogramm sowie für die solide Ausstattung des Buches.

Mühlhausen, im November 2018   Dr. Gunter Görner

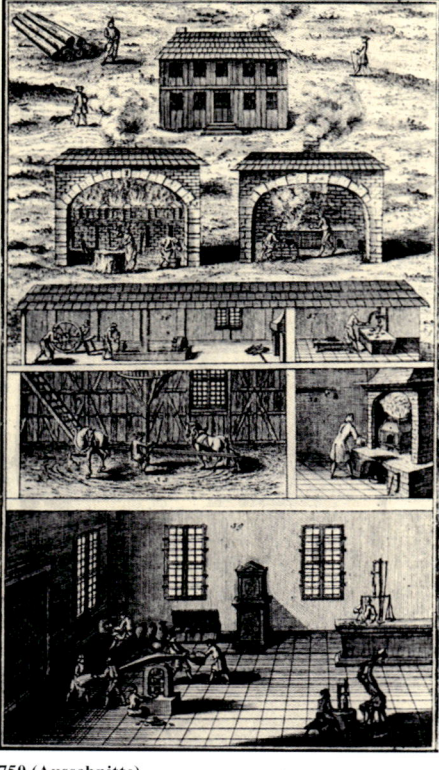

Homann´sche Erben: „Prospecte des Hartzwalds", um 1750 (Ausschnitte)
Gewinnung von Silber aus Harzer Erz in Schmelz- und Treibhütten sowie Prägung von Silbermünzen in einer Münzstätte

Verzeichnis der Abkürzungen

Anmerkung: Alle hier nicht aufgeführten Abkürzungen sind im DUDEN nachzuschlagen.

Abl. Brg   Amtsblatt für den Regierungsbezirk Braunschweig

AdH   Aus der Heimat, Beilage der Heiligenstädter Zeitung (1902–1908)

AHBK   Allgemeiner Harzer Berg-Kalender

AKRE   Amtsblatt der Königlichen (ab 1920 der Preußischen) Regierung zu Erfurt, bis 1945

AWT   Archäologischer Wanderführer Thüringen. Hrsg. Thüringisches Landesamt für Denkmalpflege und Archäologie Weimar. – Langenweißbach

BGBl   Bundesgesetzblatt, seit 1949

BRD   Bundesrepublik Deutschland

BHN   Beiträge zur Heimatkunde aus Stadt und Kreis Nordhausen. Jahreshefte, Nordhausen, 1977–2000; seit 2001 Beiträge zur Geschichte aus Stadt und Kreis Nordhausen. – Nordhausen

DDR   Deutsche Demokratische Republik

EH   Eichsfeldische Heimat (Beilage des Eichsfelder Tageblatts)

EHBr.   Eichsfelder Heimatborn, Wochenendbeilage des Thüringer Tageblatts (1953–1969)

EHBt.   Eichsfelder Heimatbote, Wochenendbeilage des Eichsfelder Tageblatts (1922–1943) später des Thüringer Tageblatts (1954–1969)

EHGl.   Eichsfelder Heimatglocken. Monatsschrift des Bundes der Eichsfelder Vereine (1952–1956)

EHH   Eichsfelder Heimathefte. Schriftenreihe (1961–1990). – Worbis

EHSt.   Eichsfelder Heimatstimmen. Monatsschrift des Bundes der Eichsfelder Vereine (1957–1993). – Duderstadt

EHZ   Eichsfelder Heimatzeitschrift, seit 2003. – Duderstadt

ESzH   Eisenacher Schriften zur Heimatkunde (1977–1989). – Eisenach

ET   Eichsfelder Tageblatt

GBl.   Gesetzblatt

GHBO   Geopark Harz, Braunschweiger Land, Ostfalen

GJ   Göttinger Jahrbuch. – Göttingen

GSPS   Gesetz-Sammlung für die Königlichen Preußischen Staaten

GVBl.   Gesetz- und Verordnungsblatt für den Freistaat Thüringen

HL   Heimatland. Illustrierte Blätter für die Heimatkunde des Kreises Grafschaft Hohnstein, des Eichsfeldes und der angrenzenden Gebiete (1904–1931). – Bleicherode

HswH   Heimatblätter für den südwestlichen Harzrand. Hrsg. vom Heimat- und Geschichtsverein Osterode/Harz und Umgebung, seit 1956

HZ	Harz-Zeitschrift. Hrsg. vom Harzverein für Geschichte und Altertumskunde. Bd. 1/1948 ff. – Berlin
HZg	Heiligenstädter Zeitung. – Heiligenstadt
HZL	Der Harz. Eine Landschaft stellt sich vor. Schriftenreihe des Harzmuseums Wernigerode, seit 1978. – Wernigerode
JFOE	Jahresberichte der Fachgruppe Ornithologie Eichsfeld, ab Jg. 1967
LNT	Landschaftspflege und Naturschutz in Thüringen, Schriftenreihe
LSG	Landschaftsschutzgebiet
LSGSA	Landschaftsschutzgebiete Sachsen-Anhalts. Hrsg: Landesamt für Umweltschutz Sachsen-Anhalt, Magdeburg 2000
MA	Mühlhäuser Anzeiger (1863–1945). – Mühlhausen
MB	Mühlhäuser Beiträge, Schriftenreihe, seit 1978. – Mühlhausen
ME	Mein Eichsfeld. Heimatjahrbuch.(1925–1940). – Duderstadt
MGBl.	Mühlhäuser Geschichtsblätter, Schriftenreihe (1900–1939). – Mühlhausen
MH	Mühlhäuser Heimatblätter, Beilage zum Mühlhäuser Anzeiger. – Mühlhausen
MW	Mühlhäuser Warte, Monatszeitschrift (1953–1962). – Mühlhausen
MZ	Mühlhäuser Zeitung. – Mühlhausen
ND	Naturdenkmal
NGJ	Neues Göttinger Jahrbuch. – Göttingen
NLSGSA	Natur- und Landschaftsschutzgebiete Sachsen-Anhalts. Ergänzungsband Hrsg: Landesamt für Umweltschutz Sachsen-Anhalt, 2003
NR	Der Nordhäuser Roland. Monatliche Mitteilungen. Hrsg. vom Kulturbund zur demokratischen Erneuerung Deutschlands, Kreisverband Nordhausen. – Nordhausen
NSG	Naturschutzgebiet
NSGSA	Naturschutzgebiete Sachsen-Anhalts. Hrsg: Landesamt für Umweltschutz Sachsen-Anhalt 1997
OKA	Obereichsfelder Kreisanzeiger (1820–1878). – Heiligenstadt
Pflüger	Pflüger, Thüringer Heimatblätter.(1924–1932) – Urquell-Verlag Flarchheim
RGBl	Reichsgesetzblatt
RVO	Rechtsverordnung
UE	Unser Eichsfeld. Illustrierte Monatsschrift für eichsfeldische Heimatkunde. 1906–1922 bei Cordier, Heiligenstadt, 1923 1-6 als Beilage zur eichsfeldischen Tagespresse, von 1924–1942 bei Mecke, Duderstadt.
TA	Thüringer Allgemeine
TStA	Thüringer Staatsanzeiger
ZHGA	Zeitschrift des Harz-Vereins für Geschichte und Altertumskunde

Naturhistorische Chronik vom Harz und seinem Vorland

Der Harz, das nördlichste Mittelgebirge Deutschlands, erhebt sich aus dem Hügelland zwischen Leine und Saale als scharf umrissenes Massengebirge, das sich in Form eines schwach gewölbten Bogens von Südosten nach Nordwesten erstreckt und die Großlandschaften des Thüringer Beckens im Süden vom norddeutschen Flachland trennt. Bei einer Länge von etwa 115 km von Seesen im Westen bis Mansfeld im Osten und einer Breite von 33 km zwischen Walkenried im Süden und Blankenburg im Norden umfasst der Harz eine Fläche von etwa 2500 km².

Das Klima des Harzes wird wesentlich dadurch bestimmt, dass die feuchten atlantischen Luftmassen nach dem Passieren der Norddeutschen Tiefebene erstmalig auf eine Barriere treffen und vom Gebirge zum Aufsteigen gezwungen werden, wo sie in den höheren Lagen kondensieren, sodass der Brocken im Vergleich zum östlichen und nördlichen Harzvorland mehr als die doppelte Niederschlagsmenge (jährlich ca. 1.800 mm Niederschlag) erhält, worauf auch die Entstehung der Moore in den Hochlagen zurückzuführen ist. Zur Höhe des Gebirges hin nimmt die Temperatur stetig ab. Während im Harzvorland die Jahresmitteltemperatur etwa 8,5° C beträgt, erreicht sie nicht einmal 3° C auf dem Brocken. Die Brockentemperatur entspricht im Winter der von Nordisland, im Sommer der vom nördlichen Eismeer.Die Jahresmitteltemperatur der Harzhochebene entspricht der Südschwedens. (Harzer Pflanzenwelt, 8ff.; Kurth (2003), 22f.)

Die Dauer der Vegetationszeit (Zahl der Tage mit mehr als 10°C) ist im Oberharz gegenüber dem Vorland um ¼ kürzer. (Knappe/Scheffler, 42)

Aus dem Höhenunterschied von fast 1.000 m vom flachen Vorland bis zum 1141 m über NN hohen Brockengipfel resultiert eine klimatisch bedingte Vielfalt der Flora und Fauna unseres Gebiets. (Pörtner, 15f.)

Chronikalische Informationen

Vor 500 Millionen bis vor 2.6 Millionen Jahren

Das Gebiet des heutigen Mitteleuropas ist im Verlauf der erdgeschichtlichen Entwicklung mehrfach vom Meer bedeckt worden, denn durch die Plattentektonik verändern sich die Lage, Größe und Form der Kontinente und Ozeane. Vor etwa 500 Millionen Jahren bildeten sich die ältesten Gesteine des Harzes in einem Meeresbecken, das vermutlich nahe dem heutigen Südpol lag. Etwa 100 Millionen Jahre später – mit dem Beginn des **Devons** – finden wir den Ablagerungsraum in tropischen Breiten. Anhaltende Bewegungen der Erdkruste führen zu Hebungs- und Senkungsvorgängen am Meeresboden, es entstehen durch Schwellen getrennte Teilbecken, in denen sich verschiedene Sedimentgesteine absetzen. Plattentektonische Dehnungsvorgänge setzen einen mehrphasigen intensiven untermeerischen Vulkanismus in Gang. Über 1.000° C heiße Lava aus dem Erdinneren fließt am Meeresboden aus und ergießt sich über die Sedimentgesteine, es entstehen die ersten Eisenerz- und Schwefelkieslagerstätten im Harz. Heiße, sehr eisenreiche Lösungen aus Hydrothermen bilden die Grundlage für Roteisenerzgänge, die später bei Lerbach und Elbingerode ausgebeutet werden. Indem aus hydrothermalen Quellen gewaltige Mengen von Buntmetallen ausgefällt und als feinkörniger Sulfidschlamm abgelagert werden, entsteht im Mitteldevon das Erzlager im Rammelsberg bei Goslar, zwei rund 40 m mächtige und bis zu 600 m tiefe Erzkörper, Aus diesen beiden Erzkörpern werden vom Mittelalter bis zur Schließung der letzten Grube im Rammelsberg im Jahr 1988 mehr als 27 Millionen to Blei-Zink-Kupfer-Erze mit einem Metallgehalt von 20-30% Zink, Blei und Kupfer sowie 120 gr./to Silber und 1gr./to Gold gefördert. (Liessmann (2010),11)

In der jüngeren Phase des Devons, vor etwa 375 Millionen Jahren, bilden sich in seichteren Meeresbereichen im Laufe von Jahrmillionen Korallenriffe, von denen der Riffkomplex von Rübeland mit seinen Tropfsteinhöhlen sowie das Iberg-Winterberg-Massiv bei Bad Grund Zeugnis ablegen. (Stedingk (2016), 15ff.; Liessmann (2010), 10f., 217)

Im Grauwacke-Steinbruch am Hirschteich in Ballenstedt werden im Frühjahr 2008 ca. 360 Millionen Jahre alte fossile Äste und Zweige des Gabelbaums aus dem Oberdevon gefunden. Diese Bäume gehören zu den urtümlichen Bärlappgewächsen und wurden etwa 8 bis 10 Meter hoch. (Knappe (2011), 15ff.)

Im folgenden Erdzeitalter, dem vor etwa 360 Millionen Jahren beginnenden und 60 Millionen Jahre andauernden **Karbon**, führt die Plattentektonik zu einer anhaltenden Einengung des Ablagerungsraums und die horizontal abgelagerten Schichten werden zu großen Falten mit Sätteln und Mulden zerbrochen Diese Auffaltung der Erdkruste wird als variszische Gebirgsbildung bezeichnet. (Stedingk (2016), 17; Liessmann (2010), 10f.)
Etwa 330 bis 340 Millionen Jahre alte Stammsegmente und Äste von Schuppenbäumen werden aus einem Steinbruch bei Bad Lauterberg geborgen. Manche dieser Schuppenbäume besaßen einen flaschenförmig ausgebeulten Stamm zur Wasserspeicherung, mit dem sie saisonale Trockenperioden des tropischen Wechselklimas besser überdauern konnten. Ähnliche Pflanzenreste aus dem Unterkarbon (vor 360 bis vor 320 Millionen Jahren) werden in Steinbrüchen bei Tanne, Benzingerode, Clausthal, Wildemann und Lautenthal gefunden. (Knappe (2011), 15ff.)

Im Gefolge der variszischen Gebirgsbildung dringt zu Beginn des **Rotliegend im älteren Perm**, vor etwa 300 Millionen Jahren, aus dem Erdinneren feuer-flüssiges Magma hervor, das zunächst ein graues Gestein, den Gabbro, bildet, der bei Bad Harzburg und im nördlichen Teil des heutigen Nationalparks Harz zu finden ist. Später folgen die Gesteinsschmelzen des Brocken-Granits.Durch starke Bewegungen der Erdkruste reißen in den Sedimentgesteinen viele Meter breite Bruchspalten auf, die von Magma aus der Tiefe mit erzbeladenen Lösungen und Dämpfen ausgefüllt werden. Dadurch entstehen die Erzgänge im Oberharz und bei Sankt Andreasberg mit Silber, Blei, Zinz, Kupfer und anderen wertvollen Erzen und Mineralien. (Reidt, 20)
Im Rotliegend bildet der Harz ein Festland etwa auf Höhe des nördlichen Wendekreises. Er unterliegt damit einer intensiven tropisch-ariden Verwitterung, Abtragung und Einebnung. In sumpfigen Niederungen gedeihender üppiger Pflanzenwuchs führt zur Entstehung von aschenreichen Kohleflözen, die später bei Ilfeld und Meisdorf bergbaulich gewonnen werden.

Während des **jüngeren Perms (Zechstein)** wird der weitgehend eingeebnete Rumpf des variszischen Gebirges vom erneut vorrückenden Meer überflutet und mit mächtigen Kalk-, Gips- und Salzfolgen bedeckt, aus denen u. a. die reichen Kali-, Steinsalz- und Gipsvorkommen in unserem Gebiet resultieren. Auf dem Meeresboden kontaktieren im Wasser angereicherte Schwermetall-Ionen, insbesondere gelöste Kupferteilchen, mit dem schwefelhaltigen Bodenschlamm und es kommt zur Bildung der Kupferschieferflöze im Harzvorland.

Während des **Erdmittelalters** (Trias, Jura, Kreide), das vor etwa 250 Millionen Jahren beginnt und vor etwa 65 Millionen Jahren endet, ist unser Gebiet teils von Meer bedeckt und teils auch Festland. (Stedingk (2016), 15ff.; Liessmann (2010), 10f.)

In der zum **Trias** gehörenden Bundsandsteinzeit vor etwa 250 Millionen Jahren gedeiht die Wüstenpflanze Pleuromeia, die zum Verwandtenkreis der ausgestorbenen Siegelbäume aus der Steinkohlenära gehört. Diese fossilen Pflanzen und auch Reste des Urmolchs Trematosaurus werden in Buntsandsteinbrüchen des nördlichen Harzvorlandes bei Bernburg gefunden. (Knappe (2011), 65ff.)
In der auf die Bundsandsteinzeit folgenden Muschelkalkzeit leben mehrere Reptilienarten in der Watt- und Lagunenlandschaft im nördlichen Harzvorland, wie Spuren der Reptilien Rhynchosauroides und Isochirotherium im Muschelkalk des Kalksteintagebaus bei Bernburg veranschaulichen. In einer Tongrube bei Halberstadt werden Knochen von pflanzenfressenden Plateosauriern aus der Keuperzeit geborgen, deren Hauptnahrung aus Schachtelhalmen, Farnen sowie Zapfenpalmen und Koniferen bestand. Fossile Reste des Schachtelhalms Equisetites sowie des Baumfarns Dicksonites aus der unteren Keuperzeit werden in einer Tongrube bei Thale gefunden (Knappe (2011), 72ff.)

Durch erneute tektonische Aktivitäten, die im Erdzeitalter des **Jura** vor 200 Millionen Jahren einsetzen, beginnt sich die heutige Harzscholle als Block ruckweise zu heben, wobei die Haupthebungen vor etwa 85 Millionen Jahren in der Oberkreide, in der sog. subhercynischen Phase, erfolgen. Dabei wird das Harzgebirge in nördlicher Richtung steil auf die jüngeren Schichten überschoben. Im Ergebnis der starken Heraushebung wird das jüngere, aus Sedimentschichten bestehende Deckgebirge über der Harzscholle schnell erodiert, wobei die Verwitterung und Abtragung bereits in der **Oberkreide** das variszische Grundgebirge mit seinen Graniten erreicht.
(Stedingk (2016), 15ff.; Liessmann (2010), 10f.)
Aus dem unteren Jura sind bei Halberstadt fossile Reste der Zapfenpalme Ctenis sowie des Hartlaubfarns Phlebopteris gefunden worden. In einem Steinbruch des Langenbergs bei Oker werden Knochen des Langhalssauriers Europasaurus geborgen, der im oberen Jura gelebt hat.
(Knappe (2011), 78ff.)
Reste von 65 fossilen Pflanzenarten (Laubgehölze, Koniferen, Farne) aus der feucht-heißen Kreidezeit werden u. a. in einer Tongrube bei Quedlinburg und in der Kreidemulde bei Blankenburg am Harz gefunden. Dazu gehören Blätter der Kragenplatane Crednaria und des Hartlaubgehölzes Monimia, Zapfen und Zweige der Koniferen Geinitzia, Widdringtonia und Elatocladus sowie Reste des Strand- und Dünenfarns Matonidium (Barremium).

Insbesondere während des tropisch warmen **Tertiärs**, das vor etwa 65 Millionen Jahren beginnt und vor rund 2,6 Millionen Jahren endet, erreicht der Harz seine heutige Gestalt.
(Stedingk (2016), 15ff.; Liessmann (2010), 10f.)
Im **Alttertiär**, vor etwa 50 Millionen Jahren, wachsen im nördlichen Harzvorland Urwälder mit mindestens 130 verschiedenen Gehölzarten, die u. a. aus Nadelbäumen, Laubhölzern und Palmen bestehen. Aus deren Überresten entwickeln sich allmählich Braunkohleflöze, die in unserer Zeit im Gebiet zwischen Nachterstedt und Aschersleben sowie bei Helmstedt abgebaut werden. Im Braunkohletagebau Helmstedt werden u. a. Reste der ausgestorbenen Sicheltanne Doliostrobus sowie fossile Fragmente von Fächerpalmen der Formengattung Sabalites geborgen.
Fossile Reste einer Fiederpalme Phoenicites, der Strahlenaralie (Schefflera) sowie einer versteinerten Konifere (Sequoia) stammen aus dem Braunkohletagebau Schöningen.
Aus dem **Jungtertiär** vor etwa 3 Millionen Jahren werden in einer Tongrube bei Willershausen am Harz gut erhaltene Pflanzen- und Tierfossilien gefunden, darunter Blätter von Linden, Weiden und Hasel sowie Fragmente verschiedener Insekten, Krebse, Fische, Kriechtiere und Säugetiere, darunter von einem Altelefanten (Elephas antiquus).
Ebenfalls aus dem Jungtertiär stammende fossile Blätter von Buchen, Eichen, Birken und Rosskastanien wurden aus einer Tongrube bei Berga geborgen. (Knappe, (2011), 101ff., 133ff.)
Das Tertiär endete vor 2,6 Millionen Jahren und wurde vom **Quartär**, dem jüngsten Zeitabschnitt der Erdgeschichte, abgelöst, der bis in die Gegenwart anhält.

Der Harz birgt reiche Lagerstätten von Eisen, Kupfer, Blei, Silber, Zink, Mangan, Kobalt und anderen Metallen, von Schwefelkies (Pyrit), Schwerspat (Baryt), von dem vor allem aus Calcit und Argonit bestehenden Kalkstein, von Gips und Anhydrit (Calciumsulfat) und anderen verwertbaren Mineralien sowie von technisch nutzbaren festen Gesteinen, wie Granit, Grauwacke, Gabbro und Diabas. Im Südharz kommt Steinkohle aus dem Rotliegenden vor. Im Harzvorland befinden sich u. a. Lagerstätten von Braunkohle, Kalisalzen und Kupferschiefer.
(Stedingk 23ff.; Meinecke, 24ff., 56ff.)

Vor 2. 600.000 bis vor 500.000 Jahren

In diesem Zeitabschnitt finden mehrfach langzeitige **Wechsel von Kalt- und Warmzeiten** statt. Vor etwa 2,6 Millionen Jahren beginnt die Vergletscherung der Arktis. Es kommt zu einer großräumigen Verschiebung der Klimazonen. Die Ursachen für das langsame Absinken der globalen Jahresmitteltemperatur während der Kaltzeiten sind bisher noch nicht endgültig geklärt. Es werden u. a. astronomische Faktoren genannt. So verursachen zeitliche Veränderungen der Erdumlaufparameter unterschiedliche Sonneneinstrahlungen. Zu diesen astronomischen Faktoren gehören auch das Pendeln der Erdachse mit Variationen über einen Zeitraum von 19.000 bis 23.000 Jahren, die Neigungsänderung der Erdachse mit einer Periode von 41.000 Jahren und die Änderung der Umlaufbahn der Erde um die Sonne über einen Zeitraum von etwa 100.000 Jahren, mit näheren und entfernteren Sonnenabständen. (Bothmer (2017), 29ff.)

Infolge sinkender Temperaturen werden auch weite Gebiete des nördlichen West-, Mittel- und Osteuropas von Skandinavien aus mindestens dreimal von mächtigen, 500 bis 1.000 m dicken Inlandeis-Gletschern überzogen, die mit einer Geschwindigkeit von 600 bis 900 m pro Jahr vorrücken. Durch die Bindung großer Wassermassen im Eis wird das Klima trockener, die Flüsse führen weniger Wasser und in den Mittelgebirgen setzt eine zunehmende Frostverwitterung des Felsgesteins ein. Das Material kann nicht mehr so weit transportiert werden und in den Flussauen lagern sich große Mengen an Schotter ab.
Vor der in Norddeutschland direkt nachzuweisenden Kaltzeit herrscht in Mitteleuropa lange Zeit ein warmes Klima, die sog. **Cromer-Warmzeit**, benannt nach der Stadt Cromer in Ostengland, wo Spuren dieser Warmzeit erstmalig belegt wurden. Sie begann vor ca. 850.000 Jahren und endete mit der Elster-Kaltzeit vor ca. 430.000 Jahren.
In der Einhornhöhle beim Herzberger Ortsteil Scharzfeld, einer Karsthöhle im mittleren Zechstein-Dolomit, wurden u. a. Reste von folgenden Säugetieren gefunden, die in der Cromer-Warmzeit in unserem Gebiet gelebt haben: Alt-Höhlenbär (*Ursus deningeri*) als Vorläufer des echten Höhlenbären, Wolf (*Canis cf. mosbachensis*), Höhlenlöwe (*Panthera leo spelaea*), Pferd (*Equus sp.*), Bison (*Bison sp.*), Panther (*Panthera sp.*), Steppenhirsch (*Praemegaceros verticornis*), Rothirsch (*Cervus elaphus*), Fuchs (*Vulpes cf. vulpes*), Waldnashorn (*Dicerorhinus etruscus*) und Breitstirnelch (*Alces latifrons*).
Der chromerzeitlichen Faunengesellschaft angehörende fossile Reste von Breitstirnelch, Rothirsch, Waldnashorn und Steppenhirsch wurden auch in den Ablagerungen eines kleinen Sees bei Bilshausen gefunden. (Staesche, 58ff.; Knappe (2011), 145ff.; Biese (1933), 14ff.)

Zwischen den einzelnen Kaltzeiten gibt es kürzere **Warmzeiten**, sog. Interglaziale, in denen es niederschlagsreicher und zum Teil deutlich wärmer ist als in der Gegenwart. Das jährliche Temperaturmittel liegt bei 8 bis 12° C, während am Harzrand gegenwärtig die mittlere Jahrestemperatur etwa 8,5° bis 9°C beträgt. (Knappe (2011), 143)
In den Warmzeiten erfolgt eine intensive Auslaugung der großen Salzlager, die sich im späten Perm vor etwa 250 Millionen Jahren als Ablagerungen des Zechsteinmeeres in einzelnen Bereichen unseres Gebiets gebildet haben, wodurch sich der Boden absenkt und u. a. die heutige Leinesenke, die Goldene Aue und die breite Wanne des Unstrutbeckens in ihren Grundzügen angelegt werden. Auch die Niederschläge fallen reichlicher als heute. Diese und das Wasser der abtauenden Eismassen führen zu Vertiefungen der Flusstäler und z. T. auch zu Verlegungen einzelner Flussläufe, wo abgetragene Schottermassen den Wasserlauf blockieren. Nach dem vollständigen Abtauen des Eises graben sich die Flüsse ihr endgültiges Bett.
(Wätzel, 34ff.; Patzelt (1994) 32ff.; Seidel (1978) 35ff.; Dusek, 28ff.; Peschel, 7)

Vor etwa 600.000 bis 550.000 Jahren lebte bereits der sog. **„Heidelbergmensch"** in Mitteleuropa, ein Frühmensch der Gattung *Homo erectus*. Ein Unterkiefer dieses Menschentyps wurde 1907 in einer Kiesgrube bei Mauer südöstlich von Heidelberg unter einer 20 Meter hohen Schotterschicht zusammen mit fossilen Resten von Säugetieren gefunden. Der Homo erectus konnte schon wie ein moderner Mensch laufen, hatte somit die Hände frei für den Gebrauch von Werkzeugen und benutzte als erste hominine Art das Feuer. Aus unserem Gebiet sind keine Funde von diesem frühen Menschentyp bekannt. (Mania (2017), 247; Henke, 70)

Vor 500.000 bis vor 5.500/5.400 Jahren (Alt- und Mittelsteinzeit)

Etwa zwischen 430.000 und 11.000 Jahre vor Chr. erreichen drei lang andauernde Vergletscherungen auch das nördliche Mitteleuropa, wobei die Zeiträume der einzelnen Kaltzeiten (Glaziale) und Warmzeiten (Interglaziale) in der Wissenschaft noch umstritten sind. In der Literatur werden für die längsten Kalt- und Warmzeiten meist folgende Daten angegeben:

Vor 430.000 bis vor 320.000 Jahren: Elster-Kaltzeit
Vor 320.000 bis vor 300.000 Jahren: Holstein-Warmzeit
Vor 300.000 bis vor 126.000 Jahren: Saale-Kaltzeit
Vor 126.000 bis vor 115.000 Jahren: EeM-Warmzeit
Vor 115.000 bis vor 11.000 Jahren: Weichsel-Kaltzeit

(Hohl, 192; Bonnemann, 25f.; Meyer (1991), 27; Wätzel, 36ff.; Wagenbreth/Steiner, 25ff.; Dusek, 29; Knappe (2011), 153)

Die kaltzeitlichen **Eisvorstöße** sind mit **intensiven Umgestaltungen der Landschaftsoberfläche** verbunden, die von mächtigen Ablagerungen überdeckt wird.

In jeder Kaltzeit vertreibt die allmählich sinkende Temperatur und mit ihr die Gletscherentfaltung die Pflanzen- und Tierwelt und auch die Menschen aus dem Raum der Gletscherbedeckung. Die mittleren Jahrestemperaturen am Harzrand betragen in den Kaltzeiten etwa minus 6° C, was der gegenwärtigen Klimasituation von Spitzbergen entspricht. In der angrenzenden, nicht vom Eis bedeckten Zone breitet sich eine baumlose Steppen- und Tundrenlandschaft aus. Der Wald wird großräumig verdrängt. (Knappe (2011), 164)

Während der **Elster-Kaltzeit,** benannt nach der Weißen Elster, einem rechten Nebenfluss der Saale, erreicht die **Südgrenze der Vergletscherung** den nördlichen Harzrand, verläuft von dort nach Südosten und überwindet östlich vom Bodetal den Unterharz. Das nordische Inlandeis dringt in das Gebiet östlich von Pansfelde und westlich von Dankerode bis in die Gegend von Uftrungen vor. Westlich des Harzes

Eiszeit-Gedenkstein in Wernigerode

lässt sich der Verlauf des Eisrandes bei Seesen, Northeim, Alfeld und Rinteln und weiter entlang des Teutoburger Waldes erkennen. Das skandinavische Inlandeis hat zu keiner der o. g. Kaltzeiten den Oberharz erreicht.

Südlich des Harzes schieben sich die Eismassen des skandinavischen Inlandeises während der Elster-Kaltzeit nach Westen. Die vorderste Eiskante erreicht im Westen jedoch nicht mehr den Göttinger Wald und das Eichsfeld. Anhand der vom skandinavischen Inlandeis mitgebrachten und nach seinem Abschmelzen hier zurückgelassenen Feuersteine und Gesteinsmassen, darunter nordische Granite, Gneise und Quarzporphyre, kann der damalige äußerste südliche Rand der Vereisung noch heute rekonstruiert werden, der von Nordhausen kommend in der Nähe von Mühlhausen, Bad Langensalza, Gotha, Erfurt, Weimar, Jena, Stadtroda, Weida, Zwickau, Chemnitz, Hainichen, Roßwein und Freital weiter nach Bad Schandau und dem Oybin verlief. Diese Linie wird als **Feuersteinlinie** bezeichnet, weil der aus dem Norden kommende, aus kreidezeitlichen Ablagerungen stammende Feuerstein, der anstehend in Mitteldeutschland nicht vorkommt, mit dem skandinavischen Inlandeis nach Süden verfrachtet und hier abgelagert wurde.

Auf Initiative des Geologen Otfried Wagenbreth werden ab 1975 dreizehn Gedenksteine zur Markierung der Feuersteinlinie errichtet, darunter in Wernigerode,

Findling am Margaretenkamp bei Münchehof

In den eisfreien Gebieten leben auch der Steppenelefant, das Steppennashorn, der Riesenelch und der Riesenhirsch und andere an die klimatischen Bedingungen angepasste Tiere.

Diese Säugetiere sind aus dem Norden Eurasiens vor dem vorrückenden Eisrand in unser Gebiet eingewandert. Die bis dahin hier lebenden Tierarten ziehen sich in weiter südlich gelegene wärmere Gegenden zurück.
(Staesche, 58ff.)*

Aus den vegetationslosen Gletschervorfeldern der einzelnen Kaltzeiten wird das mehlartige Sediment Löß ausgeblasen und an anderen Orten in bis zu mehrere Meter mächtigen Decken akkumuliert. Breite **Lößablagerungen** der jüngsten Kaltzeit (Weichsel-Kaltzeit) finden u. a. im nördlichen und östlichen Harzvorland, aber auch im Gebiet von Elbingerode, im Unterharz, im südlichen Harzvorland sowie in der Göttinger Lößsenke statt. Die große Fruchtbarkeit des Lößbodens und seine guten Bearbeitungsmöglichkeiten machen ihn später zu einem bevorzugten Siedlungsgebiet der Ackerbauern.
(Brückner et al, 30ff.; Mildenberger, 9; Marcinek, 61)

Blankenburg, Friedrichsbrunn, Stolberg, Gotha, Erfurt und Weimar, auf denen auf einer metallenen Tafel der Verlauf der Feuersteinlinie auf dem Gebiet der DDR dargestellt ist.
(Wagenbreth/Steiner, 25ff.; Wein (1955), 6ff.; Beug et al, 17f.; Klöppner, 199 ff; Pörtner, 11f.; Marcinek, 35; Hohl, 192; Dusek, 28f.; Seidel (1978) 35ff.; Bonnemann, 25ff.; Brückner et al, 22)

Zu den Ablagerungen der Elster-Kaltzeit gehören auch mit dem Eis aus Skandinavien zu uns transportierte erratische Blöcke aus Granit, Quarzit, Gneis, Glimmerschiefer und anderen Gesteinen, die bei uns als **Findlinge** bezeichnet werden. Der Harzrand war früher reich an solchen oft mehrere Zentner schweren Findlingen, von denen jedoch viele vor allem im Verlauf der Separation der Feldfluren in der zweiten Hälfte des 19. Jahrhunderts beseitigt wurden. (Wätzel, 34f.; Busch (1940), 9ff.)

In Bornhausen bei Seesen wurden Reste vom Rentier, Wollhaarnashorn, Mammut, Steppenbison und Wildpferd sowie von Wolf und Höhlenlöwe, bei Frankenhausen Reste vom Moschusochsen aus der Elster-Kaltzeit geborgen.

Riesenhirsch. Nach einem Aquarell von Professor A. Wagner

14

In den **Warmzeiten**, die **deutlich kürzer als die Kaltzeiten** sind und schneller als die Kaltzeiten eintreten, entstehen durch Ausfällungsprozesse kalkhaltigen Wassers Lagerstätten von Travertinen (Süßwasserkalksteinen) in benachbarten Regionen, darunter im Ilmtal bei Ehringsdorf, deren Fossilinhalte Einblicke in die Entwicklung des Klimas und der Tier- und Pflanzenwelt sowie die Menschheitsentwicklung geben.

Die mittleren Jahrestemperaturen am Harzrand betragen in den Warmzeiten etwa plus 11° C, was dem heutigen Klima auf dem Balkan entspricht.

((Knappe (2011), 164; Hohl, 158ff.; Kahlke, 9ff.)

Vor etwa **370.000 Jahren**, in einer Warmzeit zwischen Elster- und Saalevereisung, durchstreifte ein weiterer Typ des Urmenschen als Jäger, Fischer und Sammler das mitteldeutsche Gebiet, wie aus Funden seiner fossilen Überreste, seines Lagerplatzes und seiner Jagdbeute im Travertin eines Steinbruchs am rechten Talhang der Wipper bei **Bilzingsleben** hervorgeht. Die Travertinschicht entstand durch Kalkablagerungen einer starken Karstquelle in der Nähe des Lagerplatzes. Messer, Bohrer, Kratzer und andere Geräte aus Feuerstein, Hieb- und Hackgeräte aus Geröllen, Geräte aus Geweih sowie andere Gebrauchsgegenstände werden von diesen frühen Menschen absichtlich und zweckgebunden hergestellt. **Feuerstein** wird deshalb bevorzugt zur Geräteherstellung verwendet, weil er leicht zu bearbeiten ist und sich bei Schlag und Druck in Segmente mit messerscharfen Schneiden spaltet. Das häufigste Werkzeug der Menschen der Steinzeit ist der aus Feuerstein bestehende **Faustkeil**, der durch das Abschlagen störender Teile die gewünschte Form erhält. Die Knochengeräte werden überwiegend aus den Langknochen von Elefanten hergestellt. Tierknochen mit in Gruppen angebrachten Schnittlinien (Mustern) sind als Belege eines bestimmten ordnenden Denkens anzusehen und setzen die Existenz einer Sprache voraus. Dieser Frühmensch verfügt über Kenntnisse zum Bauen von Behausungen und zur Feuernutzung, zur Herstellung primitiver Kleidung und zur ertragreichen Großwildjagd, die sicherlich von mehreren Jägern gemeinsam durchgeführt wurde, wenn sie erfolgreich sein sollte.

Der **Frühmensch von Bilzingsleben** ernährt sich vorrangig durch die Jagd. Zu seiner vermutlich mit Stoßlanzen und Speeren erlegten Jagdbeute gehört zu 60 % Großwild, vor allem Waldnashörner und Steppennashörner, aber auch Europäische Waldelefanten und Mammuts, die damals die in unserer Region ausgebildete Waldsavanne bevölkerten und später ausgestorben sind, sowie Auerochse, Wildpferde und Höhlenbären. Mittelgroßes Wild, darunter Rothirsche, Rehe und Wildschweine, macht 17 % der Jagdbeute aus, während Niederwild, vor allem Biber (Trogontherium cuvieri) und kleinere Raubtiere, zu 23 % daran beteiligt ist, wobei auf Biber als leichte Jagdbeute allein 20 % entfallen. Unter dem Großwild werden Nashörner mit 27 % Anteil bevorzugt.

Am Lagerplatz des Homo erectus in Bilzingleben werden auch Reste folgender Fischarten gefunden: Schleie, Europäischer Wels, Quappe, Westgroppe, Elritze, Rotfeder und Hecht. Die Tiere lebten hier in einem See mit Zulauf und stellen die Beute dar, die mit einem Speer erlegt wurde. Dies ist der älteste bekannte Nachweis der *„Fischwaid"* in Thüringen.

Aus den Pflanzenresten des Bilzingslebener Travertins ist zu schließen, dass die mittleren Temperaturen 2 bis 3° höher als heute lagen. Es gedeihen Buchsbaum-Eichenwälder und Langgrassteppen, aber auch viele vom Menschen essbare Pflanzen, die ein großes Angebot von Früchten, einschließlich Nüssen und Samen, sowie Sprossen und Blättern bereithalten.

Der Homo erectus von Bilzingsleben ist nach dem Heidelbergmenschen der älteste direkte Nachweis von Menschen in Mitteleuropa. Die genannten Urmenschen sind ausgestorben.

(Mania (2017), 256ff.; Mania (1989a), 24ff.; Herrmann (1989a), 370ff.; Thieme (1991), 82; Staesche, 61; Görner (2011), 190f.)

Einige tausend Jahre jünger als der warmzeitliche Fundhorizont von Bilzingsleben ist der **Jagdplatz** am sumpfigen Ufer des **Rinnensees bei Schöningen** im nördlichen Harzvorland der von frühen Menschen genutzt wurde, die wie die Frühmenschen von Bilzingsleben dem **Kulturkreis des späten Homo erectus** zugewiesen werden.

Hier werden u. a. acht 1,8 bis 2,5 m lange und etwa 600 Gramm schwere Wurfspeere aus Fichtenstämmchen mit hervorragenden Wurf- und Flugeigenschaften geborgen, wie sie ähnlich heute Sportspeere besitzen. Dies läßt auf eine **hohe geistige und kulturelle Entwicklungsstufe** der Verfertiger dieser Jagdwaffen schließen. Mit diesen Distanzwaffen, mit denen aus 20 bis 30 m Entfernung noch mittelgroße Tiere getötet werden können, wurde aus dem Hinterhalt Jagd auf Wildpferde gemacht. (Mania (2017), 261ff.)

Am Jagdplatz befanden sich mehrere Feuerstellen, an einer lag noch ein Holzstab, der an einem Ende angekohlt ist.

(Michel (2017), 231)

Die Menschen folgen aufgrund ihrer Lebensweise als Jäger und Sammler den Tierherden auf ihren Wanderungen und verlagern ihre Rastplätze.

(LSGSA, 24)

Der **Neandertaler** *(Homo sapiens neanderthalensis)* hat sich vor etwa 300.000 Jahren in Europa - parallel zum *Homo sapiens* in Afrika – aus dem Umkreis des *Homo heidelbergensis* entwickelt und hat zeitweise in großen Teilen Europas, des Nahen Ostens und Zentralasiens gelebt. Er ist aus bisher unbekannten Gründen **vor etwa 30.000 Jahren ausgestorben.**

Skelettreste des Neandertalers wurden 1856 erstmalig im Neandertal bei Düsseldorf geborgen. Als der aus Leinefelde gebürtige Naturwissenschaftler Johann Carl Fuhlrott diese Skelettreste untersuchte, ordnete er diese eindeutig einem Menschentyp aus der Eiszeit zu, der heute als **Neandertaler** bezeichnet wird. Zwei Jahre vor Darwins grundlegendem Werk *„Über die Entstehung der Arten"* stieß Fuhlrotts Auffassung in der Fachwelt auf massive Ablehnung. Fuhlrott hielt jedoch unbeirrt an seiner Auffassung fest und spätere Funde des gleichen Menschentyps bestätigten, dass er Recht hatte. Er gilt als Pionier der Paläoanthropologie.

(Sefcakova (2017), 281; Grunwald, 55f.; Peschel, 7ff.; Dusek, 29 ff.; Mildenberger, 13)

Seit der mittleren Altsteinzeit um 300.000 bis 40.000 vor Chr. lässt sich auch die **Anwesenheit des Menschen am und im Harz** nachweisen. Das Gebirge und dessen Vorland bieten gute Voraussetzungen zur Jagd. Höhlen und Felsüberhänge bieten den Jägern und Sammlern zeitweiligen Schutz.

(Brückner et al, 68)

In der nordöstlich von Scharzfeld, Landkreis Osterode, gelegenen **Einhornhöhle** wurden ein Abschlagkern und weitere Abschläge ausgegraben, die eindeutig die Begehung dieser Höhle durch den **Neandertaler** etwa um 45.000 bis 40.000 vor Chr. belegen. Etwa aus dieser Zeit stammt auch das bearbeitete Fragment eines in einem Dolomitbruch südöstlich von Förste gefundenen Mammutstoßzahns.

(Häßler (1991), 447ff.; Brückner et al, 68; Grunwald, 55f.)

Am Lichtenstein bei Förste und in Schwiegershausen bei Osterode werden aus der mittleren Altsteinzeit stammende Faustkeile aus Feuerstein geborgen.

Die Eisvorstöße der **Saale-Kaltzeit** erreichen nur noch den nördlichen Harzrand und nehmen dort ungefähr den gleichen Verlauf wie in der Elster- Kaltzeit. Der Harz selbst und die südlich davon liegenden Gebiete werden von diesem nordischen Inlandeis nicht vergletschert.

In den eisfreien Gebieten der Kaltzeiten leben Pflanzen- und Tierarten, von denen einige ausgestorben sind, andere noch heute in arktischen Gebieten vorkommen.

An die Stelle des Großwildes der Warmzeit treten verwandte, aber kältebeständige Tiere, darunter Auerochse, Wollhaarmammut, Moschusochse, Wollnashorn, Saiga-Antilope, Steppenwisent, Wildpferd, Rentier und andere Pflanzenfresser, die u. a. von Wolf, Höhlenbär, Höhlenlöwe, Säbelzahnkatze und Höhlenhyäne gejagt werden. Fossilien solcher Tiere wurden auch in unserem Gebiet, darunter in der Einhornhöhle bei Scharzfeld und in Bielen bei Nordhausen gefunden.

(Staesche, 58ff.; Götze/Höfer/Zschiesche, 192; Peschel, 10; Farkas, 88ff.; Hohl, 158ff.; Kahlke, 9ff.; HL, 2. Jg. (1905/06), 31f.; Dusek, 28f.)

In der darauf folgenden **Eem-Warmzeit**, die vor etwa 126.000 Jahren beginnt und vor etwa 115.000 Jahren endet, entwickelt sich eine nahezu subtropische Waldlandschaft. In dieser Zeit leben **Menschen vom Typ des frühen Homo sapiens** mit einigen neandertaloiden Merkmalen, deren fossile Überreste in den Jahren 1907 bis 1925 in den Travertin-Steinbrüchen **des Ilmtals bei Taubach und Weimar-Ehringsdorf** gefunden wurden. Das von ihnen hergestellte und benutzte reichhaltige Spektrum an Steinartefakten besteht u. a. aus Keilmessern, Faustkeil- und Blattschabern, Kratzern und Klingengeräten. Die mit längeren Unterbrechungen zwischen den einzelnen Aufenthalten benutzten Lagerplätze mit Feuerstellen befinden sich in einer offenen parkartigen Landschaft am Rand eines Sumpfes, die sich stellenweise zu einem Wald verdichtet, in dem Eiche und Hasel dominieren. Es wachsen auch Ulme, Linde, Moorbirke und Traubeneiche, Zwergmispel, Wildapfel, Eberesche und Kornelkirsche sowie Liguster, Roter Hartriegel, Binsenschneide, Süßgräser und der heute ausgestorbene Thüringische Flieder. Auch Johannisbeere, Brombeere und Himbeere, Weinrebe, Vogelkirsche und Heckenkirsche wie auch Pilze sind zu finden.

In den bis zu 20 m mächtigen Sedimenten sind zahlreiche Tierreste eingebettet, darunter Schneckenhäuser, Vogeleier und Knochen von Nashorn, Waldelefant, Bison, Wildpferd, Wildschwein, Rothirsch, Damhirsch, Fuchs, Marder, Biber und Sumpfschildkröte.

Unter den Knochenfunden der Jagdtiere ist auch hier das Nashorn die häufigste Art, gefolgt vom Waldelefanten. Unterschiede in der Altersstruktur dieser Jagdtiere zwischen ben benachbarten Fundplätzen Taubach und Weimar-Ehringsdorf weisen auf unterschiedliche Jagdmethoden hin. Der höhere Anteil an erfahrenen und schwer erlegbaren Alttieren in Weimar-Ehringsdorf deutet insgesamt eine entwickeltere Jagdtechnik an, ohne dass im Einzelnen die jagdtechnischen Besonderheiten zu benennen sind. Auch Braunbär, Wolf, Elch und Riesenhirsch gehören zum Faunenspektrum der Eem-Warmzeit. (Staesche, 63; Regel II, 389ff.; Mania (1989a), 36f.; Benecke,59f.)

Auf dem in der Eem-Warmzeit benutzten Lagerplatz im Ilmtal bei Ehringsdorf können Archäologen neben Resten von Hecht, Plötze und Moderlieschen auch Elritze, Westgroppe und Äsche nachweisen. (Mania (2017), 268; Görner (2011), 190f.)

In Lehringen bei Verden werden Reste von kleinwüchsigen Tieren aus dieser Zeit gefunden, darunter von Biber, Fischotter, und Sumpfschildkröte. Bedeutsam ist der **Fundort Lehringen** auch dadurch, dass dort zwischen den Rippen des Skeletts eines Waldelefanten eine 328 cm lange **Lanze aus Eibenholz** mit feuergehärteter Spitze gefunden wurde, ein Nachweis dafür, dass der in dieser Zeit lebende Neandertaler, der sich zu 90 % mit fleischlicher Kost ernährte, Großwild mit Lanzen jagte. (Staesche, 63; Benecke, 61; Knappe (2011), 159)

In der danach eintretenden **Weichsel-Kaltzeit** wird unser Gebiet ebenfalls nicht mehr von Gletschern überdeckt. Bei allmählich sinkenden Temperaturen entsteht in unserem Gebiet eine Steppenlandschaft mit spärlichen Birken- und Kiefernwäldern und danach eine mit Strauchwerk bestandene Tundra.

In der frühen Weichsel-Kaltzeit vor etwa 90.000 Jahren ist die Königsaue am Ufer des ehemaligen Aschersleber Sees im Nordharzvorland mehrfach der Lagerort verschiedener mittelsteinzeitlicher Gruppen von Großwildjägern. Das Klima ist kontinental, winterkalt und sommerwarm mit Jahresmitteltemperaturen von 4° C bis 6° C. Unter den aus Feuersteingeröllen hergestellten Geräten fallen neben Faustkeilen besonders mehrflächig bearbeitete Keilmesser sowie Faustkeilblätter und zahlreiche Schaber verschiedener Formen auf. Die Knochenabfälle am Lagerplatz stammen von Mammut, Steppen- und Wollhaarnashorn, Wildpferd, Wisent, Wildesel, Rothirsch und Rentier. (Mania (2017), 272ff.; Mania (1989b), 38; Herrmann (1989a), 367ff.)

Zahlreiche Knochenreste von eiszeitlichen Säugetieren sind auch vom Südharzrand zwischen Osterode und Herzberg überliefert. So wurden im Gips von Osterode und Umgebung u. a. Knochenreste vom Höhlenlöwen, Höhlenbär, von der Höhlenhyäne sowie vom Mammut und vom Wollhaarnashorn gefunden. Ein nahezu vollständig erhaltener Schädel eines eiszeitlichen Steppenwisents sowie

Schädelreste vom Mammut wurden in einem Gipsbruch zwischen Osterode und Dorste geborgen. (HswH, 13/1963, 21ff.)
Anhand der gefundenen charakteristischen Zähnchen konnten u. a. folgende Arten von Kleinsäugern bestimmt werden: Schermaus, Erd- und Feldwühlmaus und Berglemming.
Außerdem wurden Gehäuse von folgenden Landschnecken gefunden: Blanke Windelschnecke, Gestreifte Puppenschnecke, Glatte Grasschnecke, Hohe Windelschnecke, Moorschraube sowie Oxychilus cellarius und Pupilla loessica. Bis auf die letztere, die ausgestorben ist, leben alle anderen Arten noch heute. (HswH 32/1976, 51f.)
Inmitten der mit Knochen von Höhlenbären durchsetzten Ablagerungen der Baumanns- und der Hermannshöhle bei Rübeland weisen einige altsteinzeitliche Feuersteinartefakte darauf hin, dass die Jäger des Harzvorlandes auch in das Gebirge vordrangen, um dort spezielles Wild zu jagen. (Mania (1989b), 37ff.; Hermann (1989a), 362ff.; LSGSA, 207)

Auf einem archäologisch untersuchten **Mammut- und Rentierjäger-Lagerplatz in Lebenstedt** bei Salzgitter im nördlichen Harzvorland werden neben Schädelfragmenten eines frühen Neandertalers, etwa einem Dutzend angespitzter Mammutrippen und einer Rengeweihhacke zahlreiche Jagdbeutereste, unter denen nach der Anzahl der Knochen das Ren dominiert (74,8%), gefolgt vom Mammut(10,6%), Wildpferd (8,2%), Steppenbison (1,7%), Wollhaarnashorn (1,3%), Riesenhirsch (0,3%) u. a., geborgen. Der Wald besteht aus einer lichten Bestockung mit Birke, Kiefer und Weide, ist mit fruchttragenden Sträuchern durchsetzt und lässt dem Boden genügend Luft und Sonne für Kräuter und Wildgemüse aller Art. Die Knochenfunde und das umfangreiche Material pflanzlicher Makroreste sprechen für eine gemäßigt subarktische Klimaphase während der Besiedlungszeit des Fundgeländes zwischen dem Ende der Saale-Kaltzeit und dem Beginn der Weichsel-Kaltzeit. (Henke, 70f.; Thieme (1991), 88ff.; Häßler (1991), 509f.; Mania (1989b), 36)

Einen Einblick in die **Tierwelt des Nordharzes** während der Maximal-Vereisung in der Weichsel-Kaltzeit **vor rund 30.000 Jahren** geben Knochenreste, die 1979 in der **Kleinhöhle Fuchsloch** im Krockstein in der Nähe von Rübeland geborgen wurden. Es handelt sich dabei vermutlich um Überreste (Gewölle) zusammengetragener Beutetiere von Großeulen wie dem Uhu, der in felsigen Gebieten seine Verdauungsplätze gern in Höhlen hat. Während im Fundmaterial Reste von Fischen und Amphibien nur in geringer Zahl vorhanden waren – die Amphibien sind ausschließlich durch den Grasfrosch vertreten – sind die Reste von 19 Vogelarten bestimmt worden. Dazu gehören Auerhuhn, Sperbereule, Rauhfußkauz, Dreizehenspecht, Gänsesäger, Ringeltaube, Grauspecht, Waldohreule, Waldkauz, Wanderfalke, Turmfalke, Dohle sowie Krickente und Reiherente.
Mit 24 Arten sind die aus dem Fundmaterial bestimmbaren Säugetiere vorherrschend. Im Gegensatz zu den Faunen aus den Baumannshöhle und der Hermannshöhle mit ihren größeren Säugetieren handelt es sich bei den Funden im Fuchsloch ausschließlich um Knochen von Kleinsäugern. Dazu gehören der in der späten Weichsel-Kaltzeit ausgestorbene Großziesel, sowie Halsband-Lemming und Grau-Lemming, Pfeifhasen, Zwiebelmaus, Schermaus, Nordische Wühlmaus, Birkenmaus, Hamster sowie vier Arten von Fledermäusen. (Böhme (1984), 54ff.)

Insbesondere während der Weichsel-Kaltzeit, in welcher in der ersten Hälfte ein feuchtkühles, niederschlagreiches, in der zweiten Hälfte hingegen ein trockenkaltes, niederschlagarmes Klima herrscht, tritt eine **Eigenvergletscherung des Oberharzes** ein. Zeit- und gebietsweise bilden sich bis zu 300 m mächtige Deckgletscher vom Typ der heutigen hocharktischen Vergletscherungen. Die Gletscherzungen reichen in einigen Tälern, z. B. im Eckertal und im Ilsetal, bis zu 300 m hinab. Auch im Odertal schiebt eine Gletscherzunge mächtige Geröllmassen vor sich her. Diese bis zu 30 m hohen Endmoränen liegen heute im Talgrund der Oder begraben, wobei ihre Gipfel am Fuße der Hahnenkleeklippen sichtbar sind.

Vor etwa 40.000 Jahren ist der **anatomisch moderne Mensch** (*Homo sapiens sapiens*), der sich in Afrika entwickelt hat, nach Südeuropa eingewandert. Zunächst nomadisiert er viele Jahrtausende als

Jäger und Sammler in kleinen Gruppen ohne festen Wohnsitz durch das Land, ohne bleibende Spuren in der Landschaft zu hinterlassen. In diesem Zeitabschnitt dominiert die Jagd auf Rentiere, Wildpferde usw., da die kaltzeitliche Umwelt nur sporadisch ausreichend pflanzliche Nahrung bietet. Die Menschen folgen den großen Tierwanderungen sowie dem Rhythmus der Jahreszeiten und leben demzufolge in leicht verlegbaren Zeltsiedlungen. (AWT, I, 23; Peschel,11; Willerding (1987) 439f.)

In der mittleren Steinzeit werden im nördlichen Harzvorland Wohnplätze vornehmlich an den Harzeingängen, so am Langelsheimer Rösekenbrink, auf der östlichen Harly-Kuppe, am Kniestedter Hamberghang, auf dem Lichtenberger Hardeweg, am Oheberg bei Grasdorf, auf den verwitterten Sandsteinflächen des Sudmerberges bei Oker, des Mehlenberges bei Groß Döhren sowie auf dem Hang über der Trüllke bei Goslar aufgesucht. (Thielemann, 3ff.)

Hinweise auf die Anwesenheit von Jägern und Sammlern in dieser Zeit im Südharz geben Funde von Feuersteinartefakten unter dem Felsdach „Lüttje Kammer" bei Scharzfeld. (Häßler, 446)

Obwohl die Jagd vor allem der Gewinnung des Fleischs und des Fetts der erjagten Wildtiere für die menschliche Ernährung dient, bilden die Tierfelle in der älteren und mittleren Steinzeit den wichtigsten Rohstoff für die Bekleidung der Menschen, bevor in der jüngeren Steinzeit die Herstellung von Geweben aus Pflanzenfasern und Tierhaaren erfunden wird. Der Mensch der Weichselkaltzeit verwendet insbesondere die Felle von Eisfuchs, Schneehase, Wolf und Bär zur Herstellung der Pelzbekleidung, weil diese ein großes Wärmehaltungsvermögen besitzen und darüber hinaus auch feuchtigkeitsabweisend sind.

In der mittleren Steinzeit sind es u. a. Biber, Steinmarder und Baummarder, Dachs, Fischotter, Iltis, Nerz, Eichhörnchen und Hasen, aber auch noch Bären, die vorwiegend ihrer Felle wegen gejagt werden. Auch als in der Jungsteinzeit die Herstellung von Geweben bekannt ist, wird diesen Tieren weiterhin zum Zweck der Pelzgewinnung nachgestellt. (Benecke, 428)

In der **Steinkirche,** einer Höhle bei Scharzfeld, in den Jahren 1925 bis 1937 ausgegrabene zerschlagene Knochen von Bison, Wildpferd, Rentier und Reh sowie die oft in Klumpen auftretenden Klein-

Die Steinkirche um 1840

tierknochen vermitteln ein Bild der Tierwelt. Eisfuchs, Schneehase, Halsbandlemming, nordische Wühlratte, Moorschneehuhn, Alpenschneehuhn und Rentier deuten darauf hin, dass die Jäger und Sammler die Höhle noch in einer kaltzeitlichen Umwelt, vermutlich bereits am Ende der Weichsel-Kaltzeit, aufgesucht haben.

Einzelne Fundobjekte gibt es aber auch aus höheren Harzregionen, so aus der Nähe von Braunlage. Sie sind Belege dafür, dass der Ober- und der Mittelharz in dieser Zeit begangen wurden, wahrscheinlich für die Jagd und das Sammeln von Beeren und Kräutern, jedoch keine Nachweise für eine Besiedlung.

Für das Gebiet um den Brocken ist die Baumannshöhle am östlichen Rand der Elbingeröder Hochebene eine Fundstelle aus dieser Zeit.

(Brückner et al, 69; Grunwald, 55ff.; Schirwitz, 1ff.; Häßler (1991), 449; HL, 2. Jg. (1905/06), 31f., 48f.; Northeim, 97; Göttingen und das Göttinger Becken, 11ff.)

Zahlreiche für die **Mittelsteinzeit** typische kleine Steingeräte (Mikrolithen) wurden im Umkreis von Langelsheim (Kreis Goslar) und Osterode sowie im Bereich der späteren Königspfalz Werla zwischen Werlaburgdorf und Schladen gefunden.

(Thieme (1991), 102ff.; Häßler (1991), 446ff., 467; HswH, 30/1974, 6; HswH, 40/1984, 14; Goslar (1970), 128)

Mittelsteinzeitliche Fundstellen wurden auch bei Questenberg, Ballenstedt und Thale erforscht.

(LSGSA, 207)

In die Zeit um **15.000 bis 11.000 vor Chr. (Magdalénien)** ist der Oberflächenfund eines Klingenkerns aus der Gemarkung Westerode, Stadt Bad Harzburg, zu datieren. Von solchen aus Rohstücken durch Abschlagen erzeugten Klingenkernen werden durch Randaufschläge Klingen abgetrennt. Aus der Zeit von 11.000 bis 9.500 vor Chr. stammen aus Feuerstein gefertigte Steinartefakte, die als Stielspitzen gedient haben. Diese sog. **Ahrensburger Stielspitzen** wurden u. a. in der Nähe von Goslar (Sudmerberg und Habichtsberg), bei Langelsheim (Rösekenbrink), in Bad Gandersheim - Ellierode (Äbtissinberg) und in Westerhausen (Kreis Quedlinburg) gefunden.

(Schwarz-Mackensen, 18ff.; Thieme (1991) 98ff.; Feustel, 44)

Um 10.900 vor Chr. kommt es in der Eifel zu einem **Ausbruch des Laacher See-Vulkans**, dem gewaltigsten Vulkanausbruch der jüngeren Erdgeschichte in Mitteleuropa, bei dem gewaltige Aschewolken bis zu 30 km hoch in die Stratosphäre geschleudert werden. Durch Südwinde wird ein Teil der **Vulkanasche bis in den Harz und dessen Vorland getragen**, wo sie sich absetzt, durch den Kontakt mit Wasser zu Tuff verfestigt und u. a. in einem geologischen Aufschluss bei Nachterstedt noch heute als helle Tuffschicht sichtbar ist. (Knappe, 164f.)

Am Ende der jüngsten Kaltzeit **um 9.000 vor Chr.**, als sich das nordische Inlandeis nach Südschweden zurückzieht, sterben die kaltzeitlichen Großsäugetiere, darunter Mammut, Wollhaarnashorn, Höhlenbär und Höhlenlöwe, aus. Zum Aussterben von Mammut und Wollnashorn, die nur eine geringe Nachkommenschaft haben, tragen auch die Menschen der Steinzeit bei, die diese Tiere wegen ihrer großen Fleischmasse bevorzugt jagen. Andere Arten, wie Rentier, Moschusochse, Eisfuchs und Schneehase ziehen sich mit den Tundren nach Norden zurück. Die Arten der asiatischen Steppenfauna, unter ihnen die Saiga-Antilope und das Wisent kehren mit zunehmender Bewaldung in ihre östlichen Ursprungsgebiete zurück.

Die zu den Kaltzeiten nach Südosten und Südwesten ausgewichene Pflanzen- und Tierwelt – im Süden versperrten die Alpen den Rückzug – kehrt allmählich zurück, wobei sich diejenigen Pflanzen- und Tierarten, die am besten Kälte und raues Klima vertragen, zuerst wieder ansiedeln. Auch Ur, Elch, Rothirsch, Reh und Wildschwein kehren zurück, denen die nacheiszeitlichen Menschen als Jäger nachstellen. Seit dieser Zeit, in der das Klima wärmer und beständiger wird, bestehen auch im Umland des Harzes die natürlichen Grundlagen, die von nun an eine stetige Besiedlung durch den Menschen ermöglichen. (Henke, 102ff.; Peschel, 7; Thielemann, 3ff.; Görner/Hackethal, 18)

20

Unter einem Felsschutzdach **bei Reinhausen** haben Archäologen unter mittelalterlichen, bronze/eisenzeitlichen und mesolithischen Siedlungsresten zwei **späteiszeitliche Fundhorizonte** mit Tierknochen, Holzkohlen und Steinartefakten aus Feuerstein, Kieselschiefer und Quarzit freigelegt. Die Jagdfauna setzt sich u. a. aus Pferd, Ren, Wisent, Wolf, Schneehase und Schneehuhn zusammen und belegt ein subarktisches Klima. (Häßler (1991), 429)

Nachdem die steinzeitlichen Jägersippen nicht mehr die Jagd auf wandernde Herden kaltzeitlicher Großsäugetiere ausüben können, betreiben sie in der sich entwickelnden Waldlandschaft die Pirsch auf Rudel- und Einzelwild und die Kleintierjagd auf Niederwild und Wassergeflügel. (Goslar (1970), 123)

Nach der Weichsel-Kaltzeit findet eine schnell voranschreitende Klimaerwärmung statt. Um **9.500 vor Chr.** verstetigt sich, abgesehen von Schwankungen geringeren Ausmaßes, das Klima und darauf folgend auch der übrige Naturraum bis heute.
Die Tundrenvegetation der Spätkaltzeit wird durch die mit der Klimaerwärmung einhergehende Ausbreitung von ausgedehnten Wäldern verdrängt. Zuerst treten die Birken und Kiefern auf, der Steppenwind trägt ihre geflügelte Saat schnell in die baumlose Weite. Im **Laufe des 7. und 6. Jahrtausends vor Chr.** wandern die Eichen, Ulmen und Linden sowie die Haselnuß bis in größere Höhen ein. Die Haselnuß erreicht für die menschliche Ernährung etwa die Bedeutung, die später das Getreide einnimmt. Im Harz wachsen in dieser Zeit haselreiche Eichenmischwälder als natürliche Waldgesellschaften, jedoch ohne Rotbuchen. Die Fichte hat zwar schon auf ihren Wanderungen den Harz erreicht, spielt aber in den Waldgesellschaften noch keine Rolle. Erst im 5. Jahrtausend vor Chr. erlangt sie im Harz größere Bedeutung. **Im 4. und 3. Jahrtausend vor Chr.,** einer Zeit, in der das Klima feuchter und kühler, insgesamt ausgeglichener wird, breiten sich die Rotbuche und mit ihr andere atlantische und subatlantische Arten in allen Höhenstufen des Harzes aus und verdrängen die bisher herrschenden Laubwälder aus Eiche, Hasel, Ulme und Linde. Die Rotbuche nimmt dabei auch bisherige Wuchsorte der Fichte ein. Bis in das Mittelalter dominieren die Rotbuchen in den Harzwäldern. Danach kann sich in den Hochlagen mit dem starken Holzeinschlag für den Bergbau, der Sommerweide für die Viehhaltung sowie aufgrund späterer Aufforstungen die Fichte immer stärker durchsetzen.
Die wesentlichen Phasen der Waldentwicklung vollziehen sich in den unterschiedlichen Landschaften unseres Gebiets zwar nicht gleichzeitig – in den Höhenlagen des Harzes später als in geschützten Lagen – aber in der Regel doch in der gleichen Folge.

Nach dem **Ende der Weichsel-Kaltzeit** schmilzt auch das Brockeneis relativ schnell ab. Dadurch wird den auf Lebensbedingungen nordischen Charakters angewiesenen Pflanzen und Tieren, die sich während der Vergletscherung in die tieferen Vorlandgebiete zurückgezogen haben, die Möglichkeit gegeben, das Brockengebiet als Rückzugsgebiet zu besiedeln. Bei den Pflanzen betrifft dies u. a. die Zwergbirke sowie einen Moosfarn (selaginella selaginelloides), die während der Brockenvergletscherung u. a. im Untereichsfeld gedeihen, sowie die Brocken-Anemone. Auch die Alpen-Spitzmaus lebt zur gleichen Zeit wie die Zwergbirke im Untereichsfeld und setzt sich im Brockenbereich fest, nachdem dessen Eisschild abgetaut ist. (Wein (1955), 41ff; Beug et al, 17f.; Klöppner, 199 ff.; Knappe (2011), 158f.; Blankenburg, 110ff.; Herdam et al, 53f.; Badenhausen, 179ff.)

Die **Waldentwicklung auf der Brockenkuppe** weist jedoch wegen des dortigen kälteren Klimas einige Besonderheiten auf. So besiedeln in der ersten Bewaldungsphase nach dem Ende der letzten Eiszeit Kiefern auch die Brockenkuppe. Es folgen dann Ulmen und Hasel. Über viele Jahrtausende bleibt dieser Zustand erhalten, bis auch hier Rotbuchenwälder die Brockenkuppe erreichen. Pollendiagramme von der Brockenkuppe belegen eindeutig, dass die Waldlosigkeit der heutigen Brockenkuppe erst mit der allgemeinen spätmittelalterlichen Fichtenausbreitung zusammenfällt.
Bis zu dieser Zeit ist die Brockenkuppe bewaldet. In Kälteperioden zwischen 4.000 und 1.000 vor Chr. ist sie allerdings schon kurzfristig waldfrei. Nach Abklingen dieser Zeiten liegt die klimatische

Waldgrenze wieder über der Brockenkuppe, so wie wir das für die heutigen klimatischen Verhältnisse annehmen. Die heutige waldfreie Stufe der Brockenkuppe ist somit das Ergebnis von Eingriffen des Menschen in die Natur. (Beug et al, 39ff., 87; Brückner et al, 46; Grunwald, 56f.; Willerding (1987), 439f.; Marcinek, 52f.; Mildenberger, 9ff.)

Gegen **Ende der jüngeren Tundrenzeit** kommt es mit der Zunahme der Niederschläge und Temperaturen verstärkt zur **Bildung von Mooren im Harz,** der sich vor allen anderen zentraleuropäischen Mittelgebirgen durch seinen Reichtum an Mooren auszeichnet. Allein in dem etwa 116 qkm großen Gebiet des Hochharzes liegen 54 Vermoorungen, deren waldfreie Flächen knapp 500 ha ausmachen. Hinzu kommen allein im Niedersächsischen Westharz noch 937 ha Torflager unter Fichtenwald. Die Torfmoore haben für den Harz dieselbe Bedeutung wie die Gletscher für die Alpen und andere hohe Gebirge. Sie sind mächtige Schwämme und damit Wasserreservoire, aus denen sich die Bäche und Gräben des Harzes mit Wasser versorgen (Beug et al, 8; Günther, 528)

Die Ausbreitung der Wälder zwingt die Menschen zu **neuen Jagdstrategien.** Pfeil und Bogen, die schon vor etwa 50.000 Jahren erfunden worden sind, setzen sich als Jagdwaffe durch, da sie bei der Jagd im Wald gegenüber dem Speer Vorteile bieten und damit sogar kleine und schnellflüchtige Tiere wie Hasen und Hühner auf größere Entfernung erlegt werden können. Der Fischfang gewinnt an Bedeutung. Es werden auch die ersten Steinbeile verwendet, die aus großen Feuersteinabschlägen oder aus einzelnen Steinknollen hergestellt werden. (Benecke, 62; AWT, I, 24, Feustel, 45)

5.500/5.400 bis 2.200/2.000 Jahre vor Chr. (Jungsteinzeit)

In der um **5.500/5.400 vor Chr.** beginnenden Jungsteinzeit (*Neolithikum*), einer Periode feuchtwarmen Klimas mit größeren Niederschlagsmengen und etwa 1,5° bis 2° C. höheren Jahresdurchschnittstemperaturen als heute, besiedeln mit dem aus dem mittleren Donauraum einwandernden Menschen die **ältesten Ackerbauern und Viehzüchter** Mitteleuropas in relativ kurzer Zeit entlang der Flussläufe vordringend auch die Lößgebiete im Vorland des Harzes.
Die ersten Ackerbauern und Viehzüchter in Mitteleuropa werden von der Wissenschaft nach den bandförmigen Verzierungen auf den von ihnen gefertigten Gefäßen **Bandkeramiker** benannt. Diese aus Keramik, dem ersten künstlichen Werkstoff, bestehenden Gefäße werden aus feuchtem Ton freihändig geformt und im offenen Herdfeuer oder im Brennofen gebrannt. Nicht selten bleiben im noch weichen Ton Pflanzenabdrücke zurück, die den Archäologen später Aufschluss über die in der Steinzeit angebauten Getreidearten, das verwendete Obst usw. geben.
Die bandkeramischen Bauern werden zunächst in Landschaften mit für den Ackerbau gut **geeigneten** Lößböden sesshaft. Diese leicht zu bearbeitenden Böden sind neben günstigen großklimatischen Bedingungen und ständig zur Verfügung stehendem Wasser die wichtigsten Standortfaktoren für die frühe Landwirtschaft.
(Heege/Maier, 109ff.; Häßler (1991b) 293; Kaufmann (1989), 69; LSGSA, 25)
In den Laubwaldbeständen unseres Gebiets werden für den Ackerbau geeignete Flächen gerodet, wobei auch die Brandrodung angewandt wird. Samen schattenliebender Unkräuter in aus dieser Zeit erhaltenen Getreideresten zeigen an, dass die Äcker klein und inselartig in die Waldflächen eingestreut sind.
Der Wald wird durch die Rodungen, aber auch durch die Gewinnung von Material für Hausbau, hölzerne Geräte, Behältnisse und Feuerholz sowie durch die Weide des Viehs in den Wäldern immer mehr zurückgedrängt. Die lichten Eichenwälder, die die ersten in unserem Gebiet siedelnden Menschen umgeben, sind für die Waldweide gut geeignet. (Schubart (1966), 13)

Der Ostharz wird an seinem Nord- und Ostrand von den Siedlungen der Bandkeramiker erreicht. Funde von Steingeräten belegen, dass Siedler im Osten bis Annarode, Mansfeld, Willerode und Harkerode vorrückten. Für die mittlere Jungsteinzeit lässt sich in der Baumannshöhle bei Rübeland der

Aufenthalt von Menschen der Michelsberger Kultur nachweisen. Die Fülle an Haus- und Wildtier-
knochen von Rind, Rothirsch und Reh belegen, dass die Baumannshöhle als Behausung diente. Im
Unterschied zu den im Vorland ansässigen Ackerbauern lebten die (zeitweiligen) Harzbewohner von
Viehhaltung und Jagd, von Rohstoffen wie Stein und von Naturprodukten wie Wachs und Honig,
Harz und Pech, Holz und Baumschwämmen. (LSGSA, 207)
Darüber hinaus sind im Ost- und Südharzvorland u. a. folgende Siedlungen der älteren Linienband-
keramik nachweisbar: Bachra (Kreis Sömmerda), Badra, Ebeleben und Oberbösa (Kreis Sonders-
hausen), Großörner (Kreis Hettstedt), Bockshornschanze und Landgraben in Quedlinburg, Bal-
lenstedt und Rieder (Kreis Quedlinburg), Minsleben (Kreis Wernigerode) und Mehringen (Kreis
Aschersleben). (Kaufmann (1989), 71f.)

Für das westliche Umfeld des Oberharzes sind dauerhafte Niederlassungen nur bis zu einer Linie
Kalefeld – Schwiegershausen bekannt. (Grunwald, 57)
Im Nordwestharz wurden Siedlungsspuren der Bandkeramiker u. a. in den Gemarkungen Schladen,
Werlaburgdorf, Wehre und Gielde gefunden. (Goslar (1970), 124)
Vor allem jüngste Ausgrabungsergebnisse entlang der neuen Bundesstraße 6 beweisen, dass das
nördliche Randgebiet des Harzes seit mindestens 5.500 vor Chr. ununterbrochen besiedelt ist.
(Brumme, 12; Lagatz (2004), 10; Grunwald, 57f.; Schwarz, 252f.)

Diese Menschen, die Tiere zähmen und Pflanzen anbauen und somit von der aneignenden Wirtschaftsweise der Jäger und Sammler allmählich abgehen und stattdessen bewusst produzierend in die Natur
eingreifen und die natürliche Vegetation in ihrer Umgebung verändern, begründen damit ein neues
Verhältnis des Menschen zur Natur. Diese **Neolithische Revolution** der Produktivkräfte bringt die
menschliche Entwicklung enorm voran und führt zu einem erheblichen Bevölkerungswachstum. Der
Ackerbau und auch die **Haustierhaltung** erfordern den **Übergang zu** einer **sesshaften Lebensweise**
und ein planvolles Vorausschauen und Handeln.
Auf der Grundlage einer gesicherten Nahrungserzeugung nimmt die Spezialisierung unter den Produ-
zenten zu (Landwirtschaft, Handwerk) und es bilden sich **fortgeschrittenere Arbeitsteilungen** und
neue Austauschbeziehungen heraus. (Benecke, 77)

Der in der Jungsteinzeit mit Ackerbau, Viehzucht und der Bewirtschaftung der Wälder beginnende
nachhaltige Eingriff des Menschen in seine natürliche Umwelt hinterlässt in den Oberflächenformen
der Landschaft, aber auch in Gewässernetz und Bodendecke, im Laufe der folgenden Jahrtausende
ebenso deutliche Spuren wie zuvor der klimaabhängige Umweltwandel infolge des Wechsels von
Kalt- und Warmzeiten. (Jäger, 20)

Die Bandkeramiker wohnen vorwiegend in kleinen Siedlungen von wenigen etwa 15 bis 30 Meter
langen und 6 bis 7 Meter breiten Langhäusern, die in Pfostenbauweise errichtet werden, mit leh-
mverputzten Flechtwerkwänden. Die am besten als Bau- und Brennholz geeigneten Gehölzarten
stehen nachhaltig zur Verfügung. Die Größe der Häuser lässt sie als Wohnraum für jeweils eine
Großfamilie mit wenigstens 30 arbeitsfähigen Mitgliedern vermuten. Die dörflichen Siedlungen bestehen in der Regel aus drei bis vier Langhäusern sowie einigen kleineren Speicherbauten.

Abgesehen von der Zimmermannstechnik zur Errichtung der Häuser in Pfostenbauweise und der
Fähigkeit zur Herstellung von Keramik beherrschen die Bandkeramiker auch bereits die Techniken
des holzverschalten Brunnenbaus, der Fertigung von Textilgeweben aus pflanzlichen und tierischen
Rohstoffen und des Steinschliffs zur Herstellung von Arbeitsgeräten sowie die Nutzung tierischer
Energie im Arbeitsprozess und zur Fortbewegung.

Mann und Frau sind im gesellschaftlichen Leben offenbar gleichrangig. Ersterer hat als der körperlich stärkere und der mit naturbedingtem größerem Aktionsradius Schutzfunktion und als Jäger

vorrangig für die Fleischnahrung zu sorgen. Die Frau sichert als Gebärerin und Mutter den Bestand der Population und gewährleistet durch Sammeln von Pflanzen und Kleintieren eine weitgehend gleichmäßige Nahrungsversorgung. Sie hütet zudem das lebenswichtige Feuer und ist wohl auch diejenige, die die Fellkleidung näht. (Thielemann, 8ff.; Heege/Maier, 120ff.; Häßler (1991), 505f.; Jankuhn, 24ff.; Peschel, 18ff; Kreuz, 78, 104f., 112f., 143; Hoffmann (1994), 6ff.; Dusek, 52ff.; Brumme,12; Ilsenburg, 31f.; Herrmann (1989b), 12; Feustel, 47)

Neben den geschlagenen Geräten aus Feuerstein, wie sie bereits in der mittleren Steinzeit hergestellt wurden, können die jungsteinzeitlichen Menschen auch Geräte aus geschliffenem Felsgestein fertigen. Die meisten geschliffenen Steingeräte, wie Querbeile und Setzkeile, dienen der Holzbearbeitung. Es werden aber auch immer mehr Waffen, Keulenköpfe und *„Streitäxte"* in dieser Technik produziert. (AWT, I, 28)

Das Anlegen der Siedlungen, Ackerbau und Viehzucht sowie handwerkliche Tätigkeiten verlangen eine enge Kooperation und arbeitsteiliges Zusammenwirken in einer größeren Gemeinschaft. Aus der Ausstattung der Gräber mit Beigaben ist ersichtlich, dass diese aber noch wenig gegliedert ist. (Dusek, 55)

Durch die Siedlungstätigkeit der Menschen, insbesondere die Rodung von Waldungen, werden Flora und Fauna sowie das Landschaftsbild auch unseres Gebiets allmählich verändert. Paläoethnobotanische Untersuchungen der bei Ausgrabungen geborgenen verkohlten Pflanzenteile zeigen, dass in der ersten Phase der Besiedlung bereits folgende **Kulturpflanzen,** also vom Menschen nach dem Prinzip von Auslese und Vermehrung zufällig auftretender Varianten züchterisch bearbeitete Nutzpflanzen, angebaut werden, die von den ersten Siedlern als Saatgut mitgebracht wurden: die Getreidearten **Emmer**, auch Zweikorn genannt, vermutlich die Hauptanbaufrucht dieser Zeit, und **Einkorn**, die Hülsenfruchtarten **Erbse** und – seltener – **Linse** sowie als Öl- und Faserpflanze **Lein**.
Das Getreide wird vorwiegend im Herbst ausgesät. Die Ernte erfolgt bodenfern, d. h. die Ähren werden wahrscheinlich von Hand gebrochen. Auf die bodenferne Ernte deuten mitgefundene Samen hochwüchsiger Unkräuter. Der Nachweis von Samen einjähriger Unkräuter lässt darauf schließen, dass der Boden jeweils vor der Saat aufgerissen wird. Das geschieht mit einfachen hölzernen Hacken oder Grabstöcken, in der älteren Jungsteinzeit noch ohne Pflug. Der Einsatz des von Rindern gezogenen hölzernen Hakenpflugs, der in unserem Gebiet seit der mittleren Jungsteinzeit nachweisbar ist, führt zu einer wesentlichen Ertragssteigerung im Getreideanbau.
(Jankuhn, 185f., 213ff. 231; Körber-Grohne, 29ff., 452; Heege/Maier, 129, 173f.; Häßler (1991), 505ff.; Dusek, 53; Schultze-Motel/Gall, 44, Hoffmann (1994), 6f.; Kaufmann (1989), 69; Preuß, 79)
In unserer Region wurden jungsteinzeitliche Reste von Emmer u. a. auf Siedlungsplätzen dieser Zeit bei Rosdorf, Greußen, Nägelstedt, Sundhausen, Steinthaleben, Voigtstedt und Weißensee sowie von Einkorn bei Rosdorf, Auleben und Steinthaleben gefunden. Reste von Erbsen, Linsen und Lein aus dieser Zeit wurden ebenfalls bei Rosdorf und aus der Spätaunjetitz-Hallstattzeit bei Frankenhausen geborgen. Reste von Lein aus der Spätlatenezeit wurden bei Westgreußen festgestellt.
(Schultze-Motel/Gall, 31ff.; Häßler (1991), 507)

Mit dem Anbau von Getreide und anderen Kulturpflanzen gelangen weitere neue Pflanzenarten in unser Gebiet, die sog. **Archäophyten** (Herdam et al, 59). Dazu gehören der Feldkerbel, der gegenwärtig noch auf Äckern und in Gärten um Quedlinburg vorkommt (Herdam et al, 196), die Acker-Haftdolde, die heute noch verstreut im Harzvorland wächst (Herdam et al, 196), das Rundblättrige Hasenohr, das u. a. bei Wernigerode, Benzingerode, Westerhausen und Quedlinburg zu finden ist (Herdam et al, 197), der Gelbe Günsel, der u. a. auf skelettreichen Äckern und lückigen Trockenrasen bei Wernigerode, Gernrode und Thale wächst (Herdam et al, 237) sowie die bis in die erste Hälfte des 20. Jahrhunderts in unserem Gebiet weit verbreitete Kornrade, die u. a. noch bei Wernigerode vorkommt, deren Bestand aber zurückgeht (Herdam et al, 118)

Zur Vermeidung von Pflanzenkrankheiten, der Ausbreitung von Schädlingen und einer einseitigen Bodenermüdung wird bereits von den Bauern der bandkeramischen Zeit **Fruchtwechsel** durchgeführt. Die Felder werden durch Zäune, Hecken oder von Feldwachen vor Wild- und Haustieren geschützt. (Kreuz, 94)

Von den bandkeramischen Bauern wird das schon von den Jägern und Sammlern praktizierte Sammeln und Bevorraten von essbaren Wildpflanzenarten fortgesetzt. Bei wissenschaftlichen Untersuchungen an bandkeramischen Fundstellen werden 75 essbare Arten von Wildpflanzen nachgewiesen, die potentielle Sammelpflanzen darstellen. Dazu gehören Rainkohl, Weißer Gänsefuß, Roggen-Trespe und Sauerampfer sowie die wilde Malve als Heilpflanze.
(Kreuz, 117ff.; Jankuhn, 193, 229; Kaufmann (1989), 69)
Prähistorische Pflanzenreste belegen, dass im Neolithikum u. a. folgende **Wildfrüchte** verzehrt werden: Apfel, Vogelkirsche, Schlehe, Himbeere, Brombeere, Walderdbeere, Heidelbeere, Holunder und Hasel (Jankuhn, 211, 226ff.; Heege/Maier, 129)

Knochenfunde vom Rind und vom Schwein sowie vom Schaf und der Ziege weisen auf eine **ausgedehnte Tierhaltung** hin. Schaf und Ziege kommen in Mitteleuropa nicht als Wildformen vor, sind also domestiziert hier eingeführt worden. Beide Tierarten wurden bereits um 8.000 vor Chr. in Vorderasien domestiziert. Die Wildform des Schafs ist das Wildschaf, die der Ziege die Bezoarziege. Knochen dieser vier Haustiere wurden bei Ausgrabungen neolithischer Siedlungen, u. a. in der Einhornhöhle bei Scharzfeld, entdeckt.
(Staesche, 64f.; Götze/Höfer/Zschiesche, XVI; Teichert/Müller (1993), 207; HL, 2. Jg. (1905/06), 31f., 48f.; Benecke, 30, 102f.)
In den linienbandkeramischen Siedlungen Mitteldeutschlands belegen die Knochenfunde folgende mittlere Mengenanteile der Wirtschaftshaustiere: Rind 55,2 %, Schaf/Ziege 32,6 %, und Schwein 12,2 %. In den folgenden Jahrhunderten nimmt hier der Umfang der Rinderhaltung noch weiter zu, während die Haltung von Ziegen und Schafen insgesamt stark zurückgeht.
In der jüngsten Zeitphase der Bandkeramik-Kultur, d. h. im Fundmaterial der Stichbandkeramik in der ersten Hälfte des 5. Jahrtausends vor Chr., sind dann folgende mittlere Häufigkeiten unter den Haustieren in Mitteldeutschland anzutreffen: Rind 72,8 %, Schwein 17,3 % und Schaf/Ziege 9,9 %.
(Benecke, 109f.)

Die Haustiere werden zunächst in derselben Weise genutzt wie vordem die Wildtiere durch die alt- und mittelsteinzeitlichen Jäger. Im Vordergrund steht das Fleisch und Fett der Tiere für die **Ernährung**. Daneben liefern die Haustiere, ähnlich wie vordem die Wildtiere, wichtige Rohstoffe, wie Felle, Häute, Sehnen, Därme, Knochen und Horn, zur Herstellung von Bekleidung, Geräten, Werkzeugen u. a. Gegenständen. (Benecke, 121)

An Wildtieren, die in den bandkeramischen Siedlungen Mitteldeutschlands durchschnittlich nur noch 4,2 % der Versorgung mit Fleisch ausmachen, werden Knochen u. a. von Wildschwein, Auerochse, Wildpferd und Reh nachgewiesen. Unter den Fischresten sind am häufigsten Hechte, dann Barsche, Brachse, Aal und Schleie vertreten. (Heege/Maier, 132, Kaufmann (1989),70; Benecke, 110)

Der **Haushund** wird als Jagdgenosse, Hüte- und Wachhund gehalten, unbeschadet dessen, dass er bisweilen auch gegessen wird. Er wurde als **erstes Haustier** bereits in der Mittleren Steinzeit (13.000 bis 7.000 vor Chr.), also vor Beginn der agrarischen Wirtschaftsweise, domestiziert. (Mélard (2017), 384; Benecke, 68ff.; Mildenberger, 29; Jankuhn, 38f.; Thieme (1991), 107; Kaufmann (1989),70)

Die **Hausrinder** stammen aus dem vorderasiatisch-anatolischen Ursprungsgebiet der Landwirtschaft und sind nicht mit dem europäischen Auerochsen eingekreuzt. Auch die Urformen der Schweine stammen aus außereuropäischen Gebieten, Einkreuzungen der europäischen Formen kommen jedoch unbeabsichtigt oder auch beabsichtigt vor. Schafe und Ziegen haben kein natürliches mitteleuropäisches Verbreitungsgebiet und werden deshalb ebenfalls eingeführt. (Kreuz, 128; AWT, I, 30ff.; Jankuhn, 27ff.; 38f.; Heege/Maier, 139)

Das **Hauspferd**, die domestizierte Form des Wildpferdes, spielt in Mitteleuropa erst ab der Zeit um 3.000 vor Chr. eine Rolle. Es erhöht die Beweglichkeit des Menschen erheblich. Es wird zunächst als Reit- und Lasttier, später auch als Zugtier eingesetzt. (Benecke, 102f.)

Die Wanderweide mit Hirten und Hunden ist in dieser Zeit die effektivste Form der **Haustierhaltung**. Die Haustiere suchen sich auf den Weideflächen, sei es auf siedlungsnahem Grünland oder im Wald, ihr Futter weitgehend selbst. Dort sind sie Tag und Nacht, im Sommer und im Winter. Vermutlich hat die Waldweide dieser Tiere, besonders der Ziegen, zur Auflichtung der Wälder beigetragen. (Kreuz, 128; Goltz I, 43, Benecke, 162)

Nach der Ernte im Herbst können die Haustiere auch auf den eingezäunten Feldern weiden und diese Standorte dabei gleichzeitig düngen. (Willerding (1988), 35f.; Kreuz, 85ff.)

Die Altersbestimmung der als Haustiere gehaltenen Rinder, Schafe und Ziegen erlaubt die Feststellung, dass den Menschen erstmals größere Mengen Milch zur Verfügung stehen, was die Tierzucht von der Nutzung von Jagdwild unterscheidet. Durch die Herstellung von Käse entsteht ein essbares und lagerfähiges Nahrungsmittel. Die Wolle der Schafe kann zur Textilherstellung verwendet werden. (Kreuz, 134 ff.; Kaufmann (1989),70)

Nach einigen Jahrhunderten bandkeramischer Besiedlung sind weite Teile des Laubwalds im Harzvorland abgeholzt und gerodet.Die **Landschaft wird erstmals durch den Menschen erheblich verändert**, wie man es auch schon aus dieser Zeit stammenden Auenlehmablagerungen in den Flusstälern ablesbar ist. (Heege/Maier, 123)

Aus der Periode der frühbäuerlichen Wirtschaftsweise sind am Harzrand zahlreiche Siedlungsfunde bekannt. Auch im Leinetal und seinen Nebentälern und im Bereich der Oker, Fuhse und Innerste gibt es eine dichte Fundstreuung aus dieser Zeit. Einer der größten bisher bekannten Siedlungsplätze der jüngeren Steinzeit liegt bei Rosdorf im oberen Leinetal mit 52 bandkeramischen Hausgrundrissen. Für die Lebensweise der Jungsteinzeit mit Ackerbau und Viehhaltung sind jedoch das Klima und die Bodenbeschaffenheit des Harzgebirges selbst zu ungünstig. Höhenlagen über 200 m werden in der Regel nicht besiedelt. (Grunwald, 58; Heege/Maier, 122; Häßler (1991), 505f.)

Seit etwa **4700 bis 4550 vor Chr.** werden mit **Gerste** und **Saatweizen** zwei weitere Kulturpflanzen angebaut. In unserem Gebiet bildet die Gerste sogar die Hauptgetreideart in jener Zeit. (Körber-Grohne, 37, 48, 452; Kreuz, 29)

Jungsteinzeitliche Reste von Gerste und Saatweizen werden u. a. in der Siedlung an der Walkemühle in Göttingen gefunden. (Heege/Maier, 173; Kaufmann (1989), 69)

Wichtige **Jagdtiere** in der bandkeramischen Zeit sind Rothirsch, Auerochse, Elch, Wisent, Wildpferd, Wildschwein und Reh, die jedoch für die menschliche Ernährung keine große Bedeutung mehr haben. Seltener werden Knochenfunde von Pelztieren, wie Wolf, Luchs und Braunbär in den Siedlungen nachgewiesen. (Kreuz, 58ff.; Willerding (1987), 439f.; Küßner, 15ff.; Jankuhn, 28)

Funde aus der jüngeren Bandkeramik geben auch Einblicke in die **Handelsbeziehungen** jener Zeit. Der im Früh- und Mittelneolithikum für die Steinbeilherstellung bevorzugte zähe und harte **Hornblendeschiefer** (Amphibolit) stammt zu einem erheblichen Anteil aus dem böhmischen Isergebirge. Die für die Werkzeugherstellung wichtigen **Feuersteine**, die vorher aus weit entfernten Regionen beschafft wurden, werden zunehmend auch aus näher gelegenen Vorkommen entnommen. (Kreuz, 27ff.; Walther (2002) 17; Göttingen und das Göttinger Becken, 14ff.)

26

Demgegenüber werden in der späten Jungsteinzeit (um 3.200 bis 2.800 vor Chr.) in unserem Gebiet aus dem **Schiefer bei Wieda** in der Nähe von Walkenried Beile, Meißel und andere Steingeräte hergestellt, die nicht nur in Mitteldeutschland, sondern im Norden bis nach Mecklenburg und im Westen bis nach Hessen verhandelt werden. (Götze/Höfer/Zschiesche, XIXf.; Jankuhn, 44f.)

Zur sesshaften Lebensweise gehört auch die Bestattung der Toten auf festen Plätzen in der Nähe der Siedlungen. Die Toten liegen als Schlafende, mit angewinkelten Beinen und vor das Gesicht erhobenen Händen. Größere Friedhöfe der Linienbandkeramik werden u. a. in Sondershausen und in Bruchstedt aufgedeckt. Auch an zahlreichen anderen Orten unseres Gebiets haben Archäologen Reste von Siedlungen und Steingeräte der Bandkeramiker zutage gefördert, darunter im oberen Unstruttal, im südlichen Leinetal, bei Diemarden zwischen Westerberg und Garte, am Euzenberg bei Duderstadt, bei Bernshausen, Gieboldehausen, Seulingen und Wollbrandshausen, am Ufer des Seeburger Sees, in der Nähe von Nordhausen und Sondershausen und am Kyffhäusergebirge. (Götze/Höfer/Zschiesche, 167, 183f., 190f., 195, 208, Peschel, 20; Häßler (1991), 428f.; Göttingen und das Göttinger Becken, 14ff.; Duderstadt (1996) 22f.; Otto, 25ff.; EHBr. vom 6.1.1961; Schlüter/August, Karte 8)

Ab etwa **3300 vor Chr.** breitet sich der während der Kaltzeit nach dem Balkan ausgewichene **Buchenwald**, den Eichenmischwald allmählich verdrängend, wieder verstärkt in unserem Gebiet aus und ab etwa 1.600 vor Chr. bildet die feucht-gemäßigtes Klima bevorzugende Rotbuche weitgehend geschlossene Bestände. An die Stelle der arktischen Tierwelt der jüngsten Eiszeit treten nunmehr Waldtiere, insbesondere Wildrinder, Hirsche und Wildschweine sowie die Raub- und Kleintiere des Waldes. (Brückner et al, 360; Willerding (1987), 439f.; Mantel, 28; Hasel/Schwartz, 21; Mildenberger, 11; Kaiser, 94)

Während der Jungsteinzeit erreichen in Verlauf weniger Jahrhunderte Menschengruppen mit verschiedenen Kulturen nacheinander das Harzvorland, das Gebirge selbst bleibt unbesiedelt. Reste einer befestigten Siedlung der jungsteinzeitlichen **Bernburger Kultur** aus der Zeit von **3.200 bis 2.800 vor Chr.** wurden über einem Steilhang der Holtemme bei Derenburg freigelegt. Das reichhaltige Fundgut umfasst Vorratsgefäße aus Ton sowie Fels-, Knochen- und Feuersteingeräte. Die Keramik zeigt oft reichen Dekor aus Ritz-, Schnitt- und Furchenstichlinien. Tierknochen bezeugen die Nutzung von Rind, Schwein, Schaf, Ziege, Pferd und Hund. Als Jagdtiere sind Hirsch, Reh und Elch nachgewiesen. Krauskopfpelikan und Großtrappe stellen Besonderheiten dar. Die Siedlung endet in der vorrömischen Eisenzeit.
Ein Kollektivgrab der Bernburger Kultur mit ca. 25 beigesetzten Individuen wurde bei Dedeleben freigelegt (Herrmann (1989a), 408ff., 553)

Etwa ab 2.800 vor Chr. wandern Menschengruppen aus Gebieten östlich der Oder in unser Gebiet ein, die nach den Abdrücken von Wickelschnüren in den weichen Ton der von ihnen geformten Keramikgefäße (Becher, Amphoren, Schalen) als **Schnurkeramiker** bezeichnet werden. Es sind ebenfalls Ackerbauern, die jedoch der **Viehzucht besondere Aufmerksamkeit** widmen, eine Eigenschaft, die sie mit den weit im Osten lebenden Steppenvölkern teilen. Die von den Bandkeramikern abweichenden Formen der Bestattung ihrer Toten (z.B. weitgehende Differenzierung im Grabbau und bei den Grabbeigaben) weisen auf eine Hierarchisierung der Gesellschaft hin. An die Stelle der gemeinsamen Bestattung in sog. Totenhütten, die in unserem Gebiet u.a. in Nordhausen, Odagsen im Leinetal und bei Benzingerode nachweisbar sind, tritt die Bestattung in Einzelgräbern.
Aus der Totenhütte Nordhausen wurde der Schädel eines erwachsenen Mannes mit einem überdimensionierten Schädeldachdefekt geborgen, der von einer **prähistorischen Trepanation** (Öffnung des Schädels am Lebenden) zeugt. Mittels eines Feuersteingeräts wurde das Schädeldach auf 130 bis 132 mm Breite und 165 mm Länge entfernt. Der verrundete und vernarbte Außenrand und die natürliche (häutige) Deckung der Schädelöffnung deuten auf einen Heilungserfolg nach diesem chirurgischen

Eingriff hin. Aus benachbarten Gebieten sind zahlreiche weitere Trepanationen aus dem Neolithikum bekannt. Auf die erstaunlich hoch entwickelten **medizinischen Kenntnisse der Neolithiker** weist auch die erfolgreich verlaufene Amputation eines Unterarms an einem steinzeitlichen Menschen hin, der im Leinetal bei Odagsen gelebt hat. Der gut verheilte Stumpf zeigt kaum entzündliche Erscheinungen. Offene Knochenverletzungen zählen auch heute noch zu den schwer behandelbaren Wunden, da es über den Weg der eröffneten Markhöhle leicht zu einer allgemeinen Blutvergiftung kommt. (Feustel, 31ff; Küßner, 29ff.; Heege/Maier, 140; Dusek, 61; Bach/Bach, 87, 94ff.)

Gräber- und Siedlungsreste der jungsteinzeitlichen schnurkeramischen Kultur werden von Archäologen an weiteren Orten unseres Gebiets, u. a. in der Einhornhöhle bei Scharzfeld, bei Nordhausen und Göttingen sowie in der Baumannshöhle in Rübeland festgestellt. (Peschel, 23f; Göttingen und das Göttinger Becken, 15ff.; Häßler (1991), 410f., 449; Willerding (1987), 440; Walther/Schwedler, 7ff; Grimm/Timpel, 34f.; Schlüter/August, Karte 8; Walter (1989b), 119f.)

Zwischen **2500 und 2200 vor Chr.** erreichen aus Spanien über Frankreich kommende Menschengruppen der **Glockenbecherkultur** unser Gebiet, die nach den von ihnen gefertigten keramischen Gefäßen mit flachem Standboden und S-förmigem Profil benannt werden. Diese mobilen Menschengruppen besitzen gute Fähigkeiten im Aufsuchen und Verarbeiten begehrter Rohstoffe. Zahlreiche Gold- und Silberfunde deuten auf besonderes handwerkliches Können bei der Bearbeitung von Edelmetallen hin. Sie breiten sich rasch neben den Schnurkeramikern aus und koexistieren mit ihnen. Auf dieser Grundlage kommt es zur Ausbildung der frühbronzezeitlichen, nach einem wichtigen Fundplatz in Böhmen benannten **Aunjetitzer Kultur,** nicht nur in Böhmen, sondern auch in Mitteldeutschland, darunter im nordöstlichen und westlichen Harzvorland. Ein Grab aus der Zeit der Glockenbecherkultur wird bei Göttingen freigelegt.(Götze/Höfer/Zschiesche, XXIXf.; Häßler (1991), 432; Küßner, 30ff.; Grunwald, 59; Preuß,83; Walter, (1989a), 85f.)
Im Gefolge neuer Verkehrsbeziehungen lernen die Menschen unseres Gebiets schon im jüngeren Neolithikum erstmals **Metallgerät** kennen. Es handelt sich um gediegenes Kupfer, aus dem Schmuck und in begrenztem Umfang auch Werkzeuge und Waffen, wie Beile, Pfrieme und Dolche, hergestellt werden. So werden Kupferäxte donauländischer Fertigung bei Auleben gefunden. (Peschel, 23)

2000 bis 750/700 Jahre vor Chr. (Bronzezeit)

Etwa 1800 vor Chr. verbreitet sich, aus Südosteuropa kommend, auch in unserem Gebiet die Kenntnis, das gediegene Kupfer durch Zusatz von 4 bis 10 Prozent Zinn zur Legierung Bronze umzuwandeln, die wesentlich härter als Kupfer und damit vielseitiger verwendbar ist. Sie ist auch besser gießbar und ermöglicht deshalb einen größeren Formenreichtum. Es ist der Beginn der sog. **Bronzezeit.** Die frühgeschichtlichen Bergleute spüren die für sie nutzbaren Kupfervorkommen vor allem mit empirischen Methoden auf. Neben Farbe und Gewicht des Erzes geben besonders Pflanzen, die auf Böden mit hoher Kupferkonzentration wachsen, wie das Kupferveilchen oder die Hallersche Grasnelke, die zu den sog. **Zeigerpflanzen** gehören, aber auch die Farbe und der Geschmack der Gewässer im Lagerstättenbereich Hinweise auf das gesuchte Erz, das im Harz sowie in seinem Vorland vorkommt. Am Nordwesthang des Rammelsbergs bei Goslar trat das Erz des Alten Lagers, das eine Mächtigkeit von bis zu 15 m besaß, auf einer Länge von etwa 500 m oberirdisch aus (*„Ausbiß"*) und konnte als vegetationslose Fläche ohne große Schwierigkeiten erkannt und abgebaut werden. Der Erzkörper des Rammelsbergs besteht aus unterschiedlichen Erzarten, vor allem aus Bleiglanz, Zinkblende, Kupferkies und Schwefelkies. Es gibt mehrere Hinweise und Belege, dass **bereits in der Bronzezeit Kupfer aus dem Rammelsberger Erz gewonnen** wurde.
Am Spitzenberg südwestlich von Bad Harzburg wurde ein Kupferschmelzplatz festgestellt, der nach der Radiokarbondatierung in der Zeit kurz vor oder um 1000 vor Chr. betrieben wurde. (Grunwald, 60)
Da mit normalem Holzfeuer nur Temperaturen von höchstens 400° C erzeugt werden können, zum Schmelzen von Kupfer oder Eisen jedoch Temperaturen von 800 bis 1.200° C erforderlich sind, die zu

jener Zeit nur durch das Verbrennen von Holzkohle erzeugt werden konnten, deren Feuer durch Blasebälge, Luftdüsen u. ä. angefacht wurde, war die Herstellung von **Holzkohle** die **wichtigste Voraussetzung jeder Metallherstellung**. Deshalb gehört die **Köhlerei** zu den ältesten Gewerben, durch das die Waldbestände im Harz durch den immensen Bedarf der Schmelzhütten an Holzkohle über Jahrhunderte hindurch wesentlich reduziert worden sind. (Kortzfleisch, 1ff.; Bartels et al (2007),20)

Funde von Rillenschlägeln vom Kapitelsberg bei Darlingerode, aus dem Brunnenbachtal, von Oberschulenberg und aus Nöschenrode sowie eine bei Minsleben gefundene Tondüse als Teil des Blasebalgs für den Bronzeguss aus der Aunjetitzer Zeit verweisen ebenfalls auf metallurgische Aktiviäten am nördlichen Harzrand. Ein spätbronzezeitlicher Hortfund wurde beim Bau der Zillerbachtalsperre am Peterstein gemacht. Auf der Roßtrappe bei Thale wurde ebenfalls ein Bronzehortfund geborgen. Auch die vermutliche Nutzung von Oberharzer Silber zur Herstellung von Grabbeigaben aus dieser Zeit aus Grabhügeln bei Müllingen (Landkreis Hannover) kann als **Beginn des Bergbaus im Harz um 1000 vor Chr.** angesehen werden, der in den folgenden 3 Jahrtausenden vielfältige Spuren in der natürlichen Umwelt unseres Gebiets hinterlassen hat.
(Grunwald, 60; Brückner et al,72, 374; Dusek, 72; AWT, I, 35f.; Böhme (1978a) 169ff.; Roseneck (1992),119; Lagatz (2004), 10ff.; Walter, (1989a), 85f.; Kortzfleisch (2008),6)

Auf den Harzer Erzbergbau in dieser Zeit weisen auch Flussablagerungen der im Harz entspringenden Oker und Innerste im nördlichen Harzvorland hin, die deutlich erhöhte Schwermetallgehalte in Schichten enthalten, die aus der Bronze- und Eisenzeit datieren. (Frenzel/Kempter, 73)

Die o. g. metallurgischen Aktivitäten, aber auch frühe Spuren von Eisenverhüttung im Harz, die dem letzten Jahrtausend vor Chr. zugerechnet werden, sowie viele Einzelfunde von steinzeitlichen Werkzeugen und bronzenen Schmuckstücken widerlegen die früher gültige These, dass der Harz vor dem 11. Jahrhundert nach Chr. ein undurchdringlicher und gänzlich unbewohnter Urwald gewesen sei. Neue archäologische Forschungsergebnisse belegen, dass er bereits im letzten Jahrtausend vor Chr. keine Kommunikationssperre für den Austausch technischer Kenntnisse, sondern eine in die wirtschaftliche Entwicklung unseres Gebiets eingebundene Landschaft ist. (Kortzfleisch, 6)

Durch den Zugang zu Erzen und die Kenntnis der Verfahren der Bronzemetallurgie werden fast alle Lebensbereiche der Menschen beeinflusst: das Handwerk, die Landwirtschaft, die religiösen Vorstellungen und die Struktur der Dorfgemeinschaften. Während die Bearbeitung eines Steins zu einem Werkzeug in einem Arbeitsgang erfolgen kann, erfordert die Herstellung von Gegenständen aus Metall von der Beschaffung der Erze und deren Verhüttung bis zur Verarbeitung des Metalls die Zusammenarbeit mehrerer Berufsgruppen mit speziellen Kenntnissen. Durch diese Arbeitsteilung erfolgt eine weitere **soziale Differenzierung der bäuerlichen Gemeinschaften**. In der ersten Hälfte des zweiten Jahrtausends vor Chr. ist dies an der Reichtumsverteilung in der Grabausstattung und an der Errichtung mächtiger Grabhügel für die Stammesoberhäupter erkennbar. In Leubingen im mittleren Unstruttal wird 1877 von Professor Friedrich Klopfleisch die **um 1940 vor Chr.** erfolgte **eindrucksvollste bronzezeitliche Grablegung Thüringens** geöffnet und geborgen. In einer Totenhütte im Zentrum des Grabhügels liegen neben den Skeletten eines älteren Mannes und eines Kindes mehrere Dolche, Beile und Meißel aus Bronze sowie als besondere Herrschaftsinsignien ein Armring, Nadeln und Haarschmuck aus Gold.
(Walter (1989a)88f.; Dusek, 74ff.; Jankuhn,103, 185; AWT, IV, 33f. Regel II, 443f.)

Aus der frühen Bronzezeit **um 1.600 vor Chr.** stammt auch die **Himmelsscheibe von Nebra** an der Unstrut, eine kreisförmige Bronzeplatte mit der weltweit **ältesten konkreten Abbildung des Nachthimmels**, darunter des Sternhaufens der Plejaden, die den Menschen jener Zeit wichtige Information zum Jahreslauf vermitteln. Wenn die Plejaden um den 10. März herum letztmalig am Sternenhimmel erscheinen, beginnt die Zeit der Aussaat, gehen sie Mitte Oktober zum ersten Mal in

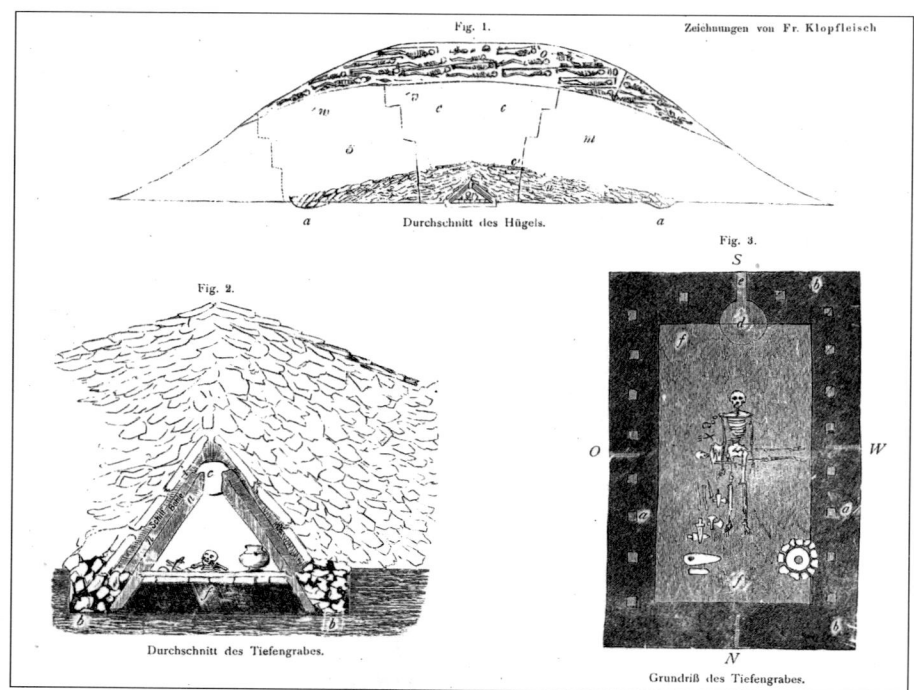

Fig. 1.

Zeichnungen von Fr. Klopfleisch

Durchschnitt des Hügels.

Fig. 3.

S

Fig. 2.

O

W

Durchschnitt des Tiefengrabes.

N

Grundriß des Tiefengrabes.

Der Leubinger Grabhügel nach Zeichnungen von Prof. Friedrich Klopfleisch

dem Teil des Nachthimmels unter, den der Vollmond beherrscht, so endet das bäuerliche Jahr. Die goldenen Horizontbögen auf der Scheibe markieren die Sonnenuntergänge zur Sommer- und Wintersonnenwende. Ihre 82-Grad-Winkel entsprechen exakt dem Sonnenlauf im Bereich der Breitengrade unseres Gebiets und zeugen davon, dass die Scheibe in der Umgebung von Nebra hergestellt wurde. Durch wiederholte genaue Peilung vom Mittelberg aus, dem Fundort der Scheibe, können die Menschen den Stand des Jahres bestimmen. Zur Sommersonnenwende am 21, Juni geht die Sonne über dem Brocken unter, am 1. Mai versinkt sie hinter dem Kyffhäuser. Die Himmelsscheibe von Nebra ist der **älteste bekannte Kalender der Menschheit**.

Wissenschaftliche Analysen haben ergeben, dass das Kupfer für die Scheibe aus dem Mitterberg bei Bischofshofen in Österreich und das verwendete Gold wohl aus Siebenbürgen stammt. Die mehrfach veränderte und ergänzte Himmelsscheibe zeugt nicht nur davon, dass unser Gebiet bereits in jener Zeit durch den Fernhandel mit anderen Regionen in Verbindung steht, sondern sie veranschaulicht auch die **komplexen technischen Fähigkeiten** und die erstaunlichen **astronomischen Kenntnisse** der in der Bronzezeit in unserem Gebiet siedelnden Menschen. (Märtin, 38 ff.)

Wichtigste Lebensgrundlage ist auch in der Bronzezeit die bäuerliche Wirtschaft. Es werden weiterhin die genannten Getreidearten und Hülsenfrüchte sowie Öl- und Faserpflanzen auf den Feldern angebaut. Die **Ackerbohne** und die **Rispenhirse** kommen neu hinzu. Vereinzelt wird auch schon **Roggen** angebaut. (Willerding (1987), 439f.;Göttingen und das Göttinger Becken, 29; Jankuhn, 222f.; Körber-Grohne, 122f., 332f., 453; Walter. (1989a), 87)

Reste der Ackerbohne und der Rispenhirse aus der Spätaunjetitz-Hallstattzeit werden in unserem Gebiet u. a. bei Bad Frankenhausen gefunden. (Schultze-Motel/Gall, 35f.)

Unter den Haustieren nimmt das Rind die bedeutendste Rolle ein und wird als Fleisch- und Milchlieferant, aber auch als Zug- und Tragtier, gezüchtet. Es handelt sich noch um klein- bis zwergwüchsige Tiere mit einer Widerristhöhe von 105 bis 113 cm. Auch Schafe, Ziegen, Schweine und Geflügel werden gehalten. (Walter (2015), 33ff.)

Der Speisezettel wird zwar durch die Erträge der Jagd, des Fischfangs und der Sammeltätigkeit ergänzt, doch spielt diese Art des Nahrungserwerbs nur eine untergeordnete Rolle. Hauptjagdtiere sind Elch, Auerochse, Hirsch, Reh, Wildschwein und Hasen; aber auch Bär, Wolf, Rotfuchs, Wildkatze, Luchs, Dachs, Biber und Fischotter sowie Adler, Gänse und Schwäne werden erlegt. Außerdem werden hölzerne Wildfallen verwendet, um Eichhörnchen, Igel, Marder, Iltis und Wiesel zu fangen. In den Gewässern u. a. werden Hecht, Wels, Zander und Lachs gefangen. (Horst, 99)

In der mittleren Bronzezeit wird in verstärktem Maße Viehzucht betrieben, wodurch es möglich wird, auch weniger fruchtbare Gebiete zu besiedeln. (Rösler, 95)

Spätestens seit der Bronzezeit ist die Ausbeutung der Solequellen bei Frankenhausen, Numburg und Auleben am Kyffhäuser durch Verdampfen der Sole zur **Salzgewinnung** belegt. So befinden sich auf dem Solberg bei Auleben zahlreiche Hügelgräber aus der schnurkeramischen und der Bronzezeit, die auf eine dichte Besiedlung dieses Ortes in jener Zeit hinweisen. Mit dem schon damals sehr begehrten Salz wurde die Möglichkeit eröffnet, Lebensmittel haltbar zu machen. Es wird auch beim Gerben von Leder, bei der Metallverarbeitung und bei der Viehhaltung gebraucht.
(AWT, XIII, 8; Götze/Höfer/Zschiesche, 182; Grimm/Timpel, 35ff.; Kyffhäuser, 153; Dusek, 91)

In dieser Zeit erreichen wichtige Neuerungen auch unser Gebiet. Dazu zählen der aus Kleinasien übernommene Gebrauch von **Speichenrad und Wagen**.
(Jankuhn, 89)

Im Harzvorland wurden zahlreiche Siedlungs- und Gräberfunde aus der Bronzezeit gemacht, die u. a. Waffen, Schmuck und andere Beigaben aus Bronze enthielten.

Aus **Hügelgräbern** in der Nähe von Katlenburg wurden für die Frauentracht der frühen Bronzezeit typische Radnadeln, Armringe, ein Absatzbeil und andere Gegenstände aus Bronze gefunden, die als fertige Produkte aus Gebieten eingeführt wurden, die bereits über eine längere Tradition in der Bronzeherstellung verfügten. (Schlegel, 2ff.)

Auch die Hügelgrabfelder von der oberen Warne bis zur unteren Wedde im Nordharzer Vorland, das bronzezeitliche Grabhügelfeld bei Knutbüren, die jungbronzezeitliche Siedlung an erhöhter Stelle in der Leine-Talaue bei Göttingen sowie die Höhensiedlungen auf dem Großen und dem Kleinen Gegenstein bei Ballenstedt aus der gleichen Zeit waren wichtige Fundorte zahlreicher bronzezeitlicher Gegenstände. Einzelfunde bronzener Geräte und Waffen wurden u. a. in der Nähe von Vienenburg, Harlingerode, Gandersheim und Goslar sowie bei Oldershausen, Badenhausen, Schwiegershausen, Lauterberg, Zorge, Wieda, Altenau, Hattorf und Pöhlde gemacht.
(Thielemann, 19ff.; Häßler (1991), 432; Goslar (1970), 124f.; Anding (1972), 65; Herrmann (1989a), 700f.; Kronenberg, 9f.; Badenhausen, 183)

1884 wird bei Regulierungsarbeiten in der Rhume ein 43,7 cm langes Bronzeschwert aus der Zeit um 1000 vor. Chr. gefunden. Diese Schwertform wurde in einer Region hergestellt, die sich vom südöstlichen England bis nach Nordfrankreich erstreckte. Das Schwert ist offenbar als Handelsobjekt in unser Gebiet gelangt. (Schlegel, 8)

Die westlich von Osterode in der Gemarkung Dorste gelegene **Lichtensteinhöhle** wird zwischen **1000 und 800 vor Chr.** als **Kult- und Bestattungsplatz** genutzt. Es werden Menschenknochen von 20 bis 30 Individuen, überwiegend Reste von Jugendlichen und Kindern, gefunden. Außerdem werden Bronzegegenstände (Schmuck- oder Trachtzubehör), wie Ohr- Arm- und Fingerringe, Spiralen und eine Nadel mit doppelkonischem Kopf sowie Keramikteile geborgen, die eine Datierung in die jüngere Bronzezeit ermöglichen. Die dortigen archäologischen Ausgrabungen geben aufschlussreiche Einblicke in das Leben, die Glaubensvorstellungen und die kulturellen Beziehungen der Menschen der endenden Bronzezeit im Oberharzvorland nach Thüringen (Unstrutgruppenkultur). (Grunwald, 59f.; Kempe/Vladi, 1ff.; Herrmann(1988),13ff.; Häßler (1991), 500)

In einem **Höhlensystem im Kosakenberg** am Südrand des Kyffhäusers wird einer der bedeutendsten bronzezeitlichen und früheisenzeitlichen **Kultplätze** Deutschlands entdeckt und von 1951 bis 1957 unter der Leitung von Professor Behm-Blancke erforscht. Dabei werden u. a. fast 32.000 Tierknochen und mehrere tausend Menschenknochen geborgen. Aus der Untersuchung der Tierknochen geht hervor, dass in der Bronzezeit unter den für Kulthandlungen geopferten Haustieren unseres Gebiets Schaf und Ziege dominieren (42,2 % der gefundenen Knochen). Danach folgen mengenmäßig die Rinder-, Schweine- und Hundeknochen mit 27,2%, 16,9% und 13,1%.

Da für die menschliche Ernährung in der Bronzezeit das Rind an erster Stelle steht, erfolgt die Auswahl der Haustiere für die Ausübung von Kulthandlungen offensichtlich nach anderen Gesichtspunkten.

Mit nur 58 Knochen von 5 Individuen, vorwiegend aus der jüngeren Bronzezeit, ist das Pferd unter den Haustieren sehr schwach vertreten. Wahrscheinlich ist dies auf den Umstand zurückzuführen, dass das Hauspferd erst nach 3000 vor Chr., von Südosteuropa kommend, in Mitteleuropa Eingang gefunden hat.

Unter den Knochen von Wildtieren können u. a. folgende Arten nachgewiesen werden: Auerochse, Wisent, Hirsch, Reh, Wildschwein, Wolf, Fuchs, Wildkatze, Braunbär, Luchs, Dachs, Baummarder, Iltis, Hermelin und Feldhase, wobei die letztgenannte Art am stärksten vertreten ist.

In den **Höhlenheiligtümern des Kyffhäusers** werden über 100 Menschen den verehrten Mächten geopfert. Diese Menschen werden mit mit Keulen, Knochenhämmern und Beilen getötet und mit Bronzemessern in einzelne Teile zerlegt. Es werden auch Hinweise auf **sakralen Kannibalismus** gefunden. Dieser wird nicht aus Mangel an Nahrungsmitteln ausgeübt, sondern seine Ursache ist der Glaube, dass durch das heilige Mahl die Gottheit mit der Kultgemeinschaft vereinigt wird.

Die Verehrung mehrerer Gottheiten an diesem Ort und die große Zahl der **Menschenopfer** lassen auf die Anwesenheit einer Kultgemeinschaft schließen, die nicht nur aus den Siedlungen der näheren Umgebung stammt. Es handelt sich wahrscheinlich um ein Zentralheiligtum in einem Stammesgebiet. (Götze/Höfer/Zschiesche, 165f., 171f., 182, 184, 208, Göttingen und das Göttinger Becken, 29ff.; UE 1940, 177ff.; Dusek, 89ff.; AWT, XIII, 18, 35, 38f.; Mildenberger, 74; Kyffhäuser, 19f., 148,153f.; Schlüter/August, Karte 9; Teichert, (1988), 287f.; Behm-Blancke (1989), 170)

750/700 bis 40 Jahre vor Chr. (Vorrömische Eisenzeit)

Um etwa 750/700 vor Chr. beginnen in Mitteleuropa lebende Menschen zunehmend, **Eisen für die Herstellung von Waffen und Werkzeugen** zu verwenden. Als Verhüttungsmaterial wird zunächst der ohne Bergbau zu gewinnende, weit verbreitete **Raseneisenstein** verwendet, der einfach aufgelesen werden kann. Am Westharz ist auch eine Verhüttung von am Iberg **abgebautem Eisenerz** zumindest für die jüngere vorrömische Eisenzeit belegt, wie unten ausgeführt wird.

Inwieweit in der vorrömischen Eisenzeit Erze des Elbingeröder Gebiets zur Eisenerzeugung genutzt wurden, ist noch unklar. Eisen ist bei größerer Elastizität fester als Bronze, braucht nicht legiert zu werden und steht als Rohstoff in viel größerem Umfang zur Verfügung als Kupfer und Zinn. In der frühen vorrömischen Eisenzeit, der bis um 450 vor Chr. andauernden, nach ihrem Hauptfundort im Salzkammergut in Oberösterreich benannten sog. **Hallstattzeit**, werden daneben noch viele Gegenstände, vor allem Schmuck, aus der gussfähigen Bronze hergestellt.

Aber auch die heimischen Rohstoffe Stein und Knochen werden noch in beachtlichem Umfang bearbeitet.

Am Beginn der vorrömischen Eisenzeit setzt in Nordeuropa und auch in der norddeutschen Tiefebene eine **feucht-kalte Klimaperiode** ein, die Temperaturen sind im Jahresdurchschnitt 1 bis 2° niedriger als zu Beginn der Bronzezeit, die Feuchtigkeit nimmt zu. **Die Wälder**, die im Wesentlichen ihre Zu-

sammensetzung behalten, **breiten sich aus**, die Sumpfgebiete vergrößern sich und engen das Ackerland ein. Beträchtliche Teile des neolithischen oder bronzezeitlichen Siedlungsraumes bewalden sich
in der Eisenzeit wieder. Deshalb stoßen seit dem 4. Jahrhundert vor Chr. der protogermanischen Kultur
angehörende Stämme aus Jütland entlang der Elbe bis ins nördliche und östliche Harzvorland vor,
da es günstigere Siedlungsbedingungen bietet. Sie gehen zusammen mit den bisher hier siedelnden
Stämmen in den folgenden Jahrhunderten in den Germanen auf. Es handelt sich um die Eingliederung
Thüringens und des südlichen Niedersachsens in das spätere **germanische Siedlungsgebiet**.
(Marcinek, 55; Mildenberger, 11; Göttingen und das Göttinger Becken, 43; Jankuhn, 53ff.; Keiling,
150; Horst (1989a), 124f.)

Auf die in dieser Zeit nicht immer friedlich verlaufende **Zuwanderung in das Harzvorland** weisen Siedlungsfunde hin. So werden in der jüngeren Bronzezeit und frühen vorrömischen Eisenzeit
einige Siedlungen auf Bergrücken als **Wallburgen** ausgebaut, darunter die Pipinsburg bei Osterode
am Harz, die Wallanlagen Hünstollen und Ratsburg bei Bovenden, sowie auf einem Lößrücken im
Mühlengrund bei Rosdorf, die Hasenburg bei Haynrode und auf dem Kohnstein bei Salza (Kreis
Nordhausen), die Sachsenburg, die Schalkenburg bei Quenstedt, die Wallanlagen auf dem Kyffhäuser, auf dem Questenberg, auf dem Gelände der späteren Pfalz Werla sowie bei Ballenstedt und
Thale (Roßtrappe). Der Arbeitsaufwand für diese Wallanlagen setzt wohlorganisierte Gemeinwesen
voraus. Es handelt sich dabei um sogenannte Volksburgen, die den Menschen der im Umkreis bis 10
km liegenden Siedlungen mit ihrem Großvieh sicheren Schutz im Falle der Gefahr bieten. Sie sind
nicht als strategische Befestigung gedacht und sind nicht mit den Steinburgen des Mittelalters zu
vergleichen. Die Wallanlagen zeugen von unruhigen, kriegerischen Zeiten.
(Northeim, 68ff.; Engel, 40; Stolberg (1983), 148ff., 215ff., 288ff.; Häßler (1991), 395f., 497ff.,
505; Häßler (1991a), 193ff.; Grimm/Timpel, 9f.; AWT I, 44f.; Dusek, 108f., 138f., 172; Brumme,
12; HL, 2. Jg. (1905/06), 66f., 87; Herrmann (1989b), 109 ff.; Schmidt (1989), 227)

Die Landwirtschaft bildet auch in der vorrömischen Eisenzeit die wirtschaftliche Grundlage für die
Siedlungen im Vorharzgebiet, wobei die Viehzucht gegenüber dem Ackerbau eine Vorrangstellung
einnimmt. In den montanen Lagen des Harzes spielt der Ackerbau aufgrund der ungünstigen klima-
tischen Bedingungen zu keiner Zeit eine wesentliche Rolle. (Beug et al, 34; Horst, 125f.)
Emmer, Gerste, Erbse, Ackerbohne und Hirse sind die häufigsten Feldfrüchte.
Auf der Pipinsburg bei Osterode finden Archäologen in Schichten der mittleren vorrömischen Eisen-
zeit die Getreidearten Spelzengerste, Emmer, Spelzweizen, auch Dinkel genannt, Saatweizen und
Rispenhirse, die Hülsenfrüchte Erbse und Ackerbohne sowie den Lein, auch Flachs genannt.
In der Jettenhöhle bei Düna werden aus nur unwesentlich jüngerem Zusammenhang Gerste, Rispen-
hirse und Lein nachgewiesen. (Häßler (1991a), 207)

In dieser Zeit der **Klimaverschlechterung** werden auch der **Roggen** und der **Saathafer** Kulturpflanzen in Mitteleuropa. Die Ölfrucht **Leindotter** wird für einige Regionen als neue Feldfrucht
nachgewiesen. (Mildenberger, 94; Jankuhn, 186; LSGA, 28)

Die volle Durchsetzung des Pflugbaus und die Einführung neuer Anbaupflanzen sowie die Verwendung eiserner Geräte, u.a. Sicheln, führen zu einer erhöhten Arbeitsproduktivität in der Landwirtschaft. (Horst, 125f.)

Bei Bad Frankenhausen werden Haferkörner und zahlreiche Roggenkörner aus der Hallstattzeit, bei
Oldisleben sogar der Abdruck eines Haferkorns aus der Zeit der Schnurkeramik gefunden.
(Schultze-Motel/Gall, 34f.)
Beide Getreidearten gewinnen im Frühmittelalter zunehmend an Bedeutung.
(Körber-Grohne, 41ff., 57ff., 74, 391f., 453ff.; Gringmuth-Dallmer/Lange, 86ff. ; Willerding (1988),
37; Peschel, 65;Willerding (1988) 37)

Insgesamt gibt es in dieser Zeit bereits 13 auf den Äckern angebaute Kulturpflanzenarten. Seit der bandkeramischen Zeit ist auch die Anzahl der auf den Äckern mit den Kulturpflanzen wachsenden **Unkrautarten** auf 167, also auf das Drei- bis Vierfache, gestiegen.
(Kreuz, 101)

In der frühen vorrömischen Eisenzeit wird der bis dahin aus Hund, Schaf, Ziege, Schwein, Rind und Pferd bestehende Haustierbestand um zwei Geflügelarten, nämlich das **Haushuhn und die Hausgans**, bereichert.
Im 7. bis 6. Jahrhundert vor Chr. ist die Hühnerhaltung in Mitteleuropa bereits weithin bekannt. Da die Stammform des Haushuhns das in Ost- und Südostasien beheimatete Bankivahuhn ist, wird das Haushuhn in Europa eingeführt und kann hier nicht domestiziert worden sein. Diese Möglichkeit kann bei der Hausgans jedoch nicht ausgeschlossen werden, weil die Stammform der Hausgans, die Graugans, bei uns brütet und damit eine wesentliche Voraussetzung für die Domestikation gegeben ist. Für Mitteleuropa liegen sichere osteologische Nachweise der Hausgans aus dem 7. bis 5. Jahrhundert vor Chr. vor. (Benecke, 103ff., 363ff., 373ff.)
Die Verbreitung der von der Felsentaube abstammenden **Haustaube** in Mitteleuropa erfolgt erst zu Beginn des 1. Jahrtausends nach Chr. (Benecke, 379)
Die **Ente** ist erst im Laufe des Mittelalters domestiziert worden. Sie stammt von der Stockente ab. Da die Stockente auch in siedlungsnahen Gewässern häufig brütet und somit für die Jagd ständig verfügbar ist, besteht an ihrer Domestikation lange Zeit hindurch kein echtes Interesse. Am Ende des Mittelalters ist die Ente jedoch ein weit verbreitetes Haustier in Europa.
Der Anteil von Huhn, Gans und Ente an der menschlichen Ernährung ist aber sehr gering.
(Benecke, 381)

Die **Stallhaltung der Rinder**, die in Norddeutschland bereits in der Bronzezeit beginnt und in einem längeren Zeitraum seit der Hallstattzeit bis zur Völkerwanderungszeit auch in den weiter südlich gelegenen Gebieten eingeführt wird, erfordert die Gewinnung von Winterfutter. Diese Vorratswirtschaft zwingt damit auch im Bereich der Viehwirtschaft zu stärkerer Vorausplanung.
(Jankuhn, 186; Krüger(1989), 214)

Auch in der jüngeren vorrömischen Eisenzeit, der sog. **Latènezeit,** die ihren Namen nach dem ersten bedeutenden Fundort, einem Pfahlbaudorf am Neuenburger See in der Schweiz erhalten hat und den Zeitraum von etwa **450 bis 40 vor Chr.** umfasst, haben die im Vorland des Harzes siedelnden Menschen ihre Spuren hinterlassen.
Nach archäologischen Funden aus der ehemaligen Siedlung Düna in der Nähe der Pipinsburg bei Osterode wird dort bereits in der jüngeren vorrömischen Eisenzeit um 350 vor Chr. **Eisenerz verhüttet**, das vom Iberg bei Bad Grund und aus dem Bereich des Lerbachs bei Osterode stammt.
Aus Schlackenfunden am Iberg konnte festgestellt werden, dass dort wahrscheinlich seit dem 7. Jahrhundert vor Chr. Eisenerz verhüttet wurde. Damit ist dieser Verhüttungsplatz neben Düna der bisher älteste bekannte Schmelzplatz zur Eisengewinnung im Westharz.
Bei archäologischen Untersuchungen am Iberg wurde auch eine hohe Dichte von Grubenmeilern zur Herstellung von Holzkohle festgestellt. Dabei nutzten die Köhler auch die Vertiefungen der aufgelassenen kleinen Tagebaue als Grubenmeiler. (Kortzfleisch, 37ff.)

Bei der **Verhüttung** zersetzen sich die Erzminerale durch Erhitzung und werden anschließend durch geeignete metallurgische Prozesse voneinander getrennt. Wie bereits dargelegt, reicht der Heizwert von lufttrockenem Holz, der bei 3.500 bis 4.500 kcal/kg liegt, nicht aus, um Erze zu schmelzen. Deshalb wird aus dem Holz durch eine trockene Destillation in Meilern **Holzkohle** hergestellt, deren Heizwert von 7.500 bis 8.100 kcal/kg fast doppelt so hoch wie der von Holz ist. In Verbindung mit der Zufuhr von Sauerstoff durch Gebläse werden so die Schmelzpunkte der Metalle erreicht.
(Kurth (2003), 48ff.)

In dieser Zeit wird das Eisen immer mehr der alleinige Werkstoff für Waffen und Werkzeuge, während die Bronze neben anderen Metallen noch fast ein Jahrtausend für Schmuckstücke verwendet wird. Aus Eisen werden Waffen, Messer und Nadeln hergestellt, aber auch Holzbearbeitungsgeräte sowie neue landwirtschaftliche Geräte, darunter Pflugscharbewehrungen und Kurzsensen. Zahlreiche Funde von Spinnwirteln und Webstuhlgewichten deuten auf eine weite Verbreitung der Textilerzeugung. Mahlsteine dienen zum Zerkleinern des Getreides, bei dem die Gerste für die menschliche Ernährung in dieser Zeit an erster Stelle steht. Bei der Haustierhaltung dominiert das Rind.
(Peschel, 60, Dusek, 98f.)
Siedlungsreste aus der vorrömischen Eisenzeit gibt es u. a. im Leinetal südlich von Göttingen, auf dem Kaifholt bei Gielde, auf der Werlaburgdorfer Liet, am Seeburger See und in der Einhornhöhle bei Scharzfeld. In letzterer werden auch Knochenreste von Tieren aus dieser Zeit in folgendem Mengenverhältnis gefunden: Wild- und Hausschwein, Schaf, Rothirsch, Rind, Ziege, Reh, Bär, Haushund, Pferd, Elch, Wildkatze, Dachs und Fuchs.
(Götze/Höfer/Zschiesche, 193; Goslar (1970), 125)

Fundgut von der bereits in der älteren Eisenzeit erbauten Pipinsburg bei Osterode, wie steinerne Gussformen, Gusszapfen, Eisen- und Bronzeschlacke sowie Rohbronzestücke, belegen das Bestehen eines ortsansässigen metallverarbeitenden Handwerks in der Latènezeit.
(Grunwald, 60f.; Klappauf (2000 a), 22)
Aus der Latènezeit stammen auch sog. Verwahrfunde von Eisen.
(Götze/Höfer/Zschiesche, 173; Göttingen und das Göttinger Becken, 50ff.; GJ 1995, 165; Duderstadt (1996) 105f.; Gringmuth-Dallmer/Lange, 89; Dusek, 115; AWT, I, 62f.; AWT, XIII, 78f.)

40 Jahre vor Chr. bis 450/80 Jahre nach Chr.
(Römische Kaiserzeit und Völkerwanderungszeit)

In der sog. Römischen Kaiserzeit berühren die römischen Kolonisatoren unser Gebiet zwar nur auf ihren kriegerischen Vorstößen ins Elbegebiet, aber die im Harzvorland siedelnde germanische Bevölkerung steht in engen Beziehungen zu angrenzenden römischen Provinzen. Das Gebiet ist etwa 200 km vom römischen Limes entfernt. Die germanischen Volksstämme im Harzvorland – der Harz selbst ist noch nicht ständig besiedelt - liefern den Römern im Tauschhandel hauptsächlich Pferde, Schweine, Salz und wahrscheinlich auch versklavte Menschen und erhalten dafür u. a. Schmucksachen, Glasperlen und -gefäße, Buntmetall-Gegenstände und Manufaktur-Keramik.
Die Germanen sind kein einheitliches Volk, sondern gliedern sich in viele größere und kleinere Stämme, deren Zusammengehörigkeitsgefühl nur zeitweilig sichtbar wird und in ständigem Wechsel begriffen ist. Sie unterscheiden sich in Sprache, Kultur, Sitte und Tracht. (Keiling, 150)
In unserem Gebiet siedelt seit der Mitte des 1. Jahrhunderts nach Chr. ein rhein-weser-germanischer Volksstamm. (Leube (1989), 160)
In der zweiten Hälfte des 3. Jahrhunderts setzt im Stammesgebiet der Thüringer der Übergang von der Verbrennung der Toten und ihrer Beisetzung in Urnen zur Körperbestattung ein. Dieser **Wechsel der Bestattungsweise** dehnt sich von hier aus nach und nach aus, um sich seit der Mitte des 5. Jahrhunderts in weiten Gebieten allgemein durchzusetzen. (Krüger (1989), 214)

Die Form der Landwirtschaft und die Arten der angebauten Kulturpflanzen im Harzvorland in der Römischen Kaiserzeit unterscheiden sich nicht wesentlich von denen der vorangehenden Zeiten. Es werden sämtliche bis dahin üblichen Haustierarten gehalten, wobei dem Rind besondere Bedeutung zukommt. Es spielt für die Ernährung der Germanen mit Milch, Käse und Fleisch eine große Rolle. Auch Hausgeflügel wird gehalten. An Nutzpflanzen werden vor allem Gerste, daneben Weizen, Hafer, Rispenhirse und Flachs, aber auch Lein und Mohn sowie vereinzelt auch Bohne, Erbse und Linse angebaut. Roggen ist noch wenig bekannt.
(Mildenberger, 104ff.; Jankuhn, 184f.; Dusek, 132ff.; AWT I, 55ff.; Keiling, 153; Krüger (1989), 214)

In der Bodenbearbeitung findet der **Pflug mit symmetrischem Hakenschar** Anwendung. Erstmals lässt sich das Sech oder Vorschneidemesser nachweisen. Auch die Kurzstielsense gehört zu den neu aufkommenden Geräten. Sie wird neben der Sichel bevorzugt bei der Grasmahd angewendet.
(Krüger (1989), 214)

Aufgrund der engen Kontakte der Germanen zu den Römern wäre zu vermuten, dass zunächst die in Grenznähe zu den römischen Provinzen siedelnden germanischen Stämme und über diese auch die in unserem Gebiet wohnenden Menschen mit Kenntnissen und Erfahrungen der Römer in der Landwirtschaft und im Gartenbau in Berührung gekommen sind. Allerdings berichtet der römische Historiker und Senator Tacitus (* 56 bis 117) in seiner um 98 nach Chr. unter dem Titel *„ De origine et situ Germanorum liber"* verfassten, als *„Germania"* bekannten ethnografischen Schrift über die Landwirtschaft der Germanen folgendes:
„Sie wechseln jährlich die Saatfelder, und es ist immer noch Ackerland übrig. Denn sie ringen nicht in mühevoller Arbeit um die Fruchtbarkeit und den Umfang ihrer Ländereien, so dass sie etwa Obstgärten anlegten, Wiesenflächen abgrenzten und Gemüsegärten künstlich bewässerten; sie verlangen vom Boden nur, dass er die Getreidesaat aufgehen lässt."
(Tacitus (Kapitel 26), 89)
Diese bäuerliche Wirtschaftsweise, bei der noch ausgedehnte Feldmarken zur Verfügung stehen und kein Fruchtwechsel, sondern ein Flächenwechsel erfolgt und die bis in die bandkeramische Zeit zurückreicht, wird als **Feldgraswirtschaft** bezeichnet.
(Goltz I, 38ff.; Peschel, 18; Abel, 20f.; Kremser, 41)

Die Germanen besitzen den Apfel wahrscheinlich schon als Kulturform, bevor er mit den römischen Edelsorten in Berührung kommt. Es sind Bastarde zwischen Holzapfel und Paradiesapfel. Auch der Walnussbaum gehört bereits zu den einheimischen Baumarten. Die Birne als Bastard der Holzbirne kommt in der Römischen Kaiserzeit in die germanischen Gebiete.
(Scharff, 47f., Goltz I, 49)
Es werden weiterhin auch **viele Wildgemüse und Wildfrüchte gesammelt**, darunter Sellerie, Kohl, Melde, Löwenzahn, Brennnessel, Walderdbeere, Heidelbeere, Brombeere, Holunder, Eicheln und Bucheckern. Auch der Honig der wilden Bienen wird gesammelt.
(Schwarz, 254; Benecke, 414)

Der **Fleischbedarf** der Bevölkerung unseres Gebiets wird zu 80% durch das Rind gedeckt, zu 13% durch das Pferd, zu 3% durch Schaf und Ziege und ebenfalls zu 3% durch das Schwein. Es werden auch Gänse und Hühner gehalten. Die Jagd spielt nur noch eine untergeordnete Rolle.
(Schwarz, 254; Häßler (1991b), 294; Göttingen und das Göttinger Becken, 53; Jankuhn, 146f.)

Vergleichende Untersuchungen der Tierknochen zeigen, dass die Rinder und auch die Pferde im römischen Imperium, bedingt durch unterschiedliche Fütterung und Stallhaltung, wesentlich größer als die germanischen sind. (Jankuhn, 184f.; Dusek, 137; Schwarz, 254; AWT, I, 61f.)
So könnte das Rind in Germanien nur eine Schlachtausbeute von 60 bis 150 kg und das Schwein von 28 bis 48 kg erbracht haben. Der jährliche Milchertrag wird auf 250 bis 350 kg geschätzt.
(Leube, 165)
Tacitus berichtet in seiner oben zitierten Schrift, die Germanen seien *„zwar reich an Vieh, aber das ist meist wenig ansehnlich."* (Tacitus (Kapitel 5), 39)

Im 1. Jahrhundert nach Chr. ist auch die **Hauskatze** im germanischen Siedlungsgebiet verbreitet. Sie ist als Vertilger von Mäusen und Ratten und somit als Schützer der Getreidevorräte von Bedeutung. Neuere Funde sprechen dafür, dass die Hauskatze nicht erst durch die Römer, sondern bereits durch die Kelten Eingang in Mitteleuropa gefunden hat.
(Benecke, 104)

In der römischen Kaiserzeit ist **in Rom** fast die gesamte Palette der heutigen Obst- und Gemüsearten – mit Ausnahme der des amerikanischen Kontinents – bekannt. Das ist aus der von Caius Plinius Secundus (* 23 oder 24 bis 79) um 77 nach Chr. verfassten, 37 Bücher umfassenden Enzyklopädie *„Naturalis historia"* ersichtlich, in der neben Themen der Botanik und Zoologie, der Landwirtschaft und des Gartenbaus auch solche der Kosmologie und Geografie, der Astronomie, der Anthropologie, der Medizin und Pharmakologie sowie der Metallurgie, Mineralogie und Kunstgeschichte behandelt werden. In den Bänden 8 bis 32 wird ausführlich über die im Römischen Reich bekannte Tier- und Pflanzenwelt berichtet. In dieser Enzyklopädie gibt es nur wenige Hinweise auf den Ackerbau der Germanen zu jener Zeit. So erwähnt Plinius, dass der Rettich in der Kälte so gut gedeihe, dass in Germanien solche in der Größe eines Kindskopfs vorkämen und Kaiser Tiberius jährlich die wohlschmeckende Pflanze Siser, auch Zuckerwurzel genannt, aus Germanien kommen ließ. (Möller/Vogel, Bd. I, 872f.; Goltz I, 35, 49; Franz, 71)

Das Harzgebirge ist um diese Zeit von vor allem von Laubwäldern bedeckt. Fichten gibt es nur in den Hochlagen am Rand der Hochmoore und in einigen Tälern.
Caius Plinius Secundus bewundert in seiner *„Naturalis historia"* die Wälder in Germanien und schreibt über die Harzwälder: *In derselben nördlichen Gegend, und zwar in dem hercynischen Walde, übertrifft die ungeheure Größe der Eichen, welche Jahrhunderte hindurch nicht berührt worden sind, und mit der Welt gleiches Alter haben, durch ihr fast unsterbliches Loos alle Wunder."*
(Möller/Vogel, Bd. I, 716)

Erst in der Zeit der fränkischen Kolonisation und im Zuge der darauf folgenden Christianisierung im Frühmittelalter beginnen die in unserem Gebiet lebenden Menschen, sich die Kenntnisse und Erfahrungen der Römer in Landwirtschaft, Obst- und Gartenbau sowie in der Haustierhaltung in breiterem Maße anzueignen.
Die hier siedelnden Germanen übernehmen jedoch bereits in der Römischen Kaiserzeit in zunehmendem Maße römische Technologie und Lebensweise. Belege dafür sind die Verwendung des typisch römischen Gefäßes, der Reibeschale, sowie von Drehscheiben für die Herstellung von Keramikgefäßen nach römischem Vorbild und das Brennen dieser Gefäße in *„römischen"* Kuppelöfen. Es erfolgt auch die Sekundärverarbeitung von römischem Glas zu Glasperlen.
(Dusek, 137; Krüger (1989), 216)

Im Rahmen von Wanderungsbewegungen germanischer Gruppen während der Römischen Kaiserzeit drängen um das Jahr 200 elbgermanische Siedler, insbesondere vom Stamm der Hermunduren, von Nordosten her in unser Gebiet ein. Diese zuwandernden Stämme vereinigen sich im 4. Jahrhundert mit der hier ansässigen, nicht an diesen Migrationsbewegungen teilnehmenden, vorwiegend rhein-weser-germanischen Bevölkerung zum **Reich der Thüringer** Das Hauptsiedlungsgebiet des aus den Stämmen der Hermunduren, Angeln, Warnen und anderen germanischen Stammesgruppen gebildeten Stammesverbandes der *„Toringi"* ist nach Angaben fränkischer Berichterstatter *„von der Unstrut umflossen"*, wobei Mühlhausen, Erfurt und Weimar Siedlungsmittelpunkte bilden. Die Stammesführer festigen ihre Macht und es entwickelt sich ein dynastisch geführtes Stammeskönigtum. Es ist das einzige germanische Stammeskönigreich, das vollständig außerhalb der Grenzen des römischen Imperiums liegt. Siedlungen aus dieser Zeit werden auch bei Gielde (Kreis Goslar), Rosdorf und Düna freigelegt.

Für die Wirtschaftsweise in unserem Gebiet ist die **Feldbearbeitung mit Pflug und eiserner Pflugschar** als Daseinsgrundlage belegt. Es werden auch hölzerne Streichbretter am Pflug angebracht, so dass aus dem bisherigen, nur ritzenden Wühlpflug ein Wendepflug wird.
Tierknochen aus Siedlungen und Gräbern deuten auf eine umfangreiche Tierhaltung mit Rindern, Schweinen, Schafen und Geflügel hin. In der Siedlung Gielde, die im Wesentlichen dem 5. und 6. Jahrhundert angehört, sind die Knochen von Rind und Schwein mit 26,4 % bzw. 27,1 % in nahezu

gleicher Anzahl vorhanden, dem Rind kommt aber auf Grund seines höheren Körpergewichts eine größere wirtschaftliche Bedeutung zu. Schafe und Ziegen nehmen die dritte Stelle unter den Haustieren ein.

Den Pferden kommt nach dem Anteil ihrer Knochen in den Siedlungsfunden im Allgemeinen der vierte Platz unter den Haustieren zu. Sie sind mit 5 % bis höchstens 15 % vertreten. Unter den Grabfunden der Völkerwanderungszeit nehmen sie allerdings eine dominierende Stellung ein.

Der Hund ist unter den Nahrungsüberresten in den Siedlungen zahlenmäßig gering vertreten, sein Anteil liegt im Allgemeinen unter 5 %. Er wird als Jagd-, Wach- und Hütehund gehalten, aber nur selten gegessen. Die in der Siedlung Gielde gefundenen Hundeskelette haben eine Widerristhöhe zwischen 50 und 65 cm. Es waren kräftige Tiere. Im Skelettbau ähneln die Hunde der Völkerwanderungszeit unter den modernen Rassen am ehesten dem Deutschen Schäferhund.

Auch Knochen von **Jagdwild**, darunter von Ur, Wisent, Elch, Rothirsch, Reh, Wildschwein, und Biber, werden in den Nahrungsüberresten der Siedlungen gefunden, die Jagd spielt aber für die Ernährung keine große Rolle mehr. Analysen der in Siedlungen gefundenen Tierknochen zeigen dass der Anteil der Jagdtier- und Fischknochen stets unter 10 % liegt und oft sogar nur 1 bis 2 % ausmacht. Aus völkerwanderungszeitlichen Gräbern in Großörner (Kreis Hettstedt) und von der Bockshornschanze bei Quedlinburg werden Knochen eines karpfenartigen Fisches bzw. eines Hechts geborgen. Das **Jagdrecht** dieser Zeit erlaubt den freien Tierfang. Es besagt, dass die Tiere, die vorher niemandem zu eigen sind, dem zufallen, der sie in Besitz nimmt.

Auch die **Beizjagd** mit Hilfe abgerichteter Beizvögel, die sich schon sehr früh in den eurasischen Steppen herausgebildet hat und bereits im 4. Jahrhundert durch Vermittlung der Goten auch in Mittel- und Westeuropa bekannt ist, wird in unserem Gebiet ausgeübt. Auch die Frauen können an ihr teilnehmen, wie die Beigabe eines Habichts in einem besonders reich ausgestatteten Frauengrab aus dem 5./6. Jahrhundert von der Bockshornschanze bei Quedlinburg zeigt. (Krüger et al, 107ff.; Dusek, 153; Busch (1940), 77ff.; Schmidt (1983), 506; Göttingen und das Göttinger Becken, 58f.; Mildenberger, 97, 102; Trübenbach, 69ff.; AWT, I, 65f.; Hoffmann (1994), 9; Häßler (1991b, 288f.; Krüger (1989), 211; Benecke, 454)

Falkenbeize (um 1480)

Seit dem 3. Jahrhundert entwickelt sich im Stammesgebiet der Sachsen ein mehr oder weniger einheitliches Kulturgebiet im südöstlichen Niedersachsen zwischen Leine und Aller und nördlich des Mittelgebirgssaums sowie dem nördlichen Harzvorland zwischen Ilse, Holtemme, Wipper und Bode. Es gibt eine vom 1. bis zum 6. bzw. 9. Jahrhundert reichende Siedlungskonstanz, die z. B. in den Ergebnissen der archäologischen Ausgrabungen der Siedlungen in der Gemarkung Gielde im Kreis Goslar und bei Seinstedt im Kreis Wolfenbüttel nachgewiesen wird. Trotz enger Kontakte zum Thüringerreich, das seine Herrschaft ab dem 5. Jahrhundert auf das Gebiet nördlich des Harzes ausdehnt (Nordthuringau), besitzt die Bevölkerung eine kulturelle Eigenständigkeit. So werden z. B. die Toten im Unterschied zu der bei den Thüringern bevorzugten Körperbestattung in beigabenlosen bzw. -armen Brandgräbern in charakteristischen Kümpfen als Urnen beigesetzt. Solche Urnen aus der römischen Kaiserzeit wurden auch bei Badenhausen gefunden. (Leube, 461f.; Krüger (1989), 218; Goslar (1970),126) Badenhausen, 186)

Am **Rammelsberg** bei Goslar, wo das Erz auf ca. 500m an der Erdoberfläche austritt und der vegetationsfreie Ausbiss weithin sichtbar ist, werden von der dort ansässigen Bevölkerung **Bunterze abgebaut** und **seit dem 3. Jahrhundert nach Chr.** auch in die südlich von Osterode gelegene Siedlung **Düna transportiert**, wo aus ihnen **Kupfer gewonnen** wird, wie aus Erzschlacken hervorgeht. Die Hüttenleute der Siedlung Düna verfügen bereits über langjährige Erfahrungen in der Verhüttung von Eisenerzen, wie oben ausgeführt wurde.

Der etwa 40 km lange und beschwerliche Transport der Erze vom Rammelsberg über den Oberharz zum westlichen Harzvorland erfolgte, weil es im Mittelalter wirtschaftlicher war, das **Erz zur Holzkohle** – also in die Wälder – zu tranportieren, als umgekehrt das Holz (oder die Holzkohle) zur Schmelzhütte.

Pferde mit Saumsätteln transportieren das Erz in Säcken über das Gebirge zur Schmelzhütte. (Detail eines Holzschnitts aus Agricolas Werk De re metallica libri XII von 1556)

Zur Verhüttung von einem Karren Erz wurden mehr als 60 Festmeter Holz benötigt. Man brauchte für den Erztransport im Vergleich zum Holz also nur einen kleinen Bruchteil des Ladevolumens. Das war in Anbetracht dessen von großer Bedeutung, da zu jener Zeit für den Transport nur Pferde oder Esel mit Saumsätteln oder von diesen Tieren auf unbefestigten Wegen gezogene zweirädrige leichte Karren zur Verfügung standen. Zu beachten war auch, dass Holzkohle beim Transport über weite Strecken in erheblichem Umfang zu Grus zerrieben wird, der für de Verhüttung unbrauchbar ist. Außerdem war es günstig, die Gewinnung des begehrten Metalls im Bereich einer an einem Fernhandelsweg liegenden Siedlung durchzuführen, von der aus der Weg zum Markt möglich war.
(Kortzfleisch, 13ff.; Grunwald, 63; Bachmann et al, 157; Klappauf (2000 a), 19ff.; Klappauf (2000 c), 153; Hillebrecht, 86; Frenzel/Kempner, 76; Beug et al, 23; Hauptmeyer, 14; Denecke, 23ff.; Roseneck (1992), 117; Wulf, 355f.; Liessmann (2010), 132, 144f.; Kurth (2003),51; Bartels et al (2007), 17)

In Düna erfolgt auch die Weiterverarbeitung der Metalle, worauf das Fragment einer um 400 hergestellten Bügelfibel aus Oberharzer Silber hinweist. (Klappauf (2000 a), 22.; Klappauf (2000 b), 119; Grunwald, 61f.; Deicke, 45; Schätze des Harzes, 62ff.)

Die **Siedlung Düna** ist von der späten vorrömischen Eisenzeit bis in das Spätmittelalter um 1300 nach Chr. kontinuierlich bewohnt. Ihre Bewohner betreiben auch in umfangreichem Maße Landwirtschaft. Während im 3./4. Jahrhundert mindestens sechs Getreidearten, einschließlich Rispenhirse und Spelzweizen, auch Dinkel genannt, angebaut werden, ohne dass eine bestimmte Art vorherrscht, enthalten die botanischen Funde der spätmittelalterlichen Siedlungsperiode vor allem Roggen und Hafer. (Schätze des Harzes, 68)
Düna liegt an einer spätestens seit dem 10. Jahrhundert nach Chr. nachweisbaren Fernstraße, der sog. **Hohen Straße**, die vom Leinetal über die Pfalz Pöhlde in den thüringischen-sächsischen Raum führt. (Grunwald, 62; Häßler (1991), 500; Klappauf (1985), 2ff.; Schätze des Harzes, 62ff.)

241

Am 29. Januar tritt eine partielle **Sonnenfinsternis** ein.
(Binhard I, 7; Kretzer, 1)

375/76

Um diese Zeit setzt mit dem Vordringen zentralasiatischer Reitervölker, der Hunnen, nach Europa die **Völkerwanderungszeit** ein. Auch der Stammesverband der Thüringer gerät unter die Einflusssphäre der Hunnen. Aus dem Südosten bzw, aus dem Schwarzmeergebiet kommende reiternomadische Elemente, wie Vogelfibeln, wahrscheinlich auch Pferdebestattungen sowie die nomadische Sitte, die Köpfe der Kinder zu schnüren und deren Wachstum dadurch in bestimmte Formen zu lenken, d. h.Schädel zu deformieren, werden auch von den Thüringern übernommen.
(Krüger (1989), 217; Schmidt (1989), 221)

Um 380

Der römische Kriegstheoretiker und Geschichtsschreiber Vegetius Renatus rühmt in seiner Abhandlung über die Tierheilkunde *„Digestorum artis mulomedicinae libri"* die treffliche Zucht einer ausdauernden und damit für den Kriegsdienst besonders tauglichen Pferderasse durch die *„Toringi"*. Aus Untersuchungen von Skelettfunden geht hervor, dass bereits ein kaltblütiger Schlag gezüchtet wird.
(Regel III, 35; Mildenberger, 116)

390

Für etwa 30 Tage im August und September wird ein großer und heller **Komet** beobachtet, über den der römische Historiker Philostorgius in seinem um 425 abgeschlossenen Werk *„Ecclesiasticae Historiae"* sowie andere zeitgenössische Schriftsteller berichten. Er erscheint im Osten am Nachthimmel und bewegt sich langsam in Richtung Norden.
(Kronk I, 68f.)

418

Philostorgius und andere antike Schriftsteller beschreiben den im Juni 418 erschienenen **Kometen,** der für mehr als vier Monate zu sehen ist und sich von Ost nach West bewegt. (Kronk I, 74ff.)

451

Nach dem Einmarsch der Hunnen in Gallien kommt es im Jahr 451, wahrscheinlich am 20. Juni, auf den Katalaunischen Feldern in der Nähe von Troyes zur Schlacht zwischen dem Heer der Hunnen und ihren Verbündeten unter Attila und dem Heer der Römer und ihren Verbündeten unter Aetius, in dem das römisch-westgotische Heer unter hohen Verlusten die Hunnen besiegt und diese zum Rückzug aus Gallien gezwungen werden.
Nach dem Untergang des Hunnenreichs im Jahr 454 festigt sich das **Stammeskönigtum der Thüringer** und erreicht am Ende des 5. und zu Beginn des 6. Jahrhunderts seine größte Ausdehnung. Im Nordosten reicht es mindestens bis zur Elbe und im Norden bis zur Ohre und Kolbitz-Letzlinger Heide. Damit gehören auch der Harz und sein Vorland in dieser Zeit zum Stammesgebiet der Thüringer. Es grenzt nördlich des Harzes an das Stammesgebiet der Sachsen.
Im späten 5. und im 6. Jahrhundert existiert bereits ein **dichtes Siedlungsgebiet im Vorland des Harzes.** (Krüger (1989), 217; Schmidt (1989), 221)

Der spätantike Historiker Hydatius von Aquae Flaviae schreibt in seiner 468 erschienenen *„Continuatio Chronikorum Hieromymianorum"*, dass nach der Niederlage der Hunnen unter Attila in der Schlacht auf den Katalaunischen Feldern im Juni am östlichen Himmel ein Komet erschienen ist, der im Juli und August am westlichen Himmel zu sehen war. Es handelt sich dabei um den lichtstarken **Halley`schen Kometen,** der im Mittel nach etwa 76 Jahren wiederkehrt.
(Kronk I, 81f.)

Frühes Mittelalter (480/500 bis 1050)

Um 500/501

Der Herrscher der Ostgoten, Theoderich der Große, bedankt sich in einem Brief an Herminafrid, den König der Thüringer, für die schnellen, ausdauernden, starken und wohlgeformten silberweißen Pferde, die ihm dieser als Geschenk gesandt hat und verweist auch darauf dass sie *„bei beträchtlicher Wohlgenährtheit sanft, durch große Schwere auffallend, im Anblick erfreulich, im Gebrauch recht angenehm"* sind.

Die Reitpferde der Thüringer in dieser Zeit haben eine mittlere Widerristhöhe zwischen 130 und 140 cm.

Die bei den Thüringern beliebte **Pferdezucht** wird auch an den mehr als 50 Reiter- und Pferdegräbern aus jener Zeit ersichtlich, die bisher im damaligen Stammesgebiet der Thüringer, darunter bei Deersheim und Dedeleben im Vorland des Harzes, am Frauenberg bei Sondershausen, aber auch in Grone im Leinetal sowie in Großörner bei Hettstedt und in Mühlhausen gefunden wurden. In dieser Zeit ist es üblich, dass die Reitpferde entweder gemeinsam mit dem Toten in einer Grabgrube oder gesondert auf dem Gräberfeld beigesetzt werden. Interessanterweise können unter den Reitpferden nur Hengste nachgewiesen werden.

(Gringmuth-Dallmer, 114; Schmidt (1983), 521f., 530; Krüger et al., 17, 521, 526; Schmidt (1989), 221f.; (Herrmann (1989a), 553ff; Dobenecker Bd.I, Nr.2; Schwarz, 2f.; Götze/Höfer/Zschiesche, XXXIX, 196f.; Peschel, 75; Dusek, 151ff; AWT, XIII, 38f.; Benecke, 306)

Die Gräberfelder bei Großörner und Deersheim mit ihren zahlreichen Grabbeigaben vermitteln einen guten Einblick in die **Lebensverhältnisse** im nördlichen und östlichen Harzvorland in der **Zeit von 450 bis 550.**

Das Körpergräberfeld des späten 5. und frühen 6. Jahrhunderts von **Großörner** mit 20 menschlichen Bestattungen und 5 Tiergräbern mit insgesamt 7 Pferden und 5 Hunden stellt eine Adelsnekropole des Thüringer Königreichs dar. Während die zum Adelshof gehörenden unfreien Knechte und Mägde in kleinen und flachen Gräbern mit ganz geringer oder fehlender Ausstattung beigesetzt wurden, enthalten die Adelsgräber u. a. kostbaren Gold- und Edelsteinschmuck. Das Grab eines Knaben, der mit einem massivgoldenen Handgelenkring bestattet wurde, enthielt u. a. eine goldene Pferdetrense mit Edelsteinbesatz. Sie gilt als die bislang prächtigste der gesamten Völkerwanderungszeit. Neben dem Knabengrab lagen zugehörig 3 Reitpferde und 2 Hunde.

Das 49 Körper- bzw. Brandgräber umfassende Gräberfeld bei **Deersheim** enthielt u. a. kostbare Goldschmiedearbeiten, darunter ein Paar rechteckige Scheibenfibeln, sowie Trensenbeschläge mit Edelsteineinlagen, Pferdetrensen mit goldenen Knebeln und zwei silberne Löffel. Einheimische Hohlglasgefäße (3 Spitzbecher) und verschiedene Arten einheimischer Drehscheibenkeramik geben ein Bild von der Höhe spezieller Handwerkstechniken im Nordharzgebiet, wie sie bisher nur aus dem Rheinland in Nachfolge römischer Werkstätten bekannt war. Weiterhin fanden sich als Import aus dem Rheinland 7 Glasgefäße, eine Terra-sigillata-Schale und römische Münzen. Trotz ausgeprägt heidnischer Grabsitten treten mit zwei Münzen christliche Symbole auf. (Herrmann (1989a), 553ff.)

530

Am 27. September erreicht der **Halley´sche Komet**, der auch in unserem Gebiet sichtbar ist, seinen sonnennächsten Punkt. Seine größte Erdnähe beträgt 42 Millionen km.

(Reichstein, 15; Kronk I, 86f.)

531

In diesem Jahr werden die Thüringer von den Franken unter dem Frankenkönig Theuderich in einer blutigen Schlacht an einem nicht näher bestimmbaren Ort in der Nähe der Unstrut militärisch besiegt. Die **Franken nehmen** das ganze **Thüringer Reich** mit allen seinen Provinzen **in Besitz.**

Die Niederlage hat im Wesentlichen aber nur Auswirkungen auf das Königshaus und den Adel, die durch fränkischen Amtsadel ersetzt werden. Aus archäologischen Funden geht hervor, dass die Masse der Bevölkerung ohne sichtbare Veränderung weiterlebt.

Nach dem Zusammenbruch des Thüringer Reichs **dringen Teile des Volksstamms der Sachsen nach Süden vor**, wobei auch die Reiche der Angeln und Warnen im Nordharzgebiet zwischen Elbe und Oker zerstört werden und letztere nach Thüringen ausweichen.

Die Sachsen lassen sich zunächst in dem im Norden und Westen von der Bode umgrenzten und im Süden bis zum Welfesholz reichenden Schwabengau sowie im Hassegau und im Frisenfeld nieder, die südlich an den Schwabengau angrenzen und sich längs der Saale bis an die Unstrut im Süden und westlich bis an die Helme und den Graben bei Wallhausen erstrecken. Die eindringenden Sachsen werden aber auf Befehl des Frankenkönigs Theudebert nach Oberitalien umgesiedelt, von wo sie nach 561 in das inzwischen von Nordschwaben besiedelte Gebiet zurückkehren. Dazu gehören auch das Göttinger Becken und das Untereichsfeld, das im Süden bis an die eine natürliche Grenze bildenden Höhenzüge des Roten Berges und des Ohmgebirges reicht. Hier entwickelt sich auch die **Sprachgrenze** zwischen dem von den (Nieder)- Sachsen gesprochenen Niederdeutsch und dem südlich dieser Grenze gesprochenen Thüringisch-Obersächsischen. Während das Niederdeutsche im Wesentlichen auf der Stufe der sog. ersten oder germanischen Lautverschiebung stehen geblieben ist, wird das Thüringisch-Sächsische von der etwa im 6. Jahrhundert nach Chr. einsetzenden Bewegung der hochdeutschen Lautverschiebung ergriffen. Diese Sprachgrenze erstreckt sich von der unteren Werra kommend südlich von Hedemünden – Friedland - Reiffenhausen – Bremke – Bischhausen – Weißenborn - Glasehausen – Neuendorf - Hundeshagen und verläuft von dort nordöstlich von Wintzingerode – Holungen – Lüderode – Bockelnhagen – sowie nördlich von Lauterberg – Sachsa – Ellrich – Hohegeiß – Stiege – Harzgerode – Güsten- Bernburg zur Saale. Der Volksstamm der Sachsen wird etwa zweieinhalb Jahrhunderte später im Ergebnis der gegen ihn geführten Kriege Karls des Großen ebenfalls unterworfen und auch der **Harz wird integraler Teil des Frankenreichs**, das im Osten bis an die Saale reicht.

(Gregor von Tours, Bd. I, 177ff.; Höfer, 115ff.; Wintzingeroda-Knorr, Levin (1903) XIIf.; Müller (1911) 87ff.; AWT I, 66ff.; Mildenberger, 116; Kürsten, 60; Schmidt (1989), 224)

nach 531

Regel berichtet, dass die **Thüringer** jährlich einen **Zins von 500 Schweinen** an die fränkische Hofküche zu liefern haben, nachdem sie durch ihre Niederlage in der Schlacht an der Unstrut in die Abhängigkeit der Franken gekommen sind. Diese Lieferungen sollen bis zum Jahr 1002 erfolgt sein. (Regel III, 35)

Der Sieg über die Thüringer und die bewiesene militärische Überlegenheit der Franken wirken so erschütternd auf die Nachbarvölker, darunter die Sachsen, dass diese sich freiwillig den Franken unterwerfen und Tribut zahlen. Der Tribut der **Sachsen** besteht in **500** jährlich für den königlichen Hof der Franken zu liefernden **Rindern**.

Als der Frankenkönig Dagobert im Jahr 631 ein Abkommen mit den Sachsen schließt, wonach diese die ihnen benachbarte Grenze gegen die Slawen verteidigen sollen, erlässt er den bisher zu entrichtenden jährlichen Tribut von 500 Rindern. (Lintzel, 26; Höfer, 125ff.)

Im späten 6. und im 7. Jahrhundert, nachdem die Saale zur Ostgrenze des fränkischen Reiches geworden ist, werden **strategisch wichtige Punkte** wie die Hasenburg bei Haynrode, die Monraburg bei Beichlingen und die Sachsenburg am Unstrut-Durchbruch **befestigt** und mit Mannschaften besetzt. Es handelt sich dabei um Höhen- bzw. Spornburgen, die in ältere Volksburgen integriert werden. Wahrscheinlich sind in dieser Zeit bereits einzelne christliche Missionare in unserem Gebiet unterwegs, wie aus einem Grab aus dem Ende des 6. Jahrhunderts bei Schlotheim hervorgeht, in dem als Grabbeigabe auch eine eiserne Lanzenspitze gefunden wird, auf der auf beiden Seiten christliche Symbole – Fisch, Kreuz und Trinitätszeichen – aufgebracht sind. (AWT I, 70; Peschel)

Die Wirtschaftsform in unserem von Franken kontrollierten Gebiet beruht weiterhin auf der agrarischen Produktion mit intensiver Viehhaltung.

Mit dem Beginn des frühen Mittelalters treten allerdings deutliche **Strukturveränderungen im Ackerbau und in der Tierwirtschaft** ein. Die in der Römischen Kaiserzeit hauptsächlich angebauten Spelzweizenarten und Gerste werden ab dem 6. Jahrhundert zunehmend von Roggen und Saatweizen abgelöst. Daneben werden weiterhin Hülsenfrüchte und Lein angebaut.

Im Getreideanbau wird von der Sommerung stärker auf die Winterung übergegangen. Während sich im 1. bis 5. Jahrhundert nach Chr. die Anbauweise zu 61,1% aus Sommerung, 34,6 % aus Brache und 4,3 % aus Winterung zusammensetzt, entwickelt sich dieses Verhältnis vom 6. bis zum 10. Jahrhundert zu 35, 9 % Sommerung, 19,9 % Brache und 44,2 % Winterung.

Der starke Anteil im Rückgang der mehrjährigen Feldbrache als nutzbare Weidefläche wirkt sich auf die Bestandsentwicklung der Weidegänger unter den Haustieren, d. h. vor allem auf Rind und Schaf, aus. Dauergrünland in Form von Wiesen und Weiden, die diesen Verlust der Futtergrundlagen hätten kompensieren können, treten nach botanischen Untersuchungen erst im hohen Mittelalter in größerem Umfang auf. (Hasel/Schwartz, 268, 306)

Umso wichtiger wird die Weide des Viehs in den Wäldern, die in unserem Gebiet mit Ausnahme der Höhenlagen über 800 m, wo die Fichte vorherrscht, aus artenreichem Laubwald bestehen.

Die **dörfliche Besitzergreifung am Wald** erfolgt nach der Markverfassung, wonach der Besitz von einer Hufe oder Halbhufe Ackerland das Miterbenrecht am Wald und seinen Nutzungen beinhaltet, zu denen insbesondere die Waldweide, die Schweinemast und die Holznutzung zählen. Später gehören auch die landarmen Dorfbewohner zur Erbengemeinschaft am Gemeinheitswald innerhalb der Dorfgemarkung.

Die Vieh- und Schweineherden können ohne Weide und Mast im nahen Wald nicht auskommen. Eichen, Buchen und andere mast- oder fruchttragende Bäume, wie wilde Obstbäume, müssen deshalb ein hohes Alter erreichen können.

Auch das Einbringen von Laub und Waldheu für die Winterfütterung gehört zu den unerlässlichen Waldnutzungen. Der **Holzbedarf** besteht aus Feuerholz, das rasch große Hitze erzeugen kann, wozu junges Reiser- und Stangenholz besonders geeignet ist, aus vielen kleinen Nutzholzsortimenten, wie Bandstöcken, Bandreifen, Zaunruten und sonstigen für Nutzzwecke geeigneten Stöcken und Ruten, sowie aus hartem und dauerhaftem Bauholz für Gebäude aller Art, Reparaturen usw.

Damit der Wald diesen Anforderungen der Dorfgemeinschaft gerecht werden kann, muß diese eine **feste Wirtschaftsform im Wald** anwenden. Es handelt sich um eine Mischform zwischen Niederwald und Hochwald, die als **Mittelwald** bezeichnet wird.

Dabei erfolgt der Aufbau des Waldbestandes in zwei Ebenen, in Oberholz oder Oberstand und Unterholz oder Unterstand. Im Unterholz wird schnellwüchsiges Holz für den Bedarf an Reiserholz herangezogen. Dabei macht man die Fähigkeit von weichen Laubholzarten wie Birke, Aspe, Eberesche, Linde, Hasel, Solweide u. a. zunutze, bei Abhieb in jüngerem Alter aus eigner Kraft wieder aus dem Stock, d. h. aus dem im Boden gebliebenen Baumstumpf (Stock) zu schlagen. Die aus dem Stock wieder ergrünenden Triebe wachsen schneller auf als etwa aus Samen auflaufender Aufwuchs. Bezüglich dieses Unterholzes kann man sich ganz auf die natürlichen Bestockungsverhältnisse im Wald verlassen.

Die Waldfläche wird in gleich große Schläge aufgeteilt, von denen einer jährlich genutzt wird, deren Zahl also so bemessen sein muß, dass nach Abtrieb des letzten der erste wieder an die Reihe kommen kann. Durch die wiederholte Hauung der Stämme entsteht eine lichte und inhomogene Fläche, die mit strauchartigen Bäumen bzw. Büschen von etwa 3 bis 10 m Höhe bestanden ist.

Im Oberholz oder Hochwald sollen nur die zu Mast- und Bauholz geeigneten, vorwiegend harten Holzarten wachsen. Diese aus Samen gewachsenen Bäume werden bereits bei der ersten Hauung des Unterholzes, die schon nach 9 Jahren oder noch früher erfolgt, in bestimmter Anzahl, im Mittelalter meist 10 je Waldmorgen, stehen gelassen. Dies wiederholt sich bei jeder weiteren Hauung, um den gewünschten Stand an Hauptbäumen oder Oberholz zu erhalten. Diese Hauptbäume stehen weiträumig auseinander, um den Wuchs des Unterholzes nicht zu behindern und können ein hohes Alter, bei Eichen nach Jahrhunderten zählbar, erreichen. Diese bereits frühzeitig praktizierte Waldbewirtschaftung erweist sich als eine sehr dauerhafte, bis in das 17. und 18. Jahrhunderte angewandte Wirtschaftsform. (Schubart, (1966), 10ff.)

Beginnend in der **2. Hälfte des 6. Jahrhunderts** kommt es zu einer **raschen Zunahme der Bevölkerung.** Dies führt zu einer Zunahme der relativ einfach zu haltenden Hausschweine, die sich durch einen schnellen Umsatz der aufgenommenen Nahrung in Fleisch und Fett auszeichnen, wonach offensichtlich ein erhöhter Bedarf besteht. Während bis zum Hochmittelalter die Schweinehaltung dominiert – die Schweine werden zur Mast hauptsächlich in die Wälder getrieben – verringert der Rückgang der Waldflächen im Hochmittelalter durch massiven Holzeinschlag diese Möglichkeit und das Schwein verliert seine dominierende Stellung in der Fleischversorgung der Bevölkerung an das Rind, das diesen Rang seit dem Spätmittelalter wieder einnimmt. Die zunehmende Rinderhaltung im Hoch- und Spätmittelalter wird im Allgemeinen mit dem in den Vordergrund rückenden Ackerbau, vor allem dem sprunghaft anwachsenden Getreideanbau, in Zusammenhang gebracht. Die Möglichkeit der Beweidung der abgeernteten Getreideschläge, die Notwendigkeit ihrer Düngung sowie der Einsatz von Rindern als Zugtiere bei der Bewirtschaftung großer Flächen sind Faktoren, die offensichtlich die Rinderhaltung gegenüber der Schweinehaltung begünstigen. Auch das Aufkommen von Dauerweideflächen, die erstmals im 12. Jahrhundert auftreten, wirkt sich günstig auf die Rinderhaltung in Mitteleuropa aus. (Benecke, 118ff.)

In der **fränkischen Zeit** sind in unserem Gebiet **bereits spezialisierte Handwerker** u. a. als Köhler, Schmiede, Töpfer, Kammmacher und bei der Verarbeitung von Holz und Leder tätig. Die Textilherstellung erreicht einen beachtlichen Stand. Obwohl in unserem Gebiet auch Münzen gefunden werden, darunter südlich von Förste eine keltische Goldmünze, ein sog. Regenbogenschüsselchen, und im Schlotheimer Burggraben eine merowingische Goldmünze, spielt die Geldwirtschaft im Nahhandel noch keine Rolle.
(Dusek, 172ff; AWT, I, 70ff.; Häßler, 501; Krüger et al., 547; Peschel, 81f.)

Wie bereits dargelegt, kommt es seit der 2. Hälfte des 6. Jahrhunderts, in größerem Umfang jedoch in der Karolingerzeit im 8. und 9. Jahrhundert, zu einer **kontinuierlichen Vermehrung der Bevölkerung,** die ganz Mitteleuropa erfasst. Da die Landwirtschaft die wirtschaftliche Grundlage dieser Entwicklung bleibt, wird es im Zuge dieser Bevölkerungsvermehrung notwendig, die Wirtschaftsflächen zu erweitern. Ein **extensiver Landesausbau** geschieht bei der Erschließung des Harzrandes durch die Inbesitznahme neuer Siedlungsräume im Anschluss an die alten Siedlungsgebiete. Diese Ausbausiedlungen haben meist nur geringen Umfang. Hingegen werden in den Altsiedellandschaften des Harzvorlandes Reserven durch eine **intensivere Bewirtschaftung** erschlossen. Das geschieht zunächst dadurch, dass die Dörfer vergrößert und die Äcker in die noch zwischen ihnen bestehenden Wälder vorangetrieben werden. Da jedoch bei diesemVorgang immer größere Entfernungen zu den Feldern in Kauf genommen werden müssen, zieht man es häufig vor, neue Dörfer inmitten der Ausbaufluren zu gründen. Da die Mehrzahl der damals gegründeten Orte noch heute besteht, wird im Ergebnis dieses Landesausbaus sowie der Entwicklung und Neugründung von Städten die heutige Siedlungsstruktur im Wesentlichen ausgebildet.
Um die **Jahrtausendwende** ist die **heutige Verteilung von Offenland und Wald im Harzvorland bereits weitgehend vorhanden,** die folgenden Jahrhunderte bringen jedoch noch eine weitere Dezimierung der im Flachland verbliebenen Restwälder. Vor allem jedoch findet im Zusammenhang mit der Intensivierung des Bergbau- und Hüttenwesens ein Ausgreifen der Besiedlung bis in den Oberharz hinein statt. (Gringmuth-Dallmer (1989), 238ff.)

Neben den naturräumlichen Gegebenheiten, archäologischen Funden und pollenanalytischen Untersuchungen von Torf- oder See-Sedimentprofilen, bei denen der Pollengehalt für die verschiedenen

Pflanzenarten und damit die natürliche Vegetationsentwicklung und deren vom Menschen hervorgerufene Änderung bestimmt wird, können auch **Ortsnamen Hinweise** auf die **Zeit der Besiedlung** geben. Auf Grund ihrer Bodengebundenheit und ihrer zumeist konservativen Lautgestalt können sie der Siedlungsgeschichte gute Dienste leisten. Voraussetzung dazu sind urkundliche Belege und die Kenntnis sprachlicher Entwicklungsgesetze. Die Aussagen über das Siedlungsalter der Orte nach ihren Namen sind allerdings **nur für die Siedlungsperioden im Allgemeinen gültig**, sie treffen nicht auf jeden Einzelfall zu.

Die bereits **vor der Frankenkolonisation** bestehenden ländlichen Siedlungen in unserem Gebiet tragen meist einfache Namen und Zusammensetzungen mit den alten Endungen auf -aha, -are, -lar, -lo, -mar(i), -idi, ithi, -ingen oder -ungen. Auch Ortsnamen mit der Endung –leben wurden wohl in der späten Völkerwanderungszeit vergeben.

Diese Namen knüpfen in der Regel an Bezeichnungen der Lage und Beschaffenheit eines Ortes, selten jedoch an Personennamen an. So zählen z. B. Werla, Goslar, Pöhlde (Palidi), Cleysingen Hörningen, Haringen, Weddingen, Pützlingen Heringen, Harzungen, Morungen, Haferungen, Schiedungen, Auleben, Ermsleben und Weddersleben zu den vorfränkischen Siedlungen.

Wegen der geringen Siedlungsdichte haben die Landschaften noch weitgehend ihr natürliches, von den Eingriffen der Menschen wenig berührtes Gepräge.

Erst in der im 8. Jahrhundert beginnenden und bis 1250 andauernden **zweiten Siedlungsperiode**, als unter den fränkischen Hausmeiern Karl Martell und dessen Sohn Pippin dem Jüngeren das Christentum eingeführt und später unter Karl dem Großen gefestigt wird, kommen verstärkt fränkische Siedler in unser Gebiet und gründen nicht nur in den Talauen, sondern auch an den Abhängen der Höhenzüge weitere Siedlungen.

Nach dem fränkischen Besitzrecht gehört dem König das Verfügungsrecht über alles unbewohnte und herrenlose Wild-, Wald- und Ödland sowie die Gewässer – und damit verbunden – über deren gesamte wirtschaftliche Nutzung, wie Holzschlag, Jagd, Fischfang, Ausbeutung der Bodenschätze usw. Darüberhinaus wird auf dem Paderborner Reichstag 777 beschlossen, dass das Eigentum jedes Aufrührers eingezogen wird und in das Reichsgut übergeht. In Anbetracht der zahlreichen Aufstände der Sachsen gegen die Expansionspolitik Karls des Großen, die auch in unserem Gebiet stattfinden, wird auch durch die Realisierung dieses Beschlusses das Reichsgut vermehrt.

Das Reichsgut bildet die wichtigste Grundlage für die Herrscherstellung und Herrschertätigkeit Karls des Großen und seiner Nachfolger.

Zum **karolingischen Reichsgut** gehören auch zahlreiche Siedlungen in unserem Gebiet, darunter Windehausen (Winitohus um 820, am Ort des späteren Thale), Salza bei Nordhausen (802), Allstedt, Riestedt, Großenehrich (Heriki 877), Westerhausen und Osterhausen (777). Ausgedehnte Gebiete von zusammenhängendem Reichsgut sind u. a. die ganze Gegend von Quedlinburg, Halberstadt und Derenburg, die sich mit Meisdorf und Ballenstedt über die Bode hinaus erstreckt, im Süden an den Harz und im Westen bis Reddeber und Heudeber reicht.

Im Südharz bilden die Reichsburg Nordhausen und ihr Zubehör (u. a. Salza, Sundhausen, Bielen, Rosperwenda und das Helmerieth) sowie die Reichsgüter Rottleberode, Tilleda, Wallhausen, Lengefeld, Sangerhausen, Gebesee und Riestedt ebenfalls ein Gebiet zusammenhängenden Reichsguts.

Die Reichsburg Nordhausen wird auch wegen der wichtigen **Heerstraßen** angelegt. Die bereits zu karolingischer Zeit bestehende Heerstraße von Westfalen (Dortmund, Paderborn) nach Halle und Merseburg über Northeim und Pöhlde führt über Nordhausen, ebenso die vom Niederrhein über Gandersheim, Seesen, Osterode, Pöhlde nach Thüringen und zum Saale/Elbegebiet . Der Frankenkönig Ludwig III. gestattet im Jahr 877 dem Stift Gandersheim, einen Zoll von allen Kauleuten zu erheben, die vom Rhein zur Elbe und Saale reisend dort durchkommen. (Höfer, 151, 157ff.)

Die Einbindung unseres Gebiets in das Frankenreich vertieft sich. Dazu tragen nicht zuletzt die fränkischen Siedler bei, die auch in unserem Gebiet Dörfer anlegen.

Im **8. bis 10. Jahrhundert** werden weitere der Herrschaftsbildung und der Sicherung des Harzvorlands gegen äußere Angriffe dienende **militärische Stützpunkte errichtet**, u. a. die Reichsburgen Allstedt (899), Quedlinburg (929), Seeburg, Ilsenburg und Frankenhausen.

Zu den ersten Ansiedlungen auf dem Harzgebirge gehören die **Jagdhöfe**, auf denen die Könige und Kaiser zur Jagd weilen, darunter Bodfeld (936), Siptenfeld (936), Selkenfeld (961), Thankmarsfeld (970), Ichtenfeld und Ilfeld.

Gebietsteile des Reichsguts werden vom König an von ihm eingesetzte Herzöge, Grafen und andere Amtsträger verliehen, die diese im Amt zu verwalten haben. Bei den Trägern der Amtslehen schwindet aber bald das Bewusstsein, dass sie naturgemäß nur auf Lebenszeit oder Amtszeit verliehen sind. Sie werden als erblich betrachtet, wie denn auch die Ämter in der Regel vom Vater auf den Sohn übergehen. Das **Bestreben, Reichsgut als Eigengut zu betrachten**, zeigt sich im Frankenreich bereits sehr früh. Es ist deshalb nicht verwunderlich, wenn der Liudolfinger Heinrich I. das umfangreiche karolingische Reichsgut in Sachsen und Thüringen, das er von seinem Vater, Herzog Otto dem Erlauchten, übernommen hat, wie Quedlinburg, Pöhlde, Nordhausen und Duderstadt, in Schenkungsurkunden als ererbtes Eigengut (propria hereditas) oder unser Eigentum (nostra proprietas) bezeichnet.
Zahlreiche Bistümer, Klöster und Kirchen erhalten Ländereien aus dem Reichsgut als Schenkungen. Damit fallen alle Nutzungsrechte einschließlich der Ansiedlung neuer Bewohner, an diese Grundherren. (Höfer, 133ff.)

Die Bestimmungsworte für diese Siedlungsneugründungen sind ihren geografischen Verhältnissen entnommen, sofern sie von Amts wegen gegründet werden, oder setzen sich überwiegend aus den Personennamen der adligen Grundherrn und den Grundwörtern –hausen, -stedt, -heim, -feld oder -dorf zusammen.
Hier sind u. a. Badenhausen, Herrhausen, Hahausen, Windehausen, Hettstedt, Bartolfelde, Hasselfelde, Langelsheim, Siptenfelde, Ilfeld, Mansfeld, Scharzfeld, Hattorf und Endorf zu nennen.

In einer anschließenden **dritten, nachfränkischen Siedlungsperiode**, in der die Bevölkerung immer mehr wächst und die im 14. Jahrhundert endet, werden auch die weniger fruchtbaren bewaldeten Höhenlagen stärker besiedelt, indem die Wälder gerodet werden, um neuen Grund und Boden für den Anbau zu schaffen. Das führt zu nachhaltigen Veränderungen der in diesen Lagen bis dahin noch wenig berührten Natur. Die so entstehenden Ortschaften tragen meist auf -rode, -riede(n), -hagen, -bach/born, –schwende, -berg, -see, -holz oder -stein endende Namen. Dazu gehören u. a. Wernigerode, Elbingerode, Harzgerode, Hüttenrode, Gernrode, Osterode, Wolfshagen, Holbach, Leimbach, Schwende, Braunschwende, Molmerschwende, Herzberg, Lauterberg, Andreasberg, Güntersberge, Questenberg, Benneckenstein, Trautenstein und Falkenstein.
(Wulf, 328f.; Dobenecker, Bd.I, Nrn. 70, 294; Hentrich, 106ff; Müller (1911), 12ff.; 53ff.; Buschendorf, 34ff., 134ff.; Kyffhäuser, 21ff.; Gringmuth-Dallmer/Lange, 89ff.)

Von wesentlicher Bedeutung für die **Besiedlung des Oberharzes** ist der **Bergbau**, der dort etwa um 1200 einsetzt. (Dennert (1954), 3f.; Liessmann (2010), 166ff.)

536/37
Spätantike Schriftsteller und auch zeitgenössische asiatische Quellen berichten von **außerordentlich niedrigen Temperaturen im Jahr 536**. Im Sommer liegt Schnee und die Sonne wirft auch mittags nur einen schwachen Schatten, wie das ansonsten nur bei einer Sonnenfinsternis geschieht. Diese Kälte hält fast ein Jahr an, so dass es 537 zu einer Missernte und Hungersnot kommt. Spangenberg schreibt unter Berufung auf Johannes Nauclerus, dass im Jahr 537 *„eine treffliche grosse Thewerung und ein erbermlicher Hunger durch die gantze Welt gewesen/das die Leute in die Wildnis gelauffen/ sich von*

den Würtzeln der Beume zu settigen/damit sie den elenden Jammer an den ihren/so hungers halben heuffig dahin fielen und sturben/nicht sehen durfften/ Alle Wege und Strassen waren voller Todten/ und war allenthalben ein jämmerlicher Anblick." (Spangenberg, 57a; Rivander, 43f.; Binhard I, 23)
Diese **globale Wetteranomalie** ist durch einen Vulkanausbruch verursacht worden, bei dem gewaltige Mengen vulkanischer Asche in die höheren Schichten der Atmosphäre geschleudert wurden, die sich in den folgenden Monaten über den Erdball verbreiteten. Einzelne Vulkanausbrüche können hemisphärisch zu einer Abkühlung um 0,5 bis 1,5° C in den ersten beiden Jahren und um 0,2 bis 0,8° C in den folgenden Jahren führen, was für die Landwirtschaft erhebliche Konsequenzen hat, da dadurch die Vegetationsperiode stark verkürzt wird.(Kreuz, 50f.; Gerste, 41ff.; Briffa et al, 450ff.; Behringer, 31f.) Bei einer Abkühlung der durchschnittlichen Jahrestemperatur um 2° C wird die Vegetationsperiode um sechs kostbare Wochen verkürzt. (Blom, 20)

539
Im Herbst erscheint im Sternzeichen der Waage ein **Komet**. (Binhard I, 23; Kronk I, 88)

547/48
Dieser **Winter** ist **ungewöhnlich streng** und kalt, so dass die Flüsse fest zufrieren und die Leute über sie ihren Weg wie über festen Boden nehmen können. Auch die Vögel sind von der Kälte ganz matt und lassen sich ohne listige Vorrichtungen mit der Hand fangen, da tiefer Schnee liegt. (Gregor von Tours, Bd. I, 213)

557
Spangenberg berichtet, dass in diesem Jahr etliche Tage lang ein **Komet** am Himmel zu sehen gewesen sei. (Spangenberg, 58)

563
Am 3. Oktober – nach Gregor am 1. Oktober – findet das Naturschauspiel einer **Sonnenfinsternis** statt, bei dem der Schatten des Mondes die Sonne verdunkelt. (Gregor von Tours, Bd I, 261; Oppolzer, 170, Blatt 85)
Gregor berichtet auch, dass man in diesem Jahr *„um die Sonne einen drei- und vierfachen hellen Schein"*, einen **Sonnenhalo**, gesehen hat (Gregor von Tours, Bd I, 261)
Ein Halo erscheint, wenn sich das Licht des Mondes oder der Sonne in Wolken aus gleichförmigen Eiskristallen in 10 bis 15 km Höhe in diesen Eiskristallen bricht. Wie in einem Prisma wird das Licht abgelenkt und in seine Farben aufgespalten.
In diesem Jahr ist laut Gregor von Tours ein **Komet** zu sehen. Nach Kronk handelt es sich dabei wahrscheinlich um die Kometen von 565 oder 568. (Gregor von Tours, Bd I, 261; Kronk I, 90f.)

576
In der Nacht des 11. November sieht man nach Gregor von Tours mitten **im Mond einen hellen Stern** glänzen und über und unter dem Mond erscheinen andere Sterne. Auch ein Reif um den Mond (**Mondhalo**) wird sichtbar. In diesem Jahr ist auch wieder ein **Sonnenhalo** zu sehen. (Gregor von Tours, Bd. II, 58f.)

581
Am 5. April tritt eine **Mondfinsternis** ein. Es erscheint auch ein **Komet** am Himmel. (Gregor von Tours, Bd. II, 82; Oppolzer, 352)

582
Im Januar erscheint am Westhimmel um die erste Stunde der Nacht ein **Komet** mit einem Schweif von auffallender Größe, der von fern wie die starke Rauchwolke von einer Feuersbrunst aussieht. (Gregor von Tours, Bd. II, 135; Kronk I, 96)

584

Im Dezember ist ein **großer Feuerglanz über dem Himmel** zu sehen, der vor dem Anbruch des Tageslichts weithin die Welt erhellt. Es erscheinen auch Lichtstrahlen am Himmel und nach Norden hin wird zwei Stunden lang eine feurige Säule gesehen, die vom Himmel gleichsam herabhängt. (Gregor von Tours, Bd. II, 202)

585

In diesem Jahr sind an mehreren Tagen nach Sonnenuntergang **hell glänzende Strahlen am nördlichen Himmel** zu sehen, die später den ganzen Himmel bedecken. (Gregor von Tours, Bd. II, 264 und 276f.) Es handelt sich wahrscheinlich um **Polarlichter.** Diese Leuchterscheinung entsteht durch die von der Sonne ausgehende Partikularstrahlung aus Elektronen und Protonen. Diese werden durch das Magnetfeld der Erde zu den Polen geleitet und regen beim Eindringen in die Atmosphäre deren Atome, Ionen und Moleküle zum Leuchten an. Bei besonders starker Partikularstrahlung, z. B. nach Sonneneruptionen, werden die eindringenden Partikel bis in unsere Breiten abgelenkt und erzeugen dann auch hier Polarlichter. (Tauchmann (2006), 84f.)

592

Spangenberg berichtet, dass man in diesem Jahr viele **Feuerzeichen am Himmel** gesehen habe. (Spangenberg, 61) **Polarlichter**

593

Auf Grund des sehr **heißen und trockenen Sommers** wachsen nur wenige Feldfrüchte. Gleichzeitig werden durch einen großen Schwarm von **Wanderheuschrecken,** der sich in fünf Teile teilt, die Felder kahl gefressen. Dadurch entsteht eine große **Hungersnot.** (Binhard I, 26; Hennig, 10)

594

Spangenberg berichtet, dass in diesem Jahr einen ganzen Monat lang ein **Komet** am Himmel erschienen sei. Nach anderen Quellen ist dieser Komet erst Anfang Januar 595 zu sehen. (Spangenberg, 62; Kronk I, 96f.)

604

Mit unerhörtem Donner und Krachen fällt in diesem Jahr **Feuer vom Himmel.** (Meteorit?) (Spangenberg, 65a; Binhard I, 26f.)

607

Am 15. März erreicht der im Durchschnitt nach 76 Jahren wiederkehrende **Halley'sche Komet** seinen sonnennächsten Punkt. Seine größte Erdnähe beträgt 17 Millionen km. (Reichstein, 15; Kronk I, 97ff.)

617

Am 4. November tritt in unserem Gebiet eine **totale Sonnenfinsternis** ein. Der dunkle Streifen auf der Karte zeigt den Verlauf der totalen Sonnenfinsternis, die parallel verlaufenden Streifen darüber und darunter markieren die Gebiete mit der partiellen Sichtbarkeit. Unser Gebiet liegt etwa am Schnittpunkt des 10. Längengrades mit dem 50. Breitengrad. (Schroeter, Karte 4a)

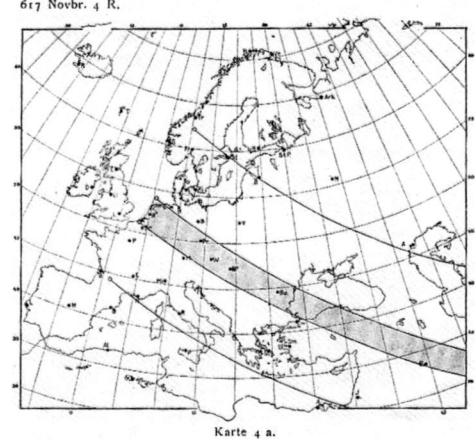

617 Novbr. 4 R.

Karte 4 a.

Der Verlauf der Sonnenfinsternis vom 4. November 617

652
Zum großen Erschrecken der Menschen fällt in diesem Jahr **Asche vom Himmel** herab.
(Spangenberg, 65a; Binhard I, 31)

673
In diesem Jahr sieht man zehn Tage lang grausame **Feuerzeichen am Himmel.**
(Spangenberg, 65a; Binhard I, 32)

676
Drei Monate lang kann in diesem Jahr ein **Komet** beobachtet werden.
(Spangenberg, 65a; Tromm, 30; Binhard I, 32; Kronk I, 107f.; Vanin, 29)

684
In diesem Jahr erscheint wieder der **Halley´sche Komet**, der seinen sonnennächsten Punkt am
2. Oktober erreicht. Er ist drei Monate lang am Himmel zu sehen.
(Schedel,157; Binhard I, 32; Borchert/Waterman, 116, (Fol.50); Reichstein, 15; Kronk I, 109f.)

687
Um Weihnachten, als das Gluckhennen-Gestirn (Plejaden) aufgeht, bis zum 6. Januar ist auch **tags-
über ein großer Stern am Himmel** zu sehen, der dieses Gestirn umkreist.
(Binhard I, 33, Kretzer)
Es handelt sich dabei möglicherweise um eine **Supernova**. Supernovae sind Explosionen masserei-
cher Sterne am Ende ihrer Entwicklung. Dabei steigt die Leuchtkraft der Gestirne plötzlich auf etwa
das Milliardenfache, so dass sie für kurze Zeit (Stunden bis Wochen) für den Beobachter als neue
Sterne wahrgenommen werden. (Vanin, 23; Paturi,16,23)

Um 700
beginnt die **Erzverhüttung auch im Oberharz**, u.a. im Rabental. (Bachmann et al, 157) Vorher
gibt es im Oberharz noch keine dauerhaften Siedlungen.
Ab dem 8. Jahrhundert gibt es zahlreiche Verhüttungsplätze im Westharz, an denen u.a. Rammelsberger Erze verarbeitet werden. (Beug et al, 23, Brumme, 12)

8. bis 9. Jahrhundert
Seit dem 8. bis 9. Jahrhundert entstehen im Harzvorland **Keimformen nichtagrarischer Zentren**,
die jeweils **von einer Burg ihr Gepräge erhalten**. So werden in dem im letzten Jahrzehnt des 9.
Jahrhunderts aufgezeichneten Zehntverzeichnis des 736 gegründeten Klosters Hersfeld 18 Burgen
genannt, von denen sich die Mehrzahl in dem südöstlich des Harzes gelegenen Hassegau befindet.
(Hermann (1989c), 333; Brachmann, 295)
Der Burgenbau stellt an die Leistungskraft der vom Territorialherrn abhängigen bäuerlichen Bevölkerung hohe Anforderungen. Es wurde errechnet, dass zum Bau der zum Schutz von Quedlinburg und
der nahen Heerstraße um 1075 errichteten Lauenburg Arbeitsleistungen von rund 270.000 Arbeitstagen erbracht werden mussten. Bei einer Bauzeit von 10 Jahren und 270 Arbeitstagen im Jahr waren
100 Arbeitskräfte ganztägig 10 Jahre lang mit dem Bau dieser Burg beschäftigt. (Brachmann, 306)

717/18
Dieser **Winter** ist in ganz Europa **äußerst streng.** (Hennig, 11)

721
Dieses ist ein **fruchtbares Jahr.** Alle Gewächse und Früchte gedeihen gut. Lampert von Hersfeld
berichtet darüber unter dem Jahr 722.
(Hersfeld, Annalen, 15; Spangenberg, 66; Tromm, 31; Rivander, 64; Binhard I, 33)

729

Lampert von Hersfeld berichtet, dass in diesem Jahr zwei **Kometen** zu sehen sind, der eine vor Sonnenaufgang, der andere nach Sonnenuntergang.
(Hersfeld, Annalen, 15; Spangenberg, 66a; Binhard I, 39; Kronk I, 114f.)

733

Am 14. August kann eine **Sonnenfinsternis** beobachtet werden.
(Hersfeld, Annalen, 16; Spangenberg, 66a; Binhard I, 39; Schroeter, 22, Karte 18b)

735

In diesem Jahr sieht man den **Himmel brennen**. (Spangenberg, 66a; Binhard I, 39) Polarlichter?

738

In diesem **Sommer** herrscht in ganz Mitteleuropa **große Hitze und Trockenheit**. (Hennig, 11; Hamm, 16)

742

Am 21. April halten die germanischen Bischöfe unter Leitung von Bonifatius eine Reformsynode, das sog. Concilium Germanicum, ab, auf der sie u.a. beschließen, dass **dem Klerus** das Tragen von Waffen und **die Jagd verboten** wird. *„Überdies verbieten wir allen Dienern Gottes die Jagd und das Umherstreifen in den Wäldern mit Hunden. Auch dürfen sie keine Habichte und Falken halten."*
(Heerda, 106)
Dieses Verbot wird im 9. Jahrhundert durch ein Capitulare Kaiser Karls des Kahlen bekräftigt. Erst allmählich findet auch die Geistlichkeit Zugang zur Jagd, zunächst erst zur *„stillen Jagd"* (venatio placida), d.h. das Recht des Fisch- und Vogelfangs. (Kremser, 218)

761

Nach Wellendorf sieht man in diesem Jahr einen **Kometen** 10 Tage lang am Osthimmel und anschließend 21 Tage lang am Westhimmel. So wird von anderen Chronisten die Bewegung des ein Jahr zuvor wieder erschienenen Halley´schen Kometen beschrieben.
(Tromm, 33; Kronk I, 116)

763/64

Vom 1. **Oktober bis zum Februar** des nächsten Jahres herrscht starke **Kälte**, unter der nicht nur die Menschen und das Vieh, sondern auch die Bäume viel zu leiden haben. Die Werra, die Saale und andere Flüsse sind bis zum Grund gefroren. An manchen Orten liegt der Schnee 20 Ellenbogen hoch.
(Spangenberg, 68a; Rivander, 69; Tromm, 33; Binhard I, 42; Hennig, 11; Hamm 16)
Dem furchtbaren Winter folgt eine Zeit großer Dürre. (Hennig, 11)

764

Am 4. Juni ist eine ringförmige **Sonnenfinsternis** zu sehen.
(Spangenberg, 68a; Binhard I, 42; ; Schroeter, 23, Karte 21b)

764-769

In einer Schenkungsurkunde des Klosters St. Gallen ist erstmals eindeutig die **Dreifelderwirtschaft** mit der Folge Brache, Winterfrucht, Sommerfrucht belegt. Ebenso in den Lorscher Traditionen von 771.
(Dülmen, 19)

767

Wegen der außergewöhnlichen **Hitze und Trockenheit** in diesem Sommer gibt es eine schlechte Ernte und es kommt zu einer großen Teuerung. (Spangenberg, 68a; Binhard I, 42, Hennig, 12)

Um 775

Um diese Zeit ist das Vorland des Harzes schon von vielen Siedlungen, Jagdhöfen, Burgen und vor allem von landwirtschaftlicher Nutzung geprägt. Nachdem Karl der Große den auch am Harz siedelnden Stamm der Sachsen unterworfen hat, wird der **Harz zum königlichen Bannforst** erklärt. Das gesamte Gebirge unterliegt dem königlichen Forstregal.

Das Brockengebiet ist noch unberührter Wald. Das **Gros der Harzwälder** ist jedoch **schon Wirtschaftswald** und damit nicht mehr sich allein natürlich entwickelnder, sondern ein vom Menschen beeinflusster Wald. (Schubart (1966), 11; Brückner et al, 360; Kurth (2003), 21)

Neuere Untersuchungen der Holzkohlereste an Meilerstandorten zeigen, *„dass bereits im 7. Jahrhundert n. Chr. ein bemerkenswert hoher Anteil in Meilerresten nicht mehr dem Naturwald zuzurechnen ist, ein erheblicher Anteil entfällt bereits auf Sekundärgehölze, die als Folge der Rodungstätigkeit eingewandert sind. Die Beanspruchung der Landschaft für Zwecke der Montanwirtschaft hatte mithin schon ein erhebliches Ausmaß erreicht. Spätestens vom 10. Jahrhundert an ist dann eine ausdifferenzierte montanistische Gewerbelandschaft Harz erkennbar."*
(Bartels et al (2007), 65f.)

798

In diesem Jahr ist die **Sonne** 18 Tage lang nur **verdunkelt** am Himmel zu sehen. Das Augsburger Wunderzeichenbuch berichtet, dass in Italien **Asche vom Himmel gefallen** sei.
(Spangenberg, 78a; Borchert/Waterman, 119, (Fol.60); Binhard I, 46).

799

Der **Sommer** ist so **kühl**, dass es am Johannistag (24. Juni) sogar Raureif gibt.
(Spangenberg, 78a; Binhard I, 47)

800

Am 7. und 9. Juli tritt **Frost und Rauhreif** auf, der jedoch den Früchten nicht sonderlich schadet.
(Spangenberg, 79a; Tromm, 35; Binhard I, 48; Hennig, 12)

Um 800

Um diese Zeit erlässt Kaiser Karl der Große eine 70 Kapitel umfassende **Verordnung über die Krongüter und Reichshöfe** nördlich der Alpen (*Capitulare de villis vel curtis imperii*), in der unter Berücksichtigung von Erfahrungen des römischen Landbaus detaillierte Anweisungen zur Entwicklung dieser Güter zu Musterwirtschaften gegeben werden. Die Verordnung enthält u. a. Regelungen über die Dreifelderwirtschaft, den Getreideanbau, den Weinbau, den Anbau von Lein (*linum*), Waid (*waisdo*) und Hanf (*canava*), die Behandlung der Wiesen, die Haltung von Pferden, Rindern, Schafen, Schweinen, Ziegen und Geflügel, aber auch von Fischen und Honigbienen. Im 36. Kapitel wird angeordnet, dass *„ unsere Wälder und Forsten gut behütet werden und, wo ein zum Ausroden geeigneter Platz vorhanden ist, dieser gerodet, auch nicht zugelassen werde, dass die Felder mit Wald überzogen werden... Wo aber Wälder sein müssen, da sollen sie* (die Beamten) *nicht zulassen, dass sie zu sehr behauen und verwüstet werden."*
Im 70. Kapitel werden mehr als 70 **Nutzpflanzen**, einschließlich Heilkräuter und Blumen sowie 16 verschiedene Obstbaumarten, genannt, **die in den Krongütern angebaut werden sollen**. Dazu gehören Lilien, Rosen, Liebstöckel, Garten-Salbei, Weinraute, Zuckermelone, Kuhbohne, Rosmarin, Kichererbse, Meerzwiebel, Siegwurz, Schlangen-Knöterich, Estragon, Anis, Rüben, Ringelblume, Bärwurz, Lattich, Bergkümmel, Echter Schwarzkümmel, Brunnenkresse, Petersilie, Sellerie, Dill, Fenchel, Gemeine Wegwarte, Bohnenkraut, Minze, Tausendgüldenkraut, Schlafmohn, Malven, Möhre, Gartenmelde, Haselwurz, Kohlrabi, Kohl, Gurke, Winterzwiebel, Küchenzwiebel, Schnittlauch, Rettich, Knoblauch, Krapp, Saubohne, Erbse, Echter Koriander und Garten-Kerbel.

Darüber hinaus werden 18 Baumarten genannt, die angepflanzt werden sollen. Dazu zählen Apfelbaum, Birnbaum, Pflaumenbaum, Sauerkirsche, Süßkirsche, Speierling, Mispel, Quitte, Gemeine Hasel, Walnuss und Maulbeerbaum. Einige gewöhnlich nur südlich der Alpen gedeihende Bäume, darunter Pfirsich, Pomeranze, Esskastanie, Pinie, Feige, Echter Lorbeer und Mandel sind ebenfalls in dieser Liste enthalten.

Außerdem soll jeder Gärtner auf seinem Dach *„Jupiterbart"* haben. Diese Dach-Hauswurz soll nach dem Volksglauben das Haus vor Blitzschlag schützen.

(Scharff, 50f., 65f; Franz, 73ff.; Goltz I, 98ff., 139; Kremser, 99)

Natürlich sind in der folgenden Zeit unter der Herrschaft der sächsischen und salischen Könige nicht alle in der Verordnung genannten Tiere und Pflanzen in jedem der zum Reichsgut gehörenden Güter zu finden, zu denen im Harz und seinem Vorland die Königspfalzen und Reichshöfe Allstedt, Bodfeld (Jagdhof), Dahlum, Derenburg, Goslar, Grone, Nordhausen, Pöhlde, Quedlinburg, Tilleda, Wallhausen und Werla an der Oker gehören. Es handelt sich dabei vielmehr um **Zielstellungen, die** auch außerhalb der Reichsgüter, vor allem in den Klöstern, **angestrebt werden.**

(Abel, 49f.; Eberhardt, 33ff.; Häßler (1991), 444f.)

Kaiser Karl der Große schreibt den Vorstehern seiner Höfe vor, auch für die Anlage von Mühlen und Mühlengräben Sorge zu tragen. In unserem Gebiet werden die **Wassermühlen** überhaupt erst **durch die Franken eingeführt**. Wassermühlen gehören deshalb zu den fränkischen Königshöfen genauso wie zu den Benediktinerklöstern jener Zeit. (Höfer, 119, 147)

9./10 Jh.

Auf den Ackerflächen im Harzvorland wird in dieser Zeit hauptsächlich Roggen und Weizen angebaut. Ein Modius Weizen (etwa 8,8 Liter) ist genausoviel wert wie ein Seidel (ca. 0,5 Liter) Bienenhonig oder acht Denare (ca. 8 Gramm Silber). Beim Vieh entspricht ein Rind dem Wert vom einem Schaf mit einem Lamm oder ebenfalls acht Denaren; ein gutes Rind kostet 24 Denare.

Die Eiweißversorgung der frühmittelalterichen Bevölkerung wird überwiegend durch Fleisch-, Fisch- und Milchprodukte sichergestellt; als eiweißreiche Pflanzen ergänzen Pferdebohne, Linse und Wicken den Speiseplan. Der Fettversorgung dienen ebenfalls vor allem Fleischprodukte, insbesondere Schweine- und Rindfleisch, daneben aber auch pflanzliche Öle aus Leinsamen, Haselnüssen und Bucheckern.

Untersuchungen von Tierknochenresten zeigen, dass 99 % der Knochen zu Haustieren und nur 1 % zu Wildtieren gehören, ein Befund, der mit solchen aus der römischen Kaiserzeit übereinstimmt. Rinder sind weiterhin die hauptsächlichen Fleischlieferanten, gefolgt von Schweinen. Schafe, Ziegen und Pferde werden nur in zweiter Linie zur Fleischversorgung gehalten.

(Wulf, 337f.)

Um diese Zeit erleichtern **technische Neuerungen** die Arbeit in der Landwirtschaft.Durch die Einführung des wahrscheinlich bereits um 400 vor Chr. in China erfundenen **Kummets**, eines dem Zugtier um Hals und Schultern gelegten gepolsterten Rings, wird die Zugleistung **des Hauspferdes im Ackerbau** im Verhältnis zum früher üblichen Jochgeschirr, das die Atmung der Tiere stark beengt und damit deren Leistungsfähigkeit verringert, um das Vier- bis Fünffache gesteigert. Dadurch wird erstmals die Anspannung schwerer Geräte ermöglicht. Als älteste Darstellung eines Kummetgeschirrs gilt eine Abbildung in der Trierer Apokalypse, die um 800 datiert wird. Wassermühlen zum Mahlen des Getreides verbreiten sich.

Steigbügel, die die Reitnutzung des Pferdes auf eine neue Stufe heben, werden in China in einer Chronik von 477 nach Chr. erstmalig erwähnt. Sie bringen vor allem dem Reiterkrieger wesentliche Vorteile, denn durch sie hat der kämpfende Reiter einen besseren Halt auf seinem Pferd. Steigbügel kommen mit dem Reitervolk der Awaren im 5. bis 6. Jahrhundert nach Europa. Grabfunde der Merowingerzeit weisen auf ihren zunehmenden Gebrauch in Europa im 7. und 8. Jahrhundert hin.

(Wulf, 338; Benecke, 151ff, 306f.; Dülmen, 22)

Schlackenfunde belegen eine **frühe Verhüttung von Eisenstein aus dem Elbingeröder Revier,** z. B. am Eggeröder Brunnen. (Brückner et al, 374)
Archäologische Grabungen am ehemaligen Johanneser-Kurhaus bei Zellerfeld zeigen, dass hier seit dem 9./10. Jahrhundert Blei und vor allem Silber aus Bleiglanz aus dem unmittelbar angrenzenden Zellerfelder Gangzug gewonnen werden. (Klappauf (2000 a), 24f.; Schätze des Harzes, 54ff.)

801
Dieser **Winter** ist **ungemein mild.** (Einhard, 83; Spangenberg, 79a; Binhard I, 47)

802/03
Mit der Einführung der fränkischen Grafschaftsverfassung, einer Sammlung von Rechtsbestimmungen für das eroberte Sachsen um 795, sowie der Lex Angliorum et Werinorum hoc est Thuringorum, des Stammesrechts der von den Angeln und Warnen bewohnten Gebiete Thüringens, um 802 oder 803 wird die **Eingliederung unseres Gebiets in den fränkischen Staat vollendet.** Seit dem 8. Jahrhundert bestehen bereits große Adelshöfe mit Unfreien, Feldwirtschaft und Waldweidebetrieb. (Schmidt (1989), 221ff.)

806
In der Nacht vom 1. zum 2. September tritt eine **Mondfinsternis** ein.
(Einhard, 91; Spangenberg, 82a; Rivander, 77; Tromm, 36; Binhard I, 48; Schroeter, 190)

807
Am 11. Februar findet eine partielle **Sonnenfinsternis** statt, bei der Sonne und Mond im 25. Grad des Wassermanns stehen. (Einhard, 91; Spangenberg, 82a; Schroeter, 25, Karte 25a)

Am 26. Februar ist eine **Mondfinsternis** zu beobachten.
(Einhard, 91; Spangenberg, 82a; Rivander, 77; Tromm, 36; Binhard I, 49; Schroeter, 190)

Der Biograph Karls des Großen, Einhard, berichtet in den fränkischen Reichsannalen aus eigenem Erleben über folgendes Ereignis: *„Am 17. März erschien auch der **Merkur vor der Sonne,** wie ein kleiner schwarzer Flecken, ein wenig über ihrer Mitte, und wurde acht Tage lang von uns gesehen. Wann er jedoch in die Sonne eintrat und wieder heraustrat, konnten wir vor Wolken durchaus nicht bemerken."* (Einhard, 91f.)

807/08
„Wegen des weichen und warmen Winters" sterben viele Menschen an Seuchen, auch in Thüringen und am Harz. (Einhard, 94; Wattenbach (1889), 145; Spangenberg, 82a; Rivander, 77f.; Binhard I, 48f.; Hennig, 12)

809
Am 25. Dezember ist eine **Mondfinsternis** zu beobachten. (Einhard, 100; Schroeter, 190)

810
Auch am 20. (21.) Juni und 14. (24.) Dezember treten **Mondfinsternisse** ein.
(Spangenberg, 85; Schroeter, 190)

Am 30. November ereignet sich eine **Sonnenfinsternis.**
(Spangenberg, 85; Schroeter, 25, Karte 26a)

811
Der **äußerst kalte Winter** führt zu Behinderungen des Verkehrs. (Einhard, 103; Hennig, 12)

817

Im Februar ist im Sternzeichen des Schützen ein **Komet** zu sehen. Nach Schedel erschien der Komet im Zusammenhang mit dem Tod von Papst Leo III im Jahr 816.
(Einhard, 117; Schedel, 167a; Spangenberg, 87a; Kronk I, 122)

Am 5. Februar, in der zweiten Stunde der Nacht, kann eine **Mondfinsternis** beobachtet werden.
(Einhard, 117; Spangenberg, 87a; Schroeter, 192)

820

Dieses Jahr ist sehr **nass und trübe**, das Obst und andere Gartenfrüchte verderben, bevor sie reif werden, Heu und Grummet kann wegen des vielen Regens nicht gemacht werden. Viele Menschen und auch Tiere, vor allem Rinder, sterben an Seuchen. Unstrut, Gera, Saale und andere Flüsse treten wegen des unaufhörlichen Regens über die Ufer und verursachen große Überschwemmungen. Das Winterfeld kann nicht bestellt werden. Wegen der Missernte kommt es zu einer Hungersnot.
(Einhard, 128; Spangenberg, 88; Rivander, 79f.; Tromm, 36f.; Binhard I, 50f.; Vocke, 49)

Am 23. November ist in der zweiten Stunde der Nacht eine **Mondfinsternis** zu beobachten.
(Einhard, 128; Schroeter, 192)

821/22

Die bereits am 22. September einsetzende Winterkälte hält ununterbrochen bis zum 12. April an. Am Jahresende tritt plötzlich so **starker Frost** auf, dass Unstrut, Werra, Saale und Elbe, selbst Rhein und Donau, zufrieren und Lastfuhrwerke dreißig Tage oder noch länger wie auf einer Brücke ohne Gefahr auf der starken Eisdecke dieser Flüsse fahren können.
(Einhard, 132; Spangenberg, 88a; Rivander, 81; Tromm, 37; Binhard I, 51; Hennig, 12; Hamm, 18)

823

In diesem sehr heißen Sommer kommen bei schweren **Unwettern mit Hagelschlag** in Thüringen und im Harz Menschen ums Leben, aber auch Häuser werden beschädigt und Vieh getötet. Die Früchte auf den Feldern werden vernichtet.
(Einhard, 140; Spangenberg, 88a; Rivander, 81; Becherer, 149; Binhard I, 51; Hennig, 12)

Chronisten berichten von **großem Wetterleuchten und ungeheurem Donnern** bei schönem hellen und klaren Himmel in Thüringen und am Harz. Es habe auch „*in die Heuser geschlagen, Menschen und Viehe, sonderlich aber die Früchte im Felde verderbet.*"
(Spangenberg, 88a; Rivander, 81; Tromm, 37; Binhard I, 51)

824

Am 18. März kann wieder eine **Mondfinsternis** beobachtet werden. (Binhard I, 52; Schroeter, 192)

In diesem **kalten Winter** erfrieren viele Menschen und Tiere. Am St. Moritztag (22. September) fällt bereits der erste Schnee, der 29 Wochen liegen bleibt.
(Einhard, 140; Spangenberg, 89; Rivander, 82; Tromm, 37; Binhard I, 51f.)

Um 825

Auf dem **Klosterplan von St. Gallen**, der für dessen Abt Gozbert (Amtszeit 816 bis 837) im Kloster Reichenau nach einer älteren Vorlage angefertigt wird, sind im Sinne der Verordnung über die Krongüter und Reichshöfe Karls des Großen ein Baumgarten, der zugleich als Friedhof dient, ein Gemüse- und Kräutergarten sowie neben dem Krankenhaus ein Arzneipflanzengarten zu finden. Vermutlich werden die Gärten der anderen Klöster des Benediktinerordens – im Harz und seinem Vorland u. a. Gröningen (gegr. 936), Walbeck (gegr. 942), Hagenrode im Selketal (gegr. 975),

Pöhlde (gegr. vor 983), Ilsenburg (gegr. 1003/15), Huysburg (gegr.1084) und Ballenstedt (gegr. 1123) – nach etwa dem gleichen Schema angelegt. Im Plan für den Baumgarten sind 15 Baumarten, darunter Apfel, Birne, Pflaume, Quitte, Mispel, Lorbeer und Eberesche verzeichnet. Im Plan für den Gemüse- und Kräutergarten werden 18 Pflanzen genannt, darunter Zwiebel, Lauch, Sellerie, Dill, Schlafmohn, Mangold, Koriander, Petersilie und Pastinake. Im Arzneipflanzengarten sollen 16 Pflanzenarten, darunter Lilien (gegen Brandwunden), Salbei, Rosen (gegen Durchfall), Fenchel, Rosmarin und Bockshornklee (gegen Husten und Erkältungen) angebaut werden.
(Scharff, 56ff.; Franz, 75ff.)
Die Klöster senden Samen und Setzlinge der von ihnen gezüchteten Pflanzen in der Regel auch an ihre entfernt liegenden Güter und die von ihnen gegründeten Nebenklöster. Auf die Entwicklung unseres Gebiets nehmen in dieser Zeit die Klöster Hersfeld (gegr.736) und Fulda (gegr.754), später auch Hildesheim (gegr.814/15), Gandersheim (gegr.856), Quedlinburg (gegr.936) und Pöhlde (gegr.946/50) großen Einfluss, die hier über umfangreichen Grundbesitz verfügen. So ist der Abt zu Fulda, Rhabanus Maurus (gest. 856), Verfasser eines Werkes über *„Feldbau und Pflanzen"*. Es ist anzunehmen, dass nicht wenige der in der o. g. Verordnung Karls des Großen verzeichneten Nutzpflanzen, die in unserem Gebiet bis dahin nicht bekannt sind, durch diese Klöster und nach Gründung der ersten hiesigen Klöster im zehnten und elften Jahrhundert auch von diesen in unserem Gebiet verbreitet werden. **Über die Klostergärten geraten viele Kulturpflanzen in die Bauerngärten.**
Besondere Verdienste erwerben sich die Klöster durch die Einführung neuer Obstsorten, vor allem der Veredelungstechnik des Pfropfens, aber auch bei der räumlichen Ausbreitung und der Pflege des Weinbaus sowie der Kultur des Hopfens und dessen Gebrauchs als Bierwürze.
(Goltz I, 115f.; Wulf, 338; Müller (1911) 16f., 41; Kleinpaul, 100ff.; Zahn, 463; Scherr I, 92ff.; Kolbe, Weinbau)

826/27
In diesem **strengen Winter** sind zahlreiche Polarlichter (*„mit nächtlichem Leuchten verbundene Luftbewegungen"*) zu sehen. (Einhard, 151; Hennig, 12).

828
In der Morgendämmerung des 1. Juli und noch einmal am 25. Dezember, um Mitternacht, werden **Mondfinsternisse** beobachtet. (Einhard, 155; Schroeter, 192ff.)

In diesem Jahr wird von einem **Kornregen** berichtet, der an einigen Orten niedergegangen ist. Dieses Korn sei dem normalen Korn nicht unähnlich, aber wesentlich kürzer. Man fände ganze Haufen dieses Korns in der Feldflur. Wenn das Vieh davon fresse, sterbe es bald.
(Spangenberg, 98a; Rivander, 82; Tromm, 37; Binhard I, 52;)
Wahrscheinlich handelt es sich bei den in alten Chroniken oft berichteten Kornregen um weiße, dem Weizenkorn ähnliche Brutknospen in den Blattachsen des Scharbockskrauts, die später zu Boden fallen und bei Regenfällen in großen Mengen zusammengeschwemmt werden. Nach anderer Ansicht handelt es sich beim abregnenden Korn um getrocknete Reste einer in Wüsten vorkommenden Krustenflechte, die auch Mannaflechte genannt wird. Das vom Himmel regnende Korn wird auch als Himmelsbrot oder Manna bezeichnet.
(Schäfer /Eydinger/Rekow, Bd. I, 359)

Im Zeichen der Waage ist in diesem Jahr ein **Komet** zu sehen.
(Spangenberg, 89a; Rivander, 82; Binhard I, 52; Kronk I, 124)

829
In diesem Jahr entwurzelt ein schwerer **Sturm** in Thüringen und im Harz viele Bäume.
(Spangenberg, 89a; Rivander, 83; Tromm, 38; Binhard I, 52)

832

Dieser **Winter** ist so **grausam und hart**, so dass bei vielen Pferden die Hufe abfrieren.
(Spangenberg, 90; Binhard I, 52; Hennig, 13; Hamm, 18)

837

In diesem Winter ist der **Halley´sche Komet** wieder zu sehen. Da der Komet auf seiner Sonnenumlaufbahn mit nur sechs Millionen km am 10. April eine sehr große Erdnähe erreicht, erscheint sein Kopf so hell wie die Venus und sein Schweif erstreckt sich am Himmel über 90 °. (Paturi, 43)
Der Komet erscheint im Sternbild der Waage am 11. April und wird drei Nächte hindurch gesehen.
(Wattenbach (1889), 5)
Spangenberg und Binhard berichten über den Kometen unter dem Jahr 838 und verweisen darauf, dass er vom 11. April an 25 Nächte lang zu sehen gewesen sei.
(Spangenberg, 91a; Binhard I, 53; Kronk I, 125f.)

839

Am 31. Oktober wirft ein **gewaltiger Sturm** zahllose Häuser um und es geschieht viel Schaden.
(Winkelmann (1862), 5; Hennig, 13)

In diesem Jahr ist ein „ *Wunderzeichen am Himmel gesehen worden. Denn der klare Himmel röthete sich bei Nacht, und mehrere Nächte hindurch schien es, als ob zahlreiche kleine Feuer und Sterne durch die Luft hin und her fuhren.* " (Wattenbach (1889), 7)

840

Um die Osterzeit sind wieder **Polarlichter** zu sehen. (Wattenbach (1889), 8)

850

Infolge einer **Missernte** kommt es zu einer Teuerung und Hungersnot. (Vocke, 49)

855

Am 17. Oktober „ *schwirrten die ganze Nacht hindurch kleine Feuerchen wie Aehrenbüschel nach Abend zu dichtgedrängt durch die Luft hin.* " (Wattenbach (1889), 26).

859/60

Dieser **Winter** ist **sehr hart, ausgedehnter als gewöhnlich** und den Feld- und Baumfrüchten sehr schädlich. An sehr vielen Orten fällt blutiger Schnee. (Wattenbach (1889), 35; Hennig, 13)
Blutfarbene Niederschläge, sog. **Blutregen**, treten auf, wenn rötlichbrauner Staub aus den Wüstengebieten Nordafrikas durch starke Winde über Frankreich oder Italien bis nach Mitteleuropa gelangt und es hier gleichzeitig zu Niederschlägen kommt, die durch diesen Wüstenstaub rötlich gefärbt sind.

863

In diesem **milden Winter** gibt es keinen Frost. (Hamm, 18)

864

Dieser **Winter** ist **sehr kalt** und **lang andauernd**. An einigen Orten fällt **blutfarbener Schnee**.
(Spangenberg, 96; Rivander, 86; Binhard I, 55)

865

In diesem Sommer verdirbt **anhaltender Regen** viel Getreide auf den Feldern und die übrig gebliebenen kümmerlichen Reste zerschlägt samt anderen Früchten ein anschließender Hagel.
(Winkelmann (1862), 6; Spangenberg, 96; Rivander, 87; Binhard I, 55)

867

In diesem Jahr wirft ein starker **Wirbelsturm** viele Häuser um. (Winkelmann (1862), 6; Hennig, 13)

868

Durch Starkregen verursachte **Hochwasser** richten in diesem Jahr in verschiedenen Orten an Früchten und Gebäuden einen nicht geringen Schaden an. Darauf folgt eine große Hungersnot.
(Wattenbach (1889) 54f. ; Hennig, 13)

870

In diesem sehr **heißen und trockenen Sommer** gibt es viele **Unwetter** mit Hagelschlag, die Menschenleben fordern und großen Schaden am Hausvieh, aber auch an den Feldfrüchten anrichten.
(Spangenberg, 96; Binhard I, 56; Hennig, 13)

Um 870

wird in unmittelbarer Nähe zum Rammelsberg ein kleiner **Blei/Silber-Schmelzplatz** betrieben.
(Bachmann et al, 163)

872

Die Menschen leiden in diesem **Sommer** unter großer **Trockenheit** und **Hitze**. Viele Gewässer sind ausgetrocknet, man kann ohne Gefahr durch Werra und Saale gehen. Das Getreide kann nicht wachsen. Sehr viele Häuser werden vom **Blitzschlag** entzündet.
(Spangenberg, 97; Rivander, 89; Tromm, 40; Binhard I, 56f.; Hennig, 13)

873

In diesem Jahr kommen zur Zeit der neuen Früchte große Schwärme von **Wanderheuschrecken** aus dem Osten nach Mitteleuropa und verbreiten sich auch in unserem Gebiet, wo sie alles, was auf den Äckern und Wiesen grün ist, auffressen. Die Tiere sind etwa so groß wie der Daumen eines Mannes. Ihre

Vignette aus Schedels Weltchronik zur Nachricht über eine Heuschreckenplage

Menge ist so groß, „ *dass sie bei der Stadt Mainz in einer Stunde des Tages 100 Jucherte Feldfrüchte abfraßen.Wenn sie aber flogen, verhüllten sie auf den Raum einer Meile die ganze Luft dergestalt, dass den auf der Erde Stehenden kaum der Glanz der Sonne sichtbar blieb…Als einige nach Westen abgezogen waren, kamen wieder andere dazu, und den Lauf zweier Monate hindurch bot ihr Flug fast täglich den Zuschauenden ein schreckliches Schauspiel.“* Durch die von den Wanderheuschrecken verursachten Schäden kommt es schnell zu einer großen Teuerung. Diese hat eine große **Hungersnot** zur Folge, in der viele Menschen sterben.
(Wattenbach (1889), 70; Winkelmann (1862),7; Spangenberg, 97; Rivander, 89; Tromm, 40; Binhard I, 56f.; Krönig, Tierwelt, 43)

874/875

In diesem **harten Winter**, der vom 1. November bis zum 12. März anhält, fällt unermesslich viel Schnee, der die Menschen daran hindert, die Wälder aufzusuchen und Holz zu sammeln. Sehr viele Menschen und Tiere kommen durch die Kälte ums Leben.
Die Flüsse, darunter auch große wie der Rhein, sind durch den eisigen Frost gebunden und man kann auf ihnen gehen.
(Wattenbach (1889), 70; Spangenberg; 97a; Rivander, 91; Tromm, 41; Binhard I, 57)

875

Am 6. Mai ist am nördlichen Himmel ein **Komet** mit längerem Schweif und von mehr als gewöhnlichem Licht zu sehen. Nach dem Chronicon des Andreas von Bergamo ist er den ganzen Juni hindurch morgens und abends sichtbar. (Wattenbach (1889), 75; Kronk I, 137f.)
Nach Spangenberg, Rivander und Binhard erscheint der Komet erst im Juni 876.
(Spangenberg; 97a; Rivander, 91; Binhard I, 57)

Im Juli kommt es nach heftigen Gewittern zu **Überschwemmungen** an Unstrut und Saale, die große Schäden anrichten. (Spangenberg; 97a; Rivander, 91; Binhard I, 57; Hennig, 13)

878

Am 15. Oktober, in der letzten Stunde der Nacht, tritt eine **Mondfinsternis** ein.
(Wattenbach (1889), 85; Spangenberg, 99; Binhard I, 58; Schroeter, 200)

Am 29. Oktober, morgens um 9.00 Uhr, ist in unserem Gebiet eine **Sonnenfinsternis** zu beobachten. Die Sonne ist so verdunkelt, dass die Sterne am Himmel sichtbar werden. (Wattenbach (1889), 85; Winkelmann (1862), 7; Spangenberg, 99; Binhard I, 58; Schroeter 94, Karte 32b)

880/81

In diesem **rauhen und langen Winter** sind viele Flüsse, selbst der Rhein, zugefroren.
(Wattenbach (1889), 87f.; Hennig, 13)

881

Da der **Winter sehr kalt** ist und **lang andauert**, ist die Erde im Frühjahr noch starr vor Eiseskälte und die Tiere können nicht auf die Weide, sodass viele vor Hunger und Kälte umkommen.
(Wattenbach (1889), 90)

882

Am 18. Januar erscheint ein **Komet** mit einem langen Schweif am Nachthimmel.
(Wattenbach (1889), 91; Spangenberg, 100; Kronk I, 139)

886

Lang andauernde und starke Regenfälle von Mai bis Juli führen an vielen Orten zu **Überschwemmungen** und werden insbesondere den Feldfrüchten sehr schädlich.
(Wattenbach (1889), 100f.; Hennig, 13)

887

Dieser **Winter ist hart** und mehr als gewöhnlich ausgedehnt. (Wattenbach (1889), 101)

10. Jh.

In einem größeren **Verhüttungskomplex am Kunzenloch** bei Lerbach wird Kupfer aus Rammelsberger Erz gewonnen. (Klappauf (2000 a), 22)

Der Beschlag der Pferdehufe mit **Hufeisen** zum Schutz vor Abnutzungen und Verletzungen wird seit dem 9./10. Jahrhundert in schriftlichen Quellen genannt. Eine größere Anzahl von Bruchstücken solcher Hufeisen aus der Karolingerzeit wird bei Ausgrabungen am Johannisborn bei Badenhausen gefunden. (Anding, 9f.; Benecke, 306; Timpel, 264)

912

Am 18. Juli erreicht der auch in unserem Gebiet sichtbare **Halley´sche Komet** seinen sonnennächsten Punkt. Seine größte Erdnähe beträgt 74 Millionen km. (Reichstein, 15; Kronk I, 146ff.)

919

In diesem Jahr wird erstmals die große Trogfurt, die den Übergang des **Trockwegs** durch die Bode bildet, urkundlich erwähnt. Diese den Harz überquerende vielbenutzte **Heer- und Handelsstraße** verbindet Nordhausen über Hasselfelde und Elbingerode mit Wernigerode und setzt sich nach Süden über Langensalza und im Norden über Hornburg fort. Sie ist ein kleines Teilstück der alten Völkerstraße zwischen der Elbe und Oberitalien. In den Annales Stadensis von 1232/40 wird sie als Pilgerweg bezeichnet, der die Elbe überschreitet und nach Dazien geht, wobei hier das Gebiet der Donau gemeint ist (*„transit Albia et curra in Datiam"*). Der Weg verbindet auch die alten Königshöfe und Pfalzen Werla-Goslar, Wallhausen-Tilleda und Quedlinburg-Bodfeld-Allstedt. Er wird 1209 Volcwech, 1253 Königsstieg und 1427 Trockweg bezeichnet.

Im 11. Jahrhundert wird der Trockweg auch als Verbindung zwischen der Pfalz Bodfeld und dem königlichen Jagdhof Hasselfelde genutzt. (Brückner et al, 300; Günther, 136f.; Blankenburg, 238)

924

Die auf einer Anhöhe am Ufer der Oker im nördlichen Harzvorland gelegene **Königspfalz Werla,** von der aus König Heinrich I. die Kämpfe gegen die Ungarn leitet, die in Deutschland eingefallen sind und vorzugsweise die östlich und nördlich vom Harz gelegenen Teile des Sachsenlandes verheeren, wird in diesem Jahr erstmals urkundlich genannt (Günther, 414f.)

927/28

In diesem sehr **kalten Winter** erfrieren auch die größten und dicksten Bäume im Winterfrost. (Binhard I, 64; Hennig, 14)

935

Der in der Nähe der später gegründeten Siedlung Elbingerode liegende königliche **Jagdhof Bodfeld** wird erstmalig urkundlich genannt. Zwischen 944 und 1068 halten sich sechs deutsche Könige und Kaiser in Bodfeld auf und stellen hier 29 Urkunden aus. Kaiser Heinrich III. stirbt am 5. Oktober 1056 in Bodfeld. Bei archäologischen Untersuchungen werden neben frühmittelalterlicher Keramik, Glasperlen und Glasrohstücken auch Pingen und Schlackenhalden gefunden, die bereits für das frühe Mittelalter eine ausgedehnte **Eisengewinnung** im Gebiet von Elbingerode belegen. (Hersfeld, Annalen, 59; Brückner et al, 60; Brumme, 15; Herrmann (1989a), 689f.)

936

Bei klarem Himmel erscheint die **Sonne** einige Tage **verdunkelt und blutrot**. (Hennig, 14)

941/42

Dieser **strenge Winter** hat eine Teuerung zur Folge. (Spangenberg, 130a; Binhard, 69)

942

Nach Spangenberg und Binhard ist in diesem Jahr länger als 14 Nächte lang ein **Komet** zu sehen. Es ist auch ein **regenreiches Jahr**. (Spangenberg, 131; Binhard, 69; Kronk I, 152f.)

Um 950

Um 950 stiftet Mathilde, die Frau Heinrichs I, das Benediktinerkloster Pöhlde, das sich schnell zu einem bedeutenden mittelalterlichen Wirtschaftszentrum entwickelt. Es gehört neben den Klöstern Gröningen, Walbeck, Quedlinburg, Gandersheim und Hagenrode zu den ersten von mehreren weiteren **geistlichen Stiftungen**, die bis zum Ende des 12. Jahrhunderts, also in der Zeit der aktivsten Einflussnahme der kirchlichen Einrichtungen auf die Urbarmachung und die Kultivierung des Landbaus, in unserem Gebiet errichtet werden. Im 11. Jahrhundert folgen die Klöster Ilsenburg, Huysburg und das Chorfrauenstift Nordhausen. Im 12. Jahrhundert werden u. a. die Klöster Ballenstadt und Walkenried gegründet. Von den geistlichen Stiftungen gehen nicht nur starke Im-

pulse für die Ausbreitung und Festigung des Christentums aus, sondern sie **tragen** u. a. durch planmäßige Rodungstätigkeit, die Trockenlegung von Sümpfen und Seen, die Anlage von Fischteichen,
die Einführung des Weinbaus, von ertragreicheren Kulturpflanzen, von Neuerungen im Garten- und
Obstbau, von leistungsfähigeren Nutztierrassen und effizienteren Methoden der Bodenbearbeitung
sowie von Bergbauaktivitäten im Harzgebiet auch **wesentlich zur wirtschaftlichen Entwicklung
und zur Umgestaltung der Landschaft unseres Gebiets** bei.
(Regel, 2. Teil, 2. Buch, 4. Abschnitt; Opfermann, Thür. Klöster, 6ff.)

955

In diesem Jahr verursachen **Unwetter und starke Stürme** selbst an Kirchen und anderen großen
Gebäuden schwere Schäden. (Spangenberg, 139; Binhard I, 69)

956

Die Bedeutung der durch unser Gebiet führenden alten Straße vom Rhein zur Elbe, der sog. **Rheinstraße**, für den Handelsverkehr wird in einer von Kaiser Otto I. in diesem Jahr ausgestellten Urkunde unterstrichen, in der angeordnet wird, dass alle vom Rhein zur Elbe und Saale reisenden Kaufleute in Gandersheim Zoll bezahlen sollen. Die Rheinstraße verläuft vom Rhein und von Westfalen
über Höxter-Holzminden-Gandersheim-Neukrug nach Goslar, Halberstadt, Magdeburg oder nach
Braunschweig. Die Rheinstraße **kreuzt in Gandersheim** die Kreuzstraße, eine wichtige **Süd-Nord-
Verbindung** von Nürnberg über Allendorf- das Göttinger Leinetal- Northeim-Gandersheim-Hildes-
heim-Braunschweig nach Lübeck und Hamburg, sodass Gandersheim auch große Bedeutung für
den Handelsverkehr des Harzgebiets erlangt.
(Herbst (1926), 15f.; 104ff.)

961

Am 17. Mai tritt eine **Sonnenfinsternis** ein. (Spangenberg, 142; Schroeter, 99, Karte 41B)

965

Im Sommer herrscht große anhaltende **Trockenheit**. (Bonnemann, 196; Hamm, 20)

Kaiser Otto I. lässt in diesem Jahr in **Gittelde** am Westrand des Harzes eine **Münzstätte** einrichten.
Das zur Herstellung der Münzen benötigte Silber bezieht man wahrscheinlich aus den Gruben um
Gittelde. (Bingener, 146)

968

Widukind von Corvey berichtet in diesem Jahr, dass im Sachsenland Silberadern aufgedeckt worden sind („...*terra Saxonia venas argenti aperuerit*"), was sich auf das oberirdisch austretende
silberhaltige Erzlager am Rammelsberg bezieht. Aufgrund der außergewöhnlich reichhaltigen
Erzvorkommen wird der Harz in der folgenden Zeit zum wichtigsten deutschen Bergbaugebiet. Mit
der Ausbeutung dieser Vorkommen erlebt Goslar einen bedeutenden wirtschaftlichen Aufschwung
und wird zu einer bevorzugten Pfalzstadt der Könige und Kaiser des Heiligen Römischen Reiches
Deutscher Nation.
Die Bergleute siedeln im Bergdorf am Fuße des Rammelsbergs. Diese Ansiedlung gehört zum königlichen Wirtschaftshof an der Gose. (Gottschalk (1999), 18; Beug et al, 23)
Die vorwiegend aus Franken kommenden und die schwierige Gewinnung der begehrten Metalle aus
den Rammelsberger Erzen beherrschenden Fachleute lassen sich vorwiegend am Frankenberg nieder.
(Gottschalk (1999), 26)
Da die in den geförderten Erzen enthaltenen Metalle Blei, Silber, Kupfer u. a. stets an Schwefel
gebunden sind, müssen sie zunächst vom Schwefel befreit und in entsprechende Sauerstoffverbin-
dungen (Oxide) überführt werden, um sie rein darzustellen bzw. voneinander trennen zu können. Zu
diesem Zweck wird das Roherz bei Temperaturen von 800 bis 900° C in Gegenwart von Luft ge-

A Das erste Fewer der Röste welches man röst Röste nennet B Werden die Röste von dem ersten Fewer samanderngeleyt siltel C Das Schwefel fangen von dem ersten fewer D Das Schwefel fangen auß eine andere arht E Die Schmeltz hütten. F Die Röste werden.

Haufenröstung von Rammelsberger Erzen. Der große Haufen ist in vollem Brand. Vorn links wird das bereits einmal geröstete Erz zu einer zweiten Röste aufgebaut. Aus: Löhneyss (1617)

röstet, wobei der Sulfidschwefel verbrennt. In diesem **Röstprozess** entsteht aus Metallsulfid und Sauerstoff Metalloxid und Schwefeldioxid. Durch die bei der Verbrennung freigesetzte Wärmeenergie vermag sich der Röstprozess selbständig fortzusetzen.

Die im Rammelsberg geförderten Stückerze werden unter offenem Himmel auf Lagen von Scheitholz pyramidenstumpfartig aufgeschichtet und in Brand gesetzt. Der in Schwefeldioxid überführte Schwefel entweicht frei in die Atmosphäre und hat verheerende Auswirkungen auf die Vegetation in der Umgebung. Ein Rösthaufen brennt 4 bis 5 Wochen lang. Je nach Erzart muss der Prozess mehrfach wiederholt werden, bis der Schwefel weitgehend entfernt ist und der Verhüttungsprozess beginnen kann.
(Liessmann (2010), 117f.; Löhneyss 80ff.)

Wie bereits dargelegt, werden zur Verhüttung der Erze große Mengen an **Holzkohle** benötigt. Mit der im 10. Jahrhundert nach Chr. stark zunehmenden Entwicklung des Bergbau- und Hüttenwesens im Harz wird die Holzkohle zum wirtschaftlich wichtigsten Produkt der Wälder und die Waldbewirtschaftung bis zur Ersetzung der Holzkohle durch die Steinkohle im 19. Jahrhundert wenig mehr als ein Nebenbetrieb des Bergbau- und Hüttenwesens.
(Kurth (2003), 48ff.; Kremser, 121)

Da seit der karolingischen Münzreform Silber anstelle des Goldes zum hauptsächlichen Münzmetall wird, besteht ein vermehrter Bedarf an **Münzsilber**. Nachweislich wird die Mehrzahl der unter König Otto III. (983–1002, Kaiser ab 996) während der vormundschaftlichen Regierung seiner Großmutter Adelheid (984/991-994) geprägten sog. **Otto-Adelheid-Pfennige** aus Rammelsberger Silber hergestellt, das demnach wohl schon am Ende des 10. Jahrhunderts in Goslar vermünzt wird.
(Goslar – Bad Harzburg, 171f.; Gottschalk (1999), 23; Klappauf (2000 c), 154; Beug et al, 23)

974/75
Dieser **strenge Winter** dauert vom 1. November bis zum 11. März. Am 15. Mai fällt noch einmal viel Schnee. (Winkelmann (1862), 14; Hennig, 14; Binhard I, 71)

979
Am 28. Oktober sieht man *„am himel ein greuwlich fewrzeichen gleich als ob zwey oder drey heer gegeneinander zögen"*. **Polarlicht**
(Spangenberg, 150; Rivander, 132; Tromm, Wellendorf 56; Becherer, 185; Binhard I, 72)

983
In diesem Jahr wird wieder ein **Komet** beobachtet. (Tromm, Wellendorf 57; Kronk I, 162)

Wegen der **großen Hitze und Trockenheit** in diesem Jahr gibt es nur eine **geringe Ernte**. (Spangenberg, 152a)

986
Als Herzog Miezko I. von Polen zum diesjährigen Osterfest zur Lehnshuldigung vor Kaiser Otto III. in der Kaiserpfalz Quedlinburg erscheint, bringt er ein **Kamel** mit, das wahrscheinlich für den zur Pfalz gehörenden **Tiergarten** (Brühl) bestimmt ist. (Wattenbach (1891), 6; Korf, 19)

987/88
In diesem Winter kommt es nach hohem Schnee und plötzlich einsetzendem Tauwetter zu großen **Überschwemmungen**. Bei **schweren Stürmen** werden viele Häuser und Ställe beschädigt. (Spangenberg, 154; Binhard I,72; Rivander, 136;Wattenbach (1891), 6)

988
Wegen der **großen Trockenheit und Hitze**, die vom 15. Juli bis zum 13. August am furchtbarsten ist, kann nur eine **geringe Ernte** eingebracht werden. Dadurch kommt es im folgenden Jahr zu einer großen Teuerung.
(Hersfeld, Annalen, 37; Winkelmann (1862), 16; Wattenbach (1891), 6; Spangenberg, 154 und 154a; Tromm,58; Rivander, 136; Binhard I, 72; Hennig, 14)

989
In diesem Jahr fallen im Winter und im Frühling so **viele Niederschläge**, dass die Wintersaat großen Schaden erleidet. (Spangenberg, 154a; Binhard I,73; Rivander, 136)

An etlichen Orten geht in diesem Jahr ein **Kornregen** nieder. (Spangenberg, 154a; Binhard I, 73)

Der **Halley´sche Komet**, der am 5. September seine sonnennaheste Position erreicht, ist in diesem Sommer wieder zu sehen. Seine größte Erdnähe beträgt 60 Millionen km.
(Wattenbach (1891) 6; Chronik Thietmar v. Merseburg, 125; Reichstein, 16; Kronk I, 162ff.)

990
Am 21. Oktober, um die 5. Tagesstunde, tritt eine **Sonnenfinsternis** ein.
(Wattenbach (1891), 7; Winkelmann (1862), 16; Chronik Thietmar v. Merseburg, 131; Schroeter, 33, Karte 45b)

992
Am 21. Oktober erscheint der **Nachthimmel** dreimal ganz **rot**. (Wattenbach (1891), 8) Polarlicht
*„A 992 sind am Hartze erschreckliche Feuer-Zeichen am Himmel gesehen worden, darauf ein harter Winter und harter Frost bis vor Pfingsten / ein großes Viehesterben und eine solche **Theuerung** entstanden, daß viele Leute verschmachtet und als Fliegen auf der Gassen hingefallen.“*
(Zeitfuchs, 332)

993
Vom 24. Juni bis zum 9. November herrscht **große Dürre und entsetzliche Hitze**, sodass zahllose Früchte wegen der Sonnenglut nicht zur Reife kommen. (Winkelmann (1862), 17; Hennig, 15)
In diesem heißen und trockenen Sommer und Herbst befällt der **Mehltau** die Bäume, das Kraut und das Gras, so dass sie wie versengt aussehen, und es kommt zu einem Viehsterben, was eine Hungersnot zur Folge hat. (Spangenberg, 155a; Rivander 137; Binhard I, 73; Glaser, 59)

993/94

Der **Winter ist ungewöhnlich kalt, trocken, stürmisch** und dauert vom 3. November bis zum 5. Mai. Zwischen Ostern und Pfingsten gibt es noch einmal strengen Frost. Zuletzt kommt am 7. Juli noch einmal Frost und anschließend folgt ein äußerst heißer und trockener Sommer und die Flüsse trocknen aus.
(Chronik Thietmar v. Merseburg, 137; Wattenbach (1891), 9; Spangenberg, 155a; Binhard I, 73f.; Bange, 37; Hennig,15; Glaser 59)

994

In diesem **Sommer** leidet unser Gebiet unter großer **Trockenheit und Hitze.** Es ist ein so großer Regenmangel, dass in den meisten Teichen die Fische sterben und auf dem Land sehr viele Bäume vollständig verdorren. Die Feldfrüchte und auch der Flachs verderben. Wegen der folgenden schlechten Ernte und großen Teuerung verhungern viele Menschen.
(Wattenbach (1891), 9; Spangenberg, 155a; Becherer, 188; Binhard I, 74; Rivander, 137; Hennig, 15)

998

Die Quedlinburger Jahrbücher berichten, dass im Juli ein **Erdbeben** zu spüren ist und außerdem *„zwei feurige Steine aus dem Donner"* fallen, einer in der Stadt Magdeburg und der andere jenseits der Elbe. (Wattenbach (1891), 17). **Meteoriten.**

Kaiser Otto III. übereignet in diesem Jahr dem Kloster Memleben die Gemeinde Wiehe mit allem Zubehör, darunter mit den Salzpfannen in Frankenhausen. Dies ist die früheste urkundliche Erwähnung der **Saline in Frankenhausen.** (Walter (1986),7)

Um 1000

werden am Schnapsweg im Innerstetal bei Lautenthal sowie im Kötental bei Seesen kleine Schmelzplätze auf Kupfer für Erze vom Rammelsberg betrieben. An den **Hüttenanlagen Schnapsweg** sowie in der Nähe des Johanneser-Kurhauses bei Zellerfeld, die schon seit dem 10. Jahrhundert betrieben wird, werden auch Pflanzenreste gefunden, die auf die **Ernährung der** damaligen **Hüttenarbeiter** schließen lassen. Beide Schmelzhütten liegen bei etwa 500 m über NN. An Getreidearten werden Gerste, Roggen und Hafer gefunden. Von den Ölpflanzen wird der Lein nachgewiesen. Außer dem Kulturobst Apfel und Pflaume stehen auch Wildfrüchte wie Heidelbeere, Himbeere und Holunder sowie Nüsse des Haselstrauchs für die Ernährung zur Verfügung. Während erstere wie das Getreide in den Harz importiert werden müssen, können Wildobst und Haselnüsse auch in der näheren Umgebung der Schmelzplätze gesammelt werden.
Wie an vielen anderen Fundplätzen des Mittelalters fehlen die Nachweise von Kulturgemüse vollständig. Wahrscheinlich verzehren die Menschen die folgenden in der Nähe der Schmelzplätze wachsenden Wildgemüsearten: Wilde Möhre, Rainkohl, Sauerampfer, Große Brennnessel, Vogelmiere und Wald-Engelwurz.
Der gute Erhaltungszustand des gefundenen Pflanzenmaterials ist darauf zurückzuführen, dass der die Schmelzöfen umgebende Boden mit extremen Anreicherungen von Schwermetallen belastet ist, wodurch ein mikrobieller Abbau von organischer Substanz verhindert wird.
(Willerding (2000 b), 66ff.; Deicke/Ruppert, 78f.)
Tierische Proteine in Gestalt von Fleisch und Milch liefern die Haustiere der Hüttenleute. Im Sommer weiden die Tiere im Wald und später auch im offenen Weideland. Während der Wintermonate wird das Vieh im Stall gehalten und mit Laubheu oder – in etwas jüngerer Zeit – auch mit dem Heu der Bergwiesen gefüttert. Auf diese Weise tragen auch die Tiere der Bergbevölkerung zum Wandel von Vegetation, Ökosystemstrukturen und Landschaftsbild bei. Dabei wird zunächst die **Ausbreitung der Fichte begünstigt.** Später kommt es zur Ausweitung der Offenlandflächen im Bereich der am Ende des 15. und im 16. Jahrhundert angelegten Bergstädte.
(Bachmann et al, 163; Willerding (2000 b), 66ff.; Klappauf (2000 a), 23f.)

In den **ersten festen Siedlungen im Oberharz,** darunter beim späteren Johanneser Kurhaus bei Clausthal-Zellerfeld, leben auch Frauen und Kinder, was eine Infrastruktur erfordert, die auf der einen Seite die Versorgung mit Material und Nahrungsmitteln, und auf der anderen den Absatz der gewonnenen Metalle sichert. (Brückner et al, 360; Klappauf (2000 c), 154; Beug et al, 24)

11. Jh.

Im Harz und seinem Vorland ist im 10. und 11. Jahrhundert die **Aufteilung in Wald und Feld** im Wesentlichen **abgeschlossen.** Wenn noch später Wald der großen Rodungswelle der „-rode"-Siedlungen des 11. und 12. Jahrhunderts geopfert werden muß, so ist das bezüglich der Waldausbreitung im Ganzen nicht von Dauer. Im 14. und 15. Jahrhundert holt der Wald diesen Verlust wieder ein. Die heutige Waldfläche dürfte dem Gesamtausmaß nach von der des 11. oder 12. Jahrhunderts nicht sehr bedeutend abweichen. Der Wald in unserem Gebiet besteht im 11. und 12. Jahrhundert mit Ausnahme der Hochlagen des inneren Harzes, wo die Fichte ihr natürliches Verbreitungsgebiet hat, durchgehend aus Laubwald. Wegen der kleinen Feldflur können die Viehherden der Bauern ohne Weide und Schweinemast im Walde nicht auskommen. Der Wald wird von der Dorfgemeinschaft nach den Bedürfnissen der Bauern bewirtschaftet, ist also **Wirtschaftswald** und kein Urwald. Man bleibt jedoch bei einem natürlichen oder naturnahen standortgebundenen Wald. Zu den Aufgaben der Dorfgemeinschaft gehört auch die Förderung besonderer fruchttragender Holzarten, darunter der Eichen und Buchen sowie der wilden Apfel-, Birnen- und Kirschbäume.
(Schubart (1966), 10 ff., 128; Brückner et al, 360)

In unserem Gebiet **beginnt** sich bereits eine ausgesprochene **Kulturlandschaft zu bilden,** mit eingeteilten Äckern, Wiesen, Weiden, Obstplantagen, Weinbergen, regulierten Wasserführungen, Mühlen, Fischanlagen, Bienenhäusern u. a. (Schubart (1966), 28)

Im nördlichen Vorland des Harzes sind die Höhenzüge Elm, Asse, Hakel, Huy und Fallstein schon von dem ringsum frühzeitig besiedelten Land abgesonderte Wald- und Forstbezirke, bei denen sich die **Waldgrenze** bis in unsere Zeit **nur unwesentlich verändert** hat. Ähnlich verhält es sich mit dem Wald zwischen Nette und Innerste. Die Waldgrenze des Harzes bildet sich mit Ausnahme seiner Ostflanke schon im 10. Jahrhundert heraus. Auf der Nordseite verläuft jedoch noch ein etwa 2 km breiter, stellenweise wie bei Harzburg und Goslar noch etwas breiterer Waldgürtel, der erst im 11. und 12. Jahrhundert oder noch später gerodet wird.
(Schubart (1966), 10, 175f.)

1000

Nach den Berichten mehrerer Thüringer Chronisten wird in diesem Jahr ein **Komet** beobachtet. Es handelt sich dabei wahrscheinlich um den im Jahr 998 erschienenen Kometen.
(Spangenberg, 158a; Rivander, 137f.; Binhard I, 74; Kronk I, 166)

An vielen Orten ist ein **Erdbeben** zu spüren. (Spangenberg, 158a; Rivander, 138)

In diesem Sommer fällt so **viel Regen,** dass viele Menschen eine Sündflut befürchten.
(Spangenberg, 157a)

1004

Kaiser Heinrich II. bestätigt in diesem Jahr sowie im Jahr 1021 die Übereignung von Gütern an das Kloster Drübeck und nennt in diesen Urkunden auch die **Fischerei** und die Fischer. In den Klöstern ist infolge der kirchlichen Regeln, wonach in den Fastenzeiten kein Fleisch gegessen werden darf, der Fischverbrauch sehr hoch. Deshalb werden **bei den Klöstern Teiche** zur Aufbewahrung der in den Bächen und Flüssen gefangenen Fische angelegt und später in diesen Teichen auch Fische gezüchtet, nachdem man festgestellt hat, dass dort auch ein gezielte Vermehrung möglich ist.

Der Fischer.

**Der Fischer aus dem Ständebuch des Jost Amman
von 1568**

Um den Harz entstehen seit dem 9. Jahrhundert mehrere Klöster, zunächst Wendhusen (Alt Thale), dann Drübeck, Ilsenburg und Michaelstein. In der Grafschaft Wernigerode werden auf engstem Raum nicht weniger als sechs geistliche Stiftungen gegründet. (Wüstemann (1982), 23ff.)

Zu den ursprünglich in unserem Gebiet heimischen **Fischarten** gehören u. a. die Bachforelle, die Ellritze, die Schmerle und die Groppe, auch Mühlkoppe genannt, die als Laichräuber allerdings nicht gern gesehen ist. (Blankenburg, 167)

In diesem Jahr wird ein **Komet** beobachtet. Es handelt sich möglicherweise um den Kometen, dessen Erscheinen andere Quellen auf Ende Dezember 1003 datieren. (Spangenberg 161a; Rivander, 139; Kronk I, 166f.)

Es folgt eine mehrere Jahre andauernde **große Teuerung und Hungersnot**, wodurch viele Menschen sterben und auch *„am Hartz unnd in Düringen sturben etliche Dörfer, Flecken und Meyerhöffe gar aus unnd was uberig bliebe, das lieff davon."* (Zeitfuchs, 332; Rivander, 139f; Spangenberg 161a; Tromm, 59)

Bis in die Neuzeit konnten örtliche Hungersnöte infolge mangelhafter Verkehrs- und Handelsbeziehungen nicht durch Zufuhr von Lebensmitteln aus anderen Gebieten behoben werden.

1006
Am 1. und 2. Mai steht die **Sonne blutrot** am Himmel. (Spangenberg, 162; Binhard I, 76)

In diesem und im folgenden Jahr sind die Nahrungsmittel so teuer, dass **viele Menschen verhungern**. (Spangenberg, 162; Rivander 139; Binhard I, 75f.; Hersfeld, Annalen, 39)

1008
Am 6. Januar beginnt ein großes **Unwetter,** das sieben Tage anhält, bei dem Unstrut, Saale, Mulde und Elbe über die Ufer treten und viele Schäden anrichten. Nach Binhard findet dieses Ereignis erst 1009 statt.
(Spangenberg, 162a; Rivander, 242 f.; Tromm, 60; Binhard I, 78; Hennig, 15)

Am Ostermontag (29. März) wird ein **Stern mitten am Tage erblickt**.
(Holtzmann, 116; Wattenbach (1891), 32) **Supernova?**

1009
Am 10. April, am Palmsonntag, fallen *„an einigen Orten Blutstropfen auf die Kleider der Leute."* (Wattenbach (1891).
Dieser sog. **Blutregen** tritt auf, wenn rötlichbrauner Staub aus den Wüstengebieten Nordafrikas durch starke Winde über Frankreich oder Italien bis nach Mitteleuropa gelangt und es hier gleichzeitig zu Regen kommt, der durch diesen Wüstenstaub rötlich gefärbt wird.

65

Am 29. April und den folgenden beiden Tagen kommt es in schrecklichem Nebel zu einer **unge-wöhnlichen Verdunkelung der Sonne**, die sich von anderen Sonnenfinsternissen unterscheidet und auch der **Mond** sieht wie von Blut verdunkelt aus.
(Wattenbach (1891), 33; Holtzmann, 116; Borchert/Waterman, 111, (Fol.35); Binhard I, 78)

1010/11
In diesem in ganz Europa **außerordentlich strengen Winter** sterben viele Menschen.
(Spangenberg, 163a; Binhard I, 78; Holtzmann, 117, Hennig, 15)

1012
Unwetter richten in diesem Jahr große Schäden an. Zahlreiche Flüsse treten über die Ufer, viele Menschen kommen dabei ums Leben, Häuser werden zerstört und ganze Wälder werden entwurzelt.
(Chronik Thietmar v. Merseburg, 331; Wattenbach (1891), 37; Spangenberg, 163a; Rivander, 143; Holtzmann, 117)

1014
Im Herbst entwurzeln **schwere Stürme** im Harz und in Thüringen zahlreiche Bäume und richten auch Gebäudeschäden an. (Spangenberg, 164a; Rivander, 143; Tromm, 60; Binhard I, 79)

In diesem Jahr wird der sog. **Heidenstieg**, streckenweise auch Alte Straße, Schachtholzweg und 1483, 1543, und 1572 auch Eiserner Weg genannt, ein alter, den Harz von Goslar bis Ellrich durch-querender Weg, erstmalig in einer Grenzbeschreibung der Diözese Halberstadt unter Bischof Arnulf von Halberstadt (996–1023) als *„semitam, que dicitur Heydhenstig"* urkundlich erwähnt. Von den Lerchenköpfen bis Oderbrück ist der Weg Diözesan- und Gaugrenze. Zunächst wird er als Fußpfad (semita) bezeichnet, 1258 wird er schon Fahrweg (via) und 1483 Heerstraße (via publica) genannt. Als typischer alter Höhenweg folgt seine Linienführung konsequent den Höhenzügen zwischen den Taleinschnitten und vermoorten Quellgebieten. Beginnend am Okerturm, dem Schnittpunkt mehre-rer alter Wege, verläuft der Heidenstieg auf Oderbrück zu. Von hier aus in direkter Richtung nach Süden ist der Heidenstieg in seiner Linienführung und Trassierung als alter Fuß- und Fahrweg gut erhalten. Das Stück von Königskrug bis zum Forsthaus Brunnenbach ist mit dem ersten Chaussee-bau im 19. Jahrhundert von Harzburg nach Braunlage in geradliniger Trassierung ausgebaut worden und ebenfalls noch gut erhalten. Weit westlich an Braunlage vorüber führt der Weg weiter über den Sattelpunkt der Lausebuche und von dort auf die Scheitellinie zwischen den Tälern der Wieda und der Zorge nach Walkenried und anschließend weiter nach Ellrich und Nordhausen, wo er Anschluss an die Alte Thüringische Heerstraße findet, einen alten Handelsweg von Westfalen durch das südli-che Harzvorland nach Leipzig.
Der Heidenstieg, der seit 1825 **auch Kaiserweg genannt** wird, verbindet die Pfalzen Harzburg, Werla und Goslar am Nordharz mit den Pfalzen Nordhausen, Tilleda, Wallhausen und Memleben im Südharz. Im Mittelalter, aber besonders in der frühen Neuzeit, ist der Heidenstieg eine **zentrale Hauptachse im Wirtschaftswegenetz des Harzes**, mit vielen kleinen Zubringern.
(Fischer (1911), 185ff.; Goslar (1970), 261f.; Brückner et al, 161f.; Blankenburg, 236ff.; Kuhlbrodt (2000),19; Günther,128ff.; Heinemann, 6; Moritz, 133f.; Klaube (2007), 6ff.)

1016
Kurz vor der Ernte richten **Gewitter mit Hagelschlag** große Schäden an Gebäuden, Bäumen und den Feldfrüchten an. Viele Menschen kommen durch **Blitzschlag** um.
(Winkelmann (1862), 25; Spangenberg, 165; Binhard I, 79; Hersfeld, Annalen, 41)

1017
Thüringer Chronisten berichten, dass in diesem Jahr vier Monate lang ein **Komet** zu beobachten sei.
(Spangenberg, 165a; Binhard I, 79)

Am 7. Juli tobt ein schwerer **Gewittersturm** in Magdeburg. (Hennig, 15)

1018
Im August erscheint ein **Komet**, der länger als 14 Tage sichtbar bleibt.
(Chronik Thietmar v. Merseburg, 471; Kronk I, 168ff.)

1019/20
In diesem **strengen und schneereichen Winter** erfrieren viele Menschen. Als plötzlich Tauwetter
einsetzt, kommt es zu großen **Überschwemmungen** in den Flussgebieten der Unstrut, der Saale, der
Mulde, der Elbe und der Weser.
(Wattenbach (1891), 49, 52; Spangenberg, 166; Rivander, 144; Tromm, 61; Binhard I, 80; Hamm,
22; Hennig, 15)

In diesem Jahr werden auch besondere Himmelserscheinungen beobachtet. So ist der **Mond blutrot**
anzusehen und eine große brennende Fackel am Himmel fällt mit großem Donner und Krachen auf
die Erde.(Spangenberg, 166; Rivander, 145; Binhard I, 80f.)

Am Nachmittag des 30. Juli sieht man einen großen Zirkel wie einen Regenbogen um die Sonne und
durch diesen Zirkel gehen kreuzweise vier Striche. (Spangenberg, 166) **Sonnenhalo.**
In den Quedlinburger Annalen wird über diese Himmelserscheinung unter dem 18. Juli berichtet.
(Holtzmann, 72f.)

1023
Am 24. Januar – nach Spangenberg erst zu Ostern – findet eine **Sonnenfinsternis** statt.
(Spangenberg, 168; Schroeter, 34, Karte 49b)

1025
Als die Sonne am 4. Februar mitten am Himmel steht, sieht man sie plötzlich in dreifacher Gestalt.
(Holtzmann, 120; Wattenbach (Quedlinburg, 66)

Die optische Erscheinung von **Ne-bensonnen** entsteht durch Licht-brechung an den Eiskristallen der hohen Cirruswolken in der Atmos-phäre.
Im Mittelalter wird das Erscheinen von Nebensonnen als göttliches Vorzeichen von Kriegen, des Zer-würfnisses unter den Menschen und als Vorbote des jüngsten Tages in-terpretiert. (Glaser, 34)

1033
Am 9. Juni wird die Kirche St. Mi-chael zu Hildesheim durch **Blitz-schlag** eingeäschert. (Hennig, 16)

Am 29. Juni, in der sechsten Stunde des Tages, tritt eine **Sonnenfinster-nis** ein. (Winkelmann (1862), 33; Spangenberg, 170; Schroeter, 35, Karte 51a)

Vignette aus Schedels Weltchronik zur Erscheinung von Nebenson-nen

1035

Nachdem bereits im 9. Jahrhundert im **anhaltischen Harz** die Gewinnung von Silber- und Kupfererzen begonnen hat, wird in diesem Jahr wird zum ersten Mal die **Münze in Harzgerode** erwähnt.
(Liessmann (2010), 319)

1038

Am 25. Dezember tobt ein dreistündiges **schweres Gewitter** über Goslar.
(Hennig, 16)

1039

Am 22. August tritt eine partielle **Sonnenfinsternis** ein.
(Spangenberg, 171;Binhard I, 84; Schroeter, 35, Karte 52a)

1044/45

Dieser **Winter** ist **sehr streng und schneereich**.
(Hennig, 16)

Um 1050

Der Dom zu Goslar wird mit rund 640 Zentnern **Kupfer aus dem Rammelsberg** gedeckt.
(Gottschalk (1999), 48; Bachmann et al, 157)

Der Münzmeister aus dem Ständebuch des Jost Amman von 1568

Hochmittelalter (um 1050 bis um 1250)

1057

Ende April kommt sehr kaltes Wetter mit **Schnee und Frost**, so dass der Wein erfriert.
(Spangenberg, 177a; Binhard I, 85)

Im Sommer gibt es viele **Gewitter mit Hagelschlag,** mehrere Menschen werden vom Blitz erschlagen.
(Spangenberg, 178)

1059/60

Dieser **Winter ist grimmig kalt** und es fällt außerordentlich viel Schnee.
(Hermann (1936), 176; Hennig, 16; Glaser, 72)

In diesem Jahr wird erstmals eine von den Hansestädten Lübeck und Hamburg kommende, über Bardowick, Lüneburg und Uelzen führende, bei Gifhorn die Aller überquerende Straße (publica strata) genannt, die über Braunschweig, Wolfenbüttel und Halberstadt den Ostharz bei Quedlinburg und Ballenstedt berührt und über Mansfeld, die Sachsenburg an der Unstrut und Weißensee nach Erfurt führt, wo sie die vom Rheinland nach Sachsen führende Straße kreuzt und deshalb auch **Kreuzstraße** genannt wird. (Landau (1862), 88f.)

1066

In der Osterzeit kann fast vierzehn Nächte lang der **Halley'sche Komet** beobachtet werden, der am 20. März der Sonne am nahesten kommt. Seine größte Erdnähe beträgt 14 Millionen km.

(Hersfeld, Annalen, 111; Winkelmann (1862), 47; Rivander, 165; Tromm, 68; Binhard I, 93; Reichstein, 16; Kronk I, 176ff.)

1067
In diesem Jahr kommt es wegen **extremer Trockenheit** im Sommer zu einer **Missernte** und in deren Folge zu einer großen Teuerung der Nahrungsmittel. (Hennig, 17)

1069
In diesem Jahr **missraten der Wein und das wilde Obst** und es gibt keine Eichen- und Buchenmastung. In manchen Orten hat man nicht genug Wein, um die heilige Messe durchführen zu können. Es herrschen große Teuerung und **Hungersnot**.
(Hersfeld, Annalen, 121; Spangenberg, 184; Tromm, 69; Binhard I, 99)

1070
Die Unfruchtbarkeit der Waldbäume bleibt die gleiche wie im vorigen Jahr. Aber der **Ertrag der Weinberge** ist so **groß**, dass man an vielen Orten kaum genug Gefäße hat, die gewaltige Menge aufzubewahren. (Hersfeld, Annalen, 133; Spangenberg, 185a; Binhard I, 99)

Arbeiter im Weinberg (um 1475)

1071
In diesem Jahr ist ein sehr **kalter Winter**. (Spangenberg, 186a; Binhard I, 100)

1072/73
Der **Winter** ist so **mild**, dass zu Neujahr die Bäume ausschlagen und die Vögel im Februar Junge haben. (Hamm, 23)

Um 1073
wird das ältere Königsgut im nördlichen Harz und im Harzvorland zu einer **Reichslandvogtei** unter der Obhut königlicher Gefolgsleute zusammengefasst, was zugleich der Sicherung des Bergbaus, des Betriebs der Schmelzhütten und der für sie notwendigen Wälder sowie der Münzstätten dient. (Hauptmeyer, 12)

Der König führt die Ausbeutung der Erzvorkommem im Harz jedoch nicht mehr im Eigenbetrieb durch. In diesem Jahr wird vom König ein **Reichsvogt** eingesetzt, an den die praktischen Betreiber der Bergwerke und Hütten Abgaben zu entrichten haben. Die Hüttenbetreiber entrichten ihm den **Kupferzoll** als Abgabe vom erzeugten Kupfer sowie den **Schlagschatz** vom erzeugten Silber, die Bergwerksbetreiber den **Zehnten** vom gewonnenen Erz. Es bildet sich eine Schicht von Berg- und Hüttenherren mit Besitzrechten an den Betriebsstätten heraus.
(Bartels et al (2007), 27)

1074
In der Nacht des 26. Januar sieht man um die Stunde des Hahnenschreis bei völlig wolkenlosem Himmel einen schönen hellen Regenbogen. (**Polarlicht**)

Am 27. Januar sieht man beim Aufgang der Sonne rechts und links zwei goldene, außerordentlich hell strahlende Säulen, die in dem gleichen rötlichen Glanz stehen bleiben, bis die Sonne um einige Grade höher gestiegen ist. (Hersfeld, Annalen, 221; Spangenberg, 196a) **(Sonnenhalo)**

1074/75

In diesem Winter herrscht eine **strenge Kälte** und alles ist vom Frost so erstarrt, dass die Flüsse auch in unserem Gebiet nicht nur an der Oberfläche vom Eis gefesselt, sondern, gänzlich ungewohnt, bis zum Grund zugefroren sind. Die Mühlen stehen still und man kann nirgends Getreide mahlen. Daher besteht ein großer Mangel an Brot. Das Korn muss gekocht und als Brei gegessen werden.
(Hersfeld, Annalen, 221; Spangenberg, 196a; Rivander, 189; Binhard I, 106; Hennig, 17)

1076/77

Auch dieser sog. **Canossa-Winter,** in dem sich Kaiser Heinrich IV. von Dezember 1076 bis Januar 1077 auf seinem „Gang nach Canossa" befindet, ist **ungewöhnlich streng** und dauert von Anfang November bis Mitte April. Vielerorts gehen die Weinstöcke ein, weil infolge der Kälte die Wurzeln vertrocknen. (Hersfeld, Annalen, 395; Spangenberg, 216a; Tromm, 70; Hennig, 17)

1081

In diesem Jahr bekämpfen sich an einigen Orten um den Harz und in Thüringen, darunter bei Quedlinburg, Volkstedt und Riethnordhausen, die Dohlen und Krähen in großen Schwärmen einen ganzen Tag lang in der Luft, so dass viele Vögel tot zur Erde fallen. Dieses Ereignis wird von Chronisten als **Vogelkrieg** bezeichnet. Ein solches Ereignis wird nach Spangenberg auch in den Jahren 1484 und 1525 beobachtet. (Spangenberg, 222a, 397, 419; Rivander, 199; Tromm, 72; Binhard I, 107)

1083

Infolge der extremen **Sommerhitze** sterben auch in unserem Gebiet viele Menschen.
(Spangenberg, 224; Binhard I, 107; Hennig, 17)

1087

Es wird berichtet, dass in diesem Jahr die Gänse, Enten und Hühner *„gar wilde geworden und nach den Wäldern geflohen"* seien. *„Auch sind die Fische in Wassern sehr abgestanden."* (Spangenberg, 226)

1091

In diesem Jahr fliegen bisher **unbekannte Würmer (Insekten)**, etwas länger als die Mücken, aber nicht viel größer, in einem etwa eine Meile breiten, etwa zwei bis drei Meilen langen und so dicken Schwarm vorüber, dass dadurch die Sonne verdunkelt wird.
(Spangenberg, 228a,;Winkelmann (1862),50; Tromm, 73; Rivander, 214)

Die **Missernte** in diesem Jahr führt zu einer großen Teuerung der Nahrungsmittel.
(Spangenberg, 228a; Binhard I, 110)

1092

Am **1. April** tritt in Mitteldeutschland **große Kälte** ein und es fällt ungeheuer **viel Schnee.** (Hennig, 17)

1093

Am 23. September findet eine ringförmige **Sonnenfinsternis** statt.
(Spangenberg, 228a; Binhard I, 111; Schroeter, 37, Karte 59a)

In diesem Jahr schenkt Graf Heinrich von Northeim dem Kloster Bursfelde einen Weinberg bei Welkerode in der Grafschaft Lohra, wie Bischof Ruthard von Mainz bezeugt.
(Wolf, PGE I, 65; Erhardt, Harzer Wein, 47; Strombeck, Weinbau, 363)

1093/94

Von Oktober bis April gibt es viele **Unwetter mit starken Niederschlägen**, die den Feldfrüchten schaden, wodurch die Nahrungsmittel teuer werden.
(Spangenberg, 228a; Rivander, 214f.; Binhard I, 111, Hennig, 17)

1096

Die Pöhlder Jahrbücher berichten, dass in diesem Jahr an einem Abend, als kein Wolkchen am Himmel war, an verschiedenen Orten **feurige Kugeln am Himmel** aufblitzten, die auf der anderen Seite des Himmels wieder verschwanden. (Wattenbach (1894),32)
Es handelte sich dabei wahrscheinlich um besonders helle Meteore, sog. **Boliden**.

1097

In diesem fruchtbaren Sommer wird eine **gute Ernte** eingebracht.
(Spangenberg, 228a; Binhard I, 111)

Im Herbst kann ein **Komet** beobachtet werden.
(Spangenberg, 228a; Binhard I, 111; Kronk I, 186ff.)

1099

Viele **ungewöhnliche Himmelserscheinungen** werden in diesem Jahr beobachtet. Mehrfach brennt nachts der Himmel, d. h. es sind **Polarlichter** zu sehen. Am 1. November (Allerheiligen) leuchtet der Himmel so stark, dass Sonne und Mond ihren Schein verlieren, **Sternschnuppen f**allen vom Himmel und in der Luft sieht man brennende Fackeln.
(Spangenberg, 229a; Rivander, 215; Binhard I, 111)

1099/1100

In diesem Jahr ist der **Winter kalt und lang. Wölfe** richten großen Schaden an.
(Spangenberg, 229a; Binhard I, 112;Winkelmann (1862), 52; Glaser, 72; Hennig, 18)

Um 1100

In den ersten Jahrzehnten dieses Jahrhunderts wird auch auf den landwirtschaftlichen Nutzflächen unseres Gebiets die bisherige **Zweifelderwirtschaft**, bei der im jährlichen Wechsel die eine Hälfte des Ackers mit Getreide bestellt wird und die andere – da kein künstlicher Dünger zur Verfügung steht – brach liegt, um sich zu erholen, durch die **Dreifelderwirtschaft** abgelöst. Bei dieser neuen Bewirtschaftungsform wird die gesamte Ackerfläche einer Dorfgemeinschaft in drei große Felder geteilt. Alle Äcker, die zu einem Feld gehören, müssen in einem Zeitraum von drei Jahren, der sich periodisch wiederholt, mit derselben Feldfrucht bestellt werden. Im jährlichen Wechsel liegt nur noch ein Drittel der Nutzfläche brach. Diese wird bis zum Herbst des folgenden Jahres nicht bearbeitet und die natürliche Begrünung wird als Weide benutzt. Diese Brache wird anschließend nach UmpflügenWinterfeld, das im Herbst mit Wintergetreide (Roggen, Weizen) bestellt wird, den Winter überdauert und im Sommer des folgenden Jahres geerntet wird. Das letzte Drittel (Sommerfeld) wird im Frühjahr mit Sommerfrüchten (Gerste, Hafer, Hirse) bestellt, das im Spätsommer geerntet wird. Sofern Lein, Mohn, Erbse und Ackerbohne feldmäßig angebaut werden, sind sie in den Fruchtwechsel integriert. Jeder Bauer muss sich an die durch den Flurzwang bedingten Anordnungen der Dorfgemeinschaft halten. Deshalb ist es nötig, dass er in jedem der drei Felder Land besitzt, um seinen landwirtschaftlichen Betrieb aufrechterhalten zu können. Da die Landflächen der einzelnen Bauern so klein sind, kann man sich eigene Wege zu ihnen nicht leisten. Es gibt keine Feldwege. Zur Feldbestellung müssen deshalb fremde Felder überfahren werden. Die Termine für das Pflügen, Säen und Ernten werden von der Dorfgemeinschaft festgelegt. In der Regel darf das Winterfeld nicht vor Michaelistag (29. September) betreten werden und das Sommerfeld muss bis zum 1. Mai bestellt sein. Durch die Dreifelderwirtschaft werden deutlich höhere Erträge erzielt, die

Feldarbeit um 1500 Aus: Vergil Straßburg 1502

landwirtschaftlichen Arbeiten werden kontinuierlicher über den Jahreslauf verteilt und durch die Brache wird der natürliche Nährstoffgehalt des Bodens verbessert und angereichert. (Goltz I, 79ff.; 125f.; Wulf, 337, Buschendorf, 76; Gringmuth-Dallmer (1989), 244)

Um 1100
Am Riefenbach bei Bad Harzburg wird aus **Erz vom Rammelsberg** Kupfer und Blei gewonnen, am Sommerberg bei Wolfshagen Kupfer. An den Schmelzplätzen Hunderücken und Lasfelder Tränke werden ältere Blei-Silberschlacken wieder aufgearbeitet. (Bachmann et al, 157)

Im Gebiet um Elbingerode wird um diese Zeit vermutlich mit der **Gewinnung von Roteisenstein** begonnen, dessen Lager dort zu Tage ausstreichen. Das Erz wird über mehrere Jahrhunderte ausschließlich in Tagebau abgebaut bis man im 18. Jahrhundert nach Erschöpfung der Vorräte an der Oberfläche zur untertägigen Erzgewinnung übergeht. Der Eisengehalt beträgt in der Regel weniger als 30 %. Mit einer geschätzten Gesamtmenge von vielleicht 800 Millionen to gibt es im Elbingeröder Revier die **größte Eisenkonzentration des gesamten Harzes**. Die großen Vorräte an gut verhüttbarem Eisenstein führen zur Gründung einer Reihe von Eisenhütten, deren älteste die um 1400 in Elbingerode gegründete Neue Hütte ist. Als im 16. Jahrhundert die Eisennachfrage stark ansteigt, entstehen bis zum Jahr 1612 acht weitere Hüttenbetriebe. Nach der Überwindung des im Dreißigjährigen Krieg erfolgten Niedergangs des Bergbaus wird der Eisenstein vorrangig an die Hütten in Mandelholz, Königshof (seit 1707 Rothehütte), die Lauterberger Königshütte (seit 1735) und die Elender Hütte (seit 1778), aber auch an die Hütten in Sorge und Thale geliefert. (Liessmann (2010), 300 ff.; Brückner et al, 374)

12. Jh.
Bis in das 12. Jahrhundert hinein wird der **Bergbau** im Harz auschließlich als **Tagebau** in Form von Pingen betrieben. In weniger ergiebigen Gruben wird dieser nach und nach durch den Berg getriebene Stollen abgelöst. (Hauptmeyer, 13; Beug et al, 24)

Spätestens seit dem 12. Jahrhundert wird der **Zustand der Wälder** in unserem Gebiet in starkem Maße **durch die Entwicklung des Montanwesens beeinflusst,** durch das vor allem im Umkreis der Bergbau- und Hüttenbetriebe ein Wechsel der Holzarten herbeigeführt wird.

Da die Produktion von Holzkohle eine der wichtigsten Voraussetzungen für die Verhüttung der im Harz geförderten Erze ist, hat die **Köhlerei** einen großen Einfluss auf die Wälder des Harzes. Als Brennstoff für die Schmelzhütten dient zunächst die Holzkohle aus Buchenholz, das sich als Hartholz am besten für die Holzkohlenherstellung eignet und im Harz zu Beginn des 2. Jahrtausends nahezu uneingeschränkt zur Verfügung steht, denn die Buchenwälder reichen im Harz um diese Zeit noch bis in Höhen um 1000 m. Jedoch lassen sich bereits in der mittelalterlichen Phase des Hüttenwesens im Harz in der damals hergestellten Holzkohle erste Anzeichen einer **Veränderung des ursprünglichen Baumbestandes der Wälder** feststellen. Aus Analysen der auf den frühen Meilerplätzen gefundenen Holzkohlenreste geht hervor, dass spätestens seit dem 12. und 13. Jahrhundert auch schnellwüchsiges Birken- und Fichtenholz für die Köhlerei verwendet wird, das aber weniger dazu geeignet ist, weil es eine

Ein Schacht A. Ein Feldort oder Querschlag B, C. Ein anderer Schacht D.
Der Stollen E. Das Stollenmundloch F.

Ein mittelalterliches Bergwerk. Aus: Agricola 1556

energieärmere Holzkohle liefert. Offenbar steht nicht mehr genug geeignetes Buchenholz zur Verfügung. Infolge des Montanwesens vollzieht sich ein Übergang von artenreichen nadelholzfreien oder fichtenarmen Rotbuchenwäldern zu artenarmen Buchen-Fichten-Wäldern oder Fichtenwäldern. Mit dem Stillstand des Bergbaus im 14. und 15. Jahrhundert dringt die Buche wieder vor, um mit der Wiederaufnahme des Bergbaus vom Ende des 15. Jahrhunderts an erneut der Fichte zu weichen. (Beug et al, 52 ff.; Kurth (2003), 54)

1106

In diesem Jahr – nach den Pöhlder Jahrbüchern vom 4. Februar bis zum 11. März - kann ein **Komet** mit großem Licht beobachtet werden. (Spangenberg, 238; Rivander, 216f.; Wattenbach (1894), 40; Tromm, 73; Binhard I, 113; Vanin, 29; Kronk I, 188ff.)

1107

Im September wird Kaiser Heinrich V. in der Pfalz zu Goslar während eines **schweren Gewitters** fast durch einen **Blitz** erschlagen, der neben ihm die Spitze seines Schwertes und die Nägel seines Schildes schmilzt. (Hennig, 18; Hamm, 24)

1109

„In dieser Zeit erschien nachts ein **Stern, wie ein Komet,** *welcher von sich einen langen Schein gegen Süden gab."* (Wattenbach (1894), 45)

1116

Um die Weihnachtszeit ist neben dem natürlichen Mond noch ein zweiter im Westen zusehen. (Winkelmann (1862), 70)
Die optischen Erscheinungen von Nebensonnen und **Nebenmonden** entstehen durch Lichtbrechung an den Eiskristallen der hohen Cirruswolken in der Atmosphäre.

1117

Am Nachmittag des 3. Januar ereignet sich ein **starkes Erdbeben,** das in vielen Orten in Deutschland zu spüren ist und sogar Gebäudeschäden verursacht. Es hat eine Stärke von 7.5 auf einer zwölfteiligen makroseismischen Intensitätsskala, sein Epizentrum liegt in der Schwäbischen Alp, der Erschütterungsradius beträgt etwa 350 Kilometer.
(Spangenberg, 248a; Rivander, 230; Binhard I, 114; Gießberger I, 21ff.; Leydecker, 55)

Am 16. Juni und 10. Dezember sind **Mondfinsternisse** zu beobachten. Der Mond steht einige Male zuvor ganz blutrot am Himmel. Am 18. Februar sind am Nordhimmel **blutige Wolken** zu sehen. Polarlicht? (Spangenberg, 248a; Rivander, 230; Binhard I, 114)

1119

In diesem Jahr wird ein **Polarlicht** beobachtet, dessen Strahlen und Spitzen sich über den ganzen Himmel verteilen. Spangenberg berichtet, dass man nach Sonnenuntergang den Himmel drei Stunden lang brennend gesehen habe.
(Spangenberg, 248a; Binhard I, 116)

In diesem Jahr erscheinen feurige Pfeile überall am Himmel und es fallen auch *„heiße Steine"* **(Meteorite)** vom Himmel. Wenn man Wasser darauf gießt, geben sie einen Knall von sich.
(Binhard I, 116; Borchert/Waterman, 113, Fol.41)

1120

Im Juni richtet ein schweres **Unwetter mit Hagelschlag** große Schäden an Gebäuden, am Vieh sowie den Feldfrüchten und Bäumen an. In neun Dörfern um Halberstadt werden nicht nur Vögel, sondern sogar Ochsen vom Hagelschlag getötet.
(Spangenberg, 249; Binhard, 116; Hennig, 18; Hamm, 24)

In diesem Jahr sind auch Weinberge in Beyernaumburg und Hettstedt urkundlich bezeugt.
(Ehrhardt, 47)

In diesem Jahr tobt ein **gewaltiger Sturm** im Harz und richtet große Schäden an.
(Heinemann, 26)

1121

Drei Tage hintereinander herrscht in diesem Jahr ein **dicker stinkender Nebel** in Thüringen, so dass man die Sonne nur blutrot sieht. (Rothe, 278; Spangenberg 249a; Binhard, 117; Hennig, 18)

Spangenberg und Binhard berichten, dass man in diesem Jahr **am Osthimmel** sechs Stunden lang ein **großes Feuer** gesehen habe, aus dem immer wieder helle Flammen geschlagen seien. Nach einem Platzregen sei das Feuer erloschen.
(Spangenberg, 249a; Binhard I, 116)

1121/22

In diesem **harten Winter** erfrieren beinahe alle Feldfrüchte, auch viel Vieh und mehrere Menschen verderben. (Spangenberg, 249a; Binhard I, 116f.; Hennig, 19)

1122

Am Morgen des 13. April, ehe die Sonne aufgeht, sind ungewöhnlich viele **Sternschnuppen** am Himmel zu sehen. (Spangenberg, 250; Binhard I, 117)

Am Weihnachtsfest reißen **gewaltige Wirbelstürme** zahlreiche Häuser und Bäume um. Nach starken Regenfällen entsteht eine **Überschwemmung**, durch die viele Menschen umkommen. (Winkelmann (1862), 72f.)

1124

Am 1. Februar tritt eine **Mondfinsternis** ein. (Winkelmann (1862), 73)

Nach dem **25. Mai** (Pfingsten) gibt es noch einmal **Frost mit Raureif**, wodurch die Bäume und die Weinstöcke großen Schaden erleiden. (Spangenberg, 250; Tromm, 75; Binhard I, 119)

Am 16. Juni richtet ein **Hochwasser** weitere große Schäden an. (Spangenberg, 250; Rivander, 233)

1124/25

Dieser **Winter** ist **sehr kalt und schneereich**. Viele Menschen erfrieren. Durch die extreme Kälte erfrieren auch die Vögel in der Luft, die Fische ersticken in den bis zum Grund zugefrorenen Teichen, die Aale kriechen aus dem gefrierenden Wasser in Heuhaufen und Hecken und kommen dort um, die Saat erfriert im Boden und auch die Weinstöcke erfrieren. 1125 kommt es zu einer schlimmen **Teuerung**. (Spangenberg, 250a; Tromm, 75; Rivander, 233f; Binhard I, 118f.; Hermann (1936), 176; Hennig, 19; Glaser 72f.)

1125

Um den 13. Mai treten **Spätfröste** auf, die dem Obst und dem Wein sehr schaden. (Hennig,19)

Der **Sommer** ist sehr **nass und kalt**, so dass es zu einer **Missernte** kommt. *„Von solchem Frost und dem vielen Regen sind die **Bienen** in Deutschland beynahe alle zu grunde verdorben."* (Spangenberg, 250a; Kunze, 135; Weigert, 245)

Im Mittelalter spielt die Bienenpflege wegen des großen Bedarfs an Bienenwachs für Kultuszwecke und von Honig für den täglichen Gebrauch eine bedeutende Rolle. In größeren Waldgebieten erfolgt die **Waldbienenhaltung**, die sog. *„Zeidelweide"*. Da die Waldbienen zum Einstocken ihrer Beute möglichst alte und hohle Bäume aufsuchen, werden von den Imkern diese Naturbeuten durch das Aushöhlen alter Stämme künstlich vermehrt. Später werden Bienenvölker in künstlichen Bienenstöcken gezüchtet.
Einer Nachricht des Thietmar von Merseburg (975 bis 1018) zufolge gibt es zu seiner Zeit bereits den Beruf des Imkers (*„magister apium"*). Die Aufgabe der Imker, auch Zeidler genannt, ist die Anlage des Bienenstocks, das Einsetzen des Schwarms, die Pflege des Stocks und das Zeideln, d.h. die Honig- und Wachsentnahme. Der Wald ist die Stütze der Bienenweide. In den Reichswäldern ist die Honignutzung ein Vorrecht der Könige. Die Zeidler genießen Privilegien in Bezug auf die Nutzung der Wälder zur Bienenweide. So werden honigliefernde Holzarten wie die Linde besonders geschont. Auch im Reichswald zu Goslar sind Zeidler tätig. (*„unsere Zeidler (in) unserem forste zu Gossler"*). Mit dem Aufkommen des Bergbau- und Hüttenwesens im Harz werden die Harzwälder weitgehend in deren Dienst gestellt und auf die Waldimkerei wird keine besondere Rücksicht mehr genommen.

Imker um 1500 Aus: Vergil Straßburg 1502

Nachdem der amerikanische Rohrzucker in der Mitte des 17. Jahrhunderts auch in Deutschland in allgemeineren Gebrauch kommt und seit der Reformation auch der Wachsbedarf abnimmt, verliert die wilde Bienenpflege an Bedeutung. Sie wird im 19. Jahrhundert durch die moderne Bienenzucht mit beweglichen Waben abgelöst. (Regel III, 58; Benecke, 417ff.; Schubart (1966), 143ff.)

1129
Das 1127 durch Gräfin Adelheid von Klettenberg gestiftete und in diesem Jahr gegründete **Kloster Walkenried** entwickelt sich aufgrund der hervorragenden Kenntnisse seiner Mönche im Bergbau und im Wasserbau sehr bald zum bedeutendsten **mittelalterlichen Montanunternehmer** der gesamten Region.

Stift und Kloster Walkenried um 1640

76

1157 schenkt Kaiser Friedrich I. Barbarossa dem Kloster Walkenried den vierten Teil des Zehnten vom Rammelsberg bei Goslar und in einer Urkunde vom 11.September 1188 bestätigt er dem Kloster auch Wälder und Hüttenbetriebe im Harz.

Erze werden noch ausschließlich im Tagebau gewonnen. Da schon im12. Jahrhundert die Waldbestände in der Umgebung von Goslar aufgebraucht sind, werden die Erze auf dem **Eisernen Weg** (Schachtholzweg, Heidenstieg) mit Saumtieren in die Täler der Zorge und Wieda gebracht und mit dem dort vorhandenen Holz verhüttet. Die Zusammensetzung der in diesen Tälern aufgefundenen Schlackenfunde deutet auf eine Verhüttung von Rammelsberger Erz hin.

Spätestens um 1225 besitzt das Kloster mit dem angelegten Teich- und Grabensystem im Pantelbachtal bei Seesen-Münchehof am westlichen Harzrand bereits ein kleines, voll funktionsfähiges **montanes Wasserversorgungssystem,** das eine frühe Mechanisierung der Arbeit ermöglicht. Das fließende Wasser wird nicht nur dazu gebraucht, aus dem zerkleinerten Erzgut das taube, metallarme Gesteinsmaterial herauszuschwemmen. Es dient auch zum Antrieb von Wasserrädern, mit denen über einfache Vorrichtungen das Erz aus den Gruben befördert sowie Pochhämmer zum Zerkleinern der Erzbrocken und Blasebälge für die Luftzufuhr der Schmelzöfen betrieben werden.

Da auf dem Oberharz Fließgewässer rar sind, muss großflächig das Regenwasser gesammelt und gespeichert werden, um auch in Trockenzeiten das Antriebswasser für die Wasserräder zur Verfügung zu haben. Hierzu werden im Laufe der Jahrhunderte mindestens 149 **Teiche zur Speicherung der Wasserenergie** gebaut, von denen 107 noch heute erhalten sind. (Lemcke, 2ff.; Roseneck (2012), 2ff.; Hoffmann (1969), 4ff.; Heinemann, 28; Thieme (1976), 5; Beug et al, 24; Brückner et al, 100)

Am 29. September richtet ein **grausamer Sturmwind** Schäden an Gebäuden und Bäumen an. (Spangenberg 252a; Binhard I, 120)

1130
In diesem **Sommer** ist es **außerordentlich trocken und heiß.** (Hennig, 19)

1131
Die **Straße von Hildesheim nach Goslar** wird in diesem Jahr erstmals urkundlich erwähnt. (Landau (1862), 89)

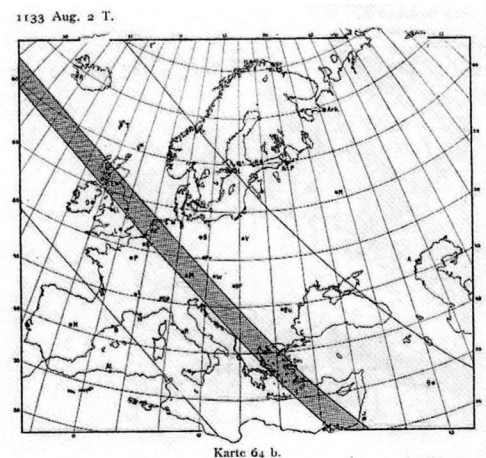

1133 Aug. 2 T.

Karte 64 b.

Der Verlauf der totalen Sonnenfinsternis vom 2. August 1133

1132
Am 3. März tritt eine **Mondfinsternis** ein. (Winkelmann (1862), 75)

1133
Am 29. Juni sind um die Sonne ein größerer und ein kleiner Kreis zu sehen. (Winkelmann (1862), 76) **Sonnenhalo**

Die ganze Erntezeit hindurch fällt **viel Regen**. (Winkelmann (1862), 76; Hennig, 19)

Am Mittag des 2. August kann man in unserem Gebiet eine **totale Sonnenfinsternis** beobachten, bei der man die Sterne am Himmel sehen kann. (Winkelmann (1862), 76; Spangenberg 253a; Binhard I, 125; Schroeter, 39, Karte 64b)

1134

Am 12. April genehmigt Kaiser Lothar dem Kloster Walkenried das Eigentum an einem von Gräfin Adelheid von Klettenberg für das Kloster erworbenen Reichsgut in Berbisleben im **Helmerieth bei Heringen**. Das Kloster ist seit seiner Gründung bestrebt, seinen Grundbesitz auch im Helmetal auszudehnen. Die vom Harz im Norden sowie dem Kyffhäusergebirge und der Windleite im Süden eingerahmte, etwa vier km breite Talsohle der Helme ist ein **Sumpfgebiet**, mit dessen **Trockenlegung und Kultivierung** die Mönche bald darauf beginnen. (Lemcke, 4,8)

1135

Am Morgen des 7. März sind bis gegen 11.00 Uhr neben der Sonne noch zwei **Nebensonnen** am Himmel zu sehen. Binhard datiert dieses Ereignis unter Zugrundelegung der Kalenderreform von 1582 auf den 17. März. (Spangenberg, 254a; Binhard I, 125)

Aufgrund der großen **Hitze und Trockenheit** in diesem Sommer kommt es zur Selbstentzündung einiger Wälder. Viele Seen und Teiche trocknen nahezu aus. (Spangenberg, 254a; Rivander, 238; Binhard, 125; Glaser, 61; Behringer, 105)

Bei Oldisleben geht ein **Meteorit**, so groß wie ein Menschenkopf, nieder, den man für ein Wunderzeichen hält und viele Jahre aufbewahrt. Stolle, Bange und Binhard berichten über dieses Ereignis unter dem Jahr 1130.
(Spangenberg, 254a; Rivander, 239; Tromm, 77; Stolle,126; Bange, 55a; Binhard I, 123)

1136

In diesem Jahr haben die Menschen unter vielen **Unwettern** mit Stürmen, Starkregen und Hagelschlag zu leiden. (Spangenberg, 254a; Binhard I, 126)
Durch einen Sturm wird das Dach des Schlosses Mansfeld *„ganz aufgehoben und hinabgeworfen.“*
(Spangenberg, IV. Teil, 31)

Urkundliche Nachrichten lassen darauf schließen, dass bereits im 12. und 13. Jahrhundert im Harzvorland eine große Anzahl von **Weinbergen** bewirtschaftet wird.
So werden in diesem Jahr in Gernrode am Harz Weinberge urkundlich erwähnt.
1163 spricht eine Quedlinburger Urkunde von einem Acker an einem Bergabhang der Stadt, der zu einem Weinberg gemacht wird.
1179 werden bei Quedlinburg am Hammwarte- und am Kapellenberg Weinberge erwähnt.Dem Quedlinburger Stift gehörige Weinberge liegen auf dem Langenberg, Diecksberg und auf dem Annenberg.
1210 gibt es in Kattenstedt, Kallendorf (wüst), Helsungen, zwischen Blankenburg und Reinstein, in Heimburg und bei Michelstein Weinberge.
(Beilage zum Quedlinburger Kreisblatt vom 15.10.1927; Hamm, 25f.)

1137

Infolge der außerordentlichen **Hitze und Dürre** entstehen viele Feuersbrünste. Auch Goslar brennt nieder. (Hennig, 19)

1143

Im Februar richtet ein **schwerer Sturm** große Schäden an Gebäuden und Bäumen an.
(Spangenberg, 257a; Rivander, 240; Binhard I, 126f.)

In diesem Jahr sieht man an verschiedenen Orten *„feurige Kugeln“* am Himmel, die sich, wenn sie höher steigen, wieder verlieren. (Spangenberg, 258; Binhard I, 127)
Dabei handelt es sich wahrscheinlich um besonders helle Meteore, um sog. **Boliden**.

1143/44

Dieser **Winter** ist sehr **kalt, schneereich** und dauert fast bis Ostern.
(Spangenberg, 257a; Binhard I, 129; Hennig, 20; Glaser,73)

1144

Das Kloster Walkenried erwirbt in diesem Jahr vom Erzbischof von Mainz einige Rietsümpfe bei Görsbach und im Jahr 1155 vergrößert es seinen Besitz in dieser Gegend des Riets durch Eintausch eines Sumpfgebiets bei Heringen vom Abt des Klosters Fulda. Zur **Trockenlegung der Sumpfgebiete** im Helmetal werden mit der Trockenlegung von Ländereien erfahrene flämische Kolonisten angeworben. Diese bringen außer ihren Erfahrungen auch Vieh und Nutzpflanzen mit in die neue Heimat. Von einem im Helmetal angelegten **Klosterhof Ow (Aue)** erhält das Gebiet in der Mitte des 13. Jahrhunderts, nachdem die Flamen das Tal zu einer fruchtbaren Kulturlandschaft umgestaltet haben, die Bezeichnung **Goldene Aue.**
(Sebicht, 29ff.; Lemcke, 8f.; Heine, Unsere Heimat, 63; Noack (2009), 11f.)

1145

Im Mai wird der **Halley´sche Komet** wieder gesehen, der am 12. Mai der Erde am nahesten kommt. Seine größte Erdnähe beträgt 41 Millionen km.
(Spangenberg, 258; Binhard I, 129; Reichstein, 16; Kronk I, 200ff.)

1147

Am 26. Oktober findet eine **ringförmige Sonnenfinsternis** statt.
(Spangenberg, 258a; Binhard I, 129; Wattenbach (1894), 69; Schroeter, 40, Karte 66a)

1148

Auch dieser **Winter** ist **sehr kalt**, so dass die Wintersaat erfriert.
(Spangenberg, 258a; Binhard I, 129)

Um 1150

wird der am Fuß des Rammelsberges angelegte **Raths-Tiefste-Stollen** zur Wasserableitung des in die Gruben eindringenden Grundwassers nach mehr als 100jähriger mühevoller Arbeit mit Schlägel und Eisen fertiggestellt. Da sich alle Gruben oberhalb des Rammelsberger Vorlandes befinden und alle mit dem neuen Stollen verbunden werden, kann das Wasser der Schwerkraft folgend durch diesen Stollen abfließen, ohne dass Pumpen benötigt werden. Dieses ca. 1000 m lange Bauwerk ist für den Rammelsberger Bergbau für lange Zeit von großem Nutzen und ist auch heute noch vollständig erhalten und voll funktionstüchtig.
(Roseneck (1992),120;Gottschalk (1999), 91)

1150

Das Jahr fängt mit **großer Kälte** an, die bis zum Mai andauert. Der strenge Frost richtet an den Bäumen und Früchten, aber auch am Vieh, den Vögeln und den Bienenvölkern großen Schaden an. Es folgt eine **große Hungersnot.**
(Rothe, 288f; Stolle, 128; Spangenberg, 259; Rivander, 242f.; Binhard I, 130; Hennig,20)

Ein **Unwetter** am 24. Juni, das zu einer großen Überschwemmung führt, verschlimmert die Situation.
(Wattenbach (1894), 74)

1152

In der Neujahrsnacht wütet ein **schwerer Sturm**, der in Thüringen und im Harz großen Schaden anrichtet.
(Spangenberg, 259; Rivander, 243; Binhard I, 130; Hennig, 20)

1154/55
Am 1. Oktober beginnt ein **langer Winter** mit Schnee und dauert bis zum 30. April.
(Wattenbach (1894), 87)

1156/57
Dieser **Winter** ist **lang und kalt**. Bald nach Michaelis (29. September) fällt Schnee, der bis Walpurgis (1. Mai) liegen bleibt. Der darauf folgende **Sommer** ist **heiß und trocken**.
(Spangenberg, 262; Binhard I, 131; Hennig, 20)

1157
Am 30. Mai ist zur Mittagszeit eine halbe Stunde lang ein feuerroter und himmelblauer Kreis um die Sonne zu sehen. (Spangenberg, 262; Binhard I, 131) **Sonnenhalo**

Am 11. Juni belehnt Kaiser Friedrich I. Barbarossa den Welfenherzog Heinrich den Löwen *„mit der Grafschaft und dem Forst auf den Gebirgen, welche der Harz genannt werden"*, die bis dahin königlicher Bannforst waren. (Gottschalk (1999), 96; Brückner et al, 360; Kremser, 101)

Am 5. September sind links und rechts von der Sonne zwei weitere Sonnen zu sehen.
(Spangenberg, 262; Binhard I, 131) **Nebensonnen**

1158
Im den Pöhlder Jahrbüchern wird von einem starken **Wirbelsturm** in diesem Jahr berichtet. Dieser *„riß ungeheure Bäume mit den Wurzeln aus und warf Kirchen, Häuser und andere Baulichkeiten um; auch hat das Austreten des Wassers eine unendliche Menge Menschen und Vieh vertilgt."* (Wattenbach (1894), 92)

Papst Alexander III. bestätigt in diesem Jahr dem Wipertikloster zu Quedlinburg einen **Weinberg** in der Altstadt, den Zehnten von dem benachbarten Weinberg sowie von dem Weinberg neben der S. Ägidii-Kirche und die Weinberge bei Suderode, die das Kloster noch am Ende des13. Jahrhunderts besitzt. (Beilage zum Quedlinburger Kreisblatt vom 15. 10. 1927)

1162/63
In diesem **harten Winter** erfrieren viele Menschen und auch Vieh, desgleichen Wein und Korn.
(Tromm, 79; Glaser, 73)

1165
Spangenberg und andere Chronisten berichten, dass es in diesem Jahr an etlichen Orten Blut vom Himmel regnete. (Spangenberg, 265a; Binhard I, 134) Sog. **Blutregen**

1166
Dieses Jahr ist ein **Segensjahr**, insbesondere das Getreide und der Wein sind wohlgeraten.
Es gibt so viel Wein, dass man an manchen Orten dem Kalk zum Mauern auch Wein beimengt.
(Spangenberg, 265a; Binhard I, 134)

Der in einem Streit mit Kaiser Barbarossa und den Reichsständen geächtete Welfenherzog Heinrich der Löwe **zerstört** in diesem Jahr die **Rammelsberger Gruben** und die der Stadt Goslar gehörenden **Hüttenwerke**. (Liessmann (2010), 145)

1171
Starke Regenfälle richten erheblichen Schaden an den Getreidefeldern an.
(Spangenberg, 266a; Binhard I, 139)

1172

Am 11. Januar tritt eine **Mondfinsternis** ein. (Wattenbach (1894), 106)

In diesem **milden Winter** bleiben die Bäume belaubt, die Vögel beginnen, ihre Nester zu bauen. (Reichardt, 428; Hennig, 21)

1173

Am 11. Februar erscheint am nördlichen Himmel bis Mitternacht ein helles Licht. (Wattenbach (1894), 106). **Polarlicht.**

Am **13.** Mai fällt **unerwartet Schnee**, der Wald- und Obstbäume zerbricht und das stehende Getreide niederdrückt. (Wattenbach (1894), 106)

1174

In diesem **nassen, kalten und stürmischen Sommer** können Getreide und Wein nicht reifen. (Rivander, 247; Hennig, 21)
Die Pöhlder Jahrbücher berichten von häufigen und ungewöhnlichen **Stürmen** und großer Ungleichmäßigkeit der Luft in diesem Jahr. (Wattenbach (1894), 106)

1175

Wegen des **heißen und trockenen Sommers** verdorren die Früchte auf den Feldern. (Rivander, 247; Binhard, 141)

1176

Am 25. April und am 20. Oktober treten **Mondfinsternisse** ein. (Spangenberg, 268a; Binhard I, 141)

1179

Dieser **Winter** ist **sehr kalt**, es fällt sehr viel Schnee, der vom Neujahrstag bis Lichtmess (2. Februar) liegen bleibt und plötzlich taut. Dadurch entsteht eine große **Überschwemmung,** durch die an Saale und Unstrut viele Brücken und Mühlen zerstört werden und auch Menschen ertrinken. (Spangenberg, 268a; Rivander, 248; Binhard I, 142; Wattenbach (1894), 108)

Die Pöhlder Jahrbücher berichten von folgender Himmelserscheinung am 7. März bei Sonnenuntergang: *„Denn nicht weit von der Sonne nach Süden zu erschien ein Glanz, kleiner als die Sonne, von welchem bis zur Sonne ein Bogen sich krümmte, der einen anderen über sich hatte und dieser wieder einen dritten, sodass sie sich mit den entgegengesetzten Seiten berührten, alle drei aber strahlten nach Art des Regenbogens....“* (Wattenbach (1894), 108)

Am 17. September erscheint mitten in der Nacht der **Mond blutrot** und bei Tage wird ein **purpurroter Sonnenring** gesehen. (Hennig, 22)

1180

Um 1180 wird vermutlich auch im **Oberharz** mit **Bergbau** in nennenswertem Umfang begonnen, nachdem die Rammelsberger Gruben und die der Stadt Goslar gehörenden Hüttenwerke durch Heinrich den Löwen zerstört worden sind. Dabei beschränkt sich die Erzgewinnung im Wesentlichen auf die an manchen Stellen an der Oberfläche austretenden Erzgänge. So wird im 12. Jahrhundert Bergbau im Gebiet von Wieda, Zorge und Hohegeiß sowie Anfang des 13. Jahrhunderts an der Wormke (östlich von Schierke) genannt. Es ist anzunehmen, dass die Menschen zunächst nur während des Sommers in den höher gelegenen Bergbaurevieren leben und sich im Winter wieder zurückziehen. **Dauersiedlungen** gibt es **nur ganz vereinzelt**, so beim Kloster Cella (monasterium in cellis), das um das Jahr 1200 unweit der später danach benannten Bergstadt Zellerfeld gegründet wird. In der

Nähe davon streichen reiche Erzmittel zutage und ermöglichen erfolgreiche Schürfarbeiten. Bis zum 14. Jahrhundert gibt es im Oberharz noch ein Revier am westlichen Harzrand, das sich bis zur Innerste erstreckt und durch das Kloster Walkenried betrieben wird und ein weiteres liegt im Bereich des oberen Odertals (Rupenberg-Revier). Die **unplanmäßig betriebene Erzgräberei** beschränkt sich auf Tiefen von kaum mehr als 10 bis 20 m, denn die primitive Art der Wasserhebung verhindert ein Fortschreiten des Tiefbaus. Vorallem wegen der technischen Schwierigkeiten, die einem Erzabbau in größeren Tiefen im Wege stehen, wie der uneffektiven Ableitung des in die Gruben eindringenden Grundwassers, sowie der um 1348 auch im Harz sich greifenden Pest kommt der **Oberharzer Bergbau um 1350 zum Erliegen.** Generell bleibt im Spätmittelalter der Oberharzer Bergbau im Vergleich zum Rammelsberger Bergbau unbedeutend. Aufgrund des Waldreichtums des Oberharzes in dieser Zeit leben die dortigen Bewohner wahrscheinlich eher von der **Verhüttung Rammelsberger Erze** als vom eigenen Bergbau, denn nach der Erschöpfung der Wälder am Harzrand in der Umgebung des Rammelsberges im 12. Jahrhundert werden die Erze in die Harzwälder transportiert und dort in Rennfeueröfen verhüttet. Mit der Ein-

Der Bergknapp.

Der Bergknappe aus dem Ständebuch des Jost Amman von 1568

führung der durch Wasserkraft getriebenen Blasebälge im 13. Jahrhundert werden die **Verhüttungsplätze an die Flüsse verlagert.** (Beug et al, 24; Fischer (1913), 204; Liessmann (2010), 21ff.)

1181/82
In diesem **sehr milden Winter** tragen die Bäume in Februar schon Früchte.
(Hamm, 27; Glaser 74)

1183
Die Pöhlder Jahrbücher berichten von einem **großen Sturmwind** in diesem Jahr.
(Wattenbach (1894), 111)

1185/86
Das neue Jahr beginnt mit so schönem, warmem Wetter, dass im Januar bereits die Bäume blühen. Im Februar sind die Äpfel bereits so groß wie Walnüsse. Auch das Getreide und der Wein gedeihen gut. Im Mai kann in Thüringen bereits eine **ertragreiche Ernte** eingebracht werden und im August die Weinlese beginnen. Es ist ein so fruchtbares und wohlfeiles Jahr, wie es die Leute noch nicht erlebt haben.
(Spangenberg, 276; Rivander, 253f; Tromm, 82; Binhard I, 145f.; Hennig, 22)

Am 21. April ist in unserem Gebiet eine **partielle Sonnenfinsternis** zu sehen.
(Spangenberg, 276; Rivander, 253; Binhard I, 145; Kretzer)

1187

In den ersten Monaten des Jahres ist der **Winter mild,** aber von März bis Mai gibt es noch solche **Spätfröste und Kälte,** dass die Feldfrüchte allenthalben verderben.
(Spangenberg, 276a; Rivander, 254; Tromm, 82; Binhard I, 146; Hennig, 22)

1188

Am 1. September bestätigt Kaiser Friedrich Barbarossa in einer zu Allstedt ausgestellten Urkunde das **Kloster Walkenried** in allen seinen Besitzungen und Rechten, und namentlich auch in seinen *„casis in nemore Harte",* also seinen **(Schmelz)hütten im Harz.** Erstmalig wird auch eine Erzgrube am Rammelsberg (*„to dem Walesberge"*) urkundlich genannt.
Im Dezember verfügt der Kaiser die Heranziehung des Mönchs Jordan von Walkenried zu Leitung umfangreicher **Trockenlegungen** auf dem ausgedehnten Reichsbesitz **in den unteren Rietgegenden,** um Raum für Dorfgründungen zu gewinnen. Walkenried erhält dafür einen Hof und Landbesitz in Kaltenhausen bei Allstedt. Von hier aus breitet sich der Besitz des Klosterkonvents auch in diesem Teil des Riets mit großer Schnelligkeit aus, so dass in der Folgezeit schließlich in der gesamten **Goldenen Aue** (*„arvum auretum"*) fast kein Ort vorhanden ist, in dem das Kloster nicht Grundstücke besitzt oder Gefälle zu erheben hat. (Lemcke, 8f.; Bachmann et al, 158)

In diesem Jahr wird der bei Uthleben an der Helme liegende **Weinhof** Bodenrode des Klosters Walkenried erstmalig urkundlich genannt. Er wird jedoch bereits 1339 als desolat bezeichnet.
(Menzel, 229; Regel, 3. Teil, 1. Abschnitt, 18; Hiller, 115)

1191

Am 23. Juni ist in unserem Gebiet eine **partielle Sonnenfinsternis** zu sehen.
(Spangenberg, 279; Bange, 70a; Schroeter, 42, Karte 72b)

In diesem Jahr verursachen mehrere **Unwetter** mit Starkregen und Hagelschlag große Schäden an Menschen und Vieh sowie in den Feldfluren, Weinbergen und Gärten.
(Spangenberg. 279; Binhard I, 147)

1192

Bei außergewöhnlich kaltem Winterwetter brechen bei Braunschweig **Wölfe** in das Lager Kaiser Heinrichs VI. und reißen viele Pferde und Ochsen, so dass die Winterbelagerung der Stadt abgebrochen werden muss. (Hamm, 28)

1193

Die Mönche des Klosters Walkenried legen in diesem Jahr einen **Weinberg** in Bottenroda an. Dieser Weinberg wird 1410 von Graf Dietrich von Hohnstein in Besitz genommen. (Letzner, 74. 148)

1194

In diesem Jahr ist die **Unstrut** so **ausgetrocknet,** dass man sie zwei Monate lang ohne Gefahr zu Fuß durchqueren kann, die **Wipper** hat **10 Monate lang kein Wasser.**
(Rothe, 317; Spangenberg, 280; Rivander, 258; Tromm, Wellendorf, 83; Bange, 71a; Hennig, 22)

1199

In diesem Jahr beginnen Bergleute auf einer Anhöhe jenseits der Wipper bei Hettstedt am südöstlichen Harzrand mit dem **Abbau des kupferhaltigen Schieferflözes,** das wegen seines oberirdischen Austritts (Ausbiß) bzw. wegen seines flachen Einfallens in Schürfen und wenig tiefen Schächten zunächst leicht gewonnen werden kann. Diese Anhöhe wird 1223 erstmals urkundlich Kupferberg (*mons qui cupreus dicitur*) genannt. Auf diesem Berg wächst die für Kupferschiefervorkommen typische Frühlings-Miere, auch **Kupferblümchen** genannt.

Der Kupferschiefer enthält neben Blei, Kupfer, Zink und Silber auch erhöhte Anreicherungen u. a. von Kobalt, Molybdän, Nickel, Selen, Rhenium, Kadmium und Vanadium.

Die Kupferschieferlagerstätte wird durch den östlichen und südlichen Harzrand, die Halle-Hettstedter Gebirgsbrücke und den Hornburger Sattel begrenzt. Im Süden umschließt sie im Revier Sangerhausen den Kyffhäuser und reicht bis an die Höhenzüge der Schmücke und der Hohen Schrecke. In den folgenden Jahrhunderten entwickelt sich das **Mansfelder Land** zu einem **Zentrum des deutschen Kupferschieferbergbaus** bis zur Erschöpfung der Vorkommen in der zweiten Hälfte des 20. Jahrhunderts. (Spangenberg, 284a; Mansfeld (2008), 65f.; Mansfelder Land, 61 f.; Deicke, 45)

Das im Harz geförderte Erz wird wegen **Holzmangels** oft nicht an den Grubenorten verhüttet. Zwischen 1199 und 1527 gibt es im Westharz und im Harzvorland insgesamt 102 **Schmelzhütten**. Als Transportweg zu den Verhüttungsplätzen im westlichen Harzvorland kommt eine **alte Straße zwischen Goslar und Osterode** in Frage, die als Fußweg schon seit der Steinzeit existiert haben könnte. (Beug et al, 23)

Während bis etwa 1200 die Hütten abseits der großen Fließgewässer in den Waldungen betrieben werden, wo ausreichend Holz für die Herstellung von Holzkohle zur Verfügung steht, wird ab dem 13. Jahrhundert zunehmend die **Wasserkraft** zum Antrieb der Blasebälge der Schmelzöfen und später auch zum Pochhämmern zum Zerkleinern der Erzbrocken genutzt. Die Wasserkraft wird neben dem Holz zum zweiten entscheidenden Energieträger des Hüttenwesens. Bekanntlich leistet ein Liter Wasser, das aus einem Meter Höhe herabfällt, ein Meterkilogramm (mkg) Arbeit und 75 mkg Arbeit ergeben eine Pferdestärke. Die **Hüttenanlagen** befinden sich seit dem 13. Jahrhundert **ausschließlich an den Fließgewässern**, die Wasserräder antreiben können. (Bartels et al (2007), 11, 62ff.)

13. Jh.

Es werden **Fichtenvorkommen** bei Rübeland, im Zillierbachgebiet, am Nord- und Westhang des Brockens, bei Braunlage, Andreasberg usw. nachgewiesen. Die Fichte breitet sich auf den von den Köhlern zurückgelassenen Blößen aus, nachdem diese Flächen zunächst in kürzester Zeit von Birken, Salweiden, Aspen und Ebereschen besiedelt worden sind, deren jedes Jahr in großen Mengen produzierte Samen durch Wind oder durch Vögel (Eberesche) über Kilometer weit verfrachtet werden. Diese **Pionierbaumarten** werden auch als **Destruktionsanzeiger** bezeichnet, weil sie sehr lichtbedürftig sind und durch die schnelle Verbreitung ihrer Samen auf größeren Blößen im Wald, die durch menschliche Einwirkung oder natürliche Ereignisse entstanden sind, ideale Wachstumsbedingungen vorfinden. Die **natürliche Ausbreitung der Fichte** erfolgt wesentlich langsamer, aber doch **wesentlich schneller als die der Buche**, denn diese bildet nur relativ selten, in den sog. Buchenmastjahren, ausreichend Samen und die schweren Bucheckern werden auch von starkem Wind nicht mehr als 10 bis 20 m weit geworfen.

Der geschätzte Fichtenanteil an der Harzfläche beträgt in dieser Zeit ca. 10 bis 20 %. (Brückner et al, 360; Kortzfleisch, 104)

1203

Im August ereignet sich zwischen Wimmelburg und Blankenheim ein **Wolkenbruch**, der zu einer verheerenden Überschemmung in Eisleben und Umgebung führt. Die Flut kommt so *„übereilet, dass an Menschen und Viehe, an Früchten und Gebäuen unüberwindlicher Schaden geschehen und die Stadt beinahe gar ersoffen."* (Spangenberg, 286a, 287; Spangenberg, IV Teil, 254; Hennig, 22)

Aus diesem Jahr stammt der älteste schriftliche Beleg für **Eisensteingruben** an der Wormke bei Elbingerode. (Brückner et al, 374)

Die weite **Verbreitung des Kupfers aus Goslar** wird in einer in diesem Jahr ausgestellten Urkunde des Erzbischofs von Köln für die Kaufleute aus Dinant im Maastal unterstrichen, die durch Köln reisen, um in Goslar Kupfer zu holen. (Herbst (1926), 20)

1204

Am 16. April und am 10. Oktober treten **Mondfinsternisse** ein.
(Binhard I, 156; Kretzer)

1207

Am 28. Februar tritt eine **ringförmige Sonnenfinsternis** ein. Nach Spangenberg und Binhard findet diese genau ein Jahr später statt.
(Spangenberg, 289; Binhard I, 156; Schroeter, 43, Karte 74b)

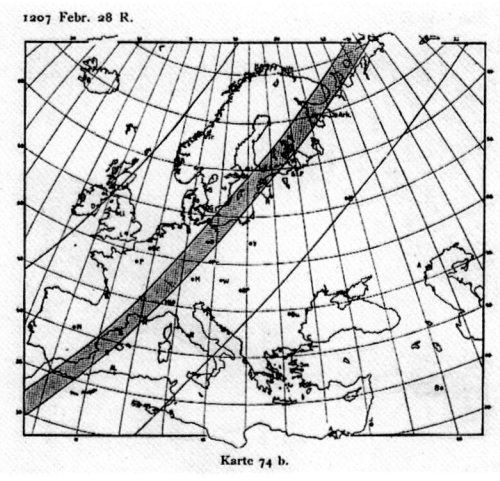

1207 Febr. 28 R.

Karte 74 b.

Der Verlauf der Sonnenfinsternis am 28. Februar 1207

1210

Am 11. August beauftragt Papst Innozenz III. die Pröpste dreier Klöster in der Nähe von Gandersheim, die **wundertätige Wirkung** einer am Ende des 12. Jahrhunderts bei Gandersheim entsprungenen **Quelle** zu untersuchen, durch deren Wasser angeblich Lahme wieder gehen können und auch Blinde und Taube eine Besserung ihrer Leiden spüren Zu diesem Gesundbrunnen strömen Kranke und Gebrechliche aus der weiteren Umgebung in Massen und 1238 wird dort das Hospital zum Heiligen Geist gegründet, was Papst Gregor IX. 1240 genehmigt. Um 1300 versiegt dieser Brunnen, das Hospital bleibt bis in unsere Zeit bestehen.
(Kronenberg, 20, 167)

1210/11

Dieser **Winter** ist **sehr kalt** und **lang andauernd.** Viele Menschen, aber auch Vieh, Bäume und Weinstöcke erfrieren. Da die Flüsse und Bäche zufrieren, können die Mühlen lange Zeit nicht mahlen. Es folgt eine **große Teuerung**.
(Rothe, 323; Spangenberg, 292a; Binhard I, 156f.; Hennig, 23; Hamm, 30; Glaser, 74)

1211

Im Mai ist 18 Tage lang ein **Komet** mit einem nach Westen gerichteten Schweif zu sehen.
(Tromm, 84; Kronk I, 208)

1216

Am 6. Oktober wird der **Weinbau** des Klosters Wöllingerode (Kreis Goslar) erstmalig urkundlich erwähnt. (Hamm, 31)
Vom 10. bis über das 16. und 17. Jahrhundert hinaus wird in unserem Gebiet **Weinbau** betrieben, nicht jedoch in den dafür klimatisch ungeeigneten Höhenlagen des Harzes. Nachgewiesen sind Weinberge bei Goslar, Ilsenburg, Wernigerode, Heimburg, Michaelstein, Blankenburg, Isemitzeburg, Kattenstedt, Suderode, Gernrode, Eisleben, Helfta sowie bei Holdenstedt und Beyernaumburg, beide bei Allstedt. Mit der Verbesserung der Verkehrswege im ausgehenden 17. und im 18. Jahrhundert wird der qualitätsvollere Wein aus den traditionellen Weinbaugebieten an Rhein und Mosel bezogen und die **Weinberge** in unserem Gebiet werden **aufgegeben**, um Ackerland und Obstgärten Platz zu machen.
(Jacobs (1870), 726f.; Menzel, 227ff.)

1219

Am 13. Juli erteilt König Friedrich II. der Stadt Goslar das große Stadtprivileg, das auch Bestimmungen über den **Montanbetrieb** enthält. So sollen die Waldleute (silvani), also diejenigen, die außerhalb der Stadt in den Harzwäldern Hüttenbetriebe und Bergwerke betreiben, den Bürgern Goslars gleichgestellt werden. Für die Berechtigung zur **Köhlerei** im königlichen Bannforst muss ein *„Balgpfennig"* als Abgabe an das Reich gezahlt werden.
(Bartels et al (2007),24)

1221

Es ist ein **nasses Jahr.** Im Frühling regnet es fast ununterbrochen, so dass die Felder nicht bestellt werden können. Wegen der ausfallenden Ernte kommt es zu einer dreijährigen **Teuerung.**
(Spangenberg, 298; Binhard I, 161; Hennig, 23)

1222

Am 31. Juli kommt es in Eisleben und Umgebung infolge eines **Wolkenbruchs** zu einer Überschwemmung, bei der mehr als 250 Menschen umkommen und zahlreiche Gebäude einstürzen.
(Spangenberg, 298; Binhard I, 162; Weikinn, Teil 1, 93)

Am 5. September erreicht der regelmäßig wiederkehrende **Halley´sche Komet,** der auch in unserem Gebiet sichtbar ist, seinen erdnächsten Punkt. Seine größte Erdnähe beträgt 47 Millionen km.
(Reichstein, 16; Kronk I, 209ff.)

1223

Am 23. Juni fällt bei **heftiger Kälte** Schnee. (Wattenbach (1894), 113)

1223/24

Dieser **Winter** ist **lang und hart,** so dass die Früchte an vielen Orten ausbleiben und verderben.
(Spangenberg, 298a; Binhard I, 163; Hennig, 24)

1224

Kurz vor der Ernte werden durch einen **schweren Sturm** Gebäude beschädigt und auf den Feldern die Körner aus dem Getreide geschlagen. Darauf folgen mehrere Unwetter mit Starkregen, durch die das restliche Getreide verdirbt.
(Rothe 352f.; Letzner, 162; Spangenberg, 298a; Rivander, 288; Binhard I, 163; Bange, 84a)

1224/25

Dieser **Winter** ist **sehr kalt** und **lang andauernd.** Die Saat im Feld verdirbt. Im Harz kommt es zu einer erheblichen **Teuerung,** viele Menschen leiden Hunger.
(Spangenberg, 298a; Rivander, 288; Binhard, 163; Hennig, 24; Glaser, 75)

1224/27

In dem in diesen Jahren von Eike von Repgow verfassten **Sachsenspiegel,** dem ältesten Rechtsbuch des deutschen Mittelalters, in dem mündlich überliefertes Gewohnheitsrecht aufgezeichnet wird, heißt es, dass jeder Freie das Recht hat, die **Jagd** auf seinem Grundeigentum frei auszuüben. *„Als Gott den Menschen schuf, gab er ihm die Gewalt über Fische und Vögel und alle wilden Tiere; deswegen haben wir dessen Zeugnis von Gott, dass niemand sein Leben noch seine Gesundheit an diesen Dingen verwirken kann."*
Lediglich in den **Bannwäldern,** die dem König gehören, darunter im Harz, ist es bei Strafe von 60 Schillingen verboten, Wild zu jagen. (Eckhardt, 88; Kremser, 99) Bären, Wölfe und Füchse, die der Bevölkerung viel Schaden zufügen, können auch in den Bannwäldern von jedermann verfolgt werden.
(Hartmann (1979), 15; Pörtner, 20f.)

Die so mit Ausschluss Dritter dem König vorbehaltenen Wälder und Fluren erhalten die Bezeichnung **Forst**. Erst nachdem der königliche Bannforst im Verlauf des 12. Jahrhundert in die Hände des weltlichen und geistlichen Fürstentums übergeht, eignen sich die neuen Herren das **Jagdrecht** in den nun ihrer Hoheitsgewalt unterstehenden Gebieten an. Die Landesherren erlassen im 14. und 15. Jahrhundert erste jagdrechtliche Regelungen u. a. über das Erlegen von Wildbret und den Vogelfang. Die Jagd auf Haarwild und auch auf Großvögel darf nur noch von einem kleinen Teil der Bevölkerung ausgeübt werden. Die Mehrheit der Bevölkerung darf nur noch jagdlich uninteressante Tiere, in erster Linie Kleinvögel, jagen.
(Jacobs (1900), 2ff.; Kremser 216ff.)

Herrschaftliche Jagd um 1500

1226
Im Sommer herrscht auch in unserem Gebiet **große Trockenheit** und **Hitze**.
(Spangenberg, 300a; Rivander, 293; Binhard I, 168; Hamm, 31; Bonnemann, 197)

Nach einem schweren Unwetter am 27. August treten die Unstrut, Helme, Gera, Ilm und Saale über die Ufer, es kommt zu Überschwemmungen, die große Schäden anrichten.
(Spangenberg, 300a; Rivander, 293; Binhard I, 167f.)

1228
Durch starke Regenfälle kommt es in Eisleben, Magdeburg und anderen Orten zu schweren **Überschwemmungen**. (Hennig, 24)

1232/33
Dieser **Winter** ist **sehr streng**, so dass viele Flüsse nicht mehr schiffbar sind.
(Stolle, 105; Hennig, 24; Hamm, 31)

1233/34
Auch dieser **Winter** ist **extrem kalt**, alle Flüsse gefrieren, die Mühlen können nicht mahlen, das Brot wird sehr teuer, Menschen erfrieren in ihren Betten.
(Rothe, 396; Spangenberg, 303a; Binhard I, 179; Kindervater, 38; Borchert/Waterman, 117, (Fol.56); Hennig, 24; Hamm, 31; Glaser, 75)

Das Kloster Walkenried erhält in diesem Jahr von Heinrich dem Erlauchten, Landgraf von Thüringen, und Pfalzgraf zu Sachsen, das Recht zum **Fischfang im Weissensee.** (Letzner, 62)

1235

Am 31. August übergibt Kaiser Friedrich II. das **Bergregal** am Bergbau um Goslar an Herzog Otto von Braunschweig als Reichslehen. Dazu gehört insbesondere der Bergbau auf Silber, Kupfer, Blei und andere Metalle am Rammelsberg bei Goslar. Damit erlöschen die königlichen Verfügungsrechte über den Bergbau im Harz Das Bergregal umfasst nicht nur die Gerichtshoheit und alle direkten Beziehungen zum Bergbau, sondern auch die Einkünfte aus demselben.
(Bode, 334ff.; Bachmann et al, 158; Bartels et al (2007), 26f.)

1235/36

In diesem **milden Winter** gibt es an 16 Tagen weder Schnee noch Eis. Am 24. Januar und 10. März gibt es bereits Gewitter. Im Februar blühen die Bäume und die Schafe gehen auf die Weide.
(Spangenberg, 303a; Binhard I, 180; Hennig, 24; Hamm, 32)

1237

Graf Dietrich I. von Hohnstein gestattet in einer am 26. Mai ausgestellten Urkunde dem Kloster Walkenried, an der Südseite des Brunnenbachs bei Braunlage eine **Kupferhütte** zu errichten und befreit das Kloster von der Zahlung des Kupferzinses und des Schlagschatzes. Das Kupfererz wird auf dem sog. **Heidenstieg,** der in der Nähe der Kupferhütte verläuft, aus dem Rammelsberg hierher gebracht und mit dem hier vorhandenen Holz verhüttet.
(Moritz, 29f., 145; Lemcke, 16)

1240

Albert von Stade gibt in seinen Annalen von der Erschaffung der Welt, die er in diesem Jahr zu schreiben beginnt, eine genaue Beschreibung der **Straße durch den Harz** über Nordhausen-Hasselfelde- Elbingerode-Wernigerode-Hornburg, die schon im Mittelalter als kürzester Reiseweg zwischen dem Mittelmeer und der Nord- und Ostsee von Bedeutung ist.
(Herbst (1926), 143)

1241

In den ersten Märztagen stehen die Bäume bereits in voller Blüte. (Reichardt, 428)

Am 6. Oktober tritt in unserem Gebiet eine **totale Sonnenfinsternis** ein.
(Wattenbach (1894), 113; Schröter, Karte 79a)

1249

Am 26. Juli (St. Annentag) zieht ein schweres **Unwetter** mit Hagelschlag vom Brocken kommend über den Nordberg bis nach Ballenstedt. *„Es fielen auch große Hagelsteine, sie waren grau und stuncken nach Schwefel."* Das Unwetter fordert Menschenleben und richtet große Schäden am Viehbestand sowie an Gebäuden und in den Wäldern an.
(Spangenberg, 306; Rivander, 309f.; Binhard I, 185; Heinemann, 41; Heese/Peper, 60)

Spätmittelalter (um 1250 bis um 1500)

1250

Der Erzabbau am Rammelsberg hat mit dem **Stollen Trostesfahrt** eine Tiefe von 42 m unterhalb des Raths-Tiefste-Stollens erreicht und geht von hier noch einmal 25 m tiefer bis unter das Vorland des Rammelsberges. Das in die Schächte eindringende Wasser wird durch in höher liegenden Schächten stehende Wasserräder auf das Niveau des Raths-Tiefste-Stollens gebracht. In den folgenden Jahren reicht diese Technik jedoch nicht mehr aus, den Wasserzufluss in den Stollen unterhalb des Raths-Tiefste-Stollens zu bewältigen, sodass schließlich **alle Stollen im Rammelsberg** für etwa 100 Jahre **ersaufen**. (Gottschalk (1999) 137)

1252

In diesem Jahr werden **Weinberge** bei Frankenhausen und Oldisleben, ein Weinhof bei Hemleben sowie Weinbau in Königslutter urkundlich erwähnt. (Menzel, 230; Hamm, 32)

1252/53

Dieser **Winter** ist **sehr schneereich und kalt**. Die Schneeschmelze führt anschließend zu **Hochwasser**. (Spangenberg, 307; Binhard I, 186; Glaser, 75)

1253

In diesem Jahr wird ein „*Wildehuß"* bei Zorge für die **Pferdezucht** genannt. Hier werden freilaufende Stuten mit ihren Fohlen gehalten. (Blankenburg, 137).

1257

Im Sommer verdirbt ein acht Tage andauerndes **Hagelunwetter** viele Feldfrüchte.
(Spangenberg, 308; Binhard I, 190)

1259

Nach einem sehr **mildem Winter** folgt ein sehr **heißer und trockener Sommer**, im Herbst sterben viele Menschen. (Spangenberg, 308a; Binhard I, 190; Glaser,63; Hamm, 33)

Am 28. Dezember (Tag der unschuldigen Kinder) richtet ein heftiger, aus Südwesten kommender **Sturm** im Harz große Schäden an Gebäuden und Bäumen an.
(Spangenberg, 308a; Rivander, 313; Binhard I, 190; Hennig, 26)

1263

Am 23. Juni ereignet sich in Braunschweig ein **Wolkenbruch**, wobei viele Menschen umkommen.
(Hennig, 26)

1264

Von Juli bis Oktober ist am Osthimmel „*ein mercklicher großer"* **Komet** sichtbar, der am 29. Juli der Erde am nahesten kommt. Schedel schreibt, dass er in der Nacht, in der Papst Urban II. starb (2. Oktober), zum letzten Mal gesehen worden sei.
(Schedel, 213a; Spangenberg, 309a; Binhard I, 193f.; Pfaff, 40; Kronk I, 218ff.)

1265

Ein **Unwetter mit Hagelschlag** vernichtet in diesem Jahr das Getreide auf den Feldern des Klosters Walkenried. (Letzner, 162)

1268

In diesem Jahr kommt es wegen einer **Missernte** zu einer Hungersnot. (Vocke, 49)

1268/69

Vom 30. November bis zum 2. Februar ist ein **sehr strenger Winter**. (Hennig, 26; Hamm, 33)

1271

Am 25. April vereinbaren die im Oberharz und im Raum Goslar mit dem Rammelsberg berechtigten Fürsten und Vertreter des niederen Adels sowie der Stadt Goslar eine 30 Artikel umfassende **Berg- und**

Hüttenordnung, die wichtige Festlegungen für den Bergbau in dieser Region, darunter die Arbeitsorganisation, die Vergabe von Konzessionen, die Rechtsprechung, die Eigentumsverhältnisse von Gruben und Hüttenwerken sowie deren Holzversorgung und die Einschränkung der Weide von Vieh in den Wäldern enthält. Erstmals wird in diesem etwas irreführend als *„Bergordnung des Herzogs Albrecht des Großen von Braunschweig"* bezeichneten Vertrag der Raths-Tiefste Stollen des Rammelsbergs erwähnt. Der Vertrag ist der erste **schriftliche** Nachweis über den Bergbau im Oberharz. (Bode, Bergbau, 335ff.; Roseneck (2012), 1ff.; Gottschalk (1999), 148; Beug et al, 24, 27; Bartels et al (2007), 28)

1275
Blei wird als Baumaterial für die Deckung des Goslarer Doms verwendet. (Bachmann et al, 158)

1279
Die **Wälder** des im südlichen Harzvorland liegenden Muschelkalk-Höhenzuges **der Hainleite** werden in diesem Jahe erstmalig im Zusammenhang mit der Jagd und dem Wildbann urkundlich genannt. Sie sind uns als **Mittelwälder** überliefert, wurden aber z. T. nach vorübergehender Plenter-Bewirtschaftung, bei der nur die größten Stämme aus einem Bestand unterschiedlichen Alters herausgeschlagen werden, im 19. Jahrhundert in **Hochwald** überführt.
(Handbuch der Naturschutzgebiete IV, 26)

1280
In diesem Jahr ist eine so **wohlfeile Zeit**, dass man einen Scheffel Korn für 22 Pfennige, ein Huhn und eine Mandel Eier für 2 Pfennige und eine Mandel Heringe für 1 Pfennig bekommen kann.
(Binhard I, 201; Zeitfuchs, 332f.)

1283
Gegen Ende des 13. Jahrhunderts legt das Kloster Walkenried in der Nähe seines Hofes Münchehof bei Seesen mehrere **Hüttenwerke,** hauptsächlich zur Verarbeitung von Kupfer an, so die casae Gravestorpehusen (1283), Gotekove (1287), Langwelle et Herrehusen (1294) sowie Homanneshusen (1302).
(Lemcke, 23; Hauptmeyer, 19)

1285
Acht Tage nach Petri und Pauli (am 7. Juli) sind so starke **Gewitter mit Hagelschlag,** dass die Leute einander beichten, weil sie glauben, der jüngste Tag sei gekommen und sie müssten sterben.
(Spangenberg, 313; Rivander, 327; Tromm, 99; Binhard I, 204)
Nach der Magdeburger Chronik findet dieses Unwetter am 6. Juli 1286 statt.
(Hennig, 27)

1286/87
In diesem **sehr milden Winter** blühen die Bäume bereits im Januar. (Hamm,34)

1287
In diesem Jahr wird **Bergbau** durch das Kloster Walkenried **im** sog. **Rupenberg-Revier,** das vermutlich im oberen Odertal östlich von Sankt Andreasberg lag, urkundlich erwähnt; das eigentliche Silbererzrevier bleibt aber unentdeckt. (Brückner et al, 374; Hauptmeyer, 19f.)

1288
Im Januar und Februar toben **schwere Stürme** auch in unserem Gebiet. (Bonnemann, 63; Hamm, 34)

1289/90
In diesem **warmen Winter,** der dem Winter 1185/86 gleichkommt, blühen bereits zu Neujahr die

Violen und das Korn, die Mädchen schmücken sich mit Blumen. Im Januar brüten die Vögel und im Februar isst man Walderdbeeren. Im April blühen die Reben.
Auch der **folgende Winter** ist **außergewöhnlich mild.**
(HZg v. 11. Dezember 1888; Reichardt, 428; Reinhardt (1892), 325; Hennig, 28; Hamm, 34)

1290
Am 5. September tritt eine **ringförmige Sonnenfinsternis** ein.
(Spangenberg, 317; Binhard I, 209; Schroeter, 47, Karte 84b)

1292
Der Winter ist bis Anfang Februar mild, dann folgt strenger Frost und alle Flüsse frieren so fest zu, dass sie schwere Wagen tragen können. (Hennig, 28)

In diesem Jahr wird das Wasser der **Breitsülze**, einer **Karstquelle**, die durch einen **Erdfall** entstanden ist und als ergiebigste Mühlhäuser Quelle mehr als 100 Liter Wasser pro Sekunde schüttet, durch einen kunstvoll gebauten Graben in die Oberstadt von Mühlhausen geleitet.
(Sellmann, Heimatkunde, 35f.; Jordan I, 61f.; Schuchhardt, 14ff.)

Der etwa fünf km lange **Nordhäuser Mühlgraben**, der das Wasser der Zorge einen Berghang entlang an den fränkischen Reichshof und seine Mühle heranführte, ist wahrscheinlich schon in karolingischer Zeit entstanden. Er ist das älteste Zeugnis der Wasserversorgung der Stadt und der dortigen Mühlen. Bereits Karl der Große hat den Vorstehern der Königshöfe vorgeschrieben, für die Mühlgräben und Mühlen Sorge zu tragen. (Müller (1911), 42f.; Nordhausen (1927), Bd.1, 7)

Vor 1294 wird auch der **Göttinger Leinekanal** gebaut, der Wasser der Leine an die mittelalterliche Stadt heranführen soll. (Denecke/Kühn I, 8, 377)

1293
Um diese Zeit werden **bergbauli-che Aktivitäten** des **Klosters Michaelstein** im Raum Elbingerode durchgeführt.
(Brückner et al, 374)

1294
Nach einem **strengen Winter** folgt ein überaus **heißer und trockener Sommer**, in dem viele Brunnen und Gewässer versiegen. Das Laub an den Bäumen und das Gras auf den Wiesen verdorrt, es mangelt an Viehfutter, sodass viel Vieh notgeschlachtet werden muss. Es gibt jedoch eine **gute Getreide- und Weinernte.** (Spangenberg, 320; Rivander, 346; Tromm, 101; Binhard I, 215; Hennig, 28)

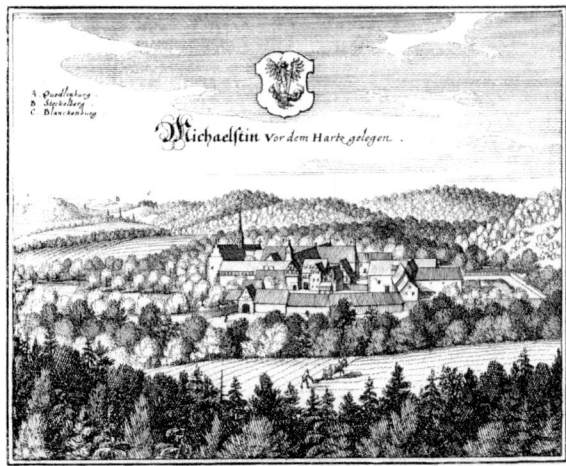

Kloster Michaelstein um 1650. Aus: Merian (1654)

1294/95
Dieser **Winter** ist sehr **kalt und lang andauernd,** so dass Menschen und Tiere erfrieren.
(Spangenberg, 320; Binhard I, 215)

1298

Am 23. Juni richtet ein **Unwetter mit Sturm und Hagelschlag** in der Umgebung von Pöhlde insbesondere Schäden an den Feldfrüchten an. Alle Frucht des neuen Getreides wird vollständig zerschlagen, „ *sodass es für den irdischen Gebrauch unserer Kirche in Poledhe gar nicht reichte.* "
(Wattenbach (1894), 113)

In einer Urkunde aus diesem Jahr wird der **Banediek** erwähnt. Es handelt sich dabei um einen von Mönchen des Klosters St. Matthis to der Celle für die Karpfenzucht angelegten Teich, den Vorläufer des heutigen, vor 1579 errichteten Mittleren Pfauenteichs bei Clausthal. Der Banediek wird als **ältester Teich im Harz** angesehen.
(Hoffmann (1969), 5,19; Schmidt (2012), 232; Harzer Pflanzenwelt, 58)

Nach 1300

Anfang des 14. Jahrhunderts verstärken sich die **Probleme mit dem Grundwasser in den** immer tiefer werdenden **Gruben** des Rammelsberges. Es treten auch Probleme bei der Erzeugung hochwertigen Kupfers auf. (Bachmann et al, 158)

1301

In diesem Jahr ist der **Halley´sche Komet** mit nach Osten gestrecktem Schweif für 15 Tage im Sternbild des Skorpions sichtbar. Er erreicht am 23. September seinen erdnächsten Punkt, seine größte Erdnähe beträgt 27 Millionen km. Der Florentiner Maler Giotto verwendet vermutlich diesen oder den Kometen von 1305 als Vorlage für den Stern von Bethlehem auf seinem berühmten Fresco „Anbetung durch die Heiligen Drei Könige" in der Scrovegni-Kapelle in Padua, das er 1305 vollendet hat.
(Spangenberg, 324; Binhard II, 29f.; Reichstein, 16; Paturi, 43; Kronk I, 228ff.)

1301/02

Dieser **Winter** ist **sehr mild.** Im Januar blühen die Bäume. (Hennig, 28; Hamm, 35)

1302

In diesem Jahr wird die älteste durchgängige Linienführung einer nördlichen Harzrandstraße, die in der frühen Neuzeit häufig so genannte **Alte Straße**, erstmals urkundlich erwähnt. In dieser vielspurigen und immer wieder gebesserten Fernstraße sind die Standorte Okerturm, Eckerübergang (Eckerburg) und Astfelder Krug (Zollstelle) wichtige Stationen. Die Alte Straße ist im 17. Jahrhundert die Nordgrenze des Amts Harzburg.
(Brückner et al, 207)

1304

In diesem Jahr fallen bei Friedeburg im Mansfelder Land „*gluende heisse steine in einem Donderwetter vom Himel,... kolschwartz,und so hart als Eysen, und wo sie hinfielen, verbrandten und versengeten sie das Graß, als ob ein Kolfewer da gewesen were.* "
(Spangenberg, 324a; Binhard I, 220f.) **Meteoriten.**

1305

Um Ostern (18. April) ist drei Tage hintereinander ein **Komet** zu sehen.
(Spangenberg, 324a; Rivander, 361; Tromm,105; Binhard I, 221; Kronk I, 231f.)

1305/06

In diesem **grimmig kalten Winter** frieren viele Flüsse bis auf den Grund zu. Das Eis richtet an den Brücken und Mühlen an Unstrut und Saale, Elbe und Mulde nicht wenig Schaden an.
(Spangenberg, 325; Hermann (1936), 176; Glaser, 76)

1306

Im Februar richtet ein **Hochwasser mit Eisgang** in den Flussgebieten der Unstrut, Saale, Elbe und Mulde, aber auch der Werra und Weser, insbesondere an den Brücken und Mühlen große Schäden an. Viele Menschen ertrinken.
(Spangenberg, 325; Rivander 362; Tromm, 105; Binhard I, 221; Hennig, 29; Lubecus, 101)

Am 1. Oktober ist in Friedland *„ein seher groß haglstein von dem himmel gfallen. In den steine waren kleine feurige kolen, so da vele und manngerlei brand angestecket. Da, wo sie up stro odder hew odder eine misten fellen, da zundeten sie das von stunden ahn."*
(Lubecus, 101) **Meteorit.**

1308

In diesem Jahr wird erstmalig die **Jettenhöhle** als *„Jettenhelle"* urkundlich erwähnt. Die südwestlich von Düna gelegene Höhle besteht aus mehreren bis zu neun Meter hohen Hallen, die durch Gänge von insgesamt 450 Metern Länge miteinander verbunden sind.
(Niedersachsen, 252ff.; Kriege/Wette, 111; Renner, 236; Stolberg (1926), 8ff.; Biese (1931), 31f.)
Archäologische Funde aus dieser Höhle lassen vermuten, dass in dieser Höhle in der vorrömischen Eisenzeit **kultische Handlungen** stattgefunden haben.
(Grunwald, 62)

1310

Am 31. Januar findet eine **Sonnenfinsternis** statt. Spangenberg und Binhard berichten über diese Finsternis unter dem 31. Januar 1309.
(Spangenberg, 327a; Binhard I, 230; Schroeter, 128, Karte 86b)

In der **Erntezeit** fällt **viel Regen**, so dass das Getreide auswächst und die Weintrauben verderben.
(Spangenberg, 328; Binhard I, 231)

1311

Das vom Grafen von Wernigerode im Eckertal betriebene **Schuler-Hüttenwerk** wird in diesem Jahr erstmalig urkundlich erwähnt. Im Jahr 1680 sind nur noch die von dieser Schmelzhütte hinterlassenen Schlackenhaufen sichtbar. (Fischer (1913), 203)

1312

Nach den Berichten von Thüringer Chronisten ist in diesem Jahr vierzehn Nächte lang ein **Komet** mit einem nach Westen gerichteten Schweif zu beobachten.
(Spangenberg, 328; Rivander, 377; Bange, 122a; Binhard I, 232; Hamm, 36)

Sehr bald nach Errichtung der **Schmelzhütten** erkennt man, dass diese **schädlichen schwefelhaltigen Rauch** entwickeln. So wird schon 1180 oder noch früher eine Schmelzhütte in oder nahe bei der Stadt Goslar abgebrochen. Als der Domherr Anno v. d. Gorwische in diesem Jahr auf einem Grundstück des Domstifts in Goslar eine Mühle erbauen will, versichert er, dort keine Rauchschäden verursachende Hütte errichten zu wollen. *„Nullam tamen casam fumum necivum habentem ibi faciam".*
(Schubart (1966), 188)

1313

In diesem Jahr wird das Vorhandensein von **Weingärten** und **Hopfengärten** in der Umgebung von Göttingen schriftlich bezeugt. In anderen Gegenden werden Hopfengärten (humularia) bereits in Urkunden der zweiten Hälfte des 9. Jahrhunderts genannt.
(Denecke/Kühn I, 460f.; Goltz I, 116)

Der **Sommer** ist ungewöhnlich **regnerisch und kalt**. Es gibt ein großes **Bienensterben**. Die Obsternte fällt aus und auch der Wein gerät nicht. (Spangenberg, 329; Binhard I, 237; Hennig,29)

1315

Es ist den ganzen Sommer über nass und unbeständig und auch in den folgenden beiden Jahren herrscht **nasses und kaltes Wetter**, so dass die Äcker teilweise nicht bestellt werden können. Es kommt zu **Missernten** mit anschließender **Teuerung** der Nahrungsmittel, die mehrere Jahre andauert. Ein Eisenacher Malter Korn kostet zwei Mark lötigen (unvermischten) Silbers, ein Erfurter Malter fünf Mark. Auch in unserem Gebiet erleiden viele Menschen den Hungertod.
(Spangenberg, 329a; Rivander, 384ff; Binhard I, 238f.; Hennig, 29; Vocke, 49)
Mit dem Einsetzen von intensiven Niederschlägen im 2. Jahrzehnt des 14. Jahrhunderts in ganz Europa **endet eine Periode mit deutlich wärmerer Durchschnittstemperatur**. Es kommt nun zu ungünstigeren Bedingungen für die landwirtschaftliche Nutzung der Region.
(Bartels et al (2007), 50; Fessner et al (2002), 41)

Nach einem **Wolkenbruch** führt die Eine Hochwasser, sodass es in Aschersleben zu einer Überschwemmung kommt. Dadurch stürzen Häuser ein, Brücken werden vernichtet und der Stadtgraben wird völlig verschlämmt. (Zittwitz, 52)

Vom Dezember bis zum März des nächsten Jahres ist ein **Komet** zu sehen.
(Spangenberg, 329a; Rivander, 384; Binhard I, 238; Kronk I, 233ff.)

1318/19

In diesem **strengen Winter** frieren zwei Monate lang alle Flüsse zu. (Hennig, 29)

1321

Am 26. Juni findet eine **ringförmige Sonnenfinsternis** statt.
(Rothe, 546; Spangenberg, 330a; Binhard I, 240; Schroeter, 129, Karte 87b)

1322

Am 5. Juni erscheint *„umb die Sonnen herumb ein rothfarber Kreiß"*, ein **Sonnenhalo**.
(Binhard I, 241)

1322/23

Dieser **Winter** ist so kalt, dass man über die gefrorene Weser gehen und über die gefrorene Ostsee mit Schlitten von Lübeck nach Kopenhagen fahren kann. (Hennig, 29; Hamm, 36; Glaser, 76)

1325

Ein Einwohner von Neustadt, dem Hauptort der Grafschaft Hohnstein, fängt in diesem Jahr drei **Bären**. Die als Delikatesse geschätzten Bärentatzen liefert er dem Grafen von Hohnstein ab und erhält dafür einen halben Gulden. (Vahlbruch, 23)

1330

Am Mittag des 16. Juli tritt in unserem Gebiet eine **totale Sonnenfinsternis** ein.
(Binhard I, 248; Schroeter 130, Karte 88a)

Etliche Flüsse sind in diesem **heißen Sommer** ausgetrocknet. Viele Menschen sterben an einer *„pestilenzischen"* Seuche. (Binhard I, 248; Hamm, 37; Bonnemann, 197)

Die **Goslarische Heerstraße** wird in diesem Jahr erstmals urkundlich genannt. Sie gehört zum Netz von Durchgangsstraßen im nördlichen Harzvorland und führt von Goslar über Stapelburg,

Veckenstedt und Derenburg nach Halberstadt. Veckenstedt ist Kreuzungspunkt verschiedener Heerstraßen, wozu neben der Goslarischen Heerstraße auch die Braunschweigische, die Halberstädter sowie die Quedlinburger und die Wernigeröder **Heerstraße** gehören. (Brückner et al, 207)

1334/35
Dieser **Winter** ist **kalt und schneereich**. Unter der Last des Schnees brechen viele Bäume. (Spangenberg, 332a; Binhard I, 249)

1335
Am 28. Oktober (Simon und Judas) richtet ein **starker Sturm** große Schäden an. Er wirft Gebäude und Bäume um. (Rothe, 568f.; Spangenberg, 332a; Binhard I, 250)

1337
Im Sommer ist mehrere Monate lang ein **Komet** am Nachthimmel zu sehen. Am 20. Juli erreicht er seinen erdnächsten Punkt. (Spangenberg, 333; Tromm, 114; Binhard I, 251 Kronk I, 235ff.)

1338
In diesem Jahr gibt es große Schwärme von **Wanderheuschrecken** am Harz, in Sachsen und in Franken, die, wenn sie fliegen, die Sonne verdunkeln. Die Brunnen müssen abgedeckt werden, damit sie das Wasser nicht verunreinigen. Sie fressen Felder, Wiesen und Bäume kahl. (Rothe, 571f.; Spangenberg, 333; Rivander, 400; Tromm, 114; Bange, 132; Binhard I, 251f.; Behringer, 146)

1339
Am 7. Juli – nach Binhard einen Tag später – findet eine **ringförmige Sonnenfinsternis** statt. (Binhard I, 252; Schroeter 131, Karte 90a)

1341
Dieser **Winter** ist **grausam kalt**. (Spangenberg, 333; Hennig, 30)

1342
Vom 21. bis 25. Juli verursacht das sog. **Magdalenen-Hochwasser** in Deutschland große Schäden. In Thüringen überflutet die Unstrut fast das gesamte Rieth, das Hochwasser der Helme richtet große Schäden an den Äckern der Goldenen Aue an. (Rothe, 574; Spangenberg, 333a; Rivander, 401f; Tromm, 115; Binhard I, 253; Alte Thür. Chronica, 61; Hennig, 30; Glaser,66, 230f.; Behringer, 146; Hamm, 37)

1347
Im Todesjahr des Kaisers Ludwig des Bayern – dieser stirbt am 11. Oktober 1347 – ist zwei Monate lang ein **Komet** zu sehen. (Schedel, 225; Borchert/Waterman, 120, (Fol.65); Kronk I, 241)

In diesem Jahr werden Weinberge bei Riestedt und Emseloh urkundlich genannt. (Ehrhardt, 47)

1348
Am 25. Januar ereignet sich ein schweres **Erdbeben** mit dem Herd bei Villach in Kärnten, das auch in Erfurt und der gesamten Umgebung gespürt wird. Auf der Hainleite bei Sondershausen entsteht ein großer Erdriss; der anschließende Bergsturz zerstört angeblich Häuser und verschüttet einen Dorfteil. Noch 1852 ist unweit des Dorfes Bebra am Göllner eine tiefe Erdspalte zu sehen, die das Metzenloch heißt. (Binhard I, 264; Bange 136a; Tromm,118; Hoff, I, 231f.; Reinhardt (1892), 326; Vocke (1852), 50 Sieberg, 36f.; Gießberger, I. Teil, 33ff.)

Teile der welfischen **Harzforste** werden in diesem Jahr an die Grafschaft Wernigerode übertragen. (Brückner et al, 360)

1350

In diesem Jahr wird in einer Goslarschen Urkunde der alte Handelsweg zwischen Goslar und Halberstadt über Stapelburg, Veckenstedt, Heudeber, Dannstedt und Ströbeck erstmalig als „*herstrate*" genannt. Diese **Heerstraße** führt über Harsleben weiter nach Quedlinburg und stellt somit eine wichtige Verbindung zwischen den Kaiserpfalzen Goslar und Quedlinburg dar. Nicht weit von dieser Straße lag die Kaiserpfalz Werla. (Fischer (1911),178ff.)

Um 1350

setzt eine **Krise des Bergbaus im Harz** ein, es kommt weitgehend zu einem Aussetzen der bergmännischen Tätigkeit am Rammelsberg sowie im Mittel- und Oberharz. Das hat vor allem folgende Ursachen: Da die oberflächennahen Reicherze mit hohem Metallgehalt erschöpft sind, hat der Bergbau solche Tiefen erreicht, dass Erze, Gestein und eingesickertes Wasser nicht mehr mit den zur Verfügung stehenden Mitteln zutage gefördert werden können. 1360 stehen die **Stollen** am Rammelsberg vollständig **unter Wasser**. Infolge **Überforderung der Wälder** für den Bau von technischen Anlagen und Gebäuden des Berg- und Hüttenwesens, für Grubenhölzer zum Ausbau der Bergwerksschächte, für die Holzkohleherstellung zur Erzverhüttung und für den Stollenvortrieb durch **Feuersetzen**, d. h. durch Lockerung des Gesteins durch Erhitzen und anschließendes plötzliches Abschrecken mit Wasser, kommt es zu einem akuten Holzmangel. So werden 6 bis 8 Karren Holzkohle, deren Herstellung 63 m³ Holz erfordert, zum Schmelzen von einem Karren Roherz in handelbares Erz benötigt.

Darüber hinaus fallen in den Jahren 1347 bis 1349 viele Bergleute der **Pest** zum Opfer. In den Gruben des Oberharzes breitet sich die Pest so schnell aus, dass bei der Wiederaufnahme des Bergbaus mehr als ein Jahrhundert später die Gebeine von Verstorbenen in den Stollen gefunden werden. Diese geringfügige Bergbauaktivität und Hüttenproduktion hält bis um 1450 an. In dieser Zeit können sich die seit dem 11. Jahrhundert durch den Holzbedarf für das Berg-und Hüttenwesen stark beanspruchten **Wälder des Harzes regenerieren**

Das Feuersetzen zur Lockerung des Gesteins erfordert viel Brennholz. Aus: Löhneyss (1617)

und es kommt insbesondere zu einer Wiederzunahme der Bestände an Rotbuchen, die als bevorzugtes Material für die Holzkohleherstellung stark abgenommen hatten. (Beug et al, 24f.; Bachmann et al, 158f.; Hauptmeyer,15; Hillebrecht, 83; Brückner et al, 375; Schmidt (2012), 13f.; Schubart (1966), 196)

Mit dem Ende des „*Bergsegens*" im Spätmittelalter verschwinden auch die ersten dauerhaft bewohnten Siedlungen der Berg- und Hüttenleute, die kirchlichen Einrichtungen und die Befestigungen im Oberharz. (Böhme (1978b), 103)

Um diese Zeit gehen auch zahlreiche Siedlungen im Vorland des Harzes ein. Etwa ab 1350 hört das Anwachsen der Bevölkerung auf. Seuchen, besonders die Pest, führen sogar zu einer **Bevölkerungs-abnahme** und damit zu einem **Rückgang des Feldbaus**. Weniger ertragreiche Felder, vor allem der jüngeren mittelalterlichen Rodungsperiode, in der bis dahin mit Wald bestandene ungünstigere Böden zu Ackerland gemacht wurden, werden aufgegeben und der Wald kehrt auf diese zurück. Auch das Sicherheitsbedürfnis in Zeiten der Kriegswirren und das Bestreben zum Wohnen in größeren Gemeinschaften führt zur Aufgabe kleinerer Siedlungen und Einzelhöfen und zur Konzentration in größeren Dörfern. Ein schlechteres Abhängigkeitsverhältnis zum Grundherren führt ebenfalls zum Abwandern in Gebiete, in denen die Dienste und Abgaben nicht so drückend sind. Das Entstehen zahlreicher Wüstungen im Harz und seinem Vorland im 14. und frühen 15. Jahrhundert wird als **spätmittelalterliche Wüstungsperiode** bezeichnet. (Goslar (1970), 135f.)

1351
Im November/ Dezember ist am Nordhimmel ein **Komet** zu sehen, der am 29. November seinen erdnächsten Punkt erreicht.
(Schedel, 229; Spangenberg, 339a; Binhard I, 266; Borchert/Waterman, 121, (Fol.67); Kronk I, 242)

1353
In diesem **heißen Sommer** sind viele Flüsse ausgetrocknet.
(Hennig, 31; Heimatborn 1956 v. 19.5.56)

Es folgt ein **harter Winter**, in dem das Vieh wegen Futtermangel sehr leidet.
(Rothe, 600; Spangenberg, 339a; Rivander, 415; Binhard I, 267; Hennig,31)

1355
Aus diesem Jahr stammt die älteste Nachricht über die **Glasherstellung** im Harz. In einer Urkunde wird eine Glashütte in Hahausen am Harz erwähnt. (Hamm, 38)
Um 1475 gibt es *„de olde glasehütten"* im Großen Steimketal zwischen Langelsheim und Neue-krug-Hahausen. (Schubart (1966), 170)
Glashütten werden meist an Wasserläufen in Wäldern angelegt, die aus Weich- und Strauchholz wie Linde, Birke, Hasel, Weide, Aspe usw. bestehen, weil dieses Holz in den Kammern der Brennöfen ein besonders hell, schnell und lodernd brennendes Feuer erzeugt. Bei der Entlegenheit der aufge-suchten Waldbestände ist es üblich, die Glashütten mit allem Zubehör im Wald einzurichten, also mit der Wohnung des Glasemeisters und seiner Leute sowie mit Stallungen für das Vieh. Wie bei allen Hütten und Gehöften im Harz ist auch hier die Haltung von Weidevieh zugelassen. Wo Glas-hütten betrieben worden sind, wird der **Wald** oft als **verwüstet und verderbt** bezeichnet.
(Schubart (1966), 169; Blankenburg, 119)
Die Harzer Glashütten müssen später der Konkurrenz der Erzschmelzhütten weichen.
(Kremser, 142f.)

Der **Hüttenort Tanne** wird in diesem Jahr erstmals urkundlich bezeugt, als die Grafen von Regen-stein Zoll und Hütte *„Tor Danne"* als Pfand erhalten. (Brückner et al, 395; Blankenburg, 175)

1356
Am 10. Januar erlässt Kaiser Karl IV. auf einem Hoftag zu Nürnberg eine Gesetzessammlung, die sog. **Goldene Bulle**, in der die Wahl des römisch-deutschen Königs durch die sieben Kurfürsten und die Rechte der Kurfürsten geregelt werden. Die Kurfürstentümer werden zu unteilbaren Territorien erklärt und die Kurfürsten erhalten das Berg-, Salz-. Münz- und Zollregal, die bisher dem König zustanden. Diese Rechte können von den Kurfürsten an andere Territorialherren in ihrem Kurfürs-tentum verliehen werden, so dass in der Folge z. B. die verschiedenen Territorialherren im Harz unterschiedliche bergrechtliche Regelungen erlassen.

Das Bergregal beinhaltet, dass jeder in der Erde liegende Bodenschatz, der tiefer als eine Pflugschar geht, dem Landesherrn gehört. Der Grundeigentümer besitzt keine Verfügungsgewalt über die in seinem Boden liegenden Bodenschätze.
(Kurth (2003), 27; Bartels et al (2007), 366; Fessner et al (2002), 23)

1357

In diesem Jahr wird die **Heimkehle**, eine Karsthöhle westlich Uftrungen, unter dem Namen *„Heymelkellen"* zum ersten Mal urkundlich erwähnt. 1437 wird die Höhle in einer Grenzbeschreibung des Bergamts Stolberg als *„Grube der Heymkeller"* bezeichnet. Die frühe Entdeckung der in mächtigen Gips- und Anhydritsteinen des Zechsteins entstandenen Höhle bleibt lange Zeit ohne Bedeutung, die Höhle wird zunächst nur von wenigen wissenschaftlich Interessierten besucht und erst 1920 für den Besucherverkehr freigegeben.
(Knolle/Marbach, 84f.; Geologische Besonderheiten, 34; Stolberg (1926), 24)

1360

In diesem Jahr tritt das sog. **Goslarer Bergrecht**, eine der wichtigsten mittelalterlichen Bergordnungen, in Kraft, in welches die Bergordnung von 1271 übernommen wird, um den Anspruch auf Gültigkeit im ganzen Bergbaurevier, also am Rammelsberg und im Oberharz, zu unterstreichen.
(Roseneck (2012), 4)
Im Goslarer Bergrecht wird auch die **Wassernutzung durch das Montanwesen normiert**, für die Gebühren, sog. **Lotpfennige**, zu entrichten sind. Die Anlage eines neuen Wassergrabens zur Versorgung der Wasserräder in den Montanbetrieben bedarf der Genehmigung des Försters, dem dafür traditionell **ein Eimer Honig** oder ein Geldbetrag von einem Verding (= ¼ Mark Silber) zusteht. Diese Festlegung lässt vermuten, dass die Hüttenleute nebenbei **Imkerei** betreiben.
(Bartels et al (2007), 63f.)

1362

In diesem Jahr wird die **alte Fernstraße von Braunschweig nach Leipzig** erstmalig urkundlich erwähnt. Sie führte über Stöckheim bei Braunschweig, Wolfenbüttel, Groß Denkte, Roklum zum Mattierzoll und überschritt das Große Bruch auf dem braunschweigischen Hessendamm. Vom Ort Hessen ab lief die Straße über Halberstadt nach Halle und Leipzig.
Diese Straße stand mit der West-Ost-Straße Lutter-Upen-Liebenburg-Schladen-Hornburg in Verbindung. (Goslar (1970), 261)

1362/63

Dieses Jahr beginnt mit **großer Kälte** und **viel Schnee**, der zehn Wochen bis zum Palmsonntag liegen bleibt.
(Rothe, 610; Spangenberg, 341a; Rivander, 422; Tromm, 122; Hennig, 32)

Darauf folgt ein **sehr heißer, trockener Sommer**. Es besteht großer Futtermangel, so dass die armen Leute an vielen Orten das Stroh von den Dächern nehmen, um das Vieh damit zu füttern.
(Binhard I, 271; Hennig, 32)

1364

Auch dieser **Winter** ist so **kalt und schneereich**, dass man die vor Kälte und Hunger in die Stadt kommenden Vögel mit den Händen greifen kann.
(Binhard I, 271; Hennig, 32)

1366

Am 24. Mai, am Pfingstsonntag, sind in Nordhausen und Umgebung die Ausläufer eines **Erdbebens** zu spüren, dessen Epizentrum bei Eisenach bzw. Mühlhausen liegt und das eine Stärke von 5.5 auf

einer zwölfteiligen makroseismischen Intensitätsskala hat. Es wird von Schäden an Kirchen und anderen Gebäuden berichtet.
(Rothe, 616; Stolle, 204; Becherer, 357; Bange, 141a; Göschel I, 20; Leydecker, 55; Neunhöfer, 2)

1368
Nach Lesser verleiht Kaiser Karl IV. der Stadt Nordhausen in diesem Jahr das Privileg, am Kohnstein eine **Kalk-Hütte** zum Brennen von Kalk zu errichten. (Lesser, 8)

1371/72
Dieser **Winter** ist **streng und schneereich**. (Hennig, 32)

Um 1372
ist der **Bergbau auf Kupferschiefer** im **Revier Sangerhausen** nachgewiesen.
Da der Kupferschiefer hier oberirdisch austritt, ist davon auszugehen, dass dessen Abbau schon früher erfolgte. Am Ende des 15. und zu Beginn des 16. Jahrhunderts dehnt sich der Bergbau mit einer Vielzahl kleiner Schächte von Morungen über Wettelrode und Obersdorf bis Pölsfeld etwa 10 km nach Osten aus. (Mansfeld (2008), 116)

1379
Am 26. Mai geht ein **Meteorit** bei Hann.-Münden nieder. (Hamm, 39)

1380
In diesem Jahr wird erstmalig für Niedersachsen der Anbau von **Buchweizen** in Berkhof bei Elze im Leinetal erwähnt. (Körber-Grohne, 345; Hamm, 39)

1382
„Ist das gantze Jahr uber **kein Wind** *gewesen und darüber die Lufft so faul geworden, das ein Sterben darauf folget…"*
(Spangenberg, 347a; Binhard I, 281; Borchert/Waterman, 123, (Fol.73); Hennig, 33)

Im November kann vierzehn Nächte lag ein **Komet** beobachtet werden.
(Spangenberg, 347a; Rivander, 434; Tromm, 127; Binhard I, 282; Kronk I, 256f.)

1384
Während das **alte deutsche Bier** ursprünglich reiner Gerstensaft war, wird dieses Getränk seit dem 13. und inbesondere seit dem 14. mit Jahrhundert mit dem Zusatz von Hopfen veredelt.
Am 28. September bestätigen die Grafen Kurt und Dietrich von Wernigerode in einer Urkunde den **Anbau von Hopfen** in den Tälern um Wernigerode.
(Jacobs (1869b), 145)

1385
Am 25 .Januar nimmt der Rat der Stadt Göttingen zur Betreuung seines **Weinbaus** einen Weingärtner in seine Dienste. (Denecke/Kühn I, 450; Kempen, 16)

1387
Die außerordentliche **Hitze dieses Sommers** gibt ihm auf Jahrhunderte hinaus den Namen „*Der alte, heiße Sommer"*. (Hennig, 34; Hamm, 40)

1389
In diesem Jahr „*sind einige Male große Feuer am Himmel zu sehen, als ob der ganze Himmel brennt"*. (Spangenberg, 349a; Binhard I, 284) **Polarlichter.**

1391

Wegen des **starken Regens im Sommer** verdirbt viel Korn auf den Feldern. In diesem und in den drei folgenden Jahren kommt es zu **Missernten** und einer großen **Teuerung**.
(Spangenberg, 350; Rivander, 440; Binhard I, 284f.)

1392

Der **Bergbau in der Grafschaft Stolberg** wird in diesem Jahr urkundlich bezeugt, allerdings ohne Angabe von Lokalitäten. 1438 wird erstmalig ein Bergwerk im Straßberger Revier am Oberlauf der Selke genannt. Zu einer ausgedehnteren Gewinnung, insbesondere von Silbererzen im Straßberger Revier kommt es jedoch erst in der 2. Hälfte des 15. Jahrhunderts. Das Vorhandensein alter Wasserwirtschaftsanlagen, z.B. im Rödelbachtal, lässt auf einen nicht unbedeutenden Tiefbau schließen. Zwischen 1511 und 1566 ist eine **kleine Silberhütte in Straßberg** urkundlich belegt, auf der die geförderten Erze verschmolzen werden. In der 2. Hälfte des 16. Jahrhunderts sind die oberflächennah anstehenden Erzmittel bereits weitgehend abgebaut und noch vor Beginn des Dreißigjährigen Krieges kommt der Bergbau nahezu zum Erliegen. (Liessmann (2010), 315, 380)

1397

In diesem **zeitigen Frühjahr und Sommer** erntet man im Mai schon das Getreide und isst bereits Pfingsten schon Brot vom neuen Roggen. (Hamm, 40)

Am 22. November tobt auch in unserem Gebiet ein **heftiger Sturm**.
(Bonnemann, 64; Hennig, 34; Hamm, 40)

1398

In der Woche nach Reminiscere (20. März) führt die Wieda nach Tauwetter, Schneeschmelze und vielem Regen **Hochwasser**, so dass man im Kloster Walkenried mit allem Vieh auf die nahegelegenen Berge fliehen muss. (Letzner, 161)

Bereits in dieser Zeit wird in unserem Gebiet **Mergel zur Verbesserung des Ackerbodens** eingesetzt. So heißt es in dem in diesem Jahr abgeschlossenen Landfrieden zwischen den Erzbischöfen von Mainz, Hildesheim und Paderborn, den Herzögen von Braunschweig und Lüneburg sowie den Landgrafen von Hessen und Thüringen: *„Auch sal der Tungwagen, Mergelwagen und der Karn zu tungen und zu mergelen Friede haben mit Pferden, Ossen und mit zween Knechten die darzu gehoren, in alle dermassen als der Pflug... Vorbasine sollen alle die, dy den Mergel graben und hacken in der mergel Gruben und uff dem felde mergel oder mist zuwerfen über der arbeit u. uff dem wege darzu u. davon, felig sin."*
(Prochaska in EHH 1967/H.3, 137)

1398/99

In diesem **sehr strengen Winter**, der vom 13. Dezember bis zum 16. Februar andauert, kann man auf dem Eis über den Sund bis nach Dänemark zu Fuß gehen.
(Spangenberg, 351f.; Rivander, 445; Tromm, 129; Binhard I, 286; Hennig, 34; Glaser, 78)

1399

In diesem Jahr sind feurige lange Strahlen, die aussehen wie Kometenschweife, am Himmel zu beobachten. (Binhard I, 286; Jordan I, 96) **Polarlichter**

1400

Um diese Zeit wird an der Kalten Bode die Neue Hütte zur **Verhüttung von Eisenstein** errichtet, nachdem die dort zu Tage tretenden Erzlager bereits seit dem 10. oder 11. Jahrhundert im Tagebau abgebaut werden. Als im 16. Jahrhundert die Nachfage nach Eisen stark ansteigt, entstehen bis 1612 acht weitere Hütten. (Liessmann (2010), 287, 300)

1401
Mehrere Chronisten berichten, dass Ende Februar ein **Komet** am Himmel erschienen sei.
(Rothe, 650; Spangenberg, 352a; Rivander, 446; Borchert/Waterman, 123, (Fol.74); Tromm,129; Bange, 151; Jordan I, 99) Nach anderen Quellen wird erst im Februar des nächsten Jahres ein Komet beobachtet. (Kronk I, 260ff.)

Am 12. März (St.-Georgen-Tag) beginnt es fast täglich zu regnen und diese **Regenzeit** endet erst nach einem halben Jahr am 17. September (Lamperti-Tag). In diesem kalten Regen erfriert das Winterkorn, das Sommergetreide wächst von dem vielen Regen ins Stroh, aber die Ähren sind ohne Körner. Nach dieser **Missernte** entsteht eine große Hungersnot.
(Spangenberg, 352a, 353; Rivander, 447; Binhard I, 287; Hennig, 35; Jordan I, 99; Hamm, 41)

In diesem Jahr wird der **Brocken erstmals urkundlich** als Brockenberg **erwähnt**. 1579 heißt er Bloicksberg, 1632 Brokelsberg, 1668 Blockes-Berg und 1723 Blocksberg. (Brückner et al, 181)

1404
In diesem Jahr wird erstmalig der zwischen Göllingen und Bendeleben gelegene 540 Meter lange Tunnel durch den Hanfenberg urkundlich erwähnt, durch den ein Teil des Wassers der Wipper nach dem Bendelebener Tal geleitet wird, um die Salinen von Frankenhausen ausreichend mit Wasser zu versorgen. In der Urkunde von 1404 wird eine Mühle genannt, die dort errichtet werden soll, wo *„die wipphern durch den berg bracht ist."* Der als **Kleine Wipper** bezeichnete künstliche Wasserlauf unterquert bei Bendeleben den Bendelebener Bach und überbrückt in der Nähe der Barbarossahöhle den Thaleber Bach. Er legt seinen etwa 24 Kilometer langen Weg mit nur 53 Metern Höhenverlust zurück. Das Wasser des künstlichen Wasserlaufs diente hauptsächlich dem Antrieb eines Paternosterwerks zum Schöpfen der Sole aus sieben Brunnenschächten sowie dem Antrieb von mehreren Mühlen. Im Quellgrund bei Frankenhausen vermischt sich sein Wasser mit dem Quellwasser der Solequellen. Von dort aus wird der Wasserlauf deshalb Solgraben genannt. Er mündet oberhalb von Artern direkt in die Unstrut. Die Kleine Wipper gehört zu den **bedeutenden spätmittelalterlichen wassertechnischen Anlagen** in Nordthüringen. (Gresky, 68ff.; Schmidt/Walter, 23)

1405
Harlingerode leidet in diesem Jahr unter einer **Wolfsplage**. *„ ... deden die wulfe so groten schaden, doch kon man weinig fangen, wo vel man se ok jagede."* (Heinemann, 61)

In diesem Jahr wird in **Grund** schon **Bergbau betrieben**. (Wiese (1979), 153)

1406
Am 16. Juni – nach einigen Quellen bereits am 15. Juni - ist in unserem Gebiet eine **totale Sonnenfinsternis** zu beobachten. (Rothe, 651; Spangenberg, 354a; Binhard I, 288; Schroeter 135, Karte 96b)

1407
Wegen der häufigen Regengüsse, durch die das Korn auswächst, und der vielen Stürme in diesem Jahr kann nur eine **geringe Ernte** eingebracht werden. (Binhard I, 289)

In der Nacht vom 21. zum 22. Mai tritt eine **Mondfinsternis** ein. (Binhard I, 290; Schroeter, 258)

Am 25. November (St. Katharinentag) richtet ein **heftiger Sturm** an Gebäuden und Bäumen großen Schaden an. (Binhard I, 289f.; Hennig, 35)

1407/08

Von Montag nach Martini (14. November) bis Lichtmess (2. Februar) herrscht eine solche **Kälte** wie seit 40 Jahren nicht mehr. Die Brunnen frieren ein, so dass man das Eis mit Stangen aufstoßen muss. Die Brunnen rauchen, als ob sie Kohlenmeiler wären. Dieser außerordentlich strenge Winter wird *„Der große Winter"* genannt.
(Rothe, 652; Spangenberg, 354a; Rivander, 450; Tromm, 130; Binhard I, 288f.; Olearius I, 56ff.; Hennig, 35)

1409

Im Winter liegt viel Schnee. Im Frühjahr wird das im Harzvorland an der Zorge liegende und zur Pfarrgemeinde Ellrich gehörende Dorf **Cleysingen** durch ein **Hochwasser** der Zorge völlig **weggeschwemmt**. Nach dieser Wasserflut kauft der Magistrat von Ellrich das Land dem Abt von Walkenried ab. 360 Jahre bleibt die Dorfstelle wüst und erst im Jahr 1753 siedeln sich unter der Regierung von König Friedrich II von Preußen die ersten sechs Kolonisten in Cleysingen wieder an. (Kuhlbrodt (2000), 19f., 152f.; Heine (1899), 82; Spangenberg, 355)

Am 23. August ist Magdeburg das Epizentrum eines **Erdbebens**, das eine Stärke von 6.0 auf einer zwölfteiligen makroseismischen Intensitätsskala hat. (Leydecker, 55)
Nach der Magdeburger Chronik findet dieses Erdbeben einen Tag später statt. (Hennig, 35)

Bei Walkenried geht in diesem Jahr ein **Wolkenbruch** nieder, durch den an den Äckern, Wiesen. Wäldern, Gärten, Straßen und Wegen großer Schaden verursacht wird. Das Vieh ertrinkt in den Ställen. Durch das Hochwasser werden auch Brücken und Stege fortgerissen und Mühlen zerbrochen. (Letzner, 161)

1410

Aus dem Warenverzeichnis in einem um 1410 verfassten Göttinger Zollbuch sowie aus fossilen Belegen aus Ablagerungen des 13. bis 16. Jahrhunderts in Göttingen geht übereinstimmend hervor, dass im Mittelalter und in der frühen Neuzeit u. a. folgende Arten von **Nahrungspflanzen** in dieser Stadt verwendet werden: Gerste, Hafer, Roggen, Weizen, Ackerbohne, Erbse, Linse, Wicke, Lein, Mohn, Kohl, Kohlrübe, Petersilie, Apfel, Birne, Pflaume, Quitte, Zwetsche, Sauerkirsche, Süßkirsche, Erdbeere, Haselnuss, Walnuss, Weinrebe und Hopfen. Weiteres fossiles Fundmaterial belegt darüber hinaus die Verwendung von Nahrungspflanzen, die nicht im Zollbuch genannt sind, darunter Rispenhirse, Hanf, Leindotter, Feldsalat, Gartenmelde, Mangold, Sellerie, Dill, Fenchel, Koriander, Schwarzer Senf, Schwarzkümmel, Wacholder, Weinraute, Blaubeere, Maulbeere, Mispel, Pfirsich, Brombeere, Himbeere, Holunder, Kornelkirsche, Kratzbeere, Schlehe und Weißdorn. Aus dem Zollbuch geht hervor, dass auch Zwiebeln, Knoblauch, Gartenkresse, Salbei und Lauch angebaut und aus dem Ausland Reis sowie Feigen, Esskastanien, Granatäpfel, Kardamom, Pfeffer, Mandeln und Nelken importiert werden.
(Denecke/Kühn I, 444f.)

1412

Dieser **Winter** ist **ungemein hart**. (Spangenberg, 356a; Binhard I, 295)

1414

In diesem Jahr werden in einer Urkunde des Klosters Kaltenborn erstmalig *„Hoppheberge"* im Helmstal erwähnt. Infolge des starken Brauwesens in Sangerhausen kommt dem **Hopfenanbau** in der Umgebung der Stadt besondere Bedeutung zu. Bis um 1650 verwendet man in Sangerhausen einheimischen Hopfen. Nachdem man zur besseren Haltbarkeit des Biers auch besseren fremden Hopfen benötigt, nimmt der einheimische Hopfenanbau ab und aus den Hopfenbergen wird ergiebigeres Garten- und Ackerland. (Schmidt (1906), II. Teil, 424ff.; Menzel, 237)

1415

In diesem **harten und ausdauernden Winter** können die Mühlen 14 Wochen lang nicht mahlen. In Stolberg herrscht so große Hungersnot, dass der Rat zu Magdeburg etliche Wagen Brot schickt, um den Hunger zu stillen. (Zeitfuchs, 333; Günther, 897; Reichardt, 428)

Am 7. Juni tritt eine **Sonnenfinsternis** ein.
(Spangenberg, 357a; Binhard I, 296; Schroeter 136, Karte 98b)

Im Mittelalter wird im Harz eine **ausgedehnte Pferdezucht** betrieben.
Die Herzöge von Braunschweig-Wolfenbüttel richten in diesem Jahr ein Gestüt in Bündheim ein, nachdem sie in den Besitz der Harzburg und des dazugehörigen Amts gelangt sind.
(Heinemann,65; Hoffmann (1994), 39f.; Wieries (1929), 216f.)
1547 wird das Gestüt neu errichtet, nachdem 1542 die Pferde abhanden gekommen sind, und bleibt bis in das 19. Jahrhundert ein Wildengestüt. Es hat zunächst keine eigenen Weiden, aber bis zur Waldweide-Ablösung im Jahr 1842 das Recht, die Wälder des Harzes bis zu den alten Grenzen als Viehweide zu nutzen. Die Tiere bleiben Tag und Nacht im Freien und suchen sich bis zum ersten Schneefall in der Kraut- und Strauchschicht der Wälder ihr Futter selbst. Auf diese Weise wird eine zähe und ausdauernde Rasse gezüchtet. 1822 schenkt König Georg IV. von Großbritannien und Hannover dem Gestüt den berühmten persischen Schimmelhengst Mirza.
Im **Vollblutgestüt Bündheim** werden auch gegenwärtig noch etwa 100 wertvolle Pferde gehalten.
(Wieries (1929) 220; Meier/Neumann, 377ff.; Höfer 169f.)

Die **Silberbergwerke** von Birnbaum und Meiseberg **im anhaltischen Harz** (Neudorfer Revier) werden in diesem Jahr erstmals urkundlich genannt. 1495 ist für das Biwender Revier Silberbergbau nachgewiesen. Zwischen der Wende vom 16. zum17. Jahrhundert und dem Beginn des Dreißigjährigen Krieges wird der Bergbau im anhaltischen Harz eingestellt und erst um 1690 wieder aufgenommen. (Krause, 125)

1419

Hochwasser der Gose führt in Goslar zu einer **Überschwemmung.** (Gottschalk (1999), 195)

1420/21

Dieser **Winter** ist so **mild**, dass am 20. März die Bäume und am 4. April die Weinstöcke anfangen zu blühen. Am 7. April, am Ostertag, blühen schon die Heckenrosen und Mitte April sind bereits zeitige Erdbeeren und Kirschen reif. (Spangenberg, 358a; Binhard I, 298; Lubecus, 148; Hennig, 36)

1424

Vier Tage nach Ostern, am 27. April, geht ein **Wolkenbruch** bei Eisleben nieder, der großen Schaden verursacht. Mehr als 70 Personen kommen in den schnell ansteigenden Fluten um, auch viel Vieh ertrinkt und zahlreiche Gebäude und Bäume werden von dem **Hochwasser** hinweg gerissen.
(Spangenberg, 362a; Binhard I, 300; Hennig, 36)

1427/28

Der **Winter** ist so **mild**, dass man am Nikolaustag (6. Dezember) blaue Kornblumen im Feld und andere Blumen in den Gärten sehen kann. An einigen Orten blühen die Pfirsichbäume. Den ganzen Winter über gibt es keinen Frost. (Spangenberg, 364; Binhard II, 302; Hamm, 43)

1428

Der Herzog von Braunschweig fordert in diesem Jahr in einem Schreiben den Rat zu Goslar auf, die **alte Straße durch den Harz nach Ellrich** sicher und in gutem Bau und Besserung zu halten.
(Kuhlbrodt (2000), 19)

1430

In diesem Jahr wird die Gewinnung von **Flussspat** in den Revieren Biwende und Birnbaum im **anhaltischen Harz** erstmals urkundlich genannt. Das Mineral, das als Nebenprodukt bei dem in diesem Revier betriebenen Silberbergbau anfällt, ist in seiner chemischen Bezeichnung als Calciumfluorid bekannt. Es wird von den Kupferhütten, später auch von den Eisenhütten, als Zusatz bei der Metallgewinnung aus Erzen, als sog. Flussmittel, verwendet.

Um 1450 steigt auch die dortige Eisenproduktion an, sodass **Brauneisenstein** und Flussspat verstärkt abgebaut werden. (Liessmann (2010), 319ff.; Krause, 125)

Um 1430

wird in der Kupferschieferverarbeitung das **Saigerverfahren** eingeführt, bei dem beim Zusammenschmelzen von silberreichem Kupfer und Blei das Silber in das Blei übergeführt wird. Aus diesem kann das Silber danach relativ leicht gewonnen werden.

Die Wirtschaftlichkeit der Metallgewinnung aus Kupferschiefer wird von Anfang an durch seinen erheblichen Silbergehalt bestimmt. **Silber** ist sogar in den ersten 350 Jahren der Kupferschieferverarbeitung **wertmäßig das Hauptprodukt** und für die restliche Zeit mit rund 50 % des Wertes vom erzeugten Kupfer dessen wichtigstes Nebenprodukt. Das neue Verfahren der Silberdarstellung trägt wesentlich zum Aufstieg des Mansfelder Bergbaus zum **größten Silberproduzenten Deutschlands** im Mittelalter und in der frühen Neuzeit bei.
(Mansfeld (2008), 218f.)

1431/32

Der **Winter** ist **sehr hart** und dauert vom 11. November 1431 bis zum 24. Februar und vom 9. März bis zum 25. April. Die Vögel erfrieren, das Wild verhungert. Vom 25. bis 28. Februar kommt es infolge Schneeschmelze zu großen **Überschwemmungen**.
(Spangenberg, 368; Binhard I, 305; Hennig, 37)

1432

Am Vormittag des 9. Januar ist die Sonne mit zwei **Nebensonnen** und ein Halbring wie ein Regenbogen am Himmel zu sehen. Am gleichen Tag findet man **auf dem Schnee kleine Würmer** wie Ameisen, die man vorher noch nie gesehen hat. (Rothe, 678; Spangenberg, 369; Binhard I, 305)
Es handelt sich dabei vermutlich um Larven des **Gemeinen Weichkäfers**, die auch als Schneewürmer bezeichnet werden.

1432/33

Der **Winter** ist **sehr kalt**, es fällt **viel Schnee**, der vom 11. November bis zum 2. Februar liegen bleibt und die Winterfrucht verdirbt.
(Rothe, 677, 679; Spangenberg, 369; Rivander, 463; Tromm, 134; Binhard I, 305)

1433

Die Schneeschmelze im Frühjahr führt zu **Überschwemmungen**, die viel Schaden anrichten.
(Spangenberg, 369; Tromm, 134)

Am 17. Juni ist in unserem Gebiet eine **totale Sonnenfinsternis** zu beobachten.
(Spangenberg, 369; Binhard I, 306; Schroeter, 138, Karte 101b)

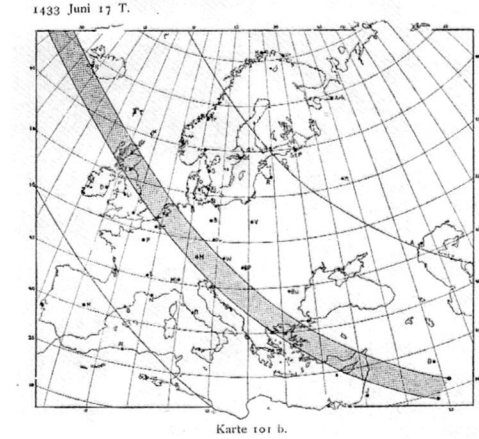

1433 Juni 17 T.

Karte 101 b.

Der Verlauf der totalen Sonnenfinsternis vom 17. Juni 1433

Drei Monate lang ist ein **Komet** am Himmel zu sehen. (Rothe, 681f.; Spangenberg, 369; Tromm, 134; Binhard I, 306; Lubecus, 158; Kronk 267ff.)

1434

Im Sommer richten **Mäuse und Hamster** kurz vor der Ernte großen Schaden am Getreide an. (Spangenberg, 370; Binhard I, 307)

In diesem Jahr gibt es eine **große Teuerung,** die zwei Jahre anhält. Der Scheffel Roggen kostet 40 bis 42 Groschen. (Reichardt, 428)

1434/35

Dieser **strenge und schneereiche Winter** dauert vom 26. Dezember 1434 bis zum 1. März. (Hennig, 37)

1435

Am 10. Oktober richtet ein schwerer **Sturm** in unserem Gebiet an vielen Kirchen und Wohnhäusern großen Schaden an. Auch Bäume mit Stämmen so dick wie Bierfässer werden entwurzelt. In den Forsten des Klosters Walkenried und der Grafen von Stolberg sowie in anderen Forsten des Harzes fallen tausende Bäume dem Sturm zum Opfer. (Spangenberg, 371; Rothe, 683f.; Zeitfuchs, 333; Letzner, 162; Jacobs (1869a), 105)

Am 25. November setzt **starker Schneefall** ein und der Schnee bleibt dreizehn Wochen liegen, so dass man weder aus- noch einkommen kann. (Spangenberg, 371; Binhard I, 308; Cammermeister, 40; Pfaff, 366)

In in diesem Jahr wird erstmalig ein **Tiergarten** (*„deirgarden"*) **bei Wernigerode**, also ein umhegtes und mit jagdbarem Wild besetztes Waldgebiet, urkundlich genannt. (Jacobs (1900), 44)

1436

Ende Mai, als der Roggen in Blüte steht, kommt ein **Spätfrost**, so dass das Korn Schaden nimmt und eine große Teuerung dieses Getreides eintritt. Eine Metze Roggen kostet 30 Braunschweiger Pfennige. (Bange, 158a)
Wegen der **Missernten** in diesem Jahr und den zurückliegenden drei Jahren entsteht eine große **Teuerung**, sodass z. B. in Stolberg der Scheffel Roggen 42 Groschen kostet. (Jacobs (1869a), 105; Günther, 897)
Die Teuerung hält auch im Jahr 1438 noch an. Es werden Brötchen von der Größe einer Walnuss gebacken, die vier Pfennige kosten. (Pfaff, 366f.; Vocke, 49)

1440/41

In diesem Jahr ist ein überaus **kalter und langer Winter** mit **viel Schnee**, der 15 Wochen andauert. Am 1. Mai wird es für einige Tage so kalt, dass viel Schaden an den Bäumen, Weinbergen und an den Saaten entsteht. Daher folgt eine große **Teuerung.** (Bange 159; Binhard II, 3; Hennig, 38; Hamm, 43; Glaser, 80)

1442/43

Dieser **Winter** bringt **große Kälte** und solch **starken Schneefall**, dass man weder zu Fuß noch zu Pferde von einem Ort zum anderen gelangen kann. Da man wegen Wassermangel das Getreide auf den Mühlen nicht mahlen kann, werden an vielen Orten Handmühlen benutzt. (Spangenberg, 380; Binhard II, 4)

1443

Am 3. Mai beginnt eine vier Wochen anhaltende **Spätfrostperiode** mit Schneefall, die zu starken Frostschäden an den Weinstöcken, Feldfrüchten und Bäumen führt.
(Spangenberg, 381; Rivander, 465; Binhard II, 4; Tromm, 135; Bange 159a, 160)

Der **Sommer** ist **trocken und heiß**, so dass die Sommerfrucht verdirbt. (Lubecus,162)

1444

Spangenberg und Binhard berichten von einem **Kometen**, der um den 15. Juni (umb Viti) gesehen wird.
(Spangenberg, 381a; Binhard II, 4f.)

1447

In der Zeit der Betriebsruhe des Bergbaus im Rammelsberg gewinnt der **Dachschieferbergbau** in der Umgebung von Goslar an Bedeutung. In diesem Jahr nimmt der Rat von Goslar 247 Mark Silber aus dem Abbau von Dachschiefer am Glockenberg und dem Nordberg bei Goslar ein.
(Bartels et al (2007), 365)

1449

Am 15. Juni (Veitstag) erfrieren bei Kälte und Raureif viel Wein, Korn und andere Feldfrüchte.
(Spangenberg, 329a; Binhard II,8; Tromm, 135)

Um 1450

ist unter dem Bakenberg im Tal der großen Steimke bei Neuekrug eine **Glashütte** in Betrieb. Sie gehört zu den ältesten Glashütten, die im Harzgebiet bezeugt sind. Die Kunst der Glasbereitung ist von Venedig über Böhmen auch nach Deutschland gelangt und nimmt hier in der zweiten Hälfte des 15. Jahrhunderts einen großen Aufschwung. Glashütten werden in den Tiefen der Wälder angelegt, wo **Holz als Brennmaterial** für die Glasschmelze und als Rohstoff für die Herstellung von **Pottasche** als Zusatz bei der Glasherstellung in ausreichendem Maße zur Verfügung steht. Es wird das sog. **Waldglas** hergestellt, das im Gegensatz zum klaren venetianischen Glas einen auf Eisenoxidgehalt zurückgehenden grünlichen Farbton hat.
Da eine Glashütte jährlich im Durchschnitt etwa 2.000 bis 2.700 m³ Holz verbrennt, führt dies in relativ kurzer Zeit zu einer Abholzung großer Waldflächen, sodass die Glashütte aufgegeben und der Glasmacher in andere noch unberührte Waldungen weiterziehen muß. Die Glashütte unter dem Bakenberg ist wahrscheinlich 1475 schon nicht mehr in Betrieb.
Etwa um die gleiche Zeit wie die Glashütte unter dem Bakenberg arbeiten auch die im Amt Harzburg gelegenen Glashütten am Bleichebach, im Gläseeckental und vor dem Schimmerwald.
Da der am Ende des 15. Jahrhunderts wieder aufblühende Bergbau im Unterharz zu einem großen

Die Pfeifen A.   Die kleinen Fenster B.   Die Marmorplatten C.   Die Zange D.
Formen für die Gestaltung der Glaswaren E.

Glasofen zur Herstellung fertiger Glaswaren. Aus: Agricola 1556

Bedarf an Grubenholz und Holzkohlen führt und die Bergbau- und Erzhüttenindustrie eine erträglichere Verwertung des Holzes ermöglicht, wird der **Betrieb dieser waldverwüstenden Glashütten** jedoch nach einiger Zeit **eingestellt**. (Tenner, 4ff.)

1451
Am 22. Juli wütet in Magdeburg ein sehr schweres nächtliches Gewitter mit **Wolkenbruch**. (Hennig, 39)

1453
Mit dem in diesem Jahr beginnenden Bau des Schlosses in **Sondershausen** entstehen dort auch die ersten **Gartenanlagen** – zunächst ein Küchengarten –, die um 1700 erweitert und zu einem barocken Lustgarten mit einem großen Orangenhaus umgestaltet werden (Thimm, 20ff.)

Die **Bemühungen**, die nach 1350 abgesoffenen **Gruben am Rammelsberg trockenzulegen** und wieder nutzbar zu machen, zeigen in den Jahren 1453 bis 1456 **erste Erfolge**, so das in diesen Jahren eine sog. Trostfahrt unternommen werden kann und die Fördermengen bis zum Ende des 15. Jahrhunderts wieder alte Werte erreichen. (Beug et al, 25)

Durch die mit verstärktem Holzeinschlag für den Bergbau zunehmenden menschliche Eingriffe in die natürlichen Waldgesellschaften und die im Spätmittelalter einsetzende Klimaverschlechterung **(Kleine Eiszeit)** wird der Rückgang der Buche und die **Ausbreitung der Fichte** in den Harzwäldern begünstigt. (Willerding (2000 a), 64; Brückner et al, 360; Beug et al, 51)

1453/54
In diesem **extremen Winter**, der vom 12. Oktober bis zum 6. Februar anhält, ist es so kalt wie seit 100 Jahren nicht mehr, es fällt allerdings wenig Schnee.
(Spangenberg, 388; Binhard II, 9; Zeitfuchs, 333; Jacobs (1869a), 106)
Dieser Winter ist wahrscheinlich auf einen Ausbruch des Vulkans Kuwae im pazifischen Vanuatu 1452/53 zurückzuführen, dessen Asche- und Gaswolken bis in die Stratosphäre aufstiegen und später weltweit eine Reduzierung der Sonneneinstrahlung bewirkten.
(Behringer, 121; Gerste, 97)

1456
Im Mai und Juni sieht man den **Halley´schen Kometen** am Himmel. Am 18. Juni erreicht er seinen erdnächsten Punkt, seine größte Erdnähe beträgt 68 Millionen km.
(Schedel, 250; Spangenberg, 389; Borchert/Waterman, 125, (Fol.79); Reichstein, 16; Kronk I, 273ff.)

1457
Am 3. September kann eine **Mondfinsternis** beobachtet werden. (Binhard II, 14; Schroeter, 266)

1457/58
Der am 11. Oktober beginnende **sehr harte, schneereiche Winter** hält bis zum Februar an.
(Hennig, 39; Hamm, 44)

1459
Starke Stürme richten in diesem Jahr in unserem Gebiet schwere Schäden an.
(Spangenberg, 390; Binhard II,14; Jordan I, 131)

1459/60
Dieser **Winter** ist so **kalt**, dass die Flüsse und auch Teile der Ostsee zufrieren. Von Dänemark kann man zu Fuß über die Ostsee nach Lübeck gehen. (Weikinn, Teil 1, 386f.)

1460

Am 28.Juni wütet ein großes **Unwetter** mit verderblichem Hagel in Braunschweig. (Hennig, 39)

In **Osterode** gibt es bereits **Eisenhütten** und 1656 sogar ein Eisenbergamt. (Hamm, 45)

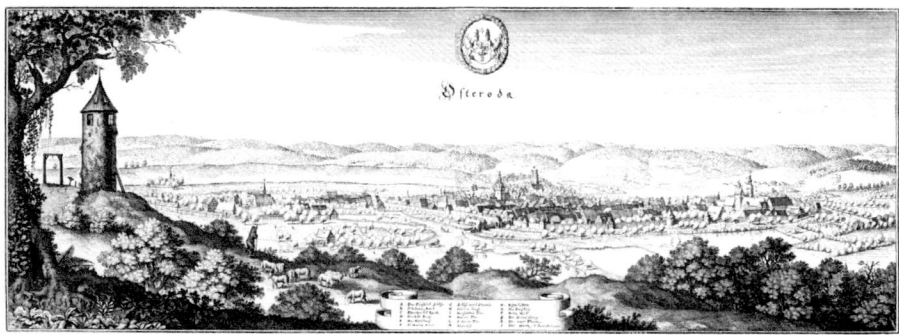

Osterode um 1650. Aus: Merian (1654)

1461

Der **Sommer** ist **trocken und heiß**, so dass viele Brunnen austrocknen. Es gibt aber eine gute Weinernte. (Lubecus, 188; Glaser 69)

1462

Die **Silberhütte in Straßberg** wird in diesem Jahr erstmals urkundlich genannt. Der Ort entwickelt sich in der 2. Hälfte des 15. Jahrhunderts zum Zentrum des stolbergischen Silberbergbaus, der Ende des 16. Jahrhunderts vemutlich wegen Erschöpfung der oberflächennahen Erzvorräte eingestellt wird. (Krause, 125)

In diesem Jahr verursachen schreckliche **Unwetter** große Schäden an Menschen, Vieh und dem Getreide. (Binhard II, 15)

1463

Mönche des Benediktiner-Klosters Ilsenburg legen in diesem Jahr den Großen Teich (*„Groten dik"*) bei Veckenstedt zur **Teichfischerei** an.
(Wüstemann (1982), 24)

Bei Harlingerode werden in diesem Jahr **zwölf Wölfe gefangen**. Zum Fang dienen **Wolfsgruben**, die um einen zentralen Pfahl herum als Fallgruben angelegt werden. Am Pfahl werden Locktiere angebunden und die ausgehobenen Gruben werden mit Reisig vorsichtig abgedeckt. (Heinemann, 69)

1464

In diesem **nassen Herbst** regnet es vom 15. August bis zum 8. Dezember fast täglich. Um Weihnachten kann erst das Winterfeld bestellt werden.
(Binhard II, 16; Zeitfuchs, 334; Reichardt, 428; Hiller, 61)

Nach Weihnachten fällt so **viel Schnee**, dass Pferde und Wagen im Schnee versinken. Die Waldarbeiter können bis Ende Februar nicht in den Wald, so dass die Kohlen sehr teuer werden.
(Cammermeister, 208; Glaser, 81)

1465

Am Heiligen Kreuztag steht die Sonne dunkel am Himmel und ist von einem blauen Zirkel umgeben. (Spangenberg, 392; Binhard II, 16f.) **Sonnenhalo**

1466

In diesem Jahr gibt es **viele Stürme**, der **Winter** ist **kalt und schneereich**. (Spangenberg, 392; Binhard II, 17)

1467

Am 24. Januar richtet ein **Hochwasser** in Stolberg erheblichen Schaden an. Im kalten Tal bricht der Teich aus und wirft das Stadttor und einen Teil der Mauer um. Im Tal erleiden die Hütten großen Schaden, u. a. werden die dort lagernden Holzkohlenvorräte hinweggespült. (Zeitfuchs, 333; Jacobs (1869a), 107; Günther, 897) Auch in den Jahren 1486, 1495 und 1507 verursachen Hochwasser in Stolberg großen Schaden. Sie reißen Stadttor und Teile der Stadtmauer sowie Hütten weg und zerstören alle Wege. (Günther, 897)

1468

Der **Herbst** ist so **nass**, dass das Getreide auf dem Halm verfault. Das Obst wird nicht reif, der Wein missrät. Am 4. Oktober fällt ein **starker Schnee**, der schwache Gebäude zum Einsturz bringt und Äste von den Bäumen bricht. Wegen der nassen Felder kann erst über Weihnachten das Winterkorn gesät werden. (Cammermeister, 221; Spangenberg, 392a; Lubecus, 200; Binhard II, 17; Hennig, 40)

1470

Ab diesem Jahr kommt es nach dem Ende der ersten Bergbauperiode, des sog. *„Alten Mannes"* und dem nach 1400 wieder aufgenommenen Bergbau am Rammelsberg zu einem steilen Anstieg der Produktion der Gruben. Damit und mit dem wenig später im Oberharz aufgenommenen Bergbau beginnt die **zweite Bergbauperiode im Harz**, die bis zum Dreißigjährigen Krieg andauert. Seit dem Ende der ersten Bergbauperiode um 1360 haben sich die Wälder in der Montanregion wieder erholen können. (Bachmann et al, 159; Bartels, 111) Allerdings herrscht nach der Wiederbelebung des Montanwesens bereits um 1554 wieder Holzmangel, sodass die Forstnutzungsrechte für den Bergbau eingeschränkt werden müssen. (Bartels et al (2007), 61)

Ab 1470

bis etwa 1525 erleben **der Bergbau und das Hüttenwesen des Rammelsberges** ihre **größte Blütezeit vor dem Industriezeitalter**, wobei sich die Aktivitäten auf die Erzeugung von Blei und dessen Entsilberung konzentrieren, während in der ersten Bergbauperiode Kupfer im Mittelpunkt der Hüttenproduktion stand. Erst nach der Erschließung des Neuen Lagers im Rammelsberg (1859), das vom Bergbau bis dahin unberührt ist, wird die Produktion dieser Entwicklungsperiode übertroffen. (Bartels et al (2007), 30, 41)

1471

Der **Sommer** ist **trocken und heiß**, auch im Rest des Jahres fallen wenig Niederschläge. Die Brunnen und Flüsse führen nur wenig Wasser. Es gibt auch viele Mäuse, die den Feldfrüchten großen Schaden zufügen. (Lubecus, 208)

Ab Weihnachten kann bei uns der Komet Regiomontanus beobachtet werden, der wegen seiner geringen Distanz zur Erde – knapp über 10 Millionen Kilometer am 22. Januar 1472 – sogar tagsüber sichtbar bleibt. Der Komet erhält seinen Namen nach dem Astronomen Johann Müller, genannt Regiomontanus, der versucht, die Entfernung des Kometen von der Erde zu messen. (Schedel, 254; Spangenberg, 393; Jordan I, 138; Lubecus, 212; Kronk I, 285ff.)

1473

Bereits in der Fastenzeit bringt eine ungewöhnlich warme Witterung die Bäume schon vorzeitig zum Blühen. (Calvör, 67; Renner, 29; Gottschalk (1999), 207)

In diesem **extrem heißen und trockenen Sommer** regnet es von Mitte April bis zum 8. September nicht, wegen Wassermangel können die Mühlen nicht mahlen. In manchen Orten muss für Trinkwasser Geld bezahlt werden. Die Hitze ist so groß, dass sich im Harz und im Thüringer Wald die **Wälder von selbst entzünden** und 18 Wochen lang brennen. Die Bevölkerung muss Bäume fällen und Gräben aufwerfen, um die Waldbrände einzudämmen. Die braunschweigische Bilderchronik berichtet: *"Unde was dar na so dan droge Sommer, dat de Hart wart entsenget, dat he brende veer mile Weges, dat me da moste Lude hen kundigen, de den Hart löscheden."* Die durch den Brand verursachte **Verwüstung der Harzwälder** ist so groß, dass es vieler Jahre bedarf, bis der Wald von den verödeten Flächen wieder Besitz nimmt. Noch 1520 liegt z. B. der Königsberg unter dem Brocken wüst. (Spangenberg, 393a; Bange, 164a; Binhard II, 20f; Calvör, 67; Renner, 29; Günther, 542; Gottschalk (1999), 207; Hennig, 40; Zimmermann, I, 282)

Im Oktober blühen die Bäume wie im Frühling, so dass die Birnen und Äpfel bis zu nussgroß werden. (Spangenberg, 393a; Bange, 164a; Binhard II, 20f; Lubecus, 212f.; Glaser, 70)

1475

Das Jahr ist so **niederschlagreich**, dass die Weinstöcke welk werden und der Wein in den Fässern verdirbt. (Spangenberg, 394; Binhard II, 21)

Wegen der vielen Niederschläge in diesem Jahr führt die Helme **Hochwasser**, das im Rieth erheblichen Schaden anrichtet. (Spangenberg, 394)

1476/77

In diesem **sehr kalten Winter** bleibt der Schnee 15 Wochen liegen. Darauf folgt ein schöner Sommer, in dem alle Früchte wohl gedeihen. (Spangenberg 394a; Binhard II, 21; Hennig, 41)

1477

In diesem Jahr wird erstmalig die **Saline in Artern** urkundlich erwähnt, die sich im gemeinsamen Besitz der Grafen von Mansfeld und der Grafen von Hohnstein befindet. (Walter (1986), 28)

1478

Dieses *„ist ein mager, dürres und unfruchtbares Jahr"*. (Spangenberg, 394a)

In der Nacht vom 14. zum 15. Juli findet eine **Mondfinsternis** statt. (Binhard II, 22; Oppolzer, 366)

1479

In diesem **milden und schneelosen Winter** blühen bereits im Januar die Kirschbäume. Der darauf folgende **Sommer** ist **heiß und trocken**. Zwischen dem 30. Mai (Pfingsten) und dem 29. September (Michaelis) regnet es nicht. Dadurch gibt es nur eine **geringe Ernte** an Korn und anderen Feldfrüchten, es wächst aber ein herrlicher Wein.
(Spangenberg, 395; Tromm, 141; Binhard II, 23; Lubecus, 223; Hamm, 46; Glaser, 70)

1480

Die **salzhaltige Quelle bei Suderode** wird in diesem Jahr erstmalig urkundlich erwähnt. Von 1533 bis zur Zerstörung Suderodes 1636 im Dreißigjährigen Krieg wird die Solequelle zur Herstellung von Salz genutzt. Die Salzproduktion wird später nicht wieder aufgenommen, weil die Sole neben 1,1 % Kochsalz auch fast ebensoviel Fremdsalze, vor allem Calciumchlorid enthält. 1821 entdeckt man die Quelle erneut und nutzt sie für den Badebetrieb. 1842 erwirbt Herzog Alexis von Anhalt-Bernburg die Quelle und lässt die Sole nach Alexisbad transportieren. 1869 kauft Suderode – seit 1913 Bad Suderode – die Quelle zurück. (Walter (1989), 66f.)

Das Eisenhüttenwerk Bakenrode bei Ilsenburg muss in diesem Jahr wegen **Holzkohlenmangels** geschlossen werden. (Kortzfleisch, 106)

1482
Dieser **Sommer ist trocken und warm**, bis Mitte September regnet es nicht. (Lubecus, 227; Glaser, 71)

In diesem Jahr gestattet Graf Heinrich zu Stolberg den Bürgern zu Wernigerode, sich ein **Wildengestüt** (Wilde = die frei in der Weide gehende Zuchtstute) anzulegen und gewährt ihnen dazu Trift, Wasser und Weide in seinen Forsten bei und um Wernigerode.
Die Grafen zu Stolberg und auch ihre Rechtsvorgänger, die Grafen zu Wernigerode, betreiben schon lange vor der ersten Nachricht von 1539 darüber eine eigene **Pferdezucht**.
1539 wird erstmalig ein Wildengestüt der Grafen auf der Lange, einer Hochfläche zwischen Bode und Rappbode, urkundlich genannt. Nicht selten werden **Pferde** auf den Waldweiden des Harzes **von Wölfen gerissen**. Der letzte Wolfsriß aus dem Gestüt auf der Langen ist 1677 vermerkt. (Grosse, 221ff.)

1483
Auch dieser **Sommer** ist **sehr trocken und heiß**. (Lubecus, 229; Hennig, 41; Glaser, 71)
Es ist ein Jahr **großer Teuerung**. Der Scheffel Roggen kostet im Wernigeröder Gebiet über einen halben Gulden. (Reichardt, 428)

1484
In diesem ansonsten **trockenen Sommer** kommt es zu **Wolkenbrüchen** mit starken Hagelschlägen. In Thüringen liegen die Schloßen an einigen Orten bis zu eineinhalb Ellen hoch in den Dachrinnen. (Spangenberg, 397; Binhard II, 25; Hamm, 46)

Die **Nahrungsmittel** sind so **teuer und rar**, dass man im Wernigeröder Gebiet zur Zeit des Peter- und Pauls- Festes (29. Juni) keine auf dem Markt kaufen kann. (Reichardt, 428)
Auch in Katlenburg herrscht eine große **Hungersnot**. (Rokahr, 18)

Am 3. Juli geht in Magdeburg ein **Wolkenbruch** mit starkem Hagel nieder. (Hennig, 41)

Wie bereits aus dem Jahr 1081 wird auch aus diesem Jahr berichtet, dass sich an einigen Orten die Dohlen und Krähen in großen Schwärmen in der Luft bekämpfen, so dass viele Vögel tot zur Erde fallen. Dieses Ereignis wird von Chronisten als **Vogelkrieg** bezeichnet. (Spangenberg, 222a, 397, 419; Rivander, 199; Binhard II, 25)

Das Kloster Ilsenburg verkauft in diesem Jahr das am Ilsenstieg nach Harzburg gelegene Zellholz an den Schmelzhüttenbesitzer Kurt Wiese, der es für seine Hütte abkohlen lässt. (Fischer (1913), 203)

1485
Am 16. März zwischen 15.00 und 16.00 Uhr ist in unserem Gebiet eine **partielle Sonnenfinsternis** zu beobachten.
(Stolle, 435; Spangenberg, 389; Binhard II, 25; Schroeter 142, Karte 107b)

1486
Am 7. März bricht bei einem **Hochwasser** in Stolberg der Teich im kalten Tal und alle Wege vor den Toren der Stadt werden beschädigt. (Zeitfuchs, 334)

Am 25. Juli setzt eine **lange Regenperiode** ein, sodass kein Heu gemacht werden kann und Hafer und Korn auswachsen. Wegen der nassen Felder kann die Wintersaat schlecht in den Boden gebracht werden. (Lubecus, 238)

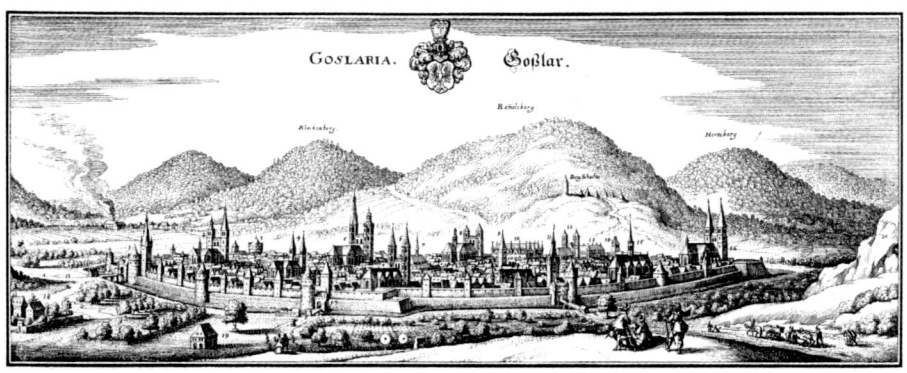

Goslar um 1650. Aus: Merian (1653)

Zur Wasserlösung der in immer größere Tiefen vordringenden Gruben des Rammelsbergs gibt der Rat der Stadt Goslar in diesem Jahr den Auftrag, etwa 40 m unter dem Raths-Tiefste-Stollen einen **neuen Wasserlösungsstollen** anzulegen, den sog. **Tiefen-Julius-Fortunatus-Stollen.** Dieser ist nach seiner Fertigstellung im Jahr 1585 etwa 2.600 m lang. (Dennert (1986), 31ff.; Roseneck (1992),120)

1487
Am 8. Februar, morgens zwischen 02.45 und 03.50 Uhr, tritt eine **Mondfinsternis** ein.
(Stolle, 438; Binhard II, 25; Schroeter, 270)

Aus einer Urkunde vom 3. November geht hervor, dass in diesem Jahr von Privatleuten mit dem **Erzschürfen am „sanct andrews berge" begonnen** worden ist.
Nach der weitgehenden Einstellung der Bergbautätigkeit am Rammelsberg und im Oberharz um 1350/60 wird in diesem Jahr von Mansfelder Bergleuten am Eisernen Hut bei St. Andreasberg Erz gefunden und die Förderung aufgenommen. Der Durchbruch des **Andreasberger Bergbaus** erfolgt 1521, als *„ein edler Gang am Beerberge in einer Klippe eine quere Handbreit mit Glanzerz angetroffen (wird), auf dem man beim Fortbau reichhaltige rothgültige Erze Nesterweise gefunden…"* Im folgenden Jahr ziehen Joachimsthaler Bergleute nach Andreasberg. 1521 und 1527 erlassen die Grafen von Hohnstein als Landesherren Bergfreiheiten, um weitere Investoren und Bergleute anzulocken. (Calvör, 72ff.)
Die 1528 gegründete Bergstadt St. Andreasberg hat 1537 bereits 2.000 Einwohner.
Zwischen 1560 und 1573 werden pro Jahr 500 kg bis 1.500 kg Silber gewonnen. Danach geht die Silberausbeute ständig zurück bis 1624 der Andreasberger Bergbau für 30 Jahre stillliegt. Von 1670 bis 1730 kommt es zu einer zweiten Blüte des Andreasberger Bergbaus, in der pro Jahr etwa 700 kg Silber erzeugt werden.
Die Bergleute erhalten nur einen geringen Anteil von den Erträgen des Bergbaus. Im Zeitraum von 1546 bis 1621 verringert sich die Kaufkraft ihres Lohnes erheblich. Kann ein Hauer 1546 für seinen Tageslohn noch 9 kg Roggen kaufen, so sind es 1621 nur noch 3,2 kg.
Im Gegensatz zum Bergbau auf Gangzügen des Oberharzes zeichnet sich St. Andreasberg, das Zentrum des Mittelharzer Bergbaus, nicht durch eine besonders hohe Metallproduktion aus, sondern durch das **Vorkommen von sehr reinen Silbererzen.** Im Jahr 1910 endet hier der Bergbau. (Niemann/Niemann-Witter, 152 ff.; Deicke, 45; Liessmann (2010), 235; Beug et al, 25; Brückner et al, 375)

1489

Zum **Anfang des Jahres** fällt so **viel Schnee**, so dass selbst dicke Bäume unter seiner Last zusammenbrechen. (Spangenberg, 400; Binhard II, 26)

1489/90

In diesem Jahr ist ein **unerhört kalter und langer Winter**. Der Schnee liegt bis in den Sommer hinein. (Binhard II, 26; Hennig, 42; Glaser, 82)

1491

Um den 6. Januar bis in die Fastenzeit ist ein dunkel scheinender **Komet** mit einem nach Osten gerichteten langen Schweif im Sternzeichen der Fische zu sehen. (Tromm, 144; Binhard III, 27; Kronk I, 291f.)

Am 8. Mai um 9 Uhr wird eine **partielle Sonnenfinsternis** beobachtet. (Binhard III, 27; Schroeter 143, Karte 109b)

In diesem Jahr kann wegen der **großen Dürre** das Getreide nicht wachsen, so dass die **Ernte sehr gering** ist. (Spangenberg, 400; Binhard II, 27; Hennig, 42)

Die Errichtung von **Sägewerken** an den größeren Bächen im Harzwald, wie Ecker, Ilse, Warme und Kalte Bode sowie Renne beginnt. (Brückner et al, 360)

1492

Nachdem Christoph Kolumbus am 12. Oktober dieses Jahres mit seinen Schiffen **Amerika** erreicht hat und daraufhin dieser Kontinent von europäischen Mächten erobert wird, kommen in den folgenden Jahrzehnten auch **wichtige Kulturpflanzen nach Europa**, die nach weiteren längeren Zeiträumen auch unser Gebiet erreichen und angebaut werden. Dazu gehören Tabak, Tomate, Kartoffel, Gartenbohne, Sonnenblume und Kürbis. Im 18. Jahrhundert halten auch amerikanische Zierpflanzen Einzug in die Gärten Mitteleuropas, darunter Dahlie, Fuchsie, Kapuzienerkresse, Studentenblume und Goldrute. (Hehn, 501ff.; Scharff, 19; 83)

Der bereits kurz nach der Entdeckung Amerikas aus der Karibik nach Spanien mitgebrachte **Mais** ist in Deutschland zunächst nur in Gärten zu finden und wird in unserem Gebiet erst nach 1960 auf größeren Flächen angebaut, nachdem den mitteldeutschen Standortverhältnissen angepasste schnellreifende und frostwiderständige Sorten gezüchtet worden sind. (Hamm, 333)

Aus dem Jahr 1511 ist auch die Einfuhr von bereits von der indianischen Bevölkerung domestizierten **Truthühnern** nach Spanien urkundlich belegt. Um 1530 werden sie auch nach Deutschland gebracht und um 1573 werden sie bereits in größeren Herden am Niederrhein gehalten. (Benecke, 392f.)

1492/93

Weihnachten setzt große Kälte ein und der **kalte Winter** hält bis zum 17. März an. (Stolle, 455; Jordan I, 153; Hamm, 47)

1493

Von Mitte März bis zum 6. Mai ist es warm, danach wird es wieder kalt, sodass an manchen Orten der Wein erfriert. Der **Sommer** ist **heiß und trocken**, der **Herbst** ungewöhnlich **niederschlagsreich**. (Stolle, 455f., 459; Spangenberg 401a; Binhard II, 27; Glaser, 71; Hamm, 47)

In diesem Jahr wird eine aus 27 Artikeln bestehende Ordnung über die Salzproduktion in der **Saline Frankenhausen** erlassen, in der u. a. die wöchentliche Höchstmenge an Salz, die jeder Pfänner sieden darf sowie die Begutachtung des erzeugten Salzes durch die Salinenbeamten festgelegt wird. In den Jahren 1494 bis 1499 werden jährlich 2.880 to Salz in der Saline produziert. (Walter (1986), 8, 16)

1494

Am 21. März ist eine **Mondfinsternis** zu beobachten. (Stolle, 460; Schroeter, 270)

Im Frühjahr herrscht **große Trockenheit,** so dass das Getreide und das Gras nicht wachsen können. Die Getreideernte ist im Göttinger Gebiet so gering, dass die Bauern Saatgetreide für die nächste Feldbestellung kaufen müssen. (Lubecus, 254f.)

Der **Preis für Rinder** ist in diesem Jahr so **niedrig,** dass man einen schönen fetten Ochsen schon für drei rheinische Gulden kaufen kann. (Spangenberg, 401a; Pfaff, 407)

1495

Am 14. Mai wird in Stolberg von einem zahmen Hirsch *„der alte Jäger Veit Brune, da er aus dem Weidwerck mit einem Korbe voll Vogel kommen, niedergeworffen, zu tode getreten und mit 26 Löchern zerstossen."* Dieser Hirsch mit dem Namen Hans wird von den Grafen zu Stolberg gehalten. Er *„war gewohnet, dass er in der Stadt herum gieng, wie ein zahm Thier, nahm den Beckern offt Kuchen und Brodt, muste ihn der Stuben-Müller täglich mit Kleyen, dazu er ihn gewehnet, speisen, anders that er ihm viel Ungemachs. Endlich wie er so schädlich worden, ist er nach dem **Schloß Hohnstein in Thier-Garten** gebracht, da er zwar noch einen Mann tod gestossen, sich aber selbst darauf, indem er über den Thier-Garten springen will, gespiesset."*
*„Man hat aber zu anderer Zeit mehrere **Hirsche und wilde Thiere hier gezähmet** zur Rarität aufbehalten. Weil aber solche ihre wilde Unart mannichmahl lange verborgen, ehe sich's geeusert, sind sie um der Beschädigung willen abgeschafft worden oder umkommen."* (Zeitfuchs, 357)

Nach einem Starkregen am Laurentiustag (10. August) ist das **Hochwasser** in Stolberg *„so groß, daß man kein grösser Wasser gesehen, zubrach alle Wege im Thale und führt die Wagen mit Getreyde weg."* (Zeitfuchs, 334)

Im Stadtgraben von Wernigerode hält man in diesem Jahr noch einen **Bären.** (Jacobs (1900), 76)

1496

Vom Kloster Ilsenburg werden in diesem Jahr **15 Teiche und Hälterteiche** zur Versorgung des Klosters mit **Fisch** bewirtschaftet. Der wichtigste Wirtschaftsfisch ist der Karpfen, als Beifang kommen Hecht, Barsch und Karausche vor. (Jacobs (1900), 69; Wüstemann (1982), 24)

1497

Am 6. Januar führt die Leine nach starkem Dauerregen **Hochwasser,** so dass es zu Überschwemmungen kommt. (Lubecus, 262; Hennig, 42)

Am 18. Januar ist eine **Mondfinsternis.** (Stolle, 464; Schroeter, 272)

In diesem Jahr ist von den Grafen von **Mansfeld** *„die **Bergordnunge** un auch die **Hüttenordnunge**/ wie es mit dem Schieffererlangen und verschmeltzen gehalten werden sollte/ widerumb für die Hand genomen/vernewert und bestetigt worden."* (Spangenberg, 401a)

1497/98

Dieser **strenge, schneereiche Winter** dauert vom 25. Dezember bis zum 25. März. (Hennig, 43)
Am 19. Februar fällt so viel Schnee wie in den vergangenen 20 Jahren nicht an einem Tag. (Spangenberg, 401a; Binhard II, 30)

1499

Diesem **langen und strengen Winter** folgt ein **heißer Sommer.**
(Binhard II, 31; Bange, 165a; Becherer, 431; Hennig, 43)

In diesem Jahr wird eine **reiche Ernte** eingebracht. Es folgt eine **wohlfeile Zeit**. Im Mansfelder Land kann man einen Scheffel Roggen für nur 5 Groschen kaufen. (Reichardt, 429; Spangenberg, IV. Teil, 115)

Im Zeichen des Steinbocks kann man in diesem Jahr einen **Kometen** sehen. (Spangenberg, 402; Binhard II, 31; Kronk I, 293)

Bäuerliches Leben um 1500

Neuzeit, ab 1500

Um 1500

In der Renaissance nimmt das allgemeine Interesse an der Vielfalt der Naturgewächse zu. Nach der Erfindung des Buchdrucks erscheinen auch viele Pflanzenbücher mit Abbildungen, die wesentlich zur Verbreitung der Kenntnisse von Wild- und Kulturpflanzen beitragen.

Das hat praktische Auswirkungen auf den **verstärkten Anbau von Gemüse-, Salat- und Arzneipflanzen sowie von Küchenkräutern und Zierpflanzen.** Neben dem altgewohnten Gemüse wie Kohl, Kohlrabi, Rote Bete, Mangold, Porree, Weißrüben und Zwiebeln finden im 16. Jahrhundert u. a. auch die folgenden Gemüsearten allgemeine Verbreitung: Spinat, Gelbe Rüben (Möhren), Pastinaken, Sellerie, Spargel, Lauchzwiebeln, Kopfsalat, Gurken und Radieschen.

Um dem steigenden Bedarf an Leuchtöl nachzukommen, wird Rübsen in zunehmendem Maße angebaut. (Körber-Grohne, 455f.)

Im Harzgebiet gibt es um das Jahr 1500 **32 Eisenhütten**, die jährlich etwa 800 to schmiedbares Eisen herstellen. (Liessmann (2010), 129)

Nach 1500

Die neuzeitliche Bergbauperiode ist verbunden mit einer **erheblichen Übernutzung der Wälder**, die alle vorherigen Epochen übertrifft. Man geht dazu über, eine bestimmte Fläche mit Ausnahme der Samenbäume, der sog. Laßreiser, völlig abzuholzen. Pro Hektar bleiben 20 bis 30 Bäume stehen, von denen die Neubesamung ausgeht. Neben dieser natürlichen Verjüngung wird damit begonnen, auf den Blößen junge Eichen zu pflanzen.

Nach Gründung der Bergbausiedlungen entstehen zusätzliche Belastungen durch Waldweide und Grasnutzungen. Die Bergleute erhalten das Recht, eine bestimmte Anzahl von Kühen in den Wäldern zu hüten, wo diese dort die Kraut- und Strauchschicht abweiden. Die Wiesen liefern vor allem das für die Überwinterung notwendige Trockenfutter, das Heu. Die Anzahl der pro Familienwirtschaft zugelassenen Tiere wird von deren Überwinterungsfähigkeit abhängig gemacht. Im Oberharz liegt die Obergrenze bei vier Kühen. (Brückner et al, 360; Knappe/Scheffler, 58, 62f.)

Im 16. Jahrhundert ist im Harz der **Schlagholz- oder Mittelwaldbetrieb** üblich. Eiche und Buche sind die Hauptholzarten des Oberstandes, meist in Mischung, seltener als Reinbestand. Andere Holzarten, wie Bergahorn, Aspe, Esche und Hainbuche werden aus dem Oberstand verdrängt.

Da die Eiche für die Schweinemast große Bedeutung hat und auch als Bauholz hervorragend geeignet ist, ist man zunehmend bestrebt, den Laubwald in seinem Oberstand möglichst ganz in Eiche zu überführen. Da die Eicheln gegenüber den Bucheckern für die Schweinemast mehr geschätzt werden und auch das Buchenholz weniger für Bau- als für Brennzwecke geeignet ist, **rangiert die Buche gegenüber der Eiche an zweiter Stelle.** Zu den Vorteilen der Buche gehört jedoch, dass sie auch in Höhen über 300 m noch gut gedeiht und sich in höheren Lagen leichter gegen die Eiche durchsetzt. Man schätzt, dass im 16. Jahrhundert der Laubwald mit seinem Oberstand zu zwei Dritteln aus Eiche und zu einem Drittel aus Buche besteht, worunter etwa 5% andere Holzarten der Eiche mit gutgeschrieben werden. (Schubart (1966), 72)

Im Laufe des 16. Jahrhunderts wird das Pflanzen, weniger das Stecken von Eicheln, zur Nachzucht der Eiche auf den Haien oder in besonderen Eichenkämpen üblich. So wird die Eiche auch auf Standorte gebracht, auf denen sie bisher fremd war und stellenweise ohne Beihilfe auch nicht heimisch bleiben kann. Wo die Standortverhältnisse dies nicht zulassen, etwa in Kammlagen über 300 m, bleibt die Buche vorherrschend. (Schubart (1966), 80f.)

Im Brockengebiet, wo die Fichte vorherrscht, gibt es weiterhin nur einzelstammweise Nutzung. (Aushiebswald). (Brückner et al, 360)

1501

Mehrere, tagelang andauernde Starkregen von April bis August führen in allen Flusssystemen unseres Gebiets zu **Hochwasser** und Überflutungen. (Günther, 897; Hennig, 43; Glaser, 96)

Am 30. Mai verursacht ein Hochwasser in Stolberg und im Tyratal großen Schaden. (Günther, 897)

1502

Anfang Mai gibt es **ungeheuer viele Raupen**, die nicht nur in den Gärten viel Schaden anrichten, sondern auch in den Wäldern das junge Laub abfressen. Auch viele Straßen sind von Raupen bedeckt. (Spangenberg, 402a; Binhard II, 34)

Am Morgen des 1. Oktober findet eine **partielle Sonnenfinsternis** statt. (Binhard II, 34; Schroeter 143, Karte 110a)

1503

In diesem Jahr sind die **Feldfrüchte** und auch der **Wein wohlgeraten.** Ein Malter reiner Weizen kostet in Erfurt nur zwei rheinische Gulden, für einen Groschen bekommt man so viel Wein wie sonst für zwei. (Spangenberg, 402a; Binhard II, 45)

Herzogin Elisabeth von Braunschweig-Wolfenbüttel verfügt in diesem Jahr die **Wiederaufnahme des** seit etwa 150 Jahren ruhenden **Bergbaus auf Eisenstein und silberhaltigen Bleiglanz im Forstort Grund**. Sie lässt auch die erforderlichen Hüttenbetriebe und Verarbeitungsstätten in Gittelde errichten. Nicht zuletzt dieses erfolgreiche Wirken veranlasst drei Jahrzehnte später

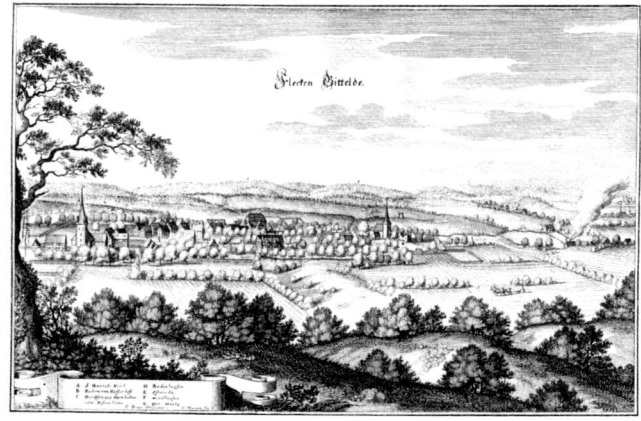

Gittelde um 1650. Aus: Merian (1654)

116

ihren Enkel Herzog Heinrich den Jüngeren zu seiner Initiative zur Wiederbelebung des Bergbaus im Oberharz. (Dennert (1986), 5, 63f.)

1504
Am 1. März findet eine **Mondfinsternis** statt. (Binhard II, 47; Schroeter, 272)

Nach einem **kalten und schneereichen Winter** folgt ein **sehr heißer und trockener Sommer**, in dem es von Anfang April bis Ende Juli nicht regnet. Das Gras verdorrt und es wächst kaum Getreide, sodass es zu einer Teuerung kommt und **viele Menschen verhungern**.
(Spangenberg 402a; Tromm, 150; Binhard II, 45f.; Hennig, 43; Glaser, 97)

1506
Vom 12. April an ist ein **Komet** 25 Nächte lang am Nordhimmel zu sehen.
Nach Binhard erscheint im August ein weiterer Komet im Nordosten unter dem Sternbild des Kleinen Wagens. (Spangenberg, 403a; Binhard II, 49; Borchert/Waterman, 129, (Fol.92); Kronk I, 295f.)

1507
In diesem Jahr beschließt der Rat der Reichsstadt Nordhausen, das Brennen bzw. den Ausschank von Branntwein in der Stadt zu besteuern. Es ist die erste Urkunde über das Branntweingewerbe in der Stadt. Zunächst wird der Branntwein nur aus Weinresten, aus Wein- und Obstträbern, später vor allem aus Korn hergestellt. Diese Produktion entwickelt sich in den folgenden Jahrhunderten insbesondere wegen der anliegenden reichen Kornkammer der Goldenen Aue und wegen der Holzungen des benachbarten Harzes zu einem wichtigen Erwerbszweig der Stadt. Die **Nordhäuser Branntweinbrennerei** erreicht in den siebziger und achtziger Jahren des 19. Jahrhunderts ihren Höhepunk. Es werden 500.000 Hektoliter des berühmten *„Nordhäuser Korn"* gebrannt.
(Nordhausen (1926), 40; Nordhausen (1927).Bd.1, 375, 527ff.)

1507/08
Dieser **Winter** ist **streng** und dauert bis Ende März. (Spangenberg, 403a; Hennig, 44; Hamm, 49)

1508
Dieser **Sommer** ist **sehr nass**. Viele Rinder und Schweine sterben an einer Viehseuche.
(Spangenberg, 403a; Binhard II, 50; Hennig, 44; Glaser, 98)

Am 10. August (Laurentiustag) wird das Mansfelder Land von einem **Unwetter** mit Gewitter und Starkregen heimgesucht. Das **Hochwasser** richtet große Schäden an Häusern, an den Feldfrüchten und in den Bergwerken an. Ein Knabe ertrinkt in einem Kunstschacht. (Spangenberg, IV. Teil, 73)

1509
Dieser **Sommer** ist so **heiß und trocken**, dass die Flüsse nur wenig Wasser führen und etliche Bäche ganz austrocknen. Es wächst viel guter Wein, das Maß kostet nur drei Groschen.
(Lubecus, 287; Spangenberg, 403a; Binhard II, 50; Glaser, 98)

1510/11
Dieser **kalte und schneereiche Winter** setzt im November ein und dauert bis Mitte März an.
Viele Vögel erfrieren. (Nussbaumer, 209; Glaser, 98)

1511
In **Ilsenburg** wird in diesem Jahr ein **Kupferhammer errichtet**. 1544 bis zum Dreißigjährigen Krieg wird hier eine Messinghütte betrieben, 1842 eine Walzhütte und 1947 bis 1991 ein Grobblechwalzwerk. (Brückner et al, 367)

1512

Am Mittag des 12. Juni richtet ein **Hagelunwetter** mit Schloßen so groß wie Walnüsse an den Feldfrüchten und Weinstöcken viel Schaden an. (Spangenberg, 406; Binhard II, 65; Glaser, 99)

1513

Durch das **anhaltend nasse und kalte Wetter** kommt es zu einer **Missernte.** Wegen des Getreidemangels sind fast keine Mühlen in Betrieb. (Glaser, 99)

Um das Grundwasser in den Gruben des Rammelsberges abzuleiten, wird in diesem Jahr mit dem Bau des **Tiefen Okerstollens** begonnen. Der Stollen ist 1528 noch unvollendet. (Heinemann, 85)

1513/14

In diesem **strengen Winter** ist es von Ende September bis Anfang Februar frostig kalt. Die Leine, Rhume, Oker, Ilme, Inster und auch die Weser sind zugefroren. Das Wasser in den Brunnen ist ebenfalls gefroren, so dass viel Vieh verdurstet. Vielen Menschen erfrieren die Zehen an den Füßen. (Spangenberg, 407; Spangenberg, IV. Teil, 138; Lubecus, 306f.; Nussbaumer, 209; Hennig, 44; Glaser, 99)

1515/16

Der **Winter** ist **mild,** es gibt nur wenige Frosttage. Im Januar ist so schönes Wetter, wie man es sonst nur um Ostern erlebt. (Spangenberg, 408; Binhard II, 70; Glaser, 100)

1516/17

Dieser **Winter** ist im Gegensatz zum vorigen **kalt und streng.** (Hamm, 50; Bonnemann, 198; Hennig, 45; Glaser, 101)

1517

Am 31. Januar legt der Goslarer Rat in einer **Forstordnung** fest, dass in seinen Forsten die Aufsicht in den Händen seiner Förster liegt. (Heinemann, 86)

In diesem Jahr wird in unserem Gebiet eine bisher **unbekannte Vogelart** beobachtet. Die Vögel sind etwa so groß wie Schwalben, auf dem Rücken und Bauch braunrot, ansonsten aber pechschwarz und haben längere Schnäbel als Schwalben. (Spangenberg, 408a; Binhard II, 75; Merkwürdige und Auserlesene Geschichte, 374)

1520/21

Der **Winter** ist **mild** bis zum 22. Februar, anschließend fängt eine große **Winterkälte** an, die bis zum 3. Mai anhält. Danach tritt bis zum 25. Juli **anhaltende Wärme** ein. (Spangenberg, 413a; Binhard II, 80; Hamm, 51)

Bei dem außergewöhnlich guten Wetter des folgenden Herbstes wächst ein **vorzüglicher Wein** heran, es ist auch ein **gutes Getreidejahr.** Allerdings bleiben Zwiebeln, Möhren. Rüben und Kraut aus und werden teuer. (Spangenberg, 415; Binhard II, 80)

1521

Erste **Silbererzfunde in der Herrschaft Lauterberg** mit dem Gebiet der späteren Bergstadt St. Andreasberg veranlassen die Grafen Heinrich XIII. und Ernst V. von Hohnstein in diesem Jahr zur Verkündung einer **Bergfreiheit für die Grafschaft Lauterberg,** um Arbeitskräfte von auswärts zu veranlassen, sich hier anzusiedeln und Bergbau zu betreiben, woraufhin sich Bergleute und Hüttenleute vor allem aus Sankt Joachimsthal einfinden, um den Bergbau aufzunehmen.

In der Bergfreiheit wird jedermann das Recht zugesichert, in der Grafschaft nach Erz zu schürfen und das zum Bau der Berg-, Hütten- und Pochwerke sowie zum Hausbau erforderliche Holz abgabenfrei aus den gräflichen Wäldern zu holen. Die Bergfreiheit sieht u. a. die Befreiung der Bergleute von Steuern und Abgaben für eine bestimmte Zeit, ihre Befreiung von Frondiensten, ihr Recht auf Handels- und Gewerbefreiheit, auf freien Zuzug und Auszug sowie auf freie Wahl ihrer Bürgermeister, Richter und Räte vor, die allerdings der gräflichen Bestätigung bedürfen.

Bergleute, die sich in der Herrschaft niederlassen, dürfen Äcker, Wiesen und Gärten räumen und bauen, d. h. durch Rodung von Waldparzellen anlegen, ohne dafür etwas zahlen zu müssen.

Außerdem sollen alle Siedler „ *Hasel-Hüner und Vögel nach ihren Gefallen zu fangen Macht haben, und Haasen, so weit sich der Lauterbergische Fluer erstrecket, wie sie mögen nachgelassen haben; Aber grob Feder-Willprät, Rehe und Haupt-Wildt zu fahen soll sich ein jeder enthalten. Wir lassen auch nach die Speer Lutter am Steige nach des Vogels Gesang und den Breitenbach dem Bergwerck frey zu fischen, und alle andere unsere Wasser zu vermeiden, und was gefangen und gefischet aus unserer Herrschafft nicht zutragen, zu verkauffen oder zu wenden, desgleichen Haasen und Vögel zu verkaufen auch verboten wollen haben.*"

Diese Bergfreiheit ist der freien Bergstadt St. Andreasberg am 4. Oktober 1595 von Herzog Philipp zu Braunschweig-Grubenhagen bestätigt worden.

(Calvör, 72ff., 215ff.; Dennert (1986), 90f.)

Das in den Bergfreiheiten zugestandene **Recht zum Vogelfang** hat nicht nur untergeordnete Bedeutung, denn der Fang wilder Vögel hat im Harz eine lange Tradition. Er erfolgt vor allem für Speisezwecke. Zu diesem Zweck werden verschiedene Vögel, vor allem Drosseln, aber auch Finkenvögel, als Lockvögel ausgebildet, die auf den Fangplätzen, den sog. Vogelherden, eingesetzt werden, um zur Zeit des Vogelzuges durch ihren Gesang tausende ihrer Artgenossen in die todbringenden Netze zu locken.

Aber auch Singvögel werden in Käfigen wegen ihres melodischen Gesangs gehalten. Die beliebtesten Stubenvögel sind Buchfink, Stieglitz, Erlenzeisig, Bluthänfling, Fichtenkreuzschnabel und Gimpel. Der vielerorts in Deutschland als Stubenvogel gehaltene Star kommt zu jener Zeit im Oberharz noch nicht vor. (Knolle (1980), 5ff.; Zimmermann I, 272ff., 277f.)

Zum Abbau der reichen Erzlagerstätten im St. Andreasberger Revier wird u. a. die **Grube Samson** angelegt, die in diesem Jahr ihren Betrieb aufnimmt und mit einer Unterbrechung zwischen 1621 und 1660, die durch den Dreißigjährigen Krieg verursacht wurde, bis 1910 in Betrieb ist. Mit einer Schachtteufe von 780 m, 150 m unter dem Meeresspiegel, gehört sie **seinerzeit zu den tiefsten Schächten der Welt**. Aus den seit 1660 geförderten Erzen werden u. a. 108 to Silber erzeugt, was 35% der Gesamtmenge des Reviers entspricht. Die Grube Samson ist die mit Abstand bedeutendste und ertragreichste des St. Andrasberger Reviers.

Im Jahr 1521 wird auch das **St. Andreasberger Hüttenwerk erbaut**.

(Liessmann (2010), 244; Brückner et al, 256, 369, 375; Schroeder/Reuss, 144)

Nachdem bereits für das Jahr 1402 die Suche nach Kupfererz im Gebiet des heutigen Bad Lauterberg durch Mönche des Klosters Walkenried urkundlich belegt ist, erlebt der **Kupferbergbau im Lauterberger Gebiet** seit diesem Jahr seine erste Blüte. Die reichen Kupfererzanbrüche geben 1705 den Anlass zum Bau einer Kupferhütte am Zusammenfluss der beiden Wasserläufe der Lutter. Zur Versorgung des Kupferbergbaus mit Aufschlagwasser werden bis zur Mitte des 18. Jahrhunderts 8 Stauteiche und etwa 40 km Hanggräben angelegt. Der älteste und heute noch vorhandene Stausee ist der von 1705 bis 1715 erbaute **Wiesenbeker Teich** südöstlich von Lauterberg, dessen Damm 1720 bis1722 in seiner heutigen Form aufgeschüttet wird. 1720 wird auch der Kupferroser Teich fertiggestellt, dessen Damm jedoch 1808 infolge eines Unwetters bricht und nicht wieder instandgesetzt wird. Bis zur Einstellung des Kupferbergbaus im Lauterberger Revier im Jahr 1826 werden dort insgesamt 1.670 to Kupfer produziert, das wegen seiner Reinheit sehr geschätzt wird.

(Liessmann (2010), 263ff.; Walsleben, 6)

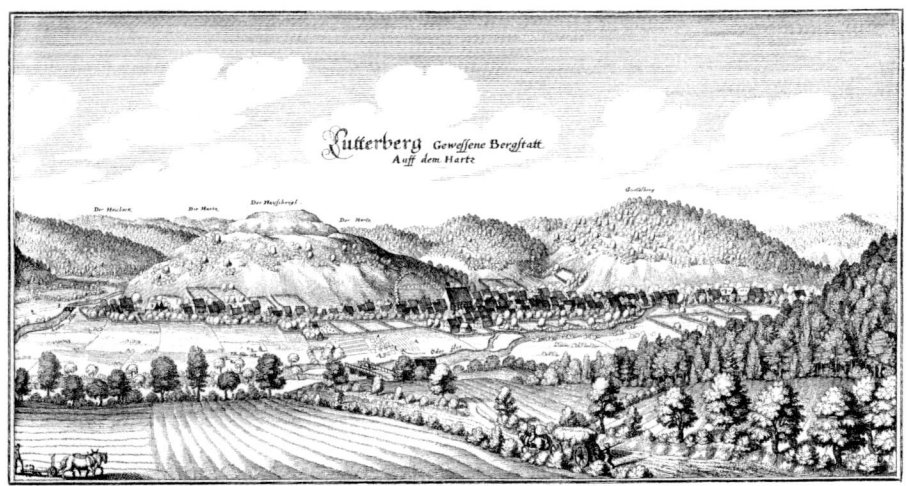

Lauterberg um 1650. Aus: Merian (1654)

Alle anderen Fürsten, zu deren Territorien Anteile am Harz gehören, gewähren nach und nach ähnliche **Bergfreiheiten**, und der Bergbau nimmt dadurch einen schnellen Aufschwung. In diese Zeit fallen die **Städtegründungen von Clausthal** und das nur von diesem durch den kleinen Zellbach **getrennte Zellerfeld** sowie von **Wildemann, Grund, Lautenthal, Altenau und St. Andreasberg**. Auch für den Bergbau um Goslar sind die Jahre nach 1500 erfolgreich. Es können Fördermengen erzielt werden, die erst um 1870 wieder erreicht und übertroffen werden.

Ganz wesentlich zum wirtschaftlichen Aufschwung im 16. Jahrhundert im Harz trägt die **verbesserte Nutzung der Wasserkraft für das Montanwesen** bei. Das seit dem 13. Jahrhundert bestehende System von Teichen und Gräben wird wesentlich erweitert und modernisiert, um das für den Betrieb der Wasserräder in den Bergwerken und Hüttenbetrieben notwendige Antriebswasser auch in Trockenzeiten kontinuierlich bereitstellen zu können. So wird um 1560 der Herzberger Teich mit einer Länge von 140 m und einer Dammhöhe von 11,80 m angelegt. Vor 1579 wird mit der kaskadenförmigen Anlage der drei Pfauenteiche bei Zellerfeld mit einem Stauinhalt von 144.000 m³ (Oberer Pfauenteich), 309.000 m³ (Mittlerer Pfauenteich) und 273.000 m³ (Unterer Pfauenteich) begonnen, die im 17. Jahrhundert mit dem darüber liegenden Hirschler Teich erweitert wird. Auf Grund des Standes der Teichbautechnik wagt man es zunächst nicht, die Dämme höher als 8 Lachter (15-16 m) zu bauen. Um genügend Wasser speichern zu können, müssen die Teiche deshalb hintereinander angelegt werden. Auch die um 1685 angelegte Teichkaskade am Auerhahn bei Hahnenklee, zu der der Auerhahn Teich, der Neue Teich, die drei Grumbacher Teiche sowie die beiden Flöß Teiche gehören, dient dazu, das Stauvolumen und damit die verfügbare Energie zu optimieren. Insgesamt werden seit dieser Zeit bis in das 19. Jahrhundert **mehr als 110 Bergbauteiche im Oberharz** angelegt. Hinzu kommt der Bau von **mehr als 500 km Sammel- oder Aufschlaggräben**, um die reichen Niederschläge des Oberharzes im Quellgebiet von Oker, Söse und Innerste zu sammeln, zunächst in Teiche zu leiten und anschließend als wichtige Energieträger den Wasserrädern der Berg- und Hüttenwerke zuzuführen.

Außerdem werden mittelalterliche **Wasserlösungsstollen** zur Ableitung des ständig zusickernden Grundwassers in den Gruben **weiter vorangetrieben und neue angelegt**. Bis zur Mitte des 17. Jahrhunderts werden sie ausschließlich mit Schlägel und Eisen in Handarbeit hergestellt, wobei ein Bergmann in einer Achtstunden-Schicht nur etwa 1 bis 2 cm schafft. Bei dreischichtiger Belegung wird damit der Bau des Stollens jährlich um etwa 9 bis 18 m vorangetrieben. So wird 1529 mit dem Bau

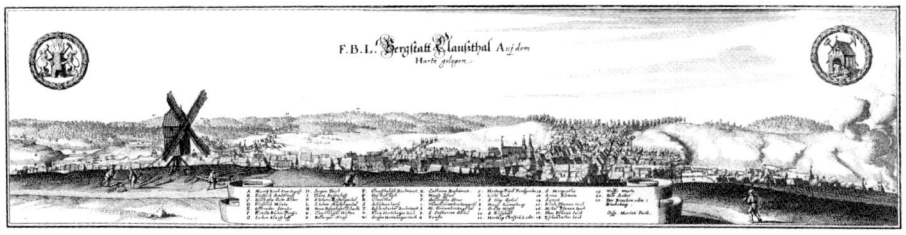

Bergstadt Clausthal um 1650 Aus: Merian (1654)

des 1.450 m langen Sankt Johannes Stollens zur Entwässerung der Gruben in den Morgenröther und Jacobsglücker Erzgängen, 1533 mit dem Bau des 400 m langen Fürstenstollens (Felicitaser Erzgang), 1534 mit dem Bau des 1.750 m langen Edelleuter Stollens (Morgenröther und Edelleuter Erzgang) sowie des 1.000 m langen St. Jacobsglücker Stollens (Jacobsglücker und Reichetroster Erzgang), 1536 mit dem Bau des 1280 m langen Spötterstollens (Samsoner u. Gnade Gotteser Erzgang) und 1551 mit dem Vortrieb des 19-Lachter-Stollens begonnen. Vom 16. bis ins 19. Jahrhundert haben die Oberharzer Bergleute insgesamt mindestens **159 km Wasserlösungsstollen** gebaut, von denen heute noch 92 km substantiell erhalten sind,und zwar 4,5 km wasserführend in Betrieb und 87,5 km als Bodendenkmale. (Beug et al, 25; Roseneck (2012), 5; Schmidt (2012), 13ff., 44ff. u. 230ff.; Brückner et al, 371; Bachmann et al, 159; Liessmann (2010), 99ff.)

Am 10. Februar schlägt während eines Gewitters ein **Blitz** durch das Fenster in die Hofstube des Schlosses in Wernigerode und **trifft zwei Köche,** die gerade Bratwürste zubereiten. Die Köche erleiden schwere Verbrennungen. (Jacobs (1868), 143)

1522
In diesem Sommer gibt es **schwere Unwetter**. Durch Hagelschlag nehmen viele Dächer und Fenster Schaden und das Getreide auf den Feldern wird ruiniert. (Spangenberg, 418; Binhard II, 83)

Der Rat der Stadt Nordhausen erteilt in diesem Jahr Hans Schobelroth und Volckmar Kruse die Erlaubnis zur Gewinnung von **Eisenstein** in der Nordhäuser Flur. (Rohr, Unterharz, 165)

1523
In diesem **heißen und trockenen Sommer** fehlt vielen Mühlen das Mahlwasser. (Tromm, 252; Binhard II, 86; Falkenstein, 586; Glaser, 103)

Im Gebiet um Göttingen zerschlagen **Hagelunwetter** viele Dächer und Fensterscheiben und auch das Getreide auf den Feldern. (Lubecus, 331)

1523/24
In diesem **harten und langen Winter** sind im Mai die Teiche noch mit Eis bedeckt. Es gibt eine **Missernte**, nach der das Getreide im Preis um mehr als das Doppelte steigt. (Reichardt, 429)

1524
Am 4. März findet eine **Konjunktion von Mond, Mars, Merkur, Venus, Sonne und Jupiter** im Sternzeichen Fische/Wassermann statt. (Tromm, 253; Binhard II, 86f.; Kretzer)

Am 16. Juni erlässt Herzog Heinrich der Jüngere von Braunschweig-Wolfenbüttel eine **Bergfreiheit für die Siedlung Grund,** in der er den zuziehenden Bergleuten und Gewerken bedeutende Vorrechte und Vergünstigungen zusichert, darunter das Recht, Bergwerke anzulegen, Holz zu schlagen für Gruben und Wohnhäuser sowie Waldparzellen für die Anlage von Äckern, Wiesen und Gärten zu roden. Damit soll der weitgehende Stillstand des Bergbaus im Oberharz seit der Mitte des 14. Jahrhunderts beendet werden.

Die Verkündung dieser Bergfreiheit hat einen solchen Erfolg, dass sich aus dem Erzgebirge und anderen Bergbaugebieten eine große Zahl von Bergleuten einfinden, deren Ansiedlung zur Gründung der Bergstädte Wildemann, Zellerfeld, Grund und später Lautenthal führt.

Diese Bergstädte sind nicht Zentralorte eines flächenhaft erschlossenen Umlandes, sondern dienen nur der Neuerschließung des Oberharzes, dessen erste Bergbauperiode (*„der Alte Mann"*) fast spurlos verschwunden ist. Sie entwickeln keine Märkte und nur das Unentbehrliche an Gewerben, sind also mit den funktionell städtischen Siedlungen im Harzvorland nicht zu vergleichen. Sie sind eigentlich nur Wohnsiedlungen innerhalb eines alles, auch die Wälder beherrschenden **„Bergbaustaates"**. 1532 wird bereits die Hütte bei Wildemann und 1542 die Hütte bei Zellerfeld gegründet. (Dennert (1954), 8; Kremser, 114; Pitz, 56)

Bergstadt Grund um 1650 Aus: Merian (1654)

Ein **Spätfrost zu Pfingsten** verdirbt den Wein in diesem Jahr. (Spangenberg, 418a; Binhard II, 87)

Mitte September findet am Brocken eine dreitägige **Fang- und Treibjagd** mit Hunden statt, bei der Hirsche und Rehe gefangen werden. (Jacobs (1900), 42)

1525

Augenzeugen der Schlacht bei Frankenhausen am 15. Mai berichten übereinstimmend, dass *„allwegen ain regenbogen am hymel umb die sonen gesehen worden"*, als Thomas Müntzer vor der Schlacht zu den aufständischen Bauern gepredigt hat. (Fuchs, 897; Spangenberg, 424a, 425)

Moderne Astronomen weisen darauf hin, dass es sich dabei nicht um einen Regenbogen im physikalischen Sinn, sondern um einen auffälligen **Sonnenhalo** gehandelt hat. Eine solche Himmelserscheinung wird durch eine Spiegelung des Sonnenlichts an unsichtbaren Eisnadelwolken in großen Höhen verursacht. Das Licht bricht sich an den kleinen Eiskristallen und zerlegt sich in die Regenbogenfarben. Naturwissenschaftliche Untersuchungen bestätigen, *„dass der Regenbogen von Frankenhausen eine natürliche und keine legendäre Erscheinung war, dass die historischen Quellen darüber eine atmosphärische Erscheinung einwandfrei beschreiben und dass diese Erscheinung durch ein Halo-Phänomen ihre Erklärung findet"*. (Wattenberg, 20)

122

1526

Ein **Spätfrost** 14 Tage vor Pfingsten schädigt die Weinstöcke und die Nussbäume, die zum Teil erfrieren. (Spangenberg, 429)

In einer Urkunde des Klosters Ilsenburg wird in diesem Jahr erstmalig der **Ilsenburger Stieg** genannt. Dieser sehr alte Verkehrsweg führt von Ilsenburg an der uralten Einsiedelei Wanlefsrod vorüber, die schon Kaiser Heinrich II. (1024-1039), der Heilige, und seine Gemahlin Kunigunde mehrfach besuchten. Der Ilsenburger Stieg, ein Fußsteig oder Saumpfad verband auf kürzestem Wege den Königshof Helisinaburg, das spätere Kloster Ilsenburg, mit der Kaiserpfalz Goslar. Er wird später **Teilstück einer Nordharzstraße**, die vom Okerturm über Wernigerode nach Blankenburg führt. (Fischer (1911), 181; Blankenburg, 238)

Aus der Wernigeröder Amtsrechnung von 1525/26 geht hervor, dass auf Befehl des Grafen Botho zu Stolberg an Urban Seger und Andres Paltzar in Elbingerode ein halber Gulden gezahlt wurde, weil sie *„3 bern gefangen und die Klauen meinem gnedigen hern geben."* (Jacobs (1900), 76)

Cyriacus Spangenberg berichtet: *„1526 haben sich im Amt Rammelburg allenthalben viel Bären sehen lassen und sind so zahm gewesen, daß sie den Bauern in die Höfe und Gärten gesprungen und nach den Bienen gestiegen, auch etwan die Bienen mit den Stöcken hinweggetragen".* (Schotte (1907),10)

1527

Am 11. August – andere Chroniken berichten darüber unter der 11. Oktober – ist um 4.00 Uhr am Morgen für mehr als eine Stunde lang eine **merkwürdige Leuchterscheinung am Himmel** zu sehen, nach deren Beschreibung es sich um ein Polarlicht handeln könnte. (Spangenberg, 430; Borchert/Waterman, 134, (Fol.110 u. 111); Binhard II, 104)

Am Passberg bei Sondershausen wird in diesem Jahr ein **Braunbär** zur Strecke gebracht. (Lindner, Jagdgeschichte, 38)

1528

Der Sommer und der Herbst sind sehr **niederschlagsreich**. Von Ende Juli bis Mitte November gibt es nur an vier Tagen trockenes Wetter. (Lückert (2009), 199; Glaser, 105)

Mit dem Erlass einer **Bergordnung** und der **Gründung der freien Bergstadt St. Andreasberg** beginnt die erste Blütezeit des Silberbergbaus im Oberharz, die bis etwa 1550 andauert. (Brückner et al, 375)

Das Klostergut Walkenried unterhält je einen **Viehhof** in Hohegeiß und in Wieda. Später wird ein weiterer bei Braunlage am Kapellenfleck eingerichtet, der bis 1841 besteht. Viehhöfe bestehen neben den Viehherden der Dorfbewohner. Sie sind Stützpunkte der sommerlichen Waldweide und nehmen zahlreiches Mietvieh aus dem Harzvorland auf, dessen Milch hier oben zu Butter und Käse verarbeitet wird. Im Winter bleibt in den Stallungen der Viehhöfe nur ein kleiner Stamm von 6 bis 10 Tieren zurück. (Blankenburg, 137)

1529

Am Anfang des Jahres ist es **angenehm warm und lind**, so dass am 24. Februar (Mathiastag) schon die Veilchen blühen und sich die Leute Sträuße aus Frühlingsblumen binden können. Der nachfolgende **Sommer ist nass**, das Getreide verfault auf dem Feld und die Weintrauben werden nicht reif. (Spangenberg, 431a, 432; Tromm, 261; Binhard II, 104f; Glaser, 105)

Am Abend des 10. August ereignet sich im Mansfelder Land ein **Unwetter** mit Gewitter und Star-kregen. Anschließend führt die Wipper **Hochwasser** und es kommt am folgenden Tag um Heldrun-gen, Mansfeld und in Eisleben zu Überschwemmungen, wobei Gebäude beschädigt und das Ernte-gut auf den Feldern hinweggeführt oder verschlämmt wird.
(Grössler/Sommer, 8; Spangenberg, 432; Spangenberg, IV Teil, 211; Weikinn, Teil 2, 97f.)

Um 1530
Die Aufnahme des **Eisensteinbergbaus** u. a. im oberen Siebertal und im Dreibodetal (Eisensteins-berg) führen zur Gründung privater **Eisenhütten an der Sieber und der Oder**. An den Zuflüssen der Bode entstehen insgesamt 25 Eisenhütten, die mit Elbingeröder Eisenstein beliefert werden.
(Brückner et al, 375)

In diesem Jahr lässt Graf Botho zu Stolberg und Wernigerode am Ausgang des **Ilsetals eine Eisen-hütte** anlegen. Um diese mit Holzkohle und Brennholz zu versorgen, wird die **Ilse zum Flößen ein-gerichtet**. (Kortzfleisch, 76)

1531
Am 13. Mai wird zwischen dem Grafen Botho zu Stolberg und Wernigerode und den Grafen Ulrich und Bernhard zu Regenstein und Herren zu Blankenburg ein Vertrag über die **Flößerei im Bodetal** geschlossen, in dem sich die Vertragsparteien gegenseitig das Recht zum Flößen von Holz auf der Bode im Territorium der anderen Partei einräumen. Die Bode, die abwechselnd die Territorien beider Parteien durchfließt, soll von Felsen geräumt und an Engstellen erweitert werden, um die Flößerei zu ermöglichen. Kurz nach 1840 hört die Flößerei auf der Bode auf, weil im Eisenhüttenwerk Thale die Koksfeuerung für den Hochofen eingeführt wird. (Kortzfleisch, 74, 91)

Am 24. Juli schließt Graf Botho zu Stolberg und Wernigerode mit der Stadt Nordhausen einen Vertrag über die **Holzflößerei auf dem Feldwasser** der Zorge und über eine Holzniederlage vor Nordhausen.
(Jacobs (1908, 175ff.)

Vom 6. August bis zum 3. September ist der **Halley´sche Komet** sichtbar. Am 14. August erreicht er seinen erdnächsten Punkt, seine größte Erdnähe beträgt 66 Millionen km. (Tromm, 274; Binhard II, 108; Bor-chert/Waterman, 137, 139 (Fol.120 u. 125); Kabisch, 336; Lehmann, 368; Reichstein, 16; Kronk I, 298ff.)

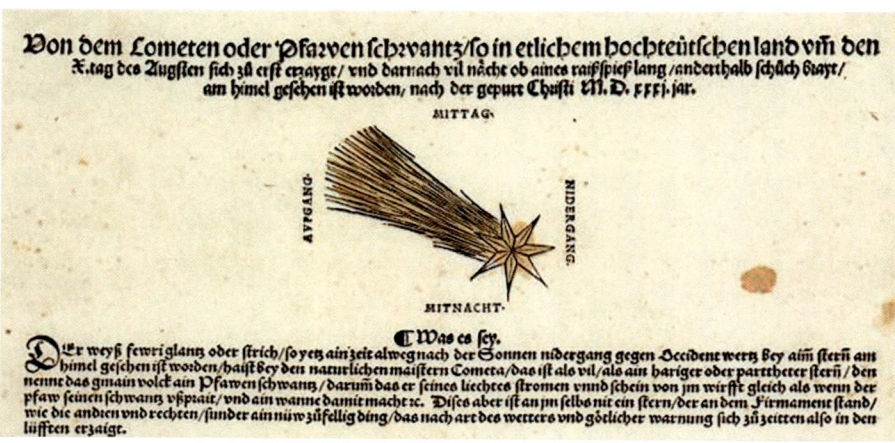

Der Halley´sche Komet in einer zeitgenössischen Darstellung

In diesem Jahr oder jedenfalls nicht viel später bricht auf einer Wiese etwa eine halbe Meile von Walkenried ein kreisförmiger **Erdfall** ein, der sich sogleich vollständig mit Wasser füllt. Als ein Hirt, der dort bei gelindem Winterwetter seine Schafe weidet, das Wasser zu seinen Füßen bemerkt, treibt er eilig seine Herde hinweg. Zurückblickend sieht er keine Wiese mehr, sondern einen See. Seine Tiefe beträgt zunächst etwa 40 Klafter. Im 17. Jahrhundert ist der See reich an Fischen. Im Laufe der Jahre füllt sich der Trichter mit abrutschender Erde, sodass dieser Erdfallsee heute nicht mehr zu sehen ist. (Lesser, 18f.; Stampniok)

1531 bis 1534
In diesem Zeitraum produzieren die Hütten am Rammelsberg jährlich 600 bis 700 to Blei und zwischen 230 und 1310 kg Silber pro Jahr. Die Kupfererzeugung kommt fast ganz zum Erliegen. (Bachmann et al, 159)

1532
Am 4. Juni erlässt Herzog Erich I. von Calenberg die erste welfische **Forstordnung**, in der vor allem die folgenden bereits bekannten Grundregeln festgelegt werden: das Verbot, fruchtbare Bäume zu fällen, die Anordnung, junge Schläge 4 Jahre mit dem Vieheintrieb zu verschonen sowie die Erlaubnis, dürres und windfälliges Holz ohne besondere Anweisung zu nutzen. Neu ist die Anordnung, grünes, stehendes Holz nur „*mit des Försters Wissen und Willen zu fällen.*" (Kremser, 196)

Im August/ September ist für einige Wochen jeweils zwei Stunden vor Sonnenaufgang ein **Komet** zu beobachten, der seinen Schweif nach Südosten streckt · (Spangenberg, 433a; Tromm, 276; Münch, Chronicon, 210; Lubecus, 347; Kronk I, 301ff.)

In diesem Jahr wird eine **Wasserleitung** fertiggestellt, die das Wasser vom Brunnen beim Kloster Haldenborn durch Röhren in die eine Meile entfernte Stadt **Sangerhausen** führt. (Müller (1731), 359)

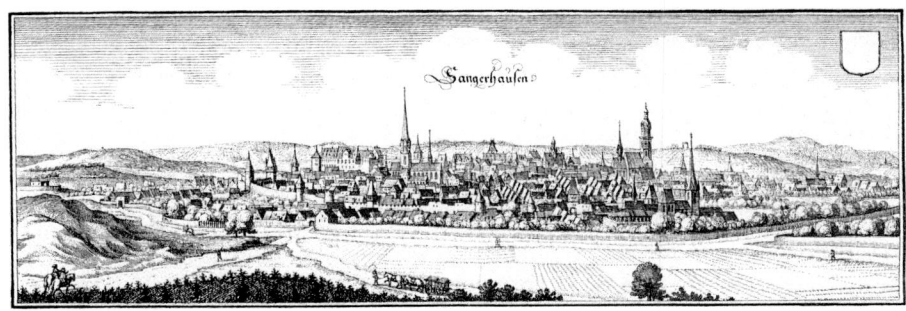

Sangerhausen um 1650 Aus: Merian (1654)

Herzog Heinrich der Jüngere von Braunschweig-Wolfenbüttel erlässt in diesem Jahr eine **Bergfreiheit** für die 1524 entstandene Siedlung Grund und das in diesem Jahr besiedelte Zellerfeld, um den Bergbau zu fördern und vor allem Fachkräfte aus anderen Bergbaugebieten ins Land zu holen.
Die Bergleute mit ihrer Habe dürfen u. a. ungehindert in diese Bergstädte ziehen und diese wieder verlassen. Sie dürfen dort ihre Häuser bauen, selbst backen, schlachten, brauen, Wein und Bier und allerlei fremde Getränke ausschenken. Sie dürfen zollfrei Handel treiben und sind frei von aller Steuer, jedem Hofdienst und der Acccise. Sie dürfen das für die Gruben, Hüttenwerke und Häuser benötigte Bauholz ohne Gebühren schlagen, allerdings nur nach Anweisung und Erlaubnis der Förster. Außerdem wird den Bergleuten und Gewerken (Bergwerksunternehmen) für drei aufeinander folgende Jahre die Zehntabgabe erlassen.

Diese Bergfreiheit bildet die Grundlage für alle später den Bergleuten im Herzogtum Braunschweig eingeräumten Freiheiten und Privilegien. (Calvör, 217ff.; Liessmann (2010), 23f; Fischer (1913), 200)

1532/33
In diesem **harten Winter** fällt bereits vor Weihnachten viel Schnee, es herrscht Frost und bleibt bis nach Ostern immer kalt. (Grössler/Sommer, 10)

1533
Im Juli erscheint der sehr helle **Komet Apianus** mit sehr langem Schweif am Himmel, der in vierzig Tagen die Tierkreiszeichen Zwillinge, Stier und Widder durchläuft. Er erhält seinen Namen nach dem deutschen Astronomen Peter Bienewitz, Apianus genannt, der feststellt, dass der Schweif von Kometen stets in die der Sonne abgewandte Richtung weist.
(Spangenberg, 435; Tromm, 277; Borchert/Waterman, 140, (Fol.128); Lehmann, 368; Kabisch, 336f.; Vanin 29; Kronk I, 303f.)

Der Aſtronomus.

Der Astronom aus dem Ständebuch des Jost Amman von 1568

In diesem Jahr wird die **Andreasstraße,** auch Ellricher Straße genannt, urkundlich erwähnt, die von Zorge im Andreasberger Tal, in der Nähe der alten Ladestelle den Heidenstieg kreuzend ins Odertal hinab und über den Breitenberg nach St. Andreasberg führt. Sie entstand vermutlich schon vor 1300, erlangte Bedeutung für den Erztransport und ist die älteste Verbindung der Bergbau- und Hüttengebiete im Südharz mit dem Bergamt in St. Andreasberg.
(Blankenburg, 238)

Herzog Heinrich der Jüngere von Braunschweig-Wolfenbüttel schließt in diesem Jahr mit Wulffen Hartenstein einen Vertrag über die gemeinsame **Flößerei auf der Innerste.** Auf der Innerste wird Holz u. a. nach Hildesheim geflößt. (Kortzfleisch, 85)

Dieses Jahr richten **starke Stürme** an Gebäuden und Bäumen große Schäden an.
(Binhard II, 110; Wohlfahrt,46)

1534
Dieser **Winter** ist **sehr streng**. (Tromm, 280; Hennig, 47; Glaser,106)

In diesem **heißen und sehr trockenen Sommer** verdorren das Gras auf den Wiesen und das Laub an den Bäumen. Den Mühlen fehlt das Wasser zum Mahlen. Wenn ein Haus brennt, kann das Feuer oft nicht gelöscht werden, denn das Holz brennt wie Zunder.
(Spangenberg, 435a; Hennig, 47; Glaser, 106)

1535
Da für das Bergbau- und Hüttenwesen große Holzmengen benötigt werden und auch das übermäßige Eintreiben von Vieh in die Wälder erhebliche Schäden verursacht, kommt es zu einem **Raubbau**

in den Harzwäldern, der viele Kahlschläge hinterlässt. Da eine systematische Aufforstung erforderlich ist, erlässt Herzog Heinrich der Jüngere von Braunschweig in diesem Jahr eine **Forstordnung**, mit der junge Bäume unter Schutz gestellt werden und die Hut und die Trift des Viehs in den Wäldern sowie der Holzeinschlag geregelt werden.
(Heinemann, 95)

In diesem Jahr wird in **Lautenthal** mit dem **Bergbau** und der Anlage einer Wohnsiedlung begonnen.
(Wiese (1979), 153)

1535/36
Nach einem **strengen, schneereichen Winter** ist der **Sommer heiß und trocken**. Es herrscht großer Wassermangel und die Mühlen können nicht mahlen.
(Spangenberg, 436; Binhard II, 111; Falkenstein, 612; Hennig, 47; Glaser, 107)

Am 10. August, am Laurentiusabend, richtet ein **Unwetter mit Hagelschlag** große Schäden an.
(Spangenberg, 436; Binhard II, 111f.)

1537
Am 7. Juni verursacht ein **Wolkenbruch** in Eisleben und Umgebung große Schäden. In der Stadt ertrinkt eine Frau mit ihrem Säugling in den Fluten.
(Grössler/Sommer, 15; (Spangenberg, IV Teil, 268)

In diesem Sommer vergeht keine Woche, in der es nicht an mehreren Tagen regnet. Die Leute haben deshalb große Schwierigkeiten, das Getreide einzubringen. (Grössler/Sommer, 15)

In diesem Jahr schließen sich die **Glasmacher** im nördlichen Deutschland, darunter auch die Glashüttenbetreiber in unserem Gebiet, in dem am Fuß des Meißners gelegenen Großalmerode zu einer Zunft zusammen, nachdem aus diesem Ort bereits seit langer Zeit der für die Herstellung der Häfen (Tiegel) für die Glasschmelze benötigte hochwertige Hafenton des Hirschberges bezogen wird. Die einzigartige Qualität dieses Tons verschafft Großalmerode eine Monopolstellung an diesem Rohstoff.
1559 verleiht Landgraf Philipp von Hessen als Obervogt des Bundes der Glashütten dem Bund einen neuen Bundesbrief mit Bestimmungen u. a. über den Hüttenbetrieb, die Menge der jährlich herzustellenden Waren und deren Preise sowie die Rechte und Pflichten der Hüttenbetreiber. Der feuerfeste Ton darf nur aus Großalmerode bezogen werden. Nur von Sonnenaufgang am Ostermontag bis zum Sonnenuntergang am Martinstag (10. November) darf Glas gemacht werden. Während der übrigen fünf Monate beschäftigen sich die Glasmacher mit der Herbeischaffung des Holzes und der Rohstoffe für die Glasherstellung.
In unserem Gebiet werden seit der zweiten Hälfte des 15. Jahrhunderts mehrere **Glashütten** errichtet, darunter unter dem Bakenberg bei Neuekrug, im Amt Harzburg, in der Nähe von Lauterberg, in der Umgebung von Wieda, im Jakobsbruch nördlich von Schierke und in Braunlage. Der außerordentlich große Holzverbrauch bei der Glaserzeugung – jede dieser Glashütten verbrennt jährlich etwa 2.000 bis 2.700 m³ Holz, nach anderen Angaben sogar 800 Klafter (4320 m³) – führt jedoch schnell zur Entwaldung ganzer Landstriche mit solchen negativen Folgen wie der Änderung des Wasserhaushalts und dem vermehrten Auftreten von Bodenerosionen. Obgleich für die Glasschmelze Weichholz (Linde, Birke, Esche, Erle u. a.) bevorzugt wird, unterliegen die Glashütten im Harz der Konkurrenz der Erzschmelzhütten, die infolge der Verknappung von Hartholz (Buche, Eiche u. a.) verstärkt auch Holzkohle aus Weichholz verbrauchen.
(Tenner, 2f.; Kurfürstentum Hessen, 414ff.; Rosenstock, 125ff.; Moritz, 113f.; Gringmuth-Dallmer/ Lange, 88; Schubart (1966), 169ff.; Blankenburg, 182)

In diesem Jahr erhält St. Andreasberg die Stadtrechte. (Brückner et al, 375)

1537/38

Um Martini tritt eine **ungewöhnliche Wärme** ein, die bis in den Februar anhält. Zum Neujahrstag und zum Dreikönigstag können sich die Mädchen schon mit Kränzen aus Veilchen, Kornblumen, Stiefmütterchen und anderen Frühlingsblumen schmücken. Trotz dieser Unregelmäßigkeit der Natur wird in diesem Jahr eine **ertragreiche Ernte** eingebracht. (Spangenberg, 436a; Binhard II, 112)

1538

Am 18. Januar wird nach Sonnenuntergang ein **Komet** mit einem nach Osten gerichteten Schweif im Zeichen der Fische beobachtet. (Spangenberg, 436a; Lehmann, 368; Kronk I, 305f.)

Am 19. Januar schreibt Graf Wolfgang zu Stolberg-Wernigerode an seinen Bruder Albrecht Georg: *„ Ich kann dir auch nit verhalten, dass die Männer von Drübeck zwei Bären gefangen haben, jar an den Bergen, fast unter dem Brocken, hat der erste gehabt 164 Pfund, der ander 180 Pfund Feistes."* (Jacobs (1900), 77)

Am 21. Februar kommt es nach Tauwetter zu Hochwasser. *„Den 21. Februarij / sind die Wasser gros geworden/vom Tawwetter/vnd hat sich die Wippra* (Wipper) *ergossen/das man nicht hat vberkomen können."* (Spangenberg, 436a)

Am 12. Juni *„hat man an etlichen orten hie für dem hartz Fewer sehen vom Himel fallen".* (Spangenberg, 437a)

Im Sommer, Herbst und frühen Winter richten sehr **viele Mäuse** in den Gärten und auf den Feldern großen Schaden an. (Grössler/Sommer, 16)

In diesem Jahr wird **Harzgerode zur freien Bergstadt erklärt**, um den Bergbau in der Umgebung der Stadt zu fördern. (Kurth (2003), 28)

1539

Vom 18. April bis zum 16. Mai erscheint ein **Komet** am nordwestlichen Himmel. (Spangenberg, 438a; Binhard II, 115; Lehmann, 368; Kabisch, 337; Kronk I, 307f.)

Herzog Heinrich der Fromme von Sachsen und die Äbtissin des Stiftes Quedlinburg, Anna II., Gräfin von Stolberg, schließen in diesem Jahr einen Vertrag wegen des Wein-Zehnten von den bestehenden und noch anzulegenden **Weinbergen um Quedlinburg**. Rohr berichtet 1736, dass seines Wissens um die Stadt keine Weinberge mehr unterhalten werden, sondern die Grundstücke inzwischen für den Getreide- und Obstanbau genutzt werden. (Rohr (1736), 204f.)

1540

Am Morgen des 7. April ist eine **partielle Sonnenfinsternis** zu beobachten. (Spangenberg, 438a; Kabisch, 337; Lehmann, 425; Schroeter, Karte 114a)

Dieses Jahr geht als *„heißes Jahr"* in die Geschichte ein, weil dieser **Sommer extrem heiß und trocken** ist und mehrere Monate kein Regen fällt. Zehn Monate lang prägen blockierende warme Hochdrucklagen das Wetter in Mitteleuropa. Es ist vermutlich das **trockenste Jahr der ganzen Neuzeit in Mitteleuropa**. Hitze und Trockenheit dauern im Sommerhalbjahr vier Monate länger als im Jahrhundertsommer 1947. (Pfister, 191; Hennig, 48; Nussbaumer, 34; Glaser, 108) In manchen Dörfern herrscht so großer Wassermangel, dass den Einwohnern das Trinkwasser zugemessen werden muss. In mehreren Städten und Dörfern brechen Brände aus, so u. a. am 11. Au-

gust in Nordhausen, wo große Teile der Stadt den Flammen zum Ofer fallen. Auch Günthersberge erleidet durch einen Brand großen Schaden. (Spangenberg, 438a, 439; Lubecus, 355; Bange, 171; Binhard II, 116; Förstemann, 409; OKA vom 27. 7. 1822; Hennig, 48)
Durch die Trockenheit geht fast das ganze Getreide verloren. In der Grafschaft Stolberg- Wernigerode wird die Ausfuhr von Getreide verboten. (Reichardt, 429)
Allerdings wächst **viel süßer und starker Wein**. *„Das Bawrsvolck ubersoff sich darinnen in den Städten / dass sie im herauß fahren unter die Pferde und Wagen fielen / und eins theils die Arm / eins theils die die Beine entzey fielen / oder von den Wagen / so uber sie hergiengen / schaden namen."* (Binhard II, 117)

Am 9. November schreibt Graf Wolfgang zu Stolberg-Wernigerode an seinen Bruder Albrecht Georg, dass es viel gute **(Wild)-Schweine** und **Bären** um Stolberg gebe. (Jacobs (1900), 77)

„Um Nicolai" (6. Dezember) veranstaltet Graf Wolfgang zu Stolberg-Wernigerode in Anwesenheit des Erzbischofs für Magdeburg und Halberstadt, Markgraf Albrecht von Brandenburg, bei Veckenstedt eine **Wolfsjagd.** (Jacobs (1874), 31)

1541
Der **Jahresanfang** ist so **warm**, dass die Frauen um den Dreikönigstag (6.Januar) die Leinenwäsche an der Sonne trocknen können. (Spangenberg, 439)

Am 26. Januar tobt ein **Sturmwind,** so dass niemand aus dem Haus gehen kann. (Spangenberg, 439; Binhard II, 118)

In diesem Jahr wird die **Einhornhöhle** bei Scharzfeld, mit einer Gesamtlänge von fast 600 Metern die größte Schauhöhle des Westharzes, unter der Bezeichnung *"Zwerghöhle"* in einer Grenzurkunde zum ersten Mal erwähnt. (Knolle/Marbach, 76; GHBO, Faltblatt Nr. 5)

In diesem Jahr werden in der Grafschaft Wernigerode 6457 grobe oder große **Vögel**, 2100 kleine Vögel, 238 Haselhühner und 9 Schnepfen **an die gräfliche Küche nach Wernigerode abgeliefert.** Im Jahr 1544 werden 5770 grobe oder große Vögel, 1050 kleine Vögel, 370 Haselhühner und 27 Schnepfen an diese Küche geliefert. (Jacobs (1900), 66)

1542
Am Abend des 4. Januar verursacht ein **heftiger Sturm** große Schäden auch an festen Häusern. (Tromm, 289; Binhard II, 118; Wohlfahrt, 46)

Am 21. Juli richten **Gewitterstürme mit Hagelschlag** im nordöstlichen Harzvorland um Halberstadt, Wanzleben und Magdeburg vor allem an den Feldfrüchten großen Schaden an. (Spangenberg, 440; Binhard II, 118f.; Hennig, 48; Hamm, 53)

Im Nordharzvorland tritt ein Heer von **Heuschrecken** auf. (Reichardt, 429)

Die **Sommer** dieses Jahres und der beiden folgenden Jahre sind **nass und kalt.** (Tromm, 290f.; Glaser, 109f.)

Unterhalb der **Harzburg** wird in diesem Jahr eine **Eisenhütte errichtet.** (Hoffmann (1994), 40)

Zur Entwässerung der Gruben im Mansfelder Kupferschieferrevier wird in diesem Jahr mit dem Bau des **Gonnaer Stollens** begonnen, der 1625 bei Obersdorf das Kupferschieferflöz erreicht. Er hat eine Gesamtlänge von 13 km. (Mansfeld (2008), 138f.)

1544

In diesem Jahr gibt es **drei Mondfinsternisse,** nämlich am 10. Januar, am 4. Juli und am 29. Dezember. (Spangenberg, 440a; Binhard II, 119; Borchert/Waterman, 145, (Fol.145); Schroeter, 278)

Am 24. Januar- nach Spangenberg am 24.Februar - ist eine **Sonnenfinsternis.** (Spangenberg, 440a; Schroeter 146, Karte 115a)

In diesem Jahr schaden an vielen Orten Schwärme von **Wanderheuschrecken** der Landwirtschaft. (Binhard II, 119)

Im **Wernigeröder Wolfsgarten** werden in diesem Jahr zwei Wölfe gefangen. (Jacobs (1900), 78)

1545

Am Morgen des 3. März, gegen 4 Uhr, sehen Mansfelder Bergleute auf dem Weg zur Arbeit *„mehr denn an einem ort ... Fewer ... vom Himel fallen".* (Spangenberg, 441)

Dieser **Sommer** ist **heiß und trocken,** die Flüsse führen so wenig Wasser, dass die Mühlen nicht in Betrieb gesetzt werden können. (Spangenberg, 441a; Binhard II, 120; Glaser, 110)

1546

Auf der Ilsenburger Eisenhütte in der Grafschaft Wernigerode wird in diesem Jahr der **erste Hochofen des Harzes** angeblasen. Er produziert 15 Zentner Roheisen (Luppe) am Tag, das in Frisch- und Hammerhütten zu schmiedbarem Eisen weiterverarbeitet wird. Zur Herstellung von 15 Zentnern Schmiedeeisen werden insgesamt 90 Zentner Holzkohle aus 450 Zentnern Rohholz benötigt. (Kortzfleisch, 170; Brückner et al, 375)

1547

Vom 22. bis 25. April erscheint durch **Höhenrauch** die Sonne in ganz Deutschland, Frankreich und England rötlich und ohne Glanz, wie eine Kugel mit Flecken, so dass zur Mittagszeit die Sterne sichtbar sind. (Hennig, 48; Spangenberg, 454a; Binhard II, 122; Bange, 173)
Möglicherweise bestand dieser Höhenrauch aus feinsten Aschewolken infolge eines Vulkanausbruchs.

Im Juli erlässt Herzog Heinrich der Jüngere von Braunschweig-Wolfenbüttel eine **Forstordnung,** wonach Holz nur noch auf Anweisung des Försters oder Amtmanns geschlagen werden darf. Sämtliche Holzungen werden in gleich große Schläge eingeteilt, von denen jährlich einer genutzt wird, deren Zahl also so bemessen sein muß, dass nach Abtrieb des letzten der erste wieder an die Reihe kommen kann. Allerdings sollen *„alle fruchttragenden Bäume, als Äpfel, Birn, Elssbeeren, Linden, Eschen, Oehren, und was für Menschen, Wildprät und Vögel Nutzen bringet, ... in den Kohlheyen gäntzlich verschont bleiben und nicht abgehauen werden."*
Auf Michaelis darf mit dem Einschlag begonnen werden und bis Walpurgis muss die Abfuhr des Holzes erfolgt sein. Ziegen und Schafe dürfen nicht mehr zur Weide in die Wälder getrieben werden.
Zur Aufforstung der Kahlschläge wird verordnet: *„Undt welcher Förster, der seine Berge und Thale, so er abhauen und verkohlen lässt, nicht fleißig wieder uffheget, soll Unserer ernsten straffe darüber gewärtig seyn."* (Heinemann, 103; Beug et al, 27; Kremser, 197, 234, 263)

Um nach der Wiederaufnahme des Bergbau- und Hüttenwesens im Oberharz einen schnellen und bequemen Transport des für den Grubenausbau und den Hüttenbetrieb erforderlichen Holzes zu ermöglichen, wird im Oberharz mit der **Flößerei** begonnen, die sich bei dem großen Holzbedarf schnell entwickelt. In diesem Jahr wird von Herzog Heinrich dem Jüngeren die erste **Flößordnung erlassen,** die von den Bewohnern der gerade entstandenen Oberharzer Bergstädte Hilfeleistung bei

der Flößerei verlangt. Auf den Floßstrecken sind ständige Unterhaltungsarbeiten durchzuführen und Hindernisse zu beseitigen sowie beim Holzeinwurf und bei der Trift Hilfsdienste zu leisten, um einen reibungslosen und leistungsfähigen Holztransport zu gewährleisten.
Da die Wasserführung der Harzgewässer oft ungenügend ist, werden in den oberen Floßstrecken kleine Stauanlagen mit verschließbaren Durchlassöffnungen errichtet. Das zu flößende Holz wird unterhalb der Stauanlage ins Flussbett gelegt. Bei genügend hohem Wasserstau wird der Durchlass geöffnet und der freigesetzte Wasserschwall transportiert das Holz talwärts zur nächsten Stauanlage. (Hoffmann (1969), 11f.; Kortzfleisch, 80ff.)

1548
In der Nacht vom 6. zum 7. November sieht man in Mansfeld und Umgebung ein sich von West nach Ost bewegendes Feuer am Himmel *„vnd kurtz darauff (ist)ein vngehewer Knall gehöret worden/ viel geschwinder/ hefftiger vnd schrecklicher/ denn ein Donderschlag/ vnd das Nochbrausen bey einer halben viertel stunde geweret/ So hat es auch an etlichen orten geschienen/als ob Fewer vom Himel gefallen...".* (Spangenberg, 458) **Meteorit?**

Die Grafen von Stolberg schenken in diesem Jahr dem auf dem Reichstag zu Augsburg weilenden späteren Kaiser Maximilian II. einen **zahmen Rothirsch**. Diesem Hirsch haben sie *„nicht allein einen Zaum an- und ein Gebiß ins Maul gelegt, wie einem andern Pferde, sondern er hat auch auf sich sitzen und reuten lassen wie ein ander Pferd....und weil damahls Kayser Carolus V. einen Wettlauf mit Rossen angestellt, hat dieser Hirsch auch mitgelauffen und ist allen andern Rossen, ja auch denen Spanischen, die doch sonst auf ihren Füssen sehr schnelle sind, mit seinem Reuter weit vorgelauffen; welches Kayser Carl mit besonder Lust und Freude angesehen."*
(Zeitfuchs, 356f.; Niethammer, Einbürgerung, 117)

In diesem Jahr werden im Amt Rammelburg mehr als **20 Bären gefangen**, davon drei im Martinsberg bei Friesdorf. (Schotte (1907), 10)

1549
In diesem Sommer richtet eine bisher **unbekannte Art von Raupen** großen Schaden an den Bäumen an. (Spangenberg, 458a)

Um 1550
Die Stolberger Grafen erlassen in diesem Jahr eine **Bergordnung für den Kupferschieferbergbau im Raum Ilfeld – Buchholz – Rottleberode**, der hier bereits seit mehreren Jahrzehnten am Austritt der Erzlagerstätte an die Erdoberfläche stattfindet. Zur Verhüttung der Kupfererze entstehen in Ilfeld zwei Hüttenwerke, nach 1563 geht das Erz an die Rottleberöder Hütte und 1570 verhüttet man in Stempeda selbst die dort gewonnenen Erze. Hauptsächlich auf Grund von Problemen mit der Entwässerung und der unzureichenden Bewetterung der Schächte wird der Erzabbau in diesem Raum 1758 eingestellt.
(Liessmann (2010), 353f.)

Um diese Zeit wird in **St. Andreasberg eine Silberhütte errichtet**, die mit einer Unterbrechung von 1620 bis1663 durch den Dreißigjährigen Krieg bis 1912 in Betrieb ist.
(Brückner et al, 367)

In Zorge und Wieda werden um diese Zeit Hochofenhütten errichtet, nachdem sich bereits nach 1490 im **Raum Zorge- Wieda- Hohegeiß der Eisenerzbergbau** entwickelt hat. Der Bergbau expandiert in der zweiten Hälfte des 16. Jahrhunderts nach der Entdeckung hochwertiger Roteisensteinvorkommen im Kastental östlich von Wieda.
(Liessmann (2010), 293f.)

Ein ander wunder zeychen da es wider koren vnd waytzen von Himel ab geregnet hat/zū Weymar vnd Auerstscftat/im Land zū Thüringen/ꝛc.

Item Tobie am 12. Der Könige vñ /Fürsten Rath vnd heimligkeyt sol man verschweygen/ Aber Gottes werck vnd wunderthaten soll man herrlich preysen/vnd offenbaren ꝛc. Dieser vnd deßgleichen spruche fordern vnd begeren ernstlich das man nichts was zur ehr Gottes gereychen mag verschweygen sol.

Die weyl dann im 1. 5. 5. 0. Jar am 1r. tag des Brachmonats welcher ist gewesest der donnerstag nach Johannis Baptiste/hat es zū Weymar vnd Auerstscftat im land zū Thüringen mitiglichen koren vnd waytzen von himel geregnet/vñ ist an etlichen orten dren zweren fingers tieff gelegen/aber an andern orten in furm vnd gestalt wie im in koren in ein acker seet/vnd ist auch solches korn zū wolgeschmachenen brot gebachen worden. Solches hat warhafftig ein mitpurger von Weymar/seynem Brüder gen Nürnberg geschriben/vnd in deßselbigen himel Kom vnnd Waynen etliche körnlein geschickt/Wie das dann von mer glaubwirdigen personen hin vnnd wider geschriben vnd geschickt ist worden/was aber sollichs groß wunderzeychen bedeut ist aller menschlichen weyßheyt verborgen/vnd Gott allein behalt/wann seyne werck sind vnerforschlich/Weil aber alle seyne werck getrew sind/wie der 33. Psalm sagt/So sol vns tröstlicher hoffnung sein/Gott werde sollich seyn/wander seyne namen zū ehren/zum aller besten wenden/Amen.

Kumpt her vnd sehet an die werck Gottes/der so wunderlich ist mit seynem thun/vnter den menschen kinden/Psalm 66.

Gedruckt zu Nürnberg durch Steffan hamer Brieffmaler auff der Schmelzhütten.

Zeitgenössische Darstellung des Kornregens am 25. Juni 1550

1550

Am 25. Juni geht im Gebiet zwischen Weimar, Auerstädt und Eckartsberga ein **Kornregen** nieder. (Schäfer/Eydinger/Rekow, Bd.II, 529; Becherer, 489; Olearius II, 16)

„Den 25 Junij hat es umb Eckerßberg und Weimar Weitzen geregnet /daß er wol zween finger dick über der Erden gelegen." (Binhard II, 129)

1551

Am 10. Januar richtet ein **starker Sturm** an der Andreaskirche, am Rathaus und an anderen Gebäuden sowie an Bäumen und in Gärten in Eisleben großen Schaden an. (Spangenberg, IV Teil, 274, 305)

Am Morgen des 21. März sieht man die Sonne mit zwei **Nebensonnen** und am Abend den Mond mit zwei **Nebenmonden**. Am Mittag des 1. April sind erneut zwei Nebensonnen zu sehen. (Spangenberg, 464)

Am Abend des 6. Juni und am folgenden Tag richtet ein **Unwetter** große Schäden an. Menschen und Tiere ertrinken, viele Gebäude werden zerstört. (Spangenberg, 464a)

Vignette aus Schedels Weltchronik zur Erscheinung von Nebenmonden

Am 6. Oktober werden aus Wolfenbüttel 100 **Forellen** aus den Gebirgsbächen des Amts Harzburg für die herzogliche Tafel angefordert. Die Flussgebiete von Radau und Oker im Amt Harzburg gelten als *„sehr feine Forellenwasser."* (Fischer (1913), 176f.)

Als Herzog Philipp zu Grubenhagen im Jahr 1586 die Aufnahme der Flößerei auf der Söse mit der Begründung ablehnt, wenn *„auf der Söse gefloizet würde, könnte kein Fisch lebendig bleiben"*, verweist Herzog Julius von Braunschweig-Wolfenbüttel auf die Fischerei in den Flüssen Ecker, Radau und Oker, wo auch die Flößerei betrieben wird, und dort *„ jährlich viel 1000 Stück gefangen und an den Fischereien kein Mangel gefunden ist."* (Kortzfleisch, 90)

Von Galli (16. 10.) 1551 bis Galli 1552 werden aus dem Amt Elbingerode 361 Haselhühner, 1080 grobe Vögel, 47 Schnepfen (zu 6 Pfennig das Stück), sowie 5580 Finken (das Schock zu 3 Groschen) an die gräfliche Küche nach Wernigerode geliefert. (Jacobs (1900), 66f.)

In der Umgebung von Stolberg werden in diesem Jahr innerhalb von einer Woche **sechs große alte Wölfe erlegt**, während ein Luchs die ganze Jägerei in Verzweiflung bringt, weil er im Lauf des Jahres etwa 100 Stück Wild zerrissen hat. (Jacobs (1892), 275)

1552
Vom 8. bis 15. Januar toben **schwere Stürme mit Starkregen** in unserer Gegend, die große Schäden an Häusern und Scheunen, aber auch an vielen Bäumen anrichten. Die Flüsse führen **Hochwasser**. (Spangenberg, 466a; Binhard II, 134; Bonnemann, 65; Hamm, 55; Glaser, 111)

Am 13. Juni wird der **Riechenberger Vertrag** zwischen dem Herzogtum Braunschweig-Wolfenbüttel und der Stadt Goslar abgeschlossen. Nachdem die Herzöge von Braunschweig im 13. Jahrhundert das Bergrecht am Rammelsberg an die Stadt Goslar verpfändet hatten, machten sie von ihrem Rückkaufrecht Gebrauch und zahlten von 1525 bis 1527 die gesamte Pfandsumme zurück. Das führte zu einem jahrzehntelangen Streit zwischen den Herzögen und der Stadt Goslar, der mit dem Abschluss des Vertrags im Kloster Riechenberg beendet wird. Dieser **der Stadt aufgezwungene Vertrag** schreibt vor, dass die Produkte der 11 Goslarer Schmelzhütten nicht auf dem freien Markt veräußert werden dürfen, sondern dass der Herzog das Recht auf den Vorkauf hat, sodass er diese Produkte aus dem Erz des Rammelsbergs zu einem sehr niedrigen Preis einkaufen und mit großem Gewinn wieder verkaufen kann. Schließlich gelangen auf diese Weise ab 1575 alle Goslarer Hüttenbetriebe in braunschweigischen Besitz und es kommt zum wirtschaftlichen Niedergang der Stadt. (Hillebrand (1978), 55ff.)

Im Nordhäuser Gumpetal nimmt in diesem Jahr ein **Alaunbergwerk** seinen Betrieb auf. Das schwefelsaure Doppelsalz von Kalium und Aluminium wird u. a. zur Tuchfärbung und in der Gerberei und zum Weißgarmachen der Häute verwendet. Als Rohstoff für die Alaungewinnung wird Schwefelkies (Pyrit) enthaltender Schiefer bzw. Ton abgebaut. 1572 wird das Werk stillgelegt. (Mallies, 4ff.; Fromann, Collectanea Northusana, Bd. V, 503f.)

1553
Am 19. August richtet ein **Unwetter** mit Gewitter und Starkregen in Eisleben sowie in Mansfeld und Umgebung erheblichen Schaden an. (Spangenberg, IV. Teil, 77, 276)

1553/54
Bereits über Weihnachten setzt **grausame Kälte** ein, die sich im neuen Jahr bis Invokavit, den ersten Sonntag der Fastenzeit, fortsetzt. Reisende erfrieren, die Flüsse erstarren im Eis, selbst die Nordsee vereist in den Randbuchten. (Spangenberg, 470, 470a; Hennig, 49; Hamm, 55; Bonnemann,198)

1554
Am Neujahrstag sieht man die Sonne mit zwei **Nebensonnen**. (Spangenberg, 470)

In der am 2. Juni durch Herzog Ernst IV. von Grubenhagen erlassenen **Bergfreiheit für die Berg-stadt Clausthal** werden die Rechte und Privilegien der 1532 verkündeten Bergfreiheit bestätigt und teilweise präzisiert. Hinsichtlich der **Jagd** sowie des Fangens von Vögeln und Fischen wird folgendes festgelegt:" *Da soll Hühner- und Vogel zu fahen, und die Wasser, den Zellbach und die Inderste von der Hüttenstätte, die unter Fronefels Sagemühl lieget, bis dar dasselbige Wasser die Inderste in den Zellbach fleust, derselben Wasser oder Einfluth zum Bergwercke nöthig, und sonsten mit Fischen zur Nothdurffte zu gebrauchen, und sonsten alles andere hohe Wildprett und Vogel, als Auerhahnen, Birkhühner und Hahnen, auch Hirsche und Rehe, und wilde Schweine, auch sonsten aller andererWasser Fischereyen und Weidewerk, bey schwerer Straffe und höchster Ungnade zu vermeiden.* " (Calvör, 219ff.; Kremser, 123; Beug et al, 27; Knolle (1980), 35)

Am 26. November *„hat es zu Nacht sehr geleuchtet und in der Lufft gesauset vnd haben die Wechter und Bergkleute sehen Fewer vom Himel fallen"*. (Spangenberg, 471a) **Meteorit?**

Zur Verhüttung der im Clausthaler Revier geförderten Erze wird in diesem Jahr die **Clausthaler Hütte** errichtet. (Schroeder/Reuss, 144)

In diesem Jahr wütet ein **großer Waldbrand** am Renneckenberg.
(Brückner et al, 360; Spangenberg, IV. Teil, 51f.)

1555
Nach starkem Schneefall am Anfang des Jahres setzt am 17. Januar plötzlich Tauwetter ein, wodurch es an der Unstrut sowie an Saale und Elbe zu **Überschwemmungen** kommt, die großen Schaden anrichten. (Spangenberg, 472; Binhard II, 142)

Am 10. Februar sieht man *„drey Sonnen und drey Regenbogen darneben"*.
(Binhard II, 142; Becherer, 537)

Am 5. Juni tritt eine **Mondfinsternis** ein. (Spangenberg, 472; Schroeter, 280)

In diesem **warmen Herbst** blühen noch einmal verschiedene Bäume, Ende September findet man noch Erdbeeren und am 13. Dezember auch noch schöne Rosen. (Bange 175a; Becherer, 490)

Graf Albrecht Georg zu Stolberg-Wernigerode, der am 4. Juli 1587 *„von einem ungeheuren wilden Schweine in der Jagd am Brocken verunglückt"* und kurz darauf stirbt, lässt in diesem Jahr einen **Tiergarten bei Stolberg** anlegen, dessen Gelände *„das Huhnrod und das Gehöltze nach der Sil-berbach und über die Stadt bey nahe herum"* umfasst. Auf dem Stocksberg wird ein Haus für die Wildfütterung errichtet und ein kleiner Teich für die Tränke angelegt. (Zeitfuchs, 82f., 355)

1556
Um den 6. Januar ziehen große **Schwärme unbekannter Vögel**, die so groß wie Buchfinken sind, durch unser Gebiet, wobei viele tot vom Himmel fallen. (Spangenberg, 473)

Von Ende Februar bis Ende April ist ein großer heller **Komet** mit einem nach Südwesten gerichteten breiten Schweif zu sehen, der am 12. März der Erde am nahesten kommt und in einer Entfernung von nur 12 Millionen km, also relativ nahe, an ihr vorbeizieht.
(Spangenberg, 474; Tromm, 338; Vanin, 23; Kronk I, 309ff.)

Dieser **Sommer** ist so **heiß und trocken**, dass viele Äcker nicht gepflügt werden können.
Das Sommerfeld bleibt sehr zurück, um Martini (10. November) steht noch Hafer auf den Feldern.
(Spangenberg, 474; Binhard II, 146; Hennig, 49; Hamm, 56; Glaser, 113)

Der Komet von 1556 in einer zeitgenössischen Darstellung

Spangenberg berichtet von einer **partiellen Sonnenfinsternis** am 2. November und einer **Mondfinsternis** am 17. November. (Spangenberg, 475a; Oppolzer, 367)

Herzog Heinrich der Jüngere von Braunschweig-Wolfenbüttel erlässt in diesem Jahr eine 3. erneuerte, verbesserte und vermehrte **Bergordnung,** die u. a. ausdrückliche Regelungen der bergrechtlichen Verhältnisse des Rammelsbergs enthält. Zur **Jagd,** zum **Vogelfang** und zur **Fischerei** wird folgendes verordnet: *„Zum vierzehenden wollen wir auch aus gnädigen Willen zu, und nachgelassen haben, Vogel zu fahen, und die Wasser von Zellbach, Indersten, zwischen den Bergstätten, zu fischen, und sonst alles hohe Wildprät, auch Fischwasser bey schwerer Straffe zu meiden ernstlichen verboten haben."*
(Gottschalk (1999), 286; Knolle (1980), 35)

Für viele Jahrhunderte ist der **Vogelfang** für die menschliche Ernährung von Bedeutung. Selbst Kleinvögel werden in großer Zahl für Speisezwecke gefangen. So wird die Küche der Burg Plesse bei Göttingen in der Zeit von 1554 bis zum Ende dieses Jahres mit insgesamt 14.920 Kleinvögeln beliefert.
(Schoon, 53)

1556/57
Nach den beiden vorangegangenen normalen beziehungsweise milden Wintern kommt es in diesem Jahr erstmals wieder zu einem ausgesprochen **strengen Winter.** 17 Wochen lang herrscht ununterbrochen strenger Frost mit viel Schnee. (Hennig, 49; Jordan II, 97; Glaser, 113)

1557

Im Bistum Halberstadt gehört es noch in der 2. Hälfte des 16. Jahrhunderts zur Tradition, bei Prozessionen einen lebenden **Bären** mitzuführen. Deshalb bittet Domprobst Graf Christoph zu Stolberg-Wernigerode in einem Brief vom 26. Juli seinen Bruder, Graf Albrecht Georg, ihm zur nächsten Prozession einen Bären, wenn er sich führen lässt, d.h. nicht zu wild und unbändig ist, in einem Kasten zustellen zu lassen. (Jacobs (1892), 273; Jacobs (1893), 427)

Im Sommer und im Herbst bestimmen **hohe Temperaturen** das Wettergeschehen. Im Herbst fangen einige Bäume wieder an zu blühen. Zu Michaelis (29. September) gibt es wieder frische Erdbeeren und am St. Lukastag (18. Oktober) frische Rosen.
(Spangenberg, 477; Rivander, 499f.; Tromm, 340; Binhard II, 148f.; Glaser, 113)

In diesem Jahr wird die ursprünglich aus Ostasien stammende Sumpfpflanze **Kalmus** über die Türkei bei uns eingeführt. Der Kalmus ist wohlriechend und wird in der Medizin und als Gewürz verwendet. Er wächst in unserem Gebiet u.a. im Großen Tonloch, einem Teich südlich von Hettstedt.
(Harzer Pflanzenwelt, 24; Hamm, 56)

1558

Am 2. April wird eine **partielle Mondfinsternis** und am 18. April eine **partielle Sonnenfinsternis** beobachtet. (Spangenberg, 477a; Oppolzer, 367)

Am 20. April tritt eine **Konjunktion von Sonne, Mars, Venus, Merkur und Mond** im Sternbild Widder ein. (Binhard II, 149; Kretzer)

In der **großen Frühjahrshitze** reift das Korn so schnell, dass die Körner keinen Saft haben und umfallen. Wo in den Halmen die Ähren ansetzen, sind sehr kleine Würmer, welche die Halme zerstören, so dass es nur eine schlechte Getreideernte gibt. (Rivander, 504; Binhard II, 153)

Bei einem **Unwetter mit Dauerregen** vom 6. bis 8. Mai werden an vielen Orten in unserem Gebiet Schäden angerichtet. (Spangenberg, 477a; Rivander, 501f.)

Am 6. August erscheint ein **Komet** mit einem bleichen, dunklen, nach Nordwesten gerichteten Schweif, der in unserem Gebiet bis zum 24. August zu sehen ist.
(Spangenberg, 478; Binhard II, 154; Lehmann, 368f.; Kronk I, 312ff.)

In diesem Jahr richten viele **Raupen** an Gewächsen und Früchten großen Schaden an. Selbst bittere Pflanzen, z.B. Färber-Waid, verschonen sie nicht. (Rivander, 504; Tromm, 341; Binhard II, 155)

Aus einem Bericht des Amts Wernigerode geht hervor, dass dort der **Anbau von Weinstöcken stark zurückgegangen** ist. So wird der etwa zwei Morgen große Weinberg unterm Schloß von Wernigerode nur noch aus Liebhaberei erhalten, weil die dort geernteten Trauben nur noch als Essig oder als Medizin zur Kühlung verwertet werden.
Um Wernigerode gibt es zwei jeweils drei Morgen große **Hopfenberge**, einen Hopfenberg zu Schmatzfeld von einem Morgen und einen vier Morgen großen Hopfenberg zu Schauen, von denen jährlich insgesamt etwa 300 Malter Hopfen geerntet werden, die für den Bedarf des Amts Wernigerode ausreichen. (Jacobs (1869b), 146f.)

Nach einer Urkunde aus diesem Jahr besitzen die Grafen von Wernigerode in ihrer Grafschaft 19 **Fischteiche**, in denen zumeist Karpfen, aber auch andere Speisefische, wie Hechte sowie Weißfische und Karauschen gehalten werden. Zu den besonderen Laichteichen gehört der Langelnsche Teich, in den Laichkarpfen gesetzt werden.

Der Bierbreuwer.

Der Bierbrauer aus dem Ständebuch von Jost Amman, 1568

In einem amtlichen Verzeichnis aus diesem Jahr werden die Holtemme, die Ilse und die Ecker sowie der Zilgerbach aufgeführt, in denen insbesondere Forellenfischerei betrieben wird. Im Amt Elbingerode sind vor allem das Quellgebiet der Bode und die Wormke, der Steinbach und der Ellerbach Fischgewässer, in denen insbesondere die Grafen von Wernigerode die Fischereirechte innehaben. Es werden vor allem Forellen, aber auch Schmerlen, Kaulinge und Ellritzen gefangen. Im Rechnungsjahr 1551/52 liefert der Fischer in Elbingerode 2040 Forellen für 6 Gulden und 10 Groschen Fangegeld ab. (Jacobs (1900), 70ff., 83f.)

1558 bis 1566

In diesem Zeitraum werden bei der Röstung der Erze des Rammelsbergs jährlich etwa 200 Zentner Schwefel für die Herstellung von **Schießpulver** gewonnen. (Bachmann et al, 159)

1559

„Anno 1559 uff Peter Stuhlfeyer (22. Februar) *hadt das Wetter einen Knauf von St. Peters Kirchen in Northausen herunter geschlagen."* (Kuhlbrodt (2015), 104; Kohlmann, 18)

Im Frühjahr erblüht im Garten eines Augsburger Ratsherrn die **erste Tulpe** in Deutschland. Die Tulpenzwiebel kommt aus Konstantinopel. von wo in den folgenden Jahren noch zahlreiche weitere im Orient gezüchtete und wegen ihrer Farbenpracht und ihres Formenreichtums bewunderte **Zierpflanzen**, darunter Hyazinthen, Narzissen, Kaiserkronen, Levkojen und Flieder, Eingang in deutsche Gärten, zunächst in die Lustgärten des Adels und in Botanische Gärten, später auch in die Bürgergärten finden. Im folgenden Jahrhundert entwickelt sich Erfurt zum Zentrum der Zierpflanzenzucht in Deutschland und von dort gelangen zahlreiche im Orient, aber auch in Amerika heimische Zierpflanzen, auch in die Gärten unseres Gebiets. (Franz, 114f.)

Dieses **Frühjahr** ist **zu trocken**. Das Niederschlagsdefizit verstärkt sich noch im Sommer, der ebenfalls sehr trocken ist. (Hennig, 50; Glaser, 115)

Am 15. Juni vernichtet ein **Unwetter mit Hagelschlag** die Früchte auf vielen Fluren. **Sturmwinde** richten große Schäden an Gebäuden und Bäumen an. (Spangenberg, 479;Binhard II, 155)

Am 16. September tritt eine **Mondfinsternis** ein. (Spangenberg, 479; Schroeter, 280)

1560

Am 12. März tritt eine partielle **Mondfinsternis** ein. (Spangenberg, 479a; Binhard II, 157; Oppolzer, 367)

„1560 uff den Sontag Trinitatis (14. April) *hadt das Wetter in den Thurm zu St. Cyliax vor Northausen geschlagen. Folgend auf Johannis Baptistae* (24. Juni) *in der Nacht hat das Wetter in den Thurm zu St. Jacobi in Northausen vom Knauf durch die Orgel bis uff die Erde geschlagen".*
(Kuhlbrodt (2015), 104)

Spangenberg berichtet von einer partiellen **Sonnenfinsternis** am Mittag des 21. August.
(Spangenberg, 480)

Am Morgen des 28. Dezember zwischen 5.00 und 6.00 Uhr wird am Nordosthimmel ein **Polarlicht** (*„ein sehr erschrecklich feurzeichen am himel"*) beobachtet. Der Himmel sieht aus, als ob er brennt.
(Spangenberg, 480; Spangenberg, IV Teil, 283; Tromm, 433)

Um 1560
Der **Laichteich bei Langeln** ist um diese Zeit mit etwa mit 15 Schock (900 Stück) Laichkarpfen besetzt. Er liefert für die Grafschaft Wernigerode den größten Teil der Satzfische, die in zahlreiche Abwachs- oder Streckteiche umgesetzt werden. (Wüstemann (1982), 24)

1561
Am Vormittag des 11. August, zwischen 10 und 11 Uhr, sieht man einen **Sonnenhalo** (*„einen Circkel wie einen Regenbogen/ vnd darnach zween besondere Ringe oder Kreisse vmb die Sonne"*).
(Spangenberg, 481; (Grössler/Sommer, 28)

Am 26. September wird ein **Halo um den Mond** beobachtet. (Spangenberg, 481)

In diesem Jahr wird im Bergtal der **Herzberger Teich** mit einem Fassungsverögen von 25.000 m³ angelegt. Er soll u. a. eine gleichmäßige Wasserzufuhr für die im Rammelsberg eingebauten Wasserräder zur Hebung des Wassers aus den Schächten gewährleisten.
(Roseneck (1992),120; Gottschalk (1999), 287)

Die bisher nur als Wildpflanze bekannte **Bergaster** wird in diesem Jahr erstmalig von dem Pfarrer Georg Aemylius in Stolberg am Harz als **Gartenpflanze** kultiviert. Erst im Laufe des 17. Jahrhunderts wird die Bergaster in den deutschen Gärten allmählich häufiger. (Krausch, 63)

In diesem Jahr wird am Ausgang des Granetals die **Juliushütte** zur Verhüttung der in diesem Revier geförderten Erze erbaut. (Schroeder/Reuss, 144)

1562
Am 16. Juli tritt eine **Mondfinsternis** ein. (Spangenberg, 482; Schroeter, 280)

1563
In der Nacht des 3. Januar sowie in den Nächten vom 25. bis zum 28. Januar stehen sehr große und breite Feuerzeichen am Himmel.
(Spangenberg, 482 und 482a; Spangenberg, IV Teil, 285; Binhard II, 161) **Polarlichter.**

Vom 9. bis 13. Februar richten **starke Stürme** auch in unserem Gebiet großen Schaden an.
(Spangenberg,482a;Grössler/Sommer,30f.;Tromm,347;BinhardII,161;Hennig,50;Bonnemann,65; Hamm, 57; Glaser, 117)

Am 20. Juni tritt eine partielle **Sonnenfinsternis** ein. (Spangenberg, 483; Binhard II, 161; Kretzer)

Am Abend des 5. Juli ist eine **Mondfinsternis**. (Spangenberg, 483; Oppolzer, 367)

Im Herbst kommen **viele Wildschweine** aus dem Harz und seinen Vorbergen auf die Felder der Umgebung und richten dort Schäden an der jungen Wintersaat an. (Spangenberg, 483)

1564
Am 13. Januar ist die Sonne mit mehreren **Nebensonnen** zu sehen. (Spangenberg, 483a; Binhard II, 162)

In diesem Jahr sind oft **Polarlichter** zu sehen. (Binhard II, 162)
Der Chronist Cyriacus Spangenberg beschreibt ein vom ihm in Mansfeld beobachtetes Polarlicht mit folgenden Worten:
Den 18. Februarij zu Nacht/ hat der Himel viel stunden lang anders nicht geschienen/ denn als ob er brennete/ und das Fewer jetzt herab fallen wollte/ wir im Thal Mansfeld/ so etwas tieff gesessen/ haben solchs grewlich Fewerzeichen von zwölften zu Mitternacht angesehen/ bis nach dreyen gegen den Morgen/ des grösten theils zwischen Auffgang vnd Mitternacht/ es sahe der Himel/ als wenn er gar gluend were von einem subtilen Fewre/ welches hin und wider als dünne Wolcken anfenglich fewer rot/ darnach etwas klar weis/ von dem Horizonte herauff in mitten des Himels fliegend gefaren/ vnd alda vber vns vmb das Zenit sich verloren/ vnd gleichsam verlauschet.
So haben sich von Mitternacht vnd Morgen/ etliche Wolcken gesamlet/ die gantz fewrig geschienen/ daraus förder auch fewrige schmale vnd liechte Stralen unzelich viel/ vnd doch vnterschiedlich vnd geteilet/ behende auffgefaren/ vnd vber sich sehr weit gegen Mittag vnd Abend geschossen/ und

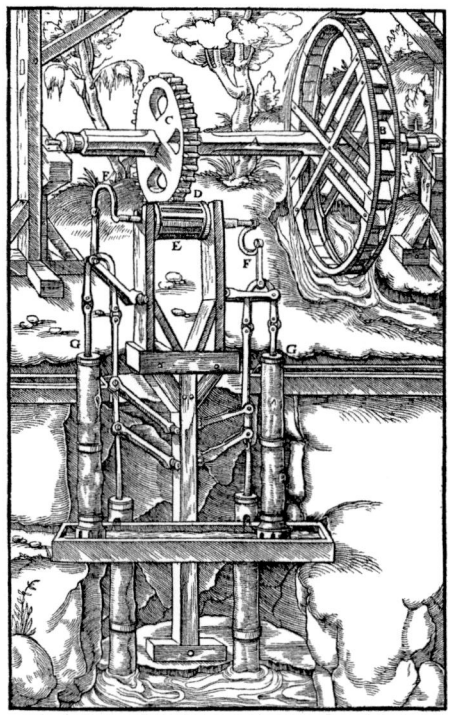

Die obere Welle A. Das Waſſerrad, das durch das Bachwaſſer getrieben wird B.
Das Zahnrad C. Die untere Welle D. Das Getriebe E. Die Krummzapfen F.
Die Gruppen von Pumpenſätzen G.

Hebung des Grubenwassers mit Kolbenpumpen. Aus: Agricola 1556

gleich mitgerauschet/ vnd gezischet/ das mans bescheiden hören/ vnd haben solche Stralen fornen Spitzen gehabt/ wie fewrige Flammen/ welche ein hellen Blick/ gleich wie Wetterleuchten von sich gegeben/ das man menniglich dafür erzittern/ vnd sich entsetzen müssen... "
(Spangenberg, 483a)

Am Abend des 31. August wird erneut ein **Polarlicht** beobachtet. (Spangenberg, 484a)

Als nach der Erschöpfung der oberflächennahen Erzvorräte im 14. und 15. Jahrhundert Anfang des 16. Jahrhunderts damit begonnen wird, Erzvorräte in größeren Tiefen abzubauen, behindert das in die Gruben eindringende Grundwasser den Bergbau in immer stärkerem Maße. In diesem Jahr wird deshalb am Rammelsberg erstmalig im Harz die *„Kunst mit dem krummen Zapfen“* angewandt, es werden einfache **Kolbenpumpen** eingesetzt, die von einem oberschlächtigen Wasserrad mit einer Kurbelwelle (krummer Zapfen) angetrieben werden, welche die Drehbewegung in eine Hubbewegung des im Schacht hängenden Pumpengestänges umsetzt. Mit diesem hölzernen Gestänge sind die Kolbenstangen der einzelnen Saugpumpen durch Hebelarme verbunden, die das Grubenwasser bis zur Höhe des Lösungsstollens heben, wo es natürlich abfließen kann. Diese Methode der Wasserhebung wird treffend mit der Kurzformel **„Wasser hebt Wasser"** bezeichnet. (Liessmann (2010), 91f.)

In diesem Jahr wird am Ausgang des Innerstetals die **Sophienhütte** zur Verhüttung der in diesem Revier geförderten Erze erbaut. (Schroeder/Reuss, 144)

1564/65
Am 16. Dezember beginnt ein **sehr strenger und schneereicher Winter,** der bis in den März andauert. Reisende zur Leipziger Messe erfrieren auf ihren Wagen oder Schlitten. (Spangenberg, 485f.; Tromm, 351; Becherer, 550; Hennig, 50; Humberg, ESzH, H.34 (1985), 613; Glaser, 117f.)

In diesem Winter verursachen **Wölfe** im Harz beträchtliche Schäden am Wild und ziehen auch in die Dörfer der Umgebung, um Haustiere zu erbeuten. (Spangenberg, 485a)

1565
Am 5. Februar ist wieder ein **Polarlicht** zu sehen. (Spangenberg, 485a)

Plötzlich einsetzendes Tauwetter führt am 25. Februar in Mansfeld und Umgebung zu **Hochwasser**. (Spangenberg, IV. Teil, 81)

Nach starken Regenfällen am 3. März führen Unstrut, Helme und andere Flüsse **Hochwasser,** das große Schäden anrichtet. (Spangenberg, 486)

Mansfeld und Umgebung werden am 21. April, dem Osterabend, und am 20. Juli von **Unwettern** mit Starkregen heimgesucht. Das Hochwasser verursacht erhebliche Schäden an Gebäuden und in den Gärten. (Spangenberg, IV. Teil, 80; Hennig, 50)

In seiner in diesem Jahr in Zürich erschienenen Schrift über Fossilien führt Konrad Gesner fossile Knochen auf, die in *„specu subterraneo quem Baumannßhol vulco vocant"* gefunden wurden, womit die **Baumannshöhle** bei Rübeland erstmalig schriftlich genannt wird. Fast ebenso früh wird diese Höhle von dem Botaniker Thal in seinem Buch Sylva Hercynia erwähnt. In einem Brief an den Jenaer Professor Brendel vom 28. April 1591 schreibt der Walkenrieder Prior Heinrich Eckstorm, dass die Baumannshöhle schon seit Menschengedenken (*„ab avorum nostrum memoria"*) berühmt sei. (Günther, 508)

Eingang zur Baumannshöhle um 1650 Aus: Merian (1654)

Aus diesem Jahr stammt die älteste Nachricht von der Anlage eines Teiches im Oberharz zur Speicherung des Aufschlagwassers für die Wasserräder des Oberharzer Bergbaus. Mit zunehmendem Umfang des Bergbaus werden auch die **Wasserwirtschaftsanlagen** ausgebaut, so dass im Laufe von 300 Jahren im Oberharz mehr als 70 Teiche angelegt werden, die zusammen etwa 10 Millionen m³ Wasser fassen. Um diesen Teichen die notwendigen Wassermengen zuzuführen, werden in den Quellgebieten von Oker, Söse und Innerste Sammelgräben ausgeworfen, die eine Gesamtlänge von 124 km erreichen. Von ihnen hat der **Dammgraben** durch ein ausgedehntes, viel verzweigtes System von Zufuhrgräben eine so beträchtliche Wasserführung, dass er als **Lebensader des Oberharzes** bezeichnet wird. Er nimmt den 1827 angelegten Abbegraben auf, der vom Brockenfeld die Quellwasser der Abbe, eines Nebenflusses der Ecker, herunterholt und das Magdbettmoor entwässert. Auch der Rothenbeeker Graben, der die Wasser des südöstlichen Bruchberghanges auffängt, die sonst in das Siebertal abfließen würden, führt sein Wasser dem Dammgraben zu. Nachdem der Dammgraben noch das Wasser des 1718 fertiggestellten Morgenbrodtsthaler Grabens aufgenommen hat, der das Quellgebiet der Söse durchschneidet, geht er über den zu diesem Zweck von 1732 bis 1734 errichteten, zwischen dem Bruchberg und dem Tränkeberg aufgeworfenen **Sperberhaier Damm** zur Clausthaler Hochebene.

Auf der Clausthaler Hochebene ist der Hirschler Teich, der eine Bodenfläche von rund 16 ha bedeckt und über 600.000 m³ Wasser fasst, der bedeutendste. Der Prinzenteich mit 13,3 ha fasst rund 500.000 m³ Wasser. Auch die übrigen Teiche haben zum Teil eine beträchtliche Größe. Wenn alle Teiche gefüllt sind, kann zu jener Zeit der gesamte Bergbau des Oberharzes auch bei anhaltender Trockenheit 14 Wochen lang ohne jeden Zufluss mit Wasser versorgt werden.

Aus den Teichen wird das Betriebswasser durch **Aufschlaggräben** den zahlreichen Wasserrädern der Gruben, Aufbereitungsanstalten und Schmelzhütten in verschiedenen Höhenabständen und Richtungen zugeführt. Die längsten Aufschlaggräben im Oberharz sind der Zellerfelder und der Lautenthaler Kunstgraben, die eine Länge von 9,8 bzw. 8,3 km besitzen, sowie der Rehberger Graben bei St. Andreasberg mit einer Länge von 8 km. Alle Aufschlaggräben haben zusammen eine Länge von 83 km. (Dennert (1954), 35ff. ; Reidt, 57)

Ein Bericht aus diesem Jahr über den Rammelsberg und den dortigen Bergbau informiert auch darüber, dass das aus dem Wasserlösungsstollen in die sog. Abzucht, einen durch Goslar führenen kleinen Wasserlauf, fließende Grubenwasser **Umweltschäden** verursacht. Wo die Abzucht unterhalb von Goslar in die Oker fließt, *„vergifftet sie das Wasser, daß die Ocker in zweyen Meilen keinen Fisch trägt, und so die wilden Enten darauf fallen, werden sie lahm, daß sie nicht mehr fliegen können, und mögen mit den Händen gegriffen und gefangen werden. Darnach kommen wieder andere süße Wasser-Flüsse dazu, die das Wasser, die Ocker, versüßen daß sie wieder Fische trägt, allerley Art."* Ein Bürger von Goslar, der diesen Bericht um 1760, also etwa 200 Jahre später, liest, schreibt dazu: *„Was der Auctor von den Fischen in der Ocker schreibet, ist wol zu groß gemacht, maßen man ½ bis ¾ Meile hinunter schon gute Aelritzen (Elritzen) etc. findet, und stehet dahin, ob sie nicht schon höher herauf anzutreffen."* Im Bericht aus dem Jahr 1565 wird auch auf die durch den **Borkenkäfer** in den umliegenden Wäldern des Rammelsbergs verursachten Schäden aufmerksam gemacht. Es wird darauf hingewiesen, dass *„ ... der Wurm so viele tausend Stämme Holtz gestochen hat und noch sticht, daß es verdorret, und dasselbige dorre Holtz zu dem Treiben brauchen; ..."* (Calvör, 199, 214; Löhneyss, 78b)

1566
Am 28. Oktober tritt eine **Mondfinsternis** ein. (Spangenberg, 488; Oppolzer, 367)

1567
Spangenberg berichtet von einer partiellen **Sonnenfinsternis** am 9. April. (Spangenberg, 488)

Am 7. Mai richtet ein **Spätfrost** großen Schaden an den Kirsch- und Nussbäumen sowie in den Weinbergen an. (Spangenberg, 488)

In diesem Jahr **erfrieren Wein, Korn, Hopfen und Obst**. Der Rat der Stadt Nordhausen verbietet deshalb den eigennützigen Handel, den Verkauf und die Hortung des Getreides, *„welches zu Nachtheil und Schaden der Armen geschieht."* (Kuhlbrodt (2015), 105; Kohlmann, 16)

Am Nachmittag des 22. Oktober, gegen 16.00 Uhr, hört man einen lauten Donnerschlag, der lange gehört werden kann, und anschließend *„ ein gros Geheule in den Wolcken were gehöret/ vnd sind zugleich fewrige Flammen erschienen/ auch Fewer herab geschossen/vnd herunter gefallen/ welches doch/ ehe es auff die Erde kommen/ verschwunden"*. (Spangenberg, 488a)

Am 18. Oktober ist wieder eine **Mondfinsternis**. (Spangenberg, 488a; Oppolzer, 367)

1568
In diesem von Mitte Januar bis Mitte März **sehr strengen Winter** kommen aus den Wäldern um Mansfeld viele **Wölfe**. Am 4.Februar reißt ein Rudel von 12 Wölfen in einem Gehöft unweit von Großörner zwei Schweine. (Spangenberg, IV Teil, 214; Hennig, 51)

Am 14. März geht der Mond ganz gelb und bleich auf und im Mond ist ein schwarzes Kreuz zu sehen, in der Nacht des 9. August sieht man an einigen Orten den Mond mit zwei **Nebenmonden** und am 22. Dezember kann man die Sonne mit zwei **Nebensonnen** sehen. (Spangenberg, 489, 490, 491; Binhard II, 176)

Am 16. Juli steht den ganzen Tag die **Sonne blutrot** am Himmel. (Spangenberg, 490; Binhard II, 176)

Am 25. September ist wieder ein **Polarlicht** zu sehen. (Spangenberg, 491; Kuhlbrodt (2015), 103)

Die Grafen zu Stolberg-Wernigerode, Schwarzburg und Hohnstein sowie Blankenburg und Regenstein erlassen in diesem Jahr ein **Jagdgesetz** zum Schutz ihrer Jagd und Fischerei, das hohe Geldstrafen und körperliche Züchtigung für Übertretungen vorsieht. (Wüstemann (1982), 25)

In diesem Jahr lässt Graf Albrecht Georg zu Stolberg-Wernigerode auf dem Binningsberg (Agnesberg) bei Wernigerode einen **Tiergarten** anlegen, dem das Dillental (Christianental) mit einigen aufgestauten Fischteichen zugeschlagen wird. (Korf, 41)

1568/69
Von Anfang November bis in den März hinein, also mehr als 19 Wochen, dauert dieser **harte, schneereiche Winter**. Die Mühlen stehen lange still. In vielen Ortschaften im Harz können die Nachbarn wegen des vielen Schnees tagelang nicht zusammenkommen. (Spangenberg, 491ff.; Spangenberg, IV Teil, 83; Grössler/Sommer, 33; Lubecus 434; Fromann, 259; Förstemann, 405; Kohlmann,16; Glaser,119)

1569
Am 10. Januar ist wieder ein **Polarlicht** zu sehen. (Spangenberg, 492; Binhard II, 177)

Am 13. Februar *„ist abermal unsegliche kelte angefallen, das freilich dieser Winter nach vielen Jahren wirdt der harte Winter genennet werden."* (Grössler/Sommer, 33)

Am 15. Februar ist mehrere Stunden lang ein **Halo um die Sonne** zu sehen. Am Abend desselben Tages sowie am 10. und 12. März werden **Polarlichter** beobachtet. (Spangenberg, 492a)

Am 3. März tritt eine **Mondfinsternis** ein. (Spangenberg, 492a; Grössler/Sommer, 33; Schroeter, 282)

Am 2. Mai sieht man einen *„Weissen Zirkel umb die Sonnen"* **Sonnenhalo**. *„Uff der seiten haben pareliae gestanden"* **Nebensonnen**. (Spangenberg, 493; (Grössler/Sommer, 34)

„Donnerstags nach Cantate ist allhier eine grausame Kelte aufm Hartze gewesen, da dann ein Junge von 14 Jahren, auch Ziegen und Kühe erfroren." (Denker (Hake), 85)

142

Am 16. Juni ist erneut ein **Polarlicht** („*groß Feuerzeichen*") zu beobachten. (Jordan II, 132)

Wegen des **kühlen, regnerischen Sommer**s verdirbt viel Korn und Hafer auf den Feldern. (Fromann, 260; Hennig, 51; Glaser, 119f.)

Am 4. und 10. November werden erneut **Polarlichter** beobachtet. (Spangenberg, 493a, 494)

Herzog Julius von Braunschweig lässt in diesem Jahr die schon länger bekannte alte Salzquelle in Harzburg unter dem kleinen Burgberg im Radautal durch die Anlage eines Salzwerks nutzbar machen. Es werden drei Schächte abgeteuft. Die Saline wird **Juliushall** genannt und am Bartholomäustag (24. August) in Betrieb genommen. 1570 produziert die Saline das erste Salz, das sich durch besondere Güte auszeichnet. Auf sog. Salzstiegen wird die kostbare Fracht zu den Bergstädten Clausthal, Zellerfeld und Braunlage transportiert.
1849 wird das Salzsieden eingestellt und die Sole wird 1851 in ein Solbad umgewandelt.
(Rohr (1739), 296ff.;Günther, 272f.; Meier/Neumann, 53ff.; Hoffmann (1994), 43; Denker (Hake), 85; Schucht, 146; Fischer (1913), 210ff.; Heinemann, 122, 132; Blankenburg, 238)

Harzburg mit der Saline Juliushall um 1650. Aus: Merian (1654)

In den Wäldern der Hainleite bei Großfurra werden in diesem Jahr **vier Braunbären** getötet bzw. gefangen. (Fritze, Westerwald, 170; 1100 Jahre Großfurra, 15)

1570
Am 20. Februar kann drei Stunden lang eine **Mondfinsternis** beobachtet werden.
(Spangenberg, 495; Binhard II, 177; Schroeter, 282)

Am 1.und 17. März sowie am 2. April werden wieder **Polarlichter** beobachtet. (Spangenberg, 495)

Am 15. August tritt erneut eine **Mondfinsternis** ein. (Spangenberg, 495a; Schroeter, 282)

„*Es sindt diß Jahr hier bei uns auf dem Hartze grausame, ungewonliche und erschreckliche Donner, Blixen und regen gewesen, und derselbigen gar viel, das sich menniglichen darfür entsatzt, so sich sonderlich umb Egidi* (1. September) *haben zugetragen.*" (Denker (Hake), 88f.)

143

Die **Feldmäuse** richten in diesem Jahr großen Schaden an, indem sie die in der Erde liegende Wintersaat auffressen und dadurch im folgenden Frühjahr auf den Äckern große freie Flächen entstehen. (Spangenberg, 495a; Binhard II, 178)

Der große **Juliusstau** am Fuß des großen Ahrendsberges an der **Oker**, der das Wasser auf eine Länge von 800 m staut, wird in diesem Jahr fertiggestellt. Diese **größte Flößereianlage des Harzes** ist zu dieser Zeit zugleich die **größte Talsperre Deutschlands**. Oberhalb von dieser etwa 17 m hohen Staumauer, einer doppelstöckigen moosgedichteten, mit Schotter und Sand gefüllten Holzkonstruktion, werden in den folgenden Jahren noch weitere Staudämme und Schleusen errichtet. Mit Hilfe dieser Stauwerke wird beim Öffnen ihrer Schleusen ein riesiger Wasserschwall erzeugt, der es ermöglicht, Bau- und Brennholz aus dem Harz die Oker hinab bis nach Wolfenbüttel zu flößen. Am 7. August legen die ersten Flöße in Wolfenbüttel an. Die Nutzung der vom Harz kommenden und das Herzogtum Braunschweig durchquerenden Flüsse, insbesodere der Oker und der Radau, für Transportzwecke geht auf Initiative des Herzogs Julius von Braunschweig-Wolfenbüttel zurück, der nach einem Besuch in Holland und Brabant den Wasserbaumeister Wilhelm de Raet aus Herzogenbusch kommen lässt und ihm den Auftrag erteilt, *„eine Schiffahrt undt Flößwerke anzulegen auf der Oker, Radau undt von Vienenburg über das Salzwerk Juliushall undt Schladen bis Wolffenbüttel undt vom dem Cyriaksberg vor Braunschweig...“*. Sein Ziel ist es, die vielen Naturerzeugnisse und Bergwerksprodukte des Harzes kostengünstig zu befördern und seinen beiden Hauptstädten Braunschweig und Wolfenbüttel zuzuführen. Zu diesem Zweck lässt er die oberen Flussläufe von Steinen und Schotter räumen und ausbauen. Außerdem veranlasst er den Bau von zahlreichen Dämmen und Schleusen in den Oberläufen der Bäche und Flüsse. **Das Flößen** von Bau- und Brennholz auf der Oker, Radau, Ecker und Grane wird unter den Herzögen Julius, seinem Nachfolger Heinrich Julius und Friedrich Ulrich bis zum Jahr 1629 betrieben. In den Wirren des 30jährigen Krieges wird es vorübergehend eingestellt, danach wieder aufgenommen und im 18. Jahrhundert und auf einigen Flüssen bis zur Mitte des 19. Jahrhunderts ohne wesentliche Unterbrechungen betrieben. (Denker (Hake), 88; Fischer (1913), 180ff.; Heinemann, 129; Baumgarten, 25f.; Schmidt (2012), 15, 78; Goslar (1970), 271; Kortzfleisch, 82ff.)

Herzog Julius veranlasst weiter, dass die **Oker** vom Okerturm des Hüttenorts **Oker ab bis Braunschweig schiffbar** gemacht wird. Auf flachen Brahmschiffen werden Kästen angebracht, in die Baumaterial wie Sand, Kalk, Bausteine vom Scharenberg bei Bündheim, Erze Metalle und in den Okerhütten und das messinghütte in Bündheim hergestellte Gebrauchsgegenstände verladen werden können, ebenso Salz von der Saline Juliushall und Torf von den Hochmooren des Harzes. Die anfängliche Leistungsfähigkeit der Schiffahrt auf der Oker geht aus einem Bericht der Wasserbaukommission vom 6. Juli 1584 hervor, in dem es heißt, dass *„zwischen Schladen und Wolfenbüttel zwanzig Schiffe auf und ab einander folgen und im Gebrauch sind, wovon ein jedes Schiff wohl 50 Wagenlasten fahren kann.“* Die **Schifffahrt auf der Oker** zwischen dem Harz und Braunschweig läuft im 18. Jahrhundert wegen abnehmender Wirtschaftlichkeit aus. (Goslar (1970), 271f.)

1570/71
Auch dieser von Anfang November (Allerheiligen) bis Mitte April (Ostern) **andauernde Winter** ist so **kalt,** dass viele Menschen erfrieren. Durch die große Kälte und den tiefen Schnee kommen die *„Brandfüchse“* in die Nähe der Dörfer und erschrecken mit ihrem nächtlichen Geheul viele Menschen. Auch viel Rot- und Rehwild kommt um. Allein im Reinhardswald fallen 3.000 Stück Rotwild. (Spangenberg, 496, 496a, 497; Spangenberg, IV. Teil, 164; Binhard II, 178; Förstemann, 405; Kuhlbrodt (2000), 61; Hamm, 58; Hennig, 51; Nussbaumer, 209; Glaser, 120) In diesem kalten Winter kommen oft **Wölfe** aus den Wäldern des Harzes bis in die Dörfer des Mansfelder Landes, um Vieh zu erbeuten. (Spangenberg, 496a; Spangenberg, IV. Teil, 102)

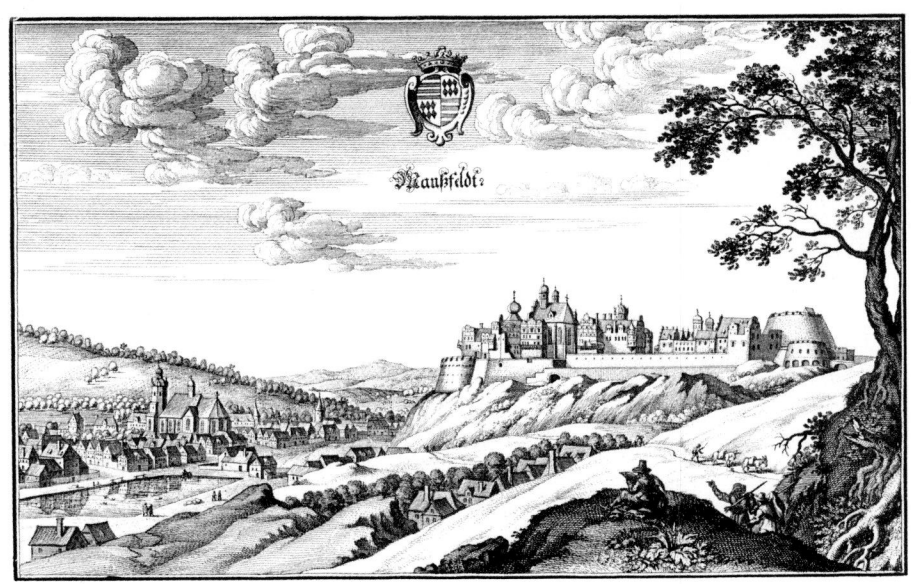

Stadt und Schloss Mansfeld um 1650.

Am 22. Januar kommen zwei alte Wölfe bis vor das Schloss in Mansfeld. Im Februar kommt ein Wolf zur Zeit der Sonntagspredigt, als alle Leute in der Kirche sind, auf den Markt in Mansfeld und läuft durch die Pforte am Stubenberg wieder ins Freie. (Spangenberg, IV. Teil, 51f., 83f.)

1571
Am 30. Januar ereignet sich in Mansfeld ein **Erdbeben,** das Schäden an einigen Gebäuden verursacht. (Spangenberg, IV Teil, 83)

Am Abend des 4. März, *„halb zu neun Uhr hat angefangen am himel gesehen zu werden eine erschreckliche fewerflamme, die mit schwartz-roten und weissen stralen durcheinander geschossen und gräulich geplitzt hat, und hat gewehret bis zu mitternacht, da hats etwas abgenommen und sind die stralen alle weisfarb und grünlicht worden, hat aber gleichwol uberwertz wie fewer gelodert, bis es endlich gar verschwunden. Deus misereatur nostri.“* (Gott erbarme sich unser). (Grössler/Sommer, 40; Spangenberg, 497) **Polarlicht**

Mit Schreiben vom 4. April ersuchen die Schmiede von Nordhausen bei dem Grafen zu Stolberg um die Genehmigung zum Abbau von Steinkohle *„über der Neustadt“.* Dies ist die erste urkundliche Erwähnung eines **Steinkohlevorkommens** bei Neustadt am Südharz. (Garleb,(2009), 49)

„In diesem Jahr war ein schöner Lentz, dass man auff Ostern, den 15. Aprilis, Meyen in den Kirchen hatte. Wie anno 1599, auff Palmarum, den 1. Aprilis auch allenthalben Meyen waren“
(Becherer, 573)

Am 17. Juli zerstört ein **Gewittersturm mit Hagelschlag** in der Goldenen Aue und im Mansfelder Land zahlreiche Häuser, entwurzelt viele Bäume, verwirbelt das Heu auf den Wiesen und vernichtet das Korn auf den Feldern. In Hettstedt bricht es die Kirchturmspitze ab und zerstört das halbe Rathaus.

In Mansfeld wird die Schlosskirche stark beschädigt, ein Teil des Dachs wird fortgerissen und die meisten Fenster werden ausgeschlagen. Auch das Rathaus wird beschädigt.
(Spangenberg, 498ff.; Spangenberg, IV Teil, 65, 84, 164; Heimatbuch Artern, 114; Grössler/Sommer, 40; Zeitfuchs, 334; Kuhlbrodt (2016),105)
Wegen des Unwetters kommt es zu einer **Missernte**, was zu einer Verteuerung des Getreides führt. *„1571 haben die von Northausen der großen Tewrungen, so in allen Landen war, zu wehren und ihren armen Bürgern zu helfen, einen Kornboden aufgethan, das, wie man saget, 100 Jahr soll gelegen haben."*
(Kuhlbrodt (2016) 106)
In den Bergstädten des Oberharzes kostet ein Malter Korn drei Taler, oft ist es aber auch dafür nicht zu bekommen. Herzog Julius von Braunschweig-Wolfenbüttel lässt deshalb Brotgetreide in die Bergstädte bringen, sodass es die Bewohner *„umb einen leidenlichen Kauff die Fülle bekommen..."*
(Denker (Hake), 90)

Im Juli besuchen die Großkaufleute Heinrich Cramer und C. Schelhamer aus Leipzig das zum Herzogtum Braunschweig gehörende Brockengebiet, um die volkswirtschftliche Nutzbarkeit der dortigen Naturschätze zu prüfen und besteigen bei dieser Gelegenheit auch den Brocken. Ihr besonderes Interesse erwecken die **Torflager auf dem Rotenbruch**, östlich des heutigen Torfhauses. Dieser Brennstoff werde sich aber erst dann mit Gewinn nutzen lassen, wenn sich dort oben mit besonderen Vorrechten und Freiheiten begünstigte Ansiedler niedergelassen haben. Tatsächlich werden diese Torfvorkommen erst im 18. Jahrhundert abgebaut, nachdem 1668 der Ort Schierke unterhalb des Brockengipfels gegründet wurde. (Jacobs (1897), 495ff.; Kortzfleisch, 138)

Gegen Ende September sind **Sonne und Mond** bei Tag und Nacht zwei Tage lang **verdunkelt** und verbreiten nur einen rostfarbenen, blutigroten Schein.
(Grössler/Sommer, 40f.)

„Den 27.Octobris ist der Mond gar Grüne umb fünffe zu Abend erschienen." (Spangenberg, 502a)

Im **Mansfelder Revier** gibt es in diesem Jahr bereits **127 Schächte**, in denen **Kupferschiefer abgebaut** wird. (Mansfeld (2008), 67)

Auf Initiative des Herzogs Julius von Braunschweig –Wolfenbüttel wird mit der **Flößbarmachung der oberen Radau** begonnen, um Holz und Torf von den Höhen des Harzes nach der Saline Juliushall flößen und die Erzeugnisse der Messinghütte in Bündheim ebenfalls auf dem Wasserweg befördern zu können. In diesem Jahr erfüllen zwei Steinspalter aus Lübeck den Auftrag, zusammen mit etwa 10 Arbeitern die obere Radau von Steinen zu säubern und das Flussbett im Gebirge auf neun Fuß Breite und zwei bis eineinhalb Ellen tief abzuräumen.
Die **Radau**quelle wird im Radauer Born durch 6 Schleusen unterhalb des Kohleborns gesammelt und durch einen großen **Staudamm** aufgehalten. An der *„Spannstelle"* bei Harzburg, wo die Langholzflöße mit Weidenruten zusammengespannt werden, wird ebenfalls eine große Schleuse errichtet.
(Dennert (1986), 77; Goslar (1970), 271)

1572
In diesem **milden Winter** sind schon im Februar die Bäume grün und stehen in voller Blüte.
(Reichardt, 429)

Am 26. Mai kann man in Nordhausen neben der Sonne noch **zwei Nebensonnen** sehen.
(Förstemann, 430)

Am 14. Juli beginnt im Gebiet um Göttingen ein **Unwetter mit Starkregen,** das zwei Tage und eine Nacht anhält und allenthalben großen Schaden anrichtet. (Lubecus, 443)

146

Die Gegend um Wildemann um 1750.

Am 24. Juli führt die Innerste nach einem Gewitter mit Starkregen **Hochwasser,** wodurch Teiche bei Zellerfeld und Clausthal brechen. Durch die Wasserfluten werden mehrere Brücken und viele Häuser in Wildemann zerstört. (Denker (Hake), 93)

Am 17. November beobachtet man am Nordhimmel im Sternbild Cassiopeia einen **neuen ungewöhnlichen Stern,** der den ganzen Winter über auch am hellen Tage bis 8.00 Uhr zu sehen ist. Er hat keinen Schweif wie Kometen. *„Er war aber viel wundernswürdiger als ein Comet, wegen seiner überschwenglichen Höhe, weil er nicht in der Luft oder elmentari regione, wie andere Cometen, sondern supra sphaera Veneris gesehen worden. Am Anfang war er größer als der Jupiter, nahm darnach allgemählich ab, bis er zuletzt gänzlich verschwunden."*
(Grössler/Sommer, 42f.; Becherer, 493; Binhard II, 182; Lubecus, 443)
Es handelt sich um die von dem dänischen Gelehrten Tycho de Brahe entdeckte und beschriebene **Supernova.** Supernovae sind Explosionen massereicher Sterne am Ende ihrer Entwicklung. Dabei steigt die Leuchtkraft der Gestirne plötzlich auf etwa das Milliardenfache, so dass sie für kurze Zeit (Stunden bis Wochen) für den Beobachter als neue Sterne wahrgenommen werden.
(Vanin, 23; Paturi,16,23)

Dieses Jahr wird in Nordhausen als ein **sehr trockenes Jahr** bezeichnet.
(Förstemann, 409; Kuhlbrodt (2015) 106)

1572/73
Dieser **strenge und schneereiche Winter** setzt Ende Oktober ein und dauert bis zum April.
In den Wäldern verhungert viel Wild. Die Bäume sind zu Pfingsten noch nicht ausgeschlagen.
(Lubecus, 445; Binhard II, 183; Nussbaumer, 209; Glaser, 121; Denker (Hake), 93; Becherer, 578)

1573
Am 24. Juli verursacht ein Unwetter mit Starkregen in den Flussgebieten von Radau und Innerste

Hochwasser. Durch das Hochwasser der Radau muss der Betrieb des Salzwerks Juliushall zeitweilig eingestellt werden, weil das Wasser das Feuer für die Siedepfannen löscht und der Salzschacht zuläuft. (Heinemann, 151)

Durch das Hochwasser der Innerste brechen einige Teiche auf dem Zellerfeld und Clausthal aus. Durch die Flut werden alle Brücken bis auf eine in Wildemann weggerissen und viele Häuser beschädigt. (Denker (Hake), 93)

Am 20. und 21. August richtet ein starker, von Nordwest kommender **Sturm**, bei dem es an der Nordsee zu einer verheerenden Sturmflut kommt, auch in unserem Gebiet, insbesondere am Obst und an den Feldfrüchten, großen Schaden an. (Hennig, 52; Hamm, 59)

„Sommer unnd Herbst war naß und unlustig, daher die Frucht auf dem Felde verdarb unnd viel Wein ungelesen." (Becherer, 579)

Ende November und im Dezember herrscht **große Kälte**. Am 21. November friert der Longinus-schacht der Saline Juliushall ein. Am 6. Dezember erfriert an der Okerbrücke ein Pferdeknecht aus Halberstadt. (Heinemann, 153)

Am Radauer Born werden in diesem Jahr 100 Fuder Torf gestochen und auf der Radau zu Städten des Harzrandes und des Harzvorlandes geflößt. Dies ist der erste geschichtliche Nachweis über den **Torfabbau im Harz**. Wohl wegen der geringen Rentabilität wird der Torfabbau am Radauer Born bald wieder eingestellt.
1577 wird Torf aus dem Harz auf der Radau schon bis Wolfenbüttel geflößt.
(Fischer (1913), 194; Beug et al, 26; Klaube (2007),15)

Die **Bündheimer Schmelzhütte** liefert in diesem Jahr das erste **Messing**, das aus Kupfer und Galmei, einem schwefelfreien Zinkerz, hergestellt wird.
Der aus Nürnberg herbeigerufene Braunschweiger Hofrat Erasmus Ebner hat zuvor ein Rückgewinnungsverfahren entwickelt, aus den bei der Verhüttung zinkhaltiger Bleierze entstehenden und massenhaft verfügbaren Schlacken, die unreines Zinkoxid enthalten, für die Messingherstellung verwendbares Galmei herzustellen.
Nach ihrer Zerstörung im Dreißigjährigen Krieg 1626 wird die Messinghütte 1659 in Oker wieder aufgebaut und 1870 wird der Betrieb eingestellt.
(Fischer (1913), 205f.; Schucht, 104ff.,112; Baumgarten, 26)

In diesem Jahr scheitert der Versuch, bei Wildemann ein Pochwerk mit 12 Stempeln zu errichten, das durch Windkraft betrieben wird. Herzog Julius von Braunschweig-Wolfenbüttel hat über 1.000 Taler in dieses Projekt investiert. Auch andere Versuche, für das Berg- und Hüttenwesen des Harzes neben dem Holz und der Wasserkraft auch die **Windkraft als Energiequelle zu nutzen,** sind **erfolglos,** da die Windkraft nie von gleicher Stärke zur Verfügung steht und oft aussetzt und somit Windräder als Antriebsmotoren nicht regelmäßig arbeiten.
(Denker (Hake), 95; Hoffmann (1969), 22f.; Fischer (1913), 207)

Bei Ilsenburg wird in einer Grube ein **Bär gefangen**. (Heinemann, 152; Pörtner 21)

1574
Am Abend des 8. Juni wird Gandersheim nach einem **Unwetter** mit Starkregen und Hagelschlag von einem **Hochwasser** heimgesucht, durch das Gebäude beschädigt, die Stadtmauer an drei Stellen durchbrochen und auch viele Haustiere ein Opfer der Fluten werden.
Am 19. Juni wiederholt sich das Unglück noch einmal und noch schwerer. Die Flut reißt die Stadtmauer ein und bringt mehrere Häuser zum Einsturz. Das Wasser steht mannshoch in den Straßen.

Das Unglück veranlasst Herzog Julius von Braunschweig, den sofortigen **Umzug der Universität von Gandersheim nach Helmstedt** anzuordnen.
(Kronenberg, 56)

Am 21. Juni wird die an der Straße von Mansfeld nach Eisleben stehende **Schwarze Eiche**, die sog. Heilige Eiche, vom Blitz zerstört. Neben der uralten Eiche befindet sich eine Richtstätte, *„dabey die Übeltäter mit Schwert und Feuer gerichtet."*
(Spangenberg, IV. Teil, 57)

Am 27. Juni *„ist ein Stern am hellen tage erschienen."* (Grössler/Sommer, 43) **Supernova?**

In diesem Jahr wird aus Erzen des Rammelsbergs etwa **1.600 kg Brandsilber** gewonnen.
(Bachmann et al, 159)

1575
Am 3. Mai zerschlägt während eines Gewitters ein **Blitz** das Bielentor in Nordhausen, wobei der **Torwächter erschlagen** wird.
(Förstemann, 399; Kuhlbrodt (2015), 106)

Dieser **Sommer** ist **heiß und trocken** und die Mühlen können wegen Wassermangel nicht mahlen. Bei Freyburg bleibt die Unstrut aus und man kann die Fische mit den Händen fangen.
(Lubecus, 454; Becherer, 580; Binhard II, 184;Glaser, 121)
Trotz des heißen Sommers gibt es eine **gute Ernte**, Getreide, Obst, Wein und Hopfen sind wohlfeil, ein Scheffel Weizen kostet in Mühlhausen nur 13 Groschen, der Roggen 8 und die Gerste 6 ½ Groschen.
(Tromm, 410; Lubecus, 454; Jordan II, 149)

Im August wird der erste Damm mit Schleuse am Oberlauf der Radau fertiggestellt, dem noch fünf weitere folgen, um die Flößerei auf diesem Flusslauf zu ermöglichen. Durch das Öffnen der Schleusen befördert das freigesetzte Hochwasser die Baumstämme talwärts, wo sie durch Wehre aufgefangen und zu Flößen zusammengebunden werden. Die **größte Stauanlage für Flößzwecke an der Radau** wird auf Befehl des Herzogs Julius bei Harzburg erbaut, wo auch ein Stapelplatz angelegt wird. Die Radau wird bis zur Mitte des 19. Jahrhunderts für Flößzwecke benutzt. Das geflößte Holz, das vom Ufer aus durch Flößmeister geleitet wird, braucht vom Stapelplatz in Harzburg bis Wolfenbüttel etwa 8 Tage.
(Fischer (1913), 180ff.; Goslar (1970), 271)

1576
Im **Winter erfrieren Wein und Wintersaat** in unserer Gegend. Da eine Missernte befürchtet wird, kommt es zu einer **Teuerung**. Vor der Ernte kostet ein Malter Weizen in Mühlhausen vier Taler. Es gibt jedoch trotz der Wetterunbilden eine gute Ernte, so dass anschließend der Preis für einen Malter Weizen auf anderthalb Taler fällt.
(Binhard II, 187; Becherer, 580f.; Tromm, 411)

Am 24. Mai geht im Harz ein **Unwetter** mit Starkregen nieder. In Ilsenburg ertrinken 36 Menschen, 22 Gebäude werden durch die Fluten weggerissen. Die Ilse wälzt gewaltige Steine mit sich fort, viele Felder und Höfe werden verschlämmt. In Wernigerode verderben durch das Hochwasser des Zillierbachs mehr als 250 Fässer Bier. In Elbingerode werden das Borntor und viele Häuser fortgespült. Das Wasser strömt 6 Meter hoch durch den Ort.
(Zeitfuchs, 335; Merian (1654), 80; Heinemann, 161; Ilsenburg, 27; Elbingerode (2006), 227; Kuhlbrodt (2015) 106; AHBK 1936, 37; Günther, 716f.; ZHGA, 40. Jg. (1907), 473)

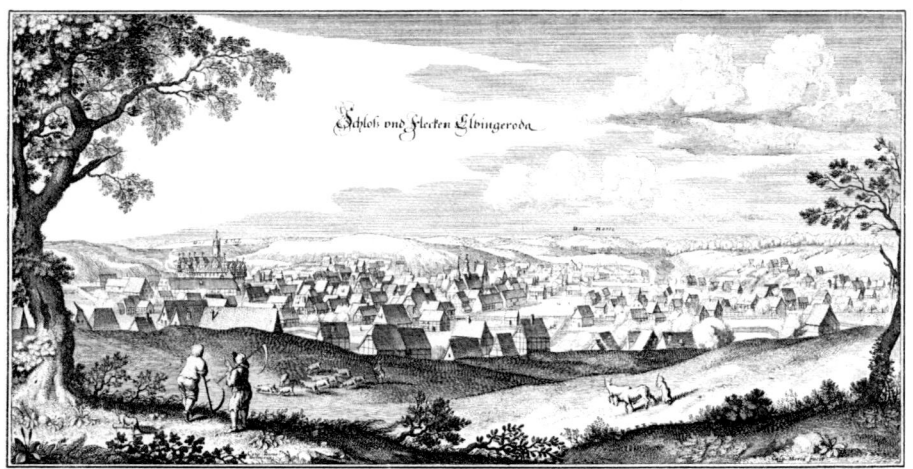

Elbingerode um 1650. Die umliegenden Berge sind durch Kahlschläge entwaldet. Aus: Merian (1654)

1577

Am Abend des 30. Januar ist um den Mond *„ein weiser circkel"*. (Tromm, 414). **Mondhalo**
Im Hochwinter, bei klirrender Kälte und Vollmond, sind Mondhalos bis zu zwei Stunden zu sehen.
Von diesem Naturereignis leitet sich eine verlässliche Wetterregel ab: *„Ist der Mond von Licht umringt, der Himmel bald Regen bringt."* 12 bis 18 Stunden nach Erscheinen eines Mondhalos sind fast immer Niederschläge zu erwarten. (Tauchmann (2006), 84)

Am 7. April, zu Ostern, blühen bereits die Kirsch- und Pflaumenbäume, was seit vielen Jahren nicht vorgekommen ist. (Bange, 185; Binhard II, 187; Hennig, 52)

Am 10. November erscheint ein **großer Komet** mit einem langen, feuerfarbenen Schweif am Himmel, der bis zum 12. Januar 1578 zu sehen ist. Er scheint heller als die Venus und ist sogar durch Wolken hindurch sichtbar. (Grössler/Sommer, 44; Heinemann, 164; Bange, 185a; Becherer, 584; Binhard II, 188; Denker, 113f.; Lehmann, 369; Lubecus, 459; Vanin, 23; Kronk I, 316ff.)

In diesem Jahr werden 4.080 Stamm Treibholz, 1.500 Malter Kurzholz und 1.200 Stück Bauholz die **Oker hinab geflößt.** (Goslar (1970), 272)

1578

Am 8. Juni stirbt die Witwe des Grafen Ernst von Mansfeld, Dorothea, geborene von Solms, unter deren Anleitung vor dem Mansfelder Schloss ein **Lustgarten** mit schönen Lusthäusern und Rabatten, seltenen Bäumen und Arzneipflanzen angelegt wurde. Auch seltene Tiere, darunter Kaninchen und Murmeltiere, wurden dort gehalten.
(Spangenberg, IV. Teil, 55f.)

In einer Urkunde aus diesem Jahr werden zwei *„Kalckhütten unter dem Konstein"* bei Niedersachswerfen erwähnt, in denen die dortigen Rohgipsvorkommen verarbeitet werden. Am Harz lässt sich die **Gipsbrennerei** bis ins Mittelalter zurückverfolgen. Die Stadtmauern von Nordhausen, Ellrich oder Osterode, aber auch zahlreiche Burgenbauten sowie mittelalterliche Steinbauten in Städten und Klöstern unseres Gebiets zeugen von früher Nutzung von Maurergips, der in Meilern gebrannt wird.
(Reinboth (2017), 98, 107)

150

Zeitgenössisches Flugblatt kurz nach dem Erscheinen des Kometen im November 1577

1579

Am 27. Juni geht ein **Unwetter** im Harz nieder. Schleusen werden zerstört und Dämme brechen. Vermutlich wird dabei auch der erst 1570 erbaute Juliusstau im Okertal zerstört. (Heinemann, 172; Denker (Hake), 115)

Der **Sommer** und der **Herbst** sind **nass und kalt**. Die an manchen Orten durch den Regen unfahrbaren Wege müssen mit Balken ausgelegt werden, damit die Ernte eingefahren werden kann. Das Getreide muss zum Trocknen in die Scheunen gebracht werden.
(Binhard II, 190f.; Hennig, 52; Glaser, 122)

Im August und September kommt es in unserem Gebiet zu **starken Stürmen**. Binhard berichtet von einem starken Sturm am 3. August in weiten Teilen Thüringens.
(Binhard II, 190; Wohlfahrt, 48)

Bereits am 23. **Oktober** setzt so **starker Frost** ein, dass der Wein erfriert und die Felder nicht mehr bestellt werden können. (Tromm, 424; Jordan II, 157)

1580
Am 17. Februar wird im Feldwasser, dem Arm der Zorge, der außerhalb des Stadtgebiets von Nordhausen verläuft, eine große **Lachsforelle** gefangen, deren Abbildung im Nordhäuser Rathaus aufbewahrt wird. (Förstemann, 430; Vocke, 53)

Am 11.März (am Gregoriiabend) fällt eine solche **Kälte** ein, wie sie in diesem Winter kaum gewesen ist. In Mühlhausen kommen die Vögel in die Stadt und viele lassen sich greifen, Roggen und Weinstöcke erfrieren. (Becherer, 494; Tromm, 426.; Binhard II, 191; Kuhlbrodt (2015), 106)

Dieser **Sommer** ist **trocken und warm**. Der **Mehltau**, eine durch Pilze verursachte Pflanzenkrankheit, schadet den Feldfrüchten. (Tromm, 429; Lubecus, 466; Fromann, 297)

Im Oberharz um Wildemann herrscht so große **Trockenheit**, dass die Mühlen nicht mahlen können. Man muss das Korn zu über fünf bis sechs Meilen entfernten Mühlen bringen, um es mahlen zu lassen. Außerdem besteht eine große **Teuerung**. Für das Malter Korn muss man vier bis viereinhalb Taler bezahlen. (Denker (Hake), 115)

Am Abend des 10. September erscheint *„ein sehr erschrecklich zeichen"*(**Polarlicht**) am Himmel, das *„fast biß an den hellen morgen"* zu sehen ist. (Tromm, 428; Hamm, 60)

Am 10. Oktober erscheint ein rauchfarbener **Komet** mit einem nach Osten gerichteten breiten Schweif, der am 12. Oktober seinen erdnächsten Punkt erreicht und bis Anfang Januar 1581 am Himmel zu sehen ist.
(Bange, 188a; Becherer, 494; Binhard II, 192; Lehmann, 369; Hamm, 60; Kronk I, 321f.)

In diesem Jahr wird am Ausgang des Okertals die **Okerhütte** zur Verhüttung der in diesem Revier geförderten Erze erbaut.
(Schroeder/Reuss, 144)

In fruchtbaren Gegenden, die schon im **frühen Mittelalter** dicht besiedelt sind und in denen in der eigenen Dorfgemarkung nicht mehr ausreichend Wald zur Verfügung steht, schließen sich nicht selten die waldarm gewordenen Dorfschaften frühzeitig zu Genossenschaften zur gemeinsamen Besitzergreifung und Nutzung von noch nicht in Besitz genommenen Waldgebieten zusammen, die zur Rodung ungeeignet sind.
Aus diesem Jahr liegt die älteste bekannte Ordnung für den **Siebengemeindewald,** ein rund 1.100 ha großes Waldgebiet zwischen Uftrungen und Schwenda, vor. Dieser Wald gehört einer uralten Waldgenossenschft, er ist gemeinsames Eigentum von Hauseigentümern in den sieben Gemeinden Schwenda, Uftrungen, Bösenrode, Görsbach, Berga, Thürungen und Rosperwenda. Das Miteigentumsrecht am Wald verbleibt für immer am Grundstück, es kann nicht veräußert oder übertragen werden.

Die Verwaltung liegt in den Händen des Waldvorstandes und von zwei Waldvögten. 1715 wird der Wald zum Zweck einer kontrollierbaren Waldwirtschaft in 12 Hauungen gegliedert. Der Wald wird über Jahrhunderte ausschließlich als **Niederwald** genutzt. Erst in neuerer Zeit wird der Siebengemeindewald allmählich in **Hochwald** überführt. Gegen Ende des 19. Jahrhunderts werden viele Nieder- und Mittelwälder in plenterwaldartigen Hochwald überführt, einen sich ständig verjüngenden Dauerwald, in dem einzelne Bäume gefällt werden und so ein permanenter Hochwald entsteht, in dem Bäume aller Dimensionen auf kleinster Fläche vermischt sind. (Noack (2013), 49f.; Rohland/Noack, 137ff. 203; Hasel/Schwartz, 268, 306; Fritze, Westerwald, 6; Kremser, 265)

Neben dem Siebengemeindewald sind noch mehrere weitere im Gemeineigentum mehrerer Dörfer befindliche Waldungen in unserem Gebiet nachweisbar. Diese Eigentumsregelungen setzen die Zustimmung des Territorialherrn voraus und fallen fast immer in die sächsische oder noch früher in die karolingische Kaiserzeit. Zu den **Waldverbänden**, deren erste urkundliche Erwähnung jedoch meist erst im hohen Mittelalter oder in der frühen Neuzeit erfolgt, gehören:
- der 1535 erstmalig urkundlich genannte **Viergemeindewald** im Weddehagen am Quedlinburger Ramberg mit den Dörfern Thale, Neinstedt, Warnstedt und Weddersleben;
- die **Rambergsgemeinde** im ehemaligen Stiftsforst Gernrode mit den Dörfern Gernrode, Frose, Rieder, Badeborn, Radisleben, Reinstedt, Hoym und Nachterstedt. Rambergsordnungen sind aus den Jahren 1575 sowie von 1611 und 1717 erhalten;
- das 1492 urkundlich genannte **Landmannsholz** unter dem Brocken mit den drei Vorharzdörfern Hasserode, Reddeber und Heudebber sowie sechs Huy-Dörfern Danstedt, Ströbeck, Athenstedt, Aspenstedt, Sargstedt und Runstedt, sowie
- der 1544 urkundlich genannte **Elfgemeindewald** bei Leinungen im Südharz mit den Dörfern Riethnordhausen, Martinsrieth, Brücken, Holstedt, Wallhausen, Esperstedt, Ringleben, Udersleben, Ichstedt, Borxleben und Tilleda. (Schubart (1966), 10,175)

Da das Holz auf den Bergen beiderseits des Oberlaufs der Ecker nur durch Flößen abtransportiert werden kann, wird in diesem Jahr mit der **Regulierung der Ecker zum Flößen** begonnen. Zu diesem Zweck wird ihr Oberlauf von Steinen und Bäumen geräumt, beim Unterlauf im Harzvorland werden die Flussteilungen abgeschnitten, die Ufer mit Pfählen und Flechtwerk versehen und an den Abzweigungen werden Wehranlagen angelegt. 1589 nimmt das Flößen auf der Ecker bereits einen guten Fortgang. (Kortzfleisch, 79)

1580 bis 1625

In diesem Zeitraum kommt es zu einer fortschreitenden **Krise des Montanwesens im Harz**, die auf eine Erschöpfung der an Edelmetall reichen Mineralvorkommen, auf die Verknappung der Holzkohle sowie auf hüttentechnische Probleme zurückzuführen ist.

1581

Am 26. Juli, zwischen 13.00 und 14.00 Uhr, geht im Gerstenfeld des Einwohners Caspar Wittich in Niederreißen bei Apolda mit gewaltigem Donnern ein **Meteorit** im Gewicht von 39 Pfund nieder. Als er auf dem Feld aufschlägt, spritzt die Erde *„zweyer Mann hoch in die Höhe"*. Der Meteorit *„ist fünff viertheil Ellen tief in die Erde gefallen/ hat die quer gelegen/ und so heiß/ dass ihn lange Zeit niemand hat angreiffen können"*. Er ist von blauer und bräunlicher Farbe, dritthalb Viertel einer Elle lang und eine halbe Elle dick und sprüht Funken wie Stahl, wenn man darauf schlägt. Er wird an die Fürstliche Regierung in Weimar übergeben und später nach Dresden überführt. (Tromm, 433; Bange, 189; Becherer, 494; Binhard II, 193)

In der Nacht des 20. August werden *„viel Feurflammen alhier am Himmel hin und her schiesend"* gesehen, berichtet die Nordhäuser Chronik von St. Petri. (Kuhlbrodt (2015), 103) **Polarlicht.**

1581/82

Dieser **Winter** ist **kalt und schneereich**. Am 26. Dezember und am 19. Januar fällt sehr viel Schnee. Die Kälte dauert bis zum 16. März, an dem es noch sehr hart gefriert. (Tromm, 436)
Dieser und die meisten anderen sehr strengen Winter bis 1602 werden durch gewaltige **Ausbrüche der Vulkane** Billy Mitchell auf Bougainville im Jahr 1580, des Kelut auf Java 1586, des Raung auf Java 1593, des Ruiz in Kolumbien1593 und des Huaynaputina in Peru im Jahr 1600 verursacht, die durch gewaltigen Eintrag von Asche und Gasen in die Stratosphäre und den dadurch entstehenden Höhenrauch eine weltweite Reduzierung der Sonneneinstrahlung jeweils in den folgenden Monaten oder Jahren verursachen. (Behringer,122; Briffa et al, 450ff.)

1582

Am 24. Februar verordnet Papst Gregor VIII. eine Reform des bisher geltenden, von Julius Cäsar 46 v. Chr. eingeführten julianischen Kalenders, der dem Jahreslauf der Sonne im 16. Jahrhundert bereits um 10 Tage hinterher hinkt. Ziel ist, den Frühlingsbeginn wieder auf den Tag der Tag- und Nachtgleiche am 21. März zu setzen. Um die bis 1582 entstandene Differenz von 10 Tagen aus-zugleichen, wird festgelegt, dass auf den 4. Oktober 1582 unmittelbar der 15. Oktober 1582 folgt. Außerdem wird das Zählschema des julianischen Kalenders dahingehend geändert, dass künftig alle nicht ohne Rest durch 400 teilbaren Schaltjahre keine Schaltjahre mehr sind.
Diese **Kalenderreform** wird zunächst nur in den katholischen Ländern eingeführt, in den protestantischen Ländern Deutschlands wird sie erst im Jahr 1700 übernommen. Dadurch ergeben sich bei der Datierung von Ereignissen durch die Chronisten – auch von solchen, die vor der Kalenderreform liegen – oft Abweichungen, je nachdem, ob sie den julianischen oder gregorianischen Kalender anwenden. (Grotefend, 24ff.; Schreiber, 267)

Am Abend des 6. März wird ein **Polarlicht** (*„fewr und blutzeichen am himel"*) gesehen. (Tromm, 437)

Am 31. März steht erneut *„ ein erschrecklich Zeichen, in der nacht von xij an biß des morgens vmb iiij vhr"*, d. h. ein **Polarlicht**, am Himmel. (Tromm, 437)

„Den 5. Junij ist am liechten tage ein heller stern am himel erschienen." (Tromm, 440) **Supernova?**

Am Morgen des 29. August, zwischen 5.00 und 6.00 Uhr steht am Osthimmel *„das grosse feurzei-chen vnd ein sehr hoher Regenbogen, der vom abent bis zu mitternacht* (Nordwesten) *sich beuget"*. (Tromm, 447) **Polarlicht**

„Des 16. Novembris in der nacht, ist ein grausam erschrecklich blut vnd fewrzeichen am himel ge-standen, vnd sind in ettlich hundert iahren nicht so viel zeichen am himel gesehen worden als eben diß iahr." (Tromm, 449) **Polarlicht**

Aus dem in diesem Jahr aufgenommenen Inventarium vom alten Haus Harzburg geht hervor, dass in diesem Gebiet **16 Teiche** sowie am Butterberg und am Scharenberg 6,5 Morgen **Hopfengärten** bestehen. (Heinemann, 186)

1583

Am Abend des 9. August steht ein **Polarlicht**, *„ein groß erschrecklich fewrzeichen das es durch vnd in einander fuhr, vnd wehret bis bis fast auf den morgen vnd hatt drey nacht zuvor auch gestanden"*, am Himmel. (Tromm, 460)

Am 2. September steht *„abermal ein erschrecklich zeichen"*, ein **Polarlicht,** fast die ganze Nacht am Himmel. (Tromm, 461)

Nach einer Besichtigung der zum Herzogtum Braunschweig gehörenden Wälder im Harz durch hohe Beamte der Bergverwaltung unter Leitung des Bergwerksdirektors Christoph Sander wird in diesem Jahr ein Protokoll über den Waldzustand und den voraussichtlichen Holzertrag verfasst, wobei der **Köhlerei** als der **größten Holzverbraucherin** besondere Beachtung geschenkt wird. Den Berechnungen wird zugrunde gelegt, dass die von den Köhlern abgetriebenen Forstorte 20 bis 30 Jahre Wachstum brauchen, ehe das Holz abermals zu kohlbarer Größe herangewachsen ist.

In dem Verzeichnis der Kohlhaie wird jedesmal angegeben, *„wann der Hey abgekohlt ist, wie lange er wieder wachsen muß, aus welchen Holzarten er bestehet, wie lange ein Köhler brauchet, um den Hey zu verkohlen undt wieviel Fuder er wöchentlich ausladen kann."* Am Schluß sind noch die Entfernungen zu jeder Hütte angegeben.

So wird zu den Waldflächen im Bereich der Lerchenköpfe festgestellt:
„Die Lerchenköppe sind zum Teil verkohlet zu der fürstl. Messinghütte unter Büntheim vor 10 und muß noch 20 Jahre wachsen, alsdann kann ein Köhler 3 Jahre darin kohlen und wöchentlich 15 Fuder ausladen. Dieser Hey ist den Hütten 2 ¼ Meilen Wegs abgelegen. Die Köppe vom vorigen Hey von der Alten Straße an bis an den Radawenbruch sein mit schönen Tannen Sägeholz und Bauholz zur Beführung des Holzhofes und der Sägemühlen bewachsen und werden dazu aufgeheget und unverkohlet." (Baumgarten, 26f.; Klaube (2007), 19; Pitz, 57ff.)

Im Amt Seesen werden 8 Forstorte mit reiner Eichenbestockung beschrieben, *„ große schöne Eichen Sageblöcke als auch junge Eichen, butterfaß oder emmerßdicke (eimerdick) mit ziemlicher Mastung…".* Im Amt Lutter werden 4 Forstorte, im Amt Harzburg 6, im Amt Woldenbergh nur ein Forstort und im Amt Staufenburg 7 Forstorte mit Eichen beschrieben. (Baumgarten, 27)

Die Hütten des Rammelsberges verbrauchen jährlich 18.000 Fuder Holzkohle, die Hütten zu Zellerfeld und Wildemann haben einen jährlichen Bedarf von 4.000 Fudern. Ein Köhler produziert wöchentlich 15 bis 18 Fuder Holzkohle und benötigt dazu etwa einen Morgen 20- bis 30jähriges Stangenholz. Es wird eingeschätzt, dass es auf dem Oberharz nur noch geringe Holzvorräte gibt. Da dort in 4 bis 5 Jahren **der schwerste Holzmangel befürchtet** wird, sollen die Schmelzhütten auf dem Oberharz stillgelegt und die dort gewonnenen Erze zur Verhüttung nach Goslar gebracht werden. (Baumgarten, 28ff.; Pitz, 57ff.)

Hardanus Hake, Pastor zu Wildemann, berichtet in seiner bis 1583 geführten Bergchronik, man habe beim Aufsuchen alter verlassener Gruben festgestellt, dass bereits zur Zeit des *„alten Mannes",* also in der ersten Bergbauperiode, die um 1360 zu Ende ging, aus Mangel an geeignetem Holz zum Grubenbau *„ Bircken, weiden, Haselnholtz"* verwendet worden seien. Trotz scharfer Forst- und Holzordnungen sei kein geeignetes Holz für den Grubenbau verfügbar gewesen, sodass Gruben geschlossen werden mussten. (Denker (Hake), 15)

Demnach stand also **auch Fichtenholz nicht ausreichend zur Verfügung**, denn dieses war als Stützholz in den Gruben besonders geschätzt, weil es langfaserig und biegsam ist und bei Bewegungen des Gebirges anfängt, zu knistern und zu knacken, was die Bergleute als *„sprechen"* bezeichnen, da es das mögliche Zusammenbrechen des Stützholzes ankündigt. (Liessmann (2010),75)

Hardanus Hake informiert in seiner Bergchronik auch darüber, dass die Bauern im Herzogtum Braunschweig ihre Felder **mit Mergel düngen**. Dieser *„fettet und dünget daß Land, darnach wachset rein Korn, frist und beist das Unkraut hinweg und ist dem Acker gantz nützlich und zutreglich…"* Er verweist auch darauf, dass die **Bergflüsse des Harzes** edle und schöne **Fischwasser** sind. *„… weil sie im Hartze lauffen, haben sie gemeiniglich foren, (Forellen – d. V.) die gahr schön sind, etzliche Eschen, Aehl, Schmerlen, Grimpen und auch sonsten viel andere arth mehr."* (Denker (Hake) 148f.)

1584
In diesem schönen Herbst gibt es eine solch **gute Weinernte** wie seit 1540 nicht mehr. Kübel und Fässer reichen nicht aus, um die reiche Ernte zu lagern.
(Binhard II, 198; Tromm, 473; Bange, 192)

Im Mai entsteht durch die mangelnde Achtsamkeit eines Köhlers ein **großer Waldbrand** in den Grubenhagenschen Forsten. Fünfhundert Mann bekämpfen sechs Tage lang das Feuer. Der entstandene Schaden wird auf mehr als 20.000 Taler geschätzt. Weitere Nachrichten über Waldbrände liegen aus den Jahren 1637, 1643, 1652, und 1742/43 vor. (Fessner et al (2002),155)

Wegen der zunehmenden Verknappung und der damit einhergehenden Verteuerung des Brennstoffs Holz wird in diesem Jahr versuchsweise damit begonnen, **Steinkohle** aus der zum Herzogtum Braunschweig-Wolfenbüttel gehörenden **Grube Hohenbüchen** bei Alfeld zum Rösten, zur Entfernung des Schwefels aus den sulfidischen Erzen, und zum Schmelzen der Erze in den Rammelsberger Hüttenbetrieben einzusetzen. Während die Verwendung von Steinkohle im Schmelzprozess unbefriedigend verläuft, zeigt ihr Einsatz im Röstprozess gute Ergebnisse, so dass ab 1587 alle Rammelsberger Schmelzhütten Steinkohle zum Rösten nutzen. Da das Steinkohlenbergwerk Hohenbüchen wegen der Verschlechterung der Qualität der Steinkohle und Problemen mit der Wasserhaltung seinen Betrieb 1593/94 einstellt, hört zu dieser Zeit auch die Steinkohlennutzung durch die Rammelsberger Hütten wieder auf. (Fessner et al (2002), 158f.;Bartels et al (2007), 332ff.)

1584/85
Dieser **Winter** ist in ganz Mitteleuropa **sehr trocken und mild**, alle Flüsse haben einen sehr niedrigen Wasserstand. (Hennig, 53)

1585
Am 4. Mai werden durch ein **Unwetter mit Hagelschlag** viele Fensterscheiben zerschlagen, Bäume entlaubt und das Korn auf den Feldern verhagelt. (Lubecus, 479)

Dieser **Sommer** ist **sehr nass**, vom 15. Juni (Vitus) an bis zum 14. September (Kreuzerhöhung) regnet es fast jeden Tag, so dass man das Heu nicht trocken einbringen kann. An manchen Orten kann man das in Haufen gesetzte Getreide erst im Winter mit Schlitten vom Feld holen. (Binhard II, 198; Tromm, 479; Becherer, 495; Bange, 192a; Hamm, 61)

Graf Wolfgang Ernst zu Stolberg-Wernigerode schließt in diesem Jahr mit Herzog Julius von Braunschweig-Wolfenbüttel einen Jagd-Pachtvertrag über die **Jagd nach Hirschen, Wildschweinen, Wölfen, Bären und Rehen** am Brocken und dessen Umgebung mit einer Laufzeit von 15 Jahren. **Birk- und Auerhühner**, die offenbar schon selten sind, darf der Herzog nur für seine eigene Person schießen. Der Herzog zahlt die Summe von 23.000 Talern für diese Jagdpacht und liefert dem Grafen außerdem jährlich 12 feiste Ochsen, 30 feiste Schweine, 3 Hirsche in der Feistzeit und 40 Rehe. Die **niedere Jagd,** darunter nach Hasen und Füchsen, sowie das Recht am Bergbau, den Holzungen, den Weiden und Hutungen, den Fischereien, der Mastung der Schweine und andere Nutzungen der Wälder bleiben dem Grafen und auch seinen Untertanen, soweit diese ebenfalls Rechte an diesen Nutzungen haben, vorbehalten. (Jacobs (1893), 423ff.; ZHGA, Jg. 21 (1888), 430)

Herzog Julius von Braunschweig-Wolfenbüttel erlässt in diesem Jahr eine **Forstordnung,** die das Schlagen von Bau- und Brennholz ohne Wissen des Försters verbietet. Entwaldete Flächen müssen wieder aufgeforstet werden. Diese Forstordnung ergänzt die 1532 erlassene Bergordnung, die noch keine Vorschriften über die schonenden Umgang mit den Wäldern beim Einschlagen des Holzes für das Berg- und Hüttenwesen enthält. (Fischer (1913), 200; Heinemann, 189; Schubart (1966), 77f.)

In diesem Jahr wird der etwa 40 m tiefer als der Raths-Tiefsten-Stollen liegende **Julius-Fortunatus-Stollen** im Rammelsberg zur Ableitung des in die Schächte eindringenden Wassers fertiggestellt, mit dessen Bau 1486 begonnen wurde. Dieser etwa 2.600 m lange Stollen dient bis zur Einstellung des Bergbaus am Rammelsberg im Jahr 1988 der Wasserlösung und ist noch vollständig erhalten. (Roseneck (1992),120; Gottschalk (1999), 91)

1585/86
In diesem **harten Winter** fällt sehr viel Schnee. (Tromm, 479; Glaser, 124)

1586
Am 22/23. April gibt es noch einen sehr **starken Spätfrost**. (Jordan II, 172; Glaser, 124)

Viele **schwarze Raupen** fressen in diesem Jahr die Knospen vom Flachs und schaden auch den Erbsen, den Linsen und dem Kraut sehr. (Jordan II, 172; Lubecus, 487)

1586/87
Dieser **Winter** ist **grimmig kalt** und es fällt sehr **viel Schnee**. Der harte Winter, der im November beginnt, hält bis zum 5. März an. (Tromm, 489; Hennig, 53; Nussbaumer, 209; Glaser, 125)

1587
Ende Mai herrscht gibt es **viel Schnee, Frost und Kälte** in ganz Mitteleuropa. Der **Sommer** ist **kalt**. (Hennig, 53)

In der Nähe von Herzberg wird in diesem Jahr ein **Braunbär** erlegt, dessen *„Tatschen"* Herzog Wilhelm von Braunschweig an den Hof nach Kassel schickt, da Bärentatzen als Delikatesse geschätzt werden. (Landau (1849) 211)

1588
Am 24. 25. und 26. Juni sieht die **Sonne ganz rot und dunkel** aus. (Jordan II, 177)

Der **Sommer** und der **Herbst** sind **sehr nass**, es regnet ununterbrochen 23 Wochen, so dass nur wenig Roggen geerntet werden kann. Für einen Erfurter Malter Roggen muss man 24 Gulden bezahlen. (Binhard II, 200; Glaser, 126)

Nach einem Starkregen am Nachmittag des 22. August kommt es in Goslar zu einem **Hochwasser**, das in der Stadt großen Schaden anrichtet. Ein Mann ertrinkt in den Fluten. (Honemann, II. Teil, 178)

In diesem Jahr wird in Nürnberg das von dem Nordhäuser Arzt und Botaniker Johann Thal (*1542 Erfurt, † 18.7.1583 Peseckendorf) verfasste Buch **„Sylva Hercynia"** (Harzwald) veröffentlicht. In diesem bereits 1577 fertiggestellten Werk werden erstmalig zahlreiche im Harz und seinen Vorbergen vorkommende Wildpflanzenarten mit Angabe ihrer Fundorte wissenschaftlich beschrieben. Damit gilt es nicht nur als **älteste Flora des Harzgebietes**, sondern als älteste Gebietsflora der Welt überhaupt.
Thal beschreibt zahlreiche Pflanzenarten des Harzes und seines südlichen Vorlandes, die auch heute noch von Interesse für Botaniker sind. Vom Kohnstein nennt er das Brillenschötchen, vom Felsen des Hohnsteins die Glänzende Storchschnabel und von den Mauern des Stolberger Schlosses die Edle Schafgarbe. Bei Ilfeld entdeckt er die Hirschzunge und die Deutsche Hundszunge. Am Sachsenstein bei Walkenried findet er das inzwischen verschollene Kriechende Gipskraut, ein Relikt aus der Eiszeit, das erst in den Kalkbergen der Alpen wieder vorkommt. Vom Alten Stolberg kennt Thal die seltene und inzwischen ebenfalls verschollene Zimt-Rose und von den sonnigen Gipsbergen der südlichen Vorlande des Harzes den Aufrechten Ziest, die Spanische Schwarzwurzel, die Öhrchen-Gänsekresse, und den Gelben Zahnentrost, die nach Herdam auch gegenwärtig in unserem Gebiet vorkommen.

Pflanzengeografisch von höchstem Wert sind Thals Angaben vom inzwischen verschollenen Nordischen Drachenkopf für Stiege und vom Purpur- Hasenlattich für die Große Harzhöhe bei Breitenstein, der gegenwärtig auf der Kleinen Harzhöhe sowie bei Silberhütte vorkommt. Der Purpur- Hasenlattich als montane Art erreicht in unserem Gebiet die Nordgrenze seiner Verbreitung. (Herdam et al, 240, 273)

Als Fundorte im Brockengebiet werden die Brocken-Anemone, die Krähenbeere und die Rosmarienheide, die beide auch gegenwärtig auf dem Brocken gedeihen, sowie die Pimpinell-Rose genannt, die von späteren Botanikern aber nicht mehr gefunden wird. (Herdam et al, 99, 150, 152) Thal beschreibt ferner die Birken der Brockenmoore, die Habichtskräuter und verschiedene Moose. Mit dem Hinweis darauf, dass die Harzer Frühlings-Miere *„ganz besonders um die Erzbergwerke, da wo die Metallschlacken angehäuft werden, vorkommt"*, ist Thal auch der erste Forscher, der auf die Beziehungen zwischen Pflanzen und ihrer schwermetallhaltigen Unterlage hinweist. Die Harzer Frühlings-Miere ist heute auf den Schlackenhalden im Eckertal und an der Warmen Bode, bei Ilsenburg und Königshütte sowie in Flussschottern des Ecker- und Okertals zu finden. (Herdam et al, 58, 113)

Thal nennt in seiner Sylva Hercynia nur den Gelben Fingerhut, nicht jedoch den Roten Fingerhut, obwohl dieser bereits von Leonhart Fuchs in seinem 1543 erschienenen Kräuterbuch und auch in dem 1556 veröffentlichten Kräuterbuch von Hieronymus Bock beschrieben worden ist, Werke, die Thal sicherlich gekannt hat. Es muss deshalb angenommen werden, dass der **Rote Fingerhut** zu Thals Zeit im Harz noch **fehlte** und erst eingewandert ist, als im Harz die Fichte in größerem Umfang angebaut wurde, um den Holzbedarf des Bergbaus sicherzustellen, da sie im Vergleich zu anderen Baumarten schneller wächst und auch jüngere Bestände für vielfältige Verwendungen abgetrieben werden können. (Barthel/Pusch, 322ff., Kellner, 29ff.) Der Rote Fingerhut hat sich im 19. Jahrhundert nach Osten ausgebreitet und ist heute im ganzen Harz verbreitet, 1873 fehlte er nach Angaben des Botanikers Hampe noch im Oberharz. (Herdam et al, 229)

1589
Bis zum April herrscht ein **strenger, schneereicher Winter**. (Hennig, 53)

Am 18. Januar befiehlt Herzog Julius von Braunschweig-Wolfenbüttel in einem Edikt, die **Heerstraßen über den Harz auszubessern** und mit guten Brücken zu versehen und an den Straßen sollten *„nach jedes Orts Gelegenheit"* Rademacher und Grobschmiede sesshaft sein, *„damit die Fuhrleute ihre Nothdurft wieder machen lassen konnten, auch sollte Höckerei dabei getrieben werden, damit die Fuhrleute für Geld Proviant bekommen könnten, Krüge sollten aber dabei nicht geduldet werden."* (Dennert (1986), 77)

Oft kann man in diesem Jahr **Polarlichter** sehen. So sieht man auch am 7. November ein Zeichen mit Strahlen am Himmel, die ineinander schießen und brennen. (Tromm, 516)

Als nach **langer Dürre** im Dezember Frost eintritt, fehlt es in Nordhausen fast gänzlich an fließendem Wasser, so dass die Wassermühlen stillstehen. (Förstemann, 409; Kuhlbrodt (2015), 106)

1589/90
Dieser **Winter** ist **streng** und **dauert lange**. (Tromm, 518; Glaser, 128)
Am 9. März kommt ein Kälteeinbruch mit Schnee, der bis in den April hinein andauert. (Jordan II, 179)

1590
Am 26. Januar schießen *„des nachts weisse Sternen am himel ineinander"*.
Am 3. März schießen *„wiederumb Weisse Sternen am himel zusamen"*. (Tromm, 522f.) **Polarlichter**.

Dieser **Sommer** ist **heiß und trocken**. Vom 25. Mai bis zum 5. Juli fällt kein Niederschlag. Es entstehen viele Brände, sodass in den Städten und Dörfern Brandwachen aufgestellt werden. Im Harz

entstehen viele **Waldbrände**. Durch die Unvorsichtigkeit eines Köhlers beim Kohlenbrennen entsteht ein großer Brand, durch den weite Teile der Oberharzer Forsten vernichtet werden. Die **Ernte fällt schlecht aus**, das Getreide wird teuer.
(Günther, 542; Brückner et al, 360; Tromm, 533; Bange 197a; Becherer, 613; Binhard II, 201; Fromann, 297; Förstemann, 409; Hennig, 54; Knappe/Scheffler, 62; Glaser,128)

1591
Im Frühjahr wird mit dem Bau des **ersten Fahrweges auf den Brocken** begonnen, um dem Herzog Heinrich Julius von Braunschweig und seiner Begleitung im Sommer den Besuch des Brockengipfels zu ermöglichen. Zu diesem Zweck wird ein Weg bis zur halben Höhe mit Bohlen ausgelegt, wobei über 1100 Fichtenstämme verwendet werden. (Ey, 232; Jacobs (1901), 129ff.)

1592
Vom 8. bis 10. Mai gibt es noch **starke Nachtfröste**. (Jordan II, 184)

Am 7. Dezember kann man die Sonne wieder mit zwei **Nebensonnen** sehen. (Binhard II, 204)

Der **Winter** ist in diesem Jahr so **kalt**, dass nicht nur Wein und Hopfen, sondern auch fast alles Getreide erfriert, weshalb die Preise des Getreides und des Hopfens eine bedeutende Höhe erreichen. (Apfelstedt, 90)

1593
Am Pfingstmontag tobt ein **Unwetter mit Hagelschlag** im Harz, wodurch die Feldfrüchte vernichtet, große Bäume entwurzelt und Dächer aufgehoben werden. Durch die Vernichtung der Ernte kommt es zu einer **Verteuerung der Nahrungsmittel**. (Zeitfuchs, 335)

Im Sommer führen anhaltende Regenfälle zu einer großen **Überschwemmung**, die den Menschen, dem Vieh, den Äckern und den Gebäuden viel Schaden bringt. (Weikinn, Teil 2, 385)

Am Abend des 16. Oktober ist *„ein erschreckliches Feuerzeichen am Himmel gesehen worden, welches 3 ganze Stunden gewähret hat."* (Jordan II, 186)

Nach dem Aussterben des Hohnsteiner Grafengeschlechts in diesem Jahr setzt sich unter Grubenhagener Hoheit der **Niedergang des St. Andreasberger Silberbergbaus** fort.
(Liessmann (2010), 237)

1594
Vom 6. bis 15. Mai ist ein **Kälteeinbruch**, der den Obstbäumen und den Weinstöcken sehr schadet. Am 30. Mai kommt es erneut zu einem starken Spätfrost. (Jordan II, 188)

In diesem Jahr wird eine **Glashütte am Rotenberg** in der Nähe von Lauterberg urkundlich genannt. Daneben sind noch fünf weitere Glashütten im zum Herzogtum Grubenhagen gehörenden Südharzgebiet in Betrieb. Alle sechs Glashütten sind 1617 jedoch bereits stillgelegt.
Erst unter Herzog Christian zu Celle, der 1617 das Erbe der ausgestorbenen Herzöge von Grubenhagen übernommen hat, ist 1639 wieder eine Glashütte am Rotenberg in Betrieb. (Tenner, 9ff.)

In diesem Jahr wird die **Bergordnung** zur Regelung der Rechte des Bergbaus im **Elbingeröder Revier** eingeführt. Den Elbingeröder Einwohnern wird ein Monopol am hiesigen Bergbau eingeräumt. Diese Bergordnung gilt mit wenigen Abänderungen aus den Jahren 1620, 1664, 1694 und 1847 bis zum Jahr 1867. Dann wird sie durch das Allgemeine Preußische Berggesetz abgelöst.
(Elbingerode (2006), 227)

1594/95

Dieser **kalte, schneereiche Winter** dauert von November bis Ende Februar. Die meisten Flüsse in Deutschland sind gefroren Viele Menschen kommen in dem hohen Schnee um. Am 22. Februar (St. Peters Tag) setzt Tauwetter ein und es regnet drei Tage lang, sodass es zu **Überschwemmungen** kommt, die großen Schaden anrichten. In Nordhausen dringt das Wasser in der Töpferstraße bis an die Fenster. (Binhard II, 206; Becherer, 639; Kohlmann, 17; Hennig, 54; Nussbaumer, 209; Hamm, 62; Glaser, 129f.)

1595

Der Augsburger Bürger Balthasar Becker erhält in diesem Jahr vom Blankenburger Grafen Martin die Erlaubnis, die **Hubertusquelle bei Thale** auszubeuten und dort eine Saline zu errichten. Diese Solequelle hat neben Natriumchlorid (1,7%) für die Kochsalzgewinnung auch einen hohen Kalziumgehalt (1,2%), der dem Kochsalz einen unangenehmen Geschmack verleiht. Dies ist einer der Gründe, warum die Saline nur wenige Jahre in Betrieb ist Erst 1836 wird die radonhaltige Solequelle wieder erschlossen und ein Solebad eingerichtet, das Ende 1979 den Badebetrieb einstellt. (Walter (1984), 46ff.)

1596

Nach einem **milden Winter** und einem schönen Frühling tritt um Pfingsten ungünstige Witterung ein und es folgt ein sehr **nasser Sommer**. Vom 28. Mai bis zum 23. Juni regnet es fast täglich. Es gibt sehr **viele Hamster**, denen fast die Hälfte der Ernte zum Opfer fällt, was bei der durch den anhaltenden Regen verursachten **Missernte** umso schmerzlicher ist. Im Herbst sollen in manchen Weinbergen bis zu 400 Hamster gefangen worden sein. (Zittwitz, 161; Hennig, 54)

Am 27. Juli tobt im östlichen Harzvorland ein **heftiger Sturm,** der die Garben von den Feldern weit wegbläst und große Erntewagen umwirft. (Zittwitz, 161)

Der **Winter** ist naß, dabei aber so **warm,** dass um Weihnachten auf den Wiesen und Feldern die Blumen blühen, so dass die Mädchen Kränze und Kronen davon binden und sich damit schmücken. (Zittwitz, 161)

Bei einer Forstbereitung im Grubenhagenschen Harz in diesem Jahr werden eine **Glashütte** am Zufluss des Lindentalbachs in die Sieber, eine im Gläsnertal unter dem Heikenberg westlich von Lauterberg, eine weitere am Zusammenfluss des Großen und des Kleinen Gödeckentals sowie eine vierte im Steinatal über Steina genannt. (Schubart, 134, 170f.)

1597

Im Frühjahr werden in Aschersleben Personen zur Bekämpfung der **vielen Hamster** angestellt, von denen viele im Laufe des Sommers 80 Schock Hamsterfelle abliefern. (Zittwitz, 161) Auch in Mühlhausen richten die vielen Hamster sowohl auf den Feldern als auch in den Scheunen und Häusern großen Schaden an. (Jordan II, 194)

Um Pfingsten ist es in Goslar noch so kalt, dass man *„über das Eis gehen"* kann. Später setzt eine ungewöhnliche Hitzeperiode ein, die zu einer Missernte führt und eine erhebliche **Teuerung** der Lebensmittel zur Folge hat. Kurz vor der Ernte kostet ein Scheffel Roggen in Stolberg 28 Groschen, in Aschersleben sogar 34 Groschen. (Gottschalk (1999) 312f.; Zeitfuchs, 335; Zittwitz, 161)

Heinrich Eckstorm der Prior des Klosters Walkenried, berichtet in der von ihm verfassten Chronik des Klosters, dass im Juli eine Frau aus Holbach beim Sammeln von Heidelbeeren eine halbe Meile vom Kloster entfernten Waldungen am Spitzenberg *„einen ungeheuren Wurm oder eine Schlange"* gesehen habe, *„bei dessen Anblick sie sogleich die Flucht ergriff und ohne Heidelbeeren nach Zorge kam, wo sie bei einem Holzfäller… um Obdach bat…Als derselbe Holzfäller acht Tage später zufällig*

seinen Weg zu demselben Berge nahm, traf er auf denselben Wurm, der schräg über den Weg lag. Beim Anblick dachte er zunächst, es sei ein von einem Baum gefallener Eichenast, doch als er sah, wie sich der Wurm bewegte, und den Kopf aus dem Haselgebüsch erhob, rannte er in schneller Flucht nach Zorge zu den Seinigen und erzählte den Nachbarn, was er gerade gesehen hatte. ...
Der Wurm ist hier ziemlich selten, jedoch nicht ganz unbekannt und wird Haselwurm genannt, weil er das Haselgesträuch liebt."
Der scheinbare Wurm wird auch als Heerwurm bezeichnet, weil sein Auftreten nach weit verbreiteter abergläubischer Überlieferung als Vorbote eines Krieges gedeutet wurde.
Der Eisenacher Arzt August Christian Kühn hat die Naturerscheinung des **Heer- oder Haselwurms** in den Jahren 1774 bis 1782 untersucht und festgestellt, dass dieser aus zahllosen kleinen, glasigweißen Larven einer Mückenart besteht, die unter feuchtem Laub leben und wahrscheinlich auf der Suche nach Verpuppungsplätzen gemeinsame Wanderzüge unternehmen, wobei sie durch eine schleimige Flüssigkeit neben-, hinter- und übereinander haften. Dabei bilden die Larven ein bis zu vier Meter langes und 20 bis 30 cm breites, sich schlängelnd fortbewegendes Band, das dem flüchtigen oder besser flüchtenden Beobachter als ein einziges schlangenartiges Wesen erscheint. Das Insekt, in das sich die Larven nach ihrer Verpuppung verwandeln, ist die etwa 4,5 mm lange grauschwarze **Heerwurmtrauermücke.**
1782 soll ein Heer- oder Haselwurm im Allroder Forst angetroffen worden sein.
Weitere Beobachtungen des Heerwurms im Harz werden 1804, 1807, 1828 und 1846 bei Zorge, 1844 bei Ilfeld, 1845 vom Birkenmoor, 1847 und 1866 bis 1868 bei Hohausen, 1855 bei Blankenburg sowie 1863 bis 1865 und 1871 bei Staufenburg und Gittelde gemacht.
(Marshall, 55; Reinboth (1987), Sonderdruck; Thieme (1976), 8)

Im Herbst richten die **Mäuse** auf den Feldern großen Schaden an. (Zittwitz, 161)

In diesem Jahr erlässt Herzog Heinrich Julius von Braunschweig-Wolfenbüttel eine **Holzordnung**, die Einschränkungen für die Weide von Vieh in den Wäldern enthält, weil durch Viehtritt, Verbeißen und Rindenfraß erhebliche Schäden an den Bäumen, vor allem am jungen Holz, verursacht werden. Außerdem ordnet er zur Nachzucht von Eichen an, dass jeder Ackermann 10, jeder Halbspänner 5 und jeder Köter 3 junge Eichen unverletzt auszuroden und auf Weisung der Amtleute auf Blößen im Wald oder auf Plätzen und Ängern im oder am Dorf zu pflanzen und mit Dornen zu umgeben hat.
(Beug et al, 27; Schubart (1966), 76ff.)

1598
Am 1. März richten **heftige Sturmwinde** an vielen Gebäuden in Eisleben beträchtliche Schäden an.
(Grössler/Sommer, 53)

Am 16. Dezember, am Morgen gegen 7.00 Uhr, werden weite Gebiete Thüringens und Sachsens von einem **Erdbeben** erschüttert, dessen Epizentrum bei Gera liegt und das eine Stärke von 6.5 auf einer zwölfteiligen makroseismischen Intensitätsskala hat.
(Grössler/Sommer, 54; Reinhardt (1892), 326; Leydecker 57)

In der in diesem Jahr von dem Pfarrer Johannes Letzner verfassten Chronik des Klosters Walkenried werden folgende **Teiche** in der Nähe des Kloster genannt, von denen einige wahrscheinlich zu Beginn des 13. Jahrhunderts von Laienbrüdern angelegt wurden: Wollenteich, Fauler Sumpf (Röseteich), kleiner und großer Priorteich, Affenteich, Brunsteich, die Cranichteiche am Cranichstein sowie einige kleine Laichteiche an der Aue.
In der Nähe von Ellrich befinden sich die Bogenthaler Teiche sowie der am Himmelreich liegende Teich. (Letzner, 32, 74f.)
In Letzners Chronik wird auch *„von des Closters Holtzforsten, Weide, Wiesen, Garten und dem dabei liegenden Ackerbaw"* berichtet. So sind aus den zahlreichen zum Kloster gehörenden Wäldern *„für dieser Zeit viel tausent Fuder Kollen* (Holzkohle) *hinunter bis in die Graffschaft Mansfeldt für*

die Schmetzhütten gefüret und verkaufft wurden." Nicht nur auf den Weiden rund um das Kloster werden Kühe gehalten, sondern eine ziemliche Anzahl von Rindern weidet auch in den Forsten des Klosters sowie auf den abliegenden Höfen und Vorwerken in der Grafschaft Honstein. *„Das Hartz-viehe aber gibt gute gesunde Kese und Butter und dazu feiste Rinder und Ochsen zur Küche…*" Die Wiesen geben so viel Heu, *„dass man damit nicht nur des Stiffts Viehe, auch frembder Leut Ross füttern, nheren und an den Sommer bringen kann. Gute fruchtbare, wolgelegene auch zimliche grosse Baum-, Kraut- und Hopffengerten hat das Kloster…*" (Letzner, 126f.)

1598/99
Am 13. Dezember fällt in einer einzigen Nacht so **ungewöhnlich viel Schnee**, wie ihn die Menschen bisher nicht erlebt haben. Am Morgen des folgenden Tages können viele Leute nicht aus der Haustür heraus. Nicht wenige Menschen und Tiere ersticken im Schnee.
Die Schneedecke wird den Winter über immer höher, taut jedoch Ende Februar innerhalb von 8 Tagen ab und es folgt ein sonniger Frühling. (Becherer, 645, 647; Bange, 211, 212; Binhard II, 214)
Hennig berichtet von einem starken Schneefall am 13. Dezember in Sachsen. (Hennig, 54)

1599
In der ersten Aprilwoche (Woche vor Ostern) stehen die Kirsch-, Apfel- und Birnbäume schon in voller Blüte. (Binhard II, 215; Becherer, 647)

In diesem Jahr wird die Meierei und das Vorwerk im Amt Elbingerode *„durch einen großen überna-türlichen Windsturm über ein hauffen geworffen, darinnen etliche fünffzig stück Viehe, so an Ketten gebunden gewesen, umbkommen.*" (Merian (1654), 80)

Dieses Jahr *„ist der Wein trefflich gut, wiewol nicht sehr viel worden"*. (Binhard II, 215; Becherer, 647)

Durch **Höhenrauch** erscheinen in diesem Jahr **Sonne und Mond** stets in **rötlichem Schein**. (Hennig, 55)

Ende des Jahres tritt wegen einer vorhergehenden **lang währenden Dürre** und darauf eintretenden Frosts so großer **Wassermangel** in Nordhausen auf, *„dass große Not unter dem Volck gewesen, in-dem die Graben fast ausgetrucknet, dass man bald nicht mahlen können.*" (Kuhlbrodt (2015), 107)

Ende des 16. Jh.
Die Fichte ist bis in die mittleren Gebirgslagen weit verbreitet. (ca. 550 m über NHN) und hat schon den Harzrand erreicht. Ursachen für die **Ausbreitung der Fichten** sind: geringe Spätfrostgefähr-dung, schnelle Besiedlung großer Schlagflächen, geringere Verbissschäden durch Weidevieh und Wild, Bodenverschlechterung durch Biomasseentzug und Immissionen, dazu die kleine Eiszeit mit kühlen und nassen Sommern. (Brückner et al, 360)

Nachdem die Bärenpopulation des Harzes durch ständige Bejagung gegen Ende des 16. Jahrhun-derts bis auf wenige Tiere dezimiert worden ist, veranlasst der leidenschaftliche Jäger Herzog Hein-rich Julius von Braunschweig, dass wieder **Bären im Oberharz ausgesetzt** werden. (Skiba, 113)

Ende des 16. Jh wird der **erste Pflanzkamp** im Harz erwähnt. (Brückner et al, 360)

1600
Dieser **Winter** ist **sehr kalt** und **dauert lange an**. Alle Flüsse in Mitteleuropa gefrieren. (Hennig, 55)
Die Kälte hält bis Ostern an, so dass es zu Ostern kälter als zum vorjährigen Weihnachten ist. Auch da-nach ist es noch bis nach Pfingsten sehr kalt, so dass die Weinberge bis dahin noch nicht ausschlagen. (Binhard II, 216)

Am Morgen des 24. Dezember werden in mehreren Orten neben der Sonne noch zwei **Nebensonnen** gesehen. (Jordan III, 1; Binhard II, 216)

Am 25. Dezember ist die **Sonne ganz verfinstert**. (Binhard II, 216)

1600/01
Aufgrund des Ausbruchs des Vulkans Huaynaputina in Peru im Februar/März 1600, bei dem riesige Mengen von Asche und Gasen in die Stratosphäre geschleudert und weltweit als **Höhenrauch** verbreitet werden, wodurch die Sonneneinstrahlung in den folgenden Monaten reduziert wird, ist dieser **Winter extrem kalt und schneereich**, der Schnee liegt 14 Wochen, die Mühlen frieren ein und können nicht mahlen.
(Binhard II, 216; Hamm 66; Jordan III, 1; Glaser 131f.; Silva/Zielinski, 455ff.; Briffa et al, 452)

16./17. Jh.
In Forstbereitungen werden immer öfter ganze Berge und Waldteile im Harz als *„abgekohlt"*, *„dem Verfall überlassen"* oder *„für Eisenhütten verhaun"* bezeichnet.
Angesichts dieser Situation beginnt in der Grafschaft Wernigerode mit Graf Wolf Ernst (1546-1606) schon gegen Ende des 16. Jahrhunderts eine **zunehmende Pflege der Forste**. (Brückner et al, 361)

Um das Jahr 1600
sind im Harzgebiet 6 Hochöfen und etwa 40 Zerrenn- und Frischfeuer in insgesamt **33 Eisenhütten in Betrieb**, die jährlich 1.500 to schmiedbares Eisen und 150 to Gusseisen produzieren. Eisen wird in erster Linie als *„Hilfsmetall"* zur Herstellung von Werkzeugen und Geräten für die Erzeugung von vermünzbarem Silber verwendet. Eisenhütten errichtet man stets abseits der Silberhütten in Gebieten mit hinreichender Wasserkraft, gesicherter Versorgung mit Holzkohle und verwertbaren Erzvorkommen in der näheren Umgebung. (Liessmann (2010), 129,291)

1601
Der **Sommer** ist ziemlich **fruchtbar**, so dass alle Feldfrüchte und das Obst gut gedeihen, aber am 3. August beginnt eine solche **Kälte**, dass sich die Leute bei der Feldarbeit Handschuhe anziehen müssen. Die Ernte zieht sich sehr weit hinaus. Ende November wird mancherorts noch Hafer gebunden. (Binhard II, 218f.) Hennig berichtet, der Sommer sei kühl und kurz. (Hennig, 55)

Am 23. Dezember setzt in unserem Gebiet ein Starkregen ein, der zwei Tage und eine Nacht anhält. Durch das eintretende **Hochwasser** werden in Stolberg die Wege zerstört und die Stege weggerissen, der Antoniusteich bricht und auch das Haus von Hans Hähnlein wird von der Wasserflut mitgenommen. (Zeitfuchs, 335)
In Mühlhausen steht das Wasser so hoch, dass man das Görmartor die Nacht nicht zumachen kann. Vom Rieseninger Berg in der Nähe der Stadt löst sich vom vielen Regen ein Stück Land so groß wie ein Haus (Jordan III, 3)
Auch in Eisleben richtet das Hochwasser in der Stadt sowie vor dem Stadttor in den Gärten und Wiesen großen Schaden an. (Grössler/Sommer, 76)

In diesem Jahr wird erstmalig der Abbau von Braunkohle bei Riestedt erwähnt. Die kleinen **Braunkohlenlagerstätten im südöstlichen Harzvorland** bei Riestedt-Emseloh, Helbra, Voigtstedt und Oberröblingen erlangen vorallem im 18. und 19. Jahrhundert Bedeutung für die regionale Wirtschaftsentwicklung. Sie versorgen die Siedepfannen der Salinen und die im 19. Jahrhundert aufkommenden Zuckerfabriken, Kalkbrennereien, Ziegeleien sowie die Dampfmaschinen im Montanwesen mit dem benötigten Brennmaterial. Am Ende des 19. Jahrhunderts verliert der Braunkohlenbergbau im südöstlichen Harzvorland mit Ausnahme des Oberröblinger Reviers mit dem Bezug billigerer und qualitativ besserer Kohlen seine Bedeutung. (Mansfeld (2008), 204ff.)

Das ganze Jahr hindurch und noch im folgenden Jahr bis zum 27. Juli erscheinen infolge von **Höhenrauch** Sonne und Mond stets rötlich, bleich und glanzlos. (Hennig, 55)

1602

Vom 12. bis zum 25. Januar toben **schwere Stürme** in unserem Gebiet, die großen Schaden an Gebäuden und Bäumen anrichten. In Eisleben stürzen der Giebel des Rathauses und ein großes Stück der Stadtmauer am Klingentor ein. (Binhard II, 220; Grössler/Sommer, 76f.)

Eisleben um 1645 Aus: Merian (1650)

Bei einem **Spätfrost** am 21. April erfriert der Wein. Er schadet auch der Baumblüte, so dass es in diesem Jahr auch wenig Obst gibt. (Jordan III, 4) Hennig berichtet von schädlichem Reif vom 1. bis 3. Mai in ganz Mitteleuropa.
(Hennig, 55)

Am 24. Juli tobt ein **schwerer Sturm**, der in Eisleben und Umgebung große Bäume aus der Erde reißt und das Getreide auf den Feldern verwüstet. Ein nachfolgender Starkregen verursacht Schäden an Häusern und Scheunen in Eisleben. (Grössler/Sommer, 77)

In diesem Jahr gibt es so viel **Mutterkorn** (Brandkorn), das Sklerotium des auf Getreide wachsenden giftigen Mutterkornpilzes, dass auf einem Acker kaum ein Viertel gutes Korn geerntet werden kann. (Jordan III, 4))

Zu Weihnachten kommt es durch schnelles Tauwetter und Starkregen in vielen Orten zu **Überschwemmungen,** wobei auch Menschen und Tiere ertrinken. (Binhard II, 222f.)
In Mühlhausen kann wegen des Hochwassers niemand in die Christmette in der Untermarktskirche kommen und in der Georgikirche stehen die Leute bis in die Mitte im Wasser. (Jordan III, 5)

164

Um 1602

Vermutlich in diesem Jahr wird mit dem Bau des **Alten Rehberger Grabens** begonnen, mit dem das Wasser von den hoch liegenden Hängen des Rehberges an das St. Andreasberger Bergbaugebiet zum Antrieb der Wasserräder in den dortigen Bergwerken herangeführt wird. Die um 1604 fertig gestellte, etwa 8 km lange Wasserleitung verläuft über etwa 5,8 km in Holzrinnen. Während einer Stillstandsphase des Bergbaus verfallen diese Holzrinnen, die erst 1686/89 wieder hergerichtet werden. (Schmidt, Martin (2012), 175ff.)

1603

In der Nacht des 4. Januar sieht man am nördlichen Himmel *„schreckliche feuer Zeichen"*. (Binhard II, 223) **Polarlicht.**

Am 19. April schlägt während eines Gewitters der **Blitz** in den Turm der Mühlhäuser Untermarktskirche und richtet in der Kirche großen Schaden an. Der Türmer und drei seiner vier Kinder erleiden durch den Blitzschlag Verbrennungen. (Jordan III, 6)

Der **Frühling** ist **heiter und trocken** und der **Sommer** ist **warm und trocken.** (Hennig, 55) Zu Ostern blühen die Kirschbäume und eine Woche vor Pfingsten werden auf dem Markt schon reife Kirschen angeboten. (Jordan III, 6)

Am 17. Dezember erlässt Herzog Heinrich Julius von Braunschweig-Wolfenbüttel eine **Jagdordnung,** in deren 46 Artikeln die zeitliche und örtliche Eingrenzung der Hirsch- und Wildschweinjagd und die Jagdverpflichtungen der 50 herzoglichen Ämter festgelegt werden. (Korf, 29; ZHGA, Jg. 21 (1888), 430)

1604

Am Abend des 30. September erscheint im Sternbild des Schützen *„ein runder Kometstern"*, der viel heller als ein Planet strahlt und auch noch im Oktober und November am Himmel zu sehen ist. Es ist die von dem deutschen Astronomen Johannes Kepler entdeckte und beschriebene **Kepler-Nova.** (Binhard II, 227f; Jordan III, 7; Kabisch, 339; Kretzer)

Anfang Dezember veranstaltet Herzog Heinrich Julius von Braunschweig-Wolfenbüttel eine **Wolfsjagd,** an der Gandersheimer Bürger als Treiber teilnehmen müssen. Bereits in den Jahren 1597, 1601 und 1602 mußte die Stadt Treiber für Wolfsjagden des Herzogs stellen. (Kronenberg, 84)

1605

Am 3. April und 27. September finden **Mondfinsternisse** statt. Binhard datiert diese Ereignisse noch nach dem alten julianischen Kalender auf den 24. März und 17. September. (Binhard II, 228; Schroeter, 286)

Am 12. Oktober – nach Binhard am 2. Oktober – tritt eine **partielle Sonnenfinsternis** ein. (Binhard II, 228; Kretzer)

Als die Stolberger Bürger in diesem Jahr *„nach dem Hayn gezogen, fremd Bier zu suchen, (hat) sichs begeben, daß eine unmäßige Menge Würme, eines halben Kindes lang, über den Weg gezogen, dass der Zug bey dritthalb Elen lang gewesen, vorn wie ein Kopff, folgends bis an die Mitte 3. Finger breit, der Bauch einer Spanne und der Schwantz 3. Finger dick, hinden spitz zu ein Wurm über dem andern liegend."* (Zeitfuchs, 358) **Heerwurm**

1606

Am 17. März richtet ein **schwerer Sturm** beträchtliche Schäden an Gebäuden und Bäumen in unserem Gebiet an. (Binhard II, 230; Jordan III, 9)

Der **Sommer** ist **nass und kalt**. Auf den Feldern verderben deshalb viele Früchte. (Jordan III, 9; Hennig, 55)

Im Juli bricht, wahrscheinlich beim Ersteinstau, der **Schwarzenbacher Teich**. Er wurde angelegt, um die Gruben des Rosenhöfer Reviers im Clausthaler Bergbaugebiet mit Aufschlagwasser für ihre Wasserräder, insbesondere zum Herauspumpen des Sickerwassers, zu versorgen. Das Wasser des Schwarzenbacher Teichs wie auch der anderen in der ersten Hälfte des 17. Jahrhunderts errichteten **Buntenbocker Teiche**, zu denen der Bärenbrucher Teich, der Sumpfteich und der Ziegenberger Teich sowie der um 1674 angelegte Pixhaier Teich gehören, wird durch den oberen und unteren **Rosenhöfer Kunstgraben** zu den Gruben geleitet. (Schmidt (2012), 52ff.)

1607
Der **Halley´sche Komet** kann in diesem Jahr wieder beobachtet werden. Am 29. Oktober erreicht er seinen erdnächsten Punkt, seine größte Erdnähe beträgt 38 Millionen km.
(Binhard II, 232; Lehmann, 369; Reichstein, 16; Kronk I, 331)

In diesem Jahr wird die erste **Forstordnung für das anhaltische Harzgebiet** erlassen, in der in 26 Artikeln die Verhaltensregeln im Umgang mit Holz festgelegt sind. Hauptanliegen ist die Versorgung der Bergwerke und Schmelzhütten, der Bevölkerung, der Sägemühlen und anderer Gewerbe mit Holz. (Kortzfleisch, 123f.)

Eine **reiche Ernte** wird in diesem Jahr eingebracht. (Binhard II, 232; Jordan III, 10)

1607/08
Dieser **Winter** ist **außergewöhnlich streng**. Von Weihnachten an bis zum 23. April herrscht ununterbrochen große Kälte. Alle Flüsse sind zugefroren, die Mühlen können nicht mahlen. Dadurch steigen die Getreidepreise beträchtlich (Binhard II, 232f.; Grössler/Sommer, 83; Jordan III, 12; Hennig, 55; Nussbaumer, 209; Hamm 67; Glaser, 134)

1608/09
Vor Weihnachten 1608 ist die **Kälte** schon so groß, dass **viele Reisende erfrieren**. Da die Kälte bis Fastnacht 1609 anhält, frieren viele Flüsse und Bäche ein, sodass die Mühlen nicht mahlen können. (Sternickel, 132; Jordan III, 12)

1609
Im April kommen **viele ganz ungewöhnliche Käfer** – Binhard nennt sie Kreuzkäfer - in unser Gebiet, welche die Bäume so kahl fressen, dass sie wie im Winter ohne Laub sind und dadurch viele Bäume ruiniert werden. (Binhard II, 234; Jordan III, 13)

Auf den **trockenen Frühling** folgt ein **nasser Sommer**, so dass viel Getreide auf den Feldern verdirbt. Die große Nässe dauert bis zum 1. September. Wegen der **schlechten Ernte** an Feld- und Gartenfrüchten kommt es zu einer großen **Teuerung**. (Binhard II, 225; Jordan III, 13)

1609/10
In diesem **milden Winter** fällt von November bis zum 21. Februar viel Regen, so dass die **Wintersaat verdirbt**. Am 18. Februar kommt es in Nordhausen zu einer **Überschwemmung**.
(Förstemann, 407)

1610
Die diesjährige **Ernte an Getreide und Obst** fällt wegen des vielen Regens **sehr gering** aus.
(Jordan III, 14f.)

In der Chronik des Klosters Walkenried wird unter diesem Jahr berichtet, dass in der Umgebung des Dorfes Wieda mehrere **Glashütten** in Betrieb sind. Aus archäologischen Funden geht hervor, dass sowohl Hohl- als auch Scheibenglas produziert wird. (Tenner, 14f.; Schubart (1966), 171)

1611

In diesem Jahr ist ein so **trockenes Frühjahr**, dass die Feldbestellung erst nach dem 25. Mai erfolgen kann. In der Goldenen Aue können auch Felder gar nicht bestellt werden, was seit Menschengedenken kaum geschehen ist. In der Walpurgisnacht erfriert der Wein.
(Binhard, 228f.; Grössler/Sommer, 88; Jordan III, 15)

Die Sommerfrüchte werden in diesem Jahr erst sehr spät reif. Erst um Martini kann der Hafer geerntet werden. (Jordan III, 17)

1611/12

In diesem **harten Winter** fällt der Schnee 60 Tage so stark, dass manche Häuser damit ganz zugedeckt werden. Auch die Wintersaat verdirbt. Man muss das meiste umackern und dafür Gerste neu säen. Die Fische erfrieren in den Teichen und das Wild in den Wäldern.
Am 21. Mai fällt noch einmal große Kälte mit dickem Eis ein. Die winterliche Kälte dauert bis zum 25. Juni und richtet an den Feldfrüchten großen Schaden an.
(Binhard II, 230f.; Förstemann, 405; Göschel II, 308; Reinhardt (1892), 326; Lange, 20; Hamm 68; Glaser, 136; Kohlmann, 16)

1612

Ein **Hochwasser** nach der Schneeschmelze im April verursacht großen Schaden in den Feldfluren. Durch viel Regen auf dem Harz schwillt das Feldwasser, also der Arm der Zorge, der außerhalb des Stadtgebiets von Nordhausen verläuft, stark an und verursacht großen Schaden.
(Binhard II, 231; Kohlmann, 17)

Am 21. Mai fällt solche Kälte ein, dass es dickes Eis gefriert. Dieser **Winter im Sommer** dauert bis zum 25. Juni und verursacht großen Schaden an den Früchten. (Göschel II, 308)

Am 18. Dezember verursacht ein **schwerer Sturm** viele Schäden an Gebäuden und Bäumen.
(Binhard II, 233f.)

1612/13

Dieser **Winter** ist **mild** und es fällt **wenig Schnee**. Die Störche kommen fünf Wochen vor der gewöhnlichen Zeit aus ihren Überwinterungsgebieten zurück. (Binhard II, 234; Jordan III, 19; Glaser 94)

1613

Am 27. Januar ist ein großer Ring um die Sonne zu sehen, dessen Rand sich als ein Regenbogen präsentiert. (Binhard II, 234f.; Jordan III, 19) **Sonnenhalo**

Am 29. Mai kommen durch ein schreckliches Unwetter, das von der Saale bis zum Harz zieht und als **Thüringische Sündflut** in die Geschichte eingeht, mehr als 600 Menschen ums Leben, tausende Häuser werden zerstört, ganze Landstriche verwüstet. Allein in Weimar und Umgebung finden 192 Menschen den Tod, werden 408 Wohnhäuser zerstört.
Am Abend entladen sich mehrere Gewitter, es regnet 12 Stunden lang in Strömen, danach fallen fünf Stunden lang große Hagelkörner.
(Von der Lage, Thüringische Sündflut; Binhard II, 235ff.; Merkwürdige und Auserlesene Geschichte, 367f.; Olearius II, 125ff.; Alte Thür. Chronica, 352; Barckefeldt, Duderstadt, 150; Hennig, 56; Trübenbach, 359; Diete, 268; Deutsch/Pörtge, 27ff.; Thüringische Sintflut von 1613)

Im Jahr **1613 zu 1614** richtet ein **Bär** in den Rinderherden von Ilsenburg Schaden an.
(ZHGA, Jg. 21 (1888), 436)

1614
Am 5. Januar wird in Eisleben „...*des abendts umb Sechs Uhr ...ein weiser Regenbogen am himell ersehen...* ". (Grössler/Sommer, 95)

In diesem Jahr wird das Kind eines Ilsenburger Einwohners von einem **Bären** gefressen. (Günther, 584)

Auf den Wällen um Goslar werden in diesem Winter **14 Hirsche erlegt**. (Gottschalk (1999), 357)

1615
Im Januar und Anfang Februar herrscht **sehr große Kälte**, die etwa 4 Wochen anhält, wodurch Boten und andere Leute unterwegs erfrieren oder im hohen Schnee umkommen. (Grössler/Sommer, 97)

Am 22. März sieht man in Nordhausen „*zu Mittage von 10 biß 1 Uhr am Himmel drey Sonnen in einem Regenbogen und weissen Bogen, desgleichen etliche Creutze darneben*". (Fromann, 346)
Dieselbe Himmelserscheinung wird auch in Mühlhausen beobachtet. (Jordan III, 24)

In diesem Jahr werden in Eisleben am 21. März sowie am 11. Mai „*unndt sonsten zu unterschiedenen mahlen viel Zierckell undt ringe von allerley farbe am Himmell umb die liebe Sonne herumb ersehen, auch geschienen, als ob drey Sonnen am Himmell wehren.*"
(Grössler/Sommer, 95)

Vom 23. bis zum 30. April setzt **ungewöhnliche Kälte** ein und am 3. Mai herrscht solcher Frost, „*dass auch die Blüthen und das Laub der Bäume*" abfallen. (Kohlmann, 16)

Dieser **Sommer** ist **warm und trocken**, so dass die Ernte trocken eingebracht werden kann. Infolge der herrschenden Trockenheit kann die Weser im Sommer durchschritten werden.
(Jordan III, 24; Hamm, 68;Glaser,138)

Am 3. August wird Magdeburg von einem schweren **Gewittersturm** heimgesucht. (Hennig, 56)

Am 17. September tobt ein **Sturmwind** in Nordhausen. (Förstemann, 404)

„*Dieses Jahr uber seindt oftmahls grose ungewönliche sturm winde gewesen, welche hin undt wieder viel schaden gethan.*" (Grössler/Sommer, 97)

Zur Verhüttung der im Altenauer Revier geförderten Erze wird in diesem Jahr die **Altenauer Hütte** errichtet. (Schroeder/Reuss, 144)

1616
„*Nach dem sehr hartten wintter, welcher vergangenen Jahres gewesen, ist diss Jahr ein sehr heisser undt Dörrer Sommer erfolget, also das auch daz Sommer gedreyde wegen grosser Dörrung nicht woll gerathen, undt sonderlich das grass undt heu gar seltzam worden.*"
(Grössler/Sommer, 97; Hennig, 56)

1616/17
Dieser **Winter** ist so **warm**, dass im Januar schon die Knospen aufgehen und im Februar schon die Bäume anfangen zu blühen. Die Einsaat geschieht einen Monat früher als sonst.
(Hamm, 68; Reichardt, 430; Jordan, 25)

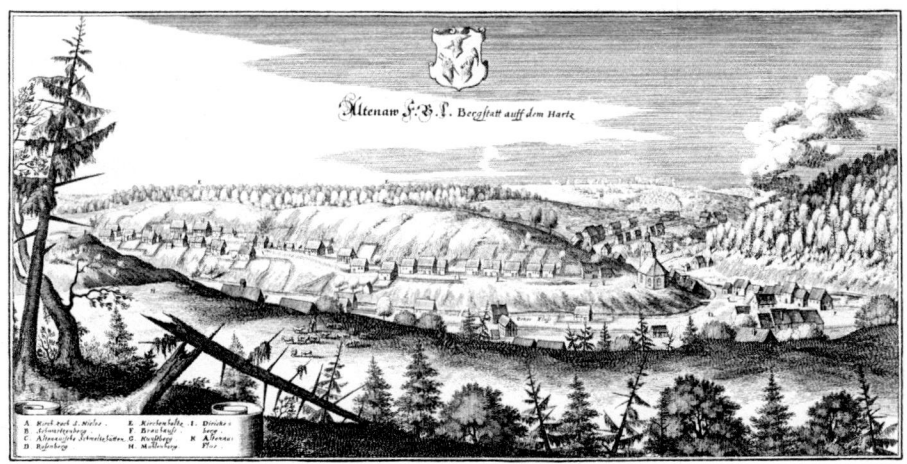

Altenau um 1650. Aus: Merian (1654)

1617

In diesem Jahr werden **fast alle Silbergruben stillgelegt**, nachdem unter Wolfenbütteler Hoheit die Bemühungen zur Belebung des Bergbaus, durch Ausbau der wasserwirtschaftlichen Anlagen, erfolglos geblieben sind. (Brückner et al., 375)

1617/18

Auch dieser **Winter** ist **mild.** Von Martini bis zum 23. März ist es immer gelinde und es fällt kein Schnee. Am 29. März fangen die Bäume an zu blühen. (Jordan III, 27; Hamm, 68)

1618

Vom November bis zum 18. Januar 1619 wird ein großer heller **Komet** mit schnellem Lauf und westwärts gerichtetem langem Schweif am Himmel beobachtet, der auch tagsüber gesehen werden kann.
(Lehmann, 369ff.; Barckefeldt, 150; Jordan III, 27; Vanin 24; Kronk I, 335ff.)

Am 22. Dezember ist in Nordhausen *„ein groß Loch, tiefer als Mans hoch, vor Bürgermeister Jacob Hoffmans Hause, darinnen jetzo des Raths Apotheke ist, eingefallen, dreier Ellen weit; als dasselbige ist wieder zugefüllet, ist gegen der Rothen Thür, ufm Zitzen Plan, noch ein solch Loch eingefallen".* (Fromann, 346)

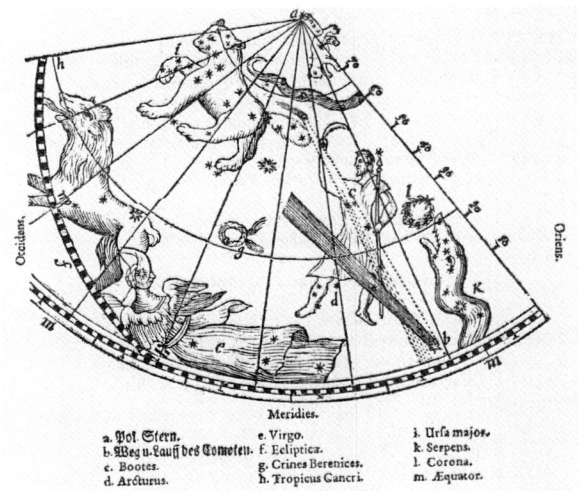

Zeitgenössische Darstellung des Laufs des Kometen von 1618 am nördlichen Sternhimmel

169

Oberförster Andreas Koch schreibt in diesem Jahr an die Bergverwaltung in Wolfenbüttel, es könne zwar nicht geleugnet werden, dass *„am Hartz viele Berge nackt und bloß"* seien, doch die **Holzversorgung des Bergbaus am Ober- und Unterharz** habe schlechterdings *„ohne Verwüstung des geholtzes"* nicht sicher gestellt werden können. (Kortzfleich, 107)

1618–1648

Der Dreißigjährige Krieg führt zum **Niedergang des Montanwesens im und am Harz.** Ab 1624 ruht der Bergbau in St. Andreasberg mehr als drei Jahrzehnte fast vollständig. Ähnlich ist die Lage am Rammelsberg, wo nach 1625 vorerst nur noch sporadisch und mit langen Unterbrechungen gefördert wird.

Nach dem Krieg kommt der Bergbau nur schleppend wieder in Gang. Erst am Ende des 18. Jahrhunderts kommt es nach zäher Anlaufzeit wieder zu einem Aufschwung des Bergbaus und erneut zu einer Holzknappheit, mitverursacht durch den starken Befall der Nadelbäume mit dem Borkenkäfer, der seit dem Ende des des17. Jahrhunderts vermehrt auftritt.

(Beug et al., 25f.; Brückner et al., 375)

1619

„Den 2. Januar hat man mit Verwunderung nachmittag um 2 Uhr einen hellen Stern am klaren Himmel gesehen, der gegen Norden gestanden". (Jordan III, 28; Kronk I, 338) **Supernova?**

Vom 5. bis 7. Mai herrscht starker **Spätfrost** in Nordhausen, so dass der Wein erfriert.
(Fromann, 347)

Vom 19. bis 25. Juni gibt es noch einmal starken **Spätfrost** und Raureif in Mühlhausen.
(Jordan III, 28)

Am 11. Juli setzt in unserem Gebiet ein mehrere Tage anhaltender Dauerregen und Sturmwind ein, als dessen Folge das Nordhäuser Feldwasser sowie die Helme, die Wipper und andere Flüsse **Hochwasser** führen und *„unaussprechlicher Schade in den Wiesen und Getreidig geschehen, das gehauene Graß hinweg geführet und das ander Graß, so noch gestanden, gentzlich verschlemmet worden".*
(Fromann, 347; Hennig, 56f.)

In Eisleben wird durch den **Sturmwind mit Regen und Hagelschlag** *„...grosser schade in den Gärtten, an beumen, weyden, auch in der Statt an heusern zugefügt..."* (Grössler/Sommer, 100)

Vom 16. bis 24. Juli herrscht erneut so **große Kälte**, so dass man einheizen muss. Darauf folgt kaltes Regenwetter, wodurch das Korn auswächst. (Jordan III, 28f.)

1620

In diesem Jahr *„wurden zu Wernigeroda zweene Vogel, doch zu unterschiedlichen Zeiten gefangen, der eine war so groß wie ein junger Storch, blau färbig, einen Schnabel als eine Ente habend, trug auf dem Kopffe 3. spitzige Federn, einer Krone nicht ungleich. Der andre war etwas kleiner, schwartz und weiß von Farbe. Die Bedeutung, welche dazumahl verborgen war, machte sich so weit offenbahr, daß fremde Nationen und Völcker in dieses Land kommen."* (Zeitfuchs, 359)

1620/21

Dieser **Winter** ist sehr hart. Er **zählt zu den kältesten dieses Jahrhunderts.**
(Reichardt, 430; Nussbaumer, 209; Hamm, 69; Glaser, 139f.)

1622

Bei einem **Hochwasser** werden viele in Ellrich an der Zorge stehende Häuser weggerissen.
(Heine (1899), 82)

Durch mehrere aufeinanderfolgende **Missernten**, die schon 1619 im ganzen Land auftreten und durch die Kriegsunruhen kommt es in diesem Jahr im Harz zu einer **großen Teuerung**, die bis 1624 anhält. Ein Malter Roggen kostet 25 bis 28 Taler, ein Malter Weizen 30 Taler, ein Malter Gerste 20 Taler, ein Malter Hafer 9 Taler und ein Pfund Butter 24 Mariengroschen. (Heinemann, 221; Dennert (1954), 17)

1623/24
Dieser **harte und schneereiche Winter** hält vom 10. Dezember bis zum 12. März ohne Unterbrechung an. (Förstemann, 405; Hennig, 57; Glaser 141)

1624
Dieser **Herbst** ist sehr **nass und stürmisch**. (Jordan III, 38)

1624/25
In diesem **milden Winter** singen Anfang Januar schon die Lerchen und auch der Kuckuck ruft. (Hamm, 70; Glaser, 94)

1625
Das Jahr beginnt mit **heftigen Stürmen**, durch die in Eisleben viele Gebäude beschädigt werden. Danach tritt eine solche Wärme ein, dass **Sommer und Winter vertauscht** zu sein scheinen. Im Januar blühen die Blumen, die man in anderen Jahren frühestens im April erwarten darf. Gegen Ende Februar wird es wieder sehr kalt und um Pfingsten fällt Schnee, der dem blühenden Roggen verderblich wird. Im Juni ist es kälter als im Januar und es bleibt den ganzen Sommer hindurch kalt und windig, wodurch es zu einer **Missernte** kommt.
(Grössler/Sommer, 106; Krönig, Niedergebra, 29f.)
Nach Hennig sind Frühjahr und Sommer sehr warm. (Hennig, 57)

Am 28. April, nachmittags um 2 Uhr, sieht man einen **hellen Stern, der unter der Sonne steht**. (Jordan III, 38) **Supernova?**

In diesem Jahr „ *ist ein grosser* **Windsturm** *umb Galli* (16. Oktober) *am gantzen Hartze enstanden, davon in diesem Ampte* (Elbingerode) *die fünff besten Oerter Holtzes niedergeworffen und dadurch am Blockbaum und Kohlholtz ein unglaublicher Schade geschehen, welches noch jetziger Zeit und lange hernach gespüret werden wird.* " (Merian (1654), 80)

1626
Im Mai fällt noch Schnee und harter Frost tritt ein. Dann folgen starke Wärme und **viel Ungeziefer**, sodass in wenigen Tagen vom jungen Laub nichts mehr übrig bleibt. (Reichardt, 430)

1627
In diesem **Herbst** mit **viel Regen und heftigen Stürmen** werden viele Bäume in den Gärten und in der Feldflur entwurzelt. (Jordan III, 44)

1628
Dieser **Sommer** mit **viel Regen und Nebel** ist **sehr kalt**, sodass man während des ganzen Sommers einheizen muss. Wegen der Nässe und Kälte können die Grummetswiesen nicht gemäht werden. In den sonst heißen Hundstagen ist es so kalt wie im Herbst. (Zeitfuchs, 335f.; Reichardt, 430)

1629
Die Sangerhäuser Chronik berichtet, dass in der Erntezeit **schwere Unwetter** auf den Feldern großen Schaden anrichten. Eine Frau wird auf dem Feld **vom Blitz erschlagen**. (Müller (1731), 367)

In Ballenstedt fallen bei einem schweren **Hagelschlag** Eisstücke von der Größe von Taubeneiern. (Heese/Peper, 60)

1630
Alle Feld- und Gartenfrüchte sind in diesem Jahr wohl geraten, es wird eine **ertragreiche Ernte** eingebracht, insbesondere gibt es viel Wein. Wer für 5 Eimer Wein bezahlt, bekommt dafür 10 Eimer. Allerdings ist der Wein etwas sauer, weil das Wetter nicht heiß genug gewesen ist. (Jordan III, 49)

1631
Am Abend des 18. Juni gerät durch einen **Blitzschlag** die Sorgegasse in Clausthal in Brand wodurch 44 Wohnhäuser in Rauch aufgehen. (Merian (1654), 70)

1632
Vom 10. bis zum 14. Oktober wüten **heftige Stürme** in unserem Gebiet. (Jordan III, 61)

Seit diesem Jahr wird die Technik des **Feuersetzens** in den Bergbaustollen, bei der sich das erhitzte Erz ausdehnt und schalenförmig abplatzt, nach und nach durch **Sprengung mit Schwarzpulver** ersetzt. 1637 wird diese technische Neuerung bereits auf allen Gruben gebräuchlich und zwei Jahrzehnte später hat sie den traditionellen Abbau mit Schlägel und Eisen nahezu vollständig verdrängt.
Mit der neuen Technik wird es auch möglich, **große Mengen an Armerzen**, insbesondere Bleiglanz mit relativ niedrigem Silbergehalt, **zu gewinnen**. Die hüttentechnische Erfahrung aus der Verarbeitung der Erze des Rammelsbergs ermöglicht die erfolgreiche Verwertung dieser Armerze in anderen Hütten des Harzes. (Bachmann et al., 159f.; Fessner et al (2002), 50f.)
Bis 1830 wird jedoch nie ganz auf das Feuersetzen verzichtet.
(Schucht, 146; Beug et al., 23, 26; Westlicher Harz, 74)
Allein der Bergbau im Rammelsberg verbraucht jährlich je nach dem Betrieb 6.000 bis 10.000 Malter Holz für das Feuersetzen. (Baumgarten, 49)

1633
Zwischen dem 24. und 28. Mai toben **schwere Unwetter** in unserem Gebiet, wobei durch **Blitzschläge** auch Häuser in Brand geraten. (Jordan III, 69)

Dieses Jahr ist der **Wein vielerorts verdorben**. Deshalb ist guter Wein teuer, in Mühlhausen kostet das Maß vier gute Groschen. (Jordan III, 75)

1634
Am Mittag des 24. April tobt ein **Gewitter über Nordhausen**, bei dem **Blitze** in die Kirchtürme von St. Blasii, von St. Crucis und von St. Petri **einschlagen**. Als der Kirchturm von St. Blasii zu brennen beginnt, schlagen Zimmerleute und Dachdecker die brennende Spitze einige Klafter herunter, wodurch das Feuer gelöscht werden kann. (Kindervater, 132f.)

Der **Wein** ist in diesem Jahr **erneut verdorben**, er wird wieder untergehackt. (Jordan III,81)

1634/35
Dieser **Winter** ist **außergewöhnlich kalt**. Winterfrüchte erfrieren im Feld.
(Bonnemann, 198; Glaser, 145)
Der starke Frost dringt auch in die Keller und Gewölbe ein. Die Flüsse und Bäche gefrieren, sodass die Mühlen nicht arbeiten können.
(Zeitfuchs, 336; Reichardt, 430)

1635

Nach dem Tod des kinderlos verstorbenen Herzogs Friedrich Ulrich von Braunschweig –Wolfenbüttel am 11. August 1634 einigen sich die verschiedenen erbfolgeberechtigten fürstlichen Linien des Welfenhauses im Erbvertrag vom 14. Dezember 1635, dass die Forste und Bergwerke des ca. 30.000 ha großen Harzteils zwischen Harzburg und Seesen mit den Bergstädten Zellerfeld, Wildemann, Grund und Lautenthal, die Rammelsbergischen und Zellerfeldischen Forste, das Salzwerk Juliushall und die Eisenfaktorei Gittelde **gemeinschaftlich verwaltet** werden. Dieser sog. **Kommunionharz** wird selbständige Verwaltungseinheit und einem Kommunion- Bergamt mit Sitz in Zellerfeld unterstellt. Diese Verwaltungseinheit hat bis 1788 Bestand.
Der südliche Oberharz mit den Städten Lauterberg, Herzberg, Osterode St. Andreasberg, Altenau und Clausthal wird weiterhin von den Herzögen von Braunschweig-Celle, später Braunschweig-Lüneburg regiert und bildet den sog. **einseitigen Harz** mit dem Sitz seines Bergamts in Clausthal. (Baumgarten, 38ff.; Schucht, 111ff.; Korf, 29; Brückner et al., 361)

1636

Im Frühling ist es bereits sehr trocken und **es regnet länger als fünf Monate nicht**, sodass das Sommerfeld sehr zurückbleibt und erst um Michaelis (29. September) geerntet werden kann. (Jordan III, 90; Hennig, 58; AHBK 1936, 37; Bonnemann, 198)

Am 23. Juni werden Joachim Giehr sowie dessen Ehefrau und Sohn bei Neustadt-Harzburg von einem **Wolf** angegriffen. Die Eltern werden so zugerichtet, dass sie nach wenigen Tagen sterben. Nur der Sohn überlebt. (Wieries (1907), 224; Heinemann, 234)

1637

Nach einem **langen, strengen Winter** ist es im **Frühjahr** und **Sommer sehr warm und trocken**. (Hennig, 58)
Die Sangerhäuser Chronik berichtet von einer **großen Trockenheit** in diesem Jahr, so dass die **Ernteergebnisse** von Hafer, Gerste und Roggen **gering** ausfallen. Eine **Teuerung** ist die Folge.
Es gibt jedoch viele Eicheln, mit denen das Vieh gemästet wird. Die **Mäuse** richten großen Schaden an und fressen ganze Äcker und Wiesen kahl. (Müller (1731), 367)

Am 17. Oktober veranstaltet Herzog Georg zu Braunschweig- Lüneburg eine **Bärenjagd** bei Lutter am Barenberg, auf der drei dieser Tiere erlegt werden. (ZHGA, Jg. 21 (1888), 437; Günther, 584)

1638

Der **Sommer** ist **trocken und heiß**. (Hennig, 58)

Im November schneit es bereits so heftig, dass der Schnee einige Ellen hoch liegt und die Bäume unter der Last desselben zusammenbrechen. (Kohlmann, 16)

Zur Verhüttung der im Lautenthaler Revier geförderten Erze wird in diesem Jahr die **Lautenthaler Hütte** errichtet. (Schroeder/Reuss, 144)

1639

Im Dezember führt der Willerbach **Hochwasser**, der im Tal großen Schaden, darunter an dem neu erbauten Weg, anrichtet (Zeitfuchs, 336)

1640

Dieser **Sommer** ist **heiß und trocken**. Das Gras verdorrt, aber es wächst ein guter Wein.
Auf den Feldern gibt es **viele Hamster und Mäuse**, welche die Ähren abfressen, so dass meist nichts als Stroh geerntet werden kann. (Jordan III, 92f.)

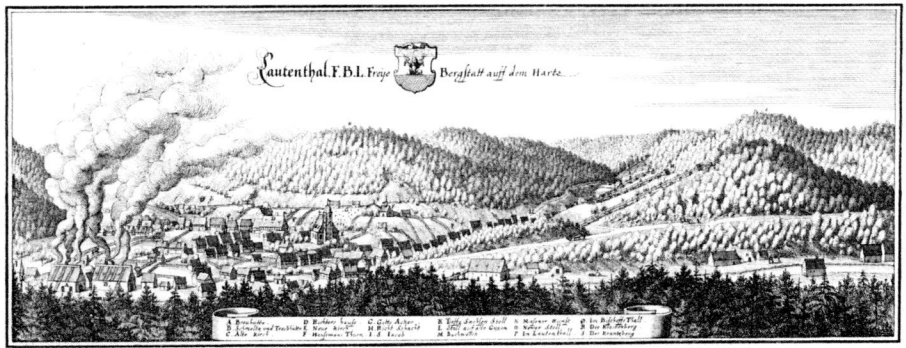

Lautenthal um 1650. Links im Bild der Hüttenbetrieb. Aus: Merian (1654)

Ein **Hochwasser** der Radau richtet in diesem Jahr in der Saline Juliushall Schäden an. Der Schacht steht drei Lachter tief unter Wasser. Mehrere Tage kann keine Sole gefördert werden. (Heinemann, 238)

1641
In diesem **regenarmen Jahr** fehlen die Aufschlagwasser für die Wasserräder des Oberharzer Bergbaus und Hüttenwesens, so dass die Gruben teilweise ersaufen, die Pochwerke stillstehen und die Feuer der Schmelzhütten gelöscht werden müssen. (Günther, 609; Dennert (1954), 18)

1642
Am 4. Januar berichtet der Forst- und Salzschreiber Zacharias Koch, dass die Saline Juliushall durch ein **Hochwasser** starken Schaden erlitten hat. 35 Schock Malterholz wurden von der Flut bis nach Vienenburg fortgerissen. Das zum Auffangen von Flößholz bestimmte Wehr wurde durch die Wassermassen zerstört. Der Salzschacht stand vier Tage und drei Nächte unter Wasser. (Heinemann, 242)

Dies ist ein überaus **fruchtbares Jahr**. Alle Feldfrüchte gedeihen gut, nach der Ernte fallen die Preise für Weizen und Roggen erheblich. (Jordan III, 97)

Zum Jahreswechsel verursacht ein **Hochwasser** in Stolberg und Umgebung beträchtlichen Schaden. Das Niedergässer Stadttor wird schwer beschädigt, mehrere Brücken werden fortgerissen und viele Wege zerstört. Im Tal brechen die Dämme und auch dort entsteht großer Schaden. (Zeitfuchs, 336)

1643
Am 28. September werden die auf der Sommerweide befindlichen Pferde des herzoglichen Bündheimer Gestüts von **Wölfen** angegriffen. (Heinemann, 242)

Auch in diesem Jahr wird eine **gute Ernte** eingebracht. In Mühlhausen kostet ein Scheffel Roggen nur 12 gute Groschen und ein Scheffel Gerste nur 9 leichte Groschen. (Jordan III, 97)

Um Weihnachten wird am Weißberg im Schimmerwald ein **Bär** geschossen. (Heinemann, 243)

1645
Durch die **lang anhaltende Trockenheit** in diesem Jahr können zahlreiche Bergleute im Clausthaler Gebiet nicht arbeiten, weil das notwendige Wasser als Energiequelle zum Heben des Erzes sowie des in den Gruben ständig zusickernden Grundwassers fehlt. Diese Situation ist nicht ungewöhnlich, denn solange nicht genügend große Teiche zur Speicherung des Niederschlagswassers zur Verfügung

stehen, leidet der Bergbau darunter, dass in trockenen Jahren die Gruben ersaufen, während in nie-derschlagreichen Jahren die Bergbautätigkeit nicht unterbrochen werden muss. (Wiese (1979), 72; Dennert (1986), Beilage Synopsis Oberharz)

In diesem Jahr kann eine **reichliche Ernte** eingebracht werden. Die Getreidepreise sind daher nied-rig. Zeitfuchs berichtet aus Stolberg, *„dass der Rocken 7 und 6, endlich 5 und 4 Groschen gegolten, wie auch die Gerste. Der Weitzen galt 12 Gr., der Hafer 5 Gr. und letztlich 3 Gr. Diß währete über ein Jahr und war allerley Getreide überflüssig zu bekommen....*
Und hergegen nach dem Kriege, da mans am wenigsten wäre vermuthend gewesen, stieg der Preiß des Korns zu 30 Groschen." (Zeitfuchs, 336)
In Mühlhausen kostet der Scheffel Weizen wegen der guten Ernte nur 12, Roggen 7, Gerste 6 und Hafer 3 leichte Groschen. (Jordan III, 98)

1645/46
Am 4. Dezember fällt so **große Kälte** ein, dass viele Vögel tot zur Erde fallen. Dieser Winter bringt 14 Wochen andauernden harten Frost. (Jordan III, 98; Hamm, 74; Glaser 150)

1646
In diesem sehr **fruchtbaren Jahr** kostet der Scheffel Roggen in Mühlhausen nur 6 Groschen. (Jordan III, 99)

Im Nordharzvorland ist die **Hitze** so **groß,** dass das Korn auf den *„Halem verdiret ist."* (Reichardt, 430)

1647
Am 16. November tobt im Nordharzvorland um Wernigerode ein so **starker Sturm,** dass von den meisten Häusern in den Dörfern die Dächer abgetragen werden. (Reichardt, 430)

1648
Den **trostlosen Zustand der Wälder**, in denen seit langem die jährliche Holzentnahme größer ist als der jährliche Zuwachs gleicher Qualität und somit die **Nachhaltigkeit nicht mehr gegeben** ist, bringt ein zuständiger Forstbeamter des Herzogtums Braunschweig-Wolfenbüttel, zu dem be-trächtliche Teile der Harzwälder gehören, in diesem Jahr in einem Brief an seine Regierung zum Ausdruck, in dem er berichtet, im ganzen Wald sei kein einziger Baum mehr vorhanden, der stark genug wäre, um einen dafür verantwortlichen Förster daran aufzuhängen.
(Hillebrecht, 86; Ilsenburg, 50; Kortzfleisch, 124)

Mit der in diesem Jahr erlassenen **Forstordnung für den Kommunionharz** soll der **Wald bis zur Grenze des Möglichen ausgenutzt werden** und diese Grenze bestimmt nicht der Forstmann, sondern die merkantilistisch eingestellten Berghauptleute. So wird eine jährliche überschlägliche Planung der benötigten Holzmengen für die Bergwerke sowie der erforderlichen Holzkohlenmen-gen für die Schmelzhütten gefordert. Die Holzschläge, aus denen das Nutzholz schon entnommen ist und das restliche Holz verkohlt werden soll, die sog. Kohlhaie, werden nach ihrer Entfernung zur Schmelzhütte und nach ihrem Ertrag aufgeführt. Auch die Holzkohleproduktion wird in die-ser Forstordnung in 30 Artikeln detailliert geregelt. Etwa die Hälfte allen Holzes der Harzwälder wandert in dieser Zeit über den Kohlenmeiler in die Hüttenindustrie. Diese einzige für die Kommu-nionforste erlassene Holzordnung führt zu keiner wesentlichen Verbesserung des Waldzustandes. (Baumgarten, 42ff.; Kortzfleisch, 124; 128)

Nach dem Dreißigjährigen Krieg wird die **Waldbewirtschaftung** nach und nach von der bisheri-gen Produktion des schwachen Reiser- und Wasenholzes auf die Gewinnung von derberem Holz

für Brennzwecke, dem sog. Malterholz, umgestellt. Der bis zum Ausgang des Mittelalters übliche Hauungsturnus von 9 bis 12 Jahren wird in den meisten Revieren auf einen 14 bis 18jährigen, in einigen Revieren auch noch höheren, heraufgesetzt. Auf den Kohlhaien des Harzes ist man schon im 16. Jahrhundert zu 20jährigem Umlauf im Hartholz und zu 30jährigem im Fichtenholz übergegangen. Tatsächlich wurde ein 24- bis 25jähriger Turnus durchschnittlich im Laubholz eingehalten. So erreicht das Schlagholz immer mehr ein Stangenholzalter.
(Schubart (1966), 126)

1649

Am 26. Juli besuchen Fürst Friedrich von Anhalt-Bernburg und seine fürstlichen Vettern die seit langem bekannte und 1357 erstmalig urkundlich erwähnte **Heimkehle**, eine große Karsthöhle bei Uftrungen. In ihrem Reisetagebuch berichten sie, dass sie in der Höhle ein sehr klares stehendes Wasser angetroffen hätten und neben diesem Wasser zu beiden Seiten weitere Höhlen in den Berg gingen. Sie wären hoch und wie eine Kapelle gewölbt. An einigen Orten hingen große Steine herunter, so weiß wie Alabaster, im Übrigen aber so weich und mürbe, dass man sie mit den Händen zerbrechen könne. (Rohr (1736), 293f.; Rohr (1739), 47f.; Günther, 402)

Am 12. Oktober wird in Wernigerode ein **Elefant** gezeigt. *„...wer ihn sehen wollte, mußte 2 oder 3 Gr. geben"*. (Lagatz (2004), 69)

In diesem Jahr wird erstmalig die **verderbliche Wirksamkeit des** achtzähnigen **Fichtenborkenkäfers** oder Buchdruckers, des bekanntesten Vertreters der Familie der Borkenkäfer in den Fichtenwaldungen des Harzes urkundlich erwähnt. Dieser Käfer – im Folgenden **Borkenkäfer** genannt -, dessen Larven sich von den saftführenden Schichten der Borke von Fichten ernähren, wodurch der Baum meist vertrocknet und abstirbt, befällt anfangs zwar vor allem geschwächte Bäume, greift später aber auch gesunde Bäume an. Bei viel Bruchholz durch Stürme bzw. schneereiche Winter oder lange Trocken-oder Hitzeperioden können sich die Käfer vor allem in Fichtenmonokulturen explosionsartig vermehren. Die Schädigung der Bäume durch die Larven des Borkenkäfers wurde früher auch als Wurmtrocknis oder einfach als **Trocknis** bezeichnet. Der Käfer richtet u. a. 1649 und 1665 bei Gittelde, 1674 bei Herzberg, 1677 wieder bei Gittelde und bei Elbingerode sowie 1681 und 1691 bei Clausthal und Altenau erhebliche Schäden an. 1695 und 1704 werden viele braunschweigsche Soldaten zum Fällen der angegriffenen Bäume auf dem Oberharz kommandiert.
Von 1701 bis1703 wird der größte und beste Teil des Elbingeröder Reviers vom Borkenkäfer befallen, in den Jahren 1706 bis 1708 gehen im Lauterberger Revier ganze Forstorte durch den Borkenkäfer ein.
Die Nachrichten über Trocknisschäden aus den Jahren 1665,1674, 1680, 1681, 1683, 1694, 1695 und von 1701 bis 1703 lassen erkennen, wie das Übel sich vom Westrand des Harzes allmählich ostwärts über die Hochlagen des Gebirgsinnern bis in die Elbingeröder Forst ausbreitet. (Riehl, 160ff.; Zimmermann I, 282)
Von 1705 stammt ein Gebetbuch des Communion-Bergamts Goslar, *"worin ein eigenes Gebet steht, dass Gott die Forsten, Wälder und Holzungen für Sturmwinden, schädlichen Würmern und anderen Unfällen bewahren wolle."*
(Kremser, 391)
Große Verheerungen werden auch in den Jahren 1781 bis 1785 angerichtet. In dieser Zeit gehen durch den Käfer 2.290.000 Fichtenbäume im Harz zugrunde. In den zum Kurfürstentum Hannover gehörenden Forsten sind im Jahr 1784 563.561 Bäume vom Borkenkäfer befallen.
Diese Borkenkäfer-Kalamitäten haben unmittelbare Auswirkungen auf das Bergbau- und Hüttenwesen im Harz. Um die zeitweise anfallenden übermäßig großen Holzmengen hüttenmännisch verwerten zu können, wird der Bergbau angeregt, gesteigerte Mengen Erz zu liefern. Das Kohlebrennen in den Laubwäldern des Unterharzes wird eingestellt. Auf die Zeit des Holzüberflusses folgt unausbleiblich eine Periode des Holz- und Holzkohlenmangels, in der es zu einer Einschränkung des

Montanwesens kommt, denn die Wälder erholen sich nur sehr langsam von diesen verheerenden Verwüstungen. So muß die Erzförderung am Rammelsberg nach einer vorhergegangenen Steigerung von 1728 an eingeschränkt und etwa 30 Jahre lang auf weniger als die Hälfte herabgesetzt werden. (Kremser, 391; Marshall, 52; Renner, 71ff.; Zimmermann I, 282; Günther, 544ff.; Dennert (1986), 38f.; Schroeder/Reuss, 147; Fessner et al (2002), 155f.)
Auch im 19. und 20. Jahrhundert sowie gegenwärtig werden durch Borkenkäfer wiederholt schwere Schäden in den Fichtenwäldern unseres Gebiets verursacht.

In der **Baumannshöhle** finden in diesem Jahr die ersten organisierten Führungen statt. Diese Tropfsteinhöhle befindet sich in dem damals zum Herzogtum Braunschweig-Lüneburg gehörenden Dorf Rübeland.
Das Wachstum der HarzerTropfssteine begann, als die eiszeitlich bedingte Höhlenauswaschung zur Ruhe gekommen war und der Dauerfrostboden an Tiefenwirkung verlor. Die Tropfsteinbildungen gehören somit in den Bereich des oberflächennahen Karstgeschehens und sind nicht älter als 30.000 Jahre. Ihre Wachstumsgeschwindigkeit beträgt, je nach Intensität der Wasserzufuhr, etwa 0,5 bis 1,5 Millimeter pro Jahr.
Die Baumannshöhle ist eine der ältesten Schauhöhlen der Welt. Da sich Besucher Tropfsteine als Andenken abbrechen, erlässt Hofrat Simon Finck am 10. April 1668 im Auftrag des Herzogs Rudolf August zu Braunschweig und Lüneburg eine Ordnung zum Schutz der Höhle. Diese Ordnung wird damit zur **ersten Naturschutzregelung in Deutschland.**
Auch Goethe, der die Höhle auf seiner Harzreise am 2. Dezember 1777 besucht hat, fühlte sich von diesem *„fortwirkenden Naturereignis ...gar schön bereichert.“*
(Günther, 506ff.; Rohr (1736),115ff.; Hoffmann, 292; Bürger, 82ff., 161ff.; Knolle/Marbach, 30f.; Knappe/Scheffler, 141; Biese (1933), 29ff.)

Um 1650
In dieser Zeit produzieren die Hütten im Oberharz jährlich etwa 6.000 kg Silber und 16.000 bis 18.000 Zentner Blei. Bei dieser Produktion werden **Treiböfen** eingesetzt, in denen die Metalle in einem Schmelzprozess voneinander getrennt werden (Bachmann et al., 160)

Der Ofen A. Die Holzscheite B. Die Silberglätte C. Das Blech D.
Ein hungriger Meister ißt Butter, damit das Gift, welches der Herd ausatmet, ihm nicht schadet; denn sie ist ein Spezialmittel dagegen E.

Treibofen. Aus: Agricola 1556

1650
Im Juli erweitert sich ein kleiner trockener, mit Bäumen bewachsener **Erdfall** bei Rottleberode plötzlich *„mit grossem Krachen und Prasseln“* beträchtlich, alle Bäume verschwinden in dem großen Erdloch, das sich mit Wasser füllt. Die Anwohner in der Nähe haben große Furcht, dass bald auch ihre Häuser im Erdboden versinken.
(Behrens, Hercynia Curiosa, 92f.)
Erdfälle bilden sich durch den plötzlichen Einsturz von Höhlen, wobei in der Regel trichter- oder schachtförmige Eintiefungen im Gelände entstehen.

Ein **Hochwasser** der Radau zerstört in diesem Jahr die Herde für die Salzpfannen der Saline Juliushall. Die Schächte laufen voll Wasser. Die Leckwerkbrücke wird fortgerissen. (Heinemann, 249)

Am Rotenberg bei Pöhlde wird in diesem Jahr eine **Glashütte** errichtet. Bereits im 16. Jahrhundert standen am Rotenberg sowie im Crodenhagen zwischen Nüxei und Stöckey zwei Glashütten. (Schubart (1966), 171)

1650/51
Dieser **Winter** ist **kalt und hart**. Es herrscht große Not unter der Bevölkerung. (Rohland/Noack, 161)

1651
Zu Neujahr und auch am Dreikönigstag (6. Januar) fällt im Harz in der Umgebung von Stolberg **ungeheuer viel Schnee**, *„dass niemand weder aus- noch ein noch dergleichen gedencken konte.“* Nur mit Mühe gelingt es, Getreide und andere Lebensmittel nach Stolberg zu transportieren. Dieser Schnee hält auch im Februar noch an. Anschließendes Tauwetter führt am Palmsonntag zu **Hochwasser**, das bis Ostern anhält und alle Wege und Stege zerstört. (Zeitfuchs, 337; Reichardt, 430)

Im Januar führen anhaltender Regen und Tauwetter zu einem **Hochwasser** der Unstrut. (Weikinn, Teil 3, 236)

Dieser **Sommer** ist **sehr naß** und es gibt eine **Missernte** an Getreide. Die Preise steigen für einen Scheffel Roggen auf 1 Taler und 6 Groschen. (Rohland/Noack, 161)

Am 5. Oktober wird im Mühlgraben bei der Papiermühle (neuen Mühle) in Nordhausen ein fünfzehneinhalb Pfund schwerer **Lachs** gefangen. (Förstemann, 431; Vocke, 53) Möglicherweise handelt es sich bei diesem Fisch auch um eine oft mit dem Lachs verwechselte Meerforelle.

In diesem Jahr wird erstmals über die **heilkräftige Wirkung** des zwischen Osterode und Dorste gelegenen **Feldbrunnens** berichtet. Viele Leute seien gesund geworden, der Zulauf aber so groß gewesen, dass die Quelle bald wieder vertreten wurde. Am 1. Juni 1705, einem Pfingstmontag, habe die Quelle wieder zu fließen begonnen. Wegen des großen Zulaufs habe der Magistrat von Osterode die Quelle in eine Rinne fassen und das Quellgebiet umzäunen lassen. Der Ansturm der Heilung suchenden In- und Ausländer lässt jedoch bald wieder nach, weil die Heilwirkung dieser Quelle offenbar nicht sehr groß ist. Die Quelle teilt damit das Schicksal anderer Brunnen, denen man im Dreißigjährigen Krieg und in den noch unruhigen Zeiten danach gewisse Heilwirkungen zuschreibt. Dazu gehören die 1646 genannten **Gesundbrunnen** an der steinernen Brücke über die Salza in Kelbra und in Hornhausen bei Oschersleben und der im Jahr 1681 bekannt gewordene Gesundbrunnen im Winkeltal bei Bad Lauterberg. (Armbrecht, 3; Renner, 234f.; Kindervater, 91; Zeitfuchs, 362; Walsleben, 3)

1652
Am 29. März – nach dem gregorianischen Kalender am 8. April – wird in unserem Gebiet um Mittag eine **partielle Sonnenfinsternis** beobachtet. Es *„verloren sich die warmen Sonnenstrahlen und ward kühl, der Sonnenschein dunkel, blöde und betrübt und der ganze Himmel traurig anzusehen“*. (Jordan III, 287; Schroeter 154, Karte 129a)

Von Ostern bis Pfingsten herrscht **große Hitze und Trockenheit**, wodurch Laub und Gras vertrocknen und auch die Sommerfrüchte nicht wachsen können, *„ wobey eine solche Menge der Raupen und andern Ungeziefers anwuchs, daß Büsche, Graß und alles damit beschmeisset wurde, und das Vieh nichts gesundes geniesen konnte, auch deßwegen im Herbst gewaltig starb.“*

Im Juli und August verderben **starke Gewitter mit Hagelschlag** vollends das Getreide, die Äcker sowie Wege und Stege. (Zeitfuchs, 337; Zittwitz, 205; Rohland/Noack, 161)

Am 5. Dezember erscheint ein großer **Komet** mit einem kurzen Schweif, der zwei Wochen am Himmel zu sehen ist. (Zittwitz, 205; Jordan III, 105; Lehmann, 371; Kabisch, 340; Kronk I, 346f.)

Unter der Regentschaft von Herzog Christian Ludwig zu Braunschweig-Lüneburg werden in diesem Jahr einige **St. Andreasberger Silbergruben wieder in Betrieb** genommen, jedoch ohne nachhaltigen Erfolg. (Brückner et al., 375)

1653
In der Notzeit nach dem Dreißigjährigen Krieg werden auf dem Oberharz trotz der dafür ungünstigen klimatischen Bedingungen **erste Versuche mit dem Anbau von Getreide** unternommen. Selbst bei Clausthal und Andreasberg werden Hafer- und Roggenfelder angelegt. Diese Neuerungen werden von den Bergbehörden jedoch nicht geduldet.
Am 22. April verbietet das Bergamt bei Androhung einer Strafe von 50 Talern den Anbau von Getreide im Oberharz. Das Bergamt vertritt den Standpunkt, dass das Bergwerk nicht um der Städte willen, sondern die Bergstädte um des Bergbaus willen auf dem Oberharz gegründet wurden und dass es einen **Missbrauch der Bergfreiheit** bedeutet, wenn Bewohner der Bergstädte *„ihre Herzen und Hände vom Bergwerk abwenden"* und Landwirtschaft sowie andere Gewerbe treiben. Niemand darf die Ernte in die Stadt bringen, die Pflüge werden beschlagnahmt.
Das Einkommen der Bergarbeiter ist sehr gering und die Bergbehörde befürchtet deshalb, dass der Ackerbau vielen Bewohnern die Möglichkeit geben könnte, damit ihren Lebensstandard zu verbessern und ihre Tätigkeit in den Bergwerken aufzugeben.
Als vor allem die für den Bergbau tätigen Fuhrleute trotz dieses Verbots weiterhin ihre Wiesen und sonnigen Berghalden mit Korn bestellen, gibt das Bergamt 1674 einen öffentlichen Anschlag heraus, wonach alles Ackergerät dem Amt verfällt, vom Henker genommen und alle Personen, die wegen des Ackerbaus vom Land herauf in die Bergstädte kommen, verhaftet werden.
Erst mit dem Rückgang der Rentabilität der Bergwerke im 19. Jahrhundert werden diese restriktiven Bestimmungen wieder gelockert.
(Brederlow, 178; Wiese (1979), 156; Lommatzsch, 30; Beug et al., 28)
Berg- und Hüttenleute, Bergschmiede und Bergfuhrleute mit Wiesenbesitz dürfen jedoch vier Stück Vieh (Rinder, Kühe, Kälber) zur Weide halten, wenn sie genügend Wiesenwachs für die Winterfütterung haben; ohne Wiesenbesitz dürfen sie nur ein Stück Vieh halten. (Lommatzsch, 30)

1654
Am 2. August – nach dem gregorianischen Kalender am 12. August – gegen 11.00 Uhr findet eine **Sonnenfinsternis** statt. (Grössler/Sommer, 220: Lehmann, 423ff.; Schroeter, Karte 129b)

1654/55
Vom 11. November bis zum 2. Februar ist ein **strenger Winter fast ohne Schnee**, die Saat ist ohne Decke und friert aus, sodass an vielen Orten die Äcker umgepflügt werden müssen.
(Förstemann, 405; Hiller,136; Grössler/Sommer, 225; Hennig, 60; Glaser 155)

1655
Am 28. Januar wird es so **kalt**, dass fast alle Brunnen und Mühlen einfrieren und es schwer ist, Brot zu bekommen. (Zeitfuchs, 337)

Am 4. und 5. Februar kommt es durch heftigen Regen, der den Schnee und das Eis, die ein Vierteljahr gelegen haben, schnell auftauen lässt, in unserem Gebiet zu einem **Hochwasser**. In Nordhausen richtet es großen Schaden an den Brücken und Teichen an. Der Alten- und Grimmelsteg und die Hälfte der Sundhäuser Brücke werden weggerissen, auch der Grimmel-, Siechen-, Pferde- und Sauteich werden zerrissen und vor dem Töpfertor steht das Wasser mit den Zäunen auf gleicher Höhe. In der Goldenen Aue kommen viele Menschen und Tiere um, viele Häuser stürzen ein. (Förstemann, 409; Kohlmann,17; Rohland/Noack, 162)

In **Eisleben** werden durch das Hochwasser etliche Brücken fortgerissen und ein Teil der Stadtmauer eingerissen. Viele Kühe, Pferde, Schweine und Schafe ertrinken, zahlreiche Gärten und Wiesen werden verschlämmt.

Nachdem das Hochwasser vorüber ist, werden am 22. Februar auf der Gerichtwiese in Eisleben drei **Schwäne** gesehen, was in der Eisleber Chronik als besonderes Omen registriert wird. (Grössler/Sommer, 223)

In **Stolberg** werden vom Hochwasser mehrere Häuser sowie Wege und Stege beschädigt. Von der plötzlich einsetzenden Flut werden Kühe, Schweine und anderes Vieh sowie Krämerwaren aus niedrig liegenden Kellern mitgerissen. Der in Stolberg entstandene Schaden wird auf weit über 1.000 Taler geschätzt. (Zeitfuchs, 337f.)

Stolberg um 1840

Ende April (Walpurgis) herrschen in Stolberg und Umgebung wieder **Kälte und Schnee.** (Zeitfuchs, 338; Reichardt, 431)

Am Brocken wird in diesem Jahr ein **Bär geschossen.** (Günther, 584; Heinemann, 259)

Der Braunschweiger Herzog August der Jüngere (1635-1666) lässt in diesem Jahr in der Nähe von Braunschweig einen **Tiergarten** anlegen, den sein Sohn Rudolf August (1666-1704) im Jahr 1671 vergrößern lässt. (Korf, 37)

1656

Am 19. März „... *haben sich alhier uber der Stadt Eisleben nachmittags umb 1 Uhr 3 weise Regenbogen in einander geschlungen, ahn hellen Himmel sehen lassen, undt uber eine halbe stunde gestanden, hernach algemachsam wieder vorgangen. Darbey seindt gewesen 3 Rotbraune Pletzlein gleichsam in einen Zirckel, alss eins in der Mitten undt an iedtwedern ende eins, in der grösse eines*

Tellers, die haben einen solchen Blick gegeben, als wan es 3 Sonnen wehren, die bedeutung ist Gott bekandt." (Grössler/Sommer, 229)

Da dieses **Jahr arm an Niederschlägen** ist, fehlt den Wasserrädern des Oberharzer Bergbaus das Aufschlagwasser, sodass dieser in große Schwierigkeiten gerät.
(Dennert (1954), 19; AHBK 1936, 37; Hamm,78)

Es wird jedoch eine **gute Ernte** eingebracht. In Mühlhausen kostet der Scheffel Weizen nur 9 leichte Groschen, Roggen 7 und Gerste 5 leichte Groschen.
(Jordan III, 106)

1657
Nach einem **milden und niederschlagsreichen Winter** ist es vom **Juli bis zum Oktober heiß und trocken,** die Bäche trocknen aus, die Mühlen können nicht mahlen. Die Fische sterben und werden von den Raben gefressen. Das Gras verdorrt, das Vieh leidet Not.
(Förstemann, 409; Zeitfuchs, 338; Reichardt, 431; Hiller, 137; Hamm, 78; Glaser, 156)

Im September hält sich fast täglich am **Wildenhaus,** wo sich die Pferde des herzoglichen Bündheimer Gestüts auf der Sommerweide befinden, ein **Rudel Wölfe** auf. Herzog Julius befiehlt, *„ die Wölfe bei der Hartzburg und dem Wildengestüte allda zu ludern und mit allem Fleiße wegschießen zu laßen.“* (Heinemann, 260)

1658
Im Januar beginnt ein **sehr kalter, schneereicher Winter** in dem viele Menschen, allein in Quedlinburg 18 Personen, umkommen. Es erfrieren auch Menschen, die unterwegs sind, darunter in Nordhausen drei Jungen, die als Sternsinger unterwegs sind. Die Gewässer sind zugefroren, die Mühlen können nicht mahlen. In diesem Winter, der 16 Wochen dauert, erfrieren auch viele Weinstöcke und Nussbäume. Auch im Frühsommer ist es noch kalt.
(Förstemann, 406; Zeitfuchs, 338; Jordan III, 107; Nussbaumer, 209; Hennig, 60; Glaser 156; Hamm,79)

Am 18. Februar tobt um Wernigerode ein starkes **Wintergewitter.** (Reichardt, 431)

Im August und September gibt es in Nordhausen und Umgebung **viele Feldmäuse,** die nicht nur der Gerste und dem Hafer sehr schaden, sondern an vielen Orten sogar Flachs und Grummet abfressen.
(Förstemann, 431)

Am 16. Dezember wird in Nordhausen beim Abschlagen des Wassers in einem Sumpf bei der Grimmelbrücke ein siebzehneinhalb Pfund **schwerer Lachs gefangen,** dann auch ein solcher von vierzehneinhalb Pfund am Wehr und dann noch einer von neunzehneinhalb Pfund an den Weiden.
(Förstemann, 431; Vocke, 53)

1659
Am 5. Januar wird am Feldwasser in Nordhausen eine 16 Pfund **schwere Meerforelle** gefangen.
(Förstemann, 431; Vocke, 53)

Durch ein **Unwetter mit Hagelschlag** kommt es in diesem Jahr in Gittelde und Umgebung zu einer **Missernte,** sodass man weder Getreide noch Stroh bekommen kann. Es herrscht so großer Mangel an Stroh, dass in einigen Orten die Strohdächer der Häuser, Ställe und Scheunen abgedeckt werden müssen, damit das Vieh nicht verhungert.
(Grützmacher, 270f.)

Im **Botanischen Garten** der Universität Jena gehört in diesem Jahr bereits die **Kartoffel** zum dortigen Pflanzenbestand. Erst 1753 wird sie in Jena im Feldbau und auf diese Weise wenig später auch in unserem Gebiet angebaut. (Kraus, 67; Regel, 3. Teil, 14)

In diesem Jahr gibt es wieder **viele Hamster und Mäuse,** die nicht nur auf den Feldern Schaden anrichten, sondern auch in die Scheunen und Häuser eindringen. (Rohland/Noack, 163; Jordan III, 108)

1660
In diesem Jahr wird der oberhalb von Schlewecke liegende Goldteich, ein **Forellenwasser,** erneuert. (Heinemann, 263)

In den Harzforsten kommt es in diesem Jahr an verschiedenen Orten zu einem **starken Windbruch.** (Riehl, 158)
Nach diesem Windbruch breitet sich in den folgenden Jahren in den Kommunionforsten, ausgehend vom Münchehofer Forst, der **Borkenkäfer** stark aus, sodass 1665 bereits 20 Forstorte *„ganz trocken sind. "* (Baumgarten, 58f.)

Um 1660
Um das Jahr 1660 veranlasst Gerhard Vorbeck, aus der Grafschaft Rietberg in Westfalen gebürtig, der 1656 das Duderstädter Bürgerrecht erworben hat, den ersten **Anbau von Tabak** in der Goldenen Mark des Untereichsfeldes. Der Tabakanbau um Duderstadt nimmt einen solchen Aufschwung, dass der Stadt Duderstadt schon am 22. November 1673 eine den Tabakanbau und -handel regelnde Ratsverordnung erlässt.
Um diese Zeit wird auch in einer anderen Gegend des Harzvorlandes wird mit dem Tabakanbau begonnen. So pachtet Jakob Kanne 1663 in Nörten einen Morgen Land für Tabak von den Herren von Hardenberg.
(Barckefeld, 155; Wolf, Duderstadt, 200; HL, 2. Jg. (1905/06), 117ff.; UE Jg.22 (1927), 188; Kurth, 501; Lauerwald (1998) 14ff.)

Um diese Zeit wird der **Blumenkohl** von der Insel Zypern nach Erfurt, das Zentrum des deutschen Gartenbaus, eingeführt. Es gelingt, davon guten Samen zu erzielen. Dadurch wird der Blumenkohl auch in unserem Gebiet heimisch. (Regel III, 46; Franz, 367)

1661/62
Der **Winter** ist **sehr mild** mit schönem Wetter, so dass fast täglich auf den Feldern gearbeitet werden kann. Im Februar blühen bereits die Bäume und die Frühlingsblumen und das Getreide steht wie sonst im Mai. (Jordan III, 112; Hennig, 61; Hamm, 80; Glaser, 158)

1662
Herzog Christian Ludwig von Braunschweig-Lüneburg erlässt in diesem Jahr eine Verordnung, in welcher der **Rückgang des Bestandes an Schnepfen, Haselhühnern und besonders an Auerwild im Harz** beklagt und den Untertanen bei Strafe untersagt wird, das fürstliche Jagdregal weiterhin durch unberechtigte Vogelfängerei und Verwendung verbotener Fanggeräte zu schädigen. (Riehl, 220f.)

1663
Am 16. Januar wird bei der Ebersburg im Südharz ein 26 Pfund schwerer weiblicher **Luchs** geschossen, das Männchen entkommt. (Förstemann, 431)

Am 16. Juli berichtet Prinz Rudolf August von Braunschweig-Wolfenbüttel in einem Brief an seinen Vater, Herzog August II., er habe von Waldbedienten gehört, dass Herzog Heinrich Julius von Braunschweig- Wolfenbüttel (1589 bis 1613) vom Kurfürsten von Sachsen einige **Bären** geschenkt bekommen habe, die **im Harz in Freiheit gesetzt** und sich ziemlich vermehrt haben bis sie von unverständigen Schützen als schädliche Tiere weggeschossen worden seien. (ZHGA, Jg. 21 (1888), 437f.; Heinemann, 266)

Diese Bären wurden in der Nähe von Harzburg ausgesetzt. (Pörtner, 21)

Der unter Herzog Julius von Braunschweig-Wolfenbüttel (1568 bis 1589) im Amt Harzburg angelegte **Zainhammerteich** sowie der **Radauer Mühlenteich** und der **Neue Teich** werden in diesem Jahr neu ausgeräumt, in den Dämmen erhöht und instand gesetzt. (Heinemann, 265)

Bei Osterode werden in diesem Jahr Reste eines fossilen **Mammuts** gefunden. (HswH 1963/H. 13, 21)

1664

Am 17. Mai fällt in Aschersleben ein **Schwefelregen**. (Zittwitz 210)

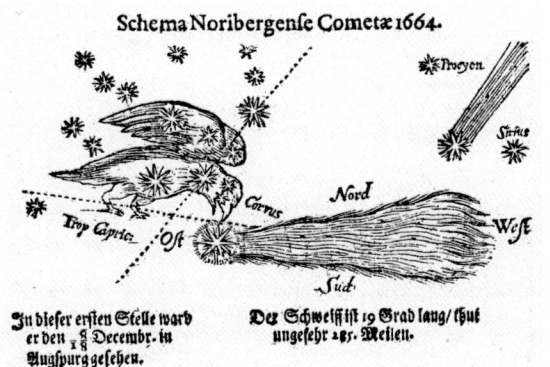

Schema Noribergenße Cometæ 1664.

Jn dieſer erſten Stelle warb er ben $\frac{1}{18}$ Decembr. in Augſpurg geſehen.

Der Schweiff iſt 19 Grad lang/ thut ungefehr 285. Meilen.

Zeitgenössische schematische Darstellung des Laufs des Kometen Hevelius von 1664

Fast den ganzen Monat Dezember, auch einige wenige Tage im Januar, steht der nach seinem Entdecker Johann Hevelius benannte **Komet Hevelius** mit einem Schweif, der wie ein Besen aussieht und länger als der des Kometen von 1618 ist, am Himmel. (Zittwitz, 211; Jordan III, 114; Lehmann, 372f.; Vanin, 24; Kronk I, 350ff)

In diesem Jahr werden im Wolfsgarten am Goslarer Stadtstieg **Wölfe** gefangen. (Heinemann, 267)

Der vor Goslar liegende **Petersberger Teich** wird durch Erhöhung des Staudamms vergrößert. Der über dem Vorwerk liegende **Neue Teich** wird erneuert. In ihm werden Laich-Karpfen und Karauschen gehalten. (Heinemann, 267)

1665

Kurz vor und nach Ostern sieht man erneut den **Kometen Hevelius** am Himmel. (Zittwitz, 211; Lehmann, 380ff.; Vanin, 29; Kronk I, 357ff.)

„Im Martio hat man abermal gegen die Morgens-Zeit einen sehr grossen und feurigen Cometen unter den Haupt Andromedae gesehen, welcher einen sehr langen Schweif gehabt, seine nicht breite, sondern schmale Strahlen sehr hoch empor geworffen, und seinen Lauf in das grosse geflügelte Pferd, Pedasus genant, genommen hat; sol dem A. 1618 geschehenen nicht gar ungleich gewesen seyn." (Kabisch, 341)

Zu **Ostern** fällt so **viel Schnee**, dass deshalb die Leipziger Messe bis Trinitatis (Sonntag nach Pfingsten) aufgeschoben werden muss. (Zittwitz, 211)

Am 25. Mai verheert ein **Hagelunwetter** einen Teil der Feldfluren von Daldorf und Erxleben sowie am 8. Juni von Fallersleben. (Zittwitz, 211)

Wegen des schönen **warmen Sommers** kann in diesem Jahr frühzeitig (schon vor Jacobi, am 25. Juli) eine **reiche Ernte** eingebracht werden. Ein Scheffel Roggen kostet 11 Groschen. (Jordan III, 115)

1666
Am 31. Mai verursacht ein **Gewitter mit Hagelschlag** in den Feldfluren von Nordhausen und Umgebung große Schäden an der Wintersaat. (Förstemann, 399)

Dieser **Sommer** ist **sehr heiß und trocken.** (Hennig,61)

In den Harzburger Erbregistern aus diesem Jahr ist vermerkt, das die unterhalb von Bündheim gelegenen Amtsteiche zum Teil während der Regierungszeit von Herzog Julius von Braunschweig-Wolfenbüttel (1568-1589) angelegt und mit **Karpfen** besetzt wurden. Diese und die meisten anderen der insgesamt etwa **30 Fischteiche** des Amts sind jedoch im 17. und 18. Jahrhundert verschlämmt und werden aufgegeben.
(Fischer (1913), 177f.)

1667
Der **März** ist **ungewöhnlich kalt**, sodass alle Flüsse noch einmal zufrieren. (Hennig,61)

Im Herbst werden bei einer großen **Jagd im Schimmerwald** in der Nähe von Harzburg 181 Wildschweine, über 100 Hirsche und 15 Rehe zur Strecke gebracht. (Wieries (1905), 97)

In diesem Jahr wird der **Hochofen in Zorge** wegen Wassermangels 24 Wochen nicht geblasen.
(Thieme (1976), 10)

1668
Zeitfuchs berichtet, dass am 2. und 3. **Ostertag** in Stolberg bei **starkem Frost hoher Schnee** fällt, sodass das Osterfest eher Weihnachten gleicht. Noch 8 Tage vor Pfingsten schneit es.
(Zeitfuchs, 338f.)

Herzog Rudolf August von Braunschweig Wolfenbüttel lässt in diesem Jahr in der Umgebung des Schlosses **Blankenburg** einen **Tiergarten** anlegen. Nach Behrens (1703) sind *„unter anderen wilden Thieren allerhand Gattung Hirsche von unterschiedenen Farben, sonderlich sind darinnen grosse Hirsche mit schwarzen Flecken und kleine weisse, anzutreffen, von welchen die Böcke kurze und breite Geweihe tragen und von etlichen Damm-Hirsche genennet werden."*
Rohr (1736) meint, dass *„der große und wohlangelegte Thiergarten ohnweit Blankenburg ein Beweiß ist, daß das Jagd- und Forst-Wesen jederzeit in gutem Stande, und die Durchlauchtigste Hoch-Fürstliche Landes-Herrschaft von den Jagden besondere Liebhaber gewesen."*
Brederlow (1851) berichtet, dass in den Jahren 1730 bis 1750 in der Umgebung von Blankenburg **fremde Holzarten angepflanzt** wurden und besonders der Tiergarten zeige, wie kräftig Weiß-Tanne, Traubenkirsche, Nordische Erle, amerikanische Eiche, fachsprachlich Roteiche genannt, und zahme Kastanie, als Esskastanie bekannt, gediehen.
(Wittich, 23; Behrens, 167; Rohr (1736), 18; Brederlow, 92).
Nach Leibrock wird der bereits bestehende Tiergarten durch den Ankauf der umliegenden Berge in diesem Jahr vergrößert. Die Grenze des Tiergartens erstreckt sich nach dessen Vergrößerung vom Ziegenkopf bis an das Tränketor. (Leibrock, Bd.2, 317)

1669
Wegen des **heißen und trockenen Sommers** nimmt in den Oberharzer Bergstädten das notwendige Aufschlagwasser als Energiequelle zum Betrieb der Wasserkünste in den Gruben, der Pochwerke und der Hüttenbetriebe so sehr ab, dass viele Bergleute und Hüttenarbeiter zeitweilig nicht in ihrem

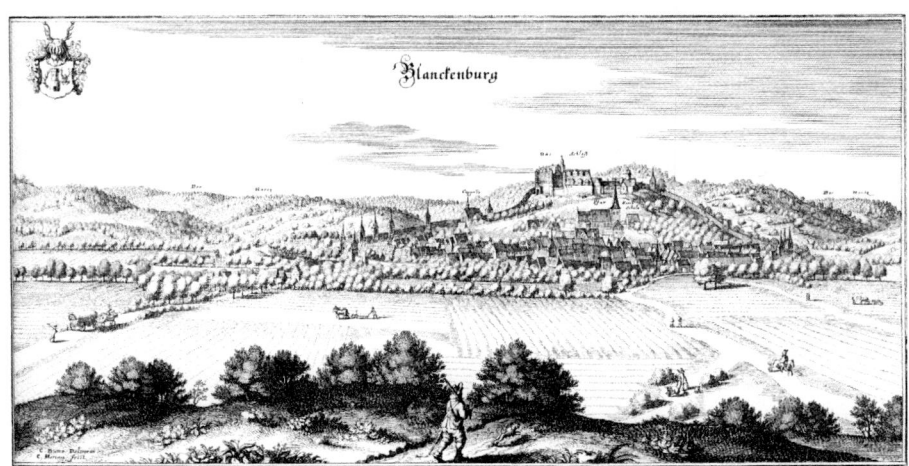

Blankenburg um 1650. Aus: Merian(1654)

Beruf arbeiten können. Die brotlos gewordenen Bergleute und Hüttenarbeiter werden zur Ausbringung verschlämmter Teiche und ähnlichen Arbeiten herangezogen und die Pochknaben ziehen bettelnd von Haus zu Haus.

Der Mangel an Niederschlägen, durch den alle Teiche und Flüsse des Oberharzes austrocknen, hält bis zum Jahr 1672 an.
(Wiese (1979), 72; Dennert (1954), 19; Kremser, 271)

1669/70
In diesem **sehr strengen Winter** frieren im Januar die meisten Flüsse zu.
(Hennig,62; Hamm, 81; Glaser, 161)

1670
Das Recht der Bewohner des Amts Harzburg, an drei Tagen im Jahr, und zwar am letzten Pfingsttag, am Hagelfeiertag (einem Bettag im Braunschweiger Land zur Abwendung von Unwettern und für das Gedeihen der Feldfrüchte) sowie am Himmelfahrtstag in den Flüssen und Bächen dieses Amts **Forellen** fangen zu dürfen, wird in diesem Jahr abgeschafft. Das Fischereirecht im Amt Harzburg gehört dem Herzogtum Braunschweig-Wolfenbüttel. Allerdings ist die Fischerei in der Oker nur an deren Oberlauf bis zur **Einleitung der giftigen Abwässer des Rammelsberger Bergbaus in die Oker** bei Goslar erfolgreich, denn auf zwei Meilen flussabwärts leben keine Fische mehr.
(Fischer (1913), 176f.; Heinemann, 273)

Bei gutem Erntewetter werden in diesem Jahr eine **reiche Ernte** im Winter- und Sommerfeld sowie eine gute Obsternte eingebracht. (Jordan III, 119)

Im Pfaffenhof des fürstlichen **Gestüts in Bündheim** wird in diesem Jahr der **Brauteich** angelegt, *„damit das harte Spring Wasser sich in selbigem brechen, und folglich das Bier bequemer zu Verdauunge davon gebrawet werden möge.“*
(Fischer (1913), 212; Heinemann, 273)

1671/72
In diesem Winter herrscht *„große Kälte von Martini bis Fastnacht.“* (Kohlmann, 16)

1672

Nachdem im Juli ein Waldbrand den Bewuchs eines Teils des Bielsteins vernichtet hat, wird das bis dahin hinter dichtem Gestrüpp verborgene Mundloch einer über 100 Klafter langen und sehr geräumigen **Tropfsteinhöhle** sichtbar. Die mit sog. Bergmehl, einer Calcitablagerung, überzogene Höhle wird zunächst Mehlloch genannt und erhält später ihren Namen nach dem Berg, in dem sie sich befindet. Im Jahr 1788 macht der Steiger Christian Friedrich Becker aus Rübeland mit landesherrlicher Genehmigung die **Bielshöhle** durch die Beseitigung von Felsen und die Ausfüllung von Vertiefungen für die Allgemeinheit zugänglich, so dass diese bald zu der nur 10 Minuten entfernten und bereits seit 1668 viel besuchten Baumannshöhle um Besucher konkurriert. Mit der Entdeckung der imposanteren Hermannshöhle im Jahr 1866 verliert die Bielshöhle an allgemeinem Interesse und wird Ende des 19. Jahrhunderts für Besucher geschlossen.
(Schönichen (1842), 248 ff.; Günther, 518f.; Leibrock, Bd.2, 390; Meyers Reiseführer, 76; Stolberg (1969), 3; Biese (1933),31ff.)

In der Nacht des 30. Dezember tötet der Bürger Rohrmann mitten in der Stadt Nordhausen bei der Marktkunst einen **Wolf**, der ein geschlachtetes Schwein fortschleppen will, indem er dem Wolf, der auf ihn losgeht, die Flinte in den offenen Rachen stößt. Da es in dieser Zeit im nahe gelegen Harz noch viele Wölfe gibt, ist es nicht selten, dass Wölfe im Winter in die Stadt Nordhausen eindringen. Am Geiersberg bei Nordhausen wird eine Wolfsgrube angelegt, in der man die Tiere mit Aas anlockt, um sie zu fangen. (Förstemann, 431.)

Um 1672

werden **im Spiegeltal** im Oberharz **mehrere Teiche angelegt**, um die Bergwerke im Zellerfelder Revier mit Aufschlagwasser für die Wasserräder zu versorgen. Der obere Spiegeltaler Teich erhält einen 8,45 m hohen und 85 m langen Damm und kann bei Vollstau 53.000 m³ Wasser fassen, der untere Spiegeltaler Teich mit einem fast 11 m hohen und 98 m langen Damm hat bei Vollstau ein Stauvolumen von 156.000 m³. (Schmidt (2012), 232)

Spiegeltaler Teich

1673

Am Nachmittag des 29. Juli richtet ein **Gewitter mit Starkregen** in Eisleben und Umgebung beträchtliche Schäden an. An vielen Orten schlagen Blitze ein, wodurch auch Menschen verletzt oder getötet werden. Bäume werden aus der Erde gerissen und auf den Feldern wird das Getreide verschlämmt. (Grössler/Sommer, 243; Edersleben, 27)

Am 12. September beschließt in Osterode eine Versammlung der Förster in Gegenwart des Berghauptmanns, *„daß in einem frischen Heye, so diß Jahr abgekohlt und mit Viehe jetzo betrieben wirdt, ein Ohrt umbzaunet undt Dannensaamen hinein gesehet werde, umb zu sehen, ob dadurch das Holtz eher, oder alß wo das Vieh weidet, aufschlagen würde?"*
Der Clausthaler Forstschreiber Johann Bodo Cludius, der den Samen beschaffen soll, hat einige Schwierigkeiten damit, *„weilen diese ein novum aliquid und denen Unterthan frembt vorkommen wirdt…Inmaßen sie die Aepfel in säcken nach Hauß tragen, dieselben beim Ofen gleich alß auf einer darre truckn undt also gar einzelen zusammen bringen und sammeln müssen."*
Es handelt sich um den **ältesten Fichtenanbau** im Harz. Die Fichten werden zu jener Zeit gemeinhin als Tannen bzw. Dannen bezeichnet.
(Kremser, 264f.)

In der zweiten Hälfte des 17. Jahrhunderts wird mit dem künstlichen **Anbau der Fichte im Harz** begonnen, er findet jedoch erst im 18. Jahrhundert verbreitet Anwendung. Dabei erfolgt vorzugsweise die Wiederbestockung verödeter ehemaliger Waldflächen.
Rodungen, Kahlschlag, Abbrennen der Wälder, Waldweide, Streunutzung u. a. üben auf die Verjüngungsfähigkeit von Eiche, Buche und Tanne einen entschieden negativen Einfluss aus. Durch die Unempfindlichkeit gegenüber diesen Störeinflüssen und ihre Raschwüchsigkeit ist die Fichte diesen Baumarten nunmehr konkurrenzmäßig überlegen. Die Verbreitung der Fichte wird auch dadurch begünstigt, dass das mittelalterliche Klimaoptimum durch eine Klimaverschlechterung, die sog. **Kleine Eiszeit**, vom Anfang des 15. Jahrhunderts bis zur Mitte des 19. Jahrhunderts beendet wird. (Mantel, Wald und Forst 427, 436; Schubart (1978), 246f.; Behringer, 119ff.)
Von Bedeutung für den verstärkten Anbau der Fichte ist auch, dass die **Fichtenkultur** fast den **doppelten Gewinn** wie die des Laubholzes abwirft. (Günther, 534)
Am Gelben Brink und im Brockenbett zeichnet sich noch heute die Grenze ab zwischen den abgekohlten Flächen, die durch **Pflanzung mit fremdem Saatgut** zu labilen Fichtenforsten geworden sind und dem auf uns überkommenen *„Brockenurwald"* oberhalb, der auf Grund seiner extrem hohen Lage, dem hängigen Gelände und seiner lichten Bestockung von der Köhlerei verschont blieb.
(Kurth (2003), 54)

1674

Das Jahr beginnt mit so **viel Kälte und Schnee** wie seit vielen Jahren nicht mehr, die bis in den April hinein anhalten, so dass sich die Bestellung des Sommerfeldes weit hinauszögert.
(Jordan III, 121; Glaser, 163)

Am 19. Juli wütet ein **sehr schweres Hagelunwetter** in unserem Gebiet, wodurch Vieh getötet wird.
(Hennig, 62)

1675

Am 16. April berichtet der Harzburger Förster Peter Köppe, dass von 1662 bis 1675 im Harzburger Wolfsgarten **96 Wölfe gefangen** wurden, davon 15 in den letzten drei Jahren. (Heinemann, 277)

1676

In Eisleben haben am 8. Februar *„Abents 6 Uhr zwey Weise Regenbogen gegen Mitternacht am Himmel gestanden, und von vielen Leutten gesehen worden."* (Grössler/Sommer, 248)

Obwohl der **Sommer trocken** ist, gibt es eine **ertragreiche Ernte**. Auch der Wein gerät, weniger der Hopfen und das Obst. Die Ernte kann ohne Schwierigkeiten eingebracht werden, weil es nicht regnet. Der Scheffel Roggen kostet 9 Groschen. (Jordan III, 123f.)

1677
Am 23. Februar werden im **Wolfsgarten bei Harzburg** zwei **Wölfe gefangen**. Einer ist sehr groß und alt. (Heinemann, 278)

1678
Das Jahr fängt mit viel Schnee und stürmischem Wetter an; sonst ist es ein sehr gelinder Winter. (Jordan III, S.124)

Wegen des angenehmen Wetters kann in diesem Jahr eine **frühe Ernte** eingebracht werden. Die Winterfrucht kann vor Jakobi (25 Juli) geerntet werden. Es gibt auch viel Obst und einen vortrefflichen Wein. (Jordan III, S.126)

1678/79
Dieser **kalte und schneereiche Winter** hält vom 1. Dezember bis in den März hinein an. An etlichen Orten erfrieren Menschen und das Wild im Walde. Im Clausthaler Gebiet ersaufen die meisten Gruben, weil wegen des strengen Frostes **kein Aufschlagwasser** zum Betrieb der Wasserkünste zur Hebung des Grubenwassers zur Verfügung steht.
(Zeitfuchs, 339; Wiese (1979), 72; Hennig, 62)

1680
Von November bis Januar 1681 ist der von Gottfried Kirch entdeckte große **Komet Kirch**, der einen langen Schweif hat, auch in unserem Gebiet zu sehen. Er erreicht seinen erdnächsten Punkt am 4. Januar 1681 und ist so hell, dass man ihn auch tagsüber beobachten kann.
(Wieries (1905), 99; Heinemann, 279; Zittwitz, 215; Reichardt, 431; Dorschner, 29; Kronk I, 369ff.)

In diesem Jahr beißt ein **tollwütiger Wolf** in Rhumspringe, am Breitenberg sowie bei Herbigshagen, Langenhagen, Eilingerode, Wehnde und Hundeshagen, wo er totgeschlagen wird, 26 Menschen, von denen sechs oder sieben sterben, neun Wochen, nachdem sie gebissen wurden.
(HL, 11.Jg. (1914/15), 67; Krönig, Tierwelt, 12; Kurth, 65)

Durch die in diesem Jahr erfolgte **Instandsetzung und den Ausbau der St. Andreasberger Wasserwirtschaft**, insbesondere des vermutlich zwischen 1602 und 1604 gebauten und etwa 8 km langen Alten Rehberger Grabens, lassen sich neue Erzvorkommen in größeren Tiefen erschließen. (Schmidt (2012), 180; Brückner et al., 375)

Um 1680
Die Hütten im Oberharz produzieren etwa **8.000 kg Silber und etwa 25.000 Zentner Blei jährlich**. Bis 1695 wird diese jährliche Produktion auf etwa 14.000 kg Silber und 33.000 Zentner Blei gesteigert. (Bachmann et al., 160)

Um 1680 wird in der Thumkuhlengrube bei Hasserode mit dem **Abbau von Kobalterz** begonnen, aus dem ein blaues Pulver, das Pigment Kobaltblau (Kobaltaluminat), gewonnen wird, das für die Herstellung von blauem Kobaltglas benötigt wird. 1683 wird erstmals in Hasserode eine Farbmühle erwähnt. Die geförderten Kobalterze sind jedoch von geringer Güte. Nach der Erfindung des synthetischen Ultramarinblaus um 1828 wird der Absatz des natürlichen Farbstoffs Kobaltblau sehr erschwert, sodass das **Blaufarbenwerk in Hasserode** seine Produktion im Jahr 1859 einstellen muss. (Moritz, 116; Hausbrand, 57; Brückner et al., 368, 375; Knappe/Scheffler,139)

1681

Nach diesem **heißen Sommer** blühen im Herbst in Nordhausen noch einmal die Rosen.
(OKA vom 27.7.1822; Förstemann, 432)

In diesem Jahr wird eine **Hochofenhütte in Schierke gegründet.** (Brückner et al., 375)

1682

Am 11. Januar tobt ein **Wintergewitter** mit starkem Schneegestöber über Nordhausen. Ein Blitz schlägt in den Turm der St. Petri-Kirche ein und zerstört auch einige Pfeifen der Orgel. (Förstemann, 399)

Am 15. Januar schwillt bei Tauwetter unter gemischtem Regen und Schneefall die Zorge so sehr an, dass das **Hochwasser** in Nordhausen mehrere Brücken zerstört. Der volle Strom des Feldwassers durchstreicht den Sauteich und den Pferdeteich und führt die Brücken vor dem Sundhäuser-, Grimmel- und Altentor hinweg. (Förstemann, 407; Kohlmann, 17f.)

Um Bartholomäi (24. August) ist in unserem Gebiet der **Halley'sche Komet** zu sehen. Er erreicht am 15. September seinen sonnennächsten Punkt. Seine Umlaufzeit ist mit 27.937 Tagen ganze 585 Tage länger als die vorhergehende. Seine größte Erdnähe beträgt 65 Millionen km. (Trübenbach, 449; Reichstein, 16; Kronk I, 373ff.).
Der englische Astronom Edmond Halley erkennt aus der exakten Analyse der Bahn dieses Kometen und 23 weiterer, die in den letzten 300 Jahren erschienen sind, dass die Bahnelemente dieses Kometen denen der Kometen von 1531 und 1607 auffallend ähnlich sind: Es handelt sich um denselben Kometen, der folglich eine geschlossene, elliptische Bahn und eine Umlaufzeit von rund 76 Jahren hat. (Vanin, 24)

1683

Der **Sommer** ist **sehr heiß und trocken.** (Zittwitz, 216; Hennig, 63)

In diesem Jahr wird eine **reiche Ernte** eingebracht, alle Feld- und Gartenfrüchte sind wohlgeraten, der Scheffel Roggen kostet in Mühlhausen nur sechs Groschen. (Jordan III, S.130)

1683/84

Von November bis Ostern herrscht ungewöhnlich starker Frost. Es ist ein **strenger Winter.** Menschen erfrieren und es mangelt an Futter für das Vieh und auch an Brennholz. Strohdächer werden abgedeckt, um mit dem Stroh das Vieh zu füttern. (Zeitfuchs, 339; Günther, 609; Hennig, 63; Hamm, 85; Rohland/Noack, 174; Schmidt/Schmidt, 43; Glaser 168; Nussbaumer, 209)

1684

Wegen der **anhaltenden Hitze und Trockenheit im Frühjahr und Sommer** verdorrt das Gras und das Vieh hat kein Futter, sodass viele Rinder und Schweine geschlachtet werden müssen. Es kann auch nur sehr wenig Sommergetreide geerntet werden. Wegen des **Misswachses** kann das Korn mancherorts nicht gemäht, sondern nur gerauft werden. Im Harz, wo neun Wochen kein Regen fällt, entstehen mehrere **Waldbrände.** (Zeitfuchs, 339; Förstemann, 409; Hennig, 63; Schmidt/Schmidt, 43; Rohland/Noack, 174; Hamm, 85; Glaser,168)

In diesem Jahr kommt es zu **starken Windbrüchen** im Harz, in deren Folge sich der **Borkenkäfer** rasch ausbreitet. Zur Aufarbeitung der vom Borkenkäfer befallenen Bäume im Kommunionharz fordert Berghauptmann von dem Busche Soldaten aus Hannover und Wolfenbüttel an. (Baumgarten, 64)

1685
Dem Schützen Heinrich Rackebrandt auf der Harzburg wird in diesem Jahr die Forellenfischerei verpachtet. Da aber in den **Harzgewässern kaum Forellen vorhanden** sind, soll für einige Jahre nicht gefischt werden. (Heinemann, 288)

1686
Viele Hamster und Mäuse richten in diesem Jahr auf den Feldern, insbesondere am Winterkorn, aber auch in den Häusern, großen Schaden an, *„wobey mercklich, dass etliche Mäuse fleckicht, sprencklicht, von allerley Farben, etliche gewisse Merckmahle und Schnitte in den Ohren gehabt haben."* Dieses Jahr wird späterhin das **Mäusejahr** genannt. (Zeitfuchs, 339; Zittwitz, 216)

Die in diesem Jahr erlassene **Forstordnung für das Land Braunschweig**, zu dem auch Gebiete des Westharzes gehören, legt u. a. fest, dass die Untertanen für jeden ihnen überlassenen und gefällten Baum vier junge Laubbäume pflanzen müssen. Diese Forstordnung wird 1744 erneuert. (Heinemann, 288, 339)

1688
In diesem Jahr geht in Neustadt-Harzburg ein **schweres Hagelunwetter** nieder, wobei sieben Morgen Land verschlämmt und unbrauchbar werden. (Heinemann, 289)

1689
Am 21. März wird die neu errichtete steinerne Siechenbrücke in Nordhausen durch ein **Hochwasser der Zorge** weggerissen. Dabei ertrinkt ein 10jähriger, auf der Brücke stehender Schüler. Die Brücke wird 1693 wieder erbaut. (Tauchmann (2003), 121; Nordhausen (1927), Bd.1, 484f.; Vocke, 50)

Hagelschläge richten in diesem Jahr in Quedlinburg, Derenburg und Wernigerode und im folgenden Jahr in Breitenbach, Danckerode und zum Hayn großen Schaden an den Feldfrüchten an. (Zeitfuchs, 340)

In dem in diesem Jahr verfassten Bericht des Amts Osterode über den Zustand der wichtigen **Heerstraße zwischen Osterode und Clausthal** heißt es:*" DieWege seyn zimlich gut, weilen sie durch das stetige Auf- und abreisen notwendig gebessert werden."* Im 17. und 18. Jahrhundert ist diese Heerstraße auch eine der wichtigsten Poststraßen, zunächst auf der Strecke von Braunschweig über Goslar bis Clausthal, später bis Northeim und dient als solche dem größeren Durchgangsverkehr von Hamburg und Braunschweig nach dem Süden. Wegen ihrer Bedeutung als eine der ersten Heerstraßen des Königreichs Hannover wird um 1770 damit begonnen, sie auf der Strecke Northeim- Katlenburg-Osterode zur Chaussee auszubauen. 1785 ist das Teilstück Northeim – Katlenburg bereits fertiggestellt. (Herbst (1926), 39, 152; Schlegel 161)

1691
Am 11. Mai werden vor dem Altentor am Feldwasser in Nordhausen zwei **unbekannte Vögel** geschossen und noch lebend in die Stadt gebracht. Deren Stimme klingt wie die eines bellenden Hundes. (Förstemann, 432)

Von September an bis zur Fastnacht des nächsten Jahres ist in Nordhausen trockenes Wetter, so dass **Wassermangel** eintritt. (Förstemann, 409)

Zur Lösung der **Wasserprobleme der St. Andreasberger Gruben** wird in diesem Jahr mit dem Vortrieb des **Grünhirscher Stollens** begonnen, der bis 1714 zum Samsonschacht geführt wird, wo eine Tiefe von 130 m erreicht wird. (Brückner et al., 375)

1692
Im Februar gibt es **viel Schnee und Kälte**, sodass viele Mühlen wegen Wassermangels nicht in Betrieb sind. (Kohlmann, 16; Glaser 172)

Am 23. August werden im Gebiet des Kreises Grafschaft Hohenstein durch ein von Starkregen verursachtes **Hochwasser** die Fluren von 33 Ortschaften in Mitleidenschaft gezogen. Insgesamt werden über 2.200 Acker Land überschwemmt. Besonders betroffen ist Pustleben. Aber auch zahlreiche Felder in Bleicherode, Etzelsrode, Großwerther, Gratzungen, Groß- und Kleinwechsungen, Günzerode, Haferungen, Hesserode, Holbach, Immenrode, Kehmstedt, Kinderode, Kleinbodungen, Kleinfurra, Liebenrode, Limmlingerode, Lipprechterode III, Mackenrode, Mitteldorf, Neuhof, Nohra, Ober- und Niedergebra, Oberdorf, Obersachswerfen, Pützlingen, Rüxleben, Schiedungen, Stöckey, Sollstedt, Trebra und Wülfingerode werden durch die Überschwemmung geschädigt. Darüber hinaus herrscht im Gebiet des Kreises Grafschaft Hohenstein eine **Mäuseplage**, die nicht weniger Schaden als die Überschwemmung verursacht. (HL, 6. Jg., (1909/10) 188f.; HL, 15. Jg., 64)

In diesem **warmen Herbst** blühen in Nordhausen noch einmal die Rosen. (Förstemann, 432)

1693

Ein **schwerer Sturm** mit **heftigen Gewittern und Hagelschauern**, die viele Zerstörungen anrichten, tobt am Nachmittag des 17. August in unserem Gebiet. Auf den Feldern werden die Früchte so zerschlagen, dass eine **teure Zeit** eintritt und der Preis für einen Scheffel Roggen, der bisher 9 gute Groschen kostete, auf einen Taler und 18 gute Groschen steigt.
Dieses Unwetter richtet auch an Gebäuden in Nordhausen und Mühlhausen großen Schaden an.
(Förstemann, 404; Jordan III, 140f.)

Im August gibt es wieder große Schäden durch **Wanderheuschrecken**. Diese Insekten liegen an manchen Orten eine Viertelelle hoch.
(Lehmann, 647f.; Hamm, 87)

1694

Im Lohgarten unterhalb des Schlossbergs in Sondershausen, der ursprünglich als **Tiergarten** genutzt wurde, entsteht in diesem Jahr eine **Fasanerie** mit einem Fasanenhaus.
(Thimm, 21)

1694/95

Dieser trockene Winter ist so streng und lang anhaltend, dass er aufgrund der niedrigen Temperaturen als **Extremwinter** bewertet wird (Hennig, 64; Bonnemann, 199; Glaser, 173)

1696

Am 14. März erneuert die Regierung in **Ellrich** einen Erlass vom Mai 1687, wonach jeder der sich verheiratet, 12 fruchtbare **Bäume** im eigenen Garten oder auf von der Obrigkeit zugewiesenen öffentlichen Plätzen sowie 12 wilde Bäume, wie Eichen, Buchen, Weiden usw. **pflanzen** muss.
(HL, 6. Jg. (1909/10), 192; Kuhlbrodt (2000), 103)

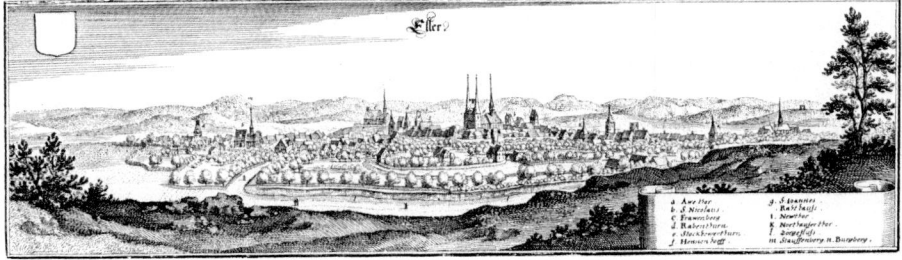

Ellrich um 1640. Aus: Merian (1650)

Im Gebiet um Wernigerode ist in diesem Jahr die **Mäuse- und Hamsterplage** so arg, wie man sie bisher nicht beobachtet hat. (Reichardt, 431)

1696/97
Dieser **Winter** ist **außergewöhnlich streng**. (Hennig, 64; Bonnemann, 199; Glaser, 174)

1697
In diesem Jahr gibt es **viele Hamster,** die dem Getreide sehr schaden. Die Leute graben aus den Hamsterbauen Säcke voll Getreide aus. (Zeitfuchs, 339)

1698
Am 24. Dezember deckt ein **Orkan** im Amt Harzburg viele Hausdächer ab. In Harlingerode stürzt eine Scheune ein. (Schmidt/Schmidt, 43; Wieries (1905), 100; Heinemann, 296)

1699
Der **Winter** ist **sehr mild** und der **Sommer** ist **warm,** vom September bis zur Weinernte auch **trocken.** (Hennig 64)

Am Morgen des 23. September ist eine **partielle Sonnenfinsternis** in unserem Gebiet zu sehen. (Kabisch, 341; Schroeter 159, Karte 137a)

Durch Edikt des Rates der Stadt Mühlhausen vom 6. Dezember wird auch im Territorium der freien Reichstadt Mühlhausen der **verbesserte** (Gregorianische) **Kalender eingeführt,** um die Zeitrechnung mit dem wahren Lauf der Sonne und des Mondes in Übereinstimmung zu bringen. Demgemäß folgt auf den 18. Februar des Jahres 1700 sogleich der 1. März 1700. (Jordan III, S.144)

Vor der Ernte kostet der Scheffel Korn 34 bis 35 gute Groschen und es herrscht deshalb eine große Hungersnot. Es wird jedoch eine **gute Ernte** eingebracht, wobei Kornähren gefunden werden werden, an denen 20 bis 30 kleine sind. (Jordan III, S.143)

18. Jh.
Am Anfang des 18. Jahrhunderts beginnt im Gebiet zwischen Ilfeld und Sülzhayn mit dem **Abbau von Manganerz,** sog. **Braunstein.** Bereits im Mittelalter ist Braunstein eine sehr gesuchte Substanz. In Venedig kann durch die Verwendung von Braunsteinpulver als Schmelzzusatz farbloses Glas hergestellt werden, was lange als Geheimnis gehütet wird. Die verwendbaren sehr reinen Braunsteinsorten sind jedoch schwer zu beschaffen, sodass Suchtrupps ausgeschickt werden, um auch in entlegenen Gebieten derartige Vorkommen ausfindig zu machen. Viele Sagen berichten von fremdländischen Schatzsuchern, sog. **Venetianern,** die auch den Harz durchstreifen, ohne den Zweck ihrer Erkundungen preiszugeben. Ob die Venetianer im Ilfelder Raum Braunstein erschürft haben, ist bisher nicht nachgewiesen.
Die um Ilfeld und Sülzhayn abgebauten hochwertigen Manganerze werden in Holzfässern versandt und über ein Zwischenlager in Wernigerode nach Hamburg transportiert, von wo sie zu Handelshäusern in Amsterdam und Rotterdam verschifft werden.
Im Jahr 1835 fördern 72 Arbeitskräfte 5048 Zentner Manganerz und bis 1921 werden 33.100 Zentner dieses Metalls, das nunmehr hauptsächlich als Stahlveredler verwendet wird, produziert, ehe ein Jahr später billige Erze aus Spanien und Indien zur endgültigen Stilllegung des Ilfelder Manganerzbergbaus führen. (Liessmann (2010), 355ff.)

Die **Bewirtschaftung der Wälder** erfolgt für Mastwälder als Hochwald, sonst Laubholz als Nieder- oder Mittelwald mit 20 bis 40-jährigem Umtrieb. (Brückner et al., 361)

Im Harz weiden Tausende von Rindern, Schafen, Pferden usw. im Wald, um die Bevölkerung versorgen zu können. (Brückner et al., 361)

Viele Ämter und Dörfer im Harz und seinem Vorland, die das Weiderecht im oberen Harz besitzen, haben **Rinderställe oder Rinderhagen** eingerichtet, an denen 60 bis 120 noch nicht milchende Rinder gehalten werden, während die Kühe mit umgehängten Glocken von den Hirten auf geregelten Triftwegen in die nähere Waldweide getrieben werden. Im Frühjahr ziehen die Rinder und die zum Fettweiden bestimmten Kühe in den Harz hinauf und kehren im Spätherbst in ihre Heimat zurück.

Folgende Ämter, Städte und Dörfer haben um 1700 oben im Harz Rinderställe und –hagen: die Ämter Scharzfeld, Katlenburg, Rotenkirchen, die Amtsvorwerke Herzberg, Pöhlde, Düna, die Städte und Flecken Clausthal, Zellerfeld, Osterode, Herzberg, Seesen, die Dörfer Langelsheim, Eisdorf, Barbis , Lauterberg, Scharzfeld, Bartolfelde und das Kloster Riechenberg.

Die Stadt Goslar treibt vier Kuhherden in die **Waldweide**, die bis an die Oker und an das Weiße Wasser reicht. Auch die im Harz befindlichen Mahl- und Papiermühlen, Hütten, Gasthäuser, Förstereien usw. sind mit festgesetzter Stückzahl an der Waldweide berechtigt. Meist wird die zugelassene Stückzahl überschritten und noch fremdes Vieh zur Miete in die Weide genommen.
(Schubart (1966), 199f.; Günther (1888), 577)

Die intensive **Waldweide** führt zu einer Verminderung der Laubholzbestände und **fördert** besonders in de höheren Gebirgslagen das **Aufkommen der stachligen Fichte**. (Kurth (2003), 33)

In der Bergstadt Wildemann wird um 1700 geklagt, die dortige Weide sei wegen des **giftigen Hüttenrauchs** schlecht und zur Viehzucht kaum brauchbar. (Dirks (1996), 126)

Um 1700

Im Harzgebiet sind um das Jahr 1700 14 Hochöfen und 23 Frischfeuer in insgesamt **18 Eisenhütten in Betrieb**, die jährlich 3.000 to schmiedbares Eisen und 780 to Gusseisen produzieren.
(Liessmann (2010), 129)

Eisenhütten in Rübeland um 1650, umgeben von Bergen, die durch Rauchschäden und Kahlschläge entwaldet sind

193

Im 18. und bis Mitte des 19. Jahrhunderts sind die Eisenhüttenbetriebe, gestützt auf Harzer Erze, die **Haupteisenproduzenten Deutschlands**. Eisenhütten stehen u. a. in Rübeland, Neuwerk, Zorge Altenbrak und Tanne. Als das Erz des Harzes zum Betrieb der Hütten nicht mehr ausreicht, wird Erz aus anderen Gebieten zugeführt, denn auf die Wasserkraft und die Holzkohle des Harzes will man nicht verzichten. (Kurth (2003), 28)

Die Holznutzung der Harzwälder um 1700 beträgt ca. 17 m³/ha/a um 1700, um 1800 12 bis 13 m³/ha/a bei 3 bis 5 m³/ha/a Zuwachs. Der Holzeinschlag übersteigt demnach den Holzzuwachs um das Drei- bis Vierfache, was eine **verheerende Übernutzung der Wälder** zur Folge hat.
Die Holznutzung geht zu 72% zur Holzkohle, zu 13 % als Bauholz an den Bergbau und nur zu 15 % als Bau- und Brennholz an die Bevölkerung. Der Schlagwald mit Eichen und z. T. mit Buchen im Oberstand hat seinen Höhepunkt erreicht. Da für die Produktion der Holzkohle vorwiegend das dafür am besten geeignete Buchenholz und nicht das der Fichte verwendet wird, ist das natürliche Gleichgewicht im Wettbewerb zwischen Buche und Fichte seit langem empfindlich gestört und zugunsten der konkurrenzschwächeren Fichte verschoben worden.
(Brückner et al., 361; Beug et al., 50f.; Kortzfleisch, 109)
Nachdem der Holzmangel um 1700 seinen Höchsstand erreicht hat, wird die **Notwendigkeit nachhaltiger Waldbewirtschaftung offensichtlich**, es fehlt allerdings noch die Technologie ihrer praktischen Umsetzung. (Kremser, 265)

1700
Der **Wolf**, der sich gegen Ende des Dreißigjährigen Krieges stark vermehrt hat, ist Anfang des 18. Jahrhunderts **im Oberharz noch häufig**. Im Kommunionharz wird in diesem Jahr noch ein neuer *„Wolffesgartten"* in der Nähe der Kalten Birke anstelle des alten in der Langelsheimer Forst gebaut, in dem Wölfe durch an Bäumen aufgehängte Beutetiere angelockt und lebend gefangen werden. (Riehl, 222)

1701
Am 21. April entsteht unweit des Dorfes Crimderode, wo die Zorge vorbeifließt, ein **Erdfall**.
Nachdem ein Fuhrmann die Stelle passiert und dabei eine sehr starke Erderschütterung gespürt hat, entstehen plötzlich zwei Löcher, aus denen Wasser mit großem Brausen einige Meter emporschießt, wodurch die in der Nähe stehenden Bäume weggerissen werden.
(Rohr (1736),169; Günther (1888), 403)

Der **Sommer** ist **heiß und trocken**. (Hennig, 64)

*„ A. 1701 im Junio ist zu Nieder-Seemen, Stolbergischen Gebietes, ein **Gesundbrunnen** entsprungen, wobey gar viel und allerhand mangelhafte Menschen gesund worden seyn, weßwegen von fern entlegenen Oertern Preßhafte dahin gezogen, curirt werden. Dieser Brunnen hat auch eine besondere Erden bey sich, der terra sigillatae gleich. Wie von einigen Alten beobachtet worden, solle alle 50. Jahr dieser Brunnen des Orts sich herfür thun. "*
(Zeitfuchs, 362; Rohr (1736), 300f.)

1702
Bei einem starken Sommergewitter im Gebiet um Goslar werden vom **Hochwasser** der Oker alle Schleusen und Wehre zerstört. (Wieries (1905), 101; Heinemann, 300)

Der Amtsschafmeister des Amts Harzburg hat dem Wildmeister jährlich einen Taler **Wolfsgeld** zu zahlen. (Heinemann, 300)

Bei Herzberg am Südharz wird in diesem Jahr ein **Luchs erlegt**. (Hamm, 90)

Der im Jahr 1646 bei Kelbra entstandene **Gesundbrunnen** *„hat sich a 1702 wieder hervor gethan und soll sonderlich flüßigen Leuten geholffen haben, und sehr häuffig weg geholet seyn worden nach Leipzig, Eißleben und andere Orten."* (Zeitfuchs (1727), 15)

1703
In einem **Wolfsgarten bei Stiege** im Harz werden allein in diesem Jahr **24 Wölfe lebend gefangen**, um sie nach der Gepflogenheit der Zeit in fürstlichen Lustjagden zu hetzen und zu töten.
(Wein (1926), 127; Krönig, Tierwelt, 8; Hartmann, 15f.)

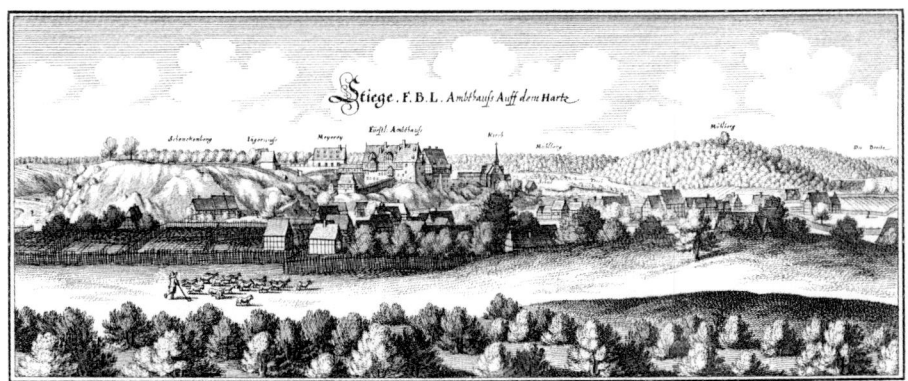

Stiege um 1650. Aus: Merian (1654)

Nachdem in diesem Jahr der 7,25 km lange **Neue Rehberger Graben fertig** gestellt wurde, mit dessen Bau 1699 angefangen wurde, wird mit der Zuführung von Oderwasser in das St. Andreasberger Bergbaurevier begonnen, was zu einer **Konsolidierung des dortigen Silberbergbaus** führt. (Schmidt, Martin (2012), 180;Brückner et al., 376)

Am 8. Dezember wütet ein **außerordentlich schwerer Sturm** in fast ganz Europa. Im Amt Harzburg werden dadurch in den Ortschaften und Waldungen große Schäden verursacht.
(Wieries (1905), 102; Heinemann, 302; Hennig, 65)

In diesem Jahr kommt es zu einem **Windwurf im Oberharz**, bei dem Schadholzmassen anfallen, die dem mehrjährigen Holzverbrauch des Bergbaus entsprechen. Es wird der Grundsatz bekräftigt, kein Holz vom Stamm zu hauen, bis alle Windbrüche genutzt sind. Im Oberharz wird Holzkohle auf Vorrat gebrannt (Riehl, 158; Brückner et al., 361)

Die zur zerstörten Bündheimer Messinghütte gehörenden und im Laufe der Jahre zugeschlämmten **Amtsteiche** werden in diesem Jahr ausgeräumt und **wieder mit Wasser gefüllt**. 1785 ist in den Teichen noch Wasser. (Heinemann, 301)

1704
Dieses Jahr ist der **Winter streng** und der **Sommer trocken und heiß**. (Hennig, 65)

1704 bis 1708
Windwurf und **Borkenkäferbefall** führen in dieser Zeit dazu, dass in den Harzforsten große Mengen an Holz anfallen, die verwertet werden müssen. Es wird soviel Holz verkohlt, dass sich bei den Schmelzhütten ein acht bis neunjähriger Holzvorrat ansammelt. Das führt zu einer **Steigerung** der

Erzförderung und der Metallgewinnung. Der danach eintretende Holzmangel verursacht eine drastische **Verringerung** der Erzförderung und Metallerzeugung. Im Jahr 1728 ist im Unterharz nur noch die Hälfte der vorhandenen Schmelzöfen in Betrieb. (Gottschalk (1999), 371)

1705
In diesem **Frühjahr** ist es so **kalt**, dass es bis zum Johannistag gefriert und man Pfingsten noch einheizen muss. (HL, 11.Jg. (1914/15), 68)

Am **25. und 26. Mai** kommt es in ganz Mitteleuropa bei Nordostwind zu **ungeheuren**, schweren Schaden stiftenden **Schneefällen und großer Kälte**. (Hennig, 65)

Am Nachmittag des 27. November schlägt während eines Gewitters mit Schnee und Regen der **Blitz** in den Schlossturm zu Quedlinburg, der dadurch *„nebst den Glocken ruiniret"* wird. (Kindervater, 158)

Im Mühlental bei Elbingerode wird in diesem Jahr eine **alte Schwefelkieszeche** wieder in Betrieb genommen, wo sich die **Gewinnung von Schwefel und Vitriol bis ins Mittelalter** zurückverfolgen lässt (z. B. im Schwefeltal). Der bis um 1728 abgebaute Pyrit, auch Schwefelkies oder Eisenkies genannt, dient auf der St. Andreasberger Silberhütte als Zuschlagstoff. (Brückner et al., 376)

Der **letzte Bär im Harz** wird in diesem Jahr am Brocken **erlegt**. (Günther, 584)

In der **Hofküche** des Fürsten zu **Sondershausen** wird in diesem Jahr ein sog. **Rattenkönig** gefunden. Er besteht aus sechs Ratten, von denen eine größer ist als die übrigen fünf. Die Ratten sind mit den Schwanzspitzen zu einem Gordischen Knoten zusammengeflochten.
Solche Verknotungen entstehen wahrscheinlich, wenn eine größere Anzahl von Hausratten – die meisten dieser Bildungen bestehen aus sechs bis zwölf Tieren – einige Zeit auf engstem Raum zusammengepfercht lebt. Wenn einzelne Tiere versuchen fortzulaufen, werden die Knoten nur fester. Der Fürst von Schwarzburg – Sondershausen hat diesen Rattenkönig als Alkoholpräparat in sein Naturalienkabinett aufgenommen und *„aus sonderlicher Curiosität etliche Mal abmahlen lassen."* (Becker/Kämper, 51ff.; Becker/Baege, 188)

Stadt und Schloss Sondershausen um 1840

1706

Am Vormittag des 12. Mai von 9.00 bis 11.00 Uhr wird in auch unserem Gebiet eine **Sonnenfinsternis** beobachtet. (Schroeter 159, Karte 138a)

Am 28. Juli richtet ein **Hagelschlag** mit Schloßen so groß wie Taubeneier erheblichen Schaden an. In Stolberg werden u.a. die Fenster der Kirche und des Pfarrhauses zerschlagen und die fast reife Gerste auf den Feldern vernichtet. (Zeitfuchs, 340)

Im August vernichtet ein ungewöhnlich starker **Hagelschlag,** der sich von Nordhausen drei Meilen breit zum Harz hinzieht, das gesamte Getreide auf den Feldern, so dass nicht einmal das Stroh zu gebrauchen ist. Es fallen mehr als drei Loth schwere Hagelkörner. (Rohr (1739), 103f)

1707

Das **Bergbaugebiet um Straßberg** im stolbergischen Harz erlebt in den ersten Jahrzehnten des 18. Jahrhunderts eine **zweite Blütezeit**. Zwischen 1707 und 1709 werden aus den Erzen der von Berghauptmann Utterodt geleiteten Gruben etwa 450 kg Silber produziert. Nach der 1712 verkündeten Bergfreiheit sind in den Gruben etwa 500 Bergleute beschäftigt. Unter Anleitung des Bergdirektors Christian Zacharias Koch wird 1717 auf der Straßberger Hütte der erste Hochofen der Silbermetallurgie mit einer Höhe von etwa 9 m errichtet. Der **Getreue Bergmann**, die produktivste Grube des Straßberger Reviers, die eine Tiefe von 130 m erreicht, liefert jährlich durchschnittlich 350 kg Silber.

Zur Versorgung des Silberbergbaus im zentralen Unterharz mit Aufschlagwasser werden **zahlreiche Teiche, Gräben und Wasserläufe angelegt**. 1610 gibt es hier schon den Rieschengraben mit einem 800 m langen untertägigen Wasserlauf zwischen Rödelbach und Flösse sowie den 1381 erstmals genannten Gräfingründer Teich und den Unteren Kiliansteich.

1696/97 wird im Tal des Teufelsgrundbachs der Teufels-Teich angelegt.

Bis 1707 entstehen weitere sechs Kunstteiche und zwei Kunstgräben im Rödelbach- und Glasebachtal. Diese Anlagen werden bis 1750 um sieben Teiche im Rödelbach- und drei Teiche im Glasebachgebiet erweitert. So werden 1716 der Glasebachteich und 1724 der Franken-Teich im Rödelbachtal angelegt, die beiden größten Teiche des Ostharzes, die zusammen über ein Stauvolumen von 550.000 m³ verfügen. Da das im Einzugsgebiet der Selke vorhandene Wasser nicht ausreicht, die neuen Stauteiche zu versorgen, wird seit 1696/97 in acht Bauetappen, deren letzte erst 1903/04 endet, der insgesamt 27,1 km lange **Unterharzer Sammel- und Zufuhrgraben** fertiggestellt, der nach Westen bis ins Ludegebiet nördlich von Stolberg reicht.

Um 1740/50 läßt der Bergsegen im Straßberger Revier deutlich nach und viele Bergleute ziehen in das Neudorfer Revier im anhaltinischen Harz, wo nach 1763 größere Blei-Silber- Erzvorkommen erschlossen werden.

Die vom Ende des 17. bis zum Anfang des 20. Jahrhunderts im Gebiet um Straßberg und Neudorf angelegten Teiche, Gräben und Wasserläufe zeugen von der durch den Bergbau hervorgerufenen **nachhaltigen Veränderung der Landschaft im zentralen Unterharz**. Im 17. und 18. Jahrhundert gab es im gesamten Unterharz 20 Bergbauteiche mit einer Speicherkapazität von rund 1,5 Millionen m³. Mit den Teichen verbunden war ein insgesamt 47 km langes System von 26 Gräben und unterirdischen Wasserläufen. Die Wasserabführung aus den Schächten erfolgte durch 6 zentrale Wasserlösungsstollen mit einer Gesamtlänge von 10,5 km. Heute führen noch 12 dieser ehemaligen Kunstteiche Wasser, bei den fünf größten von ihnen wurden in der 2. Hälfte des 20.Jahrhunderts die Dämme erneuert und erhöht, wodurch sich die Speicherkapazität erheblich vergrößert hat, z.B. beim Teufels-Teich auf das Vierfache. Die Gräben sind bis auf den Straßberger Rieschengraben trockengelegt. (Krause, 126ff., 149; Liessmann (2010), 324ff.)

Am 4. April belehnt König Friedrich I. von Preußen den Königlichen Salzfaktor Carl Menzel mit den bereits bestehenden und noch zu erkundenden **Marmor- und Alabasterbrüchen** der gesamten **Grafschaft Hohenstein**. Die bedeutendsten Brüche sind zu jener Zeit am Kohnstein sowie bei

Woffleben, bei Hörningen und der Rote Bruch bei Steinsee, wo vorwiegend Alabaster gebrochen wird. (HL, 7. Jg. (1911/12), 89ff.)

In diesem Jahr wird die **Rothehütte** an der Kalten Bode bei Elbingerode zur Deckung des steigenden Eisenbedarfs beim aufblühenden Oberharzer Silberbergbau **gegründet**. (Brückner et al., 376)

Im **Burgstätter Gangzug** östlich von Clausthal wird in diesem Jahr ein **reiches Erzmittel** angefahren. Schon 1709 kommt die **Grube Dorothea**, die reichste Oberharzer Silbergrube, in Ausbeute, 1713 folgt die **Grube Caroline**, die bis 1867 in Betrieb ist und, wie auch die Grube Dorothea, von vielen bedeutenden Persönlichkeiten, darunter von Johann Wolfgang von Goethe, Heinrich Heine und James Watt, besichtigt wird. (Liessmann (2010), 32, 194ff., 200)

Der Burgstätter Gangzug in einer Darstellung von 1750.

Die Grube Dorothea um 1830

1708
Am 26. Mai sieht man in Nordhausen zwei **Nebensonnen** am Himmel. (Förstemann, 432)

1708/09

Dieser bereits im Oktober beginnende und bis Mitte März andauernde **Jahrhundertwinter** ist ungewöhnlich streng und viele Menschen, Vieh und Bäume erfrieren. Im Harz kommt viel Wild um. Es geschieht mehrere Male, dass Postpferde mit ihrem Wagen vor einer Station anhalten, aber niemand steigt aus, weil der Postillion und die Passagiere erfroren sind. Sperlinge, Dohlen und Krähen fallen plötzlich tot aus der Luft herunter. Die Wintersaaten, die Weinstöcke und ein Teil der Walnuss- und Obstbäume werden vernichtet. Viele Flüsse sind zugefroren. Wölfe kommen in die Dörfer.
(Förstemann, 406; Wieries (1905), 103; Zeitfuchs, 338; Kindervater, 39; Hennig, 65; UE, 31.Jg. (1936), 197f.; HL, 11.Jg. (1914/15), 68; Reichardt, 432; Hermann (1936), 177; Schmidt/Schmidt, 44; Glaser, 177f.; Gerste, 133ff.; Stück/König, 42)

„Da alle Mühlen auf dem Hartze und in der Aue stehen blieben, weßwegen große Noth wegen des Mahlen entstund, die Leüthe liefen von Hartze bis jenseits Querfurth zumahlen, die Vögel erfrohren haüffig, deßgleichen viele Menschen und Wilpreth." (Rohland/Noack, 196)

Zwischen 1701 und 1710 werden in der **Umgebung von Harlingerode** im Amt Harzburg **größere Waldflächen gerodet** und in Ackerland umgewandelt. (Schmidt/Schmidt, 44)

1712

Seit diesem Jahr wird als Nebenprodukt des Harzer Bergbaus auch **Zink** gewonnen. Bis 1721 werden jährlich etwa 7,5 Zentner Zink produziert, um das Jahr 1779 beträgt die Produktion etwa 200 Zentner. (Bachmann et al., 160)

In diesem Jahr wird damit begonnen, die einen Kilometer lange **Straße von der Stadt zum Schloß Ballenstedt mit 500 Linden zu bepflanzen**, so dass diese Allee bald zur schönsten Straße der Stadt wird. In den Jahren 1803/04 werden diese Bäume durch mehr als 300 Kastanien ersetzt. (Heese/Peper, 112f.)

1713

Wegen des starken Holzmangels in den Wäldern des Harzes wird in diesem Jahr wieder mit dem **Torfabbau in größerem Umfang** begonnen. Im Oberharz beträgt die Fläche der baumfreien Hochmoore zu dieser Zeit rund 390 ha, die größte zusammenhängende Moorfläche ist das Brockenfeld.
Im Bereich des Lerchenfelds, des Gebiets zwischen den Lerchenköpfen und dem Magdbett, am Weg nach Braunlage wird von Johann Wichmann und Henrich Delling, zwei Torfgräbern aus Westfalen, die auf Veranlassung des Berghauptmanns von dem Busche herbeigerufen worden sind, mit dem Torfabbau begonnen. Im Herbst werden die Kosten für den Bau eines Trockenschuppens für den Torf bewilligt. Der Torfschuppen entsteht dort, wo später das **Torfhaus** errichtet wird.
Auch im Forstrevier Braunlage im Rotenbruch am Achtermann werden Torfschuppen zur Trocknung des Torfes errichtet. Allerdings bereitet das Trocknen des Torfs im feuchten und kühlen Klima des Harzes Schwierigkeiten. Die gesamte Trocknungszeit dauert mindestens ein Jahr. Die Torfstücke müssen ständig gewendet werden, ein personalaufwendiger Vorgang.
Anfang der 1720er Jahre gerät die Nutzung von Torf als Energieträger ins Stocken, wird aber 1734 durch **Forstmeister von Langen** wieder in Gang gesetzt.
Auch in der Grafschaft Wernigerode beginnen 1731 bis 1736 unter der Leitung des Bergrats Jacob Bierbrauer Versuche zur Torfgewinnung am Brocken. Nach ihm wird eines der Torfmoore nördlich von Schierke – am Ahrensklint – Jacobsbruch genannt.
1746 übernimmt **Oberforstmeister von Zanthier** die Leitung des von Langen gegründeten Torfwerkes. Er war bereits 1744 maßgeblich an der Entwicklung der eisernen Retorten-Öfen beteiligt, in denen **Torf an Ort und Stelle verkohlt** werden kann. Auch Torfteer, Vitriol und Torföl werden bei dieser Verkohlung als Nebenprodukte gewonnen.
Eine Mischung von verkohltem Torf und Holzkohle im Verhältnis 1:3 wird bei der Verhüttung von Erzen verwendet, weil mit Torfkohle allein nicht die zur Verhüttung notwendigen Temperaturen erzeugt werden können.

Auf Initiative von Zanthier wird ein weiteres Torfwerk am Königsberg oberhalb der Kalten Bode, das Zanthierwerk, gegründet. 1749 gibt es im Brockengebiet auch die Torfwerke Brockenbett, Jacobsbruch, Quitschenhöhe und Heinrichshöhe. 1743 wird neben den Trockenhäusern auf der Heinrichshöhe auch eine Unterkunft für die im Torfstich beschäftigten Arbeiter gebaut, aus dem sich in wenigen Jahren ein Wirtshaus entwickelt. Die Torfhäuser auf der Heinrichshöhe werden 1799 bei einem schweren Sturm zerstört.
Die Blütezeit der Torfköhlerei am Brocken dauert bis Mitte der 1760er Jahre. Schon um 1770 werden einige Torfstiche aufgegeben und 1786 der letzte – auf der Heinrichshöhe – außer Betrieb gesetzt.
(Kortzfleisch, 138ff.; Baumgarten, 72; Beug et al., 26; Pörtner, 25f.; Klaube (2007), 16); Fischer (1913), 194; Kasch, 243; Klaube (2007), 15; Günther, 524ff.; Riehl, 153; Zückert (1763), 28)

In diesem Jahr wird mit der Anlage des **Lustgartens in Wernigerode** begonnen, der 1719 fertiggestellt wird. Die Grafen von Stolberg-Wernigerode lassen ihn mit vielen seltenen ausländischen Gehölzen bepflanzen.
(LSGSA, 218)

1713/14
Dieser **strenge Winter** lässt das Getreide stark auswintern, so dass es zu einer **Missernte** kommt. So kostet ein Scheffel Roggen 2 Gulden.
(Rohland/Noack, 200; Schmidt/Schmidt, 44)

1714
Im Ellricher Wald wird in diesem Jahr ein **Luchs geschossen**.
(Kuhlbrodt (2000), 111)

1714/15
Dieser **Winter** ist **hart und langandauernd**. Er kommt fast an den Winter 1708/09 heran.
(Wieries (1905), 103; Heinemann, 308; Jordan III, 152)
Im Harz und seinem Vorland gibt es in diesem Winter einen starken **Windbruch** im Umfang von 5 Jahreseinschlägen. In den Folgejahren kommt es zu einem starken **Borkenkäferbefall** in den Andreasberger, Elbingeröder, Blankenburger und Westerhöfer Forsten.
(Kremser, 392; Riehl, 158ff.; Zimmernann I, 282)

1715
Am Abend des 12. Februar wird unser Gebiet von einem **starken Sturm** heimgesucht, der auch am folgenden Tag anhält. Auch in den Ortschaften und Waldungen des Amts Harzburg richtet er großen Schaden an. In Nordhausen reißt der Sturm u. a. 29 Bäume im Kirchhofholz und einen neuen Stall in der Stadt um, im Harz werden mehrere Tausend Bäume durch **Windbruch** vernichtet.
(Förstemann, 404; Heinemann, 308; Hennig, 66; ZHGA, 1905, 104)
Auch in den folgenden Jahren bis 1719 kommt es zu **Sturmschäden im gesamten Harz**.
(Brückner et al., 361)

Johann Otto Linden, Lehrer an der Schule in Blankenburg, macht in diesem Jahr in einem Bericht an Herzog Ludwig Rudolph von Blankenburg auf die **Marmorvorkommen am Krockstein** im Kreuztal in der Nähe von Rübeland aufmerksam, die schon im Mittelalter von Mönchen des Klosters Michaelstein abgebaut wurden, aber inzwischen wieder in Vergessenheit geraten sind Der Herzog lässt sofort mit dem erneuten Abbau des Marmors beginnen und eine **Marmormühle** errichten, in der Marmorplatten, aber auch Badewannen, Monumente, Säulen, Grabsteine und andere Gegenstände aus rotem und geflecktem Marmor hergestellt werden. Später wird auch bei Rübeland am rechten Bodeufer vorzüglich guter schwarzer und grauer Marmor abgebaut, der ebenfalls verarbeitet wird.
(Rohr (1736),114f.; Schönichen (1840), 163ff.; Brederlow, 322f.)

In diesem Jahr wird der Bau des **Wiesenbeker Teichs** im Lauterberger Revier beendet. Der 149 m lange und 17,50 m hohe Damm wird erstmalig mit einer Kerndichtung hergestellt.
(Brückner et al, 248; Schmidt (2012), 232)

1715/16
Dieser **Winter** ist in ganz Europa **ungewöhnlich streng** und **sehr schneereich**.
(Hennig, 66; Jordan III, 152; Nussbaumer, 209; Glaser, 179)
Durch die strenge und anhaltende Kälte im Januar und Februar frieren viele Flüsse zu. Die Mühlen können nicht arbeiten und viele Bäume im Wald und in den Gärten leiden unter dem Frost so sehr, dass sie absterben.
(Apfelstedt, 164; Weikinn, Teil 4, 94; Glaser, 179)

1716
In der Nacht des 16. März wird in unserem Gebiet ein **sehr großes Polarlicht** beobachtet.
(Zittwitz, 225)

Graf Christian Ernst von Stolberg-Wernigerode lässt in diesem Jahr den 1568 in der Nähe von **Wernigerode** angelegten und inzwischen aufgelassenen **Tiergarten erneuern** und den Wildbestand aus dem Ilsenburger Tierpark seines Vorgängers dorthin überführen.
(Korf, 41)

Stadt und Schloss Wernigerode um 1840

In diesem Jahr wird mit dem Vortrieb des **Sieberstollens** als neuem Erbstollen für das St. Andreasberger Revier begonnen. (Tiefe im Samsonschacht: 190 m) (Brückner et al., 376)

1717

Am Abend des 1. März zwischen 19.00 Uhr und fast bis Mitternacht im Harz *„ ein erschreckliches Phaenomenon sich praesentiret, so mit verschiedenen Feuer Strahlen item Feuer Kugeln, Bomben und Granaten Werffen ein erstaunendes Aufsehen erweckend ... mit Entsetzen observiret worden."* (Heinemann, 311) **Meteoritenfall**?

In diesem Jahr gibt es **viele Stürme**. Der stärkste tobt am Weihnachtstag und richtet insbesondere in den Wäldern großen Schaden an. (Reichardt, 432)

1719

Im Juli wird in Roßla im Südharz-Vorland ein aus neun Tieren bestehender **Rattenkönig** entdeckt. Alle Ratten sind von etwa gleicher Größe und von schwarzgrauer Farbe. (Becker/Kämper, 50)

Der **Sommer** ist **heiß und trocken**, wodurch Misswuchs der Feldfrüchte entsteht. Nur der Wein wird köstlich. (Nussbaumer, 88; Zittwitz, 225f.; Hennig, 67; Jordan III, 153;Glaser,180)
Wegen Wassermangels kann im Harz in vielen Gruben nicht gearbeitet werden, weil **kein Aufschlagwasser zum Betrieb der Wasserkünste** zur Hebung des Grubenwassers zur Verfügung steht. (Günther, 609; Wiese (1979), 72)

Dem trockenen Sommer folgt ein **langer Winter**. Im Gebirge liegt der Schnee 9 Ellen hoch. (Reichardt, 432)

1720

Wegen des **kalten Sommers** gibt es in diesem Jahr nur eine **geringe Ernte**, weshalb es zu einer Teuerung kommt. (Opfermann, Jesuitenkolleg II, 114; Jordan III, 153f.; Vocke, 50)

Am Abend des 6. Oktober (acht Tage nach Michaelis) zieht eine **Gewitterfront** über unser Gebiet, die in sieben Stunden 36 Meilen zurücklegt. Dabei werden u. a. **14 Kirchen vom Blitz getroffen**. (Jordan III, 153f.)

Am 2. Dezember reißt ein **Sturm in Ellrich** die mit Schindeln gedeckte Haube der St. Johanniskirche ab, hebt Dächer ab und wirft auf dem Junkerhof einen Stall um, sodass ein Bulle und acht Kühe erschlagen werden. (Heine (1899), 83; Kuhlbrodt (2000), 115)

Um dieses Jahr verbreiten Bergmannsfamilien aus Imst im oberen Imsttal in Tirol, die sich in St. Andreasberg ansiedeln, die **Zucht von Kanarienvögeln im Harz**. Von dort aus wird sie auch an der Nordseite des Harzes bis Braunschweig und an der Südseite bis Bodungen und Duderstadt bekannt und später intensiv betrieben. Mitte des 19. Jahrhunderts gibt der St. Andreasberger Bergmann Wilhelm Trute diesem Gewerbe besonderen Aufschwung, indem er den zartgelben *„Harzer Edelroller"* züchtet, einen farblich reinen und sangesfreundlichen Vogel.
Um 1824 werden in St. Andreasberg bereits jährlich etwa 4.000 Kanarienhähne verkauft, was einen Reingewinn von etwa 1.000Talern ausmacht.
Um 1880 wird die Kanarienzucht in allen Harzorten betrieben, in Clausthal und Zellerfeld sehr gepflegt, aber der Hauptsitz ist in St. Andreasberg. Dort befassen sich etwa 350 Familien, ziemlich die Hälfte der Bevölkerung, vor allem Berg-, Hütten- und Fabrikarbeiter, im Nebenverdienst mit der Zucht. Die Zahl der jährlich gezüchteten Vögel wird auf 18.000 Hähnchen und ebenso viele Weibchen geschätzt. Ein guter Vogel kostet bis zu 10 Mark (Wochenverdienst eines Bergmanns).Unter den geschickten Kinderhänden entstehen die Vogelkäfige als Zubehör, die 15% des Gesamterlöses einbringen.

202

Die Vögel werden nicht nur nach Hamburg, Lübeck und in andere deutsche Städte verkauft, sondern auch ins Ausland geliefert, vorallem in die USA und nach England, aber auch nach Holland, Russland, in die Türkei und in andere Länder. Erst **zu Beginn des 20. Jahrhunderts** verliert die im Harz angestammte Kanarienvogelzucht ihre europäische Dominanz durch auswärtige Konkurrenz und die **Hinwendung der Vogelliebhaber zum Wellensittich.**
(Benecke, 404; Knolle (1980), 16ff.; HL, 8.Jg. (1911/12), 177ff.; Knappe/Scheffler, 135; UE, Jg. 22 (1927), 243; Günther, 152)

Kanarienvögel werden bis gegen Ende des 19. Jahrhunderts von den Bergleuten noch mit in die Gruben mitgenommen, um Grubengase aufzuspüren. Wenn der

Harzer Vogelhändler, um 1880

Vogel am Käfigboden liegt, ist auch ein für den Menschen gefährlich hoher Kohlenmonoxidgehalt in der Grubenluft. (Der Falke, 1963/1, 30f.)

Um 1720

werden erste **Versuche** mit dem **Anbau fremder Holzarten im Oberharz** gemacht. In verschiedenen Forstorten des Clausthaler und Osteroder Reviers werden Kämpe angelegt und mit **Weiß-Tannen, Stroben (Weymouth-Kiefern), Lärchen, Kiefern, Akazien und Zedern** bepflanzt bzw. besät. In diesen Kämpen haben sich aber nur einige Weymouth-Kiefern und Lärchen gehalten. Die Akazie hat sich als Pionierholzart bei der Erstaufforstung von Flächen im Innerstetal bewährt, die aus Flussgeröll vermischt mit Pochsand bestanden.
Im 19. Jahrhundert werden im Oberharz Weiß-Tannen und Europäische Lärchen in einem Umfang angebaut, der schnell über das Versuchsstadium hinausgeht. Die Europäische Lärche gewöhnt sich gut ein, auch einzelne Weiß-Tannen-Anbauten geraten recht gut, die meisten gehen jedoch durch Wildverbiß zugrunde. Der Anbau der Kiefer zeigt auf alten Hüttenrauchblößen und auf schneearmen Südlagen Erfolge, in den höheren Lagen des Oberharzes kommt es jedoch ständig zu schweren Schneebruchschäden. Auch mit **Kanadischen Pappeln und Nordischen Erlen** werden **Anbauversuche** unternommen. (Riehl, 205ff.; Günther 532ff.)

1721

Im Januar ereignet sich in Mühlhausen *„ein Nordlicht mit ganz außerordentlichem Glanze, daß alle Menschen vermeinten, der jüngste Tag müsse kommen."* (Jordan III, 154)

Dieser Winter ist bis Anfang März sehr gelind, das Frühjahr dagegen ist kalt und regnerisch. (Leibrock, Bd.2, 228; Jordan III, 154)

In der Nacht vom 1. zum 2. März werden in Nordhausen **Polarlichter** gesehen. (Förstemann, 433)

Während der Erntezeit im August/September regnet es im Gebiet um Aschersleben oft und ausgiebig, wodurch sehr viel Getreide auf den Feldern verdirbt. Das ist umso schlimmer, weil eine **Unzahl von Hamstern und Mäusen** bereits sehr großen Schaden angerichtet hat. (Zittwitz, 226)
Dagegen kann im Gebiet um Wernigerode eine **gute Ernte** eingebracht werden. Pro Morgen Land können 18 Scheffel Weizen bzw. 19 Scheffel Roggen geerntet werden. (Reichardt, 432)

Am 13. Oktober wird am Treppenstein eine **Wolfsjagd** durchgeführt, zu der viele Einwohner des Amts Harzburg aufgeboten werden. Im folgenden Jahr werden hier sechs Wölfe gefangen. (Heinemann, 321)

In diesem Jahr wird erstmalig ein Bestand der im Mittelmeergebiet und in Südwestasien beheimateten **Glockennesseln,** auch Pillen-Brennnesseln oder Römische Nesseln genannt, in Windehausen festgestellt. Diese botanische Seltenheit ist wahrscheinlich durch den dortigen Pfarrer nach Windehausen gekommen, der diese Pflanze während des Studiums im Botanischen Garten seiner Universität kennen gelernt und Samen erworben hat. Die weiblichen Blütenstände werden in die Mitte von Blüten von Nelken gesteckt und Nichtsahnenden zum Daranriechen dargeboten und damit deren Nasen der Wirkung der Brennhaare ausgesetzt. Während der Barockzeit wird die Glockennessel wegen dieses Scherzes oft in **Gartenanlagen des Adels angebaut**, in den Gärten des Schlosses Mansfeld und des Schlossberges in Quedlinburg.
(NR, Oktober 1953, 133f.)

In diesem Jahr werden 400 Stück Bauholz, 10 Schock Latten, 960 Malter Hartholz und 12.500 Malter Fichtenholz die **Oker hinab geflößt.** (Goslar (1970), 272)

1722

In diesem Jahr wird der etwa 7 km nordöstlich von St. Andreasberg liegende **Oderteich**, mit dessen Bau 1715 begonnen wurde, **fertiggestellt**. Das Wasser der Oder wird durch den aus mächtigen Granitquadern bestehenden, etwa 22 m hohen und 148 m langen Damm gestaut und über den 1703 fertiggestellten und 7,25 km langen neuen Rehberger Graben nach St. Andreasberg geleitet. Es dient dazu, die dortigen Bergwerke mit Aufschlagwasser zum Antrieb der Förderräder, Pochwerke usw. zu versorgen. Der etwa

Der Oderteich 2017

30 ha große Oderteich mit einem Stauvolumen von etwa 1,7 Millionen m³ ist **bis 1891 die größte und höchste Talsperre Deutschlands.** (Schmidt (2012), 151-159, 175; Günther, 653; Heinemann, 322; Blumenhagen, 222; George, 76)

Da Klima und Bodenbeschaffenheit des Oberharzes einen ergiebigen Getreideanbau in den dortigen Bergorten nicht ermöglichen, sind die Bewohner des Oberharzes auf die Zufuhr von Brotgetreide aus den fruchtbaren Gebieten des Vorharzes angewiesen.

Um eine kontinuierliche Versorgung der Berg- und Hüttenarbeiter des zum Kürfürstentum Hannover gehörenden Harzanteils mit diesem Hauptnahrungsmittel zu konstanten Preisen zu gewährleisten, wird in diesem Jahr das **Harz-Kornmagazin in Osterode**, mit dessen Bau auf Veranlassung des **Berghauptmanns Heinrich Albert von dem Busche** 1720 begonnen wurde, **eröffnet**. Es bietet auf sieben übereinander liegenden Böden Raum für 15.000 Malter Getreide. Es ist vorgesehen dass das Magazin möglichst 10.000 Malter Brotgetreide in Vorrat haben soll. Das Kornmagazin trägt auf seinem Giebelfeld die Inschrift: „Utilitati Hercyniae" (Zum Nutzen des Harzes)

In einer Verordnung für das Magazin vom 21. März 1725 wird festgelegt, dass jeder verheiratete Berg- und Hüttenmann, Steiger, Mitglied des Aufbereitungspersonals, und Arbeiter bei Teichen und Gräben monatlich 2 Himten sowie der unverheiratete Bergmann, die Bergmannswitwe und der Invalide monatlich einen Himten Korn oder Roggen zum Preis von 16 gute Groschen erhält. Dieser **Preis wird konstant gehalten**, so hoch auch in Teuerungs- oder Kriegszeiten die Preise ansteigen. Kornausteilungen finden statt, wenn der Marktpreis für einen Himten Roggen 18 gute Groschen übersteigt. Erforderliche Zuschüsse erhält das Magazin von den Grubenbesitzern und von der Königlichen Kasse.

Das Getreide wird mit Eselskarawanen in die Bergstädte gebracht und dort durch die Gewerken verteilt. Noch am Ende des 19. Jahrhunderts beziehen die Bergleute des Oberharzes Magazinkorn zu ermäßigtem Preis von 2,60 Mark für 25 kg, gleichviel wie hoch der Roggenpreis steht. Dem verheirateten Bergmann werden monatlich 50 kg, dem ledigen 25 kg verabreicht. Erst 1911 wird die Tätigkeit des Kornmagazins eingestellt.
(Granzin, 1ff.; Liessmann (2010), 38; Dennert (1954), 23; Schell (1884), 353; Renner, 226f.)

Bereits Herzog Heinrich IX. von Braunschweig (1514–1568) hat während seiner Regierungszeit in Teuerungszeiten **Korn aus seinen Magazinen** zu dem **geringen Preis** von 1 bis 2 Groschen für einen Himten an die Bevölkerung seines Oberharzer Territoriums abgegeben.
(Denker (Hake), 77)

Auch nach dem Dreißigjährigen Krieg hat die Landesherrschaft für die Berg-und Hüttenleute Brotkorn aufgekauft und zu billigem Preis abgegeben. (Dennert (1954),20)

1723

Im März fängt bereits der **heiße und trockene Sommer** an. Der Boden trocknet so aus, dass drei Ellen tief keine Feuchtigkeit zu spüren ist. Das Sommerfeld bleibt zwar zurück, aber das Winterfeld trägt reiche Früchte. Der **Wein** ist **außerordentlich gut** und erzielt einen hohen Preis.
(Jordan III, 155f.; Hennig, 67; Glaser, 181)

Unweit des Dorfes Rothehütte in der Grafschaft Wernigerode ist in diesem Jahr eine gräfliche **Glashütte** in Betrieb, die zu ihrer Produktion die in ihrer Nähe im Hohnsteinschen Forst geförderten **Steinkohlen als Brennmaterial** verwendet. (Tenner, 16f.)

1724

Im Januar wird bei Schwiederschwende im Harz ein **Wolf** zur Strecke gebracht. Ein Gedenkstein am Ort des Geschehens trägt folgende Aufschrift: *„Unter der Regierung des Grafen Jost Christian von Stolberg-Roßla wurde im Monat Januar 1724 der letzte Wolf allhier erlegt."* (Hartmann, 16)

1725

Am 1. Juni schlagen während eines Gewitters unmittelbar hintereinander **drei Blitze** in den Turm der Kirche am Frauenberg in Nordhausen und richten am Turm sowie an der Orgel großen Schaden an. (Förstemann, 400f.; Rohr (1736) 168)

Im Gebiet um Wernigerode kann eine **außergewöhnlich gute Ernte** eingebracht werden.
(Reichardt, 432)

In Wäldern am nördlichen Harzrand wird in diesem Jahr der **letzte Braunbär zur Strecke gebracht.** (Hamm, 96)

In diesem Jahr wird am östlichen Fuß des **Schlosses in Blankenburg** auf mehreren Terrassen ein prachtvoller **Lustgarten angelegt**, der reich mit Laubengängen, Statuen, Wasserbassins, Fontänen und einer Neptunsgrotte ausgestattet ist. In dieser Gartenanlage werden ein Gartenschloß, ein Treibhaus, vorzüglich für die **Zucht von Ananas**, sowie ein weiteres Gewächshaus errichtet. (Leibrock, Bd.2, 312f.)

Um 1725
Mit dem Fund und dem Aufschluss sehr reicher Erzvorkommen im Oberharz in den Jahren 1709 bis 1715, dem Ausbau der Anlagen der montanen Wasserwirtschaft und neuen Verhüttungstechnologien **erreicht die Produktion der Oberharzer Hütten ihren Höchststand vor dem Industriezeitalter.** Jährlich werden etwa 15.000 kg Silber, 48.000 bis 50.000 Zentner Blei und etwa 3.000 Zentner Kupfer erzeugt. Die reichen Gewinne helfen, eine fortgeschrittene Bergbautechnik zu entwickeln und zu erproben, die von der zweiten Hälfte des 18. Jahrhunderts an zu einem der Fundamente der industriellen Bergbauentwicklung wird. (Bachmann et al., 160; Bartels, 111)

Die **Entwicklung des Harzer Bergbau- und Hüttenwesens führt** nicht nur zu einer nachhaltigen **Veränderung des Baumbestandes der Harzwälder**, sondern verursacht auch **gravierende Luftverschmutzungen**, die sich durch Untersuchungen des atmosphärischen Stoffeintrags in Regenwassermoore des Oberharzes nachweisen lassen. Aus den untersuchten Schichten des 7 km nordwestlich von Braunlage liegenden Sonnenberger Moores geht hervor, dass Kupfer bereits zwischen 200 und ca. 600 nach Chr. sowie zwischen ca. 700 und etwa 1000 nach Chr. verstärkt in die Atmosphäre gelangt ist. Ab etwa 950 vergrößert sich schnell der Bleieintrag, was mit den schriftlichen Quellen übereinstimmt, nach denen ab 960 am Rammelsberg verstärkt Bleiglanz zur Silbergewinnung abgebaut wird. Der Bleieintrag erreicht am Sonnenberger Moor zwischen 1200 und 1300 ein erstes, sehr starkes Maximum. Die anschließenden minimalen Werte des Stoffeintrags um 1350 bis 1450 fallen in die Zeit der Krise des Harzer Bergbaus. Ab 1550 steigt der Bleieintrag mit der Inbetriebnahme der St. Andreasberger Silberhütte wieder deutlich an und erreicht gegen 1650 bis etwa 1850 ein Maximum. Seither gehen die Werte des Bleieintrags deutlich zurück und erreichen zur Gegenwart hin Beträge, die nur wenig über denen der Zeit um 800 nach Chr. liegen
Die Kupfereinträge erreichen schon gegen 1550 bis 1650 ein Maximum und erneut ab etwa 1880. Erst zur jüngsten Gegenwart hin sinken auch diese Werte auf Beträge ab, die denen der Zeit um 1550 bis 1650 ähneln. (Frenzel/Kempter, 74f.)

Der vermehrte **Eintrag von Schadstoffen durch das Bergbau- und Hüttenwesen in die Biosphäre** hat bereits in der Vergangenheit messbare **Gesundheitsschäden an der Bevölkerung** des Harzes hervorgerufen. Das haben Untersuchungen von menschlichen Skeletten von einem Goslarer Friedhof des 18. Jahrhunderts ergeben, die eine hohe Konzentration von Schwermetallen, insbesondere von Blei, aufwiesen. (Schutkowski et al., 96f.)

Die im Harz **nicht weideberechtigten** Ortschaften, insbesondere die Viehhalter in Nordhausen, schicken im Sommer ihre Kühe und Rinder gegen ein zu entrichtendes Entgelt als *„Mietvieh"* in den Harz. In diesem Jahr weiden allein im Gebiet der sieben Bergstädte des Oberharzes 12.000 Kühe und Rinder als **Mietvieh**. (Günther (1888), 579; Zückert (1762), 187)
Rohr berichtet aus dem Jahr 1739, dass es in den Harzgegenden viele sog. **Viehhöfe** gibt, in denen je nach Beschaffenheit der Triften 1 bis 4 Schock Mietvieh gehalten werden. Diese Viehhöfe sind herrschaftlich und werden verpachtet. Sie sind nicht zu verwechseln mit den Rinderställen oder –hagen, die von den Städten und Dörfern unterhalten werden, die Weiderechte im Oberen Harz besitzen. Das Vieh wird nach Walpurgis auf die Triften im Harz getrieben und bleibt dort bis um Martini oder bis Kälte und Schnee eintreten.

Der Eigentümer der Tiere bekommt für jede Kuh 21 bis 24 Pfund Butter und 2 bis 3 Schock Käse, der Pächter erhält für jedes Rind oder Fohlen einen Reichstaler.

Rohr nennt Viehhöfe in Elend, Mandelholz, am Wildenhaus, Molkenhaus und Hufhaus, am Jägerhaus in der Nähe von Neustadt, Blechhütte und Wietfeld, Grünental, Calenberg und den in der Nähe liegenden weiteren Viehof Calenberg beim Trutenstein, die Lange in der Nähe von Rübeland, in der es auch eine treffliche Stuterei gibt, Scharfenstein, wo im Sommer auch Hengstfohlen weiden, Sophienhof sowie den Viehof Bergmoor des Klosters Ilfeld in der Nähe von Stiege. (Rohr (1739), 201f.)

1725/26
Dieser **Winter** ist **sehr kalt und schneereich**. Es erfrieren viele Menschen.
(Rohland/Noack, 211; Hennig, 67; Glaser, 181)

1726
Am 21. und 22. Februar findet im Amt Harzburg eine **Wolfsjagd** statt. (Schmidt/Schmidt, 46)

Im **Frühjahr** herrscht **große Trockenheit**. *„...dass man die Erbsen wieder musste umpflügen, die Gerste blieb in denen Kappen stecken...im Herbst verdarb alles wegen Nässe auf dem Feld.“*
(Rohland/Noack, 211)

In der Nacht des 19. Oktober ist in unserem Gebiet ein sehr großes **Polarlicht** zu sehen.
(Zittwitz, 225)

1727
Im Frühjahr findet im **Tiergarten in Blankenburg** eine **Wildschweinjagd** statt, bei der 60 Wildschweine erlegt werden, darunter ein weißes. (Leibrock, Bd.2, 231)

Bei viel warmem Regen gibt es in diesem Jahr eine **reiche Ernte**. Der Scheffel Roggen kostet in Mühlhausen nur 12 gute Groschen. Auch der Wein ist wohlgeraten.
(Jordan III, 159; Hennig, 67; Wandsleb, MA 1929, Nr.2)

Das in diesem Jahr fertiggestellte **Jagdschloss Walkenried**, mit dessen Bau auf Weisung des braunschweigischen Herzogs Wilhelm 1725 begonnen wurde, ist gleichzeitig *„Wildenhof“* zur **Pferdezucht**.
(Blankenburg, 137, 165)

1727/28
Der **Winter** ist **sehr mild**, in den Landstraßen stäubt es den ganzen Winter.
(Rohland/Noack, 213; Hennig, 67)

1728
Frühling und Sommer sind heiß und trocken. Es gibt eine **gute Ernte**. (Rohland/Noack, 211)
Nach Hennig ist der Sommer kalt und regnerisch. (Hennig, 67)

Nach jahrzehntelanger Steigerung der Erzförderung, hervorgerufen durch einen großen Anfall von Holz (Windwurf 1660 - 1684 und Borkenkäferbefall 1649 – 1665 – 1681 – 1694 und 1702 bis 1708) tritt eine **Holznot** ein, die eine **Einschränkung der Erzförderung und der Metallgewinnung erforderlich** macht. Betriebseinschränkungen sind sowohl im Oberharz als auch im Unterharz notwendig. Die Unterharzer Hütten behalten von ihren 24 Öfen 10 Bleiöfen und einen Kupferofen. Die wöchentliche Erzförderung im Rammelsberg muss von 1.300 Scherben im Jahr 1721 auf 876 Scherben im Jahr 1729 zurückgefahren werden. (Gottschalk (1999), 386)
Der Scherben war ein Hohlmaß, das, je nach Beschaffenheit, 3,5 bis 5 Zentnern Erz entsprach.
(Bartels et al (2007), 110)

An der **Viehtrift von Krimderode** entdeckt der Baumeister Samuel Friedrich Otto in diesem Jahr ein **Kupfer-Vorkommen** und legt dort die Grube *„Zu den drei Brüdern"* an. In neun Monaten werden 403 Zentner Kupfererz gefördert. 1767 ist das Vorkommen erschöpft und im Jahr 1796 ist auch die Kupferhütte nicht mehr vorhanden. (HL, 3.Jg. (1906/07), 39)

1728/29
Dieser **sehr strenge und trockene Winter** beginnt im Advent und hält bis Mitte März an. Der Frost dringt mehr als einen Meter tief in die Erde ein, viele Bäume werden vom Frost von der Krone bis über die Erde aufgerissen.
(Reichardt, 432; Jordan III, 160; Rohr (1739), 154; Rohland/Noack, 216; Hennig, 67; Glaser, 182)

1729
Am 30. und 31. Januar überflutet ein **Hochwasser der Helme** die Goldene Aue, die einem großen See gleicht. Von Kelbra bis nach Nordhausen steht alles unter Wasser.
(Weikinn, Teil 4, 172)

Am 20. Mai geht bei Mehringen ein **Wolkenbruch** nieder. (Zittwitz, 229)

In den Monaten Mai und Juni regnet es viel, darauf folgt eine große Hitze. Die **Ernte** ist **vorzüglich gut**, allerdings verursachen **Mäuse und Raupen viel Schaden**. (Zittwitz, 229)

Am 23. Juni ereignet sich zu Ellrich ein **Erdstoß**. (Sieberg, 77)

„Im Sommer und Herbst gab es eine große Dürre, man konnte fast nirgends mehr mahlen, von Nordhausen fuhren sie biß an die Unstruth, weil die Helme fast ausgerocknet war."
(Rohland/Noack, 216; Reichardt, 432)

Zur besseren Versorgung der Wasserräder der Kupferschiefergruben um Wettelrode mit Aufschlagwasser wird in diesem Jahr der **Wettelröder Kunstteich** angelegt.
(Mansfeld (2008), 264ff.)

In diesem Jahr werden in einer Mergelgrube bei Mauderode die Knochen eines **fossilen Nashorns** gefunden, von denen ein Schenkelknochen fünf Zoll im Durchmesser hat.
(HL, 7. Jg. 1910/11, 101)

Im Tal der Sperrlutter bei St. Andreasberg unterhalb der Silberhütte wird in diesem Jahr ein **Blaufarbenwerk** errichtet. Es werden **Kobaltfarben produziert**. Da das in den Andreasberger Gruben geförderte Kobalterz jedoch arm und von geringer Qualität ist, wird das Werk nach kostspieligen Versuchen 20 Jahre später wieder stillgelegt.
(Rohr (1739), 271; Hausbrand, 56ff.; Moritz, 116; Brückner et al., 368)

In der **Waldbewirtschaftung** geht man Ende der 1720er Jahre zunächst unter Beibehaltung des bisherigen Schlagholz- oder Mittelwaldbetriebs planmäßig zur Erziehung von Stangenholzbeständen im Unterholz über, indem man die Umlaufzeiten im Unterholz ständig erhöht. Dadurch wird die **Verbreitung der Buche gefördert**, die immer mehr zur herrschenden Holzart in unserem Gebiet wird.
(Schubart (1966), 126)

1730
Am 30. Mai, am 3. Pfingsttag, werden im Amt Harzburg durch ein **schweres Hagelunwetter** Garten-, Feld- und Baumfrüchte sowie das Winterkorn vernichtet. (Schmidt/Schmidt, 46; Wieries (1905), 111; Heinemann, 326)

In diesem Jahr wird zum Vorkommen von **Wölfen im Oberharz** berichtet: *„Die Wölfe tun hier an Roth- und Schwarzwildpret noch den meisten Schaden."* Im Herzberger Revier besteht noch ein **Wolfsgarten**. (Riehl, 222)

Um 1730
In dieser Zeit wird die vor 1561 errichtete **Eisenhütte in Braunlage stillgelegt** und dort bis 1766 eine Nagel- und Blankschmiede betrieben. (Brückner et al, 96, 368)

Braunlage um 1650. Links im Bild die Eisenhütte. Aus: Merian (1654)

1731
Im **Januar** ist es **sehr kalt**. (Zittwitz)

Während eines **Gewitters über Ellrich** am 24. Juni (Johannistag) schlägt ein **Blitz** in die Ellricher Apotheke, wodurch ein Brand entsteht, dem in kurzer Zeit 36 Häuser in Ellrich zum Opfer fallen. (Kuhlbrodt (2000), 136)

Trotz des heißen und trockenen Sommers gibt es eine **gute Getreideernte**. Allerdings leidet das Obst unter den **außerordentlich vielen Raupen**. (Zittwitz, 229; Hennig, 68)

In diesem Jahr wird die **Orangerie** im **Lustgarten von Wernigerode fertiggestellt**, mit deren Bau 1728 im Auftrag von Graf Christian Ernst zu Stolberg-Wernigerode begonnen wurde. Sie dient als Winterquartier für tropische Gartengewächse.
(Lagatz (2004), 80)

Um dieses Jahr wird **bei Neustadt/Südharz** im Rotliegenden, der unteren Abteilung des Perm, ein 25 bis 75 cm dickes **Steinkohlenflöz erschürft** und einige Jahre später mit dessen Abbau begonnen. Die Gewinnung erfolgt zunächst in kleineren Tagebauen und - nachdem die oberflächennahen Vorkommen erschöpft sind - seit etwa 1750 untertägig mittels Stollen und bis zu 80 Meter tiefen Schächten. Die Förderung kommt aus wirtschaftlichen Gründen wiederholt zum Erliegen, die letzte zusammenhängende Betriebsperiode dauert bis zum Jahr 1865.
Die bei Neustadt geförderte Steinkohle wird an die Salzsiedereien bei Frankenhausen und Artern, aber auch an Ziegeleien, Alaunsiedereien und Nordhäuser Brantweinbrennereien geliefert.
(Rohr (1736), 509; Liessmann (2010), 347f.; GHBO, Faltblatt Nr.6)

Auf Veranlassung von **Johann Georg von Langen**, dem *„Vater der regelmäßigen Forstwirtschaft"*, werden 1731/33 im **Blankenburger Tiergarten Europäische Lärchen gepflanzt**. Das Saatgut hat von Langen aus Tirol bezogen. Der schnellwüchsige Baum, dessen hartes und schweres Holz als Bauholz breite Verwendung findet, wird schnell auch in unserem Gebiet heimisch (Kremser, 273, 387)

1732

In diesem Jahr wird auf **dem abgelassenen See bei Aschersleben**, wo in der Frühzeit das untergegangene Dorf und Kloster Haseldorf gestanden hat, das **Dorf Königsaue errichtet**, in dem sich die vom Erzbischof von Salzburg und anderen katholischen Regierungen wegen ihres Glaubens vertriebenen Protestanten ansiedeln. (Zittwitz, 229)

1733

Am 13. und 14. Februar tobt ein **schwerer Südwest-Sturm** im Harz. Er richtet große Schäden an, indem er Dächer abdeckt und in den Wäldern Bäume entwurzelt.
(Wieries (1905), 113; Heinemann, 329; Schmidt/Schmidt, 46)

Im Januar und Februar herrscht außerordentlich mildes Wetter, sodass die Bäume beginnen, auszuschlagen. Aber im Mai gibt es noch **Spätfröste**, die großen Schaden an den Kornfeldern anrichten, so dass zwei Drittel der Roggenernte ausfallen. Auch Nussbäume und Weinstöcke erfrieren. Da es an verschiedenen Orten fast 15 Wochen lang nicht regnet, können die Bauern ihre Äcker nicht bestellen.
(Wieries (1905), 113; Heinemann, 329; Wohlfahrt, 56)

Am Morgen des 12. August zwischen 4.00 und 5.00 Uhr ist für eine gute halbe Stunde im Amt Harzburg neben der Sonne noch eine weitere Sonne zu sehen. (Wieries (1905), 115; Heinemann, 329) **Nebensonne**

Der Frost setzt in diesem Jahr früh ein. **Zu Michaelis** (29. September) gibt es im Amt Harzburg **bereits dickes Eis.** (Wieries (1905), 115; Heinemann, 329)

Anfang Oktober beißt ein **tollwütiger Hund** in Goslar einige Schweine, die wiederum andere anstecken. Man hat „*an die 40 todt schlagen müssen, und von dem Schinder ausgeschleppet worden.*"
(Wieries (1905), 115)

Am 25. Dezember erhebt sich ein **schwerer Sturm,** der drei Tage andauert. In Nordhausen kommt es zu **Überschwemmungen**. (Kohlmann, 18)

Am 26. Dezember **bricht** nach einer stürmischen Regennacht der **neu errichtete Damm** des **Festenburger Teichs** (Schulenberger Teich oberhalb von Oberschulenberg). Sein Hochwasser richtet im Okertal großen Schaden an. Es ertrinken 12 Menschen, darunter der Rinderhirt und seine Frau, deren Schwester und drei Kinder sowie 6 polnische Arbeiter. Auch viele Tiere kommen in den Fluten um. Im Tal werden die Schneidemühle, 3 Pochwerke, das Schulenbergische Hüttenwerk, Wohnungen und Ställe sowie viel Schacht- und Rüstholz weggeschwemmt. Der Dammbruch soll nach Rohr einen Schaden in Höhe von über einer Tonne Gold verursacht haben.
(Wieries (1905), 116; Schucht, 168; Rohr (1739), 278; Heinemann, 329f.)

Im Oberharz besteht in diesem Jahr **großer Wassermangel**. Viele Gruben stehen zwei Quartale lang wegen des **fehlenden Aufschlagwassers für die Wasserräder** zum Abpumpen der Grubenwässer unter Wasser.
Der **Dammgraben**, der das Wasser des Brockengebiets nach Clausthal leitet, wird in diesem Jahr fertiggestellt. (Wiese (1979), 73)

1734

Um auch die großen auf den Hochmooren des Bruchberges und des Brockenfeldes sich ansammelnden und allmählich abfließenden Wassermengen in einem ständigen Fluss auf die Clausthaler Hochfläche hinüberleiten zu können, wird in diesem Jahr der 953 m lange und 16 m hohe Erdaquädukt

Sperberhaier Damm fertig gestellt, der die Talsenke zwischen dem Bruchberg und der Clausthaler Hochfläche überbrückt und über dessen Krone das Wasser des 20 km langen Dammgrabens auf die Clausthaler Hochfläche mit ihren zahlreichen Bergwerken geleitet wird.
(Schmidt (2012), 31; Dennert (1954), 36; Dennert (1986), 2f.)
Der Damm, mit dessen Bau 1732 begonnen wurde, kann maximal *„10 Rad Wasser"*, über das Tal am Sperberhai führen, wobei die Mengeneinheit Rad den Wasserverbrauch eines durchschnittlichen Wasserrades von etwa 5 m³ Wasser pro Minute angibt. Die Oberharzer Wasserwirtschaft erhält im Jahr durchschnittlich 14 Millionen m³ Wasser über den Dammgraben.
(Liessmann (2010), 200; Hoffmann (1969), 24f.)

Weihnachten gibt es Sturm und Regen. In der Goldenen Aue kommt es zu einem **Hochwasser**.
(Rohland/Noack, 222)

1735
Am 19. und 20. Januar verursacht ein **schwerer Nordweststurm** im Amt Harzburg große Schäden.
(Wieries (1905), 121; Heinemann, 332)

Am 17. April geht in Harlingerode ein **schweres Hagelunwetter** nieder. (Heinemann, 332)

Schwere **Gewitter und Wolkenbrüche** richten am Johannistag im Amt Harzburg großen Schaden an.
(Heinemann, 333)

Am 20. und 21. Dezember hält Herzog Karl I. von Braunschweig-Wolfenbüttel im Schimmerwald unweit von Westerode eine **große Jagd** ab, bei der 265 Stück Schwarzwild, 175 Stück Rotwild sowie Rehe, Hasen und Füchse zur Strecke gebracht werden. (Wieries (1905), 123; Heinemann, 333)

In diesem Jahr wird die **Königshütte** bei Lauterberg an der Oder **in Betrieb genommen**, mit deren Bau 1732 begonnen worden ist. Sie bezieht Eisenstein aus dem Raum St. Andreasberg und Elbingerode und beliefert vor allem die Oberharzer Bergwerke mit Eisenprodukten.
(Hillegeist (2017), 84ff.; Brückner et al., 376; Kriege/Wette, 121)

Die Königshütte um 1830

1736

Nach einem warmen Januar beginnen am 22. Februar starke Schneefälle, die bis zum 29. Februar andauern. Danach folgt ein **strenger Winter**. (Wieries (1905), 124; Heinemann, 334)

Im Frühjahr und Frühsommer fällt **viel Regen** und um den 25. Juli (Jacobi) setzt **große Hitze** ein. Danach folgen **schwere Gewitter**.
(Wieries (1905), 124)

Am 22. Mai, am 3. Pfingsttag, toben auf dem Harz schwere Gewitter und Hagelwetter mit langandauerndem Regen. Die Oker führt **Hochwasser** und in Braunschweig gibt es eine große **Überschwemmung,** weil der Artillerieoberst Möring wegen eines Fischbehälters die Schleuse nicht öffnen will, damit das Wasser ablaufen kann. Erst als der Herzog von Braunschweig persönlich vor Ort erscheint, wird die Schleuse geöffnet.
(Wieries (1905), 124; Heinemann, 334)

Am 15. August werden die **Dörfer des Harzvorlandes** nördlich von Nordhausen von einem schweren Gewitter mit **entsetzlichem Hagelschlag heimgesucht**. Die Schloßen liegen ½ bis zu einer Elle hoch und haben die Größe von Hühner- bzw. Gänseeiern. Noch 14 Tage danach sieht man Hagelkörner von der Größe von Taubeneiern. (Förstmann, 404)

Am Abend des 19. November, gegen 18.00 Uhr ist in der Gegend um Goslar am nordwestlichen Himmel ein erstaunenswürdiges Leuchten als ob *„ein gantz großer Ohrt im Feuer aufginge"* zu beobachten. (Wieries (1905), 125). **Polarlicht**

Im November und am 30. Dezember toben **schwere Stürme** im Gebiet des Harzes.
(Wieries (1905), 125)

In diesem Jahr schlägt der **Blitz in den Pulverturm der Festung Regenstein**, wobei nicht nur dieser, sondern auch die alte Kirche zerstört wird. (Leibrock, Bd.2, 257)

Graf Christian Ernst von Stolberg-Wernigerode lässt in diesem Jahr das **erste Gebäude auf dem Brockengipfel** errichten. Das sog. **Wolkenhäuschen** hat eine Grundfläche von ca. 5×20 m und dient bei Wind und Wetter als Obdach für Besucher des Brockens.
(Heinemann, 332)

In diesem Jahr wird auf der **Straße Northeim-Osterode-Herzberg-Scharzfeld-Nordhausen** eine Postroute eingerichtet. (Herbst (1926), 141)

Rohr beschreibt in seinen in diesem Jahr erschienenen Merkwürdigkeiten des Vor- oder Unterharzes den damaligen **Zustand der Land- und Forstwirtschaft** in verschiedenen Orten dieses Gebiets, darunter
im Fürstentum Blankenburg:
„Der Feld-Bau ist zwar im hiesigen Lande nicht eben der beste, jedoch erbaut man gar gutes Sommerkorn und um Hasselfelde wird sehr viel Hafer gezeuget....
Vor anderen ist dieses Land mit trefflichen Waldungen gesegnet, und bestehen solche mehrentheils aus harten und Laub-Holtze, als Eichen, Buchen, Haseln u. d. g. Es werden daher auch hierum sehr viel Kohlen gebrandt, und der Verkauf der Haselnüsse hilfft die Forst –Einnahme um ein grosses zu vermehren. Nach Elbingerode und dem Brocks-Berge zu, zeiget sich etwas Fichten-Holtz und mag selbiges sich bis an den Ober-Hartz extendiren. Um der grossen Waldungen willen ist auch die Wildbahne in sehr guten Stande, und sind die Wälder mit allerhand rothen und schwartzen Wildpret zur Gnüge angefüllet, wegen der vielen und dicken Holtzungen, lassen sich auch gar öffters zur Winters-

Zeit die Wölffe spühren, welche aber durch eigene Jagden, so bald sie sich mercken lassen, verfolgt und weggeschafft werden. Der grosse und wohlangelegte Thier-Garten ohnweit Blankenburg, ist ein Beweiß, dass das Jagd- und Forst-Wesen jederzeit in gutem Stande, und die Durchlauchtigste Hoch-Fürstliche Landes-Herrschafft von den Jagden besondere Liebhaber gewesen." (Rohr (1736),17f.)

des Salzigen und des Süßen Sees bei Eisleben:
„ Diese beyden Seen halten eine grosse Menge von mancherley Arten Fische, insonderheit von schmackhafften Karpen in sich, und sind die hiesigen weit und breit im Ruffe. Was die süsse See anbetrifft, so haben von fünffzehen Jahren her die weichen Gattungen der Fische, als Aale, Aalraupen, Karpen, ingleichen Krebse, ziemlich angefangen abzunehmen, weil bey Gelegenheit eines allbereits vor fünffzehen Jahren, nicht weit von hier getriebenen Stollens, einige scharffe und beissende Wasser, welche den Fischen zuwider sind, in diesen See geflossen."
(Rohr (1736) 690)

des unweit von diesen Seen gelegenen Dorfes Ruhldorf:
„Ohnweit von hier ist auch das Dörffgen Ruhldorf, welches mit lauter Weinbergen umgeben, und siehet es in hiesiger Gegend fast nicht anders aus, als wie um Dreßden und Meissen."
(Rohr (1736) 690f.)

1737
Am 17. Februar bricht eine **große Kältewelle mit viel Schnee** herein, wodurch die Wintersaat sehr leidet. (Rohland/Noack, 223)

Nach langer Trockenheit kommt es am 6. Juni im Nordharzgebiet zu einem **heftigen Gewitter mit Starkregen und Hagelschlag**, das großen Schäden an den Feldern und Gärten anrichtet.
In **Zellerfeld** bricht durch **Blizschlag** ein verheerender Brand aus, dem 192 Wohngebäude zum Ofer fallen. (Wieries (1905), 127; AHBK 1937, 35)

Zellerfeld um 1750. Die Umgebung ist durch Kahlschläge weitgehend entwaldet.

Am Abend des 16. Dezember erscheint ein ungewöhnliches **Polarlicht**, das den Himmel blutrot färbt. (Rohland/Noack, 223)

In diesem Jahr erschürfen Bergleute am Fuß des Rabensteins im **Ilfelder Tal** ein etwa 1 ½ m mächtiges **Steinkohlenflöz** und es wird mit dem Abbau der Kohle begonnen, die allerdings von geringer Qualität ist. Wegen ungünstiger geologischer Verhältnisse und bergbautechnischer Schwierigkeiten wird die Förderung im Jahr 1770 zunächst wieder eingestellt. Aufgrund des steigenden Bedarfs an Steinkohle wird die Förderung im Jahr 1831 wieder aufgenommen, aber ein Hochwasser der Behre dringt 1836 in die Grube ein und verursacht schwere Verwüstungen, sodass die Förderung erst 1849 fortgesetzt werden kann. Als die billigere und bessere Steinkohle aus Oberschlesien von der Saar den mitteldeutschen Markt erobert, kommt der Ilfelder Steinkohlenbergbau um 1880 erneut zum Erliegen. Nur in den Notjahren nach den beiden Weltkriegen wird kurzzeitig noch einmal Steinkohle im Ilfelder Tal abgebaut. (Gaevert, 60; Knappe et al, 36ff.; Liessmann (2010), 346; Knolle/Marbach, 88; Günther, 192)

In der Grafschaft Hohenstein werden in diesem Jahr 36.419 **Apfel-, Birn- und Pflaumenbäume** neu **angepflanzt**. (HL, 3.Jg. (1906/07), 82)

Der Arzt und Naturforscher Franz Ernst Brückmann beschreibt in diesem Jahr erstmalig die nördlich der Bergstadt Grund am Hang des Ibergs befindliche **Iberger Tropfsteinhöhle**, die vermutlich bereits zu Beginn des 16. Jahrhunderts von Bergleuten auf der Suche nach Brauneisenstein entdeckt worden ist. Das in das rund 385 Millionen Jahre alte Kalkmassiv des Ibergs eindringende Wasser führt zu einer Verwitterung des im Kalkstein in großen Mengen vorhandenen Eisenkarbonats Siderit. Der im Wasser gelöste Sauerstoff reagiert mit dem Eisen zu Brauneisenerz und Kohlendioxid. Aus diesem entsteht in Verbindung mit Wasser Kohlensäure, welche das Kalkgestein auflöst, so dass es zu Hohlräumen im Iberg kommt. Die Verwitterungshöhle wird 1874 als Schauhöhle erschlossen. 1910 bis 1912 wird der 85 m lange *„Spazierstollen"* als Ausgang angelegt. Dabei werden zwei Klüfte mit Tropfsteinbildungen angefahren. Eine der Klüfte wird ausgeräumt und bildet fortan den Neuen Teil, eine 15 m lange und 6 m breite Halle. Bei der Erschließung im Neuen Teil werden alte Bergbaugeräte gefunden, darunter ein Krug aus dem 16. Jahrhundert. 2008 wird der neu gestaltete Eingangsbereich mit dem **HöhlenErlebnisZentrum** eröffnet. Die Höhle ist ein wichtiges **Überwinterungsquartier für Fledermäuse**. (http://www.harzlife.de/tip/iberger.html, abgerufen am 24. Mai 2018; Biese (1933), 62ff.)

1738
Am 7. August tobt im Südharzgebiet um Nordhausen und in der Goldenen Aue ein heftiges **Hagelwetter**, *„welches alles Getreide nieder schlug und verderbete, es wurden alle Fenster ausgeschlagen, u. hat man Stücke Eiß von einem viertel Pfund schwehr gefunden, wodurch ein entsetzlicher Schade geschahe, eben derg. begegnete 2 Jahr vorher um diese Zeit diesen Strich Landes."* (Rohland/Noack, 224; Vocke, 52; Förstemann, 404f.)

In diesem Jahr findet eine **Reform der Forstverwaltung der Grafschaft Wernigerode** durch **Johann Georg von Langen** und seine Schüler **Hans Dietrich von Zanthier** und **Carl Ludwig von Lassberg** statt: nach Neuvermessung erfolgt eine Einteilung der Forste in sechs Reviere. Angesichts des jahrhundertelangen Raubbaus in den Harzwäldern und dem daraus entstandenen akuten Holzmangel setzt sich Johann Georg von Langen für eine **nachhaltige Waldbewirtschaftung**, also für die immerwährende Sicherung von Leistungen aus dem Wald, ein. (Brückner et al., 361; Peiffer, 84ff.)

Auf Veranlassung des Grafen Friedrich Botho zu Stolberg-Roßla werden in diesem Jahr die **ersten Kartoffeln** aus dem Hessischen **in die Goldene Aue gebracht**. Zunächst im gräflichen Garten vermehrt, tritt diese neue Brotfrucht in den nächsten Jahren ihren Siegeszug in den Dörfern an. (Rohland/Noack, 223; Hiller, 153)

1739
Anfang Februar ist es in der Goldenen Aue so warm, dass man auf den Feldern pflügen kann. Ende Februar herrscht **Hochwasser**. (Rohland/Noack, 225)

Am 30. März, am Ostermontag, ist ein **Polarlicht** zu sehen. Es scheint, als ob der ganze Himmel brennt. (Rohland/Noack, 225)

Im April tritt die **Quelle im Winkeltal bei Lauterberg** wieder hervor, die bereits 1681 zu sprudeln begann, als **Gesundbrunnen** erachtet und großen Zulauf von heilungssuchenden In- und Ausländern hatte, aber noch im selben Jahr wieder versiegt ist. Erneut strömen täglich 100 oder mehr Genesungsheischende an diese Quelle und es wird *„an allerhand gebrechlichen Personen merkliche Hilfe getan."* .

Nachdem von Wissenschaftlern mehrere Gutachten mit unterschiedlichen Ergebnissen vorliegen, stellt die starke Quelle ihre vielversprechende Tätigkeit Anfang August wieder ein. (Walsleben, 3)

Im Sommer und im Herbst ist es kalt. Auf Grund der schlechten Witterung wird nur eine sehr **geringe Ernte** eingebracht und es kommt zu einer **Teuerung** der Nahrungsmittel. (Jordan III, 174)

Bereits am 24. Oktober bricht der Winter an. Am 18. November liegt auf dem Harz der Schnee zwei Ellen hoch, der jedoch am 5. Dezember wieder schmilzt, ohne dass es zu einem Hochwasser kommt. In der Goldenen Aue kann man in der Weihnachtswoche noch pflügen und Roggen bestellen. (Rohland/Noack, 223)

Rohr beschreibt in seinen in diesem Jahr erschienenen Merkwürdigkeiten des Oberharzes den damaligen Zustand verschiedener Gegebenheiten dieses Gebiets, darunter

- der **Wälder**: *„ Man findet zwar hin und wieder unter den wilden Bäumen Eichen, Buchen, Haseln, wilde Obst-Bäume und andere; inzwischen sind doch die **Fichten** und Tannen, oder überhaupt das schwartze und weiche Holtz, so Nadeln führet, das meiste hier herum, und sind diese Wälder-Gattungen, wo sie sich anfangen, fast vor ein **Merck-Mahl des Ober-Hartzes** zu halten...*

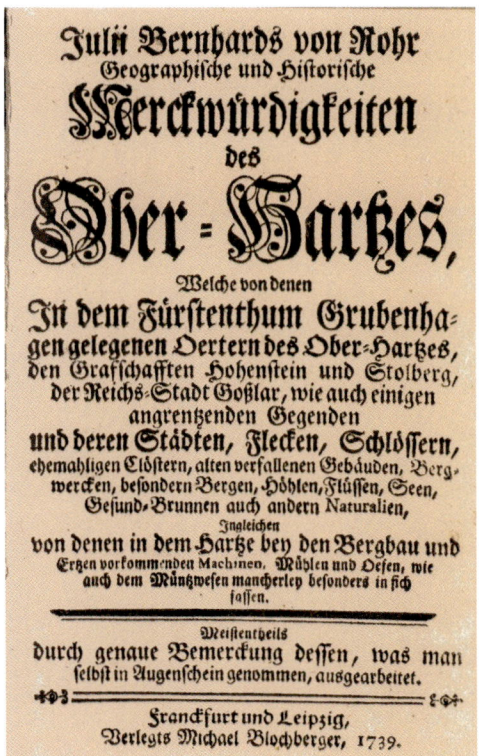

Titelblatt des 1739 erschienenen Buches

*Es werden in den Holtzungen am Hartze ordentlich Gehaue gehalten, und dieses in ein zwanzig oder 30 Jahren, nach dem ein Ort vor dem andern etwan gut gewächsig. Was nutzbahre Bäume werden können, bleiben Forst mäßig stehen. Man pfleget auch wohl in dem Braunschweigischen **Baum-Schulen** von etzlichen Ackern Landes anzulegen, man pflüget erstlich das Land und besäet es hernach mit Eicheln und Buchen. Wann denn die Pfläntzgen in etwas erwachsen, werden sie in die Wälder auf leere Plätze oder sonst fortgesetzet; Doch soll dieses auf dem Ober-Hartze nicht gebräuchlich seyn.“* (Rohr (1739), 202f.)

- der **Verkehrswege**: *„Die Haupt- und Post-Wege durch den Hartz, als über Osterode, Clausthal Zellerfelde und Goslar sind größtentheils ausgebessert, und nunmehro **in guten Stand** gesetzet, so daß man mit einem gewöhnlichen Wagen, wie die ordinairen Mieth-Kutschen in Ober-Sachsen eingerichtet, gantz gut fort kommen kann. Nicht weniger sind die Wege von Nordhausen über Lutterberg nach Andreas-Berg **noch erträglich**. An andern Orten hingegen zeigen sie sich **sehr gefährlich und beschwerlich**. Man geräth bisweilen in solche Felsen und Klüffte, die so enge sind, daß man sodann weder zurück noch vor sich kommen kan, wo man nicht Axen und Räder zerbrechen will.“* (Rohr (1739), 205f.)

- des **Teufelsbads bei Osterode**: *„Wenn man von Hertzberg nach Osterode kommt, so liegt an der Land-Strasse, nach der rechten Hand, ein Thal, in welchem sehr viel Seen und Teiche gelegen, ein Teich an dem andern. Sie sind mit lauter guten Speise-Fischen, als mit Hechten, Karpfen, Forellen, Persen, Karauschen und andern dergleichen besetzt. So halten sich auch wilde Enten, Gänse, Wasser-Hüner, Schnepfen u.s.w. in grosser Menge auf selbigen auf. Man nennt diese See-Gegend den Teufels-Tümpel...* „.(Rohr (1739), 336)

- den **Bergbau um St. Andreasberg**: *„Man findet um Andreasberg mancherley Gattungen von Bley-Silber- und Kupfer-Ertzen wie auch Kobold und gediegen Silber und rothgülden Etrz, welches, vielmals der Centner 120. 130. und mehr Marck hält...*
Das reiche Ertz bricht allhier auf mancherley Art. Berg-gediegen und kenntlich Silber, das man schneiden und prägen könnte, ehe es ins Feuer käme. Etliches Silber ist Stahl-frisch. So findet man auch in Drusen solch zäunig Silber, als wenn es ein Goldschmidt ausgesotten, poliret und abgeecket hätte...
Den 24. Martii 1716 ist von St. Jacobs Glück, aus 9. Centnern und 33. Pfunden reich Ertz, ein Blick Silber verfertiget worden, so gewogen 1031. Marck und 4.Loth gehalten und in Diameter 3. Fuß 9.Zoll gewesen...". (Rohr (1739), 268ff.)

1739/40

Die bereits Anfang November (Martini) mit starken Nachtfrösten einsetzende **Winterkälte** hält bis zum 11. April an. Soldaten, die Schildwache stehen müssen, und Reisenden erfrieren Nase, Ohren und Zehen. Dem Vieh erfrieren die Klauen im Stall und es leidet an Futtermangel. Die Helme friert in 3 Tagen 8 Ellen hoch zu, In Nordhausen gefriert das Wasser des Mühlgrabens, also des Arms der Zorge, der innerhalb des Stadtgebiets von Nordhausen verläuft, sodass die Mühlen nicht arbeiten können. Auch in Ellrich stehen die Mühlen still, sodass das Mehl knapp wird. Noch im April sind viele Brunnen gefroren. Apfelbäume blühen erst im Juni, aber am 17. Juni 1740 friert es nochmals sehr stark. (Kohlmann, 16; Kuhlbrodt (2000), 136; Rohland/Noack, 225; Reichardt, 433; Jordan III, 174; Glaser 187; Hamm,101; Nussbaumer, 209)
Dieser lange und **unerhört strenge Winter** in ganz Europa **gehört zu den kältesten des Jahrtausends.** (Hennig, 69)

1740

In diesem Jahr lässt Oberjägermeister Johann Georg von Langen **Pflanzenkämpe** anlegen, in denen **Fichtensamen ausgesät** wird. (Heinemann, 337)

Der **Botanische Garten** der **Universität Göttingen** wird in diesem Jahr **eröffnet**, nachdem sein Gründer, der Göttinger Professor der Anatomie, Physiologie und Botanik, **Albrecht von Haller,** bereits 1736 auf diesem Gelände zwischen Unterer Karspüle und Stadtwall die ersten Samen ausgestreut hat. Von Haller leistet auch Pionierarbeit im **forstlichen Anbau nordamerikanischer Baumarten**, indem er bereits kurz nach der Eröffnung des Botanischen Gartens dort die um 1730 nach Europa gebrachte kanadische **Hemlocktanne** sowie die 1605 von Nordamerika nach England eingeführte **Weymouth-Kiefer**, auch Strobe genannt, pflanzt. (Kempen, 45; Kremser, 385)

Um 1740

lässt Friedrich August von Veltheim auf seinem südlich von Helmstedt im nördlichen Harzvorland gelegenen Rittersitz **Harbke** einen **Park mit seltenen Bäumen** anlegen, in der auch die Anbauwürdigkeit nordamerikanischer Baumarten unter hiesigen klimatischen Bedingungen untersucht wird. So wird die aus Nordamerika stammende frostharte und schneller als die einheimischen Eichenarten wachsende **Roteiche** bereits um 1845 in Harbke gepflanzt, sie findet aber in unserem Gebiet keine weite Verbreitung.
1764 werden in Harbke die ersten amerikanischen **Zucker-Ahornarten** in erheblicher Menge angebaut. 1797 gelingt es dem Berliner Chemieprofessor Sigismund Friedrich Hermstädt, aus dem

Saft dieser inzwischen mehr als 30 Jahre alten Zucker-Ahornbäume den ersten deutschen Zucker herzustellen, wovon der preußische König Friedrich Wilhelm III. zwei Hüte erhält. 1771 blühen in Harbke die ersten in Nordamerika beheimateten **Tulpenbäume** unseres Gebiets.
Weit wichtiger als die überseeischen Baumarten wird für Harbke jedoch die **Europäische Lärche**, die in diesem Park 1745 erstmalig angebaut wird. Von dort stammt auch die sog. **Harbker Lärche**, eine für die Verhältnisse unseres Hügel- und Berglandes besonders geeignete und wertvolle Standortrasse.
(Kremser, 385ff.; 757ff.; Schütt et al, 319)

In diesem Jahr kann in den Gruben im Clausthaler Revier wegen **Wassermangel** insgesamt ein halbes Jahr lang nicht gearbeitet werden.
(Weise (1979), 73)

Der **Frühling** und der **Sommer** sind **durchgängig kalt** und daher erfolgt eine späte Ernte. Zwetschen, Äpfel und Birnen werden nicht reif und erfrieren. Ungeachtet der Kälte fliegen die Schwalben erst Ende Oktober nach dem Süden. (Rohland/Noack, 225; Jordan III, 174; Glaser 187)

Am 19. Dezember, nachdem es bei Tauwetter den ganzen Tag vorher und die Nacht hindurch geregnet hat, führen die Zorge und die Helme **Hochwasser**, wodurch Dämme, darunter der Teich im Kunzental, brechen. In Ellrich werden sämtliche Ländereien und Wiesen verwüstet. In Nordhausen werden Mühlen beschädigt und Teiche durchbrochen.
(Heine (1899), 82f.; Förstemann, 407; Kohlmann, 18; Thieme (1976), 14)

In diesem Jahr werden **viele Nordlichter** beobachtet. (Hamm, 101)

1740/41
Dieser **Winter** ist wieder **sehr kalt**. (Jordan III, 175)

1741
Im Februar führen die Radau und die Oker **Hochwasser**. In der Saline Juliushall werden dadurch die Feuer unter den Siedepfannen gelöscht.
(Heinemann, 337; Schucht, 147)

Westlich von Wolfsberg im südöstlichen Unterharz wird in diesem Jahr mit dem regelmäßigen Abbau von **Antimonerz** begonnen. Die **Graf-Jost-Christian-Zeche** bei Wolfsberg steht bis 1861 ununterbrochen in Betrieb und in ihrer Blütezeit vor 1830 werden jährlich durchschnittlich 1.000 to Antimonerz gefördert. Insgesamt kamen aus diesem Bergwerk dessen abbauwürdige Vorräte erschöpft sind, vermutlich 60.000 to Roherz, aus dem rund 2.000 to reines Antimonsulfid produziert wurden. Antimon wird vorwiegend zu Legierungen verarbeitet. Antimon als Legierungsbestandteil lässt Blei zu hartem „*Letternmetall*" für den Buchdruck werden. Es findet heute vor allem für die Herstellung von Akkumulatoren-Blei Verwendung, Antimon-Zinnlegierungen werden für die Herstellung von Halbleitern gebraucht.
(Liessmann (2010), 336ff.; Knappe/Scheffler,138f.)

1742
Im Februar/März ist ein großer **Komet**, der seinen erdnächsten Punkt am 7. März erreicht, auch in unserem Gebiet sichtbar und erregt Aufsehen.
(Kuhlbrodt (2000), 140; HL, 7. Jg. (1910/11), 79; Kronk I, 403f.)

1743
Im **April** kommt noch ein **Kälteeinbruch** mit Schnee und Frost wie im Winter, so dass der Wein erfriert. (Jordan III, 177)

1743/44

Vor Weihnachten erscheint am Südhimmel ein **Komet**, der von Tag zu Tag größer und heller wird und am 18. Februar so hell wie die Venus strahlt. Er erreicht am 26. Februar seinen erdnächsten Punkt. Am 7. und 8. März, als seine Koma bereits unter dem Horizont verschwunden ist, teilt sich sein Schweif in sechs Teile und ragt vom Horizont empor wie ein sprudelnder Springbrunnen. Der Komet wird als der schönste Komet des 18. Jahrhunderts bezeichnet und ist einer der größten, die je gesehen wurden. Er erhält seinen Namen nach dem Schweizer Astronomen Jean-Philippe Loys de Chéseaux, der ihn am längsten beobachtet. (Jordan III, 178f.; HL, 11. Jg. 1914/15, 80; Vanin, 24f.; Kronk I, 408ff.)

1744

In diesem Jahr wird im Revier Osterode ein Anbau mit **Weiß-Tannen** und **Weymouth-Kiefern** vorgenommen, Baumarten, die in unserem Gebiet nicht heimisch sind. (Riehl, 205)

1745

Dieser **Sommer** ist **angenehm und fruchtbar**, allerdings gibt es viele heftige Gewitter. (Jordan III, 180;Glaser, 191; Deutsch/Reeh/Pörtge, 11)

Im **Advent** fängt schon eine **sehr starke Kälte** an. (Glaser, 191)

1746

In diesem Jahr sind die Früchte des Feldes und der Gärten wohlgeraten, auch der Wein. Es gibt eine **gute Ernte**. (Jordan III, 180)

1747/48

Am 12. Dezember tobt ein **schwerer Sturm** in unserem Gebiet. In Nordhausen und anderen Orten werden viele Hausdächer und Fenster beschädigt. Im Harz werden *„unzählige Bäume"* entwurzelt. Die Aufarbeitung des Schadholzes dauert mehrere Jahre.
(Förstemann, 405; Zimmermann I, 282; Günther, 543; Heinemann, 340; Bonnemann, 68; Riehl, 158)
Es folgt ein **heißes Frühjahr,** in dem es besonders im Münchehofer Forst zu einem starken **Borken-käferbefall** der durch den Sturm umgeworfenen Bäume kommt. (Kremser, 392)

1748

Von Beginn des Jahres bis zum 22. Februar ist der **Winter sehr mild**. Im Februar beginnen schon die Veilchen zu blühen. Am Mathiastag (24. Februar) setzt starker Frost ein, der bis zum 20. März anhält. (Jordan III, 180)

Im Brandhai südlich von Braunlage erinnert ein Denkmal daran, dass dort in diesem Jahr die ersten **Versuche mit dem Anbau von Kartoffeln im Wald-Feld-Anbau** gemacht wurden, die in höheren Lagen besser zur Reife kommen als Getreide.
In einem Brief vom 3. November 1747 an die Fürstliche Kammer in Blankenburg teilt Herzog Karl I. von Braunschweig-Wolfenbüttel mit, er habe beschlossen, *„zur Aushelfung des sehr herunterge-kommenen Ortes Braunlage eine Branntweinbrennerei daselbst anzulegen und zu solchem Endzwe-cke eine gewisse, dem Hofjägermeister von Langen bekannte Art von Erdäpfeln in dortiger Gegend anbauen zu lassen, um aus solchen mittels Torfes Branntwein zu brennen."*
Im Mai dieses Jahres werden auf 12 Morgen eines abgeholzten Forstes im Brandhai Kartoffeln in die Erde gebracht, Das Saatgut kommt von Wolfenbüttel und Holzminden. Infolge der späten Anpflanzung und des trockenen Sommers wird nur eine mäßige Ernte erzielt und die Kartoffeln werden als Saatgut für die nächste Ernte verwendet. Über die Erfolge des Kartoffelanbaus bis 1820 ist nichts bekannt. 1820 werden 30 Morgen angebaut und im Durchschnitt 2,7 Wispel Kartoffeln pro Morgen geerntet, 1838 sind es schon 94 Morgen, auf denen durchschnittlich 3,5 Wispel pro Morgen geerntet werden. Vielfach werden in der Folgezeit abgeholzte Flächen vor der Wiederaufforstung

Hier sind 1748 die ersten
Versuche mit dem Anbau der
Kartoffel gemacht.
Der Name „Kartoffelhecke"
erinnerte daran noch 1885.

Der Kartoffelstein bei Braunlage erinnert an den ersten Kartoffelanbau im Oberharz im Jahr 1748

mehrere Jahre lang in kleinen Parzellen billig an die ärmere Bevölkerung verpachtet. Noch 1884 werden in Braunlage 47,5 ha *„Kartoffelland auf Forstgrund"* bewirtschaftet, worauf noch Ackerterassen im heutigen Wiesenland hinweisen.

Der **Oberjägermeister Johann Georg von Langen** wirbt für die Kartoffel, indem er darauf hinweist, dass dieses *„Gewächs, welches in einer Haushaltung sowohl für Menschen wie für Vieh sehr nützlich zu brauchen ist, indem zu öfteren auf einen Morgen 60 bis 100 Scheffel geerntet werden."* (Moritz, 111ff.; Brückner et al., 262; Blankenburg, 138)

Die Kartoffel stammt aus Südamerika, wo sie die Spanier im 16. Jahrhundert kennenlernen und nach Europa bringen. Es dauert längere Zeit, bis das zunächst in Gärten kultivierte Nachtschattengewächs als Nutzpflanze erkannt wird. In Deutschland ist die Kartoffel noch in der Mitte des 18. Jahrhunderts den meisten Landwirten als Feldfrucht unbekannt.
(Goltz I, 455ff.; HL, 11. Jg. (1914/15), 116; Abel, 321f.; Hamm, 176)

Um 1800 ist die Kartoffel im Hannoverschen Harz bereits das wichtigste Nahrungsmittel der ärmeren Bevölkerung. (Kutscher (2009), 71)

Der Oberjägermeister von Langen ist in besonderem Maße bemüht, die Not der Harzer Bevölkerung zu lindern, indem er in den Forsten auf neu angelegten Schonungen zwischen den Pflanzenreihen Gras, Hafer, Roggen, Rübsamen und Flachs anbauen lässt, und zwar 5 bis 6 Jahre lang bis die Bäume herangewachsen sind. Wegen des rauen Klimas und der kurzen Vegetationsperiode hat der **Ackerbau mit Ausnahme des Kartoffelanbaus im Oberharz** jedoch **keinen Bestand**. (Blankenburg, 137f.)

Am Mittag des 15. Dezember tobt ein schweres **Gewitter mit Hagelschlag** über Nordhausen. (Kohlmann, 18)

In diesem Jahr wird das im **Blankenburger Tiergarten** befindliche Wild erlegt und ein Teil des Geländes im folgenden Jahr mit Obstbäumen bepflanzt. Ein anderer Teil des Tiergartens ist schon früher mit **Maulbeerbäumen** bepflanzt worden, da Versuche gemacht wurden, die **Seidenraupenzucht** einzuführen. (Leibrock, Bd.2, 317)

Mit dem **erweiterten Kartoffelanbau** in der Landwirtschaft wird die **Bedeutung der Eiche** im Oberstand der Wälder **für die Schweinemast stark herabgemindert**, so dass die Buche wie bereits im Unterholz auch im Oberholz die herrschende Holzart wird. Es kommt seit der zweiten Hälfte

des 18. Jahrhunderts zum schrittweisen Übergang zum Buchen-Baumholzbetrieb mit 80 bis 120 jährigem Umtrieb. Mit der Entwicklung des Buchenhochwaldes und dem gleichzeitig eingeführten künstlichen Fichtenwald mit ausschließlich Holz als Hauptnutzung wird die über tausendjährige Mittelwaldbewirtschaftung mit ihren verschiedenen Nutzungsarten abgelöst. Der **Übergang vom Mittelwald zum Hochwald** verläuft revierweise unterschiedlich in einem Zeitraum von etwa 100 Jahren und ist um 1850 abgeschlossen.
(Schubart (1966), 127)

1749
Am 2. Februar tritt bei Gewitter und Schneesturm an zehn Stellen eines Kirchturms in Nordhausen **Sankt-Elms-Feuer** auf. (Hennig, 70; Hamm, 104)
Es handelt sich dabei um eine durch elektrische Entladungen hervorgerufene, von einem charakteristischen Surren begleitete blauviolette Leuchterscheinung, die bei gewittrigen Wetterlagen mit sehr hohen elektrischen Feldstärken auftritt.

1750
Carl Ludwig von Lassberg wird in diesem Jahr Leiter der Forste des Kommunionharzes. Sein Ziel ist die Überführung von Laubmittelwald in Laubhochwald und daneben die großflächige Anlage von *„Tannenhaien"*. (Brückner et al, 361)
Die dringende **Notwendigkeit einer nachhaltigen Waldbewirtschaftung** wird auch dadurch veranschaulicht, dass sich im Kommunionharz der Anteil der kahlen, unbestockten Waldflächen von 58% im Jahr 1691 auf 73% im Jahr 1750 erhöht hat.
Um 1750 benötigen die Harzer Schmelzhütten jährlich etwa 50.000 bis 60.000 Karren Holzkohle, wobei eine Karre dem Volumen von etwa 2,5 m³ entspricht. Die vorwiegend aus Buchenholz gewonnene *„harte Kohle"* ist wegen ihres hohen Heizwertes und ihrer Festigkeit, die für den Einsatz im Hochofen wichtig sind, besonders gefragt. Mit der **Abholzung vieler Laubwälder** und der großflächigen **Bestockung des Oberharzes mit schnellwüchsigen Fichten** nimmt seit der Mitte des 18. Jahrhunderts der Anteil der weniger wertvollen *„weichen"* Fichtenkohle an der Holzkohlenproduktion stetig zu und erreicht um 1800 bereits etwa 80%. Die Verkohlung der Fichtenhölzer ergibt bei gleichem Mengeneinsatz im Vergleich zur Buche nur 78,5 % an Holzkohlen Im Westharz entwickeln sich die Orte Wolfshagen, Riefensbeek, Kamschlacken, Lerbach, Lonau, Sieber und Lauterberg zu **Zentren von Waldarbeit und Köhlerei.**
(Liessmann (2010), 131ff.; Bartels et al (2007), 327)

Von Lassberg berichtet in diesem Jahr erstmalig über **Waldschäden**, die durch die **Abgase** des schwefelhaltige Erze verarbeitenden Clausthaler Hüttenbetriebs entstanden sind. Im nahe gelegenen Einersberg besteht eine vegetationsgeschädigte Fläche, eine sog. **Rauchblöße**, auf der die Bäume absterben, von 10 ha. Spätere Untersuchungen zeigen, dass diese Blöße im Jahr 1845 bereits etwa 75 ha beträgt und sich 1882 auf 85 ha erweitert.
Über den Hüttenberg bei Wildemann sagt von Lassberg: *„Der Hüttenberg ist nach der Wildemänner Seite (Einhang Innerste und Spiegelthal) ganz bloss und kann wegen des Hüttenrauches nichts aufkommen."* Auch den in der Nähe des Okertals liegenden Schwarzenberg bezeichnet von Lassberg als vom Hüttenrauch geschädigt. *„Am Schwarzenberg, vom Kellwasser aufwärts bis zur Klippe (gegenüber der Hütte) ist mehrentheils blosser Hai und hat man wegen des darauffallenden Hüttenrauches wenig Hoffnung, dass daselbst wieder etwas aufkommen werde."*
Die durch den Hüttenrauch verursachten Blössen vergrößern auch die **Überschwemmungsgefahr** der Innerste und Ocker. Die ihrer Bodendecke beraubten Rauchblößen vermögen bei heftigen Regengüssen nur einen verschwindend kleinen Teil Wasser aufzunehmen, die weitaus größte Masse stürzt, Geröll und Boden mit sich fortreißend, in die Täler. Mit der Zeit wird auch der letzte Rest Boden von diesen Flächen fortgespült und nur der nackte Fels bleibt erhalten.
(Schroeder/Reuss, 151ff.; Günther, 552)

Die schützende Funktion des Waldes als Wasserspeicher geht infolge dieser Rauchblößen verloren. Dieser **Zusammenhang zwischen Umweltzerstörung und Naturkatastrophen** ist den Fachleuten durchaus bekannt; es gibt aber zu jener Zeit keine Alternative zum Montanwesen. (Fessner et al (2002), 162)

Die an der alten Straße von Goslar nach Halberstadt nördlich von Harlingerode am Scheideberg liegenden drei **Stiftsteiche** des Domstifts zu Goslar werden in diesem Jahr **zu Wiesen umgewandelt**. (Heinemann, 345)

Um 1750

In dieser Zeit wird erstmalig das ursprünglich im Südwesten Europas, vor allem in Spanien, beheimatete **Wildkaninchen** in unserem Gebiet wahrgenommen. Nach Marshall tritt es bereits in den dreißiger Jahren des 18. Jahrhunderts in der Blankenburger Gegend auf. Es kommt nur am Harzrand und ausnahmsweise in mittleren Lagen vor. Im Ober- und Hochharz wurden Wildkaninchen bisher nicht beobachtet.

Im frühen Mittelalters gibt es in Deutschland noch keine Kaninchen, weder wilde noch zahme. Eine bedeutende Mittlerrolle bei der Verbreitung der Kaninchen kommt den Klöstern zu, denn die neugeborenen Jungen des Kaninchens, die *„laurices"*, gelten als erlaubte Fastenspeise.

Die älteste Kunde über die Verbringung zahmer Kaninchen von Frankreich nach Deutschland geht auf das Jahr 1149 zurück, als der Abt Wibald des Benediktinerklosters Corvey an der Weser den Abt Gerard vom Kloster St. Peter zu Solignac im französischen Bistum Berry gebeten hat, ihm zwei Paar Kaninchen zu senden. Zu Anfang des 14. Jahrhunderts ist das Kaninchen in Deutschland noch so selten, dass es ebensoviel kostet wie ein wildes Ferkel.

Ab dem 15. Jahrhundert werden Nachrichten über die Kaninchenhaltung häufiger. In jener Zeit werden die Hochmeister des Deutschen Ordens als Förderer der Kaninchenzucht genannt. Auf ihren Reisen erhalten die Ordensritter hin und wieder Kaninchen geschenkt, woraus zu schließen ist, dass die Zucht inzwischen schon weitere Verbreitung gefunden hat.

Es scheint festzustehen, dass das zahme Kaninchen vor dem Wildkaninchen nach Deutschland gekommen ist.

Alle Hauskaninchen, mit deren Zucht man in Italien bereits um die Zeitenwende begonnen hat, gehen auf das europäische Wildkaninchen zurück, das vor den Kaltzeiten auch in Mitteleuropa lebte, sich aber beim Vordringen des skandinavischen Inlandeises nach Südwesteuropa zurückgezogen hat. (Nachtsheim/Stengel, 83f., 87f.; Benecke, 356ff.; Skiba, 108; Marshall, 44; Hamm, 26; Regel, 2. Teil, 1. Buch, 148f.; Jacobs (1900), 58; Niethammer (1963) 62f.)

Um 1750

Nach dem erfolgreichen Anbau der **Futterpflanze Esparsette** im Obereichsfeld wird von dort aus ein ansehlicher Handel mit deren Samen getrieben. Bereits um 1750 soll Esparsettesamen in die nahe Grafschaft Hohenstein verkauft und durch den Bauer Conrad Dölle in Rüdigsdorf und den Pfarrer Leopold in Leimbach weiter verbreitet worden sein. Im Fürstentum Schwarzburg - Sondershausen wird diese Futterpflanze erst später kultiviert, so im Jahr 1785 in Rohnstedt.

Um 1800 wird in Großenehrich das Gebiet des Weinbergs damit bestellt, 1802 wird in der Domäne Ebeleben erstmalig auf 25 Acker Esparsette angebaut. (Land- und Forstwirtschaft, 176)

1751

Am Anfang des Jahres finden Dünaer Bauern beim Abbau von Mergel für die Düngung ihrer Felder in einer Mergelgrube am Hainholz bei Düna zahlreiche große Knochen. Professor Samuel Christian Hollmann von der Universität Göttingen identifiziert diese als **fossile Skelettreste** von drei **ausgestorbenen Nashörnern**. Der Göttinger Professor Johann Friedrich Blumenbach, der durch konsequente Anwendung der vergleichenden Anatomie, auch auf fossiles Material, für die Zoologie und ihre Stammesgeschichte neue und brauchbare Ordnungssysteme schafft und so zum deutschen

Begründer wissenschaftlicher Säugetierpaläontologie wird, gibt 1808 der ausgestorbenen Tierart aus der Weichsel-Kaltzeit den Namen Rinoceros antiquitatis, heute Coelodonta antiquitatis (Blumenb.) benannt. (Vladi, 39ff.)

Der **Sommer** ist **durchgehend kalt**. Die Ernte ist deshalb nur mäßig und wird wegen des nassen Wetters nur schlecht eingebracht, weshalb der Scheffel Roggen immer einen Taler und darüber kostet. (Jordan III, 183)

In diesem Jahr wird bei Friedeburg mit dem **Bau des Schlüssel-Stollens** zur Ableitung des Grubenwassers aus den Schächten des **Mansfelder Bergbaureviers begonnen**. Nach seiner Fertigstellung am 29. Mai 1879 wird die gesamte Wasserhaltung der Mansfelder Mulde auf diesen Stollen ausgerichtet. Er ist mit einer Länge von 32,3 km einer der längsten bergmännisch hergestellten Stollen in Europa. (Mansfeld (2008), 146f.)

Am Calvinusberg bei Blankenburg wird in diesem Jahr ein **Pflanzgarten für Europäische Lärchen** angelegt. Nach Brederlow (1851) wurde die Lärche erstmalig im Jahr 1731 im Harz angepflanzt, sie werde zum Durchsprengen der Fichtenbestände genutzt und komme häufig im Gebiet um Wernigerode vor. (Wittich, 24; Brederlow, 92)

In diesem Jahr wird die **erste Göttinger Sternwarte** auf einem heute nicht mehr vorhandenen Turm der Stadtmauer errichtet. (Kempen, 46)

1752
Am 2. Januar wird im Harz ein **Mondhalo** beobachtet. (Heinemann, 345)

Im Frühjahr werden in Ellrich erstmals 200 **Maulbeerbäume** für die Zucht der Raupen des Seidenspinners angepflanzt. Diese **Seidenraupen** spinnen dichte, aus einem einzigen Faden bestehende Puppenkokons. Nach Lösung des Seidenleims lässt sich der Faden vom Kokon abhaspeln und zu echter Seide verarbeiten.
1755/56 wird in der „*Wolffes Gaße*" eine zweite Plantage mit Maulbeerbäumen angelegt. 1763, 1770 und 1795 gibt es noch Maulbeer-Plantagen-Inspektoren in Ellrich. (Kuhlbrodt (2000), 151)

Bis Johannis (24. Juni) ist eine niederschlagsarme Zeit. Danach setzt eine lange Regenperiode ein, die den Sommer lang anhält. Das Heu verfault, das Getreide verdirbt auf den Feldern. In Duderstadt richten große Wasserfluten schwere Schäden an. Durch die **Missernte** kommt es zu einer Teuerung. Im Herbst ruiniert eine Dürre die Aussaat des Winterkorns. (Jordan III, 183ff.; Lerch, 121; Wohlfahrth, 61; Lange, 166; Bollstedt, 47)

Am 30. Juli **bricht** nach starken Regengüssen der **Damm** des ca.100 Acker großen **Teichs bei Schiedungen,** wobei für etwa 8.000 Taler Fische fortschwimmen. Der Teich „*ist reich an delicaten Karpfen, Hechten, Carutschen, Weißfischen und anderen.*" Auch ein Schäfer mitsamt seiner Herde wird von den Fluten mitgerissen. Das Wasser der Helme führt tote Schafe bis in die Nordhäuser Flur. (Förstemann, 408; Lesser, 19)

Am 16. August kommt es in Eisleben zu einem gewaltigen **Hochwasser**, das vielen Schaden verursacht. (Weikinn, Teil 5, 18)

1753
Nach starkem Regen vom 15. bis 17. Dezember kommt es in Nordhausen zu einem **Hochwasser,** welches noch größer als das von 1740 ist. (Förstemann, 408; Kohlmann, 18)

In dem von dem schweizerischen Botaniker und Mediziner **Albrecht von Haller** geleiteten **Botanischen Garten der Universität Göttingen** gedeihen in diesem Jahr bereits 1224 verschiedene Pflanzen, darunter 3 Sorten der **Narzisse**, 17 der **Pelargonie** und 20 der **Aloe**. Auch die erst um 1733 von dem französischen Botaniker Granger in der Cyrenaika gefundene **Duft-Reseda** wächst bereits in diesem Botanischen Garten. (Kraus, 43; Krausch, 307,334, 384f.)

In diesem Jahr erlassene Verordnungen verpflichten die Einwohner des in der Nähe von Gittelde gelegenen Ortes Badenhausen,

a) den **Feldsperling und auch den Maulwurf zu bekämpfen** und jährlich eine gewisse Anzahl von Sperlingsköpfen abzuliefern. Für jeden erlegten Maulwurf verringert sich die Zahl der abzuliefernden Sperlinge um fünf. (Badenhausen, 81)

b) die den nördlichen Ortsausgang berührende Harzrandstraße Duderstadt – Hildesheim auf beiden Seiten mit **Bäumen zu bepflanzen**. Jeder Badenhäuser wird verpflichtet, 4 Bäume zu liefern, je eine Eiche, Buche, Eberesche und eine Wildkirsche. (Badenhausen, 74)

1754

In diesem Herbst sowie im Herbst der Jahre 1761, 1821, 1836, 1844, 1849, 1885, 1888, 1893, 1899, 1907, 1911, 1913, 1917, 1933, 1954, 1968, 1977, 1985, 1991 und 1993 kommt es zu **Masseninvasionen des Sibirischen Tannenhähers** nach Deutschland und auch in unser Gebiet. Da sich die Vögel hauptsächlich von der Zirbelnuß ernähren, ziehen sie wahrscheinlich in unfruchtbaren Jahren auf Wanderung, in denen die Nahrung von der Zirbelkiefer nicht ausreicht. Der Rückflug der Wintergäste erfolgt jeweils im Frühjahr bis Ende April. Auch zwischen den Invasionsjahren werden Einzelexemplare oder kleine Gruppen dieses dunkel schokoladebraun mit weißen Tupfen gefiederten schlanken Rabenvogels in unserem Gebiet beobachtet.
(Hildebrand, Ornis Thüringens; Schrödter, 30f.; Niethammer (1963), 28; JFOE)

Im November findet im Schimmerwald eine **Treibjagd** statt, die in erster Linie dem Schwarzwild gilt. Dabei werden neben einigem Rot- und Rehwild 119 Sauen zur Strecke gebracht. (Riehl, 220)

Die im Jahr 1730 bei Blankenburg gesäten **Lärchen** haben in diesem Jahr schon eine Höhe von 50 bis 60 Fuß und 18 bis 20 Zoll im Durchmesser erreicht. (Zückert (1763), 155)

1754/55

Bereits am 17. Oktober beginnt ein **strenger Winter**, der bis Ende März anhält.
(Förstemann, 406; Jordan III, 186f.; Hennig, 71; Hamm, 107)

1755

Dieses **Jahr ist sehr trocken**, es wächst kein Gras und das Laub an den Büschen verdorrt. Es kommt im fünften Jahr in Folge zu einer **Missernte**, Not und Elend werden immer größer.
(Jordan III, 187; Busch (1928), 261)

Am Vormittag des 1. November erreichen **Fernwirkungen des Erdbebens von Lissabon** auch unser Gebiet. So bildet die Rhume einen Wasserschwall von meist 1 m Höhe, der innerhalb von einer Viertelstunde sechsmal von einem zum anderen Ufer schwappt und das anliegende Land überschwemmt. Nach einer Viertelstunde steht der Wasserspiegel wieder völlig still. Ähnliche Beobachtungen werden an der Elbe bei Hitzacker, der Aller an der Okermündung und an anderen Gewässern gemacht. Das Erdbeben hat somit Fernwirkungen innerhalb eines Radius von mindestens 3.000 km ausgelöst. (Knolle (1981), 23)
Auch die Menschen vor Mühlhausen nehmen die Erschütterungen des Erdbebens von Lissabon wahr. *„Den Leuten im Felde ist zu Muthe gewesen, als wenn sie sehr weit von ferne ein großes Gebäude hätten einstürzen hören, welches lange nachgezittert hat.“* (Jordan III, 188)

Nachbeben der Lissabonner Katastrophe finden in diesem und den nachfolgenden Jahren bis 1770 mehrfach statt, wobei auch wieder das Harzgebiet betroffen ist. (Knolle (1981), 23)

Eine Verordnung des Braunschweiger Herzogs Karl I. verpflichtet auch die Pastoren im Amt Harzburg, aus Samen **Maulbeerbäume zu ziehen**, um die **Seidenraupenzucht zu fördern**. Die Maulbeerplantagen gehen wegen des zu trockenen Bodens jedoch wieder ein. (Heinemann, 348)

In diesem Jahr erfolgt in Braunlage eine **Fichten-Pflanzung** im Akkord mit der Verpflichtung zur Nachbesserung (2,5 Taler/1000 Stück). (Brückner et al., 361)

1755/56
Dieser **Winter** ist **ungewöhnlich** mild und einer der wärmsten seit 1700.
(Henning, 22; Rudloff, 121; Hennig, 70)

1756
Am 18. Februar ereignet sich morgens gegen 9.00 Uhr bei großer Windstille ein **Erdbeben**, dessen Ausläufer in Einbeck (Kirchenglocken schlagen an), Gandersheim Göttingen, Grohnde und Uslar sowie Hameln, Osnabrück, Braunschweig, Hannover, Erfurt und Gotha etwa eine Minute lang deutlich gespürt werden. In Mühlhausen verlassen die Wächter auf den Türmen der Blasius- und der Allerheiligenkirche sowie auf dem Rabenturm wegen der starken Erschütterungen die Türme.
(Knolle (1981), 23; Jordan III, 188f.;Trübenbach, 361; Hamm, 108)

Am 13. April werden in Göttingen erneut die **Ausläufer eines Erdbebens** wahrgenommen.
(Knolle (1981), 24; Hamm, 108)

Am 26. Oktober muss Gottlieb Riemann in Ellrich 12 Groschen Strafe zahlen, *„weil er die Löffern eigenmächtig wegen ausgerissenen Cartoffeln geschlagen"* hat. Dies ist der erste schriftliche Beleg für den **Kartoffelanbau in Ellrich**. (Kuhlbrodt (2000), 158)

In diesem Jahr wird an der **Universität Erfurt** ein **Botanischer Garten** gegründet, der in den folgenden Jahren zur Förderung des Pflanzenbaus auch in unserem Gebiet beiträgt. (Franz, 242, 456)

Am Brunnenbach bei Braunlage wird in diesem Jahr ein **Blaufarbenwerk** errichtet, das bis 1849 in Betrieb ist. Es werden Kobaltfarben produziert, deren Absatz nach der Erfindung des künstlichen Ultramarins aber stark zurückgeht.
(Hausbrand, 68f.; Moritz, 116ff.; Brückner et al., 368)

Zwischen Hohegeiß und Zorge wird in diesem Jahr der **letzte Wolf im Südharz erlegt**.
(Schwarz (2004), 81; Heinemann, 350; Blankenburg, 165)

1757
Die Wälder der Grafschaft Wernigerode und des Herzogtums Braunschweig werden in diesem Jahr als **forstliche Musterbetriebe** genannt. (Brückner et al., 361)

Die erst um 1750 aus ihrer Heimat in Mittelamerika nach Europa eingeführte **Zinnie** wächst bereits in diesem Jahr im **Botanischen Garten Göttingen** und dessen Umgebung (Krausch, 500)

1758
Um Preußen vom Import von Seide aus dem Ausland unabhängig zu machen, fördern die preußischen Herrscher seit Friedrich Wilhelm (1620–1688), dem Großen Kurfürsten, die Herstellung von

Naturseide in ihrem Land. Da sich die Raupen des Seidenspinners von den Blättern des Maulbeerbaums ernähren - eine Zucht von 1.600 Raupen braucht bis zu ihrer Verpuppung etwa acht Zentner Maulbeerblätter zur Nahrung - sollen überall im Land, in unserem Gebiet auch in der zu Preußen gehörenden Grafschaft Hohenstein, **Maulbeerbäume angepflanzt** werden. In der Grafschaft Hohenstein und auch in anderen preußischen Landesteilen zeigen die Einwohner jedoch wenig Begeisterung für diese königlichen Initiativen. Mit Erlass des Königs Friedrich II. vom 30. März 1758 wird deshalb angeordnet, dass in diesem Frühjahr alle Friedhöfe mit sechs bis sieben Jahre alten Maulbeerbäumen bepflanzt werden müssen, ansonsten drohen Geldstrafen. Die Bäume können von Baumschulen für zwei Groschen das Stück bezogen werden. Trotz dieses Erlasses werden 1770 in der ganzen Grafschaft Hohenstein nur 5.425 Maulbeerbäume gezählt. Liebenrode, Tettenborn und einige andere Gemeinden befolgen diesen Erlass, Niedergebra hat jedoch ungeachtet aller Befehle nur 20 Bäume, die benachbarten Gemeinden haben noch weniger gepflanzt.
(HL, 3.Jg. (1906/07), 82ff., 192; HL, 15. Jg. (1919/20), 38f.; Goltz I, 463f.; Franz, 208, Benecke, 427)

In diesem Jahr wird die **Erneuerung** der 24 km langen **alten Straße von Harzburg nach Braunlage**, mit der 1755 begonnen worden ist, **fertiggestellt**. Auf der **Neuen Straße** fährt man von Neustadt-Harzburg bis Torfhaus in 3 Stunden, von da bis Oderbrück in einer Stunde und von hier bis Braunlage in 2 Stunden. (Kasch, 244) Noch 1748 soll ein Fuhrmann Andreas Seidenstücker aus Nordhausen auf der alten Straße mit seinem zweirädrigen Fuhrwerk von Harzburg über Torfhaus nach Braunlage acht Tage benötigt haben.
(Goslar (1970), 262)

Eine **gute Ernte** kann in diesem Jahr eingebracht werden
(Jordan III, 193)

In diesem Jahr erscheint ein **Komet** mit langem Schweif, aber von blasser Farbe.
(Kuhlbrodt (2000), 165)

1759
Am 13. März erreicht der auch in unserem Gebiet sichtbare **Halley´sche Komet** seinen sonnennächsten Punkt. Seine größte Erdnähe am 26. April beträgt 18 Millionen km.
(**Reichstein**, 16; Kronk I, 422).

Im Amt Harzburg erzielt man in diesem Jahr nach der Aussaat folgende **Ernteerträge**:
Für das Einsäen von Weizen und auch von Roggen benötigt man für einen Morgen 3 Himten und erreicht einen vierfachen Ernteertrag. Bei gleichem Bedarf für die Aussaat ist der Ertrag bei Gerste etwa das Siebenfache und beim Hafer das Neunfache.
(Heinemann, 351)

1759/60
Mitte Oktober fällt **große Kälte** ein, die bis zum März des folgenden Jahres anhält. Viele Menschen erfrieren.
(Jordan III, 195; Hennig, 71)

1760
Nachdem es am 24. Januar stark geregnet hat, schmilzt der Schnee in der Umgebung von Eisleben plötzlich, wodurch es zu einem gefährlichen **Hochwasser** kommt, das in Eisleben und Umgebung viel Schaden anrichtet.
(Weikinn, Teil 5, 62)

Im Juli fehlt es in Nordhausen bei **großer Hitze** sehr an Wasser. (Förstemann, 409)

Am Morgen des 20. November tobt ein **Gewitter mit heftigem Schneesturm** über **Nordhausen**. Ein **Blitz** schlägt in den Turm der St. Petri-Kirche, wobei der Turm Feuer fängt. (Kohlmann, 19)

Am 3. Dezember **bricht der Damm des Andreasteichs** (Silberteich) infolge von Hochwasser.
Die freigewordenen Wassermassen reißen im Brunnenbachstal die Brunnenbachmühle mit sich, wobei 4 Menschen ertrinken. (Moritz, 146)

Auch der **Damm des Teichs im Kunzental bricht** seit 1740 ein zweites Mal. (Thieme (1976), 15)

1761
Anfang April kann in Ellrich **Spargel** gestochen werden, am 11. April fällt wieder hoher Schnee. (Schmaling, 292)

Im Frühjahr führt die **Oker Hochwasser**. Die Okerbrücke an der während der Herrschaft des Herzogs Julius von Braunschweig angelegten Papiermühle in Oker wird fortgerissen. In Oker werden verschiedene Gebäude in der Nähe der Hütte beschädigt. In Ellrich richtet das **Hochwasser der Zorge** großen Schaden an. Die stärksten Dämme brechen, Brücken und Stege werden von der Flut mitgenommen. Das Hochwasser

Nordhausen um 1710

der Innerste führt zu Überschwemmungen im Braunschweiger und Hildesheimer Gebiet. (Schucht, 147, 164; Heinemann, 354; Kuhlbrodt (2000), 165; Zückert (1763), 159)

Am 26. Mai geht über Gandersheim ein **Unwetter** mit Gewitter und lang anhaltendem Starkregen nieder. Das **Hochwasser** überschwemmt die ganze Stadt, mehrere Gebäude werden zerstört, die Stadtmauer wird an drei Stellen umgeworfen, viel Mobiliar der Einwohner wird von den Fluten fortgerissen und zahlreiche Haustiere ertrinken. (Kronenberg, 62f.)

Am 6. Juni beobachten Erbgraf Heinrich Ernst zu Stolberg-Wernigerode und dessen Sohn auf dem Brocken den **Durchgang der Venus vor der Sonnenscheibe**. (Heinemann, 354)

1761/62
In diesem **harten Winter** leiden „*viele Nordhäuser bei den sehr gestiegenen Holzpreisen.*" (Kohlmann, 16)

1763
Dieser **Winter** ist **grimmig kalt** und auch der Frühling ist rauh. Die harten **Spätfröste** schaden dem Getreide und es muss vieles wieder umgepflügt werden.
Anfang August beginnt die **noch ziemlich ergiebige Ernte**. (Zittwitz, 288)

226

Getreu dem Prinzip, das Wasser als Energieträger hoch wie möglich zu halten, wird in diesem Jahr die **Hutthaler Widerwaage** errichtet. Durch dieses Ausgleichsbecken kann das Wasser im Hutthaler Graben und im anschließenden Hutthaler Wasserlauf, die beide ohne Gefälle angelegt werden, in zwei Richtungen strömen. Damit gelingt es, der oberen Entnahmestelle, dem sog. oberen Fall, des Hirschler Teichs, dem höchstgelegenen Teich auf der Clausthaler Hochfläche, möglichst viel Wasser zuzuleiten, um den großen Wasserbedarf der hoch liegenden Gruben Dorothea und Carolina zu decken.

Das in nassen Zeiten im **Hirschler Teich** nicht mehr speicherbare Wasser staut in die Hutthaler Widerwaage zurück, fließt in der Gegenrichtung zum wenig tiefer liegenden unteren **Hutthaler Teich** und bleibt damit weiterhin auf der Clausthaler Hochfläche verfügbar. Der untere Hutthaler Teich erhält über den **Polsterberger Wasserlauf** Wasser aus dem Abflussgebiet der Oker und gewinnt damit für den Hirschler Teich besondere Bedeutung. (Schmidt (2012), 115ff.; (Fessner et al (2002), 179)

Feldgestänge zur Kraftübertragung des Wasserrades auf eine größere Distanz zu einem höher gelegenen Schacht.

Um auch das Wasser des unterhalb des Hirschlerteichs liegenden **Mittleren Pfauenteichs** für den Betrieb der Grube Dorothea nutzen zu können, wird die Drehbewegung des unterhalb des Mittleren Pfauenteichs befindlichen Wasserrads der Grube Dorothea über ein hölzernes, 400 m langes doppeltes **Feldgestänge** in hangauf- und hangabwärts gerichtete Schubbewegungen des Gestängepaares umgewandelt und auf den Schacht übertragen, wo es durch ein Kunstkreuz in vertikale Schubbewegungen für die Pumpen usw. umgewandelt wird. Durch die im Oberharz seit Beginn des 17. Jahrhunderts eingesetzten Feldgestänge braucht das Aufschlagwasser nicht mehr über lange Kunstgräben zu solchen hoch liegenden Schächten geführt zu werden, die von den Wasser spendenden Tälern weit entfernt liegen. (Liessmann (2010), 203; Krause, 116)

Im **Neudorfer Revier** im anhaltischen Harz werden in diesem Jahr **größere Vorkommen von Blei-Silber-Erzen erschlossen,** die den Aufschwung dieses Reviers einleiten. In den nächsten Jahrzehnten entwickeln sich die Grube Pfaffenberg und etwas später auch die benachbarte Grube Meiseberg zu den beiden bedeutendsten Erzbergwerken des gesamten Unterharzes. Das notwendige Aufschlagwasser zum Antrieb der Pumpenkünste in den Gruben liefern anfangs nur der Grenzteich (1723) und der Pfaffenberger Kunstteich, seit Beginn des 19. Jahrhunderts auch das **Straßberger Teichsystem.** In der Zeit von 1763 bis 1901 werden in den Neudorfer Gruben rund 723.000 to Roherz gefördert. Auf Grund sinkender Metallpreise ab 1890 geht die Förderung rapide zurück und die Gruben werden 1903 geschlossen. (Liessmann (2010), 321f.)

Der Nordhäuser Magister und Prediger Johann Heinrich Hüpeden führt in diesem Jahr in Nordhausen den **Anbau von Luzerne**, einer aus Asien stammenden Kleeart, im Großen ein. Auf einer Fläche von etwa 70 Ackern Land sät er Samen dieses Klees aus, der prächtig gedeiht. Der in Nordhausen bestehende Mangel an Wiesen für die Viehzucht kann dadurch behoben werden und die zunehmende Rindviehzucht trägt zum wirtschaftlichen Aufschwung der Stadt bei.
(Riemenschneider, 18; Wüstefeld, Kulturgewächse UE 1927/H.1, 2f.)

Im Brockengebiet sind in diesem Jahr insgesamt 40 Öfen zur **Torfverkohlung** in Betrieb. (Beug et al., 26)

1764
Am 27. Dezember wird in der Grafschaft Stolberg-Roßla eine Anordnung erlassen, mit der die **Einwohner verpflichtet** werden, an den öffentlichen Wegen und Plätzen **Obst- oder andere Bäume anzupflanzen**. Jeder Bauer soll jährlich 4 Bäume und jeder Hintersättler jährlich 2 Bäume anpflanzen und zwar *„so lange, biß gar kein Plaz mehr vorhanden."* (Rohland/Noack, 245)

Da im Mittelalter die Ausbeute der Erzverhüttung auch nach der Ausnutzung der Wasserkraft zum Betrieb von Blasebälgen zur Luftzufuhr der Schmelzöfen noch gering ist, enthalten die Schlackenhalden aus dieser Zeit noch erhebliche Metallgehalte. So werden bereits seit dem 16. Jahrhundert die **Schlacken aus mittelalterlichen Hütten erneut** mit entwickelteren Techniken **verhüttet**. In diesem Jahr werden je Zentner Schlacke von bereits im 13./14. Jahrhundert stillgelegten Schmelzhütten in der Nähe von Seesen im Durchschnitt noch 20 Pfund Kupfer gewonnen. (Rippel, 114f.)
Bereits unter der Regierung von Herzog Julius von Braunschweig werden die Schlacken der alten Schmelzhütten in Zellerfeld und Wildemann, die noch einen Bleigehalt von 12 bis 18, auch 25 bis 30 Pfund je Zentner haben, erneut der Erzschmelze zugesetzt. (Baumgarten, 52)

Die **alte Straße von Gandersheim nach Seesen** wird in diesem Jahr zur Poststraße erhoben.
(Herbst (1926), 17)

In diesem Jahr kommt es erneut zu **Sturmschäden** im gesamten Harz. (Brückner et al., 361)

1765
Am 7. Juni ordnet der Preußenkönig Friedrich II an, dass in jedem Dorf seines Herrschaftsgebiets, also auch in der Grafschaft Hohenstein, eine **Baumschule** angelegt wird. Unter Anleitung eines der Baumzucht kundigen Mannes sollen Obstbäume, aber auch andere Bäume, wie Weidenbäume, Ulmen, auch Rüstern genannt, Zitterpappeln auch Espen genannt, Eschen und Ebereschen, gezogen werden, da deren Blätter zur Fütterung der Schafe Verwendung finden können. Die Bäume werden zum Teil aus der 1763 im königlichen Garten Malchow bei Berlin angelegten Baumschule, der *„Mutter der preußischen Baumschulen",* bezogen. (Franz, 208)

Einen Monat später, am 15. Juli, lässt Friedrich II. bekannt machen, dass in Anbetracht des großen Schadens, den die **Biber** an Dämmen und Teichen anrichten, es künftig jedem erlaubt sei, diese Tiere zu schießen und **auszurotten**. (Ritter, 43)

In diesem Jahr beginnt Freiherr Johann Jacob von Uckermann in Bendeleben zum erstenmal in Deutschland mit der Anlage eines **Parks nach dem Vorbild englischer Landschaftsgärten,** in dem sich Gehölzkomplexe und Einzelbäume, Teiche und Wiesenflächen in freier, natürlicher Verteilung befinden. Gleichzeitig übernimmt er noch Stilelemente aus der traditionellen architektonischen Parkgestaltung wie die Beibehaltung einer Einfriedung und die Anlegung einer Hauptallee.
Im Jahr 1770 lässt von Uckermann wenige 100 m von diesem Landschaftsgarten entfernt noch eine **Orangerie im Stil des Rokoko** mit Treibhäusern, Volieren, Laubengängen, Fontänen und Kanälen anlegen. (Dehio, 120; Barockdorf Bendeleben, 26ff.; Naturwanderungen, 22)

In diesem Jahr wird der **Damm des Oderteichs** um einen Meter **erhöht.** (Wiese (1979), 161)

Der bis dahin kahle **Schlossberg des Schlosses Ballenstedt** wird in diesem Jahr mit **ausländischen Bäumen und Sträuchern bepflanzt.** (Schönichen (1844),407; Günther, 820)

Schloss Ballenstedt um 1840

1766

Im April ist in Göttingen der **Komet,** der nach seinem Entdecker Helfenzrieder benannt wird und am 8. April seinen erdnächsten Punkt erreicht, mit bloßem Auge sichtbar. (Hamm, 111; Kronk I, 440ff.)

Es regnet im Sommer sehr wenig, selbst der Herbst ist ungewöhnlich trocken, sodass großer **Wassermangel** herrscht. (Förstemann, 409; Schmölling et al, 119; Jordan III, 227; Hamm,111)
Die Trockenheit dauert bis in den Januar 1767; *„da dann ein Scheffel Mehl fast noch einmal so theuer, als ein Scheffel Roggen ward."* (Schmaling, 292)

1767

Dieses Jahr fängt mit **viel Schnee und großer Kälte** an, die vier Wochen andauert. Es ist so kalt wie 1709 und 1740. Viele Menschen erfrieren, alle Flüsse frieren zu. (Förstemann, 406; Jordan III, 228; Hennig, 71)

Am 13. April ereignet sich nach 1.00 Uhr nachts bei windstillem Wetter ein **Erdbeben,** dessen Ausläufer auch unser Gebiet erreichen. (Jordan III, 228; Hamm 112)
Die Erderschütterungen werden auch in Gotha *„auf den Stadttürmen und von den um das Residenzschloss aufgestellten Schildwachen empfunden".* (Hoff, II, 17; Leydecker, 62)

In diesem Jahr wird von Oberforstmeister **Hans Dietrich von Zanthier** in Ilsenburg die **erste Forstlehranstalt in Deutschland** zur Ausbildung von *„Holzgerechten Jägern"* gegründet und bis zu seinem Tod im Jahr 1778 fortgeführt. Von Zanthier setzte sich für die nachhaltige Bewirtschaftung der Wälder ein und gilt als **Begründer der rationellen Forstwirtschaft**. (Kremser, 287; Ilsenburg, 51, 202f.; Brückner et al., 361)

In diesem Jahr wird eine **gute Ernte** eingebracht. Der Scheffel Roggen kostet 14-15 Groschen, es gibt auch viel Obst. (Jordan III, 229)

Um diese Zeit werden in Mühlhausen die wenigen noch verbliebenen Hopfengärten und **Weinberge in Obst- und Gemüsegärten umgewandelt**. (Jordan III, 229)

Aufgrund sich verbessernder Verkehrsverhältnisse beginnt man bereits im 18. Jahrhundert damit, den für kirchliche Zeremonien notwendigen Messwein aus Weinbaugebieten zu beziehen, die wegen ihrer klimatisch günstigen Lage dafür prädestiniert sind, darunter aus den Gegenden an Rhein und Mosel, wo bessere Qualitäten produziert werden können. In unserem Gebiet **geht** deshalb der **Weinbau erheblich zurück**. (Franz, 367)

1768
Im Januar **endet** eine **große Trockenperiode**. Es hat 29 Wochen nicht geregnet. (Bolte, AHBK 1938, 33)

Der **Herbst** und der **Winter** sind so **warm**, dass die Maurer noch bis Weihnachten arbeiten können. (Zittwitz, 296)

Zwischen Edersleben und Voigtstedt wird in diesem Jahr **Braunkohle für die Saline Artern** abgebaut. (Edersleben, 2)

1769
Am 3. und 4. Juni hält sich der Dichter Johann Wilhelm Ludwig Gleim in Begleitung des Grafen von Wernigerode auf dem Brocken auf, um den **Durchgang der Venus vor der Sonnenscheibe** zu beobachten. (Heinemann, 357)

Im August/September ist am Südhimmel mehrere Wochen lang der nach seinem Entdecker, dem französischen Astronomen Charles Messier benannte **Komet Messier** zu sehen. Er erreicht am 10. September seinen erdnächsten Punkt. (Jordan III, 230; Trübenbach, 449; Vanin, 29; Kronk I, 442ff.)

In diesem Jahr wird eine **gute Ernte** eingebracht. In Aschersleben kostet der Scheffel Weizen 1 Taler, Roggen 16 Groschen, Gerste 11 Groschen und Hafer 7 Groschen. (Zittwitz, 296)
In Mühlhausen sind die Getreidepreise ähnlich niedrig. Der Scheffel Roggen kostet 14 bis16 Groschen, Gerste 8 Groschen und Hafer 6 bis 7 Groschen. (Jordan III, 230)

1770
Am 18. Januar zeigt sich in unserem Gebiet von abends 18.00 Uhr bis zum frühen Morgen ein sehr starkes **Polarlicht**. (Jordan III, 231; Hamm, 113)

Ende Juni und im Juli ist ein **Komet**, der am 1. Juli seinen erdnächsten Punkt erreicht, mit unbewaffnetem Auge sichtbar. (Zittwitz, 297; Hamm, 113; Kronk I, 447ff.)

Den ganzen **Sommer** hindurch ist es **meist kalt**. Die **Ernte** ist bei Regenwetter spät und **schlecht**, da das Getreide ausgewachsen ist oder nass eingefahren wird. (Zittwitz, 296f.; Jordan III, 231)

Am 31. August flackert über unserem Gebiet erneut der bunte Farbenschleier eines **Polarlichts**. (Hamm, 113)

In diesem Jahr wirft ein **Orkan** im Münchehofer Forst **große Holzmassen zu Boden,** in denen die ohnehin große **Borkenkäfer**population sofort zur Vermehrung schreitet. 1772 nehmen die Schäden im Zellerfeldischen und Lautenthaler, 1773 auch im Clausthaler Forst zu. 1778 bis 1780 dehnt sich die Kalamität auf das Altenauer Revier und die Braunlager Forst aus, wo bis dahin nie Borkenkäferschäden beobachtet wurden. In den trockenen, heißen Sommern der Jahre 1781 bis 1783 wird die Kalamität zur **Katastrophe**, die sich auf die Reviere Harzburg, Wildemann, Grund, Münchehof, Badenhausen sowie die Blankenburger Forsten Hasselfelde und Walkenried ausdehnt. Die Verwüstung ist schrecklich, *„die vormals schönsten Forstgegenden standen Stundenweit trocken.“* (Kremser, 394; Riehl, 158; Brückner et al., 361)

1770/71
Zum **Frühlingsanfang** stellt sich eine solche **Kälte** ein, dass noch bis Mitte April die Fenster einfrieren. Die Winterfrucht wintert teilweise aus, der Schnee bleibt bis Mitte April liegen. Die **Post** muß im Harz an einigenTagen mit **bis zu 12 bzw. 14 Pferden** durch den **hohen Schnee** gebracht werden.
(Zittwitz, 297; Schmaling, 292; Jordan IV,1; Diedrich, 116; Reichardt, 433; Bonnemann, 200)

1771
Nach einem kurzen trockenen Frühjahr fällt ein fast unaufhörlicher Regen ein, wovon fast alle Früchte des Feldes auswachsen, sodass es zu einer **Missernte** kommt und eine schwere **Teuerung** entsteht. (Schmaling, 292)

Am 12. Juni tritt nach langem Regen die Helme bei Kelbra über die Ufer und steigt so hoch, wie es die ältesten Bürger noch nicht gesehen haben. Durch das **Hochwasser** werden alle Wiesen überflutet, Stege und Brücken weggerissen und Gräben und Dämme beschädigt. (Weikinn, Teil 5,196)

Der **Sommer** ist **nass und kalt,** es herrscht ein trauriges Wetter, wie es sonst im Advent zu sein pflegt, so dass es zu einer **Missernte** kommt.
(Zittwitz, 353; Rohland/Noack, 259; Jordan IV, 1f.; Wohlfarth, 109; Lange, 173)

In diesem Jahr wird in **Quedlinburg** der erste **Saatzuchtbetrieb** gegründet, nachdem bereits in den ausgedehnten Gärten des 936 gegründeten Quedlinburger Stifts Blumen und Gemüse angebaut und die gezielte Pflanzenzucht ihren Anfang genommen hat. Das im Regen- und Windschatten des Harzes gelegene Quedlinburg genießt eine höhere Sonnenscheindauer als andere Gebiete im Harzvorland und zeichnet sich durch trockene Spätsommer zur Zeit der Samenreife aus. Zudem gibt es um Quedlinburg die verschiedensten Bodenqualitäten, vom schweren Humus bis zum leichten Sandboden, die eine Kultivierung der unterschiedlichsten Pflanzen ermöglichen.
Nachdem jahrhundertelang lediglich **Auslesezüchtung**, die Auslese von Pflanzen mit erwünschten Eigenschaften aus einer variablen Ausgangspopulation und der gemeinsame Nachbau selektierter Pflanzen, betrieben wurde, werden nach den von Gregor Mendel 1866 entdeckten Gesetzmäßigkeiten des Erbgangs ausgewählte Pflanzen gezielt miteinander gekreuzt, um Vielfalt zu erzeugen. Von den Nachkommenschaften werden den Zuchtzielen entsprechende Pflanzen ausgelesen und zu Zuchtstämmen entwickelt, von denen die besten ausgewählt, durch spezialisierte Samenbaubetriebe vermehrt und als Sorte vermarktet werden.
Mit Hilfe dieser **Kreuzungszüchtung** können neue Sorten gezüchtet werden, die die Erträge des deutschen Getreidebaus um das Dreifache erhöhen. Neben der Steigerung der Erträge sind auch die Verbesserung bestimmter Qualitäts- und Verwertungseigenschaften, die Ertragssicherheit durch Resistenzen gegen Krankheiten und Schädlinge sowie die Anpassung an regional unterschiedliche Anbaubedingungen Ziele der Pflanzenzüchtung.
Quedlinburg gilt als **Wiege der deutschen Pflanzenzüchtung** und entwickelt sich in der zweiten Hälfte des 19. Jahrhunderts zum größten Saatzucht- und Saatvermehrungsgebiet Europas. (Goroll, 1ff.)

1772

Wegen der **Missernten** in den zurückliegenden Jahren infolge ungünstiger Witterungsverhältnisse steigen die **Getreidepreise ungewöhnlich hoch** an. In den unmittelbar vorangegangenen Jahren kostet der Malter Roggen in Erfurt acht bis neun Taler. Am Ende des Jahres 1770 beträgt der Preis 26 Taler, steigt 1771 auf 45 Taler und beträgt auch 1772 noch rund 40Taler. In Ellrich kostet 1769 ein Scheffel Roggen 15 bis 18 Groschen, Anfang 1772 jedoch 3 Taler 16 Groschen. Im Eichsfeld kommt es zu einer **furchtbaren Hungersnot**, Hunderte von Menschen verhungern. In Ellrich holen arme Leute vom Itel einen feinen verwitterten Gipsstaub, den sie für essbares Mehl halten, mischen ihn unter echtes Mehl und backen daraus Brot. Viele erkranken, einige sterben daran. (Goltz I, 458; Kuhlbrodt (2000), 176; Jordan IV, 1ff.; Rohland/Noack, 260)

In diesem Jahr wird jedoch eine **gute Ernte** eingebracht und die Hungersnot hat ein Ende. (Rohland/Noack, 260; Jordan IV, 4)

1773

Während des ganzen **Sommers** ist es **ziemlich kalt**. Im Gebiet um Mühlhausn gibt es durch das erstmalige massenhafte Auftreten von *„Mäusen, so groß als Ratten und den Hamstern aehnlich"* (**Wanderratten?**), die ganze Getreidefelder abfressen, nur eine geringe Getreideernte. Obst, Kohl und andere Früchte sind aber wohlgeraten. (Jordan IV, 5)
Die größeren und kältefesteren **Wanderratten** dringen schon seit längerer Zeit in Deutschland ein und **verdrängen** die nur in Häusern lebende schwärzliche **Hausratte**. (Regel 2. Teil, 1. Buch,147f.)

Im Lehmmergel zwischen Herzberg und Osterode am Südharz werden in diesem Jahr Reste eines **fosssilen Nashorns** gefunden. (HswH, 1963/H 13, 21)

1774

Am Abend des 14. März zeigt sich ein Strahl am Himmel, der einem Kometenschweif ähnlich sieht und sich von Nordost nach Südwest erstreckt und über die Hälfte des Horizonts einnimmt. (Jordan IV, 5) **Polarlicht**.

Nach starkem Regen vom 25. bis zum 27. Mai führt die **Helme Hochwasser**, das viel Schaden anrichtet. (Förstemann, 408)

In diesem Jahr wird der **Gesundbrunnen** vor dem Crimderöder Hölzchen bei Nordhausen entdeckt, dessen Wasser rein, hell und wohlschmeckend ist. (Vocke, 53)

1774/75

Dieser **Winter** bringt von Martini (10. November) bis Lichtmeß (2. Februar) **anhaltende Kälte**. (Kohlmann, 17; Hennig, 72)

1775

Nach heftigem Regen vom 2. bis zum 5. Februar und bei Tauwetter nach starkem Schneefall führen die **Helme und die Zorge Hochwasser**, das alles Land zwischen ihnen überschwemmt. In Nordhausen werden die 1693 für 1.000 Taler erbaute Siechenbrücke sowie die steinerne, 1727 bis 1731 für 3.500 Taler erbaute Sundhäuser Brücke hinweg gerissen, das Wehr beschädigt und auch das Nordhäuser St. Martini-Hospital überschwemmt. Auch in der Goldenen Aue verursacht das Hochwasser Gebäudeschäden.
(Förstemann, 408; Kohlmann, 18; Vocke, 51; Nordhausen (1927), Bd. 1, 485; Rohland/Noack, 261)
In Ellrich setzt die Flut am 4. Februar die ganze Vorstadt unter Wasser und unterwäscht die erst kurz vorher erbaute große Steinbrücke zwischen der Stadt und der Vorstadt so sehr, dass sie zusammen-

sinkt und abgebrochen werden muss. Zwischen Zorge und Helme ist alles Land überschwemmt. (Kuhlbrodt (2000), 177; Heine (1899), 83)

Am 5. Februar führt auch die **Oker ungewöhnlich starkes Hochwasser**, durch das im Okertal mehrere Brücken beschädigt werden. (Weikinn, Teil 5, 230)

In der Bergstadt Wildemann richtet ein Hochwasser in diesem Jahr Schäden an Häusern und Brücken an. (Dirks (1996), 118)

Auch **Stolberg** wird in diesem Jahr sowie im Jahr 1834 von verderblichen **Hochwassern heimgesucht**. (Günther, 900)

In diesem Jahr wird mit der **Aufforstung** der öden Kalkhöhen des **Hainberges bei Göttingen** mit jungen Eichen, Ulmen und Eschen begonnen. Bis 1782 werden allein über 2.000 Eichen auf dem Hainberg gepflanzt. (Wagner, Ferdinand, in: NGJ, Bd. 1 (1928), 67f.)

Da die Entwicklung des industriellen Bergbaus in der zweiten Hälfte des 18. Jahrhunderts auch den Ausbau der Montan- und Geowissenschaften erfordert und 1765 die Bergakademie Freiberg errichtet worden ist, die schnell ihre Nützlichkeit erwiesen hat, veröffentlicht der Leiter des Clausthaler Lyceums, Johannes Christian Friderici, in diesem Jahr die Schrift *„Neue Schul-Einrichtung oder Plan zur gemeinnützigen Einrichtung großer und kleiner Schulen"* mit einem Lehrplan zur Sonderausbildung von Berg- und Hüttenbeamten.

Clausthal um 1840

Daraufhin wird bereits im Herbst dieses Jahres am Clausthaler Lyceum der erste einjährige Lehrgang speziell für Bergeleven mit sechs Wochenstunden für 24 erwachsene Bergburschen und Pochknaben durchgeführt. Diese **Clausthaler montanistische Lehrstätte** entwickelt sich erfolgreich und führt 1864 zur Gründung der Bergakademie, die nach Erweiterung der Lehr- und Forschungstätigkeit 1968 in **Technische Universität Clausthal** umbenannt wird. (Treue, Vorwort Calvör, 3; Dennert (1954), 70ff.; Bartels, 111)

1776
Vom 9. Januar bis zum 2. Februar herrscht **äußerst strenger Frost** in ganz Europa. (Hennig, 72)

Der **Sommer** ist **kühl** und der **Winter** ist **sehr hart**. (Jordan IV, 7)

1777
Am 26. Juli wird bei Grund mit dem Bau des 19 km langen **Tiefen Georg-Stollens** begonnen. Dieser Entwässerungsstollen, der mit allen Clausthaler und Zellerfelder Gruben verbunden ist, wird nach 22 Jahren ununterbrochener mühsamer Arbeit 1799 fertiggestellt und am 17. September 1799 eingeweiht. (Liessmann (2010), 170f.; Wiese (1979), 161)

1778

Der **ruinöse Zustand des Goslarer Stadtforsts** in dieser Zeit ist aus dem Bericht des Oberförsters Hauenschild von diesem Jahr ersichtlich, wonach rund ein Drittel des städtischen Waldes aus Blößen und Kahlflächen und ein weiteres Drittel aus Jungbeständen besteht, die noch keine Holzerträge ermöglichen. Seit Ende des 16. Jahrhunderts bestimmen im Gebiet um Goslar die verfügbaren Holzvorräte die Zahl der Schmelzhütten sowie die Anzahl der dort betriebenen Schmelz- bzw. Hochöfen. So werden wegen Brennstoffmangels in den Jahren 1593 bis 1630 insgesamt 5 Schmelzhütten stillgelegt. (Kortzfleisch, 106)

Dieses Jahr wird wieder eine **reiche Ernte** eingebracht. Der Scheffel Roggen kostet in Mühlhausen 13 bis 14 Groschen, Weizen 18, Erbsen und Linsen 17-18 Groschen. (Jordan IV, 11)

1779

In diesem **strengen Winter** erfriert im Winterfeld in der Flur von Heringen an der Helme ein großer Teil der Feldfrüchte. Der Schaden ist so groß, dass eine Rate der Landsteuer erlassen wird. (Hiller, 159; Hennig, 72)

Am 6. **Juni** tritt um Edersleben **starker Frost** auf, der große Schäden verursacht. (Edersleben, 31)

Am 4. Dezember wird die Bergstadt Wildemann von einem **Hochwasser** heimgesucht, ein Einwohner ertrinkt in den Fluten. (Dirks (1996), 118)

Wegen **Wassermangel** liegen die Betriebe in Zorge in diesem Jahr monatelang still, davon die Hammerhütte 20 Wochen. (Thieme (1976), 16)

Im Zeitraum von 1779 bis 1782 werden die Wälder um Braunlage stark durch den Borkenkäfer geschädigt. (Moritz, 146)
Diese **Borkenkäferkalamität** breitet sich in den folgenden Jahren in den Harzwäldern weiter aus. Zwar hat es bereits früher immer wieder starke Schädigungen der Fichtenbestände durch den Borkenkäfer gegeben, doch begünstigt die zunehmende großflächige Kultivierung der Fichte, deren Holz für den Bergbau unverzichtbar ist, die zeitweise epidemische Verbreitung dieses Schädlings erheblich. Die vom Befall geschwächten Baumbestände werden durch Wind- und Schneebruch zusätzlich dezimiert. Das durch die Montanwirtschaft ohnehin stark belastete **ökologische Gleichgewicht der Bergwälder** gerät nun im West- und Mittelharz, vor allem in den jetzt heranwachsenden Fichten-Monokulturen, **gänzlich aus den Fugen**. Im Zeitraum von 1782 bis 1798 fallen im westlichen Harz schätzungsweise mehr als 4 Millionen m³ Schadholz infolge von Borkenkäferkalamitäten und Sturmschäden an. Ungefähr ein Drittel der hannoverschen Harzforste verliert durch den Borkenkäfer seine Fichtenbestände. Etwa 7.000 ha Blößen sind das Resultat dieser Epidemie. (Kortzfleisch, 159f.)

1780

Der **Sommer** ist in diesem Jahr **sehr heiß und trocken**. Es weht ein ständiger starker Ostwind. (Edersleben, 31)

In diesem Jahr wird von Johann Esaias Silberschlag zum ersten Mal ein **Brockengespenst** beobachtet und beschrieben. Dieses **optische Phänomen** tritt auf, wenn die Sonne bei ihrem Auf- oder Untergang mit dem Brocken auf gleicher Höhe steht und sich auf der gegenüber liegenden Seite eine Nebel- oder Wolkenbank befindet. Die Sonne projiziert den stark vergrößerten Schatten des Beobachters auf die Nebel- oder Wolkenbank. Häufig entsteht durch Lichtbeugung an den winzig kleinen Wassertröpchen im Nebel zusätzlich ein farbiger Ring, die Glorie, um den Schattenwurf. (Kinkeldey et al, 42; Nehse, 16; Wegener/Borchert, 25; Günther, 160)

1781

Dieses Frühjahr ist so warm, dass es Ende Mai schon allerhand reife Früchte gibt und um den Bartholomäustag (24. August) der Wein geerntet werden kann. Obwohl es im Sommer wenig regnet, gibt es auch eine **gute Getreideernte**.
(Jordan IV, 12)

Am 20. **September** tobt ein **starker Schneesturm auf dem Brocken.** (Hennig, 73)

In diesem Jahr kommt es zu einem **Aufschwung des St. Andreasberger und Elbingeröder Bergbaus auf Eisenstein**. In Elend werden

Brockengespenst

an der Kalten Bode die Oberhütte mit einem Doppelhochofen errichtet, wozu die Bode etwas verlegt werden muss, sowie die Unterhütte, eine Frisch- oder Hammerhütte, erbaut. Es erfolgt auch eine Modernisierung und der Ausbau der Eisenerzeugung und Verarbeitung in **Rothehütte**.
(Brückner et al., 377, Brumme, 39f.)

Die Rothehütte um 1830

Mit dem Aufschwung des Bergbaus gegen Ende des 18. Jahrhunderts tritt auch wieder eine **Holzknappheit** ein, sodass bei der Belieferung mit Holzkohle Prioritäten gesetzt und die Silber- und Buntmetallhütten bevorzugt beliefert werden. Salinen, Glashütten und Ziegeleien rangieren auf den hinteren Plätzen. Erst im 19. Jahrhundert wird die immer knapper und teurer werdende Holzkohle, die sogar aus dem Solling importiert werden muss, durch Steinkohle ersetzt.
(Beug et al., 26)

In diesem Jahr hält sich der **nordische Seidenschwanz** in auffällig großen Schwärmen als Wintergast in Deutschland auf. In den Wintermonaten der Jahre 1794/95, 1806/07, 1810/11, 1847/48, 1858/59, 1864/65, 1866/67, 1892/93, 1903/04, 1906/07, 1913/14, 1923/24, 1931/32, 1932/33, 1946/47, 1949/50, 1953/54, 1956/57, 1957/58, 1958/59, 1959/60, 1963/64, 1969/70, 1970/71, 1971/72, 1974/75, 1975/76, 1980/81, 1986/87, 1988/89, 1989/90, 1991/92 und 1996/97 kommt es ebenfalls zu **Masseninvasionen dieses Vogels** nach Deutschland und nicht selten auch in unser Gebiet. (Hamm, 117, 162, 216f., 236, 263; Thüringen Vogelwelt, 240; Hildebrandt, Ornis Thüringens I, 39; Krönig, Tierwelt, 32; Peitzmeier, 345; JFOE, 1970-72, 1975, 1976 1981, 1987,1989, 1992, 1997; Wagner/Scheuer, 297)

1782
Im März fällt noch so **viel Schnee**, so dass die Vögel aus den Feldern und Wäldern in die Stadt fliegen und nach Nahrung suchen.
In diesem Frühling dauert die Kälte bis in den Juni und die Gewächse bleiben daher zurück. Mitte Juni stellt sich große Hitze und Dürre ein, die sich ebenfalls schädlich auf das Wachstum der Feldfrüchte auswirkt, sodass es ein **unfruchtbares Jahr** wird. Im Harz werden die durch die Dürre geschwächten Fichten von **Borkenkäfern** befallen, dem bis 1784 über eine Million Fichten zum Opfer fallen. (Förstemann, 409; Kremser, 394)

Einzelne Forstreviere im hannoverschen Harz werden in diesem Jahr durch einen **starken Windwurf** geschädigt. (Riehl, 158)

Am 5. Juni kommt es am Riesenberg bei Ellrich zu einem **Bergrutsch**. (Kuhlbrodt (2000), 195)

Die Obstbäume leiden in diesem Jahr unter einer **Raupenplage**, so dass wenig Obst wächst. (Jordan IV, 13)

1783
Bei Lava-Eruptionen aus einer 27 km langen Erdspalte, der sog. Lakispalte, auf Island im Mai und Juni werden neben hunderte Meter hohen Fontänen glühender Lava auch mehr als 120 Millionen to Schwefeldioxid ausgestoßen, das in der Atmosphäre mit Wasserdampf reagiert und ungefähr 200 Millionen to Aerosole bildet. Dieser ätzende **Höhenrauch** aus allerfeinster, verwehter Asche zieht über die nördliche Erdhalbkugel und führt auch in unserem Gebiet zu großer Beunruhigung der Bevölkerung, die diesen als Vorboten des Weltuntergangs deutet. In Mühlhausen wird er erstmals Ende Mai wahrgenommen, im Juni wird er immer stärker und hält den ganzen Sommer lang an. Am 24. Juni geht in Mühlhausen die Sonne auf wie Blut und tagsüber hält sich ein Nebel, den die Sonne kaum durchdringen kann. Gegen 20.00 Uhr verliert sich die Sonne schon im Nebel. Die Feldgewächse werden durch den Ascheregen ganz weiß, die Obstbäume werden stark geschädigt. Auch durch Gewitter und Regen wird der Höhenrauch nicht beseitigt. Den Sommer über sieht die Sonne so aus, als wenn sie durch rotes Glas schiene. Der *„trockene Nebel"* verursacht **klimatische Störungen** mit den niedrigsten jemals aufgezeichneten Temperaturen in Europa. (Jordan IV, 13f.; Schmaling, 69f.; Hennig, 73; Glaser, 234f.; Hamm,118; Edersleben, 29f.)

In der Kleinen Helme in Edersleben wird in diesem Jahr eine **20 Pfund schwere Lachsforelle** gefangen. (Edersleben, 29)

1783/84
Dieser **Winter** ist **sehr hart**. Vom Advent bis Ende Februar herrscht starker Frost. Die Kälte ist nicht geringer als im Jahr 1740. Im Oberharz fehlt es an Aufschlagwasser zum Betrieb der Gruben. In den meisten Gruben um Clausthal müssen die Erze durch Pferdetreiben gefördert werden. (Günther, 619; Wiese (1979), 73; Kohlmann, 17; Reichardt, 433; Kuhlbrodt (2000), 195; Hennig, 73)

„ Im December 1783. fiel gegen Weynachten schon ein ziemlich heftiger Frost an. Nach den zweyten gelinden Weynachts = Tage stieg er so sehr, daß den 30. December er schier unerträglich ward. Die Kälte dauerte im Januar fort, und war sonderlich den 6 ten und 12 ten so grimmig, daß Bäume zerplatzten, a) und man das Vieh kaum in den Ställen zu verbergen mochte. b) März und April hatten noch die Gestalt des Winters. Doch brachen Anfang des Märzes in Deutschland die Ströme auf, wobey sich das Eis als Berge aufthürmte, und die Wasserfluthen mehr Tod und Verderben anrichteten als ein Krieg. a) Es ereignete sich in heftiger Kälte, daß die Schafte der Bäume wie mit einem Pistolenknall platzten, es zieht sich aber hernach der Riß wieder zu und verwächst. Die Schindeln sprangen auf den Dächern mit einem Platzen von ihren Nageln loß; und daher rührt es, daß sie auf manchem Da-che in Bennickenstein [Benneckenstein] so unordentlich liegen. b) Es ist bemerkt, daß dieser Winter den im Jahr 1709 und 1740 übertroffen, denn am 7ten Januar stand der Reaumursche Thermometer auf den 24sten Grade unter dem Eispunkte; eine Kälte, wie in dem äußersten Norden! Und hätte der Wind gewehet, so wäre sie für Menschen und Vieh unausstehlich gewesen. " (Schmaling, 70f.)

Ende Februar setzt **plötzlich Tauwetter** ein und die Flüsse in unserem Gebiet führen **Hochwasser.** In den Flussgebieten von Unstrut, Werra und Leine kommt es zu Überschwemmungen. (Förstemann, 406; Kuhlbrodt (2000),195; Hamm,118; Nussbaumer, 209; Glaser, 235f.; Deutsch/Pörtge, 20)

1784
Nach dem vorigen grimmig kalten Winter ist der **Sommer** wieder so **heiß und trocken** wie seit 1766 nicht mehr. Dem Oberharzer Bergbau- und Hüttenwesen mangelt es an Aufschlagwasser für die Was-serräder. (Jordan IV, 15f.; Dennert (1986), Beilage Synopsis Oberharz)

In diesem Jahr leitet der **Oberbergmeister Johann Christoph Roeder** eine grundlegende **Um-gestaltung und Verbesserung des Bergbaubetriebs am Rammelsberg** ein, die er bis zu seinem Eintritt in den Ruhestand 1810 fortführt. Zur Verbesserung der Sicherheit in den Gruben werden die beim Gesteinsabbau entstandenen **Hohlräume im Berg**, die auch das Eindringen von Sicker-wasser in die Gruben erleichtert haben, wieder **mit Steinmaterial verfüllt.** Außerdem lässt Roeder die wasserwirtschaftlichen Anlagen erneuern und das Stollen- und Streckensystem umgestalten. So ermöglicht eine am Fuß des Rammelsberges angelegte **Tagesförderstrecke**, dass die Erze nur bis zu deren Höhe gehoben und auf ebener und geradliniger Bahn zu Tage gefördert werden können. (Dennert (1986), 176ff.; Roseneck (1992), 120f.)

1784/85
Bei **starkem Frost** zum Jahresende 1784 frieren in Nordhausen die meisten Wasserröhren ein. Es fällt viel Schnee. Die Kälte währt ununterbrochen bis Ostern. Der **1. Februar** wird als der **kälteste Tag des Jahrhunderts** bezeichnet, viele Landhändler, die doch Luft und Wetter gewohnt sind, erfrieren. Ende Februar-Anfang März ist die Kälte stärker als 1709 und 1740. Der Frost richtet insbesondere an Zwetschenbäumen und Kirschbäumen sowie an Weinstöcken unersetzlichen Schaden an. Um den Harz steigt der Schnee über die Zäune und die Hasen nagen die Obstbäume in den Kronen ab. Dieser **ungeheure Schnee** liegt bis Anfang April und es folgt ein kaltes und spätes Frühjahr. (Förstemann, 406; Jordan IV, 15; Regel, Thüringen I, 341; Schmaling, 71; Kuhlbrodt (2000), 213; Kohlmann, 17; Edersleben, 29f.; Hennig, 73; Glaser,177)
Auf dem Oberharz herrscht in diesem Winter ein so **großer Mangel an Aufschlagwasser**, dass in Clausthal in den meisten Gruben die Erze durch Pferdetreiben gefördert werden müssen. (Wiese (1979), 73)

1785
Im April führt die **Helme Hochwasser.** Bei Kelbra kommt es zu einer Überschwemmung. Die Gol-dene Aue steht auf Monate unter Wasser. (Weikinn, Teil 5, 419)

Das Wasser einer südöstlich von Bleicherode entspringenden Quelle, der **Knöchelborn**, enthält größere Mengen von Knöchelchen verschiedener kleiner Tiere und erregt deshalb seit langem die Aufmerksamkeit vieler Naturkenner, ohne dass eine Erklärung dafür gefunden wird. In diesem Jahr besucht auch der Quedlinburger Pastor Götze die Quelle, entnimmt eine Wasserprobe und lässt sie von einem Arzt in Ellrich untersuchen. Dieser stellt fest, dass das Wasser sehr kalkhaltig und beizend ist. Ein lebendiger Frosch, der in das Wasser gesetzt wird, verendet in fünf Minuten. Damit ist das Rätsel um den Knöchelborn gelöst, alle Kleintiere, die zufällig in die Quelle geraten, gehen an der scharfen Beize des Wassers zugrunde.
(Rohr (1739), 148f.; HL, 2. Jg.(1905/06), 153ff.; HL, 7. Jg.(1910/11), 35f.; Noback II, 58)

Da der Sommer kalt und trocken ist und erst zur Erntezeit um Bartholomä Regen einsetzt, gibt es eine **schlechte Ernte.** Viele Kartoffeln verfaulen. Die Obstbäume werden durch Raupenfraß geschädigt. Zu Martini wird noch Gerste eingefahren, weil diese wegen der Nässe nicht rechtzeitig gemäht werden kann. Die Schaffäule breitet sich aus.
(Jordan IV, 16f.)

Am 15. Oktober ereignet sich im Thüringer Becken ein **Erdbeben,** dessen Schütterungen u. a. in Nordhausen gespürt werden. Es hat eine Stärke von 5.0 auf einer zwölfteiligen makroseismischen Intensitätsskala. (Hoff, II, 73; Sieberg, 99; Leydecker, 63)

Die **Wanderratte** erreicht in diesem Jahr das Harzgebiet. Sie wird zuerst im Mansfeldischen beobachtet, wo sich bei Quenstedt auf einmal eine starke Kolonie, die sich wahrscheinlich auf der Wanderschaft befindet, in einer Weidenpflanzung zeigt. Sie vermehrt sich erstaunlich schnell und ist in den folgenden 30 Jahren fast überall, auch in den Städten des Oberharzes, zu finden. Nur in Braunlage wird sie bis 1888 noch nicht beobachtet.
Als 1825 in Clausthal eine große Feuersbrunst wütet, flüchten die Wanderratten in die Gruben und richten dort großen Schaden an.
(Günther, 591; Hoffmann, 45; Wein (1926), 131; Regel, 2. Teil, 1.Buch, 147f.; Teichert/Müller, Wildtierreste, 58)

In den Jahren 1781 bis 1786 kommt es erneut zu einer Kulmination der Schäden an Fichten durch den **Borkenkäfer,** der allein im hannoversch-braunschweigischen Harz Holzmassen im Volumen von 3,5 Millionen m³ zum Oper fallen. (Kremser, 397)

Zur Wasserhebung aus dem König-Friedrich-Schacht bei Burgörner im **Mansfelder Kupferschieferrevier** wird in diesem Jahr **die erste in Deutschland** aus einheimischem Material **gebaute Dampfmaschine** in Betrieb genommen. (Mansfelder Land, 30; Mansfeld (2008), 417)

1786
Die **Wasserqualität der Innerste** wird in diesem Jahr folgendermaßen eingeschätzt: *„Sie ist zwar, in Absicht des von ihr genommenen Aufschlagwassers, der nützlichste und benutzteste Harzfluß, allein der aus den Puchwerken sehr häufig mitgeführte feine Puchsand macht, bey den Überschwemmungen der Fehlder und Wiesen sehr unfruchtbar, und ist dem Vieh tödlich, muß daher mit vieler Mühe abgeschafft werden.“* Da der in die Flüsse geleitete Schlamm der Pochwerke einen relativ hohen Gehalt an Schwermetallionen und schwefliger Säure hat, sind **auch andere Harzflüsse,** darunter Bode und Sieber, **stark verunreinigt.** Die Gose, der Vorfluter für die Grubenwässer des Rammelsberges, ist nach Berichten aus dem 18. Jahrhundert fischleer.
(Knappe/Scheffler, 54)

In diesem Jahr wird am Brocken zum ersten Mal in Deutschland das bei Dämmerlicht smaragdgrün schimmernde **Leuchtmoos** gefunden. (Hamm, 119)

1787

Das **kalte Frühlingswetter** hält bis in den Juni an und auch der Sommer ist meistens kalt.
(Jordan IV, 18)

In **Quedlinburg** gründet **Heinrich Mette** in diesem Jahr einen **Saatgutbetrieb**, in dem ursprünglich Gemüse- und Blumensamen gezüchtet werden. Mit der Entwicklung der Zuckerindustrie tritt 1825 die Zuckerrübenzüchtung an die erste Stelle. Ab 1880 beteiligt sich der Betrieb mit eigenen Saatzuchtlaboratorien an der Züchtung der vier Hauptgetreidearten. Um 1900 hat der Betrieb 1.000 ha unter eigener Bewirtschaftung, davon 100 ha Zuchtgärten. Es werden ca. 4.000 Arten und Sorten von Nutz- und Zierpflanzen vermehrt und gehandelt.
(Goroll, 3)

1788

Die **Hamster** haben sich in der Gegend von Quedlinburg *„seit ein paar Jahren so erschreckich vermehrt, dass sie unsern Ackerleuten unsäglichen Schaden thaten. Über Hunderttausend waren in unseren Feldern.“* Der Hamster kommt vor allem in Weizenanbaugebieten im Vorland des Harzes bis 300m Höhe vor. Es ist eine große Ausnahme, dass um 1857 einmal ein einziger Hamster auf der Höhe des Wurmbergs bei Braunlage gefunden wird.
(Marshall, 40; Skiba, 111)

In diesem Jahr erfolgt die **Auflösung der Kommunion-Forsten** nach 140 Jahren Bewirtschftung der Wälder nach den Anforderungen des Bergbaus.
(Brückner et al., 361)

1788/89

Von November bis Mitte Januar herrscht **starker Frost**, wobei viele Menschen erfrieren.
Die Monate März und April bringen wieder heftige Kälte, die Frühjahrsaussaat erfolgt erst spät.
Wegen der hohen Holzpreise in diesem Winter beginnen die Branntweinbrenner in Nordhausen, **Steinkohlen aus Neustadt** zu holen (1 Scheffel für 3 gute Groschen und 1½ gute Groschen Fuhrlohn) und manche von ihnen behalten diese Feuerung bei.
(Förstemann, 406; Kohlmann, 16; Göschel IV, 126; Edersleben, 30; Jordan IV, 20; Hennig, 74; Nussbaumer, 209)
„In dem kalten Winter 1788 und 89 geschahe dadurch der größte und empfindlich Schade, daß die Obstbäume aller Art, die jungen am meisten, erfroren. Man merkte dieses nicht sofort. Einige schlugen sogar aus, blüheten und setzten Früchte an, verdorreten aber hernach noch; welches denen sehr wehe that, die aus ihrem Garten auch wohl ein Stück Geld für Obst gelöset, und Liebhabern des Obstes am meisten auch darum schmerzte, weil sie die feinsten Arten desselben am meisten einbüßten. Die Ursache dieses Verlustes lag nicht sowohl in der ersten so grimmigen Winterkälte. Nach derselben wurden die Bäume noch gut befunden. Allein in dem gelinden Januar und Februar stieg der Saft reichlich in die Obstbäume, und da hernach im März noch heftiger Frost einfiel, wurden die Gefäße derselben in der Rinde zersprengt, sie ward schwach, und es erfolgte ein allmählicher Tod, wobei der Saft häufig heraus drang, wenn man den Baum oder Reis verwundete. Die Maulbeerbäume blieben sämtlich gut, weil der Saft in den selben später eintrat.“
(Schmaling, 71)

1789

Am 18. und 19. September ist **Gernrode (Harz)** nach starken anhaltenden Regenfällen von einem **Hochwasser** betroffen. Die Flut stürzt mit solcher Gewalt die Berge herab, dass sie Mühlen wegschwemmt, die Keller mit Wasser füllt und Straßen, Äcker und Wiesen mit Schutt, ja selbst mit den größten Felsstücken, überdeckt.
(Schönichen (1841), 93)

Gernrode um 1850

Dieses Jahr ist ein sehr **fruchtbares Jahr**, sowohl an Feld- als auch an Baumfrüchten, insbesondere sind das Obst und die Bucheckern wohl geraten. (Jordan IV, 22)

In der Nähe des **Schlosses Ballenstedt** wird in diesem Jahr eine **Fasanerie** angelegt. (Schönichen (1844), 408)

1789/90
Dieser **Winter** ist **ungewöhnlich mild.** Zu Weihnachten findet man in den Gärten die schönsten Blumen und zu Neujahr tanzen die Kinder auf den Gassen. Während des ganzen Winters kann auf den Feldern gearbeitet werden. (Jordan IV, 22; Hennig, 74; Bonnemann, 201)

1790
In den Monaten März bis Juni herrscht **große Trockenheit**. (Schmölling et al, 119)

Am 29. Juli, gegen Mitternacht, verursacht ein **Gewittersturm mit starkem Hagelschlag** Schäden in den Fluren von Kleinwechsungen, Hesserode, Herreden, Salza, Krimderode, Niedersachswerfen und zum Teil auch in der Flur von Nordhausen. (Förstemann, 403)

Rings um Ilsenburg sind in diesem Jahr **263 Kohlenmeiler** in Betrieb, um den ständig steigenden Bedarf der Ilsenburger Hüttenwerke an Holzkohle abzudecken. Im Jahr 1901 gibt es dort sogar 355 Meiler. (Ilsenburg, 49)

1790/91
Dieser **Winter** ist **mild und schneearm.** (Hennig, 74)

1792
In diesem Jahr sind die Sommerfrüchte und Kartoffeln wohlgeraten, aber an Obst ist dieses Jahr eines der ärmsten dieses Jahrhunderts. Das **Kern- und Sommerobst** ist so rar, dass die **Kirschen** einzeln verkauft werden und **2 Stück einen Pfennig** kosten. Es werden Kirschkuchen gebacken, auf denen die Kirschen 24 Groschen gekostet haben. (Jordan IV, 27f.)

Die Raupen des **Fichtenspinners** richten in diesem Jahr und auch im Jahr 1837 in den Fichtenwäldern bei Quenstedt erhebliche Schäden an. (Marshall, 54)

1793

Am 5. September wird in unserem Gebiet eine **ringförmige Sonnenfinsternis** beobachtet. (Schroeter, 168, Karte 150b)

Im Jakobsbruch nördlich von Schierke lässt der Fabrikbesitzer Carl Röhrig aus Wernigerode in diesem Jahr eine **Glashütte** errichten. Als **Brennmaterial** für die Glasherstellung wird zunächst der dort abgebaute **Torf**, aber auch Laubholz verwendet, das hier in etwa 800 m Höhe in regenfreier Hanglage unter dem Schutz der vorgelagerten Bergwand des Wurmbergs und des Achtermanns noch gedeiht. Solange diese Vorräte reichen und auch noch billiges Abfallholz zur Verfügung steht, wird dort Glas geschmolzen und Tafel- und Hohlglas, aber auch Kunstglas, hergestellt. Als das Brennmaterial immer kostspieliger wird, muss die Glashütte 1842 geschlossen werden. Noch vor der Stilllegung dieser Hütte verlegt Röhrig seinen **Hauptbetrieb 1836 nach Braunlage**, nachdem es ihm gelungen ist, erfahrene Glasbläser und Schleifer aus Schlesien und Böhmen anzuwerben. 1905 muß die Glashütte stillgelegt werden, weil sie wegen zu hoher Holzpreise und Kohletransporte unrentabel geworden ist. (Tenner, 19f.; Moritz, 113; Schubart (!966), 173)

1794

Dieser **Winter** ist **mild**. Alle Früchte werden in diesem Jahr vier Wochen früher reif als sonst üblich. (Zittwitz 305; Trübenbach, 361; Jordan IV, 31)

Am 5. Mai werden in Oker bei einem heftigen **Gewitter mit Orkan und Hagelschlag** in den Gärten sämtliche Bäume entwurzelt und viele Gebäude arg beschädigt. Im benachbarten Forst werden große Verwüstungen angerichtet. (Schucht, 147; Heinemann, 374)

Nachdem es im Mai noch einmal Frost gab, folgt ein **trockener Sommer**. (Jordan IV, 31; Schmölling et al, 119)

Im Juli kommt es in unserem Gebiet wieder zu einem **Höhenrauch** wie im Jahr 1783, aber nicht so anhaltend. Man führt ihn auf die beim Ausbruch des Vesuvs am 14. Juni in die Atmosphäre geschleuderten Aschewolken zurück.

1794/95

Dieser **Winter** ist **ungewöhnlich streng**. Anfang Dezember tritt harter Frost ein, der bis in den Februar anhält. (Kohlmann, 17; Hennig, 74; Hamm, 122; Nussbaumer, 209)

1795

Durch ein Hochwasser wird auch das Brunnenhaus des etwa 400 Meter südwestlich von Trebra in der Grafschaft Hohenstein gelegenen **Steinborns** zerstört. Diese auch als **Gesundbrunnen** bezeichnete Quelle wird seit Jahrhunderten auch von vielen Fremden aufgesucht, weil ihrem Wasser eine heilkräftige Wirkung nachgesagt wird.
Im Jahr 1844 wird die Quelle erneut überbaut und am 4. August in Gegenwart einer großen Menschenmenge wieder eingeweiht. (Duval (1845), 153ff. ; Trebra, Festschrift 700 Jahre)

1796

Am 8. Oktober entzündet ein **Blitzschlag** das Haus des Schlachtermeisters Eschenbach am Markt in St. Andreasberg. Dem schnell auf andere Häuser übergreifenden Feuer fallen die Kirche, die Pfarrhäuser und Schulen, das Rathaus und insgesamt 249 Wohnhäuser in dieser Bergstadt zum Opfer. 1.800 Menschen werden obdachlos, viele Familien müssen zeitweilig nach Lauterberg und Altenau auswandern. (AHBK 1936, 38; Brückner et al, 377; Günther, 632)

Auf dem sog. Schießeckenplatz im **Forstrevier Oker** wird in diesem Jahr ein **Wolf erlegt.** (Riehl, 222)

1796/97
Einem **sehr milden Winter** mit vielen blühenden Blumen folgt erst im März gelinde Kälte.
(Hamm, 123; Hennig, 75; Glaser, 94)

1797
Bei anhaltender Wärme versiegen in Nordhausen viele Brunnen. (Förstemann, 409)

Im Nachsommer werden *„ganze Strecken der schönsten Fichtenbestände"* in Hohegeiß, Braunlage und Tanne vom **Borkenkäfer** befallen. (Kremser, 395)

In diesem Jahr wird bei Braunlage im Harz ein **Wolf** zur Strecke gebracht. (Ritter, 46)
Damit sind **seit 1793 insgesamt fünf Wölfe im Harz erlegt** worden, die ein Gewicht von 106, 85, 75, 86 bzw. 79 Pfund hatten. (Lindner, 53)

1798
Dieser **Winter ist kalt bis Ostern.** (Jordan IV, 33)

Am 23. März **erlegt** Graf Ferdinand von Wernigerode den **angeblich letzten Wolf des Harzes** in der Nähe des Jagdhauses Plessenburg am Ostabhang des Brockens.
Der wahrscheinlich aus den Ardennen oder aus dem Osten **zugewanderte Wolf** hat seit Juli 1797 mehrere Rinder und Wildtiere gerissen, ohne dass man ihn ausfindig machen kann, bis er im März dieses Jahres unterhalb des Brockens gesichtet wird.
Der alte, gut genährte Wolf wiegt 79 Pfund, ist fast 3 Fuß hoch und von der Spitze des Rachens bis an das Ende der Lunte 5 Fuß 6 Zoll lang. An der Stelle, wo der Wolf gefallen ist, wird ein Denkmal errichtet. (Duval (1840), 191ff.; Ritter, 46; Brederlow, 276; Günther, 585; Heinemann, 377; Brückner et al.,51)

Am 14. August vernichtet ein **Hagelunwetter** das Sommerfeld in vielen Fluren unseres Gebiets. (Jordan IV, 33)

1798/99
Dieser **Winter** ist sehr **kalt und schneereich.** Bereits Mitte November setzen Kälte und starke Schneefälle ein. Am 9. Februar ist es mit minus 30° C um 6° C kälter als 1740.
Auf den Flüssen bildet sich eine dicke Eisdecke, so dass diese von den Fuhrleuten mit ihren Wagen und schweren Zugtieren ohne Gefahr passiert werden können. Anfang Februar kommt es erneut zu heftigen Schneefällen.
(Heinemann, 378; Jordan IV, 34; Deutsch/Pörtge, 33; Hennig, 75; Hamm, 123; Nussbaumer, 209)

Ab Mitte Februar schmilzt die hohe Schneedecke bei Tauwetter und es kommt zu gefährlichem **Hochwasser an vielen Flussläufen.** (Deutsch/Pörtge, 33 ff.; Trübenbach, 360; Jordan IV,34)

Der **Sommer** ist fast durchgehend **kalt und regnerisch,** dennoch gibt es eine **gute Ernte.** (Jordan IV, 35; Hennig, 75)

Am Morgen des 12. November gegen 6.30 Uhr sieht man *„eine feurige Lichterscheinung gleich einer Kugel mit einem langen Schweife gegen Nordwest wie ein Blitz ziehen".* (Jordan IV, 35) **Meteor?**

1799/1800
In der Neujahrsnacht 1799/1800 fegt ein **Orkan** über unser Gebiet, dem im Harz zahlreiche, insbesondere bereits durch Borkenkäferbefall geschwächte Fichtenbestände zum Opfer fallen. So wird

z. B. das 2.000 ha große Forstrevier Tanne – abgesehen von einigen kleineren Dickungen – zu einer zusammenhängenden Blößenfläche. (Blankenburg, 160)
Auch dieser **Winter** ist **sehr kalt und lang**. Am 28. April 1800 liegt an einer Stelle in der Rauten-straße in Nordhausen noch ½ Elle hoch Eis. (Kohlmann, 17)

Um 1800

Im Harzgebiet sind um das Jahr 1800 22 Hochöfen und 35 Frischfeuer in insgesamt **20 Eisenhütten in Betrieb,** die jährlich 4.300 to schmiedbares Eisen und 1.600 to Gusseisen produzieren. (Liessmann (2010), 129)
Allein für die Eisenproduktion werden um diese Zeit im Harz etwa **4.000 Kohlenmeiler** unterhal-ten. Die Versorgung der Buntmetallproduzenten im Westharz, bei Harzgerode und im Mansfeldi-schen Raum erfordert mindestens das gleiche Quantum an Holzkohle, was zu einem **Raubbau an den Wäldern** führt. (Kortzfleisch, 107)

Die Bode treibt um 1800 63 Wasserräder, davon erreichen die beiden in der Rothehütte 42 PS. An der wesentlich kleineren Oder drehen sich 23 Wasserräder. (Knappe/Scheffler, 54)

Im Südharzdorf **Sieber** lebt um 1800 mehr als **ein Drittel der Bevölkerung von der Produktion von Holzkohle** für die Oberharzer Hüttenbetriebe. Es gibt 10 Köhlermeister, von denen jeder pro Saison, die von Mai bis November dauert, etwa 500 bis 600 Karren Holzkohlen produziert, wobei eine Karre dem Volumen von etwa 2,5 m³ entspricht.
(Liessmann (2010), 134; Zimmermann I, 295ff.)

Im Unterharz beträgt um 1800 die Jahresproduktion von Silber 800 kg und Blei 500 to, im Oberharz 8.500 kg Silber und 2.500 to Blei. (Bachmann et al., 160)

Während der **Oberharzer Bergbau** vom 16. bis zum 19. Jahrhundert **vor allem zur Gewinnung von Silber als Münzmetall** betrieben wird und die Gewinnung von Blei und Kupfer diesem Hauptzweck untergeordnet ist, **verlagert sich das Schwergewicht** seit der zweiten Hälfte des 19. Jahrhunderts – ab 1878 beginnt auch der lange Zeit konstante Silberpreis zu fallen - immer mehr **auf die Gewinnung von Blei, Kupfer und Zink,** bei der das Ausbringen von Silber nur noch eine untergeordnete Rolle spielt. (Dennert (1986), 4, 24f.)

Nachdem Stephan Ludwig Jacobi aus dem Fürstentum Lippe in der ersten Hälfte des 18. Jahrhun-derts die Möglichkeit der **künstlichen Besamung bei Bachforellen und Lachsen** entdeckt und sei-ne Erkenntnisse 1776 in den Lippischen Intelligenzblättern veröffentlicht hat, wird diese Form der Aquakultur um 1800 erstmalig auch in Thüringen betrieben. In den folgenden Jahrzehnten erlangt die **Forellenzucht** auch in unserem Gebiet ein hohes Niveau. (Görner (2011), 196)

Um diese Zeit beginnt in der Grafschaft Wernigerode die Bewirtschaftung der Wälder als **Hochwald.** (Brückner et al., 361)

1800

Bei einem schweren Gewitter am Nachmittag des 22. Mai, am Himmelfahrtstag, wird der Obern-felder Schafhirte Wenroth **vom Blitz getroffen**. Er wird tot unter einer Linde stehend aufgefunden. Auch sein vor ihm liegender Hund ist vom Blitz getötet. (Kurth, 86)

Der **Sommer** ist sehr **heiß und trocken**. Es herrscht großer Wassermangel. In Nordhausen fällt vom 5. Juni bis zum 19. August nur einmal (am 11. Juni) Regen, so dass die Bäume das Laub zum Teil verlieren, worauf Ende September die Apfel- und Birnbäume noch einmal blühen.
(Förstemann, 409; Krönig, Niedergebra, 218)

In der Nacht vom 9. auf den 10. November tobt ein **starker Sturm** im Harz und seinen Vorländern, der auch eine **große Verwüstung der Harzwälder,** insbesondere in den mit besonderer Pflege bedachten Altholzbeständen, verursacht. Allein im hannoverschen Oberharz fallen dem Orkan 446.367 Stämme zum Opfer, im Elbingeröder Forstrevier werden rund 750.000 m³ Nadelholz umgeworfen. Der Schaden erreicht das fünf- bis zehnfache der jährlichen Einschlagsmenge. Zur raschen Verwertung wird das Schadholz verkohlt und damit die Eisenproduktion der Hütten an der Bode, in denen fünf Hochöfen und sieben Frischfeuer unterhalten werden, etwa 10 Jahre lang erheblich erhöht. Auch zahlreiche Gebäude werden durch den Sturm beschädigt. In Mühlhausen kann man wegen der herabfallenden Dachziegel nicht auf die Straße gehen. Am Bastmarkt wird ein großes Haus bis auf die untere Etage zerstört. Auch in Nordhausen zerreißt er viele Dächer, darunter das Dach der St. Blasiuskirche. (Günther, 543; Knappe/Scheffler, 59; Hamm, 128; Brückner et al., 377; Kremser, 396f.; Jordan IV, 36; Förstemann, 405; Moritz, 43; Leibrock, Bd.2, 282; Riehl, 158)
Um das im Harz angefallene Schadholz vor dem Borkenkäfer zu retten, werden auch mehrere hundert Bergleute von Clausthaler Gruben für etwa zwei Jahre zur Waldarbeit herangezogen. (Kutscher (1998), 6)

Der hannöversche Vizeberghauptmann Franz August von Meding verkündet in diesem Jahr in Clausthal eine Instruktion für die Forstbeamten, dass künftig die Harzforsten nicht mehr *„nach Anforderung und auf Kosten der Bergwerke, sondern nach ihrer Erträglichkeit bewirtschaftet werden sollten."* Die Forsten seien nicht als Mittel, sondern als Zweck, als ein besonderer Teil des Haushalts anzusehen. Das bedeutet erstmals seit Jahrhunderten die **Befreiung der Forstwirtschaft im Oberharz von den Fesseln des Dienstes am Bergwerk.** (Schubart (1966), 96)

Beim Gipsabbau in den Bergen zwischen Osterode und Dorste werden in diesem Jahr sowie 1808 **Überreste von Mammuts** gefunden. Ein Backenzahn dieser Kollektion wird später als Typusexemplar des Mammuts ausgewählt. (Sickenberg, HswH, 1963/ H. 13, 22)

In diesem Jahr und auch im Jahr 1819 wird bei Ebeleben je ein **Steinadler** erlegt. (Simon, 30)

1801
Im Januar werden in den Blankenburgischen Nadelholzforsten durch einen **starken Sturm** etwa 200.000 Stämme niedergeworfen. (Kremser, 397)

Am 24. Mai richtet ein **Hagelschlag** in der Feldflur von Edersleben große Schäden an. (Edersleben, 31)

Am **24. Juni,** am Johannistag, fällt in Clausthal so **viel Schnee,** dass sich der Oberbergmeister im Rennschlitten zur Kirche fahren lässt. (Kutscher (1998), 6)

In der Nacht vom 2. auf den 3. November verursacht ein **starker Sturm** erneut große **Waldschäden** im Harz. Allein im Elbingeroder Revier werden 60.000 Bäume umgeworfen. (Günther, 543)

Förste und Umgebung werden in diesem Jahr von einer großen **Mäuseplage** heimgesucht. (Binnewies, 173)

1802
Nachdem im Herbst des vergangenen Jahres die junge Wintersaat im Westharzvorland um Badenhausen *„von ganzen Herden von Mäusen beynahe gans ausgezehret war und viele Morgen… wieder umgepflügt wurden",* mangelt es dort in diesem Sommer den Menschen und den Haustieren an Nahrung und es kommt zu einer **Teuerung.**
Außerdem verwüstet im August ein **Hagelschlag** einen großen Teil der Feldfrüchte vom Pagenberg bis ins Harzgebirge, wodurch auch die Felder um Förste und Lassfelde zum großen Teil ruiniert

werden. Der Preis von einem Himten Weizen steigt auf 2 Rthl. und 24 Groschen, von einem Himten Roggen auf 2 Rthl. und 18 Groschen und von einem Himten Gerste auf 1 Rthl. und 28 Groschen. (Im Vergleich: Mitte des 18. Jahrhunderts kostete ein Himten Roggen einen halben Taler, Weizen etwas mehr, Gerste etwas weniger.) (Badenhausen, 86f.; Binnewies, 173)

In Lauterberg muß **von Amts wegen Brot gebacken** werden, um eine drohende Hungersnot abzuwenden. (Walsleben, 5)

In diesem Jahr wird die **Flößerei auf der Oder aufgenommen**, um für die Königshütte unterhalb von Lauterberg einen kostengünstigen Transport von Holz zur Herstellung von Holzkohle zu schaffen. Das Holz kommt aus einem großen Einzugsgebiet, das sich vom Oberlauf der Oder, auch von Brunnenbach, bis nach Sieber, Lonau und Sösetal ins Harzvorland erstreckt.
1837 wird das Flößen auf der Oder wegen Unrentabilität eingestellt. (Kortzfleisch, 85, 91)

Am Hackelsberg im Lautenthaler Oberforst werden in diesem Jahr **Lärchen, Kiefern, Weymouth-Kiefern** und Fichten angepflanzt. (Zimmermann I, 291)

1802/1803
Der **Winter** bringt eine **langandauernde, furchtbare Kälte**. In der Bergstadt Wildemann ist der Frost so stark, dass sämtliche Röhrenwasser einfrieren und die hölzernen Röhren platzen. (Dirks (1996), 128)

1803
Am 11. Januar richtet wiederum ein **verheerender Sturm**, vor allem im Herzberger Forstrevier, große Schäden an. Im hannoverschen Harz werden 400.000 Stämme über den Haufen geworfen. Den drei Stürmen von 1800, 1801 und 1803 fallen allein im hannoverschen Harz insgesamt 776.348 Stämme zum Opfer. (Günther, 543; Riehl, 158)

Am zweiten Ostertag entsteht am Fahrweg auf dem Bergrücken zwischen Rüdigsdorf, Harzungen und Niedersachswerfen plötzlich ein **Erdfall**, in dem der Leimbacher Pfarrer Leopold mit seinem Pferd versinkt und sich nur mit Mühe retten kann. (HL, 3.Jg. (1906/07), 38)

Am 21. Juni wird ein junger Hirt unweit von Nordhausen unter einer Pappel **vom Blitz erschlagen**. Der Blitzstrahl reißt einen Streifen der Rinde ab bis zu der Stelle, wo der Hirt sich mit dem Kopf angelehnt hat. (Förstemann, 403)

Im Unterharz werden erste Versuche unternommen, bei der Verhüttung **Holzkohle durch Steinkohlenkoks zu ersetzen**. Im Oberharz erfolgt bis 1816 die Verhüttung ausschließlich mit Holzkohle. Erst im Jahr 1860 wird im Harz bei der Verhüttung die Holzkohle vollständig durch Steinkohlenkoks ersetzt, nachdem das deutsche Eisenbahnnetz ausgebaut und Steinkohlenkoks u.a. aus Schlesien und dem Ruhrgebiet kostengünstig bis in die Harzer Hüttenwerke transportiert werden kann. (Bachmann et al., 160f.; Beug et al., 26)

1804
Am 11. Februar wird in unserem Gebiet eine **Sonnenfinsternis** beobachtet.
(Jordan IV, 50; Oppolzer, 288f., Blatt 144)

Die Getreideernte fällt in diesem Jahr gering aus, der Roggen ist stark ausgewintert. Es gibt aber viel Obst. Auch **sehr viele Kartoffeln** werden **geerntet**, was den armen Leuten bei den hohen Brotpreisen sehr zustatten kommt. In Nordhausen steigt der Preis für einen preußischen Scheffel Roggen von einem Taler und 15 Silbergroschen im Mai auf 3 Taler und 5 Silbergroschen im November und steigt weiter bis zum Juni 1805 auf 5 Taler und 10 Silbergroschen.
(Nordhausen (1863), 127; Rohland/Noack, 282; Binnewies, 173)

1805

Zu Neujahr tritt **grimmige Kälte** ein. Die Leute bringen ihr Vieh in die Keller, damit es nicht erfriert. Am 4. Februar setzt nach hohem Schneefall am Vortage plötzlich Tauwetter ein, wodurch es in Mühlhausen zu einem **Hochwasser** kommt. (Jordan IV, 54)

Nach anhaltender **Dürre im Sommer** wird es zur Erntezeit kalt und regnerisch, weshalb das wenige, was gediehen ist, auch noch auswächst. Es kommt zu einer **Missernte**. Der Ernteertrag erreicht oft nur ein Drittel einer durchschnittlichen Ernte. In mehreren Harzregionen kommt es wegen der bereits seit mehreren Jahren schlechten Getreideernten zu einer **Hungersnot**. Ein Scheffel Roggen kostet 5 Taler, Gerste 4 Taler. (Nordhausen (2003), 20; Rohland/Noack, 282f.; Binnewies, 174) Um eine Hungersnot bis zum Anschluß an die verspätete Ernte zu vermeiden, wird in Lauterberg eine Suppenküche eingerichtet, in der an alte Bedürftige verbilligt oder umsonst ein Eintopf ausgegeben wird, eine aus Kartoffeln, Erbsen, Linsen, Reis und Fleisch bereitete sog. Rumfordsuppe. (Walsleben, 5) Auch in Nordhausen werden wegen der Verteuerung der Lebensmittel **Armenküchen** eingerichtet. Die Bäcker backen Rübenbrot, das aus 3 Pfund Futterrüben, 3 Pfund Roggenmehl und 3 Pfund Wasser besteht. Das sog. Pfennigbrötchen hat auf dem Höhepunkt der Teuerung eine so geringe Größe, dass eine erwachsene Person etwa 3 Dutzend essen muß, um satt zu werden. (Nordhausen (2003), 20)

Zur Linderung der **Hungersnot** erhält die Bergstadt Wildemann fünfmal sieben Malter Korn aus dem Osteroder Kornmagazin, aus dessen Mehl insgesamt 3477 Dreipfundbrote gebacken werden, die 216 bedürftige Einwohner und 218 Kinder für den geringen Preis von drei Groschen pro Brot kaufen können. Auch Förste und Nienstedt erhalten als Vorschuss auf die nächste Ernte 170 bzw. 43 Malter Roggen aus diesem Kornmagazin. (Dirks (1996), 129; Binnewies, 174f.)

1806

Nachdem die Königlichen Forsten im Jahr 1805 zur Verbesserung der Versorgung der Einwohner von Wildemann mit Nahrungsmitteln 35 ½ Morgen Land gegen einen jährlichen Zins von 12 Groschen je Morgen für den **Kartoffelanbau** zur Verfügung gestellt haben, werden in diesem Jahr bereits 1.203 Zentner Kartoffeln geerntet. Auf einen Viertelmorgen entfallen 40 bis 50 Zentner Ertrag. (Dirks (1996), 129)

Die diesjährige **Ernte** an Garten- und Feldfrüchten ist **ergiebig**. Die Kartoffelernte ist so gut, dass ein Scheffel nur sieben bis acht Groschen kostet. (Jordan IV, 73)

Der **Herbst** ist bis in den Dezember hinein **mild** und ohne Nachtfröste. Am 6. Dezember, dem Nikolaustag, ist in Mühlhausen das Wetter so schön, dass die Kinder auf der Straße barfuß laufen. Die Mücken spielen in der Luft und die Leute holen grünes Gras zum Futter. (Jordan IV, 72f.; Reichardt, 434)

1807

Der **Sommer** ist durchgehend **heiß und trocken**, die **Ernte** jedoch **gut**. Leider herrscht eine solche **Mäuseplage,** dass ein Drittel der Ernte verloren geht. (Jordan IV, 74; Krönig, Niedergebra, 219)

Am 8. August brennen durch **Blitzschlag** in Altenau drei Häuser ab. (AHBK 1937, 36)

Im Oktober und November wird auch in unserem Gebiet ein großer **Komet** mit bloßem Auge beobachtet. Aus den Messungen durch den Göttinger Astronomen Johann Hieronymus Schröter (1745-1816) ergibt sich, dass der Schweif des Kometen in diesen Monaten ständig größer wird. (Nordhausen (2003), 29; Kronk II, 12)

In Lerbach sind um diese Zeit 23 Köhlermeister ansässig, deren jeder durchschnittlich 2 bis 3 Köhler-knechte und Köhlerjungen beschäftigt. **Lerbach** ist neben **Wolfshagen** das **bedeutendste Köhler-dorf im Harz**. Ein einziger Köhlermeister mit zwei bis drei Gehilfen ist in der Lage, innerhalb eines Jahres die Holzmasse von 3 ha 80 bis 100jährigem Fichtenbestand (1.800 Stämme) zu verkohlen. (Voigt, 45; Knappe/Scheffler, 68)

1808
Am 4. April beginnt mit einem nächtlichen Gewitter ein tagelang anhaltender Regen, der an ver-schiedenen Orten unseres Gebiets zu **Hochwasser** führt. Am 5. April führt die Zorge Hochwasser und in der Nacht vom 6. zum 7. April **bricht der** 11,5 m hohe **Damm des** 1802 angelegten großen **Hüttenteichs im Steigertal** bei Wieda. In den Wasserfluten verunglücken und ertrinken 16 Men-schen, mehrere Häuser werden fortgespült. Vor Nordhausen werden mehrere Stege und die Schieß-mauer vor den drei Linden zerstört, auch viel Ackerland wird weggeschwemmt. Auch in Ellrich richtet das Hochwasser großen Schaden an, u. a. werden die große Brücke zwischen der Stadt und der Walkenrieder Vorstadt zerstört und das Wehr fortgerissen. (Förstemann, 408; Heine (1899), 83; Vocke, 51; Liessmann (2010), 296; Kuhlbrodt (2000), 239; Kohlmann, 18; HL, 5. Jg. (1908/09), 187; Nordhausen (2003), 30; Reinboth/Reinboth, 36)

Im Sommer treten die **Raupen des Kohlweißlings** in unbeschreiblicher Menge auf und fressen allen Kohl bis auf die Herzen aus. (Jordan IV, 78)
Die diesjährige **Ernte fällt gut aus**, insbesondere die Kartoffel- und die Weizenernte, weniger gut die Roggenernte. Nüsse, Bucheckern und Eicheln gibt es reichlich. Allerdings richten die Raupen an den Gartenfrüchten, vor allem am Obst, großen Schaden an. (Jordan IV, 77, 81)

Im Gips zwischen Osterode am Südharz und Dorste werden in diesem Jahr Reste eines **fosssilen Nashorns** gefunden. (HswH 1963/H 13, 22)1809

1810
Im **August und September** herrscht **große Trockenheit**, weshalb die **Ernte,** insbesondere an Kar-toffeln, **nur gering** ausfällt. Das Gras wächst nicht, so dass die Schafe in den Ställen gefüttert werden müssen.
In Nordhausen versiegt das Wasser im Mühlgraben und in fast allen Brunnen. Um künftig auch bei **Wassermangel** mahlen zu können, errichten die Nordhäuser auf dem Taschenberg eine **Windmüh-le**, um die Versorgung der Bevölkerung mit Mehl sicherzustellen.
Die Wintersaat geht erst Ende November auf, als es zu regnen beginnt.
(Förstemann, 409; Nordhausen (2003),35; Jordan IV, 83; Krönig, Niedergebra, 219)

Der durch Windwurf und Borkenkäferbefall verursachte **Holzmangel** führt nach 1810 dazu, im Harzer Bergbau das **Feuersetzen** wo immer es möglich ist, **durch Sprengen mit Schießpulver zu ersetzen**. Nur bei besonderer Festigkeit des Gesteins muß das Feuersetzen noch beibehalten wer-den. Allerdings ist die Herstellung der Sprenglöcher sehr aufwendig, weil noch keine (gehärteten) Stahlmeißel zur Verfügung stehen. So werden für die Herstellung eines 30 cm tiefen Bohrlochs in Bleierzen 9 bis 12 Meißel, in Kupfererzen 26 bis 45 Meißel und in den harten Schwefelerzen 66 bis 126 Meißel verschlagen. (Gottschalk (2000), 32)

Nachdem das aus dem Mundloch des aufgelassenen **Davidstollens** im Selketal strömende **mineral-haltige Wasser** bereits seit einigen Jahrzehnten **für Heilkuren genutzt** wird, lässt Herzog Alexius Friedrich Christian von Anhalt-Bernburg in diesem Jahr an diesem landschaftlich reizvollen Ort ein Badehaus, Logierhäuser und andere für den Kurbetrieb notwendige Einrichtungen sowie Promena-den, Parkanlagen, Alleen usw. anlegen, sodass **ein Kurort entsteht**, der den Namen **Alexisbad** erhält. (Brederlow, 433ff.)

Alexisbad um 1850

1811

In diesem **milden Winter** gehen manche Leute im Januar und Februar schon barfuß und im März blühen die Bäume. Im Mai ist völlige Ernte und im August Weinlese. (Lückert (2009): 200)

Der **Sommer** ist **heiß und trocken**. Die Getreideernte fällt wegen der Trockenheit mager aus, der Wein gedeiht jedoch vorzüglich, es gibt auch eine gute Kartoffelernte.
(Rohland/Noack, 288; Jordan IV, 86)

In diesem Sommer fressen die **Spannraupen des Frost-Schmetterlings** am Kohl fast alle Blätter ab. In den Bäumen spinnen sich die Raupen ein und deren Zweige haben so viele Gespinste, dass sie gleichsam wie mit weißen Lichtern besteckt aussehen.
(Jordan IV, 86)

Anfang September erscheint der große **Komet Flaugergues** mit einem Schweif, der unter dem Sternbild des großen Bären nordostwärts zu sehen ist und sich immer mehr nordwestlich hinwegzieht, bis er sich Anfang Dezember dem bloßen Auge entzieht. Er erhält seinen Namen nach Honoré Flaugergues, der ihn am 25. März 1811 entdeckt. Napoleon betrachtet das spektakuläre Erscheinen des Kometen als gutes Zeichen für seine geplante Invasion Russlands.
(Kronk II, 19ff.; Reichardt, 434; Rohland/Noack, 288; Stück/König, 13)

Wegen der seit 1770 wieder aufgetretenen **Waldverwüstungen** durch Windbruch und Borkenkäferbefall müssen in diesem Jahr 4 von den 16 Bleiöfen am Rammelsberg stillgelegt werden. Die Probleme mit der Holzversorgung führen zu erfolgreichen Versuchen mit der **Verwendung von Steinkohle in den Hüttenbetrieben**.
(Gottschalk (2000), 33)

In einer amtlichen Beschreibung der **wirtschaftlichen Verhältnisse des Cantons Ellrich**, zu dem neben der Stadt Ellrich auch Sülzhayn, Werna, Appenrode, Woffleben, Gudersleben, Obersachswerfen und Zorge gehören, wird u. a. folgendes berichtet:

„Der Canton Ellrich liegt dem Harzgebirge zunächst, daher ist das Klima kalt und rauh, und der Boden nicht so fruchtbar als in den übrigen Cantons des Distrikts Nordhausen, die dem Gebirge entfernter liegen...

Die am Fuße des Harzes liegenden Cantongemeinden können wenig Ackerbau treiben, sie ernähren sich größtenteils vom Holzhandel und von der Viehzucht, wofür sie in den Holzungen gute Weide haben...

Der hiesige Canton produziert an Getreide Weizen, Roggen, Gerste, Hafer, Erbsen, Linsen, Bohnen, Graserei, Flachs, Rübsaat , Kartoffeln, Runkelrüben und andere Rüben, verschiedene Kohlarten, etwas Obst, Eisenstein, Bruchstein, Lehm, Kalk, Ton.

Der Canton enthält Fischteiche. Die Stadt Ellrich und die Domäne Walkenried haben deren am mehrsten, und macht der järliche Ertrag der Fischerei vom Canton 6 bis 700 Rtl. Die Teichfischerei enthält Karpfen, Hechte, Schleie und Karauschen. Die durch den Canton gehenden Flüsse Zorge und Wieda sind wenig fischreich, es sind darin befindlich: Schmerlen, Ellritzen und auch Forellen.

Bergbau findet allein in der Commune Zorge statt und besteht in Eisensteinwerken...".
(Kuhlbrodt (2000), 243ff.)

1812
Eine in diesem Jahr angefertigte amtliche Beschreibung der Distrikte des zum Königreich Westphalen gehörigen **Harzdepartements** gibt auch Auskunft über die folgenden speziellen **landwirtschaftlichen Produkte**, die dort angebaut werden:
Im Distrikt Nordhausen wird **Flachs** zum Handel in den Kantonen Pustleben, Pützlingen, Großwechsungen und Bleicherode angebaut. **Runkelrüben** werden vor allem auf größeren Gütern als Viehfutter kultiviert. **Gartenbau und Obstzucht** werden nur in den Kantonen Nordhausen, Großwechsungen, Pustleben, Bleicherode und Pützlingen mit gutem Erfolg betrieben.
(HL, 12.Jg. (1915/16), 93f.)

1812/13
Dieser **Winter** zeichnet sich auch in unserer Gegend durch **außergewöhnliche Kälte** und **viel Schnee** aus. Er bleibt insbesondere durch Napoleons Russlandfeldzug im Gedächtnis, in dem in diesem Winter zehntausende Soldaten erfrieren. (Förstemann, 406; Kohlmann, 17)

1813
In diesem Sommer gibt es im Nordharz viele Gewitter. Beim stärksten Gewitter schlägt der **Blitz** in die Darlingeröder Kuhherde und **tötet 20 Rinder**. Der Kuhhirte bleibt unverletzt. (Reichardt, 434)

Die **Ernte** an Baum- und Feldfrüchten fällt **ergiebig** aus. Ein Schock Zwetschen kann man für zwei Pfennige kaufen. Es wird viel Zwetschenmus gekocht, was wegen der vielen Einquartierungen fremder Soldaten auf Grund des Befreiungskrieges gegen Napoleon sehr geschätzt wird. Wegen des **regnerischen Herbstes** können nur etwa 2/3 der reichlich gewachsenen Kartoffeln geerntet werden. (Jordan IV, 96)

Am Nachmittag des 18. Oktober wandern viele Einwohner von Ellrich auf die große Hospitalwiese vor den Toren der Stadt. *„Dort legen die Leute das Ohr auf das Gras und graben Löcher, um den gewaltigen Geschützdonner der Völkerschlacht bei Leipzig, von deren Beginn man bereits Nachricht hatte, zu hören. Die nächsten Tage bringen gewisse Kunde vom Sieg der verbündeten Heere."* (Kuhlbrodt (2000), 250)

In diesem Jahr wird mit dem **Ausbau der Landstraße von Göttingen nach Herzberg** begonnen. (Wagner, Ferdinand, in: NGJ, Bd. 1 (1928), 4ff.)

1814

In diesem Jahr wird eine **gute Ernte**, insbesondere an Sommerfrüchten, eingebracht. Auch die Kartoffelernte ist ergiebig. Die Baum- und Gartenfrüchte sind ebenfalls gut geraten, es gibt aber wenig Nüsse und noch weniger Wein, weil dieser wegen der vielen kalten Nächte nicht überall reifen konnte. (Jordan IV, 103)

Bei Rottleberode werden in diesem Jahr **Knochenreste eines Mammuts** gefunden. (Krönig, HL, 7.Jg., (1910/11, 99)

1815

Am 6. Juni sowie vom 10. bis 12. Juni werden durch ein **Unwetter mit Hagelschlag** im Kreis Grafschaft Hohenstein die Fluren von den folgenden 17 Ortschaften ganz oder teilweise zugrunde gerichtet: Bleicherode, Bliedungen, Ellrich, Etzelsrode, Gratzungen, Holbach, Kehmstedt, Kleinberndten, Königstal, Liebenrode, Lipprechterode, Obergebra, Obersachswerfen, Pützlingen, Schiedungen, Sollstedt und Wülfingerode. (HL, 14. Jg., 62; HL, 15. Jg., 64)

In der Nacht vom 23. auf den 24. Juni richtet ein **Spätfrost** beträchtliche Schäden an den Feldfrüchten an. (Lückert (2009), 200)

Am Abend des 16. September, gegen 22.00 Uhr, sieht man auf dem Eichsfeld bei klarem Himmel einen leuchtenden Streifen am Horizont, der von Süden nach Norden zieht. Man hört dabei ein Getöse und in Duderstadt will man zugleich eine Erderschütterung wahrgenommen haben. In Nordhausen wird am selben Abend gegen 20.00 Uhr eine **große Feuerkugel am Horizont** beobachtet, die von Süden nach Osten geht und bei deren Verschwinden man ebenfalls einen entfernten Donner hört. (HL, 14. Jg., 62)

In einem Steinbruch bei Steigertal wird in diesem Jahr das **Skelett eines Mammuts** freigelegt. (Krönig, HL, 7.Jg., (1910/11, 99)

In diesem Jahr wird berichtet, dass seit einigen Jahren die **Flößerei auf der Innerste eingestellt** worden ist, weil in der Forst von Wildemann die Einhänge zur Innerste abgeholzt worden sind. Westlich der Innerste zwischen Wildemann und Lautenthal erinnert der Forstort Flößhai daran, dass hier einst ein großer Waldbestand für die Flößerei abgeholzt worden ist. (Kortzfleisch, 85)

1816

Nachdem es bereits im Frühjahr viel Regen und Nebel gab, ist auch der Sommer nass und kalt. In den Monaten Juni und Juli regnet es fast ununterbrochen und die Feldfrüchte werden nicht reif. Erst Ende August/Anfang September kann mit der Roggenernte begonnen werden.
Der giftige **Mutterkornpilz** befällt das Getreide in großen Mengen.
Wegen der **schlechten Ernte** kommt es zu einer Hungerkrise, die insbesondere sozial schwächere Bevölkerungsgruppen erfasst. Um die **Hungersnot** zu lindern werden in Wernigerode, Ilsenburg Schierke und anderen Orten Suppenküchen eingerichtet, in denen die Ärmsten täglich eine Suppe kostenlos, die weniger Darbenden für einige Pfennige erhalten.
In Lauterberg gibt die Regierung verbilligtes Zinskorn ab, um die drohende Hungersnot abzuwenden.
Für die Grafschaft Stolberg-Roßla stellt der regierende Graf Johann Wilhelm 7.000 Taler zum Ankauf von Getreide zur Verfügung. Von diesem Getreide wird für die ärmsten Bewohner kostenlos Brot gebacken und verteilt.
In Nordhausen steigt der Preis für einen preußischen Scheffel Roggen von einem Taler und 25 Silbergroschen im Januar auf 4 Taler im November. In Wernigerode steigt der Roggenpreis pro

Scheffel von Martini (11. November) 1815 bis Martini 1816 von 1 Taler 16 gute Groschen und 3 Pfennigen auf 3 Taler 20 gute Groschen und 9 Pfennige. Nach der guten Ernte von 1817 kommt es 1818 zu einer Normalisierung der Getreidepreise.

Das **ungewöhnlich nasse und kalte Wetter** in diesem Jahr, das als **Jahr ohne Sommer** in die Geschichtsbücher eingeht, wird auf den **Ausbruch des Vulkans Tambora** auf der indonesischen Insel Sumbawa am 10./11. April 1815 zurückgeführt. Die bei dem gewaltigsten Ausbruch eines Vulkans in den letzten 5.000 Jahren in die Stratosphäre geschleuderten Ascheteilchen und vulkanischen Aerosole im Umfang von etwa 180 Millionen to haben sich weltweit verteilt. Dieser **Höhenrauch** reflektiert die Sonneneinstrahlung, so dass es zu einem umgekehrten Treibhauseffekt kommt. In Europa liegen die Durchschnittstemperaturen im Sommer 2,8° C. unter dem Mittelwert. Die Niederschläge erhöhen sich, ein Großteil der järlichen Niederschläge geht in den Monaten Mai bis September nieder. Es kommt zu langandauernder Dämmerung. Scheint wirklich einmal die **Sonne**, so zeigt sie sich **blutrot**.
(Junker, BHN, Bd. 29(2004), 63ff.; Nordhausen (1863), 127; Lagatz (2005), 70ff.; Walsleben, 5; Gottschalk (2000), 52; Rohland/Noack, 298f.; Nussbaumer, 133; Hamm, 133; Behringer, 217f.; Gerste, 190ff.; Briffa et al., 452;)

In seinem in diesem Jahr vorgelegten Bewirtschaftungsplan für die Landesherrlichen Waldungen des Oberforstes Harzburg verweist Forstmeister von den Brincken darauf, dass die meisten Wege im Amt Harzburg schlecht sind und deshalb der **Transport des Holzes durch Flößerei** auf den Wasserläufen **Oker, Innerste, Ecker und Radau**, die besonders im Frühjahr flößbar sind, zu den Verbrauchern am Fuß des Harzes und seinem Vorland erfolgen kann.
(Fischer (1913), 183ff.; Kremser, 554ff.)

Das natürliche Wachstum der **Wälder des Harzes** wird durch ihre **starke Nutzung als Viehweide** erheblich erschwert. So weiden in diesem Jahr auf der ca. 54.000 ha großen Fläche der hannoverschen Harzforsten 13.838 Stück Rindvieh = 25,6 je 100 ha, und 7.400 Schafe = 13,7 Stück je 100 ha, dazu noch Schweine und Pferde, zusammen 41 Stück Vieh je 100 ha. Hinzu kommt eine nicht genau feststellbare, jedoch nicht unbedeutende Zahl von Ziegen.
(Kremser, 324)

Im Zusammenhang mit dem sich verschärfenden Mangel an Holz in den Harzwäldern wird auf Anregung von Forstmeister von Hanstein erneut mit dem **Torfabbau** begonnen. Die Torfstecherei in den Mooren am Radauer Born und am Kleinen Rotenbruch sowie an einem Moor an der Stieglitzecke wird vor allem mit dem Ziel der Entwässerung der ertraglosen Moore und der anschließenden Aufforstung dieser Flächen durchgeführt. Der Torf findet zur Verhüttung, in den Brauereien und als Hausbrand Verwendung. Nach wenigen Jahren stockt jedoch der Torfabsatz und auch das Ziel der Entwässerung der Moore und der Aufforstung wird aufgegeben.
In der 1840er Jahren werden auch die Torflager des Brockengebiets noch einmal für wenige Jahre mit Torfstichen auf der Quitschenhöhe, im Mönchsbruch und am Ilsensprung in Angriff genommen. Nach einiger Zeit werden diese Aktivitäten jedoch ebenfalls wieder eingestellt.
Ab 1844 beginnt auch im Braunlager Revier eine kurze Konjunktur der Torfgewinnung, die aber 1866 aus Kostengründen beendet wird Mitte der 1860er Jahre wird die **Gewinnung von Torf mit der Umstellung auf Steinkohle eingestellt**.
Im 20. Jahrhundert spielt die Torfgewinnung für Hausbrandzwecke nur noch in Notzeiten eine lokale Rolle. Allerdings wird **Torf** seit 1919 noch **als Rohstoff** für die in Harzer Kurorten, insbesondere in Bad Grund, aber auch in Braunlage und Goslar, **zur Heilbehandlung** angewendeten Moorbäder verwendet bis 1970 im Zuge der Unterschutzstellung der Moore der Torfabbau untersagt und endgültig eingestellt wird.
(Kortzfleisch, 141f.;Beug et al., 26f.)

Die nach Entwürfen des Universitätsbaumeisters Georg Heinrich Borbeck im klassizistischen Stil erbaute **Göttinger Sternwarte** wird in diesem Jahr **eröffnet**. Sie ist die Nachfolgerin der 1751 errichteten ersten Sternwarte in Göttingen. Die Forschungseinrichtung dient dem Gelehrten Carl Friedrich Gauß bis zu dessen Tod im Jahr 1855 auch als Wohn-und Arbeitsstätte. Gauß lässt in zwei Sälen Meridiankreise aufstellen, um Sternkoordinaten zu bestimmen und damit u. a. zu einer exakten Orts- und Zeitmessung zu gelangen. Die beiden Meridiankreise sind bis in das 20. Jahrhundert hinein die Hauptinstrumente der Sternwarte für die winkelmessende Astronomie.
(https://www.uni-goettingen.de. abgerufen am 08. 02. 2018)

Die Göttinger Sternwarte um 1840

1817
Am 24. März schießt der Forstkontrolleur Kallmeier im Ilsenburger Forstrevier am Rennekenberg einen **Luchs**, den man schon mehrere Jahre gespürt hat. Das männliche Tier ist von der Spitze der Schnauze bis an das Schwanzende 3 Fuß 5 Zoll lang und wiegt 53 Pfund.
(Zimermann I, 270; Duval (1840), 190f.)

Das Wetter ist bis in den April hinein stürmisch, trübe und niederschlagsreich.
Danach wird das Wetter besser und es gibt eine **gute Getreide- und Kartoffelernte**. Dennoch bleiben die Preise für Lebensmittel sehr hoch – ein preuß. Scheffel Roggen kostet in Nordhausen und auch in Wernigerode nach der Ernte noch 3 Taler - sodass die ärmere Bevölkerung, wie bereits im vergangenen Jahr, Hunger leiden muss. (Nordhausen (1863), 127; Lagatz (2005), 73)

Am 8. Juni erlässt die Königliche Regierung zu Erfurt eine Verordnung zur **Abstellung von Missbräuchen in den Wäldern**, worunter auch die traditionelle Entnahme von jungen Bäumen zum Ausschmücken von Kirchen, Häusern und öffentlichen Plätzen zu festlichen Anlässen wie Pfingsten, Kirchweih oder Weihnachten verstanden wird. So ist das Entnehmen von jungen Birkenbäumen,

Fichten und Kiefern schlechterdings untersagt. Erfolgt das Abhauen der Bäume in einem fremden Wald, so wird dies als Holzdiebstahl geahndet. Mit 20 Groschen Strafe für jedes abgehauene Bäumchen wird auch derjenige bestraft, der solche Bäumchen oder Reiser in oder vor seiner Wohnung setzt oder setzen lässt. (AKRE, Jg. 1817, 306f.)

Am Bruchberg werden in diesem Jahr innerhalb von acht Wochen von 40 Altenauer und Clausthaler Bergleuten 1.288.600 Stück **Torf** gestochen, von denen 510.000 Stück getrocknet und in Schuppen gelagert werden. Die Größe des Torfstichs beträgt acht Morgen und 121 Quadratruten, die größte Mächtigkeit acht und die geringste vier Fuß. Dieser Torf wird u. a. an die beiden Schmelzhütten in Zellerfeld und Altenau, die Brauhäuser in Clausthal, Zellerfeld und Altenau, die Pochwerke Polsterthal, Spiegelthal und Wildemann sowie die Münze und die Bergschule in Clausthal geliefert. Die Torfgewinnung wird dort jedoch in den folgenden Jahren nicht mehr fortgeführt. (Klaube (2007), 19)

In diesem Jahr wird der erste provisorische **Fahrweg durch das Okertal über die Studentenklippe und die Kästenecke** angelegt, der erst von 1865 bis 1861 ausgebaut wird. (Rohkamm, 34)

1818
Am 17. März erlegt der reitende Förster Spellerberg aus Lautenthal während einer 17 Tage dauernden Treibjagd bei hohem Schnee am Großen Trogtaler Berg zwischen Seesen und Lauthental den **letzten Luchs des Harzes**. An dieser Jagd sind rund 200 Jäger und Treiber, teils zu Fuß, teils zu Pferde, beteiligt. Das männliche Tier wiegt 41 Pfund.
(Zimmermann I, 270f.; Günther, 585; Brückner et al.,51; Lindner, 40; Skiba, 116f.)

Im Jahr 1893 errichteter Gedenkstein an den letzten im Harz erlegten Luchs

Am 14. Juni erlässt der Königliche Berghauptmann zu Zellerfeld eine Verordnung über das **Verbot des Vogelfangs während der Brutzeit**. (Knolle (1980), 48)

Die diesjährige Ernte fällt besser aus als man wegen der anhaltenden **Trockenheit im Sommer** vermutete. (Jordan IV, 111)

In diesem Jahr wird mit dem **Ausbau der Heerstraße von Northeim nach Duderstadt zur Chaussee** begonnen, der 1824 abgeschlossen wird. Als Material für die Unterlage der neuen Kunststraße wird Buntsandstein verwendet, zur Straßenpflasterung dienen Kieselsteine. Die Straßenführung entspricht im Wesentlichen der heutigen B 247.
(Schlegel, 162)

1819

Da sich im vergangenen Sommer und Herbst die **Feldmäuse stark vermehrt** haben, empfiehlt die Regierung in Erfurt in einer Bekanntmachung vom 15. Januar den Einsatz von Erdbohrern zur Vertilgung dieser Tiere. Damit werden zwei Fuß tiefe Löcher in die Erde gebohrt, möglichst in der Nähe der Laufgänge der Mäuse. In diese Löcher fallen die Mäuse hinein, ohne wieder heraus zu können, so dass sie mit einer Drahtzange herausgenommen und getötet werden können.
(AKRE, Jg. 1819, 22ff).
Diese amtliche Bekanntmachung wird in den folgenden Jahren mehrfach wiederholt.

Während des Frühjahrsmarktes ist in einem Gasthof in der Kranichgasse in Nordhausen ein **Elefant** aus Bengalen **zu sehen**. Es soll der seinerzeit einzige dressierte Elefant in Europa sein.
(Nordhausen (2003), 48)

An vielen Orten gibt es eine **gute Getreide- und Kartoffelernte**, auch reichlich Obst sowie sehr viel und guten Wein. (Jordan IV, 112)

1820

Im nördlich von Straßberg gelegenen Suderholz beginnt man in diesem Jahr im Herzogsschacht, der von 1818 bis 1820 abgeteuft wurde, mit der **Förderung von Flussspat**, das bereits bei dem seit dem 15. Jahrhundert in diesem Revier betriebenen Silberbergbau als Nebenprodukt angefallen ist. Das Mineral, in seiner chemischen Bezeichnung als Calciumfluorid bekannt, wird von den Kupferhütten, später auch von den Eisenhütten, als Zusatz bei der Metallgewinnung aus Erzen, als sog. Flussmittel, aufgekauft. Da der Markt aber bereits von anderen Gruben abgedeckt wird, gerät die Förderung 1835 ins Stocken und wird erst 1857 wieder aufgenommen, gerät aber 1870 erneut in eine Krise, als die Mansfelder Hütte keinen Flussspat mehr abnimmt. Nach dem Bau der Selketalbahn verbessern sich nach 1890 die Absatzmöglichkeiten und es werden jährlich etwa 5.000 to gefördert. Inzwischen benötigt auch die stark anwachsende Aluminiumindustrie große Mengen an Flussspat.
(Liessmann (2010), 327ff.)

Der Kaufmann Gottlieb Schreiber eröffnet in diesem Jahr die erste **Zichorienfabrik** in Nordhausen. Die gerösteten und gemahlenen Wurzeln der Zichorie werden in Kombination mit gerösteter Gerste als Ersatz für den teuren Bohnenkaffee verwendet. Die **Zichorie** wird bald darauf vor allem in der Goldenen Aue in großen Mengen angebaut. Um 1860 werden im Kreis Nordhausen jährlich rund 30.000 Zentner rohe Wurzeln verarbeitet.
Als Wildpflanze kommt die Zichorie bei uns unter dem Namen **Gemeine Wegwarte** vor.
(Pfeiffer (2004) 130ff.; Körber-Grohne, 291f.; EHSt., 1982, 581f.; Nordhausen (1863), 53)

Am 7. September wird in unserem Gebiet eine **ringförmige Sonnenfinsternis** beobachtet.

Auch in diesem Jahr fällt die **Getreide- und Kartoffelernte sehr ergiebig** aus. Obst gibt es im Überfluss, doch nur wenig Wein. Wegen der anhaltenden Trockenheit ist nur wenig Kohl gediehen.
(Jordan IV, 113)

Beim Durchsuchen der tieferen Sohlen der Schächte des **Alten Lagers im Rammelsberg** stößt man in diesem Jahr auf verhältnismäßig **größere Mengen an Kupfererz**. (Gottschalk (2000), 56)

Verlauf der ringförmigen Sonnenfinsternis vom 7. September 1820

Um 1820 wird mit der praktischen Umsetzung der von **Berghauptmann Friedrich Wilhelm Heinrich von Trebra** bereits 1797 ausgesprochen Empfehlung begonnen, aus der Montan- und Waldwirtschaft frei werdende Arbeitskräfte im Straßenbau einzusetzen. Zur Förderung der wirtschaftlichen Entwicklung wird zwischen 1821 und 1863 das Straßennetz im inneren Harzraum durch die **Anlage von Kunststraßen** ausgebaut. Diese Chausseen werden als wenig aufgewölbte Steinschlagstraßen mit einem festen Unterbau und einer Beschotterung als Abnutzungsschicht, oft mit begleitenden Gräben und zugehörigen Wällen, z. T. Baumreihen und Abweissteinen, gebaut. Als Baumaterial werden Granit und meist Grauwacke verwendet. Viele der modernen Fernverkehrsstraßen im Harz gehen in ihrer Linienführung weitgehend auf diese in der Mitte des 19. Jahrhunderts angelegten Kunststraßen zurück.

(Brückner et al, 110; Dennert (1986), 153ff.)

Nachdem sich bis zu Anfang des 19. Jahrhunderts die im Harz gehaltenen Haustiere nicht wesentlich von den Rassen des Vorlandes unterschieden haben, wird um 1820 das kleinwüchsige kastanienbraune Harzrind als Kreuzung alpenländischer Rassen (Tirol, Bern, Zillertal) gezüchtet. Nach gutem Start verfällt diese Linie wieder und ist 50 Jahre später nur noch im braunschweigischen Harz anzutreffen. Um das **Harzer Rotvieh** zu retten, wird ab 1880 vom Viehzuchtverein in Göttingen eine Herdbuchzüchtung ins Leben gerufen und auf der Viehschau in Wernigerode steigt der Anteil der rotbraunen Harzrasse von 40% im Jahr 1892 auf 72% vier Jahre später. Das Harzer Rotvieh ist optimal an das raue Klima des Harzes und die besonderen Weideverhältnisse der Waldweide angepasst. Die robusten und langlebigen Tiere kommen auch mit energiearmem Futter aus. Den modernen Ansprüchen einer Hochleistungslandwirtschaft genügt die ertragsschächere Harzkuh jedoch nicht. (Knappe/Scheffler, 130; Blankenburg, 150)

1821
Anfang März ist der von dem französischen Astronomen Pons im Januar entdeckte **Komet** abends am westlichen Himmel mit bloßem Auge zu sehen ist. *„Der Komet fährt fort, sich äußerst langsam gegen Süd-Westen zu bewegen, und wird um die Mitte des März in der Abend Dämmerung sich unseren Augen entziehen…“*, berichtet eine Zeitung vom 3. März 1821. Der Naturwissenschaftler Carl Friedrich Gauss in Göttingen sieht den Kometen am Abend des 2. März und notiert, dass der Komet wie ein Stern von der Größe 3 oder 4 erscheine. (OKA 1821, Nr.8, 75 und Nr. 9, 85; Kronk II, 53ff.)

Am Abend des 13. Mai zwischen 19.00 Uhr und 20.00 Uhr zieht eine **große Feuerkugel** von West nach Ost über Nordhausen hinweg. (Förstemann, 403) **Bolid**

Am 7. Juni tritt in Preußen die **Gemeinheitsteilungs-Ordnung in Kraft**, die auch im preußischen Teil unseres Gebiets Anwendung findet. Sie sieht die Aufteilung der bisher im Allgemeinbesitz der Gemeinden befindlichen und gemeinschaftlich genutzten land- und forstwirtschaftlichen Grundstücke an die Nutzungsberechtigten vor, wodurch zu den vielen bereits bestehenden kleinen Privatgrundstücken zahlreiche weitere entstehen, welche eine intensive Bewirtschaftung erschweren. Deshalb wird eine Zusammenlegung von kleineren Grundstücken angestrebt, um eine **Flurbereinigung,** in Preußen **Separation** genannt, zu erreichen und damit die Produktivität zu steigern. Damit sollen auch günstige Zufahrtswege zu den Grundstücken und die Anlegung von Entwässerungssystemen ermöglicht werden Diese Separation, die sich über einen Zeitraum von mehr als 100 Jahren erstreckt, führt durch die Schaffung von geometrischen Ackerformen auch in unserem Gebiet zu einer **tiefgreifenden Veränderung und Vereinheitlichung des Landschaftsbildes**. Hecken, Büsche und Einzelbäume verschwinden, Bäche werden verlegt, Teiche und Tümpel werden zugeschüttet und damit werden unzählige **wertvolle Biotope der Tier- und Pflanzenwelt zerstört**.
Durch die Separation werden jedoch eine bessere Bewirtschaftung der landwirtschaftlichen Flächen und damit eine Steigerung der Rentabilität ermöglicht. Die Dreifelderwirtschaft mit der Brache wird durch die **Fruchtwechselwirtschaft** abgelöst. Auf der bisherigen Brache werden zunächst Futterpflanzen und später Hackfrüchte (Kartoffeln, Runkel- und Zuckerrüben) angebaut. Nunmehr wird der Fruchtwechsel von Humus zehrenden Pflanzen (Hackfrüchte) und Humus mehrenden Pflanzen (Getreide, Hülsenfrüchte) praktiziert. (GSPS, Jg. 1821, Nr. 7 vom 21. 6. 1821; Pfeiffer(1999), 23f.; Goslar (1970), 136; Rohland/Noack, 321)

Wegen des **kalten und regnerischen Sommers** kann erst sehr spät mit der Ernte begonnen werden. Anfang Oktober sind noch die meisten Sommerfrüchte auf dem Felde. (Jordan IV, 115)

In diesem Jahr wird der **Ausbau** des bereits im 13. Jahrhundert bestehenden **alten Handelsweges** von **Goslar über Ringelheim nach Hildesheim zur Chausee** fertiggestellt. Damit erhält Goslar den ers-

Marktplatz in Goslar um 1840

ten Anschluss an das sich seit dem Beginn des 19. Jahrhunderts schnell entwickelnde Netz der neuen Kunststraßen mit einem festen Unterbau aus Steinen. (Goslar (1970), 258; Gottschalk (2000), 56)

1821/22

Dieser **Winter** ist zwar sehr **stürmisch**, aber so **mild**, dass man ihn einen Frühling nennen kann. Weihnachten zeigt das Thermometer in Mühlhausen plus 8° C, die Kinder spielen Ball und viele Spaziergänger genießen das schöne Wetter. Schon Ende März beginnt der Rübsamen zu blühen, Anfang Juni gibt es reife Kirschen. (Jordan IV, 115f,; Hamm, 136; Stück/König, 37f.)

1822

Von Mitte April bis kurz vor Michaelis (29. September) fällt **ganz wenig Regen**. (Jordan IV, 117)

Am 4. Juli wird auf Betreiben des großen Landschaftsgestalters Lenné und anderer einflussreicher Persönlichkeiten der unter der Schirmherrschaft des preußischen Königs stehende **Verein zur Förderung des Gartenbaus in den königlich preußischen Staaten** gegründet, dessen Ziel es ist, den Gartenbau in praktischer, wissenschaftlicher und künstlerischer Beziehung zu fördern. In den folgenden Jahren werden auch in unserem Gebiet **örtliche Land- und Gartenbauvereine** gegründet. (Franz, 232f.)

Der **Herbst und Winter** sind so **niederschlagsarm**, dass viele Brunnen in der Goldenen Aue trocken sind. (Rohland/Noack, 307)

Zwölf Tage vor Weihnachten setzt starke Kälte ein, sodass die Zorge in Nordhausen nur noch wenig Wasser führt und die Mühlen stehen bleiben. Die Stadtbrunnen werden abends geschlossen und morgens wieder geöffnet, um das Wasser zu schonen. Viele Blasen in den Branntweinbrennereien sind außer Betrieb.

Auch im Harz kommen die Wassermühlen, Poch- und Hüttenwerke wegen des **Wassermangels** zum Stillstand. Der **Oderteich** ist **erstmalig** seit seiner Inbetriebnahme im Jahr 1722 **wasserleer**. Die Bergleute können nicht in die Gruben einfahren, weil kein Aufschlagwasser zum Betrieb der Wasserkünste zur Hebung des Grubenwassers zur Verfügung steht.
(Wiese (1979), 72; Fischer (1913), 179; Vocke, 98f.; Nordhausen (2003), 51)

Nachdem bereits im vergangenen Jahr die **Straße von Goslar nach Zellerfeld** in guten Stand versetzt worden ist, indem die bisher teilweise nur als schmaler Hohlweg vorhandene Straße auf eine Breite von 24 Fuß erweitert und auch die steile Hohe Kehle umgangen wurde, wird in diesem Jahr die **Straße zwischen Zellerfeld und Osterode** ausgebaut. Dabei werden auch Bergleute beschäftigt, die wegen des dürren Sommers nicht in die Gruben einfahren können. Der Zustand dieser alten Harzstraße wird 1830 als *„gut, aber steil"* geschildert. (Voigt, 63; Wiese (1979), 73; Ey, 22)

In diesem Jahr wird auch die **Fahrstraße von Clausthal über den Bruchberg nach St. Andreasberg** gebaut, die bei der Stieglitzecke eine Höhe von 810 m zu überwinden hat. Statt der steilen Straße über die Schluft wählt man später den Weg über den Sonnenberg, von wo ab die Verbindung über den Oderteichdamm nach Braunlage und Elbingerode weitergeführt wird. (Morich (1940), 46)

St. Andreasberg um 1850. Im Vordergrund sind Vogelfänger und Vogelhändler unterwegs

1823

Im **Januar** beginnt eine **große Kälte**, die **bis Ostern** anhält.
(Förstemann, 406; Kohlmann, 17; Hamm, 136; Stück/König, 38)

Die **Ernte** dieses Jahres ist **sehr reichlich,** besonders an Sommerfrüchten. Es gibt auch viel Kartoffeln und Baumfrüchte aller Art, im Wald viele Nüsse und Bucheckern. (Jordan IV, 118)

Am 1. Oktober wird die **neue Chaussee Nordhausen – Petersdorf** für den Verkehr freigegeben. Sie wird bis 1827 **über Stolberg nach Magdeburg weitergeführt**. (Nordhausen (2003), 52)

1824

Die diesjährige **Getreide- und Kartoffelernte** ist wieder **gut**, die Preise für diese Nahrungsmittel sind niedrig. In Nordhausen kostet ein preuß. Scheffel Roggen nach der Ernte weniger als einen Taler und 30 Silbergroschen. Obst gibt es aber wenig. (Nordhausen (1863), 126; Jordan IV, 120; Stück/König, 39)

In diesem Jahr wird in der Goldenen Aue mit dem **Bau der Straße begonnen**, die **von Berlin nach Kassel** führt. Dieser Hauptverkehrsweg, die spätere B 80, wird so gebaut, dass er bei jedem Wetter benutzbar ist. Jede Meile kostet 20.000 Taler, ohne die Brücken und Chausseehäuser. (Rohland/Noack, 308ff.)

Der Bau der **Straße von Clausthal bis Osterode** wird in diesem Jahr vollendet. (Morich (1940), 46)

In diesem Jahr wird in einer amtlichen Bekanntmachung in Nordhausen zum erstenmal der **Christbaum** erwähnt. (Nordhausen (2003), 53)

Um 1824 werden allein in St. Andreasberg etwa **4.000 Kanarienvogelmännchen** in alle Welt versandt. (Wiese (1979), 84)

1825

Der **Sommer** und der **Herbst** sind sehr **heiß und trocken**. Vom 24. Juni (Johannistag) an regnet es sieben Wochen lang nicht, so dass die Kartoffeln, das Gemüse und auch der Wiesenwuchs sehr zurückbleiben. In Nordhausen versiegen das Wasser im Mühlgraben und fast alle Brunnen. (Förstemann, 409f.; Jordan IV,121)

Am Nachmittag des 29. Juli entsteht bei Barbis nahe der Wüstung Königshagen ein **Erdfall**. Er hat eine Öffnung *„an 100 Fuß im Durchmesser und die Tiefe war unabsehbar."* (Zimmermann I, 49f.; Hoff, II, 229f.; Günther, Harz, 405; Hamm, 138; Laub, 15)

Der chausseemäßige Ausbau der 40 Fuß breiten **Straße Halle-Kassel über Nordhausen** – sie ist ein Abschnitt der großen Rheinstraße – mit dem im Jahr 1819 begonnen wurde, wird in diesem Jahr abgeschlossen. (Nordhausen (1927), Bd.2, 132; Nordhausen (1863), 60)

1826

In der Nacht vom 15. zum 16. April (Himmelfahrtsnacht) richtet ein **Spätfrost** große Schäden am Obst an, gegen Abend fängt es an zu schneien und es wird sehr rau und ungestüm. (Lückert (2009), 200)

In diesem Jahr sterben viele Füchse im Harz an der **Tollwut**. *„Die Krankheit äußerte sich damals durch das tolldreiste Benehmen der Tiere. Sie fielen Hunde, Pferde, ja Menschen an, gingen in die Orte und wurden häufig todt selbst mitten auf den Wegen gefunden."* (Zimmermann I, 271)

Bei Oberdorf findet man in diesem Jahr 40 Meter tief im Erdboden den vier Ellen langen und drei Zoll starken **Zahn von einem Mammut.** (Krönig, HL, 7.Jg., (1910/11, 99)

1827

Im März bringt heftiger Regen im Oberharz eine hohe Schneedecke plötzlich zum Schmelzen. Das **Hochwasser der Innerste** reißt bei Wildemann Gebäude, zwei Brücken sowie Uferbefestigungen an beiden Seiten hinweg. (Dirks (1996), 142)

Der chausseemäßige Ausbau der 28 bis 30 Fuß breiten **Straße von Nordhausen über Stolberg bis Magdeburg** wird in diesem Jahr **abgeschlossen.** (Nordhausen (1927), Bd.2, 133; Nordhausen (1863), 60)

Auch die **Chaussee zwischen** den beiden Bergstädten **Clausthal und St. Andreasberg** wird in diesem Jahr gebaut. (Brückner et al, 110)

In diesem Jahr wird der **Abbegraben** fertig gestellt, mit dem das Wasser von einem Teil des Brockenfeldes, das wegen der hohen Niederschläge (1640 mm im Jahr) besonders wasserergiebig ist, in das Bergbaurevier nach Clausthal-Zellerfeld geleitet wird, wo die dortigen immer tiefer gehenden Gruben immer mehr Wasser zum Antrieb der Wasserräder benötigen. Der Abbegraben ist der östliche Ast des zwischen 1732 und 1827 erbauten **Dammgraben-Systems** zur Versorgung der Clausthaler Gruben mit Betriebswasser. Der **Clausthaler Flutgraben** am Bruchberg ermöglicht auch die Einleitung von Wasser aus den Einzugsgebieten von Sieber und Oder. (Schmidt, Martin (2012), 23ff; Brückner et al., 377; Günther, 652)

In diesem Jahr beginnt die **Melioration von Bruchflächen** am Königsberg und Ahrendsklint, in Hohne und Hanneckenbruch, die um 1890 abgeschlossen wird. (Brückner et al., 361)

1827/28
Dieser **Winter** ist **sehr mild.** Von Winteranfang bis zum 6. Februar herrscht schönes Wetter mit Sonnenschein. Der Februar ist etwas stürmisch, bringt jedoch wenig Schnee und Frost. (Nordhausen (2003), 54; Kuhlbrodt (2000), 257)

1828
Am 29. Juli wird eine Cabinetsordre des preußischen Königs veröffentlicht, nach der zum Schutz des Privateigentums vor Wildschäden in Preußen und damit auch in den zu Preußen gehörenden Territorien unseres Gebiets den Jagdberechtigten der hohen und mittleren Jagd **erlaubt wird, Schwarzwild ohne** Rücksicht auf die in den Forstordnungen gebotene **Schonzeit zu jagen.** (AKRE, Jg. 1828, 241)

Die **Ernten** in diesem Jahr sind **außerordentlich reich.** (Kuhlbrodt (2000), 257; Nordhausen (2003), 54)

Die **Verbindungsstraße zwischen Oker und Goslar** wird in diesem Jahr ausgebaut. (Rohkamm, 34)

Im Oberharz tritt in diesem Jahr die **Reitmaus** in großen Mengen auf, *„wo sie durch Zernagen der Wurzeln dem Grase, Gemüse und den Bäumen großen Schaden zufügt."* (Zimmermann I, 222)

In diesem Jahr erscheint eine von Sartorius gefertigte Karte des Gebiets von Juliushütte, auf der die **Haardt**, ein gegenüber der Hütte liegender Ausläufer des Nordberges, folgendermaßen bezeichnet wird: *„Berg darauf wegen des Hüttenrauches nichts wächset."* (Schroeder/Reuss, 153)

1828/29
Dieser **Winter** ist **sehr streng.** In der Nähe der Bergstadt Wildemann erfrieren zwei Einwohner von Lautenthal. Sie werden in Wildemann beerdigt, ihre Kleidung wird zur Bestreitung der Kosten versteigert. Auch viele Gewächse, insbesondere Zwetschenbäume, erfrieren in diesem Winter. (Dirks (1996), 142; Kohlmann, 17; Jordan IV, 125)

1829
Am 3. März erlässt die Regierung in Erfurt eine Bekanntmachung zur Förderung des Seidenbaus in diesem Regierungsbezirk. Sie verweist auf die guten Erfahrungen, die bisher in unserem Gebiet, u. a. vom Nordhäuser Gastwirt Kettembeil, bei der **Seidenraupenzucht** gemacht wurden und empfiehlt dessen kleine Publikation *„Gründliche Anweisung über die Erziehung und Behandlung des*

weißen Maulbeerbaums, so wie auch über die Erziehung der Seidenraupen", Nordhausen 1829. Die Regierung informiert darüber, dass bereits mehrere Gemeinden mit der Anpflanzung von Maulbeerbäumen begonnen haben, um Futter für die Seidenraupe zu gewinnen. Die Landräte, Gutsbesitzer, Prediger und Ortsvorsteher werden aufgefordert, an der Entwicklung des Seidenbaus im Bezirk mitzuwirken. (AKRE, Jg. 1829, 65ff.)

Am 10. April gibt die Regierung in Erfurt bekannt, dass in Berlin ein **Verein zur Beförderung des Seidenbaus in den preußischen Staaten** gegründet wurde, der u. a. für die Beförderung der Anzucht und Verbreitung der angemessensten Arten des **Maulbeerbaums** Sorge tragen und auf die Erweiterung der Kenntnisse von dem zweckmäßigsten Verfahren beim Seidenbau mitwirken will. Es wird darauf verwiesen, dass die Blätter der in Preußen gepflanzten Maulbeerbäume in **ihrer** Qualität den in der Lombardei erzeugten Maulbeerblättern nicht nachstehen und die preußische Seide der italienischen gleichwertig ist. Die Regierung in Erfurt hebt die große wirtschaftliche Bedeutung des Seidenbaus in Preußen, auch im Hinblick auf die Einsparung von Devisen, hervor und ruft zur vielseitigen Teilnahme und Mitwirkung an dem neuen Verein auf. (AKRE, Jg. 1829, 109ff.)

Am 27. Juli richtet ein **Gewittersturm** in den Fichtenwäldern im Clausthaler Oberforst am Bösenberg und am Wolfskopf erhebliche Schäden an. (Zimmermann I, 289)

Der **Sommer** ist **naß**, das Getreide wächst aus und die Körner verfaulen. (Rohland/Noack, 313)

Am 22.September wird in einem Gasthof in der Hagengasse in Nordhausen ein **Elefant** gezeigt. (Nordhausen (1927), Bd.2, 133; Nordhausen (2003), 56)

1829/30
Von **November bis Mitte Februar** herrscht **große Kälte** und es fällt **viel Schnee**. Schon am 3. Dezember ist der Rhein fest zugefroren und wird erst Fastnacht 1830 vom Eis befreit.
  Das Wintergetreide, aber auch Obstbäume, Weinstöcke und viele andere Gewächse erleiden großen Schaden. In vielen Orten erfrieren die Kartoffeln im Keller.
(Hamm, 139; Nussbaumer, 209; Stück/König, 41f.)

1830
Im April ist in unserem Gebiet ein großer **Komet** mit bloßem Auge zu sehen. Der Göttinger Astronom Harding hebt dessen hell scheinenden und klar umrissenen Kopf hervor. (Kronk II, 92f.)

Im Juni verursachen schwere Gewitter mit wolkenbruchartigem Regen **Überschwemmungen in den Flussgebieten von Wipper und Unstrut.** (Weikinn, Teil 6, 361)

Am 16. Juli richtet ein **Gewittersturm** in den Fichtenwäldern im Lauterberger Oberforst am Rehberg erhebliche Schäden an. (Zimmermann I, 289)

In Ellrich und Umgebung fällt die **Ernte** in diesem Jahr **schlecht** aus, insbesondere bei Kartoffeln. Dies trifft insbesondere die ärmere Bevölkerung hart, da die Kartoffel für diese zum Hauptnahrungsmittel geworden ist. (Kuhlbrodt (2000), 258)

In diesem und im folgenden Jahr werden Nordhausen und seine Umgebung und auch Buhla im Kreis Grafschaft Hohenstein von einer **Schmetterlingsplage** heimgesucht. Die Raupen dieser weißen Schmetterlinge fressen das Laub von den Bäumen, so dass diese absterben. Ungeachtet allen Ablesens können in den Gärten weder Kohl noch Bohnen geerntet werden. Der Magistrat von Nordhausen zahlt Prämien für die Vernichtung dieser Schädlinge. (HL, 8.Jg. (1911/12), 144)

Seit etwa um 1830 wird in Deutschland mit der **künstlichen Düngung** mit **Knochenmehl** begonnen. (Hamm, 140)

Um 1830

sind „ *die höchsten Puncte des Harzes, die Umgebung des Brockens, der Bruchberg, der Jagdkopf, die Bramforst, die Waldungen um Stolberg vom **Auerhuhn** bewohnt. Der beste Stand ist um Stolberg, wo man in der Balz wohl 15 bis 20 Hähne auf einem District von einigen hundert Morgen finden kann. Dann sind die Balzplätze an dem Jagdkopfe und in der Nähe des Torfhauses bekannt.“* (Zimmermann I, 271f.)

1831

Zu Beginn dieses Jahrzehnts wird im **Kyffhäuser,** der bisher mit Laubwald, vornehmlich Rotbuchen, bedeckt ist, erstmalig mit der **systematischen Anpflanzung von Fichten** begonnen, die auf dem Königsholz zwischen Rathsfeld und Udersleben erfolgt. Diese Veränderung hat **Einfluss auf die Fauna** des Kyffhäusers. So wandert um 1885 erstmalig **Schwarzwild** aus dem Harz, das bis dahin nur selten über den Kyffhäuser gewechselt ist, in die neu entstandenen Nadelholzdickungen ein. Auch die gefiederten Bewohner des Nadelwaldes, wie **Gimpel, Goldhähnchen, Tannenmeise, Haubenmeise, die Kreuzschnäbel** und zuletzt der **Schwarzspecht** – sicher festgestellt erst 1915 – finden sich ein. (Petry, 26; Wein (1926), 137)

Am 7. Januar sieht man abends ein **starkes Polarlicht**, wie es seit vielen Jahren nicht beobachtet worden ist. (Zittwitz, 337; Trübenbach, 361; Stück/König, 50f.)

Zum Abbau der zink- und silberreichen Bleierze des Silbernaaler Gangzuges in der Nähe der Bergstadt Grund wird in diesem Jahr die alte **Grube Hilfe Gottes** am Totemanns Berg als fiskalisches Bergwerk wieder aufgenommen. Damit beginnt eine 160jährige überaus erfolgreiche Betriebsgeschichte, wie sie kaum ein anderes Bergwerk aufweisen kann. Die Grube wird später mit anderen Gruben zum leistungsfähigen Erzbergwerk Grund zusammengelegt.

Die Tagesanlagen der Grube Hilfe Gottes um 1850

262

Im August und September kommt es zu **farbigen Dämmerungserscheinungen.** Diese werden durch Ascheteilchen hervorgerufen, die im Juli bei vulkanischen Ausbrüchen im Zusammenhang mit der Bildung der kurzlebigen Insel Ferdinandea südlich von Sizilien als **Höhenrauch** in die höheren Schichten der Atmosphäre geschleudert wurden. (Hamm, 141)

In diesem Jahr wird die für den Verkehr zwischen Braunschweig, Nordhausen und Thüringen wichtige **Kunststraße von Harzburg über Torfhaus nach Braunlage** fertiggestellt, mit deren Bau 1828 begonnen wurde. Sie verläuft von Oderbrück ab mehr westlich als die alte Straße. Das alte Gasthaus **Königskrug** am westlichen Fuß des Achtermann wird abgerissen und und an der neuen Kunststraße an seiner jetztigen Stelle aufgebaut.
(Kasch, 248; Morich (1940), 46; Fischer (1911), 209; Rohkamm, 34; Meier/Neumann, 564; Klaube (2007), 29, 108ff.)

1831/32
Dieser **Winter** ist **mild.** Im Januar und Februar herrscht schönes Wetter, der Mai ist jedoch kalt.
(Jordan IV, 127)

1832
Die diesjährige **Obsternte,** insbesondere an Äpfeln und Birnen, ist über alle Maßen **reichlich,** so dass man das Doppelte des sonst vollen Ertrags erhält. (Jordan IV, 128)

In diesem Jahr wird mit dem Bau der **Chaussee von Lautenthal nach Clausthal durch das Innerstetal** begonnen, der 1836 vollendet wird. (Dirks (1996), 143,193)

Lautenthal um 1850

1833
Im Dezember und bis in das neue Jahr hinein wüten in unserem Gebiet mehrere **heftige Stürme.** Am Nachmittag des 16. Dezember – nach Förstemann am 18. und 19. Dezember – werden durch einen Süd-

weststurm in Nordhausen beim Kuchengarten und im Gehege über 150 Bäume entwurzelt und Häuser beschädigt. Menschen, die sich um diese Zeit im Freien aufhalten, müssen sich an Bäumen festhalten, um nicht umgeworfen zu werden. In der Neujahrsnacht 1833/34 tobt erneut ein heftiger Sturm, dem u. a. die schlanken Zwillingstürme der St. Bartholomäus-Kirche in Braunschweig zum Opfer fallen. (NR1931/10; Förstemann, 405; Vocke, 99; Heine (1899) 83; OKA vom 18.1.1834; Nordhausen (2003), 61; Hamm, 142; Stück/König, 53f.)

In diesem Jahr werden Blankenburg und Umgebung von einem furchtbaren **Hagelunwetter** heimgesucht. (Leibrock, Bd.2, 356f.)

Die großen Teufen, in die der Harzer Bergbau in den ersten Jahrzehnten des 19. Jahrhunderts vordringt, macht es den Bergleuten immer schwieriger, ihren Arbeitsplatz über die üblichen Holzleitern in den Fahrschächten zu erreichen. Zwei Stunden und länger müssen selbst geübte Bergleute auf den rutschigen Leitern klettern, um in 600 bis 700 m vor Ort zu kommen. Mehr als die doppelte Zeit benötigen sie nach Ende der Schicht für den mühevollen Aufstieg. Durch diese Strapazen sind viele Bergleute in verhältnismäßig kurzer Zeit gesundheitlich verbraucht. In dieser schwierigen Situation konstruiert der Zellerfelder **Bergmeister Georg Ludwig Wilhelm Dörell** in diesem Jahr eine sog. **Fahrkunst**, die den Bergleuten ein schnelles, sicheres Ein- und Ausfahren ohne größeren Kraftaufwand ermöglicht. Sie besteht aus zwei von einem Wasserrad angetriebenen, mit Trittbrettern im Abstand von 3 m sowie mit Griffen ausgestatteten Holzgestängen, die nebeneinander angebracht sind und abwechselnd im Schacht auf und nieder gehen. Jeweils im Moment, wenn die Umkehrung der Bewegungsrichtung erfolgt und die Gestänge bei gleicher Höhe der Trittbretter kurz stillstehen, muß der Fahrende auf das Trittbrett der anderen Stange hinüberwechseln. So wird er jeweils um eine Hubhöhe von 3 m nach unten, oder wenn er im umgekehrten Sinn übertritt, nach oben gebracht. Auf der 1837 im über 700 m tiefen Schacht der Grube Samson eingebauten Fahrkunst dauern Ein- und Ausfahrt bis zur tiefsten Sohle nur noch 45 Minuten. (Liessmann (2010), 87ff.)

In diesem Jahr wird auf der 400 Meter unter der Stadt Clausthal verlaufenden **Tiefen Wasserstrecke** mit dem Erztransport auf Holzkähnen begonnen, der sich bis zur Einführung der elektrischen Streckenförderung nach 1905 außerordentlich bewährt. Nach dem Anlegen der Kähne unter dem Silberseegener Schacht werden die Erzkästen an das

Die verschiedenen Arten der Fahrung v o r der Erfindung der Fahrkunst. Aus: Agricola 1556

Treibseil angehängt und zu Tage gefördert. Auf dem fast 4 km langen unterirdischen Schiffsweg werden jährlich ca. 400.000 Zentner Erz befördert. (Brederlow, 523f.; Liessmann (2010), 175f.)
Mit dem Bau der abflusslosen Tiefen Wasserstrecke ist 1803 begonnen worden, nachdem der Tiefe Georg-Stollen schon bald nach seiner Fertigstellung im Jahr 1799 für die immer tiefer ausgebauten Gruben zu hoch liegt, um deren Wasser ableiten zu können. Das Wasser der tiefer liegenden Gruben wird deshalb auf die Tiefe Wasserstrecke gehoben, hier gesammelt und dann auf den Tiefen Georg-Stollen gepumpt.
In den Jahren 1851 bis 1864 wird die Tiefe Wasserstrecke unter der neuen Bezeichnung **Ernst-August-Stollen** auf 26 km verlängert und bei Gittelde am westlichen Harzrand zu Tage getrieben. Später werden noch Verbindungsstollen nach den von seinem Hauptlauf nicht berührten Gruben hergestellt, sodass er sämtliche Oberharzer Gruben miteinander verbindet. Damit wird der **Idealfall eines Stollenprojekts verwirklicht**, vom weit entfernten Gebirgsrand bis unter die Lagerstätten vorzudringen. Dieser Stollen ist die tiefstmöglich gelegene Abflussstrecke des Harzes und das letzte große Werk eines Jahrhunderte während Stollenbaus. (Hoffmann (1969), 25; (Knappe/Scheffler, 51)

1834
In der Nacht vom 24. auf den 25. Januar schwillt das Feldwasser in Nordhausen so hoch an, dass das **Hochwasser** bei der Sundhäuser Brücke in die Fahrstraße nach Sundhausen und in die Helme strömt und alle Mühlen im Wasser stehen. (Vocke, 51f.; Nordhausen (2003), 61)
Bei Berga tritt die Tyra über die Ufer und überschwemmt den größten Teil des Ortes.
(Rohland/Noack, 315; Weikinn, Teil 6, 383)

Am 23. Juli werden im Schacht Caroline auf dem Burgstätter Gangzug bei Clausthal zum ersten Mal in der Geschichte des Bergbaus **geflochtene Drahtseile** für die Förderung eingesetzt. Diese Drahtseile sind kurz zuvor von **Ober-Bergrat Wilhelm August Julius Albert** in Clausthal in Zusammenarbeit mit Werkmeistern der Königshütte bei Lauterberg entwickelt worden.
Durch das hohe Eigengewicht der bisher verwendeten Hanfseile und Eisenketten in den bereits 700 bis 800 m tiefen Schächten hatte sich die Nutzlast der Förderkörbe ständig verringert, sodass die ungenügende Förderkapazität den Bergbau immer stärker behindert hatte. Das Gewicht der Drahtseile beträgt mit 0,8kg pro Meter nur etwa ein Drittel der herkömmlichen Hanfseile.
(Liessmann (2010), 84f.;Hillegeist (1984), 73ff.; Dennert (1986), 169)

Die Einführung des **Drahtseils** und der **Fahrkunst** als wichtige technische Neuerungen sowie das **Ansteigen der Marktpreise für Metalle** führen in der Mitte des 19. Jahrhunderts zu einem **erneuten Aufschwung des Bergbaus im Harz**. (Liessmann (2010), 26)

In Quedlinburg nimmt in diesem Jahr die **erste Zuckerfabrik** Mitteldeutschlands ihren Betrieb auf, nachdem der Berliner Chemiker Andreas Sigismund Marggraf bereits 1747 entdeckt hat, dass die Runkelrübe einen Stoff enthält, der dem Rohrzucker völlig gleicht. Im Ergebnis einer planmäßigen **Züchtung der Zuckerrübe** können Sorten angebaut werden, die einen Zuckergehalt von durchschnittlich 13 bis 14 Prozent erreichen.
(Goroll, 2f.: Pfeiffer (2004)133f.; Ders.(1999), 27; Wüstefeld, Kulturgewächse, 40f.)

Zimmermann berichtet in seiner in diesem Jahr erschienenen Monographie über das Harzgebirge auch über die dort vorkommenden Pflanzen- und Tierarten. So ist die **Wanderratte** im Oberharz häufig in den Gebäuden anzutreffen. *„Die eigentliche Hausratte ist uns noch nicht vorgekommen und fehlt vielleicht am Oberharze ganz."* (Zimmermann I, 232)

Der **Gesundbrunnen bei Dankerode**. eine eisenhaltige Mineralquelle, die bereits seit Jahrhunderten einen guten Ruf als Heilquelle hat und von vielen Einheimischen und Auswärtigen aufgesucht wird, wird in diesem Jahr von neuem ausgemauert und überdeckt. Die nächste Umgebung des Brunnens wird zu einem Vergnügungsplatz umgestaltet. (Schotte (1906), 192f.)

In diesem Jahr werden durch **Stürme** Schäden im braunschweigischen Harz verursacht.
(Brückner et al, 361)

1835

Am 30. März erlässt Heinrich Graf zu Stolberg-Wernigerode eine **Köhler-Ordnung** für die Grafschaft Stolberg-Wernigerode, in der die allgemeinen Pflichten der Köhler und die Technologie der Verkohlung des Holzes festgelegt werden. Sie trägt den hohen Anforderungen Rechnung, die der Holzkohle bei der Verhüttung der Metalle zukommt und ihre Durchführung führt dazu, dass die Wernigerödische Köhlerei *„im Harze in dem Rufe einer großen Vollkommenheit"* steht. (Kortzfleisch, 129f.)

Dieser **Sommer** ist **sehr warm** und es gibt eine **gute Getreideernte**, weniger an Kartoffeln und Gartenfrüchten. In Nordhausen kostet ein preuß. Scheffel Roggen nach der Ernte weniger als einen Taler und 30 Silbergroschen. (Nordhausen (1863), 126; Damm, 131)

Am 16. November erreicht der auch in unserem Gebiet sichtbare **Halley'sche Komet** seinen sonnennächsten Punkt. Seine größte Erdnähe beträgt 29 Millionen km.
(Kreißl, 440; Hamm, 142; Reichstein, 17; Kronk II, 108ff.)

In diesem Jahr wird der **Langenberg bei Harlingerode abgeholzt**. (Schmidt/Schmidt, 51)

Auerwild kommt in diesem Jahr noch regelmäßig u. a. in der Gegend am Bruchberg, am Kahlenberg und an der Achtermannshöhe vor, während es in anderen Gegenden des Harzes nicht mehr häufig beobachtet wird. (Blankenburg, 165)

Um 1835 werden im **Landkreis Goslar**, der bisher ein reines Laubholzgebiet war, erstmalig **europäische Lärchen und Fichten** zur Bestockung der Wälder **angepflanzt**. Ab etwa 1860 wird auch der Anbau der **gemeinen Kiefer** und der **Schwarz-Kiefer** vorgenommen. (Goslar (1970), 185)

1836

Am Nachmittag des 15. Mai wird in unserem Gebiet eine totale **Sonnenfinsternis** beobachtet. Sie beginnt gegen 15.00 Uhr, gegen 16.00 Uhr bedeckt der Schatten des Mondes die Sonne vollständig, in unserem Gebiet herrscht kurzzeitig tiefe Dunkelheit und gegen 17.00 Uhr ist die ganze Sonnenscheibe wieder voll sichtbar. (Stück/König, 61; Oppolzer, 292f., Blatt 146)

In den Weihnachtstagen verursacht ein **starker Sturm** im Oberharz viel **Windwurf** in den Wäldern.
(Dirks (1996), 144)
Die Forstreviere Seesen und Gittelde werden in diesem Jahr besonders schwer durch Windwurf geschädigt. (Riehl, 159)

Der Fabrikbesitzer Carl Röhrig aus Wernigerode lässt in diesem Jahr in **Braunlage** eine **Glashütte** errichten. Da es ihm gelingt, erfahrene Glasbläser und Schleifer aus Böhmen und Schlesien für seinen Betrieb zu gewinnen, ist es ihm möglich, neben einfachem Spiegel- und Fensterglas auch Kunstglas, darunter dekorierte Musselinglasscheiben, zu produzieren. Die Glashütte verbraucht jährlich bedeutende Holzmengen. So kauft die Glashütte im Jahr 1867 5.777 ¼ Malter Holz und 1870 werden ganze Stukenhaie zur Selbstrodung erworben. Im Oderhäuser Revier werden 1871 5.660 Raummeter Fichtenstuken gekauft. Als um die Jahrhundertwende der Betrieb durch hohe Holzpreise und Kohlenfrachten unrentabel wird, muss die Glashütte 1905 stillgelegt werden.
(Moritz, 114ff.; Blankenburg, 181f.)

In diesem **trockenen Jahr** ist der Wasserstand der Flüsse sehr niedrig. So kann man durch die Unstrut stellenweise gehen oder fahren. (Weikinn, Teil 6, 394)

Der **Harzer Fichtenrüsselkäfer** richtet in diesem Jahr Schäden an den Fichtenbeständen am Meinertsberg und zehn Jahre später im Gebiet von Wernigerode an. (Marshall, 52)

1837
Vom 5. bis zum 10. **April fällt tiefer Schnee**. In Lerbach muss das Bachbett freigeschaufelt werden, damit das im Ort gestaute Wasser abfließen kann. (Kutscher (1998), 9)

Am Nachmittag des 7. April geht am Badstubenberg eine mächtige **Schneelawine** nieder, durch die in Wildemann eine Frau getötet und mehrere Häuser beschädigt bzw. zerstört werden. (Dirks (1996), 144f.)

In diesem Jahr gibt es einen **heftigen Nachwinter**, der länger dauert als der kalte von 1784. Vom 5. bis 10. April und vom 19. bis 21. April fällt bei starkem Frost noch einmal sehr viel Schnee, der die Fluren bis zu fünf Fuß hoch bedeckt. Im Oberharz liegt der Schnee 10 bis 15 Fuß hoch. Zwischen dem Brocken und dem Königsberg liegt eine 40 bis 50 Fuß hohe Schneedecke, die im Juni am Brocken noch 10 bis 16 Fuß dick ist. **Der Verkehr stockt.**
(Schucht, 148; Reichardt, 434; Günther, 182; Hamm, 144)
Wer nach Zellerfeld will, muss durch den 13-Lachter-Stollen gehen und zum Schacht Ring- und Silberschnur ausfahren. (Dirks (1996), 144)
Auf den Feldern verenden Zug- und Strichvögel massenweise vor Hunger und Kälte.
Im Mai ist wegen der Kälte noch kein Laub an den Bäumen, viele Bäume erfrieren, die Feldbestellung verzögert sich.
(Rohland/Noack, 322; Jordan IV, 131, 133; Fischer (1913), 190; Hamm, 144; Stück/König, 64f.)

Nach mehrtägigem Regen führt die Unstrut am 5. Mai **Hochwasser** und überschwemmt das Rieth bei Sömmerda. Alle Dämme werden schwer beschädigt, auch das Wehr. (Weikinn, Teil 6, 413)

Wie bereits im vergangenen Jahr richten **Stürme** in den Wäldern des Oberharzes auch in diesem Jahr erhebliche Schäden an. (Schroeder/Reuss, 147)

1838
Mitte Januar setzt **starker Frost** ein, der fast ununterbrochen bis Ende Februar anhält. In vielen Kellern erfrieren die Kartoffeln. (Rohland/Noack, 324; Jordan IV, 132; Reinhardt (1892), 327; Hamm,144; Nussbaumer, 209; Stück/König, 67)

Am 7. Juli gründet Pastor Steiger in Windehausen den **Landwirtschaftlichen Verein der Goldenen Aue** mit seinem Sitz in Nordhausen (Nordhausen (1927), Bd.2, 134)

Im August regnet es täglich, wodurch die **Ernte** verspätet wird; doch diese ist **reichlich** wie seit 15 Jahren nicht mehr. Obst gibt es allerdings fast gar nicht, da der vorige harte Winter und auch der starke Spätfrost am 10. und 11. Mai viele Bäume getötet hat. (Jordan IV, 133)

In diesem Jahr wird im **Bergbau am Rammelsberg** damit begonnen, für die Förderung anstelle der Hanfseile oder eiserner Ketten **Drahtseile** einzusetzen.
(Böhme (1978b) 117; Gottschalk (2000), 74; AHBK 1934, 40ff.)

Im Radautal werden in diesem Jahr die alten **Gabbro-Steinbrüche** wieder in Betrieb genommen, die besonders harte Steine liefern. (Meier/Neumann, 398ff.; Hamm, 144)

1839

Im März gastiert eine **Wandermenagerie** in Nordhausen und zeigt Dressuren mit einem **indischen Elefanten** und einer **afrikanischen Hyäne**. Die Miss Baba genannte Elefantenkuh, die mit ihrem Rüssel *„Flaschen öffnet, Knoten löst, Gewehre abschießt und unzählige andere Künste verrichtet,"* wird noch viele Jahre in anderen Orten vorgeführt, bis sie in einer kalten Februarnacht des Jahres 1857 auf der Durchreise in Niederroßla bei Apolda an einer Kolik stirbt. Die Haut wird an die Sammlungen des Schlosses Friedenstein nach Gotha, die Knochen werden an das Anatomische Institut der Universität Jena verkauft. Zur Erinnerung an den Tod des berühmten Elefanten findet seit 1907 in **Niederroßla** alle **25 Jahre ein Elefantenfest** statt, wo seit 1957 immer auch der ausgestopfte Elefant aus dem Museum für Naturkunde in Gotha geholt und im Festumzug mitgeführt wird. 1957 wird auf dem Anger in Niederroßla ein Denkmal des Elefanten errichtet und seit 1993 führt der Ort einen Elefanten in seinem Wappen.
(Junker (2007), 10f.)

Am 3. April wird bei **Staßfurt** im nordöstlichen Harzvorland mit Bohrversuchen auf **Steinsalz** begonnen, die erfolgreich verlaufen, so dass am 4. Dezember 1851 der erste Schacht und am 31. Januar 1852 der zweite Schacht angehauen werden. Im November 1852 erreicht man in 335 m Tiefe ein mächtiges Vorkommem von reinem Steinsalz, nachdem man bereits in den oberen Schichten auf Salzlagerstätten mit einem hohen Gehalt an Kalium, Magnesium u. a. schwer löslichen Elementen des Meerwassers gestoßen ist, für die man zunächst keine Verwendung hat und sie daher als Abraumsalze bezeichnet.

Kalidüngesalzfabrik bei Staßfurt um 1880

Nachdem der Chemiker Justus von Liebig erkannt hat, dass die Bodenfruchtbarkeit durch die Zuführung von Mineralien, insbesondere von Stickstoff, Phosphor und Kalium, wesentlich erhöht werden kann – es wird möglich, die Erträge an Getreide zu verdoppeln und an Kartoffeln sogar zu verdreifachen – und es dem Chemiker Adolph Frank 1860 gelingt, eine technisch brauchbare Methode zur Extraktion der reinen Kalisalze aus dem Salzgemisch zu entwickeln, erlangen die **Abraumsalze**

große wirtschaftliche Bedeutung. 1861 wird das erste Kalirohsalz gefördert und 1865 die erste **Kalidüngesalzfabrik in Staßfurt** eröffnet, die zunächst über 500.000 Zentner Abraumsalze und später die im Bergbau geförderten Kalirohsalze auf Kali verarbeitet. (Gebauer, 424ff.)

Am 4. Juni kommen durch ein **Hagelunwetter** in unserem Gebiet mehrere Menschen ums Leben, Häuser werden beschädigt und viele Feldfrüchte werden vernichtet. Besonders betroffen sind auch die Ortschaften Oberdorf und Mitteldorf im Kreis Nordhausen. In Nordhausen werden viele Fensterscheiben zertrümmert. (OKA vom 27.7.1839; Förstemann, 404)

Am 12. Juli erlässt die Bezirksregierung in Erfurt eine Vorschrift zur Bereitung und Anwendung eines arsenikhaltigen Mittels zur **Vertilgung der Ratten und Mäuse.** (AKRE, Jg. 1839, 214f.)

Am 1. August gründet der im Amt Scharzfeld tätige Arzt Dr. Ernst Heinrich Benjamin Ritscher in **Lauterberg** eine **Kaltwasserheilanstalt.** Neben der heilenden Kraft des Wassers soll die Bewegung in frischer Luft die Gesundheit fördern. Nach der Errichtung eines Badehäuschens und der Herstellung einer Promenade und von Wanderwegen wird 1850 mit der Anlage eines Kurparks begonnen. Wegen des Erfolges, den diese Kuren haben, steigt die Zahl der Genesungsuchenden ständig und um 1900 hat Lauterberg fast 5.000 Badegäste. Am 22. Dezember 1906 erhält der Ort das Recht, sich Bad Lauterberg zu nennen. Nachdem das von dem Wörishofener Pfarrer Sebastian Kneipp propagierte modernere Wasser-Heilverfahrens in Verbindung mit einer gesunden und natürlichen Lebensweise auch in unserem Gebiet immer mehr Anhänger findet, wird Mitte der 20er Jahre des 20. Jahrhunderts die Kaltwasseranstalt in ein Kneippbad umgewandelt und am 12. Oktober 1949 wird Bad Lauterberg die Bezeichnung **Kneippheilbad** zuerkannt. (Walsleben, 1ff.; Zander, 60f.)

Die diesjährige **Ernte ist gut**, außer beim Weizen, der nur zur Notreife kommt. (Rohland/Noack, 326; Jordan IV, 135)

Am Abend des 18. November beobachtet man in Heringen/Helme die seltene Naturerscheinung eines **Mondhalos.** „*Ohngefähr gegen 8 Uhr nahm der Rand des Kreises auf einmal sämtliche Regenbogenfarben an, die ziemlich eine Stunde anhielten und dann langsam verschwanden. Niemand kann sich einer ähnlichen Erscheinung erinnern.*" (Hiller, 191)

In diesem Jahr wird im Fürstentum Anhalt-Bernburg mit der **Separation der Feldfluren** und der Ablösung der Hutungen, Zehnten und sonstigen Naturalgerechtsame begonnen, die 1859 abgeschlossen wird. (Heese/Peper, 136)

1840

Im Januar berichtet Carl Eduard Nehse, seit 1834 Wirt des Gasthauses auf dem Brocken, über „*Pflanzen und Thiere, die auf dem Brocken und in seiner nächsten Umgebung wachsen und leben.*" Er verweist zunächst darauf, dass der **Brocken** bis ins 17. Jahrhundert auch oben ganz bewachsen gewesen sei „*und nur durch fehlerhafte Stellung der Holzschläge, durch die dann einwirkenden Stürme ist derselbe von hochstehenden Bäumen so kahl geworden, dass jetzt keine Holzkultur mehr möglich sein würde. Es finden sich auf der Fläche des großen und kleinen Brockens wie auf der Heinrichshöhe, gar keine hochstehende Bäume, und nur eine Viertelstunde abwärts fangen die Bäume an, sich größer und stärker zu zeigen.*
Die Holzarten, als die Rothtanne Pinus abies, die Lerchenfichte Pinus larix, die Eberesche Sorbus aucuparia, die gemeine Birke Betula alba, die Brockenweide Salix riparia, der Himbeerstrauch Rubus idaeus, die Brombeere Rubus fructicosus, die Johannis- und Ahlbeere Ribes rubrum et nigrum, wachsen zwar in Gruppen und einzeln, jedoch in sehr verkrüppeltem und verkümmertem Zustande auf dem Brocken....

Dagegen hat der Brocken eine verhältnismäßig reiche und durch manche Seltenheiten ausgezeichnete Pflanzenwelt. Die Zahl der sichtbar blühenden Gewächse und der Farrenkräuter beläuft sich nach neuern Untersuchungen auf ohngefähr 110 bis 120 Arten."

Als dem Brocken eigentümliche Pflanzen nennt er u. a. die **Brocken-Anemone**, das **Alpen-Habichtskraut**, den **Berg-Sauerampfer**, die **Zwergbirke**, die **zweifarbige Weide** und den **Büschel-Bärlapp**. Nehse nennt auch das in Mitteleuropa seltene **Moosglöckchen**, das 1834 auf dem Brocken entdeckt, einige Jahre verschollen und dessen Standort erst 1839 wieder aufgefunden worden sei.

Über die **Tierwelt in der Nähe des Brockens** zu seiner Zeit berichtet Nehse:

„In den Monaten Mai bis Ende October halten sich gern in der Nähe des Brockens auf: der Edelhirsch, das wilde Schwein, doch seltener das Reh und der Hase, mehr aber der Fuchs, die wilde Katze, der Baummarder und der Haus- oder Steinmarder, das rothe und schwarze Eichhörnchen, das Wiesel, die Ratte, der Maulwurf, die Spitzmaus, die Hausmaus, die Waldmaus. Ferner an Federwild: das Auerhuhn, das Haselhuhn, verschiedene Gattungen von Schnepfen und mehrere Sorten kleiner Vögel, welche hier brüten, auch die große Turm-, Mauer- oder Steinschwalbe umfliegt in Massen den Brocken, besonders, wenn Gewitter in den Thälern liegen. Zugvögel als die Schild- oder Seeamsel, die Schnarre, der Krammetsvogel, die Singdrossel und die Weindrossel fallen im Herbst am Brocken an, und werden in Dohnen gefangen. Während des Sommers umkreisen oft verschiedene Raubvögel, besonders der gemeine Bussard und der Sperber den Brocken. Auch der Storch, der Kranich und die wilde Gans überziehen im Herbste in Schaaren, aber im Frühjahre nur einzeln den Brocken.

Von Amphibien sind bis jetzt nur die Blindschleiche, verschiedene Arten Eidexen und große schwarzgraue, widrig aussehende Frösche und Kröten, beide letztere jedoch nur von der Mitte Mai bis zu den ersten Tagen des Juni, zur Laichzeit, in großer Menge hier gesehen. Früher soll auch die Ringelnatter, die Kreuzotter so wie die gemeine Otter in beträchtlicher Länge und Stärke hier gesehen worden sein, seit mehreren Jahren jedoch ist keine von ihnen bemerkt.

Käfer und andere Insekten gibt es hier in großer Menge, auch der Maikäfer fehlt nicht, nur Fliegen sind selten.

Während des Winters meiden alle diese Thiere den Brocken." (Nehse, 10ff.)

Ilfeld um 1840

270

Am 20. Dezember berichtet der **Ilfelder** Einwohner Weege, der das dortige von einem Wassergraben umschlossene Backhaus seit 1805 gepachtet hat, dass er *„seit dieser Zeit schon an 20 Schlangen getödtet. Der Naturgeschichte nach sind es die **Hausottern**, die nach dem heißen Brote gehen. Sie waren beinahe alle 2 ¼ Elle lang, und im Durchmesser 2 ½ Zoll dick. Die Weibchen hatten 30 bis 32 Eier, welche die Größe eines Kullerschosses hatten, und alle aneinander gereihet waren. Eins von meinen Kindern, das im Garten zwischen blühenden Erbsen allein saß, hat mit einer dieser Schlangen gespielt, die 32 Eier hatte aber dem Kinde durchaus keinen Schaden zugefügt hat. Auch ist Niemand durch sie beschädigt worden. Seit einigen Jahren haben wir keine mehr gespürt.“* (Duval (1844), 194)

Die diesjährige **Feld- und Obsternte ist sehr reichlich**. Der Herbst ist voller Nebel und Regen bis Mitte Dezember starker Frost eintritt. (Jordan IV, 137)

In diesem **schneearmen Winter** dringt der Frost über 32 Zoll tief in die Erde ein. (Reichardt, 434)

Um 1840
Der Revierförster Meyer in Kamschlacken (Sösetal) führt um diese Zeit den ersten Versuch zur **künstlichen Erbrütung von Forelleneiern** durch. (Wüstemann (1982), 25)

Der ursprünglich im Oberharz fehlende **Haussperling** wird in Clausthal und später in St. Andreasberg eingeführt. Für die Bergstädte des Oberharzes, welche die Zucht von Kanarienvögeln in großem Umfang betreiben, war das Fehlen oder der nur geringe Bestand von Haussperlingen *„von besonderem Wert, weil die Kanarien, die so leicht nachahmen, nun nicht verleitet werden, das unharmonische Geschrei der Spatzen in ihren Gesang einzuführen.“*
(Hamm, 145; Knolle (1980), 18; Zimmermann I, 228)

1841
Am 18. Juli richtet ein **heftiger Gewittersturm** in unserem Gebiet, darunter in Nordhausen, Zerstörungen an. (Förstemann, 405)

Die **Hüttenwerke in Oker** errichten in diesem Jahr eine **Schwefelsäure-Fabrik** und beginnen mit der industriellen Produktion von Schwefelsäure durch Kondensation der bei der Verhüttung von schwefelhaltigem Erz entstehenden Abgase, die bisher als Hüttenrauch ins Freie entweichen und in der Umgebung der Hüttenwerke erhebliche Umweltschäden verursachen. Der Entwicklungsstand der Technik ermöglicht jedoch noch keine vollständige Entschwefelung des Hüttenrauchs. Im Jahr 1882 können aber von den jährlich bei der Verhüttung in Oker entstehenden 170.000 Zentnern Schwefel (als schweflige Säure berechnet) bereits 125.000 Zentner als Schwefelsäure gewonnen werden und 45.000 Zentner entweichen noch in die Luft. (Schroeder/Reuss, 6ff.)

1842
In diesem **Dürrejahr** regnet es vom 12. März bis zum 1. September nur ein einziges Mal und deshalb vertrocknen die meisten Feld- und Gartenfrüchte sowie das Gras. Wegen Futtermangel muss viel Vieh geschlachtet werden. Eine Kuh kostet nur 10 Taler.
Auch die Berg- und Hüttenwerke geraten wegen des **fehlenden Aufschlagwassers** für die Wasserräder in große Schwierigkeiten. Selbst der Oderteich ist seit 1822 erstmalig wieder wasserleer.
(Brederlow, 154; Schucht, 148; Jordan IV, 138f.; Kolbe in: ME 1940; 81; Trübenbach, 361; Stück/König, 87f. ; Fischer (1913), 179; Schmölling et al, 119ff.)

In diesem Jahr wird eine Messung der in der nordwestlichen Ecke der Klappentalswiese im östlichen Teil des Forstreviers Oberspier in der Hainleite stehenden alten **Blutbuche** vorgenommen. Sie ist 27 Meter hoch und hat einen Schaftdurchmesser von 80 bzw. 85 cm. Diese Blutbuche ist durch eine **Mutation der gewöhnlichen Rotbuche** entstanden und unterscheidet sich von dieser nur durch die

Oker um 1850. Mehrere Berghänge sind durch Kahlschlag bzw. Hüttenrauch entwaldet.

rotbraune Farbe ihrer Blätter. Dieser Baum galt lange Zeit als die Stammmutter aller Blutbuchen. Diese Auszeichnung gebührt jedoch, wie Professor Jäggi in Zürich nachgewiesen hat, einem Baum auf dem Stammberg in der Nähe des schweizerischen Dorfes Buch am Irchel. Dort haben während des 17. Jahrhunderts fünf Blutbuchen gestanden, von denen vier eingegangen sind. Aus einem alten Dokument ergibt sich, dass sich die Blutbuchen von Buch bereits um das Jahr 1190 einer gewissen Berühmtheit erfreuten und dass sie infolge einer alten Legende große Mengen von Pilgern anlockten. Ein weiterer, viel jüngerer Standort der Blutbuche wurde in einem Wald nahe Roverdo in Südtirol entdeckt. Da es sehr unwahrscheinlich ist, dass die Blutbuchen von Buch in die Wälder von Oberspier und Roverdo gelangt sind, so erscheint es gerechtfertigt, anzunehmen, dass diese Varietät wenigstens dreimal entstanden ist. Um 1760 ist die **erste Blutbuche vom Mutterstamm in der Hainleite veredelt** worden. Sie stand am großen Parkteich in Sondershausen. Da die Landschaftsgärtner mit der Blutbuche eindrucksvolle Effekte und Kontraste hervorrufen können, wurden **Nachkommen der Blutbuche von Oberspier** ein **begehrter Handelsartikel** und wurden von Sondershausen aus viel verkauft und bis nach Frankreich, England und Amerika exportiert. (HL, 7. Jg. (1910/11), 116ff.)

In diesem Jahr wird die **Chaussee zwischen Harzburg und Ilsenburg** gebaut. (Rohkamm, 34)

In diesem sehr trockenen Jahr gehen die Früchte nicht auf und es gibt eine **schlechte Ernte**. (Rohland/Noack, 329)
Infolge der **Missernte** kostet in Zorge ein Scheffel Roggen 5 bis 6 Taler. (Thieme (1976), 22)

1843
Am 1. Mai tritt im Königreich Hannover und damit auch im hannoverschen Gebiet des Harzes das **Gesetz über die Zusammenlegung der Grundstücke (Verkoppelungsgesetz)** in Kraft. Um den in der gesamten Feldmark der Orte verteilten Streubesitz abzuschaffen, werden sämtliche Feldgrundstücke eines Ortes zunächst zu einer Masse vereinigt und anschließend wird jedem Grundstücksei-

gentümer, dessen Streubesitz in diese Masse einbezogen wurde, sein ihm nach Größe und Boden-güte zustehender Anteil als neue zusammenhängende Einheit zugewiesen. Auch der alte genossen-schaftliche Landbesitz mit Ausnahme der Waldungen wird in diese Masse einbezogen und gelangt zur Neuverteilung. Die Arbeiten werden von Landvermessern und Sachverständigen durchgeführt, die den Bonitätswert der Grundstücke abschätzen. Viele Bauern fühlen sich benachteiligt und sind unzufrieden mit der Verkoppelung, die sich über Jahrzehnte hinzieht. Am Ende stehen die von den Gemeinden verabschiedeten Verkopplungsrezesse. Der Prozess der Neuverteilung der Ländereien wird in Göttingen erst 1877, in Duderstadt 1883 und in Mackenrode erst 1880 zum Abschluss ge-bracht. Als Ergebnis entsteht ein **völlig neues Flurbild** mit verkoppelten größeren Feldern, aufge-teilten Gemeindeflächen und geradlinigen Wegen, auf denen der Bauer nun ohne Bindung an Flur-zwang und Anbaufolge zu seinen Äckern gelangen kann. Mit dieser Hinwendung zu rationelleren Wirtschaftsformen verschwinden die alten Gewanne, kleineren Gehölze, Baumreihen und Hecken, die dem bisherigen Landschaftsbild das Gepräge gegeben haben. Die Beseitigung vieler Bäume, Büsche und Hecken, die Verlegung von Bächen und das Zuschütten von Teichen und Tümpeln füh-ren zu einer Verarmung der Tier- und Pflanzenwelt, einer stärkeren Windwirkung am Boden und zu einem veränderten Wasserhaushalt. (Steinmetz, 156f.; Gottschalk (2000), 79; Hamm, 147, 151)

Im **Mai und Juni regnet es fast unaufhörlich** und der viele Regen bewirkt, dass die Futterkräuter außergewöhnlich gut gedeihen. Allerdings kann das Korn erst Mitte August geschnitten werden. (Jordan IV, 139; ME 1940, 81)

Am 25. Juni wird der **Harzer Forstverein** als erste regionale Organisation der Forstleute gegründet. (Brückner et al., 362)

Am 10. Juli wird die von Westen an das nördliche Harzvorland heranführende 53,90 km lange **Ei-senbahnstrecke von Wolfenbüttel nach Oschersleben (Bode) eröffnet.**
(Handbuch Eisenbahnstrecken, 12; Lauerwald (2004), 229)

Am 15. Juli wird die **Eisenbahnstrecke Magdeburg – Blumenberg – Oschersleben (Bode) – Nienha-gen – Halberstadt** in Betrieb genommen. (Handbuch Eisenbahnstrecken, 12; Lauerwald (2004), 229f.)

Am Nachmittag des 16. September geht zwischen Kleinwenden und Münchenlohra bei heiterem Himmel und Windstille ein mehr als drei Kilo schwerer **Meteorit** mit lautem Krachen nieder und schlägt etwa acht Zoll tief in die Erde ein. Er sieht schwärzlich aus, besteht aus metallhaltigem Gestein und ist noch sehr heiß, als er gefunden wird. Der Meteorit wird dem Landrat in Nordhausen übergeben und gelangt später in den Besitz Alexander von Humboldts.(HL, 1910/10, 80; Hamm, 147)

Der Magistrat der Stadt Goslar wiederholt in diesem Jahr seine Verfügung vom 5. Mai 1824, wonach das **Töten oder Wegfangen von Nachtigallen oder anderen Singvögeln bei Strafe verboten** ist. (Gottschalk (2000), 78)

In diesem Jahr wird die **Chaussee zwischen Harzburg und Oker** fertiggestellt. (Schmidt/Schmidt, 51; Rohkamm, 34)

Auch die Straße von Schierke zum Brockengipfel, die sog. **Brockenstraße**, wird in diesem Jahr angelegt. (Brückner et al, 389)

Im Clausthaler Zehntgarten nimmt in diesem Jahr das **Magnetische Observatorium** seine Tätigkeit auf. Hier wird die Abweichung des magnetischen vom astronomischen Meridian beobachtet. Damit werden zeitliche und örtliche Schwankungen des Erdmagnetfeldes erfasst. (Dennert (1986), Beilage Synopsis Oberharz; Ey, 144)

Der 1843/44 errichtete Bahnhof in Braunschweig

Am 8. November wird der 7,86 km lange **Eisenbahnstreckenabschnitt von Vienenburg nach Neustadt-Harzburg** der Braunschweigischen Staatseisenbahn eröffnet, nachdem die Streckenabschnitte von **Braunschweig nach Wolfenbüttel** bereits am 1. Dezember 1838, von **Wolfenbüttel nach Schladen** im August 1840 und **von Schladen nach Vienenburg** am 31. Oktober 1841 in Betrieb genommen worden sind. Damit erhält der **Harz** über diese Strecke einen **ersten Anschluss an das deutsche Eisenbahnnetz.**
(Lauerwald (2004), 229f.; Handbuch Eisenbahnstrecken, 14; Rohkamm, 28f.; Meier/Neumann, 564; Eisenbahn im Harz, 13, 17)

In diesem Jahr wird damit begonnen, den Damm des **Kunstteichs bei Wettelrode** zu erhöhen, um dessen Speicherkapazität auf rund 195.000 m³ annähernd zu verdoppeln. Im Jahr 1850 wird der Kunstteich durch Erhöhung des Dammes nochmals vergrößert. Sein Fassungsvermögen beträgt seitdem 208,500 m³ bei einer Wasserfläche von 4,57 ha.
(Mansfeld (2008), 265f.)

1844
In einer Bekanntmachung vom 25. März fordert die Bezirksregierung in Erfurt die Bevölkerung auf, im Interesse einer wirksameren **Bekämpfung der Maikäfer** genau zu beobachten, wo und unter welchen Verhältnissen der Maikäfer seine Eier ablegt. Man hat festgestellt, dass der Maikäfer gewisse Verhältnisse zur Eiablage bevorzugt und andere nicht, sodass oft in einem Teil eines Feldes eine große Anzahl von Engerlingen gefunden wird, während sie in einem anderen Teil dieses Feldes nur vereinzelt vorkommen. Da in diesem Jahr ein starker Maikäferflug zu erwarten ist, könnte eine an vielen Orten angestellte Beobachtung vielleicht schon im Jahr 1846 ein zuverlässiges Resultat ergeben, denn schon im Sommer 1844 und im Jahr 1845 werde man beim Pflügen die jungen Engerlinge wahrnehmen. Die Beobachtungen sollen den Landräten mitgeteilt werden.
(AKRE, Jg. 1844, 77ff.)

Am 7. Mai fordert der Nordhäuser Magistrat alle Einwohner, die **Nachtigallen** halten, dazu auf, auch die **gesetzliche Steuer** für das laufende Jahr nicht zu vergessen. Diese beträgt pro Nachtigall und Jahr 5 Taler. (Nordhausen (2003), 74)

Nach einer in diesem Jahr von der Forstdirektion Braunschweig vorgenommenen Zählung sind im **braunschweigischen Harz** folgende Stück **Standortrotwild** vorhanden: Oberforst Blankenburg 374 Stück, Stiege 267 Stück, Walkenried 203 Stück, Harzburg 351 Stück und Seesen 174 Stück. Die Nordgrenze der braunschweigischen Forsten im Harz ist mit einem Gatter umzogen, um das benachbarte Feld vor Schaden zu schützen. (Brederlow, 150)

1844/45
In diesem **langen und kalten Winter** fällt so **viel Schnee**, dass einige Dörfer zeitweise von der Außenwelt abgeschnitten sind. (Förstemann, 406; Kohlmann, 17; Nussbaumer, 209; Stück/König, 98)

1845
Im Januar, April und November werden auf dem Brocken prachtvolle **Mondhalos** und im September wird ein großer, schöner **Sonnenhalo** beobachtet. (Brederlow, 296)

Der 1835 neuerbaute Turm beim Wirtshaus auf dem Brocken

Die im allgemeinen seltene, weil nur an sonnenbestrahlte Nebelwände gebundene Erscheinung des **Brockengespensts** wird in diesem Jahr auf dem Brocken im März und April je zweimal, im November und Dezember je einmal sowie 1838 neunmal und 1839 siebenmal beobachtet. (Brederlow, 294f.; Hamm, 148)

Der Förster Raude im Birkenmoor bei Ilfeld beobachtet im Juli und August die Metamorphose der Insektenlarven der **Heerwurmtrauermücke**, die auf dem Zug zu ihrem Verpuppungsplatz einen Heer- oder Haselwurm bilden. Er hat im Juli in seinem Revier den Heerwurm angetroffen, die Entwicklung der Larven zu Puppen und schließlich zu Mücken verfolgt und berichtet darüber am 30. August an die Universität Göttingen. (Reinboth (1987), Sonderdruck)

Die seit 1841 in Europa um sich greifende, durch den Pilz Phytophthora infestans verursachte **Krautfäule** tritt Ende Juli/Anfang August erstmalig auch auf **Kartoffelfeldern in unserem Gebiet auf.** Sie beginnt mit schwarzen Flecken auf dem Kraut und hat die Fäulnis der Knollen zur Folge. Manche Leute verlieren die Hälfte oder Dreiviertel ihrer Ernte.
(OKA vom 17.7.1852; Gottschalk (2000), 85; Stück/König, 98; Hamm, 148)
Am 15. September veröffentlicht der Realschullehrer Friedrich Traugott Kützing im *„Nordhäusischen wöchentlichen Nachrichts-Blatt"* einen Artikel *„Ueber die Zellenfäule der Kartoffeln."*
(Nordhausen (2003), 75)

Am Nachmittag des 16. Dezember schlägt ein **Blitz** in den Turm der Stephani-Kirche in Goslar. Zwei Goslarer Dachdeckermeister und ihre Gesellen löschen unter Lebensgefahr bei Sturm und Schneegestöber das Feuer im Turm.
(Gottschalk (2000), 87)

Der **Ausbau des Weges durch das Lerbachtal zur Chaussee**, der vor allem in Lerbach zu einer Verbesserung der Lebensverhältnisse führt, wird in diesem Jahr abgeschlossen.
(Voigt, 65)

In diesem Jahr erscheint in der Allgemeinen Forst- und Jagdzeitung (S. 132–140) ein Beitrag unter der Überschrift: *„Ueber die Einwirkung des Rauches der Silberhütten auf die Waldbäume und den Forstbetrieb"*, in dem der Autor Rettstadt erstmalig die **Harzer Hüttenrauchschäden** wissenschaftlich bewertet.
(Schroeder/Reuss, 151)
Der durch Rösten und Schmelzen der sulfidischen Erze entstehende und frei in die Atmosphäre entweichende schwefelsäurehaltige Hüttenrauch schädigt nachhaltig die Vegetation in der Umgebung der Hüttenbetriebe.
(Liessmann (2010),117f.)

Rösten und Schmelzen schwefelhaltiger Erze. Aus: Löhneyss (1617)

1845/46
Dieser **Winter** ist **sehr mild**. Fast den ganzen Winter über fällt kein Schnee. Im Februar fängt schon alles an, grün zu werden. Ende Februar kann schon mit den Feldarbeiten begonnen werden und Anfang März blühen bereits die Veilchen. (Kolbe in: ME, 1940, 82)

1846

Den ganzen Winter hindurch ist beständig Regenwetter. Ende Januar und Anfang Februar tritt **Hochwasser** ein. (Deutsch/Pörtge, 21)

Im April erinnert die Goslarer Polizeidirektion daran, dass das **Töten oder Wegfangen von Nachtigallen oder anderen Singvögeln** sowie das Zerstören der Nester derselben **verboten** ist. Es werden angemessene Geld- oder Gefängnisstrafen angedroht; Knaben sollen körperlich gezüchtigt werden. (Gottschalk (2000), 90)

Am 13. Juli werden bei einem starken Gewitter zwei Menschen in Buntenbock und ein Mann in Goslar durch **Blitzschlag** getötet. (Kutscher (1998), 23)

Die Erschütterungen des Mittelrheinischen **Erdbebens** am Abend des 29. Juli, das eine Stärke von 7.0 auf einer zwölfteiligen makroseismischen Intensitätsskala hat, werden noch in Göttingen und Gotha verspürt. (Sponheuer, 28ff.; Leydecker, 66)

Nach der Frühjahrsbestellung herrscht bis in den November hinein eine **außergewöhnliche Trockenheit**, so dass die Roggen- und Weizenernte gering ausfällt. Gerste und Hafer geraten etwas besser. Wegen der Dürre fehlt das Futter für das Vieh. Es kommt zu einer **Verteuerung der Lebensmittel** und viele Menschen leiden Not. In der Goldenen Aue kostet der Scheffel Weizen 4 Taler, Roggen 3 Taler, Gerste 1 Taler 20 Groschen, Hafer 1 ½ Taler und ein Korb Kartoffeln 1 Taler. Hinzu kommt eine **Mäuseplage**, wodurch auch das bestellte Korn abgefressen wird. (Rohland/Noack, 334; Wüstefeld, Duderstadt, 202)

In diesem **Buchenmastjahr** werden in den Wäldern um Lauterberg mindestens 9.000 Himten Bucheckern gesammelt, aus denen das klare und lange haltbare Bucheckern-Öl gepresst wird. (Kremser, 623)

Stürme in den Wäldern des Oberharzes richten in diesem Jahr erhebliche Schäden an. (Schroeder/Reuss, 147) Sie veranschaulichen, dass auch die seit 1800 nachgezogenen **Fichtenbestände in hohem Maße windwurfgefährdet** sind. (Riehl, 160)

Um 1846

sind im Harz **etwa 330 Moosarten** bekannt, darunter solche, die im übrigen Deutschland noch nicht aufgefunden worden sind. Dazu gehören das an Laubholzstämmen vorkommende Orthotrichum Drummondii, das am Krockstein bei der Marmormühle wachsende Gymnostomum donnianum, der einzige bis dahin bekannte Standort in Kontinentaleuropa, sowie Jungermannia Kunzii und Fimbriaria umbonata, die beide nur im Harz gefunden wurden. (Brederlow, 98, 105)

1846/47

Dieser **Winter** ist **kalt und schneereich**. Am 16. und 17. April fällt in Lerbach und Umgebung noch 10 bis 12 cm Neuschnee. (Kutscher (1998), 25)
Am 18. April liegt in Ellrich der Schnee noch 2 preußische Fuß hoch. (Kuhlbrodt (2000), 281f.)

1847

Infolge der Missernten in den beiden Vorjahren kommt es im Frühjahr zu einer **großen Teuerung und Hungersnot**. In Nordhausen steigt der Preis für einen preußischen Scheffel Roggen von einem Taler und 20 Silbergroschen im Mai 1846 auf 4 Taler und 15 Silbergroschen im Mai dieses Jahres. Eine Kartoffel kostet 2 Pfennige.
(Nordhausen (1863), 127; Gottschalk (2000), 97; Kuhlbrodt (2000), 281; Stück/König, 104f.)
In Zorge kostet ein Zentner Mehl 5 Taler und ein Zentner Kartoffeln 1 Taler (Thieme (1976), 24)

Mancherorts greifen die Behörden ein, um Preistreibereien von Spekulanten entgegenzuwirken. So wird aus Lerbach berichtet, dass im August der Roggenpreis auf 1 Taler 2 gute Groschen festgesetzt wird, nachdem er im Mai auf 3 Taler gestiegen war. (Kutscher (1998), 32)

Da die **Osterfeuer**, die bisher am Abend des ersten und zweiten Ostertags auf den Bergen und Hügeln rings um Goslar angezündet wurden, zu Beschädigungen der Forsten geführt haben, verbietet der Magistrat von Goslar *„hiermit ein für alle Mal bei einer Geldstrafe von 5 Talern"* das Anzünden von Osterfeuern. (Gottschalk (2000), 95)

Nach den Missernten der vorigen Jahre fällt die diesjährige **Ernte** an allen Feldfrüchten und auch an Obst **außerordentlich gut** aus. Im Dezember beträgt der Preis für einen preußischen Scheffel Roggen nur noch einen Taler und 20 Silbergroschen. Im Harz wird eine reiche Kartoffelernte erzielt und als *„Harzer Erntesegen"* bezeichnet. (Nordhausen (1863), 127; (Kuhlbrodt (2000), 281; AHBK, 36)

Am 1. Oktober fordert die Nordhäuser Firma Schreiber & Sohn die Landwirte der Umgebung auf, ihr Zichorienwurzeln und Zuckerrüben zu verkaufen. Sie kündigt an, in der Umgebung Land für den Anbau von Zichorien und Zuckerrüben pachten zu wollen. Die Firma errichtet in **Nordhausen** eine **Zichorienfabrik**, die sich 1850 bereits zu einem blühenden Unternehmen entwickelt hat. (Nordhausen (2003), 78, 91)

In diesem Jahr wird in der Flur von **Edersleben** mit dem **Abbau von Braunkohle** durch Schachtanlagen begonnen. Nach 52 Jahren wird die Grube 1899 geschlossen. (Edersleben, 34)

Der Brockenwirt Nehse beginnt in diesem Jahr im Auftrag des meteorologischen Instituts mit der **systematischen Wetterbeobachtung auf dem Brocken,** wobei er Daten über den Wind, die Bewölkung, die Niederschläge und die Temperatur sammelt. (Pörtner, 12)

In diesem Jahr legen Arbeiter, die von Obergebra aus einen fahrbaren Aufstieg auf die Hainleite herstellen, das **Skelett eines Mammuts** frei, dessen einzelne Teile auf drei Wagen nach Nordhausen und von da nach Berlin gebracht werden.
Etwa zur gleichen Zeit wird südöstlich von Sondershausen bei der Ausschachtung eines Bauplatzes ein 53 cm langer, 8 bis 9 cm breiter und 2,5 Kilo schwerer **Mammutzahn** gefunden. (HL, 7. Jg. 1910/11, 101; Krönig, Niedergebra, 223)

Die neue **Landstraße von Braunlage nach Lauterberg** wird in diesem Jahr erbaut. (Moritz, 146)

1848
Schon am 19. Februar beginnt eine milde Witterung und die Monate März und April bringen schöne und warme Tage. Getreide, Obst und Gartengewächse geraten gut und die **Ernte** ist **reichlich.** In Nordhausen kostet ein preuß. Scheffel Roggen, für den kurz vorher noch 5 Taler bezahlt werden mußten, nach der Ernte weniger als einen Taler und 30 Silbergroschen. (Nordhausen (1863), 126; Vocke, 50)

Am 31. Oktober wird in Preußen das Gesetz betreffend die **Aufhebung des Jagdrechts auf fremdem Grund und Boden** und die Ausübung der Jagd erlassen. Damit wird das Jagdrecht auf fremdem Grund und Boden ohne Entschädigung aufgehoben. Die Jagd steht jedem Grundbesitzer auf seinem Grund und Boden zu .Er darf sie in jeder erlaubten Art, das Wild zu jagen und zu fangen, ausüben. Den benachbarten Grundbesitzern bleibt überlassen, ihre Grundstücke zu einem gemeinschaftlichen Jagdbezirk zu vereinigen und die Jagd durch öffentliche Verpachtung oder durch einen angenommenen Jäger ausüben oder auch gänzlich ruhen zu lassen. Da es **keine Schonzeiten mehr** für das Wild gibt, werden insbesondere das **Rot- und Schwarzwild** innerhalb kurzer Zeit in vielen Regionen Preußens, darunter auch in Teilen unseres Gebiets, **nahezu ausgerottet.** Durch das am 7. März

1850 erlassene preußische Jagdpolizeigesetz werden die durch das Gesetz vom 31. Oktober 1848 verursachten Missstände in der Jagdwirtschaft teilweise korrigiert. (GSPS, 1848, 343; Wagner, R. (1883), 13f.; Heerda, 74)

In diesem Jahr wird der **chausseemäßige Ausbau der Straße von Nordhausen über Niedersachswerfen nach Ellrich abgeschlossen,** mit dem im Jahr 1846 begonnen wurde. (Nordhausen (1927), Bd.2, 135)

1849
Nach einem mittelmäßigen Winter, einem trockenen Frühjahr und einem schönen Sommer wird in diesem Jahr eine **ergiebige Ernte** von allen Feldfrüchten eingebracht. In Nordhausen kostet ein preuß. Scheffel Roggen nach der Ernte erneut weniger als einen Taler und 30 Silbergroschen. (Nordhausen (1863), 126; Rohland/Noack, 337)

In diesem Jahr nimmt in Auleben eine **Fabrik zur Verarbeitung von Zuckerrüben** ihren Betrieb auf. Die Nordhäuser Firma Schreiber erbaut 1850 bei Heringen eine Zuckerfabrik, weitere werden 1852 in Roßla, 1866 in Wolkramshausen und 1884 in Duderstadt errichtet. (Pfeiffer, (2004),133f.; Ders. (1999) 27; Wüstefeld, Kulturgewächse, 40f.; Körber-Grohne, 210)

1850
Dieser **Winter** gehört **zu den strengsten des Jahrhunderts.** Im Januar herrscht große Kälte und starker Schneefall. (Förstemann, 406; Kohlmann, 17)

In **Quedlinburg** wird in diesem Jahr der **Saatzuchtbetrieb Gebrüder Dippe gegründet,** dessen wichtigstes Handelsgut zunächst Zuckerrübensamen ist, mit dem der Betrieb ein Sechstel des Weltbedarfs abdeckt. Um 1900 produziert der Betrieb auf etwa 3.000 ha Saatgut von Zuckerrüben,

Quedlinburg um 1880

Getreide, Gemüse, Kräutern, darunter Dill, Fenchel und Salbei, und Blumen. Im Firmenkatalog 1905/06 werden 780 Gemüsesorten, darunter 45 verschiedene Salatsorten, 3.600 Zierpflanzen und 98 Sorten landwirtschaftlicher Pflanzenarten angeboten. Jährlich werden etwa 400.000 Zentner Rübensamen, 4.000 Zentner Möhrensamen und 1.500 Zentner Zwiebelsamen verkauft.
(Goroll, 4; Habenicht, 194; Günther, 796f.)

In der Nacht vom 21. zum 22. Februar richtet ein **starker Sturm** im Gebiet um Göttingen erheblichen Schaden in den Fichtenbeständen an.
(Kolbe in ME 1940, 83; Allgemeine Forst- und Jagdzeitung 16. Jg. 1850)

Im März bringt der Goslarer Magistrat der Bevölkerung die **Bestimmungen über das Holzholen** aus dem 1.500 Morgen großen **Goslarer Stadtforst** gemäß der Verordnung vom 2. Dezember 1802 bzw. 13. Januar 1818 erneut in Erinnerung. Danach ist es allen Einwohnern Goslars verboten, außer an den bisher üblichen Holztagen (Montag, Mittwoch und Sonnabend) sich im Forst aufzuhalten, auch wenn sie keine Axt, Beil, Säge oder anderes „*Instrument*" bei sich haben.
(Gottschalk (2000), 128, 375)

Die Nordhäuser Firma Schreiber & Sohn erbaut in diesem Jahr in **Heringen/Helme** eine **Zichoriendarre,** in der durchschnittlich jährlich etwa 12.000 Zentner Zichorienwurzeln zu Zichorie verarbeitet werden. (Hiller, 198)

In der Teichwirtschaft der **Domäne Veckenstedt** an der Kassebornquelle zwischen Veckenstedt und Stapelburg werden um diese Zeit **elf neue Forellenteiche in Betrieb genommen.**
(Wüstemann (1982), 25)

In den 15 Jahren von 1836 bis zu diesem Jahr wurde insgesamt 89mal das **Brockengespenst**, im Mittel also jährlich sechsmal, beobachtet. (Günther, 182)

Um 1850 sind in den **Eisenhütten in Mägdesprung** im Selketal etwa 200 Menschen beschäftigt, die das Erz aus den Bergwerken der Umgebung verarbeiten. Neben einem Hochofen und mehreren

Eisenhütten in Mägdesprung um 1840

Kupelöfen sowie Hammerhütten gibt es ein Blech- und Stabeisenwalzwerk, ein Drahtwalzwerk, eine Schwarzblechhütte und eine Gießhütte, in der feine Gusswaren hergestellt werden, die hohe Anerkennung finden. Bereits 1686 und 1688 wird in der Literatur auf eine *„Eisenhütte unter dem Mägdesprung"* verwiesen, in der Stab- und Gusseisen, insbesondere eiserne Öfen, gefertigt wurden. (Schönichen (1839), 164f.; Brederlow, 429f.)

In den Jahren **nach 1850** wird das vorindustrielle Eisenhüttenwesen des Harzes allmählich durch die Konkurrenz der sich schnell entwickelnden Kohle- und Eisenreviere in Schlesien sowie an Rhein, Ruhr und Saar verdrängt. Ab 1857 kommt es zu **zahlreichen Stilllegungen von Gruben und Eisenhütten**. Die alte Einheit von Eisensteinbergbau, Köhlerei, Roheisengewinnung und –verarbeitung bleibt zunächst nur noch im Elbingeroder Revier um die Rothehütte erhalten, die sich auf die Produktion eines Holzkohle-Qualitätseisens spezialisiert, bevor auch dieser Betrieb der Strukturkrise der Metallindustrie in den 1920er Jahren zum Opfer fällt. (Laufer, 96ff.)

1851
Die **Sonnenfinsternis** am 28. Juli wird bei günstiger Witterung auch in unserem Gebiet beobachtet. (Rohland/Noack, 343)

Viel Regen und Nebel bestimmen in diesem Jahr das Wetter, es gibt nur wenige schöne warme Sommertage. Im Herbst leidet die Wintersaat unter **starkem Schneckenfraß**. (Rohland/Noack, 343; Jordan IV, 148; Adler/Hey, 222)

Die Nordhäuser Firma Schreiber & Sohn erbaut in diesem Jahr in **Heringen/Helme** eine **Zuckerfabrik**, in der im ersten Jahr 54.615 Zentner, in den folgenden Jahren je nach Ernteanfall 150.000 bis 300.000 Zentner Zuckerrüben verarbeitet werden. Bis 1868 wird der gewonnene Rohzucker auch raffiniert, ab 1869 wird nur noch Rohzucker hergestellt. Durch planmäßige Züchtung der Rüben auf Zuckergehalt wird die Jahresproduktion bis auf 20.000 – 30.000 Zentner Zucker gesteigert. Nach dem Sinken der Zuckerpreise geht die Firma ab 1884 zum Rübensamenanbau über. (Hiller, 198)

Der **Ausbau der Alten Chaussee von Goslar nach Osterode** zu einer bequemen Fahrstraße, mit dem im Jahr 1847 begonnen wurde, wird in diesem Jahr **abgeschlossen**. Da auf der *„Alten Chaussee"* ganz unverhältnismäßige Steigungen von 10 bis14% zu überwinden waren, erhält die neue Fahrstraße eine **neue Linienführung**. Sie verläuft nunmehr aus dem Gosetal über die Clausthaler Hochebene in das enge Lerbacher Tal, in dem sie auf ziemlich ebener Bahn die Stadt Osterode erreicht. (Morich (1940), 46)

Der königlich-hannoversche Forstrat Gustav Drechsler verweist in seinem in diesem Jahr erschienenen Buch über die Forsten des Königreichs Hannover auf den volkswirtschaftlichen Nutzen des **Sammelns der Waldbeeren**. Er berichtet , dass in St. Andreasberg ein Kaufmann *„nach Ausweis seiner Bücher jährlich für etwa 500 bis 600 Thlr. Heidelbeeren und Himbeeren in den letzten Jahren aufgekauft hat, daraus den Saft auspressen ließ und diesen ins Ausland absetzte. Im vergangenen Jahr sind 50 Oxhoft (ein braunschw. Oxhoft = ca. 225 Liter) solchen Saftes versandt. Eine mindestens gleiche Quantität wird von den dortigen Einwohnern nach Wernigerode und Herzberg zum gleichen Zweck geliefert, so daß schon für diese, nach auswärts gehenden Beeren etwa 1.000 – 1.200 Thlr. dem kleinen Ort zufließen."* Die gleiche Menge werde in Lauterberg, noch mehr in den *„kleinen Harzdörfern"* Lerbach, Lonau usw. gesammelt und verkauft. (Kremser, 625)

1851/52
Der **Winter** ist **mild und regnerisch**. Am 6. und 18. Februar tritt die Helme weit über ihre Ufer. Erst Ende Februar wird es etwas kälter. (Vocke, 100)

1852

Am Abend des 26. Mai wird der Süden unseres Gebiets von einem **verheerenden Unwetter** heimgesucht. Es ist die größte Unwetterkatastrophe des 19. Jahrhunderts in dieser Region.
85 Ortschaften mit 80.000 Einwohnern in den Kreisen Heiligenstadt, Worbis, Mühlhausen, Nordhausen, Langensalza und Weißensee sind davon betroffen. Auch die südlich der Hainleite gelegene und von der Helbe durchflossene Unterherrschaft des Fürstentums Schwarzburg-Sondershausen erleidet durch dieses Hochwasser große Schäden.
Mehrere Gewitter mit Wolkenbrüchen die sich auf der Wasserscheide zwischen Elbe und Weser oberhalb von Dingelstädt austoben, strömen in allen Richtungen zu Tale. Zwei Ströme verlaufen durch das Geisledetal und das Martinfelder Tal nach dem Wesergebiet und vier Ströme ergießen sich durch das eigentliche Unstruttal, das Pfingstrasental, das Mertelstal und das Luhnetal nach dem Elbegebiet.
Bei Bernterode wird die Wipper zu einem Strom, bei Niedergebra zu einem See, der das ganze Tal ausfüllt. (OKA vom 19. 6. 1852; Goldmann, 39ff.; Jordan IV, 148; Trübenbach, 360; HL, 3. Jg. (1906/07), 55; Apfelstedt, 89f., 141, 210; Adler/Hey, 222)

Romantische Darstellung der Teufelsmauer um 1840

Durch Polizeiverordnung vom 8. Juli weist der Landrat von Quedlinburg, Weyhe, die sich von Neinstedt bis nahe an die Bahnlinie Weddersleben im Harz erstreckende **Teufelsmauer** als *„Gegenstand der Volkssage und eine als seltene Naturmerkwürdigkeit berühmte Felsgruppe"* gegen den Widerstand der benachbarten Gemeinden als Naturdenkmal aus. Dieser Verordnung ging bereits die Verordnung der Ortsbehörde von Weddersleben vom 2. Juni 1833 voraus, mit der das Brechen von Steinen an der Teufelsmauer bei Strafe verboten wurde. Da aus dem aus widerstandsfähigem Sandstein bestehenden Felsgebilde Steine für Bauzwecke herausgebrochen wurden, bestand die Gefahr, dass es vollständig verschwindet. Durch die landrätliche Verordnung wird der Teufelsmauer der *„rechtliche Charakter einer öffentlichen Anlage"* zugesprochen und diese wird damit zum **ersten amtlich geschützten Flächennaturdenkmal in Mitteldeutschland**. Durch Schutzanordnung des Regierungspräsidenten in Magdeburg vom 9. Juli 1935 wird das 135 ha große Areal zum NSG Teufelsmauer erklärt. (Handbuch der Naturschutzgebiete III, 118ff.; NLSGSA, 225; LSGSA, 239)

Am 2. Oktober wird in **Nordhausen** die **erste Gewerbeausstellung** eröffnet, auf der 14 Tage lang Erzeugnisse des heimischen Gewerbes, des Feld- und Gartenbaus sowie der Forstwirtschaft ausgestellt werden. (Nordhausen (2003), 93)

Am 23. Oktober wird der **Naturwissenschaftliche Verein Goslar** gegründet. (Gottschalk (2000), 151; Hamm, 155)

Auf dem Hasenknüll bei Herbershausen östlich von Göttingen wird in diesem Jahr der **Kartoffelstein**, ein Gedenkstein als Dank für eine reiche Ernte und das Ende mehrjähriger Missernten und Hungersnot, besonders in den Jahren 1845/46, errichtet. (Hamm, 154)

In diesem Jahr entwickelt der 1815 in Seebach geborene **Freiherr August von Berlepsch** das bewegliche Wabenrähmchen, wodurch es möglich wird, die vollen Bienenwaben aus der Bienenbeute zu entnehmen und durch leere Waben zu ersetzen, ohne den vorhandenen Wabenbau zu schädigen. Die Bienen müssen weniger Energie für den Wabenbau aufwenden und gleichzeitig wird ein besserer Einblick in das Leben des Bienenvolkes ermöglicht. Dies bedeutet eine **Revolution in der Bienenhaltung**, denn der mobile Wabenbau macht die Bienenhaltung rentabel für jedermann und erhöht auch in unserem Gebiet die Anzahl der gehaltenen Bienenvölker beträchtlich. (Holze, 150f.; Wintzingerode-Knorr, Sittich: 77)

Bei Stolberg wird in diesem Jahr ein **Nerz getötet**. Diese Marderart, die am Ende des 18. Jahrhunderts noch in der Leine in der Göttinger Gegend vorkam, ist in Deutschland bereits fast ausgerottet und wird am Ende des 19. Jahrhunderts nur noch in manchen Gewässern Mecklenburgs, Pommern und Schlesiens angetroffen. (Marshall, 44)

1853
Dieses Jahr ist ein **Kältejahr** mit ungeheuren Schneemassen und großer Kälte vom Februar bis Ende Mai. Bis zum 29. Mai gibt es noch starke Nachtfröste und lange Dürre bei Ostwind. Mancherorts geht deswegen die Wintersaat zugrunde und die Sommersaat kann mitunter gar nicht oder doch sehr spät bestellt werden. Dadurch kommt es zu einer **Missernte** und zu einer Teuerung fast aller Lebensmittel. (Gottschalk (2000), 158f.; Reinhardt (1892), 328; Reichardt, 435; HL, 3.Jg. (1906/07), 55)

Im Juni findet die erste bedeutendere **landwirtschaftliche Ausstellung (Tierschau) in Nordhausen** statt. (Nordhausen (2003), 94)

Vom 24. bis 31. August erscheint ein **Komet** am Nordwesthimmel. (Nordhausen (2003), 94)

In diesem Jahr werden erstmalig in den Ilsenburger Wäldern **Rauchschäden durch die Hüttenbetriebe** zweifelsfrei nachgewiesen. (Ilsenburg, 53)

1854
Die Landwirtschaft spielt im Harzgebirge wegen des rauen Klimas und der kurzen Vegetationsperiode nur eine untergeordnete Rolle. Die mit der Waldweide verbundene Viehhaltung ist insbesondere im Hochharz im Wesentlichen die einzige Form der landwirtschaftlichen Nutzung. Einen Einblick in die in diesem Jahr in **Clausthal betriebene Landwirtschaft und Viehhaltung** geben folgende Zahlen: 50 Morgen werden mit Gerste und Hafer bestellt und davon werden 146 Zentner Gerste und 194 Zentner Hafer geerntet. Beim Gerstenanbau wird Saatgut aus dem Himalaya und dem Fichtelgebirge verwendet. Von 70 Morgen Kartoffelland kann nur ein Drittel des Katoffelbedarfs der Stadt gedeckt werden.

2505 Morgen Wiesenland, das vor allem zur Heugewinnung für die Winterfütterung genutzt wird, stehen für die Viehhaltung zur Verfügung. Der Viehbestand umfasst 155 Pferde, 747 Stück Rindvieh, 155 Ziegen, 404 Schafe und 131 Schweine und liegt damit deutlich unter dem der anderen hannoverschen Landesteile. (Beug et al., 28)

Am 1. August wird die durch das westliche Harzvorland verlaufende, 58,35 km lange **Eisenbahnstrecke Alfeld (Leine) – Kreiensen – Salzderhelden – Northeim –Göttingen eröffnet.** (Handbuch Eisenbahnstrecken, 34)

Im Dezember liegt der **Schnee vor dem Brockenhaus 9 m hoch** und der Zugang zu demselben ist nur durch einen 16 m langen Schneestollen möglich. (Günther, 183)

Am 16. Dezember treten durch plötzliche Schneeschmelze im Harz Zorge und Helme weit über ihre Ufer. Es soll das größte **Hochwasser** in Nordhausen seit 1808 sein. Die Fluten zerstören den Grimmelsteg. (Nordhausen (2003), 95)

Der **chausseemäßige Ausbau der Straße von Langensalza nach Nordhausen**, mit dem 1852 begonnen wurde, wird in diesem Jahr abgeschlossen. (Trübenbach, 350)

Ey berichtet in seinem in diesem Jahr erschienenen Harzbuch, dass in den Fichtenwaldungen des Harzes auch **Lärchen, Weiß- und Edeltannen** sowie **Weymouth-Kiefern** wachsen, also Nadelbäume, die im Harz ursprünglich nicht heimisch waren. (Ey, 57)

1855
Die Saat leidet stark unter **Mäusefraß**, so dass es sehr wenig Korn gibt. In Nordhausen kostet ein preuß. Scheffel Roggen nach der Ernte zwischen 2 und 3 Taler. (Nordhausen (1863), 126; Jordan IV, 149)

Am 22. Juli führt die Ilse nach wolkenbruchartigem Gewitterregen **Hochwasser** und richtet im Ilsetal erhebliche Zerstörungen an. Die meisten Brücken werden zerstört und mehrere Wehre von der Gewalt des Wassers fortgerissen. (Ilsenburg, 27)
Um Wernigerode werden die Wiesen und Felder überschwemmt, das Heu verdirbt und die Feldfrüchte verschlammen. (Reichardt, 435)
Im Wormketal **bricht** der 1797 erbaute **Damm des Wormke-Teichs** und die zu Tal stürzenden Wassermassen richten großen Schaden an, wobei das Hüttengelände der Rothehütte und das tiefer gelegene Königshof besonders betroffen sind. (Brumme, 37, 42f.)

Vom 6. zum 7. **September** herrscht **starker Nachtfrost**. (Reinhardt (1892), 328)

In diesem Jahr wird die **Chaussee von Harzburg zum Gasthaus Molkenhaus fertiggestellt**, mit deren Bau 1853 begonnen worden ist. Das 1665 auf dem Sellenberg erbaute **Molkenhaus** ist 1822 an seine jetzige Stelle am Hasselbach **verlegt** worden. (Rohkamm, 34f.)

1856
Nachdem der Goslarer Handwerkerverein die **Anpflanzung von Maulbeerbäumen** und die Anlage einer **Seidenraupenzucht** geplant hat, treffen die Maulbeerbäume im April in Goslar ein und werden zum halben Einkaufspreis zum Verkauf angeboten. Offenbar findet die Seidenraupenzucht in Goslar nicht den erhofften Zuspruch, denn im Wochenblatt der Stadt Goslar werden noch im Jahr 1858 mehrfach Maulbeerbäume zu günstigen Preisen angeboten. (Gottschalk (2000), 187, 207)

Das Wochenblatt der Stadt Goslar berichtet, dass mehrere Landwirte an der preußisch-sächsischen Grenze Anbauversuche mit der als Ersatzpflanze für die Kartoffel vorgeschlagenen chinesischen

Yamswurzel gemacht haben, die sehr ermutigend ausgefallen seien. Die Yamswurzel wird als höchst ertragreich, nahrhaft, keiner Krankheit unterwofen und sehr schmackhaft empfohlen. (Gottschalk (2000), 186)

Am 5. August wird die von den Braunschweigischen Staatsbahnen errichtete 60,54 km lange **Bahnstrecke Börßum – Ringelheim – Neuekrug - Hahausen – Seesen – Gandersheim – Kreiensen** in Betrieb genommen, nachdem die **Bahnstrecke Braunschweig – Wolfenbüttel** bereits am 1. Dezember 1838 und von Wolfenbüttel nach Schladen über Börßum am 22. August 1840 eröffnet worden ist. (Handbuch Eisenbahnstrecken, 38; Lauerwald (2004), 229f.; Eisenbahn im Harz, 13f., 17)

In diesem Jahr wird unter der Leitung des Oberbergmeisters Ahrend mit dem Bau der **Fahrstraße durch das romantische Okertal** mit Abzweigung durch das tiefe Schulenberger Tal begonnen, die 1861 fertiggestellt wird. (Schmidt/Schmidt, 51; Morich (1940), 46; Schucht, 36)

1857
Am 22. März stirbt in Nordhausen der am 13. März 1792 in Breitenstein geborene Arzt und **Botaniker Friedrich Wilhelm Wallroth**, der in seinem Werk *„Erster Beitrag zur Flora Hercynica"* (Halle 1840) sowie in mehreren weiteren Veröffentlichungen eine große Zahl von Fundorten seltener Pflanzen des Harzes und seiner Umgebung angibt und auch ein umfangreiches Herbarium anlegt. Er war auch ein hervorragender Kenner der Pilze und Flechten. Zu seinen wichtigen Veröffentlichungen gehört die 1825 und 1827 in Frankfurt/M. in zwei Bänden erschienene *„Naturgeschichte der Flechten"*. (Barthel/Pusch, 337ff.)

Von April dieses Jahres bis zum März 1859 leidet unsere Gegend unter einem **furchtbaren Wassermangel**. Selbst der Hirscheler Teich, der größte Teich der Clausthaler Hochebene, ist leer. **Pochwerke und Hüttenwerke stehen still**. Die Kornmagazine müssen bedeutende Zuschüsse leisten, da im Lande **Teuerung** herrscht.
Nur wenig Saat geht auf und von dem, das aufgeht, verdorrt ein Teil wieder, sodass Futtermangel herrscht.
Angesichts der anhaltenden Trockenheit und der dadurch **erhöhten Brandgefahr** ordnet der Goslarer Magistrat im Juni an, dass alle Hauseigentümer bzw. Mieter ein Gefäß mit Wasser neben der Haustür oder an einem von der Straße leicht zugänglichen Ort in Bereitschaft zu halten haben. (Wiese (1979), 73; Gottschalk (2000), 199, 203; Schucht, 149; AHBK 1937, 36; Günther, 173; Rohland/Noack, 347; Hamm, 157)

Goslar und Umgebung leiden in diesem Jahr unter dem Auftreten von **ungeheuren Scharen von Mäusen**. (Gottschalk (2000), 203)

In diesem Jahr wird die um 1830 aus Nordamerika eingeführte **Douglasie** erstmalig im Revier des Forstamts Lonau und ein Jahr später auch im Gebiet des Forstamts Herzberg gepflanzt. Sie findet in unserem Gebiet gute Lebensbedingungen vor, denn sie liebt Luftfeuchtigkeit und gedeiht auf nicht vernässten und nicht zu schweren Böden recht gut.
Im Jahr 1901 wachsen im Revier Lonau Douglasien schon auf einer Fläche von 8,9 ha. Auch in den Oberförstereien Harzburg und Wieda gibt es 1901 bereits Douglasienbestände.
Der schnellwüchsige, immergrüne Nadelbaum wird u.a. **auf durch Hüttenrauch entstandenen Kahlflächen angepflanzt.**
(Kremser, 755, 758f.; Artmann, EHH 1961/3, 43; Schroeder/Reuss)

1858
Am Mittag des 15. März gegen 13.00 Uhr wird in unserem Gebiet eine **Sonnenfinsternis** beobachtet. (Oppolzer, 294f., Blatt 147)

Am 18. Juni, um die Mittagszeit, tobt ein **heftiges Gewitter**, begleitet von Hagelschauern, über Goslar, wobei viele Fensterscheiben zertrümmert werden. Ein **Blitz** schlägt in den vor dem Breiten Tor stehenden kleinen Turm und springt auf das daneben stehende Haus über, wo eine Frau verletzt wird. In Jerstedt wird ein Mann auf dem Feld vom **Blitz erschlagen**. (Gottschalk (2000), 208)

In diesem Jahr ist es bis in den Juli hinein **sehr trocken**, Klee und Gras verbrennen, der Körnerertrag ist dürftig. Im Oberharz mangelt es erneut an Aufschlagwasser zum Betrieb der Gruben, sowie der Poch- und Hüttenwerke. (Wiese (1979) 73; Nordhausen (2003), 99; Rohland/Noack, 348)

Am 31. Juli steigt der Wasserspiegel der **Ilse** nach einem vorausgegangenen 30 Stunden andauernden Landregen so stark an, dass durch das **Hochwasser** die in Ilsenburg am *„Deutschen Haus"* über den Fluss führende massive Brücke fortgeschwemmt wird. Sechs Menschen kommen in den Fluten ums Leben, mehrere Häuser werden zerstört. Auch die **Oker** führt **Hochwasser**.
(Ilsenburg, 27f., 90; Gottschalk (2000), 210)

Im August erscheint am westlichen Himmel der von dem italienischen Astronomen Giovanni Battista Donati entdeckte **Komet**. Das Mühlhäuser Kreisblatt vom 22. September berichtet darüber folgendes:
„Der von Donati entdeckte Komet hat so ungeheuer an Licht gewonnen, dass er gegenwärtig dem freien Auge sichtbar ist und in glänzender Pracht den Himmel schmückt. Die Länge seines von der Sonne abgewandten Schweifs beträgt sechs Vollmondbreiten. Der Schweif ist nach oben etwas gekrümmt und zeigt ein etwas rötlicheres Licht als der hellglänzende Kern. Da der Komet in seinem Laufe sich nicht nur der Sonne, sondern auch noch der Erde mehr nähert, so wird seine Erscheinung in den nächsten Wochen eine ganz ungewöhnliche und vielleicht dem großen Kometen von 1811 vergleichbare Pracht entwickeln."
(Vgl. dazu auch: Reinhardt (1892), 328; Rohland/Noack, 348; Kronk II, 268ff.; Stück/König, 134f.)

In **Oker** wird in diesem Jahr die **erste Kupfervitriol-Hütte** in Betrieb genommen. (Schucht, 149)

Auf Initiative von Herzogin Friederike von Anhalt-Bernburg wird in diesem Jahr der **Park des Schlosses Ballenstedt** nach den Plänen und unter Leitung des **Landschaftsarchitekten Peter Jo-**

Schloss Ballenstedt um 1850

286

seph Lenné umgestaltet. Im 114 Morgen großen Schlosspark werden gepflegte Rasenflächen mit in Buchsbaum eingefassten Blumenbeeten, Laubengänge und etagenförmige Wasserkünste mit einem bis zu 24 m in die Höhe schießenden Hochstrahl und großen Wasserbecken angelegt, eine Musikhalle und mehrere Pavillons errichtet und in den folgenden Jahren zahlreiche einheimische und **exotische Bäume und Sträucher** angepflanzt. Dazu gehören der **Gingkobaum**, der japanische **Schnurbaum**, die aus Nordamerika stammende **Lebensbaum-Zypresse**, die **farnblättrige Linde**, die **Silber-Blaufichte**, **Morgenländische Platanen**, die weißblaue **Edeltanne**, die kanadische **Hemlockstanne**, ungarische **Silber-Linden**, der **Tulpenbaum** und der **Mammutbaum**. (Heese/Peper, 21f. , 25ff.)

1859

Am 27. Mai geht in der Nähe von Gandersheim ein **Wolkenbruch** nieder. Das Hochwasser überflutet die Stadt und richtet an zahlreichen Gebäuden großen Schaden an. Das Straßenpflaster wird mehrere Fuß tief aufgerissen, große Bäume werden umgeworfen und viel Vieh ertrinkt in den Fluten. (Kronenberg, 63)

Im August wird kurz vor der Erschöpfung der Erzvorkommen am Alten Lager des Rammelbergs das **Neue Lager am Rammelsberg entdeckt**, das im Gegensatz zum Alten Lager nicht über Tage austritt. Es hat Mächtigkeiten von bis zu 40 m und reicht bis in Tiefen von 500 m. An der Entdeckung ist der Bergrat Koch, Vater des Nobelpreisträgers Robert Koch, wesentlich beteiligt. Bereits 1738 hatte man auf der Sohle des Tiefen Julius Fortunatus Stollens einen Suchstollen aufgefahren und nach 175 m die Suche nach neuen Erzlagern als hoffnungslos aufgegeben. An gleicher Stelle hat man nun die Suche fortgesetzt und nach 10 m Vortrieb stößt man bereits auf massive Erzanbrüche. Der Metallgehalt der Erze des Neuen Lagers, das die Ausmaße des Alten Lagers hat, ähnelt auch dem des letzteren: 17% Zink, 10% Eisen, 7% Blei, und 1bis 2% Kupfer.Dazu kommen 150 Gramm Silber und 1 Gramm Gold pro Tonne Erz.
Die Entdeckung des Neuen Lagers führt zu einem **neuen Aufschwung des Bergbau- und Hüttenwesens im Gebiet um Goslar.** Die gesamte geförderte Roherzmenge des Rammelsbergs bis zur Einstellung des dortigen Bergbaus im Jahr 1988 beträgt ca. 27 Millionen Tonnen mit einem Metallinhalt von 1,6 Millionen Tonnen Blei, 3,6 Millionen Tonnen Zink, 0,3 Millionen Tonnen Kupfer und 3.000 Tonnen Silber, sowie zahlreichen weiteren Elementen wie Antimon, Cadmium, Germanium, Gold, Indium, Thallium usw.
(Deicke, 43f.; Roseneck (1992), 117; Gottschalk (2000), 221; Liessmann (2010), 153f)

Am 11. Juni richtet ein **Hagelschlag** in den Fluren von Kehmstedt, Stöckey und Limlingerode erhebliche Schäden an.
(Nordhausen (1863), 44)

Am 4. Juli werden durch einen starken **Hagelschlag** die Feldfrüchte in der Goldenen Mark um Duderstadt fast gänzlich vernichtet. Der Schaden ist für Duderstadt noch größer als der von 1857.
(HL, 5. Jg., (1909), 85; Lerch, 157)

In einer Polizeiverordnung des Regierungsbezirks Erfurt vom 15. Juli werden alle Besitzer von Acker- und Gartenflächen verpflichtet, die von der Polizeibehörde angeordneten **Maßregeln zur Vertilgung der Feldmäuse** durchzuführen. Die Tötung der Tiere durch giftige Substanzen darf nur nach Erlaubnis durch die zuständigen Behörden und nur unter Verwendung von Phosphorlatwerge und von **Samen des Brechnussbaums**, auch Krähenauge genannt, erfolgen.
(AKRE, Jg. 1859. 200f.)

Auch in diesem Jahr leiden weite Teile unseres Gebiets unter **großer Hitze und Trockenheit**.
(Rohland/Noack, 349)

Auf Veranlassung des Freiherrn Phillip August von Amsberg wird in diesem Jahr ein Teil des Wassers der Radau von Flussbett abgezweigt und zu einer vorspringenden Felsenbank am Winterberg geführt. Über den so geschaffenen **Radau-Wasserfall** fällt das Wasser 22 m tief hinab.
(Meier/Neumann, 567)

1859/60

In diesem Winter kommt es in unserem Gebiet zu so **starken Schneefällen**, wie man sie seit vielen Jahren nicht erlebt hat. Man denkt an den Winter von 1837.
Am 28. und 29. Februar bleibt die Postkutsche von Goslar nach Clausthal trotz fünf kräftiger Pferde im Schnee stecken. Am 3. März sind die Häuser im Oberharz bis zu den Dächern zugeschneit. Durch die hohe Schneelage geht viel Wild ein.
(Gottschalk (2000), 225; Jordan IV, 151)

Der Wasserfall im Radautal um 1880

1860

Ein **heftiger Sturm** in der Nacht vom 28. zum 29. Februar richtet in Nordhausen und Wernigerode Gebäudeschäden an. In Nordhausen hebt der Sturm das Dach eines Hauses nebst Dachgebälk und Schornstein vollständig ab und schleudert es ca. 100 Fuß weit in einen Garten. Auch die Wetterfahne des Blasii-Kirchturms wird herabgeschleudert.
(Nordhausen (1863), 29; Nordhausen (2003), 105)

Am 14. März wird eine Polizeiverordnung zum **Schutz** der folgenden, *„durch Vertilgung von Insecten und anderen Ungeziefer **nützlichen Vögel**"* im Regierungsbezirk Erfurt erlassen: Nachtigall, Blaukehlchen, Rotkehlchen, Rotschwanz, Gelbspötter, auch Laubvogel genannt, Grasmücken, Steinschmätzer, Wiesenschmätzer, Bachstelze, Pieper, Zaunkönig, Pirol, Drosseln, Goldhähnchen, Meisen, Lerchen, Ammern, Finken, darunter der Dompfaff, Zeisige, Baumläufer, Wiedehopf, Schwalben, Star, Dohle, Mandelkrähe, auch Blauracke genannt, Fliegenschnäpper, Würger, Kuckuck, Spechte, Wendehals, Eulen mit Ausschluss des Uhus und die Bussarde. Diese Vögel dürfen in den Monaten Dezember bis einschließlich August weder gefangen noch getötet werden. Auch das Ausnehmen der Eier oder der Brut sowie das Zerstören der Nester dieser Vogelarten wird untersagt. Als Ausnahme von diesem Verbot bleibt jedoch das Schießen dieser Vögel durch die Jagdberechtigten erlaubt.
(AKRE, Jg. 1860, 75f.)

Am 12. und 20. Mai ziehen mit wolkenbruchartigem Regen verbundene Gewitter über unser Gebiet. Im Kreis Nordhausen richten die **Unwetter** erhebliche Schäden in den Feldfluren von Nordhausen, Bleicherode, Lipprechterode, Gratzungen, Kehmstedt, Herreden, Kleinwechsungen, Hörningen und Haferungen an. Über Harlingerode geht am 20. Mai ein Hagelunwetter nieder, das großen Schaden anrichtet.
(Nordhausen (1863), 44; Schmidt/Schmidt, 52; Hoffmann (1994), 135)

Im Juni geht bei Oker ein **Wolkenbruch** nieder, der in Oker und dessen Umgebung beträchtliche Schäden verursacht. Das von den Bergen strömende Hochwasser führt Felsstücke von 20 Zentnern Gewicht in das Tal. (Schucht, 57)

Am 18. Juli tritt eine **Sonnenfinsternis** ein, wobei über Zweidrittel der Sonne verdeckt sind. (Oppolzer, 294f., Blatt 147)

Von Juni bis August regnet es sehr häufig. Die **Nässe im Sommer** und damit verbundene Kälte verspäten die Reife der Feld- und Gartenfrüchte und erschweren deren Ernte, die jedoch besonders an Futterkräutern und Stroh reichlich ausfällt. (Gottschalk (2000), 233; Jordan IV, 151)

Im Sommer wird mit dem chausseemäßigen Ausbau der **Straße von Mühlhausen nach Nordhausen** über Windeberg und Keula begonnen, der im Jahr 1864 abgeschlossen wird. Sie folgt in weiten Strecken dem Verlauf des alten Weges zwischen den beiden benachbarten mittelalterlichen Königshöfen. (Wintzingeroda-Knorr, Levin, Statistische Übersicht, 108f.; Jordan IV, 151)

Am 29. Dezember wird eine Forstpolizei-Verordnung erlassen, wonach im gesamten Regierungsbezirk Erfurt das **Weiden von Vieh in den Forsten** nur innerhalb von eingefriedeten Gebieten und zu genau festgelegten Zeiten unter Aufsicht von tüchtigen Hirten zugelassen wird. (AKRE, Jg. 1861, 3f.)

Nachdem die **Gipsvorkommen des Südharzes** bereits im Mittelalter im Zusammenhang mit der Errichtung von Steinbauten genutzt worden sind – gebrannter Gips unter Zumischung von Sand wurde insbesondere beim Burgenbau verwendet – erfolgt ihre industriemäßige Erschließung in den Jahren nach 1860. In Ellrich werden mehrere Gipsfabriken eröffnet. Großen Auftrieb erhält die **Südharzer Gipsindustrie** durch die 1869 eröffnete **Eisenbahnlinie Nordhausen – Northeim,** auf der die für das Brennen des Gipses in großen Mengen benötigte Kohle herbeigeschafft und der gebrannte Gips kostengünstig abtransportiert werden kann. Dadurch sowie durch seine zentrale Lage und die hohe Qualität des hier vorkommenden Gipssteins entwickelt sich der **Südharz** zum **Hauptproduktionszentrum der deutschen Gipsindustrie.** In den Jahren vor dem Ersten Weltkrieg haben die Südharzer Fabriken einen Anteil von etwa 35 Prozent an der gesamten deutschen Gipsproduktion. (Kuhlbrodt (1985), 19ff.)

Um 1860 hört die Unterordung der Forstwirtschaft unter die Bedürfnisse der Montanwirtschaft allmählich auf. Die **Steinkohle** wird – begünstigt durch den Eisenbahnbau – zunehmend zur **energetischen Basis der Montanwirtschaft.** (Brückner et al, 362)

In diesem Jahr sind in **Nordhausen** 43 **Branntweinbrennereien** in Betrieb. Dem hier produzierten Kornbranntwein wird gereinigter Kartoffel-Spiritus zugesetzt. Mit den Rückständen aus der Kornbranntweinbrennerei werden 4.000 Schweine und 1.200 Rinder gemästet. (Nordhausen (2003), 105f.)

Bei Steinbrucharbeiten im älteren Zechsteingips bei Neuhof im Südharz wird in diesem Jahr die **Sachsensteinhöhle** erschlossen. Sie streicht bei 30 m größter Breite auf 70 m in Südwest-Nordost. Die Eingangskluft führt steil in die 8,50 m tiefere Vorhöhle. Im einzigen größeren Raum liegen Trümmermassen. Die Höhle wird später wieder verschüttet, 1928 wieder aufgefunden und 1952 durch ein Gipswerk zerstört. (Biese (1931), 42 f.; Hamm, 158; Blankenburg, 35)

1861
Dieser **Winter** ist **sehr streng.** Im Januar werden von allen Harzgegenden Todesfälle durch Erfrieren gemeldet. Die Flüsse frieren zu wie seit 20 Jahren nicht mehr geschehen. (Gottschalk (2000), 236; Hamm, 159)

Der Sachsenstein bei Neuhof

Die am 14. März des vergangenen Jahres erlassene Polizeiverordnung des Regierungs-Präsidenten des Regierungsbezirks Erfurt zum **Vogelschutz** wird durch die Verordnung vom 9. Januar dahingehend erweitert, dass das Wegfangen oder Töten von **Meisen** sowie das Ausnehmen ihrer Nester auch in den Monaten September, Oktober und November verboten ist.
(AKRE, Jg. 1861, 45)

Zu Ostern wird Goslar von **ungewöhnlich schweren Gewittern** heimgesucht. Der stundenlang anhaltende Starkregen führt besonders im Raum Oker –Harzburg zu großen **Überschwemmungen**. Von vielen Feldern wird das Erdreich weggeschwemmt, sodass viel Arbeit notwendig ist, um diese Ackerflächen wieder ertragsfähig zu machen. In Oker geht über eine Stunde lang ein **Hagelsturm** mit haselnussdicken Körnern nieder. Die Bäche schwellen dadurch so sehr an, dass das Wasser in Häuser und Ställe eindringt und alle Gärten verwüstet.
(Gottschalk (2000), 238)

Am 22. April wird eine Polizei-Verordnung des Regierungs-Präsidenten des Regierungsbezirks Erfurt erlassen, welche die Besitzer von Feld- und Gartengrundstücken verpflichtet, die in dieser Verordnung vorgeschriebenen **Maßnahmen zur Vertilgung der Hamster, Mäuse. Engerlinge und Maikäfer** durchzuführen, wenn durch das häufige Auftreten dieser Tiere ein erheblicher Schaden für die Feldfrüchte bzw. für das Laubholz zu besorgen ist. Den Landräten obliegt es, den Zeitpunkt und die Art der Durchführung dieser Maßnahmen festzulegen. (AKRE, Jg. 1861, 94)
Auf der Grundlage dieser Verordnung werden für die jeweiligen Kreise des Regierungsbezirks bei Vorliegen der o. g. Voraussetzungen Polizeiverordnungen zur Vertilgung bestimmter Schädlinge erlassen. So ergeht z.B. am 10. März 1864 eine den ganzen Regierungsbezirk Erfurt umfassende Verordnung zur Bekämpfung der Maikäfer in der Zeit vom 11. März bis zum 15. Juni 1864.
(AKRE, Jg. 1864, 44)

Am 27. **Juni** um die Mittagszeit **schneit es auf dem Brocken heftig**. (Gottschalk (2000), 241)

Am 28. und 29. Juni verursachen heftige Regenfälle ein **Hochwasser**, dass in der Bergstadt Wildemann und Umgebung schwerste Schäden anrichtet. (Dirks (1996), 164)
Das Hochwasser des Lerbachs setzt die Straßen des Orts unter Wasser und macht den Ort unpassierbar. (Kutscher (1998), 36)

Ende Juni wird die gesamte Harzgegend durch ein **furchtbares Unwetter** verwüstet. Vor allem im Harzvorland richten die Überschwemmungen große Zerstörungen an. So werden zwischen Vienenburg und Schladen die Schienen der Harzbahn weggespült. In Astfeld und in Bredelem wird je eine Brücke weggerissen. Wolfshagen wird fast gänzlich unter Wasser gesetzt. In Wildemann werden sieben Brücken zerstört. In Lerbach stehen die Häuser bis zum 2. Stock unter Wasser und in Osterode ertrinken mehrere Menschen in der Söse. (Gottschalk (2000), 243)

Im Juli wird der nach seinem Entdecker John Tebbutt benannte große **Komet** am nordwestlichen Himmel beobachtet. (Vanin, 29; Kronk II, 293ff.)

In der Nacht vom 2. zum 3. August verursacht **Hagelschlag** in den Fluren von Gudersleben und Mauderode großen Schaden. (Nordhausen (1863), 44; HL, 3. Jg. (1907), 56)

Im Kreis Nordhausen und in der Goldenen Aue leiden in diesem Jahr alle Fluren durch **Mäusefraß**. Die Felder sind von Gängen förmlich durchlöchert und die Schäden an den Früchten sehr bedeutend. (Nordhausen (1863), 44; Rohland/Noack, 351)

In diesem Jahr werden im Kreis Nordhausen 14.852 Zentner amerikanische **Tabakblätter** sowie weitere bedeutende Mengen aus der Pfalz, der Uckermark, der Altmark, aus Thüringen und dem Eichsfeld zu Rauch-, Schnupf- und Kautabak sowie zu Zigarren verarbeitet. (Nordhausen (1863), 54)

1862
Das **Frühjahr** ist so **ausnehmend schön,** dass schon Ende März und Anfang April die Obstbäume in voller Blüte stehen. (Jordan IV, 153)

Der **Sommer** ist **nass**, von Pfingsten an regnet es fünf Wochen lang ohne Unterbrechung. Auch später im Jahr gibt es nur einzelne schöne Tage. (Jordan IV, 153)

Am 2. Juli wird die **Bahnstrecke Halberstadt – Wegeleben – Quedlinburg – Thale** in Betrieb genommen, nachdem Halberstadt bereits am 15. Juli 1843 von Magdeburg her Anschluss an das Eisenbahnnetz erhalten hat.
(Lauerwald (2004), 230; Handbuch Eisenbahnstrecken, 52; Eisenbahn im Harz, 14)

Am 16/17. August richtet ein **Gewitter mit Sturm** am Chor der Klosterruine in Walkenried Schäden an. Ein in der Nähe stehendes Haus ist gefährdet und soll abgerissen werden.
(Reinboth/Reinboth, 41)

Im August ist in unserem Gebiet der im Juli von den Astronomen Swift und Tuttle unabhängig voneinander entdeckte **Komet Swift-Tuttle** mit bloßem Auge sichtbar. Am Abend des 24. August bildet er mit den beiden hellen Sternen im kleinen Bären ein gleichschenkliges Dreieck.
Der Komet mit einem mittleren Durchmesser von 26 km braucht für seine elliptische Umlaufbahn um die Sonne rund 133 Jahre und verliert bei jedem Umlauf Materie. Er ist der **Mutterkörper des Meteorstroms der** nach dem Sternbild Perseus benannten **Perseiden**. Jedes Jahr, wenn die Erde um den 12. August herum die Bahn des Kometen kreuzt, gelangen Kometenpartikel mit hoher Geschwindigkeit in die Erdatmosphäre und leuchten als **Sternschnuppen** auf.
(Mühlhäuser Kreisblatt vom 28.8.1862; Vanin, 29; Paturi, 566; Kronk II, 307ff.)

Im Herbst wird in Nordhausen damit begonnen, die durch die **Separation** in der Feldflur neu entstehenden Wege anzulegen, Wasserabzugsgräben auszuschachten sowie Brücken und Überfahrten zu bauen. Im November werden die Wege nach Leimbach, Steinbrücken, Rüdigsdorf und Steigerthal mit Apfel- und Birnbäumen bepflanzt. (Nordhausen (2003), 108)

Im Spätherbst blühen viele Blumen, wie Rosen und Veilchen und auch der Holunder, zum zweiten Mal. Es bleibt so mild, dass um Weihnachten auch die Büsche noch einmal ausschlagen.
Die **Ernte** im Gebiet um Mühlhausen **ist ergiebig**, besonders an Futterkräutern; die Kartoffeln haben zum Teil durch die Nässe gelitten.(Jordan IV, 154)

In diesem Jahr wird der nach den Plänen des Nordhäuser Stadtrats Karl Hartmann im Nordhäuser Stadtgebiet am Ostufer der Zorge errichtete Hochwasserschutzdamm, der sog. **Hartmannsdamm,** fertiggestellt, mit dessen Bau 1855 begonnen worden ist. Der Damm erweist sich als wirkungsvoll, so dass etwa 20 Jahre später auch das Westufer der Zorge mit einem Damm versehen wird. Durch diese **Flussregulierung** wird die oftmals Hochwasser führende Zorge endgültig in ihr Flussbett gezwungen und das einstige Überflutungsgebiet wird zu einem Stadtpark mit einem Wildgehege umgestaltet. (Tauchmann (2006), 62).

1863

Das **Steppenhuhn**, eine in den Steppen Innerasiens beheimatete Flughuhnart, fällt in diesem Jahr in großen Schwärmen in Deutschland ein. Auch in unserem Gebiet werden diese prachtvollen und interessanten Steppenvögel beobachtet. (Regel, Thüringen Bd. II/1, 175)

Die **Ernteergebnisse** im Goslarer Gebiet sind in diesem Jahr **befriedigend.** Die Kartoffeln lassen im Gegensatz zu früheren Jahren an Güte keine Wünsche offen. Nur das Obst fällt fast ganz aus. (Gottschalk (2000), 278)

Am 1. Juli wird im Okertal der vom Wasserlauf der Romke gespeiste und künstlich angelegte **Romkerhaller Wasserfall** fertiggestellt. Er ist 64 m hoch und damit der höchste Wasserfall Norddeutschlands. (Meier/Neumann, 569)

Der Oberberghauptmann von Linsingen erlässt in diesem Jahr *„Vorschriften für das Verhalten der Köhler am Königlich Hannoverschen Harze"*, die nahezu identisch sind mit der 1835 erlassenen Köhlerei-Ordnung für die Grafschaft Stolberg-Wernigerode. Offensichtlich hat sich die **Technologie der Holzverkohlung** im 19. Jahrhundert so verfestigt, dass überall im Harz die gleiche Verfahrenstechnik zur Anwendung kommt. (Kortzfleisch, 130)

Der Romkerhaller Wasserfall

In Nordhausen sind bis zu diesem Jahr etwa 60.000 Sämlinge des **Maulbeerbaums**, dessen Blätter für die Seidenraupenzucht notwendig sind, gezogen und ein Drittel davon im Kreis Nordhausen verbreitet worden. Vorzugsweise sucht man die Pflanze zur Anlage von Hecken. Außerdem sind etwa 12 Schock ältere Bäume und Sträucher aus Mühlhausen und aus Breslau im Kreis Nordhausen sowie im Vereinsbezirk des **Vereins zur Beförderung des Seidenbaus** in den Grafschaften Stolberg und Hohnstein verbreitet, der in Nordhausen seinen Sitz hat. In Bleicherode, Ellrich, Salza, Wülflingerode und Großwechsungen sind Anpflanzungen gemacht worden. Künftig sollen auch die Eisenbahndämme mit Maulbeerhecken geschützt werden. Mit der Seidenraupenzucht ist wegen Mangels an Futter noch nicht begonnen worden.
(Nordhausen (1863), 49)

Aus der in diesem Jahr veröffentlichten amtlichen statistischen Darstellung des Kreises Nordhausen geht hervor, dass im **Harz die Fichte** und im **Helme- und Wippertal Eiche und Buche** in einem gemischten, von Unterholz auf Bundsandstein bestandenen Wuchs die **herrschenden Baumarten** sind Die Fichtenforsten auf dem Harzplateau zwischen Benneckenstein und Sorge werden als **Hochwald** in 80-bis 100jährigem Umtrieb bewirtschaftet. Die Laubholzflächen zwischen dem Harz und der Hainleite in den Tälern der Helme und Wipper werden als **Mittelwald** im 15- bis 20jährigem Umtrieb bewirtschaftet.
(Nordhausen (1863), 49)

In den **Hüttenbetrieben des Harzes** erfolgt seit diesem Jahr die **Umstellung des Brennstoffs von Holzkohle auf Steinkohlenkoks**, der durch das sich entwickelnde Netz von Eisenbahnen künftig auch wesentlich billiger herantransportiert werden kann als bisher mit Pferdefuhrwerken.
(Gottschalk (2000), 273)

Der **Winter beginnt milde**. Im Dezember werden in Goslar vier Maikäfer gefunden.
(Gottschalk (2000), 277)

In diesem Jahr wird die **Straße zwischen Braunlage und Elbingerode über Elend und Königshütte** als Chaussee ausgebaut, die sich über **Rübeland nach Blankenburg** – schon 1837 ausgebaut – **fortsetzt**. (Brückner et al, 157, 299)

1864
Am 22. Juni wird der 32,7 km lange **Ernst-August-Stollen** fertiggestellt, das seinerzeit **längste Tunnelbauwerk der Welt**. Er ist ein **Wasserlösungsstollen**, der es ermöglicht, dass das einsickernde Grundwasser aus den Oberharzer Gruben mit der eigenen Schwerkraft aus den Gruben abfließen kann, „gelöst" wird.
Am Mundloch des Stollens bei Gittelde sind auf einer gusseisernen Tafel folgende Angaben zu lesen: „*Die Länge desselben vom Mundloch bis zum Schreibfeder-Schachte bei Zellerfeld beträgt 5.432 Lachter. Angefangen am 21. Juli 1851 und vollendet am 22. Juni 1864. Die ganze Länge des Stollens mit Einschluß der tiefen Wasserstrecke, der Flügelörter und Schachtquerschläge beträgt 11.819 Lachter oder 3 deutsche Meilen.Der Stollen bringt auf der Grube Caroline 204 Lachter oder 1.341 hannov. Fuß Teufe ein. Die Sohle des Mundlochs liegt 1.296 Fuß unter dem Marktplatze von Clausthal und 646 Fuß über dem Spiegel der Nordsee.*"
(Morich (1935), 39ff.; Roseneck (2012), 10)

Am 29. Juli geht über Goslar ein **Hagelunwetter** nieder. Dabei werden Fenster zertrümmert und umfangreiche Schäden in Gärten und in der Feldflur angerichtet.
(Gottschalk (2000), 286)

Im November wird in der Nähe von Goslar eine **Wildkatze gefangen**. (Gottschalk (2000), 288)

Der Heilgehilfe Degenhardt empfängt in diesem Jahr in einer selbst erbauten **Badeanstalt in Sachsa** die ersten erholungssuchenden Kur- und Badegäste. Wegen der günstigen klimatischen Verhältnisse und seiner reizvollen landschaftlichen Umgebung nimmt die Zahl der Kurgäste in Sachsa von Jahr zu Jahr zu. Seit 1905 trägt der Ort den Namen Bad Sachsa.
(Zander, 75)

Der chausseemäßige Ausbau der **Straßen von Sangerhausen über Wippra nach Harzgerode und Meisdorf** wird in diesem Jahr fertiggestellt.
(Schotte (1906), 317)

In diesem Jahr wird mit dem Ausbau der **Straße von Zorge nach Braunlage durch das Braunlager Tal** begonnen, die 1868 fertiggestellt wird. (Thieme (1976), 26)

1865
Anfang April herrscht im Oberharz noch **strenger Winter**. Die Schneemassen haben enorme Höhen erreicht, ähnlich dem Winter von 1837. Erst in der zweiten Aprilwoche kommt es zu plötzlichem Tauwetter. Die Oker verzeichnet nicht nur **Hochwasser**, sondern auch einen erheblichen Eisgang. In Altenau kommen zwei Personen und in Vienenburg kommt eine Person in der Oker ums Leben.
(Gottschalk (2000), 296; Schucht, 150)
Der Hochwasser führende Lerbach führt große Massen von Brennholz usw. mit sich fort. Drei Kinder und eine Frau ertrinken in den Fluten.
(Voigt, 151)

Der **Frühling kommt spät** und dann mit ungewöhnlicher Wärme die sich im Juni und Juli zu drückendster Hitze steigert. Es herrscht **große Trockenhei**t, das Futter für das Vieh verdorrt.
(Gottschalk (2000), 307; AHBK 1935, 82)

Am 1. Oktober tritt das **Allgemeine Berggesetz für die Preußischen Staaten** in Kraft, das die regionalen montanrechtlichen Regelungen aus der Feudalzeit, darunter das Direktionsprinzip der Bergämter, die spezielle Berggerichtsbarkeit und die Privilegien der Bergstädte und auch alle anderen Oberharzer Bergordnungen und Bergfreiheiten ablöst. Es trägt der Industrialisierung Rechnung und gewährleistet Gewerbefreiheit und die Nichteinmischung in die Privatwirtschaft.
(GSPS, 1865, S. 705)
Mit Verordnung vom 8. Mai 1867 wird das Gesetz auch im Gebiet des vormaligen Königreichs Hannover eingeführt und findet damit weitgehende Anwendung im Bergbau in unserem Gebiet.

Am 9. Oktober wird die **Flößerei auf der Oker**, mit der auf Initiative des Herzogs Julius von Braunschweig-Wolfenbüttel 1570 begonnen wurde, **eingestellt**.
(Denker (Hake), 88; Fischer (1913), 183f.; Schmidt/Schmidt, 52)

Am 23. Dezember wird beim Vortrieb eines Stollens für den Kupferschieferbergbau die **Barbarossahöhle** im Kyffhäuser bei Rottleben entdeckt. Die bergmännischen Arbeiten werden beendet und die durch ihre Größe und Schönheit beeindruckende Höhle wird auf den Zugang für die Öffentlichkeit vorbereitet. Bereits am 28. April 1866 können die ersten Besucher die weite Hohlräume und Seen umfassende **einzige Anhydrithöhle Europas** besichtigen. Diese trägt zunächst den Namen Falkenburger Höhle, schnell bürgert sich jedoch der Name Barbarossahöhle ein, obwohl sie mit dem Kaiser Friedrich I., genannt Barbarossa, nichts zu tun hat. Besonderheiten der Höhle sind die zwei bis vier cm dicke und oft über einen m^2 großen Gipslappen, die durch Quellung des Anhydritsteins in hoher Luftfeuchtigkeit in bizarren Formen von den Decken und Wänden wachsen, sowie auch Schlangengips und Alabasteraugen.
(Stolberg (1926), 85f.; Biese (1931), 37ff.; Knolle/Marbach, 100; Geologische Besonderheiten, 34)

Gasthaus zur Barbarossa-Höhle a. Kyffhäuser.

Neptunsgrotte. — Barbarossa-Stuhl u. Tisch.

Das Gasthaus an der Barbarossahöhle um 1930

Auch in Goslar treten in diesem Jahr verstärkt **Trichinen im Schweinefleisch** auf. Deshalb lassen Fleischer das Fleisch mikroskopisch auf Trichinenbefall untersuchen.
(Gottschalk (2000), 305)

Um 1865
wird damit begonnen, die **Pappeln**, die bisher fast ausschließlich die Staatsstraßen gesäumt, aber keinen Ertrag gebracht haben, **durch Obstbäume zu ersetzen**. Auch die regionalen Straßen und Verbindungswege werden zunehmend mit Obstbäumen bepflanzt.
(Statistische Darstellung Worbis, 117)

1866
Am 23. März wird die von der Hannoverschen Staatseisenbahn errichtete, 12,8 km lange **Eisenbahnstrecke von Vienenburg über Oker nach Goslar** eröffnet.
(Handbuch Eisenbahnstrecken, 62; Lauerwald (2004), 230; Schucht, 137)

Am 12. April wird auf der 61, 27 km langen **Eisenbahnverbindung von Bernburg über Güsten – Aschersleben – Frose - Wedderstedt nach Wegeleben** der Verkehr aufgenommen. Am gleichen Tag wird die 6,51 km lange **Strecke Güsten – Staßfurt – Leopoldshall** eröffnet.
(Handbuch Eisenbahnstrecken, 62; Lauerwald (2004), 230)

Am 28. Juni entdeckt der Wegaufseher Wilhelm Angerstein bei Straßenbauarbeiten die **Hermannshöhle** bei Rübeland. Sie ist nach dem Geheimen Kammerrat Hermann Grotrian benannt, der 1874 erste Vermessungen und Grabungen in dieser Tropfsteinhöhle veranlasst. In dem in der Höhle befindlichen Olmensee leben noch wenige Exemplare des in den Jahren 1932 und 1956 hier ausgesetzten **Grottenolms**, den es sonst nirgendwo in Deutschland gibt.
(Hoffmann, 292; Knolle/Marbach, 22; Biese (1933), 26ff.)

Die Hermannshöhle bei Rübeland

Am 10. Juli wird die 59,32 km lange **Teilstrecke Eisleben – Blankenheim – Sangerhausen – Berga-Kelbra – Nordhausen** der Eisenbahnverbindung zwischen Halle und Kassel eröffnet, nachdem die von Halle ausgehende Eisenbahn bereits am 1. September 1865 Eisleben erreicht hat. Damit entstehen wichtige Ausgangspunkte für die Herstellung von Eisenbahnstrecken in den Ost-, Süd- und Südwestharz.
(Lauerwald (2004), 230f.; Handbuch Eisenbahnstrecken, 64)

Nach dem **sehr nassen Sommer** in diesem Jahr folgt ein anhaltend **heiterer Herbst**. (Gottschalk (2000), 340)

Mitte November führt tagelanger heftiger **Schneesturm** zu Schäden in den Wäldern des Harzes. Im Okertal liegt der Schnee so hoch, dass die Post Schlitten einsetzen muss. Für die Reisenden ist die 3 bis 4 stündige Fahrt von Oker nach Clausthal im offenen Schlitten kein Vergnügen.
(Gottschalk (2000), 334)

Zwischen 1820 und diesem Jahr werden in den **hannoverschen Schmelzhütten des Harzes** im Jahresdurchschnitt knapp 500 to Blei, 200 to Kupfer sowie 1.000 kg Silber und 2,5 kg Gold gewonnen.
(Gottschalk (2000), 326)

1867
Am 8. Juli wird eine Polizeiverordnung des Regierungsbezirks Erfurt erlassen, wonach ab sofort bis zum 15. Juni 1868 alle Besitzer von Acker- und Gartengrundstücken im gesamten Regierungsbezirk verpflichtet werden, auf ihren Grundstücken **Engerlinge und Maikäfer** zu **sammeln und zu töten**. Den Besitzern von Laubhölzern wird entsprechend der Anzahl ihrer Bäume die Ablieferung einer nach Scheffeln berechneten Menge von Maikäfern auferlegt. Die Besitzer von Forstgrundstücken sind von dieser Maßnahme ausgenommen.
Die Gemeindevorstände legen in dem Zeitraum, in dem die Vertilgung der Maikäfer angeordnet ist, wöchentlich die Menge fest, die jeder Laubbaumbesitzer abliefern muss. (AKRE, Jg. 1867; 255)

Am 9. Juli wird die 69,92 km lange **Teilstrecke Nordhausen – Wolkramshausen – Bleicherode Ost – Leinefelde – Heiligenstadt – Arenshausen – Eichenberg** der Eisenbahnverbindung zwischen Halle und Kassel eröffnet. (Handbuch Eisenbahnstrecken, 68)

Am 1. August wird die durch das südwestliche Harzvorland verlaufende, 13,67 km lange **Eisenbahnstrecke Friedland –Göttingen** eröffnet. (Handbuch Eisenbahnstrecken, 34)

Im November und auch im Februar des nächsten Jahres wird das Gebiet um Harzburg von **starken Stürmen** heimgesucht. (Hoffmann (1994), 135)
Ein Sturm reißt die Turmspitze der Harzburg- Neustadter Kirche um. Sie wird im folgenden Jahr wieder aufgebaut. (Meier/Neumann, 569)

1868
Am 7. Januar wird die von der Magdeburg-Halberstädter-Eisenbahn-Gesellschaft erbaute, 13,86 km lange **Eisenbahnstrecke von Frose zur Residenzstadt Ballenstedt** eröffnet. Erst am 1. Juli 1885 wird die von den Preußischen Staatsbahnen erbaute 16,01 km lange Strecke von **Ballenstedt über Gernrode nach Quedlinburg** dem Verkehr übergeben. (Lauerwald (2004), 231, 234)

Das Frühjahr ist sehr mild, der Sommer trocken und heiß. Von Juni bis August fällt kein ergiebiger Regen. Die **anhaltende Dürre** führt auch in Goslar zu **Wasserknappheit**, sodass der Magistrat in den öffentlichen Wasserpfosten Zapfen anbringen lässt, damit die Wasserholenden nach Füllung der Gefäße das Wasser abstellen. (Gottschalk (2000), 367)

In diesem Jahr gibt es **außerordentlich viele Maikäfer**, die überall gesammelt und getötet werden. Allein in der Provinz Sachsen werden 30.000 Zentner dieser Schädlinge vernichtet. (Reichardt, 435)

Am 9. Juli wird beim Bau des Eisenbahntunnels bei Walkenried der Eisenbahnverbindung Northeim – Nordhausen die von einem Bach durchströmte **Himmelreichhöhle**, die größte bekannte Karsthöhle Deutschlands, angeschnitten. Die Haupthöhle ist 170 Meter lang, 85 Meter breit und 15 Meter hoch. (Kuhlbrodt (2000), 310; Biese (1931), 28ff.; Niedersachsen, 19; Hamm, 164; Reinboth/Reinboth,43; Blankenburg, 35)

Am 1. Dezember wird das erste, 27,16 km lange **Teilstück Northeim – Herzberg über Katlenburg – Wulften – Hattorf der Eisenbahnverbindung Northeim – Nordhausen** eröffnet. (Lauerwald (2004), 231; Schlegel 166ff.; Blankenburg, 244)

In der Nacht vom 6. zum 7. Dezember zieht bei plus 10° C ein **verheerender Sturm** mit Gewittern und Hagelschlag über unser Gebiet, der erhebliche Zerstörungen anrichtet.
In Goslar werden Schornsteine umgerissen und von der Marktkirche stürzt der zwei Zentner schwere Turmknopf mitsamt der Fahnenstange auf die Straße. Bäume werden wie Schilfrohr geknickt und der Forst verzeichnet starken Windbruch.
In Nordhausen werden Dächer aufgerissen und mehrere Dampfmaschinenschornsteine abgeknickt. Auch in vielen anderen Orten richtet der Sturm schwere Gebäudeschäden an.
In den Obstgärten und insbesondere in den Wäldern unseres Gebiets werden zahllose Bäume abgebrochen oder entwurzelt. (Gottschalk (2000), 374; Regel, Thüringen III, 93; Nordhausen (2003), 115; Schroeder/Reuss, 147; Riehl, 160)

In Thale findet in diesem Jahr das erste **Finkenmanöver** statt. In diesem Wettstreit in Käfigen gehaltener Buchfinken, an dem viele Finkenhalter teilnehmen, wird derjenige Vogel Sieger, von dem innerhalb eines bestimmten Zeitraums am häufigsten sein kurzes schmetterndes Lied mit einer gleich bleibenden Schlußsilbe, der sog. **Finkenschlag,** gehört wird. (Knolle (1980), 26)

Durch die Raupen des **Buchenspinners** werden in diesem Jahr im nordwestlichen Harz die Buchen bis zur Höhenlage von 325 m ganz und bis zu 520 m fast ganz kahl gefressen. (Marshall, 54)

1869
Der **Winter** ist so **gelinde**, dass im Januar die Haselnusssträucher blühen.
(Gottschalk (2000), 394; Jordan IV, 158)

Am 1. März wird die 36,78 km lange **Eisenbahnstrecke zwischen Halberstadt und Vienenburg** über Heudeber-Danstedt und Wasserleben in Betrieb genommen.
(Lauerwald (2004), 231f.; Handbuch Eisenbahnstrecken, 74)

Die schon lange anhaltende trockene Witterung führt in Goslar zu einem fühlbaren **Wassermangel**. Später schlägt das Wetter in eine wochenlange Regenperiode um und der Spätherbst bringt **orkanartige Stürme**. (Gottschalk (2000), 386)

Am 1. August wird die 41,72 km lange **Teilstrecke Herzberg - Nordhausen über Bad Sachsa – Walkenried – Ellrich und Niedersachswerfen** der Eisenbahnverbindung **Northeim -Nordhausen** in Betrieb genommen. Diese Verbindung entwickelt sich zu einer der wichtigsten Güterverkehrsstrecken zwischen dem Ruhrgebiet und dem mitteldeutschen Industriegebiet und ist auch für die wirtschaftliche unf touristische Erschließung des Südwestharzes von Bedeutung.
(Lauerwald (2004), 231; Handbuch Eisenbahnstrecken, 74; Eisenbahn im Harz, 17)

Vom 15. bis 17. September führt der **Land- und Forstwirtschaftliche Zweigverein Goslar** eine Austellung durch, an der mehr als 300 Aussteller teilnehmen. Die besten Tiere und Gegenstände werden prämiert. Die Ausstellung mit vielen Besuchern wird ein großer Erfolg. (Gottschalk (2000), 386)

Am 1. Dezember wird die **Eisenbahnstrecke Herzberg – Northeim über Hattorf und Wulften** eröffnet. (Eisenbahn im Harz, 17

In diesem Jahr erfolgt erstmalig die Verwendung von **Steinkohle** in der Eisenhütte zu Thale und nur drei Jahre später wird der **erste Koks-Hochofen** in der Blankenburger Hütte angeblasen.
(Kortzfleisch, 185)

Auch in diesem Jahr richten **Stürme** in den **Wäldern des Oberharzes erhebliche Schäden** an. Die Masse der in den Sturmjahren 1800, 1833, 1834, 1836, 1837, 1846, 1868 und in diesem Jahr geworfenen haubaren Bestände wird auf 4.200 ha geschätzt, was einer Holzmasse von 1 200.000 m³ entspricht.
(Schroeder/Reuss, 147)

1869–1875
Nach mehreren **Windwürfen** in diesem Zeitraum entstehen 80.000 m³ **Borkenkäferschadholz** in Wernigeröder Forsten. (Brückner et al., 362)

1870
Am 1. Januar wird die 1648 nach der Zerstörung der Messinghütte Bündheim erbaute **Messinghütte im Okertal stillgelegt** und anschließend abgerissen. Ab 1877 werden auf diesem Platz Versuche durchgeführt, die **Scheidung des Kupfers auf elektrolytischem Wege** zu erreichen. Nach erfolgreichem Abschluss der Versuche wird die Anlage auf das Hüttengelände in Oker verlegt, wo 1917 die Höchstmenge an Kupfer mit 4.418 to produziert wird. (Gottschalk (2000), 394; Schucht, 151)

Mit dem **preußischen Gesetz über die Schonzeiten des Wildes** vom 26. Februar werden die bisher in den einzelnen preußischen Provinzen unterschiedlichen Hege- und Schonzeiten für das Wild

einheitlich festgelegt. Bestimmte Schonzeiten gelten für Elch-, Rot- und Damwild, Rehe, Dachse, Hasen, Rebhühner, Auer- und Birkwild, Enten, Fasanen, Trappen, Schnepfen, Haselwild, Wachteln, wilde Schwäne und alles andere Wild- und Wassergeflügel mit Ausnahme der wilden Gänse und Fischreiher. Alle übrigen Wildarten, namentlich auch Kormorane, Taucher und Säger, dürfen das ganze Jahr hindurch gejagt werden.
(GSPS, 1870, 120; Wagner, R. (1883), 61ff.)

Zur Verhüttung des in den Gruben um Eisleben geförderten **Kupferschiefers** wird am 25. April die **Krughütte angeblasen**, in der erstmalig Großschachtöfen zum Einsatz kommen, die mit 120 bis 130 to Erz pro Tag das Siebenfache der damals in den Mansfelder Hütten verwendeten Schmelzöfen leisten können. Die Schmelzhütte bei Eisleben ist von den großen Schachtanlagen Clothilde, Otto, Hohental und Gottes Segen umgeben.
(Mansfeld (2008), 229f.; Mansfelder Land, 122f.)

Die Krughütte bei Eisleben um 1880.

Am 10. Oktober wird die 12,68 km lange **Eisenbahnstrecke Herzberg – Osterode** eröffnet und am 1. September 1871 erfolgt die Inbetriebnahme der 19,15 km langen Strecke von **Osterode nach Seesen**. (Handbuch Eisenbahnstrecken, 82, 86)

Am 16. Dezember richtet ein **orkanartiger Sturm** in Oker besonderen Schaden an. So werden ein neu erbauter Röstschuppen sowie der Schornstein der Schwefelsäurefabrik umgeworfen.
(Gottschalk (2000), 424)

Im **Oberharzer Bergbau** werden in diesem Jahr die ersten **Dampfmaschinen** verwendet und bis zur Jahrhundertwende werden die schwerfälligen **Wasserräder**, die für Jahrhunderte für das Berg- und Hüttenwesen im Harz unentbehrlich waren, **durch** leistungsfähigere **Turbinen ersetzt.** (Hoffmann (1969), 26f.)

Beim Vortrieb eines im Mühlental bei **Elbingerode** angesetzten Stollens unter der Brauneisensteinlagerstätte Großer Graben wird in diesem Jahr ein **Pyritvorkommen**, auch Schwefelkies oder Eisenkies genannt, entdeckt. Mit dem Abbau des Pyrits wird 1889 begonnen. Nach 1937 wird die Grube zu einem großen und modernen **Schwefelkiesbergwerk** ausgebaut.
In der DDR wird die Produktion erheblich gesteigert. Bis 1964 beträgt die jährliche Fördermenge der Grube Einheit etwa 150.000 to und erreicht 1973 mit 380.000 to ihren Höchststand. Die Umstellung der Industrie auf andere Schwefelquellen (Erdöl- und Kohlenentschwefelung) bewirkt seit Ende der 70er Jahre einen Rückgang der Produktion.
Bis zur Stilllegung des Bergwerks am 4. Dezember1990 werden bis in 460 m Tiefe 15 Sohlen aufgefahren und insgesamt etwa 13 Millionen Tonnen pyrithaltige Roherze gefördert.
(Liessmann (2010), 306ff.; Brückner et al., 288, 378)

In diesem Jahr wird der **chausseeartige Ausbau der Straße von Duderstadt nach Herzberg** abgeschlossen. (Lerch, 156)

In der **Helme** werden in diesem Jahr noch **Welse gefangen**, die in unserem Gebiet bereits sehr selten geworden sind. (Görner (2011), 197)

Der Goslarer Sattlermeister Luer legt in diesem Jahr im Piepental eine **Forellenzuchtanlage** an. (Gottschalk (2000), 397)

Im **Kohlerevier Nachterstedt**, zu dem auch die Orte Frose, Schadeleben, Friedrichsaue und Neu Königsaue gehören, werden in diesem Jahr etwa **250.000 to Braunkohle gefördert**. Mitte des 19. Jahrhunderts wurde mit der Förderung begonnen, anfangs untertage in der Grube Concordia, später im Tagebau. Um 1900 ist das Kohlerevier die größte Braunkohlengrube Preußens. Ab 1928 muss das Dorf Nachterstedt allmählich der fortschreitenden Braunkohleförderung weichen und wird in der Zeit bis 1951 rund 1,5 km weiter südlich neu aufgebaut. 1990 wird die Braunkohleförderung eingestellt. (https://de.wikipedia.org/wiki/Nachterstedt abgerufen am 06.08.2018)

Um 1870
wird bei **Bornhausen** am südwestlichen Harzrand mit dem Abbau eines 20 m mächtigen **Braunkohleflözes** begonnen. (Liessmann (2010), 384; Hamm, 165)

1870/71
Dieser **Kriegswinter** ist **sehr schneereich und kalt**. Die Kälte mit vielem Schnee, die schon während der Weihnachtsfeiertage herrschte, setzt sich auch zu Beginn des neuen Jahres fort. Der fußhohe Schnee, der über Monate liegen bleibt, erschwert den Verkehr zwischen den Ortschaften. Der im Februar erneut einsetzende strenge Frost schadet dem Winterfeld und den Obst- und den Nussbäumen sowie den Weinstöcken.
(Jordan IV, 160; Rohland/Noack, 378; Reinhardt (1892), 330; Nussbaumer, 209)

1871
Am 8. April werden in der Grafschaft Stolberg-Roßla die Besitzer von Obstbäumen angewiesen, ihre Obstbäume bis zum 1. Mai von **Raupen und Raupennestern** zu reinigen. Wer dieser Aufforderung nicht nachkommt, wird mit einer Geldstrafe von bis zu 10 Talern belegt.
(Rohland/Noack, 377f.)

Am 1. September wird die 31,83 km lange **Eisenbahnstrecke von Herzberg über Osterode nach Seesen** eingeweiht. Das erste, 12,68 km lange Teilstück von Herzberg nach Osterode wurde bereits am 10. Oktober 1870 in Betrieb genommen. (Lauerwald (2004), 232; Handbuch Eisenbahnstrecken, 82, 86)

1872

Ab dem 1. Januar wird im Deutschen Reich das **metrische Maß- und Gewichtssystem eingeführt**. Bisher galten in den einzelnen Territorien unterschiedliche Maßsysteme, die oft aus Naturmaßen hervorgegangen sind. Volumen- und Massemaße waren mit ihren Größen oft an das zu messende Gut gebunden. So war ein Scheffel Hafer meist größer als einer für Weizen und Roggen. Auch für Acker-, Wald- und Weinbergflächen hatten die jeweiligen Flächenmaße nicht selten unterschiedliche Größen. Die Vielfalt der Maßeinheiten war kaum noch zu überschauen und wird deshalb abgeschafft. Die rasche Entwicklung von Wissenschaft, Industrie, Handel und Verkehr erfordert für alle zu messenden Größen einheitliche Grundwerte, die nunmehr mit dem metrischen bzw. dezimalen Maßsystem eingeführt werden. (Kahnt/Knorr, 1; Rohland/Noack, 378)

Am Nachmittag des 6. März wird wie in ganz Mitteldeutschland, auch in Gandersheim, Herzberg, St. Andreasberg, Osterode, Göttingen und Braunschweig, um 15.45 Uhr ein **leichtes Erdbeben** gespürt. (MA vom 7. und 8.3. 1872; Knolle (1981), 24; Jordan IV, 161; Reinhardt (1892), 330; Trübenbach, 361; Hamm, 167; Leydecker, 68)

Am 11. Mai wird die 9,19 km lange **Stichbahnstrecke von Heudeber-Danstedt nach Wernigerode** eröffnet, die die Erreichbarkeit der Stadt von Osten her sichert. (Lauerwald (2004), 232; Handbuch Eisenbahnstrecken, 90)

Am 1. Oktober wird die für die Erreichbarkeit des Nord- und Nordostharzgebiets von Osten her wichtige **Eisenbahnstrecke Halle – Aschersleben über Könnern und Sandersleben** eröffnet, nachdem die 28,39 km lange Teilstrecke Könnern- Aschersleben bereits am 15. Oktober 1871 fertiggestellt worden ist. (Lauerwald (2004), 232; Handbuch Eisenbahnstrecken, 86, 90)

In der Nacht vom 27. zum 28. November wird in unserem Gebiet ein außergewöhnlicher **Sternschnuppenfall** beobachtet. Die Sternschnuppen werden von den **Resten des Bielaschen Kometen** erzeugt, die bei ihrem Verglühen als feuerwerkähnliche weiße, goldene und rote Leuchtstreifen zu sehen sind. (Hamm, 167)

In diesem Jahr wird die **Straße zwischen Wernigerode und Drei Annen Hohne** durch das Drängetal, die sog. **Hagenstraße**, fertiggestellt, mit deren Bau 1869 begonnen wurde. (Brückner et al, 389)

1873

Im Januar grünen schon die Wiesen und Felder, Veilchen und andere Frühlingsblumen blühen. Gegen Ende des Monats wird es kalt und auch der Februar bringt viel Kälte und Schnee. Darauf folgt wieder eine außerordentlich milde Witterung. (Nordhausen (2003), 120; Kuhlbrodt (2000), 312; Reichardt, 435)

Am 31. März wird die 18,87 km lange **Eisenbahnstrecke Halberstadt – Blankenburg** in Betrieb genommen. Zwei Jahre später, am 12. Juli 1875, wird die 3, 4 km lange Anschlussstrecke zum Blankenburger Hüttenwerk eröffnet, die vor allem für den Transport des um Blankenburg abgebauten Eisenerzes zum Hüttenwerk und für den Versand der dort produzierten Güter von großer Bedeutung ist. (Lauerwald (2004), 232; Handbuch Eisenbahnstrecken, 96; 110; Eisenbahn im Harz, 15)

In diesem Jahr erscheint die von dem Mühlhäuser Lehrer **Dr. Ludwig Möller** verfasste *„Flora von Nordwest-Thüringen"*, in der über 1.100 Pflanzenarten unseres Gebiets beschrieben werden, darunter auch fast 150 **Neophyten**, also „*nichtheimische*" Arten, die vom Menschen bewusst als Kulturpflanzen eingeführt oder unbeabsichtigt unter direkter oder indirekter Mithilfe des Menschen in unser Gebiet eingeschleppt wurden, in dem sie natürlicherweise nicht vorkommen.

In Harzburg wird in diesem Jahr die **Krodoquelle** erbohrt. (Hamm, 167)

1874

Nach dem am 30. Mai erlassenen und am 30. März 1888 ergänzten Fischereigesetz für den Preußischen Staat, das auch in den zur Preußischen Monarchie gehörenden Teilen unseres Gebiets gilt, ist es den **Fischereiberechtigten gestattet, Fischotter, Taucher, Eisvögel, Reiher, Kormorane und Fischadler** ohne Anwendung von Schusswaffen **zu töten und zu fangen**. (GSPS, 1874, 197)

Der **Hohnekopf** im Harz ist eine **Blöße**. Die **Aufforstung** erfolgt mit **genetisch ungeeigneter Tiefland-Fichte**. (Honeurwald des 20. Jh.) (Brückner et al., 362)

Im Oberharz herrscht lange Zeit **Wassermangel**. Der Hirschler Teich ist leer. Es **fehlt** das notwendige **Aufschlagwasser als Energiequelle zum Betrieb der Wasserkünste** in den Gruben, der Pochwerke und der Hüttenbetriebe so dass viele Bergleute und Hüttenarbeiter zeitweilig nicht arbeiten können. (Wiese (1979), 73; Hamm, 168)

Der Nordhäuser Tabakfabrikant und Gehölzsammler Carl Kneiff ruft in diesem Jahr den bekannten Gartenarchitekten Heinrich Siesmayer nach Nordhausen, um seinen Berggarten in **Hohenrode** in einen landschaftlichen Villenpark umgestalten zu lassen. Siesmayer gestaltet den **Park im Stil eines englischen Landschaftsgartens** vor allem mit einheimischen Baumarten wie Eichen, Ahorn, Linden und Ulmen. Kneiff und später dessen Sohn Fritz pflanzen in den folgenden Jahrzehnten zahlreiche seltene Gehölze, darunter verschiedene Scheinakazien und Magnolien, so dass im Park Hohenrode etwa **400 verschiedene Gehölzarten** wachsen. (Nordhausen (2003), 122f.)

1875

Am 30. Juni wird die 48,68 km lange **Eisenbahnverbindung zwischen Hildesheim über Derneburg und Ringelheim nach Grauhof** eröffnet, wo am gleichen Tag auch der erste Zug diesen Bahnhof auf der 11,28 km langen **Strecke der Magdeburg – Halberstädter Eisenbahn von Vienenburg** erreicht.

Am 25. Oktober wird die **Eisenbahnstrecke von Vienenburg über Grauhof nach Langelsheim** zunächst nur für den Güterverkehr eröffnet und am 15. November wird die bis **nach Lautenthal verlängerte Strecke** auch für den Personenverkehr freigegeben. Zwei Jahre später, am 15. Oktober 1877, wird die 14,27 km lange anschließende **Strecke von Lautenthal nach Clausthal-Zellerfeld** in Betrieb genommen. (Lauerwald (2004), 233; Handbuch Eisenbahnstrecken, 108, 114, 124; Eisenbahn im Harz, 14)

Der ursprünglich auf Südsachalin, den südlichen Kurileninseln sowie in Japan beheimatete und 1855 in den Botanischen Garten von St. Petersburg mitgebrachte **Sachalin-Staudenknöterich** wird um 1864 erstmalig auch in Deutschland angepflanzt und 1875 von der Erfurter Gartenbaufirma Haage & Schmidt in ihrem Katalog zum Verkauf angeboten. Dieser **Neophyt** wird sowohl als Futterpflanze als auch als dekorative Blattstaude kultiviert, verwildert jedoch und wird mancherorts zu einem lästigen Unkraut, das die **heimische Vegetation unterdrückende Bestände** bildet und deshalb bekämpft wird. Der Sachalin-Staudenknöterich kommt im nordwestlichen und mittleren Teil des Harzvorlandes vor. (Herdam et al, 127; Krausch, 386)

1876

Vom 9. bis 13. März ziehen **orkanartige Stürme** über Mitteldeutschland und richten große Zerstörungen auch in unserem Gebiet an. In Nordhausen und anderen Orten werden Dächer und Schornsteine beschädigt.Viele Bäume, darunter in Nordhausen und Bleicherode, fallen dem Sturm zum Opfer. (Nordhausen (2003),124; Riehl, 160)

Im Juli herrscht **große Hitze** bei etwa 30° C im Schatten. Die hochgelegenen Orte leiden an **Wassermangel**. (Jordan IV, 163)

Am 11. November wird in Nordhausen ein **naturwissenschaftlicher Verein** gegründet. (Nordhausen (1927), Bd.2, 264; Nordhausen (2003), 124)

Zwischen Seesen und Kreiensen geht eine dort vor vier Jahren entstandene Senke plötzlich in einen **Erdfall** von 25 m Durchmesser und 10 m Tiefe über. (Hamm, 169)

In diesem Jahr werden in Körner einige Exemplare der in unserem Gebiet bereits sehr selten gewordenen **Hausratte** gefangen und an wissenschaftliche Sammlungen übergeben. Um 1910 kommt sie noch in Holzthaleben, Haynrode sowie in Motzenrode vor. Die Hausratte ist schon um 1785 weitgehend von der größeren und robusteren **Wanderratte** verdrängt worden. Da die Hausratte, auch unter dem bezeichnenden Namen Dachratte bekannt, mit Vorliebe in den oberen Stockwerken der Gebäude lebt und ihr die Strohwische in den Ziegeldächern geeignete Brutplätze boten, hat das Verschwinden dieser Strohwische auch zum Rückgang der Hausratte beigetragen. (Regel, 2. Teil, 1. Buch, 147f.; Petry, 33f.)

1877

Am 27. Februar kann zwischen 18.30 und 21.30 Uhr eine totale **Mondfinsternis** beobachtet werden. (OKA vom 14.2.1877; Oppolzer, 372)

Da der **Vogelfang** in den Harzwäldern zu einem Erwerbszweig geworden ist – die Tiere werden als Stubenvögel oder für Speisezwecke verkauft – und dadurch die Vogelpopulationen stark zurückgehen, verbietet die Königliche Landdrostei in Hildesheim mit Verordnung vom 7. August den Vogelfang in den ihr unterstehenden Harzgebieten. (Günther, 588)

Am 11. August ruft der Landrat des Kreises Heiligenstadt die Bevölkerung auf, an der **Bekämpfung des Kartoffelkäfers** teilzunehmen.

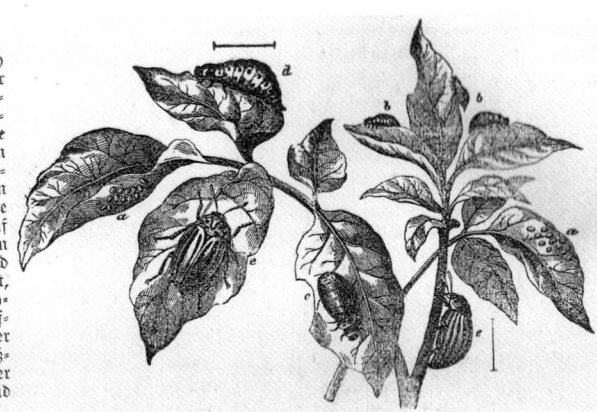

Der Kartoffelkäfer.

Unsere Kartoffeläcker sind durch einen fremden Eindringling von einer schweren Gefahr bedroht. Der Koloradokäfer, dessen naturgetreue Abbildung wir heute bringen, verbreitete sich in Amerika innerhalb 16 Jahren über ein Gebiet von 40,000 Quadratmeilen, wo er überall ungeheuren Schaden anrichtete. Im vorigen Jahre hat derselbe durch Einschleppung auf Schiffen leider den Weg über den Ozean nach Europa gefunden und bereits wurde von zwei Fällen gemeldet, daß der unwillkommene Gast in Deutschland sein Zerstörungswerk auf Kartoffelfeldern begonnen hat. Es ist daher dringend geboten, alle Vorsichtsmaßregeln zu treffen, um ihn, wo er auftritt, überall sofort erkennen und bekämpfen zu können.

Warnung im Obereichsfelder Kreisanzeiger vom 5. September 1877 vor dem Kartoffelkäfer

Der aus dem US-Bundesstaat Colorado stammende und sich von Teilen der Kartoffelpflanze ernährende Käfer wurde im vergangenen Jahr nach Deutschland eingeschleppt und bedroht den Anbau eines unserer wichtigsten Nahrungsmittel. Der Landrat bittet die Bevölkerung, sofort die Polizei zu informieren, wenn das Insekt in den hiesigen Feldern oder in benachbarten Fluren gefunden wird oder der Verdacht seines Vorhandenseins entstehen sollte.

Am 15. September wird das gefräßige Tier in einem längeren Beitrag im Obereichsfelder Kreisanzeiger genau beschrieben und bildlich dargestellt. Der Artikel informiert auch über die schnelle Vermehrung des Insekts und seine Ausbreitung in den USA mit dem zunehmenden Kartoffelanbau. (OKA vom 22.8. und 15.9.1877)

Am 15. September wird die 9,87 km lange **Eisenbahnstrecke Neuekrug – Hahausen – Langelsheim** eröffnet. (Handbuch Eisenbahnstrecken, 124)

Am 15. Oktober wird die 2,92 km lange **Eisenbahnstrecke Frankenscharnhütte – Clausthal-Zellerfeld** in Betrieb genommen, nachdem die 11,35 km lange **Strecke Lautenthal – Frankenscharnhütte** bereits am 1. Januar für den Güterverkehr und am 15. Mai für den Personenverkehr eröffnet worden ist. (Handbuch Eisenbahnstrecken, 122, 124)

1878
Da es vom Mittag des 1. März bis zum Mittag des 2. März ununterbrochen regnet, führt die Oker **Hochwasser**, das im Okertal erhebliche Schäden anrichtet. In Osterode ist der Scheebrink sehr gefährdet, Petershütte und Katzenstein stehen ganz unter Wasser. (Hoffmann (1994), 136; Schucht,152; Kutscher (1998), 42)

Am 10. Juli wird in **Gandersheim** ein **Heilbad** eröffnet, das sich durch eine Solequelle und mehrere Süßwasserquellen auszeichnet. 1932 erhält Gandersheim das Recht, sich Stadt Bad Gandersheim zu nennen. (Kronenberg, 167ff.)

Am 14.August werden während eines Gewitters mit Hagelschlag in Harzburg zwei Handwerker durch **Blitzschlag** getötet. (Hoffmann (1994), 135)

Die Erschütterungen des **Erdbebens**, das sich am 26. August um 9.00 Uhr am Morgen ereignet und dessen Epizentrum in der Niederrheinischen Bucht liegt, sind auch in Göttingen zu spüren. Es hat eine Stärke von 8.0 auf einer zwölfteiligen makroseismischen Intensitätsskala und einen Erschütterungsradius von etwa 330 km. (Sponheuer, 97ff.; Leydecker, 69)

Bei Rottleberode wird in diesem Jahr neben anderen Skelettteilen der **Zahn eines Mammuts** gefunden. (Krönig, HL, 7.Jg., (1910/11, 99)

Im Zeitraum 1878/79 enthält der von den drei Oberharzer Hüttenwerken Clausthal, Altenau und Lautenthal in die Außenwelt abgegebene **Hüttenrauch** 77.000 Zentner schweflige Säure. Diese Schadstoffmenge wäre noch größer, wenn nicht die 1868 in Altenau und die 1874 in Lautenthal errichteten kleinen **Schwefelsäurefabriken** insgesamt 6.300 Zentner schweflige Säure aus dem Hüttenrauch kondensiert und daraus Schwefelsäure produziert hätten. (Schroeder/Reuss, 144)

1878/79
Dieser **Winter** ist **streng und lange anhaltend**. In Lerbach fällt am 18. und 19. April noch frischer Schnee und auch am 9. Mai schneit es noch einmal. (Kutscher (2009), 85)

1879
Am 8. März entsteht auf dem Bahnhofsgelände von Bad Harzburg ein 8 m tiefer **Erdfall**. (Hamm, 171)

Am 28. April stirbt in Sondershausen der am 4. Januar 1816 in dieser Stadt geborene Gymnasiallehrer und Botaniker **Professor Dr. Thilo Irmisch,** der mit seinem *„Systematischen Verzeichniß der in dem unterherrschaftlichen Theile der Schwarzburgischen Fürstenthümer wildwachsenden phanerogamischen Pflanzen"* (Sondershausen 1846) die erste umfassende Flora der schwarzburgischen Landesteile, einschließlich großer Teile des Kyffhäusergebirges, geschaffen hat. Von 1838 bis 1879 veröffentlichte er etwa 146 größere und kleinere Abhandlungen floristischen, morphologischen und historischen Inhalts, darunter über Thüringer Botaniker des 16. Jahrhunderts.
(Barthel/Pusch, 163ff.)

In diesem Jahr **sterben mehrere Kühe** in Ringelheim, die mit Rüben von an der Innerste gelegenen Äckern gefüttert wurden, auf die bei Überschwemmungen **bleioxidhaltiger Pochsand der Oberharzer Pochwerke abgelagert** wurde. Auch Kühe aus den Dörfern Ochtersum und Hasede, die auf Wiesen geweidet haben, die durch Ablagerungen der Innerste vergiftet sind, gehen zugrunde.
Bereits seit längerer Zeit transportieren Innerste und Oker diesen **giftigen Pochsand** bis weit in das nördliche Harzvorland, wo er bei Überschwemmungen auf die fruchtbaren Wiesen und Äcker gelangt. Infolgedessen können auf der Innerste bis nach Hildesheim, 50 bis 60 km von den Hüttenwerken entfernt, keine Enten und Gänse gehalten werden. Haustiere, die öfter aus der Innerste trinken, sterben.
Die Überschwemmungsgefahr durch die Innerste und Oker wird erheblich durch die vom **Hüttenrauch** verursachten Rauchblössen vergrößert, die, ihrer Bodendecke beraubt, bei heftigen Regengüssen nur noch einen verschindend kleinen Teil der Wassermenge aufnehmen können, die weitaus größte Masse stürzt, Boden und Geröll mit sich reißend, in die Täler.
Durch den Hüttenrauch werden auch **Wildtiere geschädigt.** So kommen in den Forstorten in der Nähe der Hütten häufig monströse Geweihbildungen der Hirsche vor. Drosseln und Finkenvögel, die Vogelbeeren von in der Nähe von Hütten wachsenden Vogelbeerbäumen fressen, nehmen den auf den Beeren lagernden feinen Bleistaub auf und vergiften sich. Häufig werden unter diesen Bäumen oder in deren Nähe tote oder kranke Vögel gefunden. *„Ihre Extremitäten waren contract, ihre Flugkraft erschien gelähmt und nach wenigen Tagen kraftlosen Herumflatterns starben sie. Zweifellos liegt hier eine Bleivergiftung vor."*
(Schroeder/Reuss, 154ff.; Günther, 556)

1879/80
Auch dieser **Winter** ist **streng und hält lange an.** In Lerbach fällt am 10. November bei starker Kälte der erste Schnee. Kälte und Schnee halten bis zum 28. Februar an und werden im März durch viel Sonnenschein abgelöst, der zu einem Wonnemonat wird. (Kutscher (2009), 85; Hamm, 171)

1880
Am 11. Juni geht im Grüntal bei Quedlinburg ein **Wolkenbruch** nieder, der im Bäntsch´chen Wipertigut Verheerungen anrichtet. Das Hochwasser dringt auch in die Stadt Quedlinburg ein und führt dort zu Überschwemmungen. Der Pegel der Bode an der Oeringer Brücke erreicht eine Wasserhöhe von 2,50 m, der Fluss führt im Stadtgebiet eine Hochwassermenge von 240 m³/s.
(Bodehochwasser, 8f., 15)

Im Oktober gründet der Gymnasiallehrer, Geologe und Botaniker Gotthelf Leimbach in Sondershausen den **Botanischen Verein „Irmischia"**, der sich in seiner Satzung die *„allseitige Erforschung der Flora des nördlichen Thüringens"* zum Ziel setzt. Aus der Erfurter Sektion dieses Vereins gründet wenige Jahre später der Apotheker und Botaniker Carl Haußknecht den *„Botanischen Verein für Gesamt-Thüringen"*. (Barthel/Pusch, 196ff.)

In Bad Harzburg findet in diesem Jahr eine Konferenz zu Fragen der Fischerei statt, in der Regierungsvertreter von Preußen, Braunschweig und Anhalt Beschlüsse zur **Förderung der Fischerei** fassen. Sie weisen auf notwendige Besatzmaßnahmen, Schonzeiten und Maßnahmen zur Verhinderung der Verunreinigung durch Industrieabwässer hin. Als stark verunreinigt gelten die Bode unterhalb von Rübeland und die Oker bei St. Andreasberg.

Im Westharz fördern in diesem Jahr rund 4.500 Bergleute 200.000 to Roherz. Nach dessen Aufbereitung stehen den 1.600 Hüttenarbeitern 60.000 to Konzentrat zur Verfügung. Daraus erhält man 60 kg Gold, 28,3 to Silber sowie 10.000 to Blei und weitere verkäufliche Hüttenprodukte in einer Größenordnung von 25.000 to. (Knappe/Scheffler, 72)

Um 1880

Der im 17. Jahrhundert in der Umgebung des Schlosses **Blankenburg** angelegte **Tiergarten** ist inzwischen zu einem herzoglichen **Wildpark** mit prächtigen Waldwegen **umgestaltet** worden, den zahlreiche Hirsche bevölkern. (Richter, 242)

Blankenburg im Harz um 1850

Um 1880 wird am **Elfenstein** bei Bad Harzburg eine **Versuchsfläche mit exotischen Bäumen** aus Nordamerika angelegt. Dazu gehört der **Riesenlebensbaum**, von dem gegenwärtig noch etwa 80 Exemplare dort wachsen. (http://www.weldwald-harz.de, abgerufen am 15.5.2018)

1880/81

Dieses Jahrzehnt beginnt mit einem außergewöhnlich **strengen Winter**, der sich namentlich unter der ärmeren Bevölkerung sehr fühlbar macht. (Görner/Kaiser V, 14; Nussbaumer, 209; Stück/König, 204f.)

1881

Am 13. Januar veröffentlicht Prof. Dr. Kützing in der Nordhäuser Lokalzeitung eine Nachricht über den kürzlich von ihm entdeckten **Butterpilz Hygrocrocis butyricola.** (Nordhausen (2003), 131)

Ein **Unwetter mit Starkregen** vom 8. bis 10. März in unserem Gebiet führt im nördlichen Unterharz, im Helmetal in der Goldenen Aue und im Tal der Wipper zu **Hochwasser**, das zu erheblichen Verwüstungen in der Umgebung von Nordhausen, Walkenried, Sondershausen und Wiehe sowie in Berga und Umgebung führt. Die meisten Felder und Wiesen werden ruiniert, ebenso die große Steinbrücke vor Roßla und die Straße von Wiehe nach Roßleben. In Berga wird durch das Hochwasser der Tyra das ganze Unterdorf unter Wasser gesetzt, Durch das Hochwasser der Helme bildet das Rieth einen großen See. Auch die Oker führt Hochwasser, wodurch im Okertal nachhaltige Schäden verursacht werden. Das Hochwasser der Innerste schwemmt über 50 m³ Geröll auf den Bahnkörper der Innersteeisenbahn bei Clausthaler Silberhütte.
(HZg vom 19. März 1881; Lutze, Sondershausen III, 242; Hoffmann (1994), 136; Rohland/Noack, 392; Schroeder/Reuss, 155)

Am 14./15. März hat ein **Hochwasser im Flusssystem der Bode** katastrophale Auswirkungen.
(Schönau/Werner, 8)

Infolge der Hochwasserschäden im Frühjahr und des vielen Regens in den Monaten Juni und Juli gibt es nur eine **geringe Getreideernte**, die **Kartoffelernte** ist aber **reichlich**.
(Reinhardt (1892), 331;Görner/Kaiser V, 14; Rohland/Noack, 392)

Am 15. Juli wird der dritte **Komet** in diesem Jahr entdeckt. Allerdings ist er wie der Ende April entdeckte erste Komet nur mit dem Fernrohr sichtbar, nimmt jedoch der Sonne und der Erde sich nähernd an Helligkeit zu. Die Helligkeit des am 23. Mai erstmals in Australien gesichteten großen Kometen, der seit dem vergangenen Monat auch in unserem Gebiet mit bloßem Auge zu sehen ist, nimmt in diesen Tagen merklich ab. (MA vom 28.7.1881; Kronk II, 472ff.)

Im November kommt es zu einem **Erdfall** am Pontelberg bei Ellrich, der sofort wieder verfüllt wird.
(Reinboth/Reinboth, 45)

Nachdem bereits um 1859 Pflanzenteile der aus Nordamerika stammenden **Kanadischen Wasserpest** vom Berliner Botanischen Garten in nahe gelegene Gewässer ausgesetzt worden sind, wird diese Wasserpflanze in diesem Jahr erstmalig für Thüringen im Ententeich am Rathsfeld im Kyffhäuser nachgewiesen. Dieser **Neophyt**, von dem es fast nur weibliche Pflanzen gibt, breitet sich auf ungeschlechtlichem Wege (Bruchstücke, Winterknospen) stark aus und hat sich auch in unserem Gebiet in meist basen- und nährstoffreichen, stehenden, seltener in langsam fließenden Gewässern eingebürgert. Dieser Neophyt ist jedoch im Harz selten und kommt zerstreut im nördlichen Harzvorland vor.
(Görner (2011), 119; Kowarik, 242f.; Westhus et al. (2016), 168; Herdam et al, 280)

In einer Kiesgrube am Geiersberg bei Nordhausen wird in diesem Jahr der **Stoßzahn eines Mammuts** gefunden.(Wein (1955), 44)

Aus einer in diesem Jahr durchgeführten Erhebung über das Vorkommen ausländischer Waldbäume in Deutschland geht hervor, dass die **Weymouth-Kiefer** auch in unserem Gebiet schon verbreitet ist. So gibt es in Herzberg und Westerhof bereits 90- bis 120jährige und in Osterode 60- bis 80jährige Bestände. In Lonau wachsen schon 20 bis 30jährige **Douglasien**.
(Kremser, 756f.)

1882
Mitte Mai weilt ein Otternjäger aus Westfalen in Nordhausen, um die in der Zorge und Helme lebenden **Fischotter** zu töten. Er hat hier bereits einen Fischotter geschossen. (Nordhausen (2003), 136)

Am 24. Mai wird der **Wellssche Komet** gesichtet. (Hamm, 173; Kronk II, 496ff.)

Im **Sommer und Herbst regnet es viel**. Dadurch werden die Erntearbeiten erschwert. Futterkräuter und Stroh gibt es reichlich, es gibt jedoch nur eine **geringe Kartoffelernte,** da die Kartoffeln im Boden verfault sind. Der Zentner Weizen kostet 8 Mark, Roggen und Gersteje 6 bis 7 Mark, Hafer 6 Mark und Bohnen und Erbsen je 7 Mark. (Rohland/Noack, 395; Reinhardt (1892), 330)

In der zweiten Hälfte des Monats Oktober wird in unserem Gebiet der sog. **Große September- Komet** beobachtet, der zunächst in der südlichen Hemisphäre zu sehen ist. Er ist einer der spektakulärsten Kometen des 19. Jahrhunderts und kann bis Januar 1883 mit bloßem Auge beobachtet werden. (Kronk II, 503ff.)

Nachdem die **Regenbogenforelle** *„um Pfingsten 1881"* erstmalig nach Deutschland importiert worden ist, wird sie um 1882 durch den Deutschen Fischereiverein auch in unserem Gebiet eingeführt. Ihre ursprüngliche Heimat ist die nordamerikanische Westküste. Der raschwüchsige und robuste Speisefisch, der in künstlichen Teichwirtschaftsanlagen vermehrt und gemästet wird, kommt inzwischen nahezu flächendeckend in allen Gewässertypen auch unseres Gebiets, darunter in Teichen des Harzrandes, aber auch des Oberharzes, vor. Das **Neozoon** steht in Nahrungs- und Habitatkonkurrenz zur einheimischen Bachforelle. (Görner (Hrsg.) (2015), 182; Skiba, 44; Wüstemann (1982), 27; Wüstemann (1989), 13; Kowarik, 344f. ; Westhus et al (2016), 158)

Um diese Zeit wird auch der zur Familie der Lachsfische gehörende **Bachsaibling** aus Nordamerika eingeführt, der ebenfalls zu einem beliebten Fisch in der Aquakultur wird. Er lebt auch im Söse- und im Okerstausee. (Görner (2011) 198; Skiba, 44)

Im **Lauterberger Bergbaurevier** nimmt in diesem Jahr das **Schwerspatbergwerk** Hoher Trost seinen Betrieb auf. Schwerspat (Baryt) mit der chemischen Bezeichnung Bariumsulfat wird in der Tiefbohrtechnik als Zusatz für Bohrspülungen sowie in der Bauindustrie als Zuschlagstoff für Beton verwendet, um dessen Strahlendurchlässigkeit zu vermindern. Es dient auch als Kontrastmittel bei Röntgenuntersuchungen.
Nach 1900 werden jährlich 16.000 bis 19.000 to Rohspat gefördert und das Lauterberger Revier wird zu einem der bedeutendsten Schwerspatproduzenten Deutschlands. (Liessmann (2010), 266ff.)

1883
Am 1. Mai werden die 6,33 km lange **Eisenbahnstrecke Langelsheim – Goslar** und die 4,76 km lange **Strecke Goslar – Grauhof** in Betrieb genommen. (Handbuch Eisenbahnstrecken, 152)

Am Nachmittag des 4. September entsteht im Stadtgebiet von Wildemann ein etwa sechs Meter weiter und zwei Meter tiefer **Erdfall,** der wahrscheinlich vom 13-Lachter-Stollen herrührt. (Dirks (1996), 225)

Am 19. September wird eine Polizei-Verordnung des Regierungs-Präsidenten des Regierungsbezirks Erfurt zum Schutz nützlicher Vögel erlassen, die das **Fangen, Schießen und jede andere Tötung folgender Vogelarten untersagt:**
Nachtigall, Blaukehlchen, Braunkehlchen, Rotkehlchen, Rotschwanz, Steinschmätzer, Wiesenschmätzer, Gelbspötter, alle Grasmückenarten, Bachstelze, Wiesenpieper, Baumpieper, Zaunkönig, Goldhähnchen, Pirol, Singdrossel, Misteldrossel, Kohlmeise, Blaumeise, Tannenmeise, Feldlerche, Haubenlerche und Heidelerche, Goldammer, Grauammer und Gartenammer, Dompfaff, Zeisig, Stieglitz, Bluthänfling, Buchfink, Fliegenschnäpper, Baumläufer, Kleiber, Wiedehopf, alle Schwalben, Mandelkrähe, Rabenkrähe, Saatkrähe, Nebelkrähe, Dohle, Star, Schwarzspecht, Grünspecht, Buntspecht, Wendehals, Kuckuck, Bussard, alle Eulen mit Ausnahme des Uhus, Waldkauz und Steinkauz, Turmfalke, Regenpfeifer und Kiebitz. Auch das **Ausnehmen der Eier oder Brut** und das **Zerstören der Nester** dieser Vögel ist **verboten.**

Der Fang der als Delikatesse geschätzten **Wacholderdrosseln**, auch Krammetsvögel genannt, in Dohnen bleibt bis auf Weiteres für die Monate September, Oktober und November erlaubt, ebenso das Sammeln der **Kiebitzeier** vom Frühjahr bis zum 30. April. (AKRE, Jg. 1883, 1886f.) 1886 wird in diese Polizeiverordnung auch der volle Schutz der Wacholderdrossel aufgenommen (AKRE, Jg. 1886, 45), eine weitere vom 20. Juni 1901 erlaubt allerdings deren Fang in den Monaten Oktober und November und das Sammeln von Kiebitzeiern im Frühjahr bis zum 30. April. (AKRE, Jg. 1901, 139)
In die aus Ruten gewundenen Dohnen werden aus Pferdehaar gedrehte Schlingen gestellt, in denen sich die Vögel fangen. Als Lockmittel dienen die Beeren der Eberesche, auch Krammetsbeeren genannt. Dies ist einer der Gründe, warum Ebereschen nur in der Nähe von Forstgehöften und an Straßen gepflanzt, im Wald aber vernichtet werden, denn sonst würden die Krammetsbeeren im Dohnenstieg keinen Vogel mehr anlocken. (Blankenburg, 166)

Der **Fischotter** tritt seit einiger Zeit wieder vermehrt auf und wird auch am Seeburger See beobachtet. Er fängt dort nachts massenhaft ins Schilf einfallende Stare. An der Wipper bei Bleicherode, Gerterode und bei der Elbingeröder Mühle werden in diesem Jahr sowie in den Jahren 1888, 1890, 1891 und 1892 insgesamt fünf Fischotter gefangen.
(Kolbe, Bleichröder Erinnerungen, 7)

Am Abend des 27. November zeigt sich bald nach Sonnenuntergang eine tief orangefarbene Tönung des ganzen südlichen, westlichen und nordwestlichen Horizonts, die später in ein intensives Karmesinrot übergeht. Bei Fortbewegung der Sonne unter dem Horizont tritt eine Verschiebung dieser Erscheinung nach Norden ein und der Horizont leuchtet schließlich in einem satten Purpurrot. Am Abend des 25. Dezember, gegen 17.00 Uhr, bildet *„das ganze Himmelsgewölbe eine purpurne Halbkugel"*.
Diese Erscheinung wiederholt sich und ist nicht nur in unserem Gebiet, sondern u. a. auch in Kassel, Magdeburg und Berlin zu beobachten. Dieses merkwürdige Abendrot ist auf den **Ausbruch des** auf einer Insel in der Sundastraße gelegenen **Vulkans Krakatau** zurückzuführen, der bei seinem Ausbruch am 27. August dieses Jahres feinste Staubteilchen bis in die höchsten Schichten der Atmosphäre empor geschleudert hat. Dieser **Höhenrauch** hat sich über Monate schwebend in der Luft gehalten und durch den Widerschein der unter dem Horizont stehenden Sonne diese wunderbare Färbung des Himmels bewirkt. Diese intensiven Abend- und Morgenröten sind noch bis zum Frühjahr des nächsten Jahres in unserem Gebiet zu beobachten.
(HZg vom 1. Dezember 1883; Rohland/Noack, 401; Theodor Rumpf in: Pflüger, Jg. 4 (1927), 288; Hamm, 174)

In diesem Jahr wird die erste umfassende wissenschaftliche Untersuchung über die von wichtigen **Harzer Hüttenwerken verursachten Umweltschäden** veröffentlicht. Professor Dr. Julius von Schroeder, der sich an der forstlichen Versuchsstation der Forstakademie Tharandt seit mehreren Jahren fast ausschließlich mit der Rauchfrage beschäftigt und Carl Reuss, städtischer Oberförster in Goslar, erarbeiteten mit Unterstützung durch das Preußische Ministerium für Landwirtschaft, Domänen und Forsten die Monographie mit dem Titel *„Die Beschädigung der Vegetation durch Rauch und die Oberharzer Hüttenrauchschäden"*, in der sie im Ergebnis jahrelanger Forschungen vor Ort nachweisen, in welchem Umfang Umweltschäden durch die für die Untersuchung ausgewählten Hüttenwerke in Clausthal, Lautenthal, Altenau und St. Andreasberg im Oberharz sowie durch die am Nordrand des Harzes liegenden Werke Okerhütte, Sophienhütte und Juliushütte verursacht werden und welche technischen und forstwirtschaftlichen Maßnahmen Aussicht auf eine erfolgreiche Schadensreduzierung haben.
Mit Blick auf die Zukunft weisen die Autoren warnend darauf hin, dass die Zeit kommen wird, *„wo der Hüttenbetrieb hier verschwindet. Dann ist der Harz hauptsächlich angewiesen auf Holzzucht, auf die von ihr abhängige Industrie, welche an den wasserkraftreichen Flüsschen erblühen*

Holzabfuhr im Harz

wird, und auf den Fremdenverkehr. Und gerade diese Hilfsquellen, welche die Zukunft des Harzes sichern, sind es, die durch den Hüttenbetrieb in seiner jetzigen Form geschädigt werden. Der Wald wird zerstört und mit ihm die Wasserkräfte der Oker und Innerste, mit ihm der Gegend der Reiz genommen, der den Fremdenverkehr anzieht."
(Schroeder/Reuss,157)

Um 1883

Der Blankenburger Amtmann Dickmann baut um diese Zeit die ehemalige Klosterfischerei **Michaelstein** zu einer **Zentralfischzuchtanstalt** aus. Hier werden in kalifornischen Brutapparaten etwa eine Million Bachforelleneier erbrütet und für den Besatz der Harzgewässer zur Verfügung gestellt. Außerdem werden jährlich etwa 600 Kilo Speiseforellen erzeugt. Mit dieser Produktion gehört Michaelstein zu den größten Forellenzuchtanstalten Deutschlands.
Auch in anderen Orten des Harzes entstehen **kleinere Fischzuchtbetriebe**, so in Cleysingen bei Ellrich.
(Wüstemann (1982), 25)

1883/84

In diesem **Winter** werden in den Wäldern des Harzes durch **Stürme** und eine **schwere Schneelast** auf den Bäumen **große Schäden** verursacht. Ganze Forsten liegen darnieder, darunter ein 30jähriger Fichtenbestand am Schieferberg bei Lerbach.
(Günther, 177; Kutscher (2009), 86; Hamm, 174)
Da das zu Bruch gegangene Holz zum großen Teil auf anderem Wege nicht zu verwerten ist, werden **Köhler wieder herbeigerufen**, die ihr Gewerbe vor Jahren aufgeben mussten, als auch in den Hüttenbetrieben des Oberharzes die Holzkohe mehr und mehr durch die mit der Eisenbahn aus den großen Steinkohlenrevieren des Ruhrgebiets, Schlesiens u. a. Gebiten in den Harz transportierte Steinkohle ersetzt wurde.
(Günther, 567)

Köhler im Harz

1884

Am 1. Januar tritt eine Polizei-Verordnung des Regierungs-Präsidenten des Regierungsbezirks Erfurt zur Ausführung des Feld- und Forstpolizei-Gesetzes vom 1. April 1880 (GSPS, 1880, 230ff.) in Kraft, die u. a. **Maßregeln zur Vertilgung der Hamster, Mäuse. Engerlinge und Maikäfer** vorschreibt, wenn durch das häufige Auftreten dieser Tiere ein erheblicher Schaden für die Feldfrüchte bzw. für das Laubholz zu besorgen ist. Die Verordnung schreibt auch Maßnahmen zur Bekämpfung von **Wanderheuschrecken** vor, wenn diese in größerer Zahl auftreten.

Wer vom Vorkommen des Kartoffelkäfers Kenntnis erhält, ist verpflichtet, sofort die Ortspolizeibehörde zu informieren und abgelesene Käfer, Eier, Larven oder Puppen an Ort und Stelle zu töten.

Die **Kleeseide**, die **Wucherblume** und das **Frühlings-Kreuzkraut** sind von den Unterhaltpflichtigen von Ackerflächen, Wiesen, Weiden, Wegrändern usw. so frühzeitig zu vertilgen, dass sie nirgends im abblühenden oder reifen Zustand vorgefunden werden. Desgleichen ist das Abblühen **aller Distelarten** durch rechtzeitiges Abschneiden zu verhindern.

Die Verordnung enthält auch **Vorschriften für die Waldnutzung**, darunter zur Holzabfuhr und das Sammeln von Leseholz, Kräutern, Beeren und Pilzen.

(Verordnung des Regierungspräsidenten des Regierungsbezirks Erfurt vom 6.10.1883)

Amtliche Bekämpfungsmaßnahmen gegen das stark giftige **Frühlings-Kreuzkraut**, auch Frühlings-Greiskraut genannt, das aus den Steppen Osteuropas kommend sich seit etwa 1850 in Mitteleuropa ausgebreitet hat, werden bereits seit 1869 eingeleitet, allerdings vergeblich. Heute zählt es zu den am weitesten verbreiteten Neophyten Deutschlands. (Kowarik, 416)

Das Frühlings-Kreuzkraut ist auch im Harzvorland verbreitet und kommt im Harz verstreut vor. (Herdam et al, 253)

Die aktuelle Verbreitung der **Kleeseide**, eines Neophyten, der parasitisch an verschiedenen Kleearten lebt, denen er Nährstoffe und Wasser entzieht, in unserem Gebiet ist unsicher. (Herdam et al, 216)

Auch die **Saat-Wucherblume** gehört nach wie vor zu den schwer zu bekämpfenden Neophyten auf den deutschen Äckern. (Kowarik 168)

Sie kommt in unserem Gebiet u. a. bei Ilsenburg, Darlingerode, Wernigerode, Silstedt, Elbingerode, Königshütte, Hasselfelde und Thale vor. (Herdam et al, 259)

Am 25. Januar reißt ein **Sturm** das Gradierwerk auf dem Gelände der Sole Juliushall um. (Meier/Neumann, 574)

Am 10. Februar wird am Harly-Berg bei Vienenburg mit dem **Abteufen eines Kalischachts** begonnen, nachdem dort im vergangenen Jahr in 310 m Tiefe das erste Kalisalz der Provinz Hannover erbohrt wurde. Mit der Kaliförderung wird 1886 begonnen. (Hamm, 174)

Am 20. Mai wird die 9,26 km lange **Eisenbahnstrecke zwischen Wernigerode und Ilsenburg** eröffnet. (Lauerwald (2004), 235; Handbuch Eisenbahnstrecken, 156)

Am 1. November wird der Betrieb auf der 15,31 km langen **Eisenbahnstrecke Scharzfeld – St. Andreasberg** aufgenommen, nachdem bereits am 10. Juli die 4,13 km lange Teilstrecke von Scharzfeld nach Bad Lauterberg eröffnet worden ist.
(Lauerwald (2004), 235; Handbuch Eisenbahnstrecken, 158, 160)

1885
Am 1. Juli wird das letzte Teilstück der eigentlichen Harzgürtelbahn, die 16,01 km lange **Strecke zwischen Ballenstedt und Quedlinburg über Gernrode** in Betrieb genommen.
(Lauerwald (2004), 235; Handbuch Eisenbahnstrecken, 162)

Am 27. November zwischen 18.00 Uhr und 20.00 Uhr wird ein großartiger **Sternschnuppenfall** beobachtet. (Hamm, 176)

In diesem Jahr wird der bereits seit dem ersten Jahrhundert vor Chr. betriebene **Eisenerzbergbau am Iberg bei Bad Grund** eingestellt. Grubenmeiler und ein frühkarolingischer Eisenschmelzofen komplettieren das Bild einer komplexen Montanregion, die sich von der Neuzeit kontinuierlich bis in das früheste Mittelalter zurückverfolgen lässt. (Deicke, 45; Klappauf (2006), 132f.)

Um 1885
Die **Quedlinburger Pflanzen- und Samenzuchtbetriebe** haben sich in den zurückliegenden Jahrzehnten zu den auf diesem Gebiet **führenden Unternehmen in Deutschland** entwickelt.
Rund um die Stadt breiten sich riesige Blumenfelder aus. Allein die Firma Gebrüder Dippe bewirtschaftet um 1885 rund 8.400 Morgen Acker und beschäftigt etwa 2.000 Mitarbeiter. An Zugvieh werden 160 bis 180 Pferde und 200 bis 220 Ochsen gehalten und des Düngers wegen jährlich etwa 6.000 Hamel gemästet. Zur Samengewinnung werden Sommer- und Winterlevkojen, Cinerarien und Pantoffelblumen in 320.000 Töpfen gezogen. Im Jahr werden etwa 200 Zentner Gurkenkerne geerntet. Die Firma hat an einem Tag 43 Doppelwagen Rübensamen mit der Bahn versandt. (Günther, 796f.)

1885/86
Dieser **Winter** ist **lang und streng.** Nach Neujahr fällt Schnee, der bis Ende März liegen bleibt. (Görner/Kaiser V,14)

1886
Im Oberharz herrscht in diesem Jahr **anhaltende Trockenheit.** (Wiese (1979), 73; Schucht, 56)

Am 1. Mai wird die 10,10 km lange **Eisenbahnstrecke Hüttenplatz bei Blankenburg nach Rübeland** sowie die 3,90 km lange **Strecke Rübeland-Elbingerode West** eröffnet, nachdem die Strecke

Quedlinburg inmitten von Blumenfeldern (um 1930)

Hüttenplatz bei Blankenburg –Rübeland bereits am 1. November 1885 für den Güterverkehr in Betrieb genommen wurde. Die 6,35 km lange **Strecke Elbingerode West-Rothehütte-Königshof** wird am 1. Juni eröffnet.
(Handbuch Eisenbahnstrecken, 166)

Am 1. Juni kommt es am Südrand des Harzes zu einem verheerenden **Unwetter**, das große Schäden verursacht. Zwischen Bartolfelde und Barbis geht ein **Wolkenbruch** nieder, dessen Fluten verheerenden Schaden anrichten. In Sachsa und auch in Zwinge richtet ein Hagelschlag Zerstörungen an. In Nordhausen und Umgebung wütet das Unwetter fast zehn Stunden und überflutet mehrere Straßen. In Salza steht das Wasser fußhoch in den Häusern. In Kleinwechsungen werden Häuser beschädigt, viel Vieh ertrinkt und in der Feldflur werden Getreide und Kartoffeln fast vollständig vernichtet. Auch in Hesserode, Wechsungen und Tettenborn werden die Fluren durch Hagelschlag und Verschlämmung beschädigt.
(ME, Jg. 1926, 43; EHBt. vom 24.9.1938; Diedrich II, 16ff.; UE 1924, 39f.;EHSt. 1966, 256;1986, 256ff; Friese in EHH 3/ 1986, 260; Lerch, 167; HL, 3, Jg. (1907), 56, 5.Jg. (1909), 85)

Am Nachmittag des 10. August sucht ein **Orkan** das Gebiet zwischen Northeim und dem Harz heim und richtet große Schäden an. In Katlenburg werden die meisten Dächer beschädigt und zahlreiche Fensterscheiben zertrümmert. Allein an der Landstraße von Northeim bis Dorste knicken etwa 250 Obstbäume um. Von den 700 Obstbäumen Katlenburgs werden über 600 tragbare Stämme vollständig zerstört. Auch in den Forsten der Umgebung werden mehrere hundert Buchen und Eichen vernichtet. (Schlegel, 185f.)

Am 15. Oktober wird die **Eisenbahnstrecke von Blankenburg nach Tanne** eröffnet, deren erstes 10,10 km langes Teilstück von Blankenburg (Hüttenplatz) nach Rübeland bereits am 1. November 1885 in Betrieb genommen wurde. Diese später **Rübelandbahn** genannte Eisenbahnverbindung dient vor allem dem Abtransport des an den Hornbergen bei **Rübeland** und **Elbingerode** im

313

Tagebau gewonnenen **Kalksteins von besonderer Güte** zu den Chemiewerken in Schkopau und Piesteritz, die diesen Kalkstein u. a. für die Herstellung von Kalziumkarbid benötigen, ebenso die Zuckerindustrie und die Bauwirtschaft.

Die schwierige Trassenführung von Blankenburg über das Harzmassiv Hüttenrode mit nachfolgendem Abstieg in das Bodetal bei Rübeland zwingen zu einem bis dahin **weltweit erstmalig angewandten Bahnsystem mit kombiniertem Reibungs- und Zahnradbetrieb.** Das von dem Schweizer Ingenieur Roman Abt in Zusammenarbeit mit dem Bahndirektor Albert Schneider entwickelte Bahnsystem ist bis 1920 in Betrieb. Auf der eingleisigen regelspurigen, 30,5 km langen Strecke von Blankenburg nach Tanne sind elf Zahnstangenabschnitte mit einer Länge von insgesamt 7,474 km. Wegen der geringen Fahrgeschwindigkeit im Zahnstangenbetrieb werden auf der Strecke ab 1920 neu entwickelte Lokomotiven eingesetzt, die einen reinen Adhäsionsbetrieb ermöglichen und damit die Rentabilität der Strecke erhöhen.
(Lauerwald (2004), 233; Voges, 128ff.; Eisenbahn im Harz, 44ff.)

Rübeland um 1880

Die **Botaniker Carl Angelrodt und Adolf Vocke** veröffentlichen in diesem Jahr ihr Buch *„Flora von Nordhausen und der weiteren Umgebung. Systematisches Verzeichnis der wildwachsenden und häufig wachsenden Gefäßpflanzen"* (Berlin 1886), das für jeden floristisch tätigen Heimatforscher im Großraum Nordhausen noch heute nützlich ist. Das Untersuchungsgebiet umfasst auch das nördliche Eichsfeld bis zum Wippertal sowie das gesamte Kyffhäusergebirge und die Hainleite.
(Barthel/Pusch, 40ff., 331ff.)

Der Volksschullehrer, Entomologe und Botaniker **Angelrodt** (*12.11.1845 Frömstedt, † 12.5.1913 Nordhausen) bearbeitet in diesem Buch die *„auf Feldern, in Gärten und Anlagen zu ökonomischen, technischen und medizinischen Zwecken oder zur Zierde gezogenen Kulturgewächse"* und ist für die redaktionelle Arbeit zuständig.
Der Gärtner und Botaniker **Vocke** (* 21.11.1821 Magdeburg, † 1.5.1901 Nordhausen) liefert auch Fundortangaben für die von dem Lehrer, Heimatforscher und Botaniker **Günther Lutze** (* 9.1.1840 Sondershausen, † 10.6.1930) veröffentlichte *„Flora von Nordthüringen"* (Sondershausen 1892),

314

für die von dem Apotheker und Botaniker **Wilhelm Brandes** (* 2.4.1834 Hildesheim, † 8.7.1916 Göttingen) erarbeitete „*Flora der Provinz Hannover*" (Hannover und Leipzig 1897) sowie für die von dem Hochschullehrer und Direktor des Botanischen Gartens in Göttingen, **Professor Dr. Albert Peter** (* 21.8.1853 Gumbinnen, † 4.10.1937 Göttingen), verfasste „*Flora von Südhannover nebst den angrenzenden Gebieten*".·2 Teile, (Göttingen 1901), in der auch Pflanzenvorkommen im Untereichsfeld und in Teilen des Obereichsfeldes erfasst sind. (Barthel/Pusch, 74ff., 200ff., 238ff.)

Der **letzte Ilsenburger Hochofen**, der bis zuletzt mit **Holzkohlen** betrieben wurde, wird in diesem Jahr **ausgeblasen**. (Brückner et al., 378)

In diesem Jahr wird die **Glashütte** der Gebrüder Jordan in Oker in Betrieb genommen. (Schucht, 152)

1886/87
Vom 19. bis 21. Dezember fegt ein **unerhörter Schneesturm** über Mitteldeutschland, der den Verkehr zum Erliegen bringt.
 Der schneereiche Winter **fördert im Harz den Gebrauch von Schneeschuhen**, da viele Siedlungen nur auf Schneeschuhen zu erreichen sind.
(Schucht, 152; HZg v. 31.12. 1886 u. 1.1.1887; Regel, Thüringen I, 340 f.; Reinhardt, (1892), 330; Reichardt, 436; Hamm, 177)

1887
Am 7. August wird die 10,2 km lange erste Teilstrecke der meterspurigen **Selketalbahn von Gernrode nach Mägdesprung** eröffnet. Sie ist somit die **älteste Schmalspurbahn des Harzes**. Nicht zuletzt auf Grund der schwierigen Geländeverhältnisse, die umfangreiche Erdarbeiten und auch Felsdurchbrüche erfordern, kommt der weitere Streckenbau nur langsam voran. Am 1. Juli 1888 wird **Alexisbad** erreicht, von wo aus die Eisenbahn nach Harzgerode, den Endpunkt der ersten Strecke der Selketalbahn, führt.

Die Selketalbahn am Heiligenteich bei Gernrode

Von **Alexisbad** führt die **zweite Strecke** durch das Selketal nach **Straßberg** und weiter über **Güntersberge nach Stiege** und am 1. Mai 1892 erreicht der Schienenstrang **Hasselfelde**, den Endpunkt der zweiten Strecke. Seit 15. Juli 1905 ist die **Selketalbahn** durch die Inbetriebnahme der **Strecke Stiege – Eisfelder Talmühle** mit der **Harzquerbahn verbunden**.
(Lauerwald (2004), 235f.; Eisenbahn im Harz, 19ff.)

In diesem Jahr **endet der Bergbau auf Roteisenstein im Harz**, der seinen Schwerpunkt im Raum Osterode – Lerbach – Altenau hatte und seit 1460 urkundlich belegt ist. Roteisenerze sind insbesondere im Oberharzer Diabaszug zu finden, der sich über 25 km von Osterode in nordöstlicher Richtung bis nach Bad Harzburg erstreckt. Die karbonatreichen und an Siliciumdioxid armen Eisenerze (*„Blauer Stein"*) mit Eisengehalten von durchschnittlich 18 bis 25 % wurden bevorzugt verhüttet. In der archäologischen Grabung **Düna** konnte nachgewiesen werden, dass der *„Blaue Stein"* **bereits ab dem 4. Jahrhundert nach Chr.** dort verhüttet worden ist.
Die erste Blütezeit des Lerbacher Reviers begann mit der Wiederaufnahme der Oberharzer Silbergewinnung nach 1521, für die große Mengen Eisenerzeugnisse benötigt wurden.
(Deicke, 45f.; Liessmann (2010), 291)

In diesem Jahr wird eine **gute Ernte** eingebracht. Allerdings gibt es **viele Mäuse** auf den Feldern, die vieles, was bestellt wurde, aufgefressen haben, sodass vieles doppelt in den Boden gebracht werden musste. (Rohland/Noack, 409)

Die **Wiederaufforstung des Sudmerberges** bei Oker, mit der 1880 begonnen wurde, wird in diesem Jahr abgeschlossen. (Schucht, 152)

Um 1887
verkaufen die 14 Fabriken im Harz, die **aus schwefelhaltigem Erz Schwefelsäure herstellen**, jährlich etwa 15.000 to Schwefelsäure. (Günther, 207)

1887/88
Dieser **lange, strenge und schneereiche Winter** währt mit geringen Unterbrechungen von Anfang November bis Mitte April. (Schucht, 153; Kutscher (2009), 87)

1888
Am 22. März wird das **Reichsgesetz betreffend den Schutz von Vögeln** erlassen, mit dem erstmalig der Vogelschutz in ganz Deutschland einheitlich geregelt wird. Das Zerstören und das Ausheben von Vogelnestern, das Ausnehmen von Eiern und Jungen und der Verkauf der gegen dieses Verbot erlangten Nester, Eier und Jungen werden untersagt. Verboten ist außerdem das Fangen und die Erlegung von Vögeln zur Nachtzeit mittels Leimes, Schlingen, Netzen oder Waffen, das Fangen von Vögeln, solange der Boden mit Schnee bedeckt ist, das Fangen von Vögeln mit Körnern, denen betäubende oder giftige Bestandteile beigemischt sind, das Fangen mit geblendeten Lockvögeln sowie das Fangen mit Fallkäfigen und -kästen, Reusen und verschiedenen Netzen. Auch andere Arten des Vogelfangs, die eine Massenvertilgung von Vögeln ermöglichen, können verboten werden. In der Zeit vom 1. März bis zum 15. September sind das Fangen und die Erlegung von Vögeln sowie der Verkauf toter Wildvögel überhaupt untersagt.
Der Vogelschutz richtet sich allerdings nach **dem Kriterium der Nützlichkeit der verschiedenen Vogelarten für den Menschen**. Dadurch werden **viele Vögel durch das Gesetz nicht geschützt**. Das betrifft mit Ausnahme des Turmfalken alle Tagraubvögel, Uhus, Würger (Neuntöter), Kreuzschnäbel, Sperlinge (Haus- und Feldsperlinge), Kernbeißer, rabenartigen Vögel (Kolkraben, Rabenkrähen, Nebelkrähen, Saatkrähen, Dohlen, Elstern, Eichelhäher und Tannenhäher), Wildtauben (Ringeltauben, Hohltauben, Turteltauben), Wasserhühner, Reiher (eigentliche Reiher, Nachtreiher oder Rohrdommeln), Säger, alle nicht im Binnenland brütenden Möwen, Kormorane und Taucher

(Eistaucher und Haubentaucher, für die der freie Tierfang und die Tötung erlaubt sind. Auf alle Vögel, die nur von Jagdberechtigten gefangen und erlegt werden dürfen (jagdbare Vögel), findet das Gesetz ebenfalls keine Anwendung.

Auch Vögel, die dem jagdbaren Feder- und Haarwild sowie Fischen nachstellen, dürfen nach Maßgabe der landesgesetzlichen Bestimmungen getötet werden. In Preußen z. B. ist es den Fischereiberechtigten nach dem preußischen Fischereigesetz vom 30. Mai 1874 resp. 30. März 1880 gestattet, Taucher, Eisvögel, Reiher, Kormorane und Fischadler ohne Anwendung von Schusswaffen zu töten oder zu fangen und für sich zu behalten

Der traditionelle Krammetsvogelfang in der Zeit vom 21. September bis zum 31. Dezember wird durch das Reichsgesetz ebenfalls nicht berührt. Der im Reichsgesetz festgelegte Vogelschutz kann durch landesgesetzliche Vorschriften konkretisiert und erweitert werden. (RGBl. 1888, 111ff.)

Am 20. und 21 Dezember werden bei der **alljährlichen Hasenjagd in der Nordhäuser Stadtflur** 184 Hasen zur Strecke gebracht. (Nordhausen (2003), 152)

Wie bereits 1863 erfolgt auch in diesem Jahr eine **Invasion des Steppenhuhns** aus den Steppen Innerasiens nach Deutschland und auch in unser Gebiet.
(Regel, Thüringen Bd. II/1, 175f.; Hildebrand, Ornis Thüringens; HZg vom 12. und 28.6.1888)
Um diesen Neuankömmling von der Größe eines Rebhuhns zu schützen, erlässt der Regierungspräsident des Regierungsbezirks Erfurt am 25. Mai eine Verordnung, in der es heißt: *„Es ist zu erwarten, dass das Steppenhuhn hier brüten und eine sehr schätzbare neue Wildart bilden wird. Dasselbe bedarf daher bis auf Weiteres strenger Schonung."* (AKRE vom 25.5.1888)

Da man zunächst der Ansicht ist, dass sich das Kaliflöz auf das Gebiet um Staßfurt im nördlichen Harzvorland beschränkt, werden die dem Lauf der Unstrut und ihrer Nebenflüsse, insbesondere der Wipper, folgenden Kalivorkommen erst relativ spät erschlossen.

In der Zeit von **1896 bis 1911 entstehen** im **Südharzgebiet die fünf großen Kaliwerke Sondershausen** (1896), **Bleicherode** (1902), **Sollstedt** (1905), **Volkenroda** (1905) und **Bischofferode** (1911), die bis zur Einstellung ihrer Produktion nach der Herstellung der Einheit Deutschlands in den Jahren 1990 (Bleicherode), 1991 (Sondershausen, Volkenroda, Sollstedt) bzw. 1993 (Bischofferode) rund **450 Millionen Tonnen Rohsalz fördern.**

Der preußische Oberbergrat Hermann Pinno lässt in diesem Jahr erstmalig **auch im Südharz** Erkundungsbohrungen niederbringen. Bei Kehmstedt nahe Bleicherode stößt man in einer Tiefe von 455 Metern auf das begehrte **Kalisalz**. Der preußische Staat lässt anschließend 66 weitere Bohrungen im Südharzgebiet durchführen. Durch die dabei gewonnenen geologischen Erkenntnisse werden die Voraussetzungen für die Errichtung des Königlichen Kalisalzbergwerks Bleicherode geschaffen, das 1902 seinen Betrieb aufnimmt. (Bartl et al., Kali Bd.1, 14ff., Bd. 2, 581)

1889
Nach einem prächtigen Winter treten ab 2. Februar **heftige Schneestürme** ein, die auch den Bahn- und Postverkehr stark behindern. (Rohland/Noack, 414; Jordan IV, 170)

Im Juni wird das Innere der uralten geschichtsträchtigen **Merwigslinde in Nordhausen** ausgemauert, um ein Voranschreiten der Fäulnis zu verhindern. (Nordhausen (2003), 153)

Nach einem Bericht des Fischereivereins ist die **Fischzuchtanstalt** von C. Arens **in Cleysingen** die größte unter den 6 Fischzuchtanstalten im Regierungsbezirk Erfurt. Sie besitzt 126 Bruttröge, die in diesem Jahr mit 700.000 Forellen-Eiern, 150.000 Bachsaiblings-Eiern, 150.000 Lachs-Eiern, 110.000 Regenbogenforellen-Eiern, 50.000 Äschen- und 50.000 Lachsbastard-Eiern besetzt sind. 15.000 Zentner Forellen werden in diesem Jahr verkauft.

Die Fischzuchtanstalt in Cleysingen genießt in ganz Deutschland einen hervorragenden Ruf. Selbst wissenschaftliche Institute studieren die vorbildlichen Einrichtungen. (Kuhlbrodt (2000), 325, 365)

Im Mühlental bei **Elbingerode** wird in diesem Jahr mit dem Abbau der dortigen **Schwefelkieslager** begonnen. Der Schwefelkies (Pyrit), auch Eisenkies genannt, besteht aus Eisen und Schwefel im Verhältnis 1 zu 2 und wird zur Herstellung von Schwefelsäure verwendet. Der dabei anfallende Rückstand, das sog. Purpurerz, wird in Hochöfen zu Eisen verarbeitet.
Die **Schwefelkiesgrube Einheit** erreicht 1973 mit der Förderung von 380.000 to ihre höchste Jahresproduktion und wird am 1. August 1990 aus marktwirtschaftlichen Gründen geschlossen. (Liessmann (2010), 305ff.)

1890
Im Winter versehen **Bernhardinerhunde** den **Postdienst** zwischen Schierke und dem Brockenhaus. (Hamm, 179)

In der Zeit vom 20. zum 27. Januar richten **heftige Sturmwinde** in unserem Gebiet Zerstörungen an.

Am 21. Mai geht über Harzburg ein **Wolkenbruch** nieder, wodurch der am Radauberg gelegene Marienteich außer Kontrolle gerät, es in Harzburg zu einer Überschwemmung kommt, die großen Schaden anrichtet und im Radautal durch die Wassermassen mehrere Brücken zerstört werden. (Fischer (1913), 174; Hoffmann (1994), 136; Meier/Neumann, 575; Hamm, 179)

Am 1. Juni wird die 9,52 km lange **Eisenbahnstrecke Berga – Kelbra – Rottleberode** eröffnet, wodurch der Anschluss an die Eisenbahnstrecke Halle-Kassel hergestellt wird. Erst am 1. März 1923 wird die 5,41 km lange **Teilstrecke von Rottleberode nach Stolberg (Harz)** in Betrieb genommen. (Fromm, 118, 134; Lauerwald (2004), 236, 240; Handbuch Eisenbahnstrecken, 190, 354; Eisenbahn im Harz, 16; Rohland/Noack, 415)

Am 1. Juni wird auch die 12,50 km lange **Strecke der Schmalspurbahn Alexisbad – Güntersberge** eröffnet, der am 1. Dezember 1891 die Eröffnung der 8,60 km langen **Strecke Güntersberge – Stiege** folgt. Am 1. Mai 1892 wird die 4,90 km lange **Teilstrecke Stiege – Hasselfelde** in Betrieb genommen. (Handbuch Eisenbahnstrecken, 192, 198, 200)

Auf Initiative des Direktors des Botanischen Gartens der Universität Göttingen, Prof. Albert Peter, wird in diesem Jahr **auf der Brockenkuppe** der 4.600 m² große **Brockengarten angelegt**. Hier werden neben **heimischen Brockenarten**, von denen einige seit dem Ende der Kaltzeit ununterbrochen angesiedelt, also gewissermaßen Kaltzeitrelikte sind, auch **Pflanzenarten aus verschiedenen Hochgebirgsregionen** kultiviert. Bis 1907 werden 5.000 Pflanzen mit nummerierten Etiketten versehen. Darunter befinden sich so **seltene Arten** wie das nur auf dem Brocken vorkommende Brocken-Habichtskraut, die Brocken-Anemone, das Harz-Greiskraut, die Scheidensegge, die Starre Segge, die Lockerblütige Segge und die Zweifarbige Weide. Aus den Gründerjahren des Gartens stammt auch ein heute noch dort wachsendes Exemplar aus der Gattung der immergrünen Hemlocktannen.
Nach verschiedenen Zwangspausen, verursacht durch die Weltkriege und die Nutzung der Brockenkuppe als militärisches Sperrgebiet von 1961 bis 1990, in denen dort keine Pflegemaßnahmen durchgeführt werden konnten, wachsen im Brockengarten gegenwärtig wieder mehr als 1.800 Pflanzenarten aus verschiedenen Gebirgen der Erde.
Auch verschiedene behauene **Steinblöcke** werden im Brockengarten Wind und Wetter ausgesetzt, um das **Fortschreiten der Verwitterung dieser Gesteinsarten zu untersuchen**. (Brückner et al, 178f.; Pörtner, 20; Kinkeldey et al, 36)

Im Jagdjahr 1890/91 werden in den Wernigeröder/Stolbergischen Forsten 81 Stück **Birkwild** und 16 Stück **Haselwild** geschossen. Ein Jahr später werden hier 53 Stück Birkwild und nur noch zwei

318

Der Brockengarten um 1930

Haselhühner erlegt. Das **Auerwild** ist schon so selten, dass die Abschusszahlen pro Jagdjahr nur noch einstellig sind.
In den beiden Jagdjahren 1891/92 und 1893/94 werden in diesen Forsten zusammen **578 Falken und Habichte erlegt.** (Hartmann (1982) 17f.)

1891
Der **Winter** ist **lang und hart.** Nach Neujahr fällt Schnee und die Kälte hält bis Mitte Februar an. Dann gibt es schönes Wetter, aber von Mitte März bis Mitte April kommt der Winter zurück. (Rohland/Noack, 426)

Die **Maikäfer** treten in diesem Jahr in **ungeheuren Mengen** auf. (Kuhlbrodt (2000), 326)

Die **partielle Sonnenfinsternis** am 6. Juni, abends zwischen 18.00 und 19.00, kann auch in unserem Gebiet beobachtet werden.(Oppolzer, 296f., Blatt 148)

Am 1. Juli tobt ein **heftiges Gewitter** über Bündheim, Schlewecke und Harlingerode, wodurch es zu **Blitzeinschlägen** in allen drei Dörfern kommt. (Hoffmann (1994), 136)

Nachdem der Bochumer Markscheider und Bergwerksunternehmer Heinrich Leonhard Brügman vorher erfolglos bei Duderstadt nach Kalisalzen gebohrt hat, wendet er anschließend seine Tätigkeit dem Gebiet der Unterherrschaft des Fürstentums Schwarzburg –Sondershausen zu. Am 1. August beginnt auf seine Veranlassung **zwischen Sondershausen und Jecha** dicht neben der Wipper die erste **Tiefbohrung nach Stein- und Kalisalzen.** Dabei trifft man am 1. Dezember in 465,2 Metern Teufe auf Steinsalz und am 23. Mai 1892 bei 624 Metern auf ein **Carnallitflöz.** Daraufhin wird am 9. Dezember 1892 die Bergwerksgewerkschaft „Glückauf-Sondershausen" gegründet (Bartl et al., Kali Bd.1, 23f., Bd.2, 467, 770; Groebler, 341ff.)

In der Nacht des 16. November tritt eine **totale Mondfinsternis** ein. (Oppolzer, 372)

1892

Am 6. Februar findet eine **Konjunktion der Planeten Jupiter und Venus** statt, die man am Abend zwischen 18.00 und 19.00 gut beobachten kann. Am südwestlichen Himmel stehen die beiden hellglänzenden Planeten scheinbar kaum eine Handbreit voneinander entfernt. (Görner/Kaiser V, 15)

Am 27. Mai wird der Gemeinde Neustadt-Harzburg die Bezeichnug Bad Harzburg verliehen. Bereits 1831 hat man damit begonnen, die **Sole der Saline Juliushall** auch **zu Badezwecken zu verwenden.** Nachdem die Salzgewinnung der Saline 1849 eingestellt worden ist, wird in kurzer Zeit auf dem Gelände ein Logierhaus mit Badekabinen errichtet und ein Park mit Teichen, Wasserkünsten, seltenen Bäumen und Weinterassen angelegt. **Harzburg** entwickelt sich zu einem **Kur- und Badeort,** der 1893 schon von 19.351 Kurgästen besucht wird. Da die Zahl der verabfolgten Solebäder ständig weiter steigt, wird 1906/07 die **Johann-Albrecht-Quelle** erbohrt und nach dem Namen des Landesherrn benannt. (Rohkamm, 26f., 47, 67)

Nach einem kühlen Frühling und einem trockenen Juli beginnt es vom 7. August an außerordentlich heiß zu werden. Ganz Mitteleuropa wird im August von einer **Hitzewelle** erfasst. Die letzten Augusttage gehören zu den heißesten des Jahrhunderts. Vom **Frühjahr bis nach der Ernte regnet es** in unserer Gegend **fast gar nicht.** Die Wiesen sind verdorrt. An manchen Orten wird das Vieh in die Wälder getrieben.
Trotz der lang anhaltenden Trockenheit und großen Hitze im Sommer entspricht der Ertrag der Halmfrüchte dem einer **guten Mittelernte.** Auch die Kartoffelernte befriedigt. An Futterkräutern mangelt es, weil diese durch Dürre beeinträchtigt waren.
(Reinhardt (1892), 332; Görner/Kaiser V, 23)
Im Oberharz herrscht **akuter Wassermangel.** Es fehlt das notwendige Aufschlagwasser als Energiequelle zum Betrieb der Wasserkünste in den Gruben, der Pochwerke und der Hüttenbetriebe, so dass viele Bergleute und Hüttenarbeiter zeitweilig nicht in ihrem Beruf arbeiten können und deshalb im Forst und im Steinbruch beschäftigt werden.
(Wiese (1979), 73)

Auslaugungsvorgänge am Salzstock im Gestein unterhalb des Mansfelder Seengebiets sowie Langzeiteingriffe des Mansfelder Kupferschieferbergbaus in das dortige natürliche Grundwasserregime haben zu einem weiträumigen und tiefen Absenken des Karstwasserspiegels im Bereich des 841 ha großen Salzigen Sees in der Nähe von Eisleben geführt, sodass in diesem Jahr der **Großerdfall „Teufe"** entsteht, über den bis 1895 etwa 75 Millionen m³ Wasser aus dem Salzigen See in den Untergrund versinken. Dadurch werden Wassereinbrüche in den Kupferschiefergruben im Raum Eisleben ausgelöst. Daraufhin wird der **Salzige See** bis auf die tiefsten Bereiche, den Bindersee, den Kernersee und den Tausendsee, die als Restseen verbleiben, durch ein Kanalsystem **trockengelegt.** Das versinkende Wasser beschleunigt im Untergrund die Subrosion von salinen Gesteinen, was zu weiteren Erdfällen im Umfeld des ehemaligen Salzigen Sees führt.
(NSGSA, 366; Mansfelder Land, 164, 170f., 178ff.)

1893

Auf den **ungewöhnlich harten Winter** folgt von Mitte März an eine lang andauernde, bis in den August anhaltende **Trockenheit,** so dass die Ernte an Halmfrüchten und an Stroh gering ist. Für das Vieh muss Heu und Stroh aus anderen Gegenden angekauft werden. Ein Zentner fremdes Heu kostet in Elend 4,50 Mark. Die **Bienen leiden große Not,** da die Blüten der Pflanzen nicht ertragreich sind.Der **Wald erleidet** durch den verminderten Zuwachs infolge der Trockenheit **große Verluste.**
(Brumme, 129; Rohland/Noack, 434; Schmölling et al. 121f.; Hamm, 181)

Am 1. Mai beginnt die Gewerkschaft *„Glückauf-Sondershausen"* bei Stockhausen mit dem Abteufen ihres ersten, 5,20 Meter weiten Schachtes I. Am 18. August 1895 erreicht der Schacht bei

634 Metern Teufe das 14 Meter dicke Kaliflöz, im September 1895 wird der Schacht fertiggestellt und am 5. Februar 1896 werden die ersten Säcke gemahlenen Düngesalzes unter der Bezeichnung *„Kainit-Sondershäuser Hartsalz"* versandt.

In den folgenden zwei Jahrzehnten bis 1915 werden im Südharz-Unstrut-Revier fast weitere 50 Schächte abgeteuft bzw. mit deren Abteufung begonnen, letztere aber aus unterschiedlichen Gründen nicht erfolgreich abgeschlossen. Da es durch die vielen Schachtanlagen zu einer Überproduktion an Kalisalzen kommt und auch wegen des Ersten Weltkrieges und seiner wirtschaftlichen Auswirkungen werden danach keine weiteren Schächte angelegt. Weniger als die Hälfte der abgeteuften Schächte kann über längere Zeit oder ständig als aktive Förderschächte betrieben werden, die anderen dienen als Wetter-, Seilfahrts (Zweit)-, Material- oder Reserveschächte. Einige werden als sogenannte Quotenschächte zur Erlangung einer bestimmten mengenmäßigen Absatzberechtigung niedergebracht. (Bartl et al., Kali Bd.1, 24f.)

Am 9. September stirbt in Nordhausen der am 8. Dezember 1807 in Ritteburg geborene Apotheker, Lehrer und Botaniker **Friedrich Traugott Kützing,** der durch einmalige Entdeckungen auf dem Gebiet der Algenkunde zu einem Forscher von Weltgeltung wurde. Er veröffentlichte u. a. die Werke *„Phycologia generalis oder Anatomie, Physiologie und Systemkunde der Tange"* (Leipzig 1843) und *„Species Algarum"*(Leipzig 1849). Im Programm der Realschule Nordhausen erschien 1878 von ihm *„Die Algen-Flora von Nordhausen und Umgebung".*
(Barthel/Pusch, 184ff.)

1894
Am 1.Oktober wird die 13,70 km lange **Eisenbahnstrecke Ilsenburg – Bad Harzburg** eröffnet.
(Handbuch Eisenbahnstrecken, 210)

Um die von der Bode ausgehenden Hochwassergefahren im Gebiet um Quedlinburg zu beseitigen, wird in diesem Jahr der **Neinstedt-Weddersleben-Quedlinburger Deichverband** gegründet. Dieser veranlasst die Wiederherstellung des stellenweise vollkommen verwilderten und teilweise sogar die Schaffung eines neuen Flussbetts. Weitere **Regulierungsmaßnahmen** betreffen die Erhöhung und Verstärkung der Deiche, die Begradigung des Flusslaufs und die Schaffung eines einheitlichen, ausreichend großen Flussquerschnitts.
(Bodehochwasser, 15)

1895
Am Abend des 28. Juli werden Lerbach und Umgebung von einem **schweren Gewittersturm** heimgesucht, der große Waldflächen verwüstet und erheblichen Schaden an Gebäuden anrichtet. Es werden etwa 120.000 Festmeter Holz geworfen. (Kutscher (2007), 107ff.; Voigt, 151)

Am 1. Oktober bezieht der Beobachter Ludwig Koch die auf dem Brocken neu eingerichtete **meteorologische Station** 1.Ordnung, die am 31. Mai 1896 offiziell eingeweiht wird.
(Pörtner, 13; Kinkeldey et al, 48)

Am 30. Dezember werden im Jagdrevier Sundhausen/Uthleben bei Nordhausen **346 Hasen zur Strecke gebracht**. (Nordhausen (2003), 175)

Etwa ab diesem Jahr vernichtet die **Krebspest** fast alle Edelkrebse Niedersachsens, außer in der Hase und ihren Zubringern oberhalb Osnabrücks und im Seeburger See wie auch in der Aue des Eichsfeldes. (Hamm, 186)

Im Wilhelmschacht bei Clausthal wird in diesem Jahr ein Gleichstromgenerator zur **Gewinnung von elektrischem Strom aus Wasserkraft** aufgestellt. (Hoffmann (1969), 27f.)

1896

Am 3. und 4. Februar tritt auf dem Brocken eine **Inversionswetterlage** auf, bei der die Temperatur auf dem Brocken mit + 6° C höher ist als im umliegenden Flachland. Eine solche Temperaturumkehr entsteht in klaren kalten Nächten durch Wärmeabstrahlung und damit verbundene Abkühlung im Flachland, während es in der Höhe durch Absinken der Luft in einem Hochdruckgebiet zur Komprimierung und Erwärmung der Atmosphäre kommt. Im Flachland bildet sich in der kalten Luft Nebel, während in der Höhe bei winterlichen Hochdruckgebieten mit trockener, klarer Luft **oft eine sehr gute Sicht** besteht. Wenn die Sicht auf dem Brocken an klaren Tagen weit über 100 km ins Land reicht, kann man ein Gebiet von 40.617 km² überblicken. Das entspricht fast der Größe der Schweiz. Zu sehen sind u. a. 89 Städte, darunter Braunschweig, Göttingen, Helmstedt, Magdeburg und Wolfenbüttel, sowie mehr als 650 Dörfer. (Kinkeldey et al, 43f., 48ff.)

Am 24. Juni (Johannistag) werden Darlingerode und Umgebung von einem **gewaltigen Hagelschlag** heimgesucht. Strichweise gehen Schlossen von Faustgröße nieder. (Reichardt, 436)

Vom 30. Juli bis 10. August ist Wernigerode Austragungsort der **ersten Harzer Gartenbau-Ausstellung,** deren Ziel in der *„Hebung der gärtnerischen Landeskulturen und der Interessen für Obst und Gartenbau im Harzgebiet"* sowie in der *" Förderung der Handelsbeziehungen mit allen Gartenbau betreibenden Plätzen Deutschlands"* besteht.
(Lagatz (2004), 100)

1897

Am 12. Juli wird die 10,71 km lange **Teilstrecke Nordhausen – Ilfeld der meterspurigen Harzquerbahn** eröffnet, die Nordhausen mit Wernigerode verbindet und als einzige Eisenbahn den Harz von Süd nach Nord quert. Die **gesamte, über Netzkader, Benneckenstein, Drei Annen Hohne nach Wernigerode** führende, 60,5 km lange **Strecke wird am 27. März 1899** feierlich **eröffnet.**

Der Bahnhof auf dem Brocken

Am gleichen Tag wird auch die von **Drei Annen Hohne über Schierke zum Brocken führende**, 18,9 km lange Strecke der **meterspurigen Brockenbahn** in Betrieb genommen. (Lauerwald (2004), 236f.; Eisenbahn im Harz, 55ff.; Handbuch Eisenbahnstrecken, 230,240ff.)

1898

Anfang des Jahres ist der **Winter sehr mild,** sodass die Mühlhäuser Brauereien das für die Lagerung des Biers benötigte Eis größtenteil auswärts, vor allem vom Harz und vom Thüringer Wald, beziehen müssen. (Görner/Kaiser V, 55; Kutscher (2009), 87)

Am 1. März wird östlich von Wansleben mit der Abteufung des Georgi-Schachts begonnen und ab 1902 wird dort Kalisalz aus dem Kalisalzflöz in der Mansfelder Mulde gefördert. In den folgenden Jahren werden weitere **Kalischächte im Mansfelder Revier** niedergebracht, aber auch Kupferschieferschächte zur Kalisalzförderung genutzt. Die Überproduktion an Kalisalzen in Deutschland führt im Jahr 1926 zur Einstellung des Mansfelder Kalisalzbergbaus. (Mansfeld (2008), 185ff.)

Am 10. Juni führt die Radau nach einem Unwetter im Gebiet um Harzburg **Hochwasser**, wodurch Straßen zerstört und Gebäudeschäden verursacht werden. (Hoffmann (1994), **136**)

1898/99

Auch dieser **Winter** ist **sehr mild**. Aus Lerbach wird berichtet: *„Bei Weihnachten nur eine ganz dünne Schneedecke, die gleich verschwand, auch gab es wieder kein Eis, was die Brauereien sehr in Verlegenheit brachte, da es 1897 und 1898 auch schon kein Eis gegeben hatte."* (Kutscher (2009), 87)

Braunlage um 1930

1899

Am 15. August wird die 24,16 km lange meterspurige **Kleinbahnstrecke Walkenried – Braunlage über Wieda und Brunnenbachsmühl**e eröffnet. Am 1. November wird auch der Zugverkehr auf der **Seitenlinie Brunnenbachsmühle – Tanne** mit Anschluss an die regelspurige **Eisenbahnstrecke Halberstadt – Blankenburg** im Endbahnhof Tanne aufgenommen. (Lauerwald (2004), 237f.; Handbuch Eisenbahnstrecken, 244, 246; Eisenbahn im Harz, 16f.; Moritz, 138f.)

Am 1. November wird die 3,51 km lange **Schmalspurbahnstrecke Braunlage–Wurmberg** eröffnet. (Handbuch Eisenbahnstrecken, 246)

Am Ende des 19. Jahrhunderts hat die Eisenbahn auch die Hochlagen des Harzes erreicht und der **Ausbau des Schienennetzes im Harz und seinem Vorland** ist **im Wesentlichen abgeschlossen.** In den ersten 40 Jahren des 20. Jahrhunderts werden nur noch 61 km neue Eisenbahnen im Harz, vor allem zur Verlängerung oder Ergänzung des bestehenden Netzes, gebaut.
Mit dem raschen Anwachsen des Güter- und Personenautoverkehrs in der **zweiten Hälfte des 20. Jahrhunderts** werden **nicht wenige der Eisenbahnstrecken im und am Harz** vollständig oder zum Teil **stillgelegt.** (Lauerwald (2004), 238)

In diesem Jahr ereignet sich am Gallenberg in der Bergstadt Wildemann ein **Erdrutsch**, wodurch die Stall- und Werkstattgebäude mehrerer Häuser eingedrückt werden. 1901 setzt sich der Hang des Gallenbergs erneut in Bewegung. Dadurch werden ein Wohnhaus und ein Stall verschoben und der Keller des Hauses zerdrückt. Im Frühjahr 1903 rutscht dort eine weitere Hangfläche ab.
(Dirks (1996), 230f.)

1900
Am 28. Mai, nachmittags nach 16.00 Uhr, tritt eine **teilweise Sonnenfinsternis** ein, die auch in unserem Gebiet beobachtet werden kann. (Oppolzer, 298f., Blatt 149)

Um das **Birkwild** im Harz zu erhalten, werden in diesem Jahr im **Brockenmoor** zwischen Torfhaus und dem Brocken **40 Tiere ausgesetzt**, aber 1923 balzt hier nur noch ein Hahn.
(Hartmann (1982) 17; Hamm, 188)

In diesem Jahr nimmt in Jena eine **seismische Station,** in der Erdbeben mit Hilfe von Seismografen registriert werden, ihre Arbeit auf. Die Station wird 1964 nach Moxa verlegt.
Im Jahr 1902 wird in Göttingen ebenfalls eine solche Station eingerichtet. (Neunhöfer, 3)

Um die Jahrhundertwende gewöhnt sich die bislang in menschlichen Siedlungen nicht heimische **Amsel** immer mehr an Parks, Grünanlagen und Gärten unserer Städte. (Hamm, 186)
Im **Landkreis Goslar wird** um diese Zeit auch der **Girlitz ansässig.** (Goslar (1970), 91)

In der Grafschaft Wernigerode kommt das **Auerhuhn** um die Jahrhundertwende **nur noch am Brockenbett** vor. (Jacobs (1900), 58f.)
Im Bruchberggebiet gibt es um 1900 noch „*einen ziemlichen Bestand an Auerwild.*" (Riehl, 221)

Um 1900
In **Ellrich** wird um 1900 der Rohgips aus den neun ausgedehnten **Gipsbrüchen** im Umkreis der Stadt in acht Gipsfabriken mit rund 400 Arbeitern verarbeitet. Der hier produzierte Gips bildet ein vorzügliches Baumaterial und wird u. a. auch als Modell-, Stuck-, Putz- und Estrichgips verwendet. Die Abfälle werden als Düngegips für die Landwirtschaft und den Gartenbau verkauft.
Der **Aufschwung der Ellricher Gipsindustrie** hat mit der **Eröffnung des Eisenbahnbetriebs** auf der **Strecke Nordhausen – Northeim** über Ellrich und Herzberg im Jahr 1869 begonnen, durch den die Ellricher Betriebe mit preiswerter Kohle versorgt und der Versand der Produkte erheblich erleichtert wird. Ellrich versendet um 1900 jährlich über 9.000 Doppelwaggons Gips und Gipsprodukte im Wert von rund einer Million Mark und deckt damit etwa die Hälfte des Gesamtbedarfs in Norddeutschland. (Reinboth (2017), 107f.; Diener, 410ff.)

In **Osterode** wird um 1900 mit der **Zucht von Champignons** begonnen, die in Frankreich schon eine lange Tradition hat. Die Osteroder Anlage mit ihren tief in den Berg gebauten Kellern umfasst

1927 bereits 6.000 m² Anbaufläche und ist damit die größte und bedeutendste in Deutschland. Die Tagesernte dieser begehrten Speisepilze schwankt zwischen drei und fünf Zentnern. (Osterode, 39)

Um 1900 wird der gesamte **Bergbaubetrieb am Rammelsberg auf elektrische Energie umgestellt** und 1906 wird eine in den Berg hineingebaute elektrische Zentrale fertiggestellt. (Roseneck (1992),121)

Um die Jahrhundertwende beträgt im Unterharz die Jahresproduktion an Blei 5.000 Tonnen und an Silber 10.000 kg, wobei der Anteil aus eigenen Erzen 7.800 kg ausmacht. Im Oberharz werden jährlich 9.000 to Blei und 37.000 kg Silber produziert, wobei 19.000 kg aus eigenen Erzen stammen. (Bachmann et al., 161)

1901

Am Vormittag des 11. März geht ein **ockerfarbiger Regen**, der nordafrikanischen Wüstenstaub enthält, in Mitteleuropa nieder. Diese Sandpartikel sind am 9. März von einem Tornado über Tunesien bis in die höheren Schichten der Atmosphäre aufgewirbelt worden, wo sie auf Sizilien und Unteritalien einen gelblich-roten Nebel bewirkt haben. Die Staubwolken werden von Italien über die Alpen nach Süd- und Mitteldeutschland geweht, wo sie auf ein Niederschlagsgebiet treffen und mit dem Regen bzw. Schnee zur Erde fallen. In unserem Gebiet wird dieser Staubregen u. a. in Eckartsberga, Bibra, Allstedt, Kelbra, Sondershausen, Nordhausen, Trautenstein, Rübeland Schierke, Braunschweig und Wolfenbüttel registriert. Solche Niederschläge wurden früher wegen ihrer rötlichen Färbung als **Blutregen** bezeichnet.
(Hellmann/Meinardus, 3f., 27; Theodor Rumpf in: Pflüger, Jg. 4 (1927), 288; Görner/Kaiser V, 84; Hamm, 189)

Starke Regenfälle am Bußtag Mitte November lassen die Zorge so anschwellen, dass die reißende Flut des **Hochwassers** in Ellrich überall großen Schaden anrichtet und an der hölzernen Zorgebrücke in der Bahnhofstraße die Stützen wegspült. (Kuhlbrodt (2000), 334)

Am 17. November ereignet sich in der der Grube Ludwig II des Kalibergbaus in Staßfurt ein **Gebirgsschlag,** bei dem 17 Menschen getötet werden. (Leydecker,49)

Ende November führt die Helme wieder **Hochwasser.** Der Fluss ist größer als 1881. Das ganze Rieth ist überschwemmt. (Rohland/Noack, 458)

Nachdem der Leiter der Vogelwarte in Rossitten auf der Kurischen Nehrung, Professor Johannes Thienemann, in diesem Jahr in großem Stil mit der Beringung wildlebender Vögel begonnen hat, um ihr Verhalten, insbesondere den Vogelzug sowie ihre Ernährung, Lebensdauer usw. über einen längeren Zeitraum beobachten zu können, da wieder eingefangene oder tote Vögel anhand der nummerierten Ringe identifiziert werden können, beginnen auch Ornithologen in unserem Gebiet mit der **Vogelberingung.** (Pfeifer, 252)

In diesem Jahr brennen um Ilsenburg noch **355 Kohlenmeiler.** (Brückner et al., 362)

1902

Am 4. September richtet in der Goldenen Aue ein **Unwetter mit Hagelschlag** auf den Feldern und in den Gärten großen Schaden an. (Rohland/Noack, 463)

Im September wird durch die Hochwasser führende Oker bei Börsum **bleihaltiger Pochsand Harzer Hüttenbetriebe** über die Äcker mit Futterpflanzen geschwemmt; nach dem Verfüttern der verschmutzten Pflanzen folgen **Massenvergiftungen und Todesfälle von Rindern.** (Hamm, 190)

1903

Am 3. Juli wird das auf Initiative des Vereins Deutscher Rosenfreunde geschaffene **Rosarium in Sangerhausen** eröffnet, das sich in den folgenden Jahrzehnten zur **größten Rosensammlung der Welt** entwickelt. Gegenwärtig blühen auf der etwa 12,5 ha großen, Europa-Rosarium genannten Anlage über 8.500 Rosensorten. (Franz, 234; Noack (2013), 113)

Im Dezember werden in der Grafschaft Stolberg-Roßla **Trichinenschaubezirke** gebildet und Trichinenbeschauer bestellt. (Rohland/Noack, 465)

In der Goldenen Aue gibt es in diesem Jahr eine **Mäuseplage** auf den Feldern. Die Mäuse vernichten die Hälfte der bestellten Früchte. (Rohland/Noack, 466)

1904

Am 27. März werden bei Hornburg an der Ilse **Bienenfresser** beobachtet. (Hamm, 191)

Am 17. Juni zieht ein **Unwetter** mit Windhose und starkem Hagelschlag **über den Oberharz.** Im Brockengebiet werden viele km² alten Hochwalds zwischen Schierke und dem Brocken zerstört. In Wildemann bedecken die Schloßen die Wiesen vier Zoll hoch. Viele Fensterscheiben werden zertrümmert. (Hamm, 191; Brückner et al., 362; Dirks (1996), 232)

Waldschäden bei Schierke nach dem Unwetter von 1904

Am 14. Juli wird das **Preußische Wildschongesetz** erlassen, das am 18. August in allen zur Preußischen Monarchie gehörenden Teilen unseres Gebiets in Kraft tritt. Das neue Gesetz enthält eine Liste der jagdbaren Tiere und nähere Vorschriften über die Jagdbarkeit von Wildtieren, darunter von Elch-, Rot- Dam-, Reh- und Schwarzwild, von Dachsen, Bibern, Ottern und Hasen, von Auer-, Birk- und Haselwild, Schnee-, Reb- und Moorhühnern, Kranichen, Adlern (Stein-, See-, Fisch-, Schlangen- und Schreiadler), Trappen, Drosseln, Brachvögeln, Wachteln, Fasanen, Schnepfen, wilden Schwänen, Enten und Gänsen sowie von allen anderen Sumpf-und Wasservögeln mit Ausnahme der Störche, der Taucher, der Säger, der Kormorane und der Blesshühner. Im Gesetz werden auch Festlegungen über das Schonwild und die Schonzeiten für das jagdbare Wild getroffen. (GSPS, 1904, 159ff.)

Infolge der von Mitte Juni bis Anfang August andauernden **Hitzeperiode** besteht **großer Wassermangel**. (Wiese (1979), 74;Görner/Kaiser V, 111)

Am 8. November wird das Odertal von einem **Hochwasser** heimgesucht, wobei es auch in Bad Lauterberg zu Schäden kommt.

Die vom Hochwasser am 8. November 1904 zerstörte Wehrbrücke in Bad Lauterberg.

1905

Am Abend des 5. Juli tobt ein **schweres Unwetter** mit Hagelschlag in Katlenburg und Umgebung, durch das in wenigen Minuten die Felder und Gärten vollständig verwüstet werden.
(Schlegel, 186)

Am 15. Juli wird die 8,60 km lange **Eisenbahnstrecke von Stiege nach Eisfelder Talmühle** eröffnet und damit die **Verbindung zwischen der Selketalbahn und der Harzquerbahn** hergestellt, die beide die gleiche Spurweite von 1.000 mm haben.
(Lauerwald (2004), 238; Handbuch Eisenbahnstrecken, 282)

Am 13.Oktober wird mit dem Einstau der **Talsperre Neustadt** im Tiefen Tal bei Neustadt begonnen. Sie ist die erste Talsperre im Harz, die nicht dem Bergbau, sondern der Trinkwasserversorgung dient. Wegen der ergiebigen Niederschläge der folgenden Wochen ist das Staubecken bereits am 22. Dezember gefüllt. Die Talsperre hat zunächst ein Stauvolumen von 800.000 m³, das durch die Erhöhung der Staumauer von 23,45 m über Talsohle auf 29,30 m in den Jahren 1922/23 auf 1.230.000 m³ vergrößert wird. Die Speicheroberfläche beträgt 13,6 ha. Das 5,4 km² große Einzugsgebiet mit dem Krebsbach ist ausschließlich von Wald ohne menschliche Siedlungen umgeben und garantiert eine sehr gute Qualität des gespeicherten Wassers. Die in den Jahren 1998 bis 2000 generalsanierte Talsperre dient vor allem der Trinkwasserversorgung der Stadt Nordhausen.
(Schmidt (2012), 43ff.; Talsperren, 12; Pohl, 153ff.; Nordhausen (2003), 191)

Am 15. und 16. Oktober setzt ein **starkes Hochwasser** ein. Die **Zorge** erreicht den höchsten Stand seit vielen Jahren und verursacht große Überschwemmungen und Zerstörungen. (Kuhlbrodt (2000) 351)

Die Talsperre Neustadt

1905/06

werden die **Hanglagen um Wippra mit Fichten und Laubholz aufgeforstet**.
(Schotte (1906),3318f.)

1906

Nachdem es Anfang März mehrere Tage ununterbrochen geregnet hat, steht das ganze Helme-Rieth unter Wasser. Bei **Heringen brechen** die **Dämme an der Helme** zum dritten Mal innerhalb von zwei Jahren. (Rohland/Noack, 477)

Am frühen Morgen des17. Juli wird im Kukanstal bei Bad Sachsa ein etwa einen Meter langer, fünf bis sechs cm breiter und in der Mitte etwa einen cm dicker **Heer- oder Haselwurm** angetroffen. Vier Tage später wird ganz in der Nähe ein weiterer beobachtet.
(Reinboth (1987), Sonderdruck)

Im September werden im Revier Harzgerode erstmalig über ein Eingewöhnungsgatter sieben **Mufflons**, davon drei Widder und vier Schafe, reinblütig sardinischer bzw. korsischer Abstammung, **ausgesetzt**. Die Einbürgerung dieser kleinsten Unterart der Wildschafe ist erfolgreich. In den folgenden Jahren bis 1910 wird der Bestand um weitere 15 Mufflons vermehrt. 1911 gibt es im Harz bereits 50 und 1934 etwa 250 Mufflons. (Wüstemann, 71f.; Deutsche Jägerzeitung 1911, Nr. 9; Niethammer, 150) Bereits 1903/04 holte der preußische Staat acht Widder und neun Schafe aus Sardinien in ein Gehege in der Oberförsterei Göhrde in der Lüneburger Heide, das 1907 aufgelassen wurde.
(Niethammer (1963); 150)

In der **Goldenen Aue** wird in diesem Jahr **viel Obst geerntet**. *„Die Pflaumen sind gar nicht richtig reif geworden, weil sie so dick hingen. Viele Bäume sind zusammen oder in sich herunter gebrochen, so dass der blosse Schaft noch da stand. Es sind täglich Waggons verladen, so das hunderte von Loren abgegangen,"* (Rohland/Noack, 477)

In diesem Jahr sind noch **sieben Köhler** in den **Wäldern um Elend tätig.** (Brumme, 298)

1906/07
Vom 16. November bis zum 9. Dezember gibt es lang anhaltende Regenfälle und danach folgt ein **strenger Winter mit viel Schneefall.**
(Kuhlbrodt (2000), 352f.)

1907
Im Januar wird in Rüdershausen im südlichen Harzvorland ein aus zehn älteren Tieren bestehender **Rattenkönig** gefunden. Die Ratten befinden sich in einem normalen Ernährungszustand. Ihre Krallen sind fein zugespitzt. Im Schwanzknoten sind, abgesehen von Schorfstellen an den Berührungsstellen, keine krankhaften Veränderungen festzustellen. Der Rattenkönig wird dem Zoologischen

Der 1907 in Rüdershausen gefundene Rattenkönig

Institut der Universität Göttingen als Geschenk überwiesen. (Becker/Kämper, 51; Becker/Baege, 197f.)

Am 30. Juni wird die 11,06 km lange Verbindungsstrecke der Eisenbahn zwischen **Blankenburg (Harz) und Thale über Timmenrode** in Betrieb genommen und am 15. Oktober wird die Abzweigung nach Weddersleben für den Güterverkehr und am 5. April 1908 gleichzeitig mit der Inbetriebnahme der 5,47 km langen Strecke **Weddersleben – Quedlinburg** für den Personenverkehr eröffnet. (Lauerwald (2004), 239; Handbuch Eisenbahnstrecken, 294, 298)

Am 14. August wird die regelspurige, 7,27 km lange **Kleinbahnstrecke Ellrich-Zorge** festlich eröffnet. (Lauerwald (2004), 239; Kuhlbrodt (2000), 354; Eisenbahn im Harz, 15, 38f.)

Infolge Trockenheit besteht im Oberharz großer **Mangel an Betriebswasser für den Bergbau**, sodass Abbau und Förderung eingestellt werden müssen. Dieser Wassermangel hält auch 1908 an. (Wiese (1979), 74)

Der **Holzkohlenhochofen** auf der **Rübeländer Hütte** wird in diesem Jahr **ausgeblasen**. (Brückner et al., 378)

Jedes Hochwasser der Innerste bringt **bleihaltigen Pochsand vom Harz** auf die dem Fluss benachbarten **Futterfelder**. Dadurch erkrankten in den vergangenen 25 Jahren allein im Kreis Goslar 158 Stück Großvieh, von denen 108 teils verendeten, teils notgeschlachtet werden mussten. (Hamm, 194)

1908
Am 30. Mai wird eine **Novelle zum Reichsvogelschutzgesetz von 1888** erlassen. Das Gesetz verbietet das Einrichten und Betreiben von Dohnen und Dohnenstiegen, das ergiebigste Verfahren zum

Fangen von Wacholderdrosseln (Krammetsvögeln). Meisen, Kleiber und Baumläufer dürfen das ganze Jahr hindurch nicht mehr gefangen oder gehandelt werden. Aber auch durch dieses Gesetz erfolgt **noch kein effektiver Schutz der Greifvögel**, denn diese Vögel sind weiterhin dem *„ausschließlichen Okkupationsrecht des Jagdberechtigten"* ausgeliefert. (RGBl.1908, 314ff.)

Als man in diesem Jahr die Wipperbrücke bei Obergebra erneuert, legt man unter dem Flusskies das **Geweih eines fossilen Riesenhirschs** frei. Das Geweih eines Riesenhirschs konnte eine Spannweite von bis zu 3,70 m erreichen. Geweihe von diesen Tieren der Vorzeit werden auch bei Heiligenstadt, Mühlhausen, Göttingen und an anderen Orten gefunden. In Hohenrode bei Nordhausen findet man 17 Stück. (HL, 7. Jg. 1910/11, 102)

1909
Zwischen dem 4. und 7. Februar kommt es durch plötzliche Schneeschmelze, Regen bei gefrorenem Boden und Eisgang der Flüsse zu einem **gefährlichen Hochwasser** in unserem Gebiet. **Alle Fließgewässer treten über ihre Ufer.** Das **Leinetal** sowie das **Tal der Wipper** von Wolkramshausen bis Göllingen gleichen großen Seen. Der Zugverkehr auf der Strecke Halle-Kassel ist unterbrochen.
Das Hochwasser der Wipper am 4. Februar übertrifft alle seit einem Jahrhundert beobachteten Hochfluten dieses Flusses und richtet in Sondershausen und im ganzen Wippertal schweren Schaden an. Große Teile von Sondershausen stehen unter Wasser, Häuser und Brücken werden zerstört sowie starke Flurschäden angerichtet. Bei Berka stürzt eine Brücke ein und ein Schulkind sowie ein Pferdegespann, die in diesem Augenblick die Brücke passieren, ertrinken. Die Wipper führt viele Leichen von Pferden, Schweinen, Schafen usw. mit sich.
Auch das Hochwasser der **Zorge** richtet schwere Schäden an. In der Nähe von Krimderode ertrinkt am 4. Februar der Sohn des Mühlenbesitzers Jericho im reißenden Hochwasser der Zorge.
Das Hochwasser der **Helme** überflutet große Teile der Stadt Heringen, zerstört Gebäude und mehrere Brücken und unterspült das Eisenbahngleis. Die von den Wasserfluten mitgeführten Möbel. Bäume, Balken, toten Ziegen usw. geben Kunde, dass auch andere Orte in Mitleidenschaft gezogen sind.
Auch das **Rhumetal** ist vollkommen überschwemmt. In Katlenburg stehen viele Häuser tief im Wasser. Die Eisenbahnstrecke Northeim - Katlenburg ist für mehrere Tage gesperrt.
(Nordhausen (2003), 208; UE, 1909, 43; ET vom 16.5.1922. Jubiläumsausgabe; Kuhlbrodt (2000), 357; Wassersnot, MZ, Jg. 1924, Beilage Nr.3; Görner/Kaiser V,144; Lutze, Sondershausen III, 243; Deutsch/Pörtge, 45ff.; EHZ, 2013, 221; Deutsch/Reeh/Pörtge, 74ff.; Hiller, 218; Dirks (1996), 233; Schlegel, 186)

1910
Seit dem 22. Januar kann auch in unserem Gebiet für etwa eine Woche am westlichen Firmament der im Januar in Südafrika erstmalig gesichtete, hell glänzende **Januar-Komet** beobachtet werden, dessen Schweif sich in der Nacht des 29. Januar zu einem riesigen Fächer spreizt und einen großen Teil des Himmelsgewölbes einnimmt. Der Göttinger Astronom Leopold Ambronn gibt die Länge des Schweifs mit mindestens 30° an.
(Görner/Kaiser V, 151; Vanin, 27; Kronk III, 170ff.)

Im Februar erbringt der Regierungsbaumeister Dr. Karl Thürnau den Nachweis, dass die **Rhumequelle** vom Wasser der im Harz entspringenden Flüsse Sieber und Oder gespeist wird, deren Wassermenge sich bald nach ihrem Austritt aus dem Harz durch Versickern im Kiesschotter deutlich verringert.Thürnau schüttet in das bei Herzberg in einem kleinen Erdfall verschwindende Wasser der Sieber sechs Kilo einer das Wasser grün färbenden Uraninlösung, worauf sich drei Tage später im Hauptquellkessel der Rhume eine Grünfärbung zeigt.
Die bei Rhumspringe zutage tretende Rhumequelle ist die **ergiebigste Karstquelle Norddeutschlands** mit jährlich 62 Millionen m³. Je nachdem, ob die Jahreszeit regnerisch oder trocken ist, schwankt die hervortretende Wassermenge zwischen 1,4 bis 4,8 m³ je Sekunde, verringert sich aber

nur äußerst selten auf weniger als 2 m³ je Sekunde. Schon etwa 200 Meter unterhalb der Quelle, deren Wassertemperatur das ganze Jahr über mit + 8° bis 9° Celsius ziemlich konstant bleibt, wird die Wasserkraft seit 1828 von einer Wollwarenfabrik, später einer Papierfabrik genutzt. (Duderstadt, 260f.; GHBO (2009), 6; Niedersachsen, 246ff.; Zander, 67f.)

Am 31. März wird die letzte Tonne Erz im St. Andreasberger Silberbergbaurevier zu Tage gefördert und die **letzte Schicht in der Grube Samson verfahren.** (Bolte, AHBK 1940, 37)
Mit der Schließung der Grube Samson endet der 1487 aufgenommene und seit 1866 als preußischer Staatsbetrieb geführte St. Andreasberger Silbererzbergbau, der eine Tiefe von 810 m erreicht hat. Die **Beendigung des St. Andreasberger Silbererzbergbaus** ist u. a. auf den abnehmenden Metallgehalt der geförderten Erze, auf die wegen der Gesteinsfestigkeit besonders hohen Gewinnungskosten und auf die seit 1872 sinkenden Silberpreise zurückzuführen. (Liessmann (2010), 243; Brückner et al., 378; Niemann/Niemann-Witter, 169)

St. Andreasberg um 1880

Die wirtschaftlichen Erträge der **Harzer Berg- und Hüttenindustrie** geraten immer stärker in ein unmittelbares **Abhängigkeitsverhältnis vom Weltmetallmarkt.** Seit den 1870er Jahren hat eine gewaltige Steigerung der Weltproduktion an Silber, Blei, Kupfer, Zink und anderen Metallen eingesetzt. Während 1872 der Preis für 1 kg Silber 180 Mark betrug, ist er in diesem Jahr auf 75 Mark gesunken. Der Verfall des Silberpreises wird noch dadurch beschleunigt, dass viele Staaten, darunter Deutschland, von der Silber- zur Goldwährung übergegangen sind. Damit hat das Silber aufgehört Münzmetall zu sein und ist hinsichtlich der Preisbildung gleich den unedlen Metallen von Angebot und Nachfrage abhängig.
Der Preis für Blei ist von 430 Mark je Tonne in der Mitte der 1870er Jahre auf 265 Mark je Tonne in diesem Jahr gesunken. Bei der Produktion der drei Berginspektionen des Oberharzes bedeutet jede Mark Preisunterschied einen Ausfall bzw. Gewinn beim Silber von 20.000 Mark und beim Blei von 10.000 Mark. (Hosemann (1911), 76f.)

Am 15. April wird die **Kleinbahnstrecke Gittelde – Bad Grund** eröffnet. (Eisenbahn im Harz, 17)

Zwischen dem 15. und 18. Mai toben in unserem Gebiet mehrere **schwere Unwetter** mit Hagelschlag, die insbesondere in der Südharzregion um Nordhausen Schäden an den Feldfrüchten anrichten. In Nordhausen werden viele Straßen überflutet. Großen Schaden richtet der Hagel an, der in Stücken bis zu Taubeneigröße fällt. (ET vom 16.5.1922. Jubiläumsausgabe; Nordhausen (2003), 213)

Im April und Mai ist der alle 76 Jahre in Erdnähe kommende **Halley´sche Komet** während seiner erdnahen Umlaufbahn zu beobachten. Am 20. April hat er seinen sonnennächsten Punkt erreicht. Am 19. Mai geht die Erde durch seinen Schweif. Vom 23. Mai bis zum Ende des Monats ist er mit bloßem Auge nur noch schwer und mit einem Fernglas nur als verschwommener Nebelfleck wahrzunehmen. Seine größte Erdnähe beträgt 23 Millionen km. Die Presseankündigung des Durchgangs der Erde durch den 30 Millionen km langen Schweif des Kometen löst vielerorts Angstgefühle und in Nesselröden eine regelrechte Weltuntergangsstimmung aus, weil die Menschen befürchten, dass der Schweif gleich einem Besen über die Erde fegt und dadurch die **Menschheit in das Weltall hinausgekehrt** wird.
(Kreißl, 440f.; Görner/Kaiser V, 155; Hamm, 197; Reichstein, 17; Paturi, 43; Kronk III, 140ff.)

Am 23. Juni findet der Weber Gustav Merx in Niedergebra in einer Höhlung der Hofmauer einen **Rattenkönig**. Er besteht aus sechs ausgewachsenen Ratten, deren Schwänze knotenförmig zusammengewachsen sind. Die Tiere hausen in einem solch engen Mauerloch, dass zu ihrer Befreiung erst ein Stein aus der Mauer gebrochen werden muss.
Übrigens ist bereits 1850 ein sechsköpfiger Rattenkönig in der Obermühle in Niedergebra gefunden worden. In Lipprechterode soll sogar ein zwölfköpfiger beobachtet worden sein.
(Krönig, HL, 8. Jg. (1911/12), 13)

Im Juli erntet der Landwirt Eduard Lemmer in Rosperwenda einen **Roggenhalm** von 2,40 m Länge mit einer **Ähre von 30 cm**, die **150 Körner** enthält. (Rohland/Noack, 489)

Im Herbst herrscht in der Goldenen Aue wieder eine **große Mäuseplage**. Die Mäuse richten an den Kartoffeln, den Rüben und der Saat großen Schaden an, auch in den Gebäuden ist es sehr schlimm.
(Rohland/Noack, 491)

In der Nacht vom 16. zum 17. November tritt eine **totale Mondfinsternis** ein.
(Görner/Kaiser V, 158; Oppolzer, 373)

1911

Einem **sehr kalten Winter** folgt der **trockenste und heißeste Sommer seit Jahrzehnten**. Von Juni bis Mitte September fällt kein Regen. Die **Ernteerträge** sind **gering**. Es gibt auch wenig Futter, eine Kuh kostet 100 Mark weniger als im Vorjahr.
Der Oderteich ist erstmalig seit 1842 wieder wasserleer. Im **Oberharzer Bergbau** kommt es wegen des Wassermangels zu **tiefgreifenden Betriebsstörungen**, da die von alters her genutzte Kraft des Aufschlagwassers noch nicht hinreichend durch Dampfhilfe ersetzt wird.
(Wiese (1979), 74; Fischer (1913), 179; Rohland/Noack, 495f.; Hamm, 198)
Um in dieser Trockenheit die Bergstadt Wildemann mit Trinkwasser zu versorgen, wird mittels einer Schlauchleitung Wasser aus der Zellerfelder Strecke des 19-Lachter-Stollens entnommen.
(Dirks (1996), 235)
An den Südhängen des Harzes **vertrocknet** ein **großer Teil der Fichtenbestände**, selbst mannsstarke Stämme. Noch in den folgenden Jahren machen sich die verderblichen Folgen dieser Dürre durch fortwährendes Absterben vieler Fichten bemerkbar. Buchen- und Eichenbestände bleiben bei der tiefen Wurzelung dieser Baumarten ziemlich schadlos. (Der Harz, 1928/4, 8)

Am 1. November wird die 41,33 km lange **Eisenbahnstrecke Bleicherode (Ost)-Herzberg** durchgängig in Betrieb genommen, nachdem bereits am 1. Oktober 1908 die 10,69 km lange Teilstrecke Bleicherode (Ost)-Großbodungen und zwei Jahre später, am 1. Oktober 1910 die 2,67 km lange Teilstrecke Großbodungen-Bischofferode eröffnet wurden, die insbesondere für die dort ansässige Kaliindustrie wichtig sind. (Fromm, 130ff.; Handbuch Eisenbahnstrecken, 302, 316, 322)

Am 16. November, gegen 22.27 Uhr, werden auch in unserem Gebiet, darunter in Goslar und Göttingen, die **Ausläufer des Erdbebens** verspürt, dessen Epizentrum in Süddeutschland (Albstadt-Ebingen) liegt. Dabei zittern die Wände, der Fußboden schwankt, Türen springen auf, Uhren beginnen zu schlagen und Lampen zu pendeln. Schäden entstehen nicht.
(Görner/Kaiser V, 164; Trübenbach, 361; Hamm, 199; Leydecker, 89)

1912
Am 17. April kann in der Zeit von 12.08 Uhr bis 14.40 Uhr eine annähernd **ringförmige Sonnenfinsternis** bei prächtig klarem Himmel beobachtet werden.
(Görner/Kaiser V, 168; Oppolzer, 298f., Blatt 149)

Am 1. Mai wird die 6,88 km lange **Eisenbahnstrecke zwischen Oker und Harzburg** eröffnet.
(Handbuch Eisenbahnstrecken, 324; Eisenbahn im Harz, 17; Schmidt/Schmidt, 55)

Am Oderteich balzt in diesem Jahr ein **Birkhahn**, der wahrscheinlich von Birkwild abstammt, das die Gräflich-Wernigerodische Forstverwaltung im Jahr 1900 am Brocken ausgesetzt hat. (Riehl, 221)

Der **sehr kühle Sommer** wird auf den explosionsartigen **Ausbruch des Katmai-Vulkans** in Alaska zwischen dem 6. und 8. Juni zurückgeführt, bei dem 17 km³ Flugasche in die Luft geschleudert werden. Der **Höhenrauch** wird über die ganze Nordhalbkugel verweht, wodurch die Sonnenstrahlen gehemmt werden. (Hamm, 199; Briffa et al., 450ff.)

In diesem Jahr wird die **St. Andreasberger Silberhütte geschlossen**, auf der **zuletzt überwiegend ausländische Erze verarbeitet** worden sind. Es beginnt die bis heute anhaltende Folgenutzung der **St. Andreasberger Wasserwirtschaftsanlagen zur Stromerzeugung** mit fünf Kraftwerken. Davon befinden sich zwei Kraftstromstationen mit Wasserturbinen auf dem Grün-Hirschler-Stollen und dem Sieber-Stollen im Schacht Samson, die unter Ausnutzung der erhalten gebliebenen Schachtgefälle **mit Hilfe** der aus dem Oderteich durch den Rehberger Graben zufließenden **Aufschlagwasser Elektroenergie** erzeugen. (Brückner et al., 378; Dennert (1986), 25f.)

1913
Im Winter **ziehen Rentiere den Postschlitten** von Schierke zum Brockenhaus. Im folgenden Jahr verenden sie nach Kriegsausbruch infolge Mangels an dem für ihre Ernährung lebenswichtigen Rentiermoos. (Hamm, 200)

Im **Wilhelmschacht** bei Clausthal wird in diesem Jahr ein **Wasserkraftwerk mit sechs Freistrahlturbinen** in Betrieb genommen. Aus einer Höhe von 364 m stürzt das Wasser aus dem Dammgraben und den Teichen in Fallrohrleitungen auf die unter Tage stehenden Turbinen und fließt über den Ernst-August-Stollen ab, der bei Bad Grund zu Tage tritt.
Im Jahr 1969 hat das Kraftwerk, das der Stromversorgung von Bergwerken und Hüttenbetrieben der Preußag AG dient, eine durchschnittliche Jahresleistung von 11 Millionen KWh. (Hoffmann (1969), 27f.)

1914
Am 1. Mai wird die 8,70 km lange Verlängerung der **Eisenbahnstrecke von Clausthal-Zellerfeld nach Altenau** in Betrieb genommen. (Lauerwald (2004), 239; Handbuch Eisenbahnstrecken, 336)

Die in den Mittagsstunden des 21. August eingetretene **Sonnenfinsternis** wird auch in unserem Gebiet gut beobachtet. (Görner/Kaiser V, 189; Oppolzer, 298f., Blatt 149)

Die Kirschenernte in der Goldenen Aue wird in diesem Jahr durch **Raupenfraß** vernichtet. In geschützten Lagen haben sich die Raupen dermaßen eingerichtet, dass die Bäume wie im Winter ohne Blätter dastehen. (Rohland/Noack, 504)

1915
Um die in diesem Jahr besonders stark hervortretende **Sperlingsplage** einzudämmen, zahlt auf Beschluss des Magistrats von Ellrich die Kämmereikasse für jeden in der Ellricher Flur erlegten Sperling einen Pfennig. (Kuhlbrodt (2000), 367)

1916
Am 15. Februar gibt der Magistrat von Ellrich bekannt, dass er für jeden in der Ellricher Stadtflur gefangenen und **getöteten Sperling** 2 Pfennige Prämie gegen Ablieferung des Kopfes zahlt. (Kuhlbrodt (2000), 368)

Mit der erstmaligen Einführung der **Sommerzeit** werden am 30. April um 23.00 Uhr die Uhren um eine Stunde vorgestellt. (Kuhlbrodt (2000), 368)

Am 21. Dezember wird der Reiseverkehr auf der 28,69 km langen **Eisenbahnstrecke Berga-Kelbra-Artern über Kelbra und Tilleda** eröffnet, nachdem der Reiseverkehr auf der Teilstrecke Berga-Kelbra-Hackpfüffel bereits am 30. Mai begonnen hat. Der Güterverkehr auf der Teilstrecke Berga-Kelbra-Hackpfüffel wird schon am 13. November 1915, auf der Teilstrecke Hackpfüffel-Artern aber erst am 28. Oktober 1916, aufgenommen.
(Fromm, 134; Noack (2009), 41ff.; Rohland/Noack, 510f.)

Der Oberharzer Bergstadt Grund, die sich zu einem Luftkurort entwickelt hat, wird in diesem Jahr die offizielle Bezeichnung Bad zuerkannt. Sie nennt sich künftig **Bad Grund.**

1917
Das Jahr beginnt mit einem **langen, kalten und schneereichen Winter**. Im Februar müssen wegen der großen Kälte und des immer fühlbarer werdenden Kohlemangels viele Schulen, Kirchen, Theater, Kinos und andere Räume für öffentliche Veranstaltungen geschlossen werden.
Weil durch eine **Missernte** und kriegsbedingt auch großer Nahrungsmangel herrscht, geht dieser Winter als *„Kohlrübenwinter"* in die Geschichte ein.
(Hiller, 224; Reichardt, 436; Ilsenburg, 94; Hamm, 202; Nussbaumer, 209)

Am 7. April und 22. September erfolgen in Ausführung des Preußischen Fischereigesetzes vom 11. Mai 1916 Bekanntmachungen über die **Fischerei** im Regierungsbezirk Erfurt, in der die **Winterschonzeit** für die offenen Gewässer, in denen sich vorzugsweise Forellen fortpflanzen, vom 15. Oktober bis einschließlich 14. Dezember festgesetzt wird. Für die nicht der Winterschonzeit unterliegenden Gewässer, also für die vorwiegend mit Äschen und anderen Sommerlaichern besetzten Gewässer, wird eine **Frühjahrsschonzeit** für die Zeit vom 20. April bis einschließlich 31. Mai festgelegt. Es werden auch besondere Laichschonbezirke eingerichtet. Eine besondere **Artenschonzeit für Edelkrebse** gilt vom 1. November bis zum 31. Mai. Das Einlassen von Enten in Forellenbäche wird verboten.
(Preußisches Fischereirecht, 158ff.)

Am 31. Mai geht in den Bergen südwestlich von Heringen ein starker **Wolkenbruch** nieder. Die Regenmassen verwüsten einen Teil der Feldflur und überschwemmen tieferliegende Teile der Stadt Heringen. (Hiller, 224)

In diesem Jahr beginnt die **Gewinnung von Anhydrit am Kohnstein** bei Niedersachswerfen. Dieser Rohstoff wird vor allem in die Leuna-Werke zur Produktion von Schwefelsäure geliefert. Bis 1935 werden teilweise auch im Tagebau rund 35 Millionen to Anhydrit gebrochen. Durch den massiven Abbau sind inzwischen beträchtliche Teile des Kohnsteins verschwunden.
(Heimatkundliches Lesebuch Nordhausen, 113ff.; GHBO, Faltblatt Nr.7)

Am Ochsenberg bei Altenau wird in diesem Jahr der **Sechzehnender** *„Durchlaucht"* mit 13 Pfund schwerem Geweih erlegt. (Hamm, 203)

1918
In diesem Kriegsjahr veranlasst die Nahrungsmittelknappheit viele Einwohner von **Ellrich,** sich Ziegen zu halten. Um die Tiere im Sommer, wie in anderen Harzorten auch, zur Weide zu treiben, wird am 12. Mai eine **Ziegen-Weidegenossenschaft** gegründet. Die Tiere werden für ein Weidegeld von 30 Pfennig pro Kopf und Woche zur Weide getrieben. Pfingsten wird mit dem Austrieb begonnen und ein Bild aus alten Zeiten wird wieder lebendig, wenn der Hirte die Straßen durchzieht und der Hornruf zum Sammeln erschallt. (Kuhlbrodt (2000), 370)

Am 6. Juni erscheint im Allgemeinen Anzeiger von Berga folgender Aufruf: *„Das Laub der deutschen Wälder kommt als Futter in seinem Nährwert dem Wiesenheu gleich. Es wird dringend für die Heerespferde gebraucht."* Nach diesem Aufruf sollen vor allem die **Schulkinder Laub sammeln.** Für grünes Laub wird der Zentner mit 4 Mark und für trockenes Laubheu mit 10 Mark bezahlt. In Nordhausen wird das getrocknete Laub gemahlen, mit Melasse vermischt und zu **Laubkuchen** gebacken. Die Pferde sollen den Laubkuchen gern fressen. (Rohland/Noack, 520, 523; Hiller, 225)

1919
Da im Winter wenig Schnee gefallen ist, bringen die Frühlingsmonate keine Zuflüsse und vom Sommer bis zum Herbst herrscht im Harz **Wassermangel.** (Wiese (1979), 74)
Auch die Feldfrüchte leiden unter der Trockenheit. Es wird nur eine **geringe Ernte** eingebracht.
(Rohland/Noack, 536)

Am 14. August tritt die von der Nationalversammlung am 31. Juli in Weimar beschlossene neue Reichsverfassung in Kraft, in welcher der **Naturschutz als staatliche Aufgabe** anerkannt wird. Artikel 150 Satz 1 der Weimarer Verfassung lautet: *„Die Denkmäler der Kunst, der Geschichte, der Natur sowie die Landschaft genießen den Schutz und die Pflege des Staates."*
(RGBl. 1919, 1383)

1920
Im Januar führt die **Helme Hochwasser.** Die Niederung um Berga-Kelbra gleicht einem großen, durch den Sturm aufgepeitschten See. Die Wassermassen und die durch Sturm verursachten wilden Strömungen führen zu Schäden an bestellten Ländereien und an Dämmen.
(Rohland/Noack, 543)

Am 12. September wird die lange Zeit weitgehend unbeachtet gebliebene **Heimkehle,** eine Karsthöhle bei Uftrungen mit einer Gesamtlänge von etwa 2.000 Metern, **für den Besucherverkehr geöffnet.** Die Erschließung der Höhle erfolgte auf Initiative von Konsul Theodor Wienrich, Halle. 1944 werden Teile der Höhle für einen Rüstungsbetrieb ausgebaut, in den Jahren 1953/54 wird sie erneut erschlossen und am 1. Mai 1954 wieder für den Besucherverkehr geöffnet.
(Stolberg (1926), 24 ff.; Knolle/Marbach, 84f.)

Am 1. November wird die in den Ostharz führende 19,88 km lange **Eisenbahnstrecke zwischen Klostermansfeld und Wippra** eröffnet. (Lauerwald (2004), 240; Handbuch Eisenbahnstrecken, 350)

Ein **schweres Gewitter** beschädigt in diesem Jahr in **Zorge** die Kirche und viele Wohnhäuser. (Thieme (1976), 33)

In diesem Jahr wird zum ersten Mal das zur Familie der Korbblütler gehörige, aus Peru stammende, 1807 aus dem Pflanzengarten des Arztes Albrecht Wilhelm Roth zu Vegesack entwichene und als Unkraut gefürchtete **Knopfkraut** - auch Franzosenkraut genannt - in der der Nähe des Nordhäuser Hauptbahnhofs gefunden. Es gehört zu den **Neophyten**, die sich unter bewusster oder unbewusster, direkter oder indirekter Mithilfe des Menschen in Gebieten ausbreiten, in denen sie natürlicherweise nicht vorkommen. (Wein, Franzosenkraut, Pflüger Jg. 4 (1927), 95f.; Hamm, 153)
Das Franzosenkraut ist gegenwärtig im Harzvorland verbreitet, kommt im Harz verstreut vor und fehlt im Hochharz. (Herdam et al, 254)

Dreizehnmal wird in diesem Jahr, am häufigsten im Oktober, das **Brockengespenst** beobachtet. (Hamm, 204)

1921

In Ausführung des im Vorjahr erlassenen Preußischen Feld- und Forstpolizeigesetzes ergeht am 30. Mai eine **Polizeiverordnung über Naturschutz**, mit der auch die bestehenden Anordnungen der Jagdgesetze und des Reichsvogelschutzgesetzes im Interesse des Naturschutzes ergänzt werden. Die Schutzbestimmungen gelten für das gesamte preußische Staatsgebiet und ihre Wirksamkeit erstreckt sich entweder auf das ganze Jahr oder doch wenigstens auf die für die Fortpflanzung der Tiere wichtigen Monate.
Anordnungen, die einen über diese Verordnung hinausgehenden Schutz von Tier- und Pflanzenarten bestimmen, bleiben in Kraft und können auch künftig erlassen werden.
Die in der Verordnung genannten Tiere dürfen weder gefangen noch getötet werden. Es ist auch verboten, Eier, Nester oder sonstige Brutstätten solcher Tiere fortzunehmen oder sie zu beschädigen.
Neben den beiden Apollofaltern und der Gottesanbeterin von den Insekten sowie der Sumpfschildkröte von den Kriechtieren werden von den Säugetieren Siebenschläfer, Baumschläfer, Gartenschläfer, Haselmaus, Biber und Sumpfotter unter Schutz gestellt. Auch 22 sehr selten gewordene oder als besonders nützlich erkannte Vögel sind das ganze Jahr über geschützt. Dazu gehören Zwergtrappe, Schwarzstorch und Weißstorch, Reiher mit Ausnahme des Graureihers, Rohrdommel, Schlangenadler, Schreiadler, Steinadler, Seeadler, Wespenbussard, Baumfalke, Rotfußfalke, Turmfalke, Eulen einschließlich des Uhus, Rotkopfwürger, Grauwürger, Kolkrabe, Steinsperling, Karmingimpel, die Spechte und die Wasseramsel.
29 andere Vögel, darunter solche, die auch unter das Jagdgesetz fallen, sind in der Zeit vom 1. März bis zum 31. August durch die Verordnung geschützt. Dazu zählen Kiebitz, Brachvogel, Kranich, Turteltaube, Hohltaube, Regenpfeifer, Weihen mit Ausnahme der Rohrweihe, Milane, Wanderfalke, Raubwürger und Tannenhäher. Die Säger und die Graugans sind nur während der Brutzeit vom 1. März bis zum 30. Juni geschützt.
Auch die folgenden wildwachsenden Pflanzen werden durch die Verordnung unter Schutz gestellt: Straußenfarn, Königsfarn, alle Arten von Bärlapp, Schlangenmoos, Eibe, Echtes Federgras, Türkenbund-Lilie, Frauenschuh, Strandvanille, Seidelbast, Wassernuß, Stranddistel, Eichenblättriges Wintergrün, Moosglöckchen und die ausdauernden (blaublühenden) Arten von Enzian. Es ist verboten, diese geschützten Pflanzen zu entfernen oder zu beschädigen, insbesondere sie auszugraben, auszureißen, Blüten, Zweige oder Wurzeln abzupflücken, abzureißen oder abzuschneiden.
(AKRE, 1921, Nr.52 vom 24.12.1921, Sonderbeilage)

Der **Sommer** ist **trocken und heiß**. Vom 20. Juni bis Anfang Dezember herrscht Wassermangel. Trotz der Trockenheit ist die Weizenernte ziemlich gut. Die Roggenernte ist mäßig und der Hafer ist stark von Pilzen befallen. Die Kartoffel- und Obsternte fallen gering aus.
(Hamm, 205; Wiese (1979), 74; Adler/Hey, 223; Rohland/Noack, 546; Bonnemann, 203)

Anfang Oktober führt die **Radau** nach anhaltenden Regenfällen **Hochwasser**. Große Wassermassen bewegen mächtige Steinblöcke zu Tal. Erheblicher Schaden entsteht auf der Mathildenhütte, wo Geröll und Schlamm in die Wasserversorgung eindringen. In den folgenden Tagen herrscht **heftiger Sturm**, dem auch starke Bäume zum Opfer fallen. (Meier/Neumann, 590)

Am 7. November fällt in **Wernigerode** von Tropikwinden verwehter **afrikanischer Staub**. (Hamm, 205)

1923
Am 28. Januar wird im Ellricher Stadtwald ein prächtiger **Wildkater** gefangen, dessen Fell zu diesem Zeitpunkt sehr hoch im Preis steht. (Kuhlbrodt (2000), 380)

Bei Abbauarbeiten im älteren Zechsteingips bei Niedersachswerfen wird in diesem Jahr die **Gängertalhöhle** erschlossen. Sie ist eine hübsch ausgebildete Gipsschlotte, bestehend aus einem 13 x 13 m messenden, etwa 3 m hohen Hauptraum mit Höhlenteich und einer nordöstlich daran schließenden 20 m langen gangartigen Fortsetzung, die künstlich erweitert zu Sprengstofflagern ausgebaut wird. (Stolberg (1926), 21; Biese (1931), 26f.; Hamm, 207)

1924
Als Gäste aus dem Norden **überwintern** in diesem Jahr **Seidenschwänze** sowie **Bergfinken** und **Weindrosseln** in größerer Zahl in Nordhausen und Umgebung. (Wein (1926), 137)

Am Nachmittag des 20. Juni geht zwischen der Radau und Oker ein schwerer **Wolkenbruch** nieder. Mehrere Straßen in Bündheim und Schlewecke werden überflutet. (Meier/Neumann, 594)

1924/25
Dieser **Winter** ist sehr mild, es ist **der wärmste seit 1789**. (Rudloff, 199; Hamm, 208; Kosmos, 1925, 95f.)

1925
Am 12. Januar erlegt der Waldwächter Gelom eine **Wildkatze im Ellricher Stadtwald**. (Ellricher Zeitung vom 13.1.1925)

Am 20. August geht bei **Gerbstedt** ein **Wolkenbruch** nieder. Das Hochwasser richtet verheerende Schäden an.

Auf der Rothehütte werden in diesem Jahr die beiden **letzten Harzer Holzkohlenhochöfen ausgeblasen**. Sie dienten der Produktion von *„Holzkohlenroheisen"*, das weitgehend frei von Verunreinigungen (kein Schwe-

Gerbstedt nach dem Wolkenbruch vom 20. August 1925

fel) und deshalb besser als *„Koksroheisen"* zur Erzeugung spezieller Stahlsorten geeignet ist. (Liessmann (2010), 134; Brückner et al., 378; Kortzfleisch, 189)

Mit dem **Wilhelm-Burghardt-Stollen** wird in diesem Jahr die **letzte großzügige Entwässerungs-anlage im Harzer Bergbau fertiggestellt**. Er sorgt für die Wasserableitung aus dem Hüttenröder Eisenerzrevier. Bei der Grube Braunesumpf beginnend, erreicht er nach fast 5 km den Harzrand, wo er im westlichen Stadtgebiet von Blankenburg einmündet. (Knappe/Scheffler, 42)

1925/26

In den letzten Dezembertagen bringt warmer Regen große Schneemassen des Oberharzes zum Schmelzen. Im Brockengebiet fallen auf jeden m² Grundfläche bis zu 74 l Regen. Die Schneedecke, die am Morgen des 29. Dezember mit 130 cm Höhe etwa 160 l Wasser je m³ enthält, kommt innerhalb von 2 Tagen zum Abfluß, wodurch **viele Harzer Flüsse Hochwasser** führen. Im Amtsbezirk Harzburg kommt es durch die sog. **Sylvesterflut** zu den größten Überschwemmungen seit dem Juli-Hochwasser von 1898. (Meier/Neumann, 595f.)
Hochwasser dringt auch in die Clausthaler Schächte und lässt **die tiefsten Sohlen ersaufen.** In den Orten des **Bodegebiets** richtet das Hochwasser ebenfalls Schäden von etwa 9 Mil-

Hochwassermarken der Helme an der Mühlgrabenbrücke in Berga. Der Pegel ist in preußische Werkfuß (1 Werkfuß = 0,3138m) eingeteilt.

lionen Reichsmark an Brücken, Straßen, Ufermauern, Schienenwegen usw. an. An der Bode in Treseburg wird in der Sylvesternacht eine Abflussmenge von 330 m³/s registriert. Sie entspricht etwa dem Tausendfachen des niedrigsten Abflusses, während der Durchschnitt bei etwa 5,2 m³/s liegt. (Wagner et al (1970), 10 f.; Hamm, 209; Brumme, 175)
Auch in Quedlinburg richtet das Hochwasser große Verwüstungen an. Die Bahnhofsbrücke und die Schafbrücke stürzen ein, alle übrigen Brücken werden beschädigt, Dämme werden weggeschwemmt, Ufermauern eingerissen und die Ufer auf weite Strecken unterspült, Straßen und öffentliche Gebäude stark in Mitleidenschaft gezogen, zahlreiche Keller und Wohnungen überschwemmt sowie Elektrizitäts-, Wasser- und Gaswerk zum Erliegen gebracht. Der in der Stadt entstandene Schaden beträgt annähernd 3 Millionen Mark. (Bodehochwasser, Vorwort, 7ff.)
In **Zorge** verursacht das Hochwasser schwere Schäden und setzt Teile des Ortes unter Wasser. (Thieme (1976), 33)
In Ellrich richtet das Hochwasser der **Zorge** Schäden in Höhe von 150.000 Mark an
Das Hochwasser der **Rhume** richtet in Katlenburg Gebäudeschäden an. (Schlegel, 200)
Das Sylvester- Hochwasser der **Behre** verursacht im Südharzgebiet Schäden in Millionenhöhe. Von der Eisfelder Talmühle bis Netzkater ist das Kerbtal überflutet. Der Bahndamm der Harzquerbahn wird teilweise unterspült. In Ilfeld und Niedersachswerfen werden Brücken zerstört, auch ein eiserner Strommast stürzt um, wodurch es zu Stromunterbrechungen kommt.
.In Berga erreichen die Wasserfluten der **Helme** eine Höhe von fast 4 Metern.
(Tauchmann (2003) 126; Ders. (2006), 62f.; Kuhlbrodt (2000), 391; Noack (2009), 16).

1926

Mit Verordnung vom 25. Januar wird die **Salzstelle unterhalb des Ochsenberges bei Hecklingen unter Naturschutz** gestellt. Das ursprünglich nur 4 ha umfassende NSG wird durch Beschluss des Bezirkstages Magdeburg vom 5. Juli 1978 auf 14,76 ha erweitert. Es handelt sich um eine **sehr bedeutsame Binnensalzstelle** in Mitteleuropa mit einer an den Salzgehalt des Bodens angepaßten Flora und Fauna. Es gedeihen u. a. Salzbunge, Queller, Liegende Salzkresse, Erdbeerklee, Salzhasenohr, Wilder Sellerie Sumpfteichfaden, Weißes Straußgras und Schmalblättriger Hornklee. Charakteristische Brutvögel des Schilfgürtels sind Schilfrohrsänger, Rohrammer und Rohrweihe. Kiebitz, Schafstelze und Braunkehlchen brüten in den Grünland- und Salzpflanzenbeständen. In den Salzwiesen leben Weißrandiger Grashüpfer und Kurzflügelige Schwertschrecke. Typische Vertreter der Libellenfauna sind Kleine Pechlibelle und Südliche Binsenjungfer.
(Handbuch der NSG III, 94 ff.; NSGSA, 368: NLSGSA, 199)

Im Frühjahr wird die am Südrand des Kyffhäusers, in der Nähe der Straße von Bad Frankenhausen nach Rottleben liegende **Prinzenhöhle gangbar gemacht**. Die Wände und der First der kleinen Höhle sind mit glitzernden Gipskristallzwillingen, sog. Schwalbenschwänzen, bedeckt.
(Stolberg (1926), 38f., 40; Biese (1931), 16f.)

Von der **deutschlandweiten Unwetterkatastrophe** in der Zeit vom 8. bis zum 10. Juli ist auch unser Gebiet betroffen. Anhaltender Starkregen und auch **Wolkenbrüche** im Eichsfeld, in der Hainleite und Windleite führen zu großflächigen Überflutungen.
(Eichsfeldia vom 12. Juli 1926; Mühlhäuser Zeitung vom 15. Juli 1926; EHH 6/1966,333 und 2/ 1983, 148ff.; Deutsch/Pörtge, 52ff.; Deutsch/Pörtge (1996) 289ff.)

Anfang November kommt es zu **Schneebruch im Oberharz**. Baumriesen werden wie Streichhölzer geknickt. Besonders betroffen ist das Eckertal.
(Meier/Neumann, 596)

Infolge Tauwetters kommt es am 28. Dezember im Oberharz zu **Hochwasser**, das so starke Schäden anrichtet, dass militärische Hilfe aus Goslar herbeigezogen werden muss.
(AHBK 1936, 40)

1927

Die **partielle Sonnenfinsternis** am Morgen des 29. Juni kann bei klarem Himmel gut beobachtet werden. (Görner/Kaiser V, 305; Oppolzer, 300f., Blatt 150)

Vom 5. bis 7. Juli richten **schwere Unwetter im Harz** große Schäden an. In St. Andreasberg wird ein älterer Mann von den Fluten fortgetrieben und ertrinkt. Bei Schierke wird der Bahndamm der Brockenbahn unterhöhlt, wodurch ein Zugunglück verursacht wird, bei dem 9 Personen getötet und 22 verletzt werden. In Elbingerode schlägt der **Blitz** in eine Rinderherde und tötet 26 Tiere.
(AHBK 1937, 38; Elbingerode (2006), 229)

Am 3. September wird der etwa 11 Morgen große **Rosengarten in Nordhausen** feierlich der Öffentlichkeit übergeben. (Hellberg, BHN, Bd. 27 (2002), 27ff.)

Mit preußischer Polizeiverordnung vom 11. November wird das 155 ha große **NSG Questenberg** errichtet, das sich um den gleichnamigen Ort erstreckt. Es repräsentiert einen wertvollen Ausschnitt des Südharzer Zechsteingürtels und ist überwiegend mit naturnahen Laubwäldern und Trockenrasen bedeckt. In der Baumschicht treten neben der dominierenden Rotbuche auch Bergahorn, Bergulme, Schwarz-Erle, Eiche, Elsbeere, Esche, Espe, Feldahorn, Hainbuche, Hängebirke und Winter-Linde auf. Zur Strauchschicht gehören Haselnuß, Rote Heckenkirsche sowie Schwarzer und Traubenholunder.

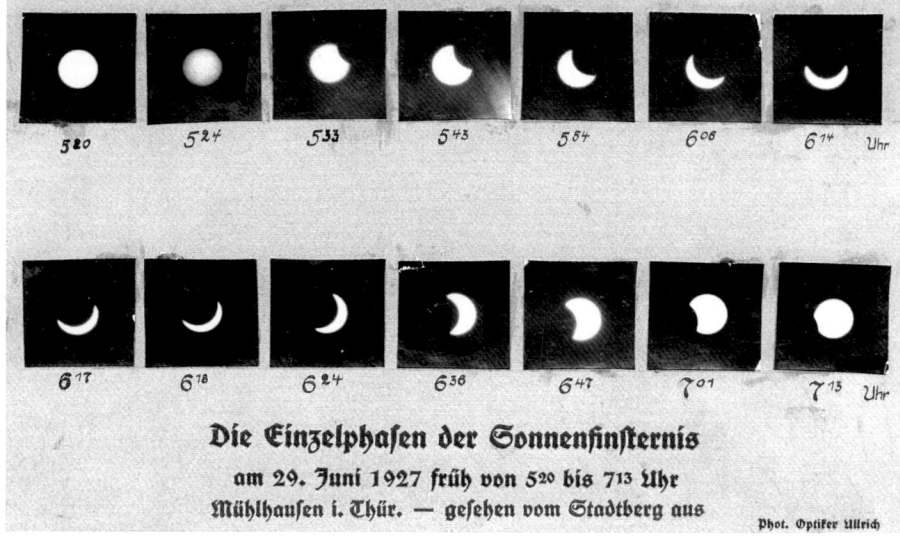

Die Einzelphasen der Sonnenfinsternis

am 29. Juni 1927 früh von 5²⁰ bis 7¹³ Uhr
Mühlhausen i. Thür. — gesehen vom Stadtberg aus

Phot. Optiker Ullrich

Die Einzelphasen der Sonnenfinsternis vom 29. Juni 1927, aufgenommen in Mühlhausen

Die Kraut- bzw. Feldschicht ist sehr artenreich. Es wachsen u. a. Bergsteinkraut, Echte Nelkenwurz, Gelbe Sommerwurz, Sommer-Adonisröschen, Gefleckter Aronstab, Hundsrose, Knotige Braunwurz, Traubenwucherblume, Türkenbund-Lilie die Thüringer Strauchpappel, auch Buschmalve genannt, sowie eine der seltensten Pflanzen des Harzes, das Wald-Gedenkgemein. Auffällig ist die gelbblühende Orientalische Zackenschote, ein Neophyt, der aus Asien und Osteuropa stammt. Von den Pilzen sind der Halskrausen-Erdstern und der Rotbraune Erdstern bemerkenswert. Im NSG leben u. a. Gartenschläfer, Siebenschläfer und Wildkatze.
Mit Verordnung vom 26. Juni 1996 wird das NSG in das 3.891 ha große **NSG Gipskarstlandschaft Questenberg** einbezogen.
(Handbuch der NSG III, 190ff.; NSGSA, 332; NLSGSA, 129f.; Harzer Pflanzenwelt, 29ff)

Im Harz zählt man in diesem Jahr nur noch **sechs Uhus**. (Hamm, 210)

Nachdem im Bruchberggebiet und auf der Schalke die **letzten Auerhähne** kurz nach dem Ersten Weltkrieg **ausgerottet** worden sind, setzt man 1927/28 nochmals **Auerwild aus Schweden** (sechs junge Hähne und 24 Hennen) am Bruchberg aus. Trotz waidmännischer Hege bleibt der **Wiedereinbürgerungsversuch ohne Erfolg**. (Hartmann (1982) 17)

1928

Von Gewittern begleitete **Wirbelstürme** ziehen in der Nacht vom 3. zum 4. Juli über den Harz und beenden eine große Hitzewelle. Ganze Wälder werden umgebrochen und auch Telefonleitungen unterbrochen. (Meier/Neumann, 598)
Am Vormittag des 4. Juli richtet ein Wirbelsturm in der Stadt Nordhausen starke Verwüstungen an. Er beschädigt Dächer und entwurzelt Bäume, so z.B. im Stadtpark und im Gehege.
(Nordhausen (2003), 296)
Auch in Lerbach entwurzelt der Wirbelsturm viele Bäume. Dadurch wird die Straße am Ortsausgang nach Clausthal blockiert. (Kutscher (2009), 68)

1928/29

Am 9. Dezember setzt ein sehr **schneereicher** und **kalter Winter** ein, der bis in den März hinein anhält. Viel Wild verendet in den Wäldern vor Hunger und Kälte, im Harz erliegen 2.000 Stück Rotwild der unerbittlichen Kälte. Hungergeschwächte Greifvögel kommen in die Dörfer. In vielen Kellern erfrieren die Wintervorräte an Kartoffeln und Obst.

Da in Nordhausen fast alle Wasserrohre eingefroren sind, wird das Wasser in Sprengwagen und Fässern ausgefahren, wobei es oft auch schon wieder gefroren am Bestimmungsort ankommt.

Auch in Wildemann sind die meisten Wasserleitungen gefroren, so dass für einen Großteil der Einwohner ein Rohrauslauf im Flussbett der Innerste die letztmögliche Stelle ist, wo man Wasser holen kann, bis am 10. April einige Wasserleitungen wieder zu laufen beginnen.

Durch den hohen Schnee kommt es zu Behinderungen im Post- und Bahnverkehr.

Der 10. Februar ist mit minus 32° C der kälteste Tag seit vielen Jahrzehnten. Auch in Berlin wird dieser Tag als der kälteste seit 140 Jahren gemessen. (Hamm, 212; Kohlmann, 17; Reichardt, 437; Rohland/Noack, 565f.; Dirks (1997), 60f.; Görner/Kaiser V, 319f.; Meier/Neumann, 599; EHBt. vom 4. März 1939)

Nachdem in **Grund** schon im 16. Jahrhundert eine **Thermalquelle zu Badezwecken** genutzt wurde, die jedoch durch den Bergbau später versiegte und Grund 1855 zum Luftkurort erhoben wurde, erhält die Stadt in diesem Jahr den Status eines **Heilbads**. Das in Badehäusern verabfolgte Brockenmoor sowie die Kräfte der Fichtennadeln sind die wichtigsten Heilfaktoren von Bad Grund. (Der Harz Jg. 1936, H. 5, 136f.)

1929

Dieser **Sommer** ist **sehr trocken**. Von Pfingsten bis Ende September regnet es in der Goldenen Aue nur dreimal und nur soviel, dass der Staub weggespült wird. Die Erträge an Grünfutter (Klee, Heu, Grummet, teilweise auch Futterrüben und Kartoffeln) sind trostlos gering. (Rohland/Noack, 565f.; Hamm, 213)

Die Oker führt in diesem Sommerhalbjahr nur 0,25 m³/s Wasser, während ihre langjährige Mittelniedrigwasserführung im Sommerhalbjahr 1,43 m³/s beträgt. (Goslar (1970), 57)

Der sonst nur in kleinen Mengen auftretende, zur Unterfamilie der Trägspinner gehörige **Buchen-Streckfuß**, auch Buchenrotschwanz genannt, **vermehrt sich** durch die diesjährige langanhaltende Trockenheit **massenhaft und vernichtet das Laub der Buchenwälder**, in denen er vorwiegend zu finden ist. (MA vom 25.9.1929)

Durch die **Verordnung zum Schutze von Tier- und Pflanzenarten** in Preußen vom 16. Dezember wird die diesbezügliche Verordnung vom 30. Mai 1921 novelliert und dahingehend erweitert, dass *„alle in Europa einheimischen wildlebenden Vogelarten"* mit Ausnahme der jagdbaren sowie von 13 ungeschützten Vogelarten, nämlich Haubentaucher, Fischreiher, Habicht, Rohrweihe, Blesshuhn, Sperber, Feldsperling, Haussperling, Eichelhäher, Elster sowie Raben-, Nebel- und Saatkrähe ganzjährig unter Schutz gestellt werden. Krammetsvögel gehören im Gegensatz zur Verordnung vom 30. Mai 1921 nicht mehr zu den jagdbaren Vögeln und stehen damit unter dem Schutz der Verordnung. Der Hirschkäfer wird in die Liste der geschützten Insekten und die Sumpfschildkröte in die Liste der geschützten Kriechtiere aufgenommen.

Zu den geschützten Säugetieren gehören Wildkatze, Edelmarder, Nerz, Sumpfotter, Haselmaus, Siebenschläfer, Biber und Elch.

Folgende Pflanzenarten werden vollständig geschützt: Straußenfarn, Hirschzungenfarn, Rippenfarn, Königsfarn, Schlangenmoos, alle einheimischen Arten von Bärlapp, Federgras, Türkenbund, alle einheimischen Arten der Orchideen, Gabelstrauch, Großes Windröschen, Trollblume, Akelei, alle einheimischen Arten der Küchenschelle, Frühlings-Adonisröschen, alle einheimischen Arten des Eisenhuts, Wald-Geißbart, Diptam, Seidelbast, Stranddistel, Sumpfporst, Gelber Fingerhut, alle einheimischen Arten des Enzians, Bergwohlverleih, Silberdistel und Bergflockenblume.

Darüber hinaus werden die unterirdischen Dauerorgane folgender Pflanzen geschützt: Maiglöck-chen, Gemeines Schneeglöckchen, Märzenbecher, Leberblümchen und alle einheimischen Arten der Himmelschlüssel (Primeln). (GSPS, 1929, 189ff.)

Obwohl die aus Mittel- und Südamerika stammende **Tomate** bereits in der ersten Hälfte des 16. Jahrhunderts nach Europa eingeführt wurde, dauert es mehrere Jahrhunderte, bis sie sich in Deutschland als Nahrungspflanze durchsetzt. Zunächst wird das Nachtschattengewächs nur als Zierpflanze gezogen. Erst in den zwanziger Jahren des 20. Jahrhunderts verbreitet sich der Ge-brauch der Tomate für die Küche in Deutschland. Seit den dreißiger Jahren wird sie auch in den Gärten unseres Gebiets angebaut.
(Körber-Grohne, 316, 458)

Der **Harzer Forstverein** fordert in diesem Jahr *„ die Schaffung von Laubholzmischbeständen unter besonderer Berücksichtigung von Fichte und Buche."* (Brückner et al., 362)

1930
Am 8. Mai bildet sich infolge eines plötzlichen Wassereinbruchs im Kalibergwerk Vienenburg ein 80 m breiter und 40 m tiefer trichterförmiger **Erdfall**. In alte Grubenbaue eingedrungenes Tages-wasser hat allmählich große Hohlräume im Salzstock ausgewaschen, ohne dass es gelingt, der zer-störerischen Wasser Herr zu werden. Der nach dem Bruch einer schützenden Bundsandsteinwand erfolgende Wassereinbruch verursacht den Erdfall gerade dort, wo bis dahin die Eisenbahntrasse von Vienenburg nach Grauhof bei Goslar verläuft, die durch den Erdfall zerstört wird. Bald danach ersaufen alle Grubenbaue und müssen aufgegeben werden. Kilometerweit vom Bergwerk entfernt entstehen 31 **neue Erdfälle**. 1941 entsteht nachträglich ein weiterer Erdfall bei Vienenburg und noch im Sommer 1960 bildet sich in den sumpfigen Wiesen am Harly bei Vienenburg ein 100 m breiter See, der erneut einen Erdfall verursacht. In einem Zeitungsbericht heißt es dazu: *„Am Tage vorher war er (der See) noch nicht dagewesen... Am Freitag stürzten immer neue Erdmassen vom Hang in die Tiefe, rissen stattliche Bäume mit sich. Als sie versanken, schossen Fontänen aus dem Wasser, dann war von ihnen nichts mehr zu sehen. Inzwischen haben die Geologen ausgelotet, dass der Krater an der tiefsten Stelle 45 m misst."*
(Laub, 15f.; Hamm, 214)

Am 8. Oktober, kurz nach Mitternacht, wird in unserem Gebiet ein **leichtes Erdbeben** verspürt, dessen Zentrum in den Bayerischen Alpen liegt; es handelt sich um ein so genanntes Einsturzbeben.
(Görner/Kaiser V, 328)

In diesem Jahr **endet die Köhlerei im Kreis Wernigerode**. (Brückner et al., 362)

Auch der **Bergbau um Clausthal-Zellerfeld wird in diesem Jahr eingestellt**, da eine weitere Erzförderung wegen der niedrigen Metallpreise nicht mehr wirtschaftlich ist. Zu den Gruben bei Clausthal gehört auch die **Grube Alter Segen** auf dem Rosenhöfer Zug. (Bachmann et al., 161)

1931
In diesem **schneereichen Winter** erreicht am 20. Februar die Schneehöhe auf dem Brocken 2,40 m.
(Meier/Neumann, 601)

In der Nacht vom 2. zum 3. April tritt eine **totale Mondfinsternis** ein.
(Görner/Kaiser V, 331; Oppolzer, 373)

In der Nacht des 26. September wird **erneut** eine **totale Mondfinsternis** beobachtet.
(Görner/Kaiser V, 333; Oppolzer, 373)

Zechenhaus der Grube „Alter Segen" um das Jahr 1880

Am 1. Dezember wird die 5,80 km lange **Eisenbahn-Güterverkehrsstrecke von Herzberg ins Siebertal** eröffnet. Es ist die letzte Bahnerweiterung in unserem Gebiet in der ersten Hälfte des 20. Jahrhunderts. (Lauerwald (2004), 240; Handbuch Eisenbahnstrecken, 368)

Die der Trinkwasserversorgung, dem Hochwasserschutz und der Stromerzeugung dienende **Sösetalsperre bei Osterode**, mit deren Bau 1928 begonnen wurde, wird in diesem Jahr fertiggestellt. Sie hat eine Wasseroberfläche von 124 ha. Ein 476 m langer und 53 m hoher Erddamm schafft einen Stauraum von 25,5 Millionen m³. 1934 wird eine 198 km lange Fernwasserleitung über Hildesheim und Hannover bis nach Bremen in Betrieb genommen. Das Trinkwasser fließt mit eigener Kraft in die norddeutsche Tiefebene. Seit 1980 erhält auch Göttingen Wasser aus dieser Talsperre. (Schmidt (2012), 39, 49ff.; Osterode, 30ff.; Hessel, 30ff.; GHBO, Faltblatt Nr. 11)

1931/32

Nach starken Schneefällen in den letzten Dezembertagen setzt am 2. Januar Regen ein, wodurch es zu **Hochwasser** kommt. Die **Innerste** schießt als 20 m breites Wildwasser talab und reißt Brücken und Gebäude mit sich fort, der Bahndamm auf der Strecke nach Goslar wird bei Lautenthal weggespült. Als eine Brücke über dem Grumbach in Wildemann fortgerissen wird, kommt der Müller Haupt dabei ums Leben. (AHBK 1933, 22f.)
Im Spiegeltal wird ein im Einsatz befindlicher Feuerwehrmann mit den Fluten fortgerissen und ertrinkt. Bei Lindthal und Hüttschenthal wird die Bahnstrecke Lautenthal-Clausthal-Zellerfeld beschädigt und am 4. Januar der Zugverkehr vorübergehend eingestellt. In Wildemann werden Brücken beschädigt und das Wehr am Kulk wird fast vollständig hinweggerissen.
(Dirks (1997), 71)

Zur Jahreswende erhält die **Rhume**, die bis kurz vor Katlenburg wenig Hochwasser führt, durch den Zufluss der Steinlake mit ihren Harzwassern solche Wassermengen, dass ein Stadtteil von Katlenburg völlig vom Wasser eingeschlossen wird.
(Schlegel, 200f.)

In diesem Jahr wird der **Versuch einer Einbürgerung von Damwild** im Bereich des Forstreviers Königstal unternommen. Trotz amtlicher Verordnung der Landräte der Kreise Grafschaft Hohenstein und Worbis zum Schutz des Damwildes **erlischt das kleine Vorkommen in den Jahren des Zweiten Weltkriegs.** (UE, 1933 H.3, 81)

1933

Am 9. Oktober ist in unserem Gebiet ein feuerwerksähnlicher **Sternschnuppenregen** zu beobachten, der vermutlich durch das Verglühen von Auflösungsstoffen des nach seinen Entdeckern Michel Giacobini und Ernst Zinner genannten **Kometen Giacobini-Zinner** in der Erdatmosphäre verursacht wird. (Hamm, 218; Kronk IV, 6ff.)

In diesem Jahr kann der Sangerhäuser Heimatforscher Gustav Adolf Spengler die Ausgrabung des 1931 von ihm in der Kiesgrube Edersleben bei Sangerhausen gefundenen **fossilen Steppenmammuts**, das in der Elster-Kaltzeit in unserem Gebiet gelebt hat, erfolgreich abschließen. Das vollständig erhaltene Skelett wird im 1952 eröffneten **Spengler-Museum in Sangerhausen** ausgestellt. (Edersleben, 39)

1934

Am 12. April werden im Forstamt **Vöhl am Edersee** zwei Paare des **Waschbären** mit offizieller Genehmigung **freigelassen**. Der in Nordamerika beheimatete etwa katzengroße Kleinbär mit schwarzer Gesichtsmaske und dickem, grauschwarz geringeltem Schwanz wurde etwa um 1920 in deutschen Farmen zur Pelzgewinnung eingeführt.
Da Landschaft und Klima in Deutschland weitgehend dem in seiner ursprünglichen Heimat entsprechen, verbreitet sich der Waschbär innerhalb von nur wenigen Jahrzehnten recht schnell und **erreicht etwa 1965 den Harzrand**. Inzwischen ist er im Harz bis etwa 650 m über NN regelmäßig verbreitet, über 650 m über NN wird er seltener, den Hochharz meidet er. Der Waschbär stellt **keine wünschenswerte Bereicherung unserer Tierwelt** dar, denn zu seinen Beutetieren gehören auch viele bestandsbedrohte einheimische Tierarten. (Wild und Hund, 1968, H. 16, 38; Niethammer (1963), 98f.; Skiba, 113; Görner (2009), 202; Görner/Hackethal, 269ff.)

Wie in ganz Deutschland herrschte auch in unserer Gegend in der ersten Jahreshälfte **große Trockenheit**. Brunnen versiegen, Flüsse und Bäche führen wenig Wasser. Die Oker führt in diesem Sommerhalbjahr nur 0,25 m³/s Wasser, während ihre langjährige Mittelniedrigwasserführung im Sommerhalbjahr 1,43 m³/s beträgt. (Goslar (1970), 57)

Die Erträge an Klee, Heu und Getreide sind gering, die Kartoffelernte ist mittelmäßig. (Wagner et al (1970), 5; Rohland/Noack, 588f.; UE, 1934; 146,224; Bonnemann, 203)

Am 3. Juli wird das **Reichsjagdgesetz** verabschiedet. Darin werden u. a. die jagdbaren Tiere, sachliche und örtliche Jagdverbote sowie Jagd- und Schonzeiten festgelegt. Jagdbare Tiere, für die keine Jagdzeit festgelegt ist, sind während des ganzen Jahres von der Jagd zu verschonen. Dazu gehören insbesondere vom Aussterben bedrohte Tiere. (RGBl I., 1934, 549)

Am 26. November wird in der **Tongrube in Bilshausen** ein vier Meter langer **versteinerter Baum** gefunden, der einen Durchmesser von 30 bis 40 cm hat und dessen Wurzeln noch ziemlich gut erhalten sind. Fachleute schätzen sein Alter auf etwa 30.000 Jahre. (UE 29. Jg. (1934), 271)

Die etwa fünf km lange **Odertalsperre** oberhalb von Bad Lauterberg wird in diesem Jahr nach dreijähriger Bauzeit in Betrieb genommen. Sie dient dem **Hochwasserschutz** und **der Stromerzeugung**, ermöglicht aber auch die **Niedrigwasseraufhöhung** bei Trockenheit im Sommer bis zum 12fachen der natürlichen Wasserführung. Wegen der stark schwankenden Wasserführung der Harzflüsse trägt

344

die Ausgleichswirkung der Talsperren insbesondere an Trockentagen im Sommerhalbjahr wesentlich zur Verbesserung der Wasserqualität der Flussabschnitte unterhalb der Talsperren bei. Der 316 m lange und 55 m hohe Staudamm riegelt ein ziemlich langgestrecktes Abflussgebiet von 52 km² ab. Dem Oderstausee werden aus dem nordwestlich angrenzenden Abflussgebiet der Sperrlutter mit dem Nebenbach Breitenbeek über einen 510 m langen Hanggraben und den 790 m langen Großen Eschenberg-Stollen sowie den 730 m langen Hillebille-Stollen weitere Wassermengen zugeführt. So kann eine Fläche von 74 km² in die Talsperre entwässern. Diese hat einen Speicherraum von 30,6 Millionen m³ und eine Wasseroberfläche von 136 ha. (Schmidt (2012), 36, 58ff.)

In diesem Jahr wird die **Fernstraße** durch den Harz von **Bad Lauterberg** durch das Odertal nach **Braunlage** und weiter auf der Hochfläche nach **Elend**, von dort durch das Tal der Kalten Bode nach Rothehütte und **Elbingerode** aus verschiedenen historischen Wegeverbindungen als Reichsstraße zusammengefügt. Sie wird später Teil der Bundesstraße 27. (Brückner et al, 299f.)

Der **Mansfelder Kupferschieferbergbau** erzeugt in diesem Jahr bei einer Belegschaft von 13.000 Mann 24.852 to Kupfer, 149.596 kg Silber, 2.501 to Hüttenweichblei, 3.820 to Zinkoid, 1.866 to Zinkvitriol, 268 to Nickelsulfat, 40.000 to Schwefelsäure, 9,6 kg Feingold, 76 gr. Platin und 202 gr. Palladium. Der seit 1199 bestehende Bergbau hat **bis 1935** rund **1.700.000 to Kupfer** und rund **9.000 to Silber gefördert.** (Meinecke, 59)

In diesem Jahr und im Jahr 1936 werden an der Grenze von Upen und Alt Wallmoden im Landkreis Goslar 3 und 8 Stück **Muffelwild** in einem Eingewöhnungsgitter ausgesetzt. Von dort breitet sich das Wild im Bereich des Haarwaldes aus und wechselt teilweise auch zu dem im Forstamtsbezirk Langelsheim 1937 ausgesetzten Muffelwild über. Über die Innerste wechselt es nicht. (Goslar 1970), 195f.)

1935
Mit dem am 26. Juni erlassenen **Reichsnaturschutzgesetz** werden die amtlichen Belange des Naturschutzes in Deutschland erstmalig einheitlich und umfassend geregelt. Es werden Naturschutzgebiete und Naturdenkmale definiert, der Begriff des Landschaftsschutzgebietes eingeführt und der Artenschutz für Pflanzen und nichtjagdbare Tiere erstmalig gesetzlich geregelt. (RGBl, 1935 I, 821ff.) Am 31. Oktober wird die dazu notwendige Durchführungsverordnung erlassen. (RGBl, 1935 I, 1275ff.)

Mit Verordnung des Landrats des Kreises Nordhausen vom 22. Juli werden bemerkenswerte alte Baumgruppen und Bäume in 20 Gemeinden des Kreises, darunter die **Branntweinbuche in Ellrich**, zu **Naturdenkmalen** erklärt. (AKRE, 1935, Ausgabe B, vom 3.8.1935, 150ff.)

Im Oktober kommt es im Harz infolge starker Schneefälle und nachfolgendem Regen zu **Hochwasser**. Dabei bewährt sich die Regulierung der Radau. Der Eisenbahnverkehr nach Braunschweig wird jedoch unterbrochen. (Meier/Neumann, 611)

1935/36
Dieser **Winter** ist **mild und schneearm.** (UE 1936, 72; Bonnemann, 203)

Im Ostharz werden in diesem Winter **große Schwärme von Bergfinken** beobachtet. (Hamm, 221)

1936
Am 20. Januar wird oberhalb des Granetals (Weg Hahnenklee – Goslar) ein **Waschbär** erlegt. (Deutsche Jagd 1937 Nr. 28, 492)

Am 18. März wird in Ausführung des Reichsnaturschutzgesetzes die Verordnung zum Schutze der wildwachsenden Pflanzen und der nichtjagdbaren wildlebenden Tiere **(Naturschutzverordnung) erlassen.** (RGBl, 1936 I, 181ff.)

In der Nacht zum 24. Juli, kurz nach Mitternacht, wird in Mühlhausen in Richtung Ost-Nord-Ost ein **Meteor** mit einem grün leuchtenden Schweif beobachtet. Die prächtige Himmelserscheinung taucht die Landschaft in ein grünliches Licht. (Görner/Kaiser V, 371)

Mit Verordnung zur Sicherung von **Naturdenkmalen im Kreis Grafschaft Hohenstein** vom 15. September werden mehrere Baumgruppen und Bäume, darunter die alte Eiche auf der Wöbelsburg bei Hainrode sowie bemerkenswerte geologische Objekte im Kreisgebiet, zu Naturdenkmalen erklärt. Dazu gehören das **Felsentor** (Porphyritfelsen) bei Neustadt/Südharz, das Felsgebilde **Gänseschnabel** bei Ilfeld, der mannshohe dreieckige **Hühnstein** an der Straße Nohra-Wolkramshausen, das 17 m tiefe **Große Seeloch** (Erdfall) bei Kleinwechsungen, der **Ilgerborn** bei Wiegersdorf sowie der **Salza-Spring am Kohnstein**, die größte Karstquelle Thüringens, und das in dessen Nähe gelegene **Grundlose Loch**. Bei den beiden letzteren treten die versickerten Niederschläge von den Südharzbergen und deren Vorland wieder zutage. Der Salza-Spring mit seinem 2.450 m² großen Quellteich und einer Wassertiefe von 30 bis 70 cm hat eine mittlere Jahresschüttungsmenge von fast 22 Millionen m³ Wasser. Das zum Quellsystem des Salza-Springs gehörende Grundlose Loch hat eine Wasseroberfläche von 190 m², seine größte Tiefe beträgt 3,5 m. Da das Quellwasser fast konstant 9,5° Celsius warm ist, friert der 5,8 km lange Salza-Fluss, der in die Helme mündet, auch bei starkem Frost nicht zu, was

Der Gänseschnabel bei Ilfeld

für die zwölf anliegenden Mühlen lange Zeit von großer Bedeutung ist. (AKRE, 1936, 115ff.; Tauchmann (2005) 178ff.; Geologische Besonderheiten, 17; GHBO, Faltblatt Nr.7)

Mit Verordnung des Oberbürgermeisters der Stadt Nordhausen vom 9. November werden mehrere Bäume, darunter ein Mammutbaum, ein Maulbeerbaum, ein Ginkgobaum und ein Elsbeerbaum, sowie vier Findlinge im Stadtgebiet zu **Naturdenkmalen** erklärt.
(AKRE vom 28.11.1936, 149)

Bei Rhumspringe wird in diesem Jahr eine **Wildkatze** geschossen.
(Eichsfelder Volkszeitung vom 20.11.1936)

Zur weiteren Erschließung der großen Eisenerzvorkommen im Elbingeröder Revier wird in diesem Jahr mit der **Errichtung des Eisenerzbergwerks Büchenberg** begonnen, das 1940 bereits etwa 80.000 Jahrestonnen liefert.
(Liessmann (2010), 302f.)

In diesem Jahr wird die **Zillierbachtalsperre** mit ihrer 186 m langen und 45 m hohen Betonmauer in Betrieb genommen. Sie hat einen Stauraum von 2,65 Millionen m³, eine Speicherfläche von 24 ha und ein Einzugsgebiet von 10,70 km². Sie dient sowohl der Trinkwassergewinnung für Wernigerode, Elbingerode, Elend und Schierke als auch dem Hochwasserschutz.
(Schmidt (2012), 62ff.;Brückner et al., 234, 348)

Ein in diesem Jahr unternommener **Versuch, Auerwild** im Gebiet des zu den Brockenmooren gehörenden **Roten Bruches wieder einzubürgern,** ist **nicht von Erfolg gekrönt.** (Blankenburg, 165)

1937
Am 5. März erlässt der Regierungspräsident zu Magdeburg eine Verordnung zur Errichtung des 475 ha großen **NSG Bodeta**l mit seiner artenreichen Tier- und Pflanzenwelt. Im NSG mit seinen bedeutsamen geologischen Bildungen und Aufschlüssen befinden sich natürliche Standorte von Reliktarten seltener Pflanzen aus verschiedenen Perioden der nacheiszeitlichen Vegetationsentwicklung. Von der Fauna des Gebiets sind insbesondere als Brutvögel die Wasseramsel, die Gebirgsstelze, der Klein- und Mittelspecht, der Hausrotschwanz und der Wanderfalke zu nennen.
Bereits am 5. Januar 1928 sind Bereiche des Bodetals wegen ihrer landschaftlichen Schönheit, seiner Wacholderbestände und seiner alten Eibenvorkommen zum NSG erklärt worden.
(Handbuch der Naturschutzgebiete III, 64ff.; NSGSA; 96, 483; NLSGSA, 98f.; Pörtner,3)

In einem Seitental der Bode, dem Kästenbachtal, wächst die sog.**Humboldt-Eibe,** nach dendrochronologischen Schätzungen mit **ungefähr 2000 bis 2500 Jahren** der wahrscheinlich älteste Baum Deutschlands. Der Naturforscher Alexander von Humboldt hat diese Eibe, deren Stamm eine große, nach oben spitz zulaufende Öffnung hat, auf seiner Harz-Wanderung aufgesucht und als Erster beschrieben.
(Der Harz, 39.Jg. (1936), 79f.)

Mit Verordnung vom 10. Juli wird der Brocken zusammen mit Wurmberg, Achtermann und dem Acker zum **NSG Oberharz** erklärt. (Reidt, 13)

Im Bodetal wird in diesem Jahr ein **Uhu-Pärchen ausgesetzt.**
(Hamm, 223)

Im Bereich des **Großen Grabens** bei Elbingerode beginnt in diesem Jahr die **industrielle Pyritgewinnung** zur Herstellung von Schwefel und Schwefelsäure.
(Brückner et al., 288, 379)

Während **Tomaten** in Deutschland im Jahr 1913 auf nur 24,7 ha Land angebaut wurden, ist die Anbaufläche für diese vitaminreiche Gemüseart in diesem Jahr in Deutschland

Die Humboldt-Eibe, der wahrscheinlich älteste Baum Deutschlands

347

bereits auf 2.842 ha angewachsen. Auch in unserem Gebiet wird die Tomate zunehmend in Gärten gezogen. (Fischer (1939) 21)

In diesem und den beiden folgenden Jahren tritt in den **Forsten um Bad Harzburg** allwinterlich eine **Vergiftung des Rotwildbestandes** auf, solange das **Fütterungsheu** von überschwemmten Okerwiesen genommen wird, die durch verschwemmten **bleihaltigen Pochsand** aus dem Harz **verunreinigt** sind. (Hamm, 225)

1938
Nach mehreren Jahren geringer Erträge wird in diesem Jahr eine **Rekordernte an Getreide** eingebracht. Die Erträge an Kartoffeln und Heu sind mittelmäßig, Obst gibt es wegen des sehr kalten Frühjahrs nur sehr wenig. (Rohland/Noack, 599)

In der Nacht vom 7. zum 8. November in der Zeit von 22.45 bis 0.08 Uhr wird in unserem Gebiet eine **totale Mondfinsternis** beobachtet. (AHBK 1938, 16; Oppolzer, 373)

Ein **Hochwasser** beschädigt in Elbingerode viele Straßen. (Elbingerode (2006), 229)

1938/39
In diesem **strengen Winter**, der bis in den März hinein andauert, frieren erstmals wieder seit dem Winter von 1928/29 die Leine und die Wipper zu. Es kommt auch zu starken Schneeverwehungen, die den Verkehr behindern. (UE, Jg. 34 (1939), 24; Rohland/Noack, 602)

1939/40
Der Mitte Dezember einsetzende **erste Kriegswinter** ist **ungewöhnlich kalt und schneereich** und verursacht über die kriegsbedingten Ursachen hinaus zusätzliche Erschwernisse. Bis Mitte Februar hält die Kälteperiode an, wobei die Temperaturen zeitweise bis unter minus 20° C sinken. Der anhaltend starke Frost verursacht Schäden an den Wasserleitungen und Nahrungsmitteln. Viele Obst- und Nussbäume erfrieren.
In Ellrich liegt der Schnee oft einen halben Meter hoch auf den Dächern. Durch den herabrutschenden Schnee werden in vielen Fällen die elektrischen Anschlussleitungen zu den Häusern zerrissen.
Die Kohleversorgung ist ernsthaft gefährdet. Wegen Kohlemangel werden in vielen Orten von Januar bis März die Schulen geschlossen. Seit dem 10. Januar wird der Reisezugverkehr erheblich eingeschränkt.
(Kuhlbrodt (2000), 445; Görner/Kaiser V, 394; Trübenbach, 362; Nordhausen (2003), 384; EHSt. 1986/10, 452f.; Meier/Neumann, 614; Kohlmann, 17; Rohland/Noack, 606; Hamm, 229; Nussbaumer, 209)

1940
Durch die schnelle Schneeschmelze im Harz führt die **Zorge** im Februar/März **Hochwasser**, wodurch es zu Überschwemmungen kommt. Dabei strömt das Hochwasser über den Hartmannsdamm und überflutet den gesamten Nordhäuser Stadtpark. (Kohlmann, 18)

Am 1. April werden in Deutschland die Uhren erstmals seit dem Ende des Ersten Weltkrieges wieder auf **Sommerzeit** umgestellt. Alle Uhren werden um 1 Stunde vorgestellt. (Rohland/Noack, 605)

In diesem Jahr sowie in den Jahren 1941, 1943 und 1945 kommt es zu **Sturmschäden in den Wäldern des Harzes**, deren Aufarbeitung kriegsbedingt nur unzureichend möglich ist. (Brückner et al., 362)

1941
In den ersten Tagen des Jahres fällt **sehr viel Schnee**, der zu Verkehrsbehinderungen führt. (Görner/Kaiser V, 398)

Anfang April veröffentlicht die Ellricher Zeitung einen Aufruf an alle Einwohner, dass sie durch die **Anpflanzung von Maulbeerbäumen** helfen sollen, die Grundlagen für den Seidenbau zu schaffen. Die aus der Seidenraupenzucht gewonnene Naturseide wird für die Herstellung von Fallschirmen benötigt. (Kuhlbrodt (2000), 454)

Im **Ottiliae-Schacht** bei Clausthal wird in diesem Jahr ein **Wasserkraftwerk** mit zwei Freistrahlturbinen in Betrieb genommen. Aus einer Höhe von 332 m stürzt das Wasser in Fallrohrleitungen auf die unter Tage stehenden Turbinen und fließt über den Ernst-August-Stollen ab, der bei Bad Grund zu Tage tritt. Im Jahr 1969 hat das Kraftwerk, das der Stromversorgung von Bergwerken und Hüttenbetrieben der Preußag AG dient, eine durchschnittliche Jahresleistung von 6,5 Millionen KWh. (Hoffmann (1969), 27f.)

1941/42
Schon Ende Oktober setzt Frost ein und es folgt ein **ungewöhnlich kalter und schneereicher Winter.** Im Januar sinken die Temperaturen mehrfach nachts auf unter minus 25° C. Am 13. Februar beginnt ein mehrtägiger heftiger Schneesturm, der den Verkehr weitgehend lahm legt. In diesem strengen Winter erfrieren Tausende von Obstbäumen, die Gewässer tragen einen dicken Eispanzer. (Reichardt, 437; Görner/Kaiser V, 400; Kuhlbrodt (2000), 454f.; Rohland/Noack, 609)

1942
Nach dem ungewöhnlich kalten Winter setzt erst mit Beginn des Frühlings Tauwetter ein. Im April zeigen sich dann **schwere Auswinterungsschäden**. Fast der gesamte Raps, Weizen und Roggen sind verloren. Die kahlen Felder werden neu bestellt und es wächst in diesem Jahr eine **gute Ernte**, besonders an Kartoffeln, heran. (Kuhlbrodt (2000), 454f.; Rohland/Noack, 609)

Durch **giftige Schornsteindämpfe** einer benachbarten Bleihütte **erkrankt** in diesem Jahr ein **großer Hühnerbestand** in Harlingerode, ein Teil der Tiere geht ein. (Hamm, 231)

1943
Die von 1939 bis 1942 am Fuß des Brockenmassivs erbaute **Eckertalsperre** mit ihrer 235 m langen und 57 m hohen Betonmauer wird in diesem Jahr in Betrieb genommen. Sie hat einen Stauraum von 13,30 Millionen m³, ein Einzugsgebiet von 19,30 km² und ist, abgesehen vom Oderteich, die höchstgelegene und mit einer Wasseroberfläche von 65,7 ha gleichzeitig auch die kleinste Talsperre der Harzer Wasserregulierungssysteme. Wegen der Höhenlage erhält die Eckertalsperre den stärksten Niederschlag von allen Harztalsperren. Im Mittel sind es 1344 mm, in Trockenjahren mitunter nur 777 mm und in nassen Jahren bis zu 1856 mm. Das sehr saure Wasser lässt nur kümmerliche Fische gedeihen. Die Talsperre dient der **Trink- und Brauchwasserversorgung** sowie dem **Hochwasserschutz** und der **Energieerzeugung**. Eine 80 km lange **Fernwasserleitung** führt über Braunschweig nach Wolfsburg. (Schmidt (2012), 39, 68ff.; Brückner et al., 165f.; 348; Hamm, 231)

1944–1951
Da das Reichsforstamt gegen Kriegsende ein Verbot der Schälung gefällten Fichtenholzes anordnet, kommt es zu einer **Massenvermehrung des Borkenkäfers** im Harz, wodurch 1,5 Millionen m³ Schadholz verursacht werden. Bis 1948 entstehen allein in den Forstämtern Wippra 200.000 m³, Gernrode 170.000 m³, Roßla 120.000 m³, Elend 105.000 m³ und Hasserode 68.000 m³ Schadholz. (Brückner et al., 362; Blankenburg, 160)

1945
In der Nacht zum 24. Januar sind in ungewöhnlich großer Entfernung von der Mondscheibe zwei Ringe (**Halos**) zu sehen. Der eine bildet einen geschlossenen Kreis um den Mond, der andere befindet sich weiter im Norden und hat einen Schnittpunkt mit der Mondscheibe. (Görner/Kaiser V, 416)

Wegen des Fehlens von Arbeitskräften, Saatgut, Dünger, Futter für die Zugtiere usw. gibt es nur eine **schlechte Ernte**. (Schlegel, 226; Rohland/Noack, 623f.)

Durch die Kriegsereignisse gelangen **Waschbären** aus Pelztierzuchtanlagen in Wolfshagen (Kreis Straußberg), Treseburg und Wietfeld in die freie Natur und bilden eigene, **örtlich begrenzte Populationen**, die später mit dem Gesamtvorkommen verschmelzen. (Stubbe, Waschbär, 80ff.)

Nach Kriegsende kommt es aus verschiedenen Gründen, darunter dem Jagdwaffenentzug durch die Besatzungsmächte, zu einer nie gekannten **Massenvermehrung des Schwarzwildes**, das große Schäden an den Feldfrüchten anrichtet. (Fritze (2007), 166f.; Heerda, 77ff.; Hamm, 234)

Gruß aus dem Harz.

Schwarzwild im Harz

Im nur wenige Kilometer von Quedlinburg entfernten Gatersleben wird in diesem Jahr das **Institut für Kulturpflanzenforschung** eingerichtet, dessen Aufgabe die Grundlagenforschung für die Kulturpflanzenzüchtung und die Erforschung pflanzengenetischer Ressourcen ist. In diesem Institut erkennt man frühzeitig das **Problem der Pflanzenzüchtung**, die einerseits Hochleistungssorten erzeugt, zugleich jedoch den Züchtungsfortschritt durch zunehmenden Verlust der Formenmannigfaltigkeit im Zuchtmaterial auf Dauer verhindert. Moderne Sorten verdrängen zahllose alte Landsorten, die ein breiteres genetisches Potential in sich tragen. Diese sind deshalb als Quellen neuer Eigenschaften für die Züchtung verbesserter Sorten unabdingbar. Eine **Kulturpflanzenbank** des Instituts **dient der Erhaltung** dieser wichtigen **genetischen Ressourcen**. Nach der Herstellung der Einheit Deutschlands wird das Leibnitz-Institut für Pflanzengenetik Nachfolger des Instituts in Gaterleben und setzt dessen Arbeit an der Genbank für landwirtschaftliche und gartenbauliche Kulturpflanzen fort. (Goroll, 5)

1946

Nach Niederschlägen bei gefrorenem Boden vom 4. bis 10. Februar, verbunden mit rapider Schneeschmelze im Harz, kommt es zu einem **verheerenden Hochwasser** in unserem Gebiet. Es führt

mit plötzlich steigendem Wasserstand zu großen Schäden an den Ufern der **Oker, Innerste, Leine, Zorge, Behre, Helme und Wipper.** Am Pegel Ohrum werden 442 cm gemessen. (Deutsch/Pörtge (2003), 24; Goslar (1970), 57; Dirks (1997), 138; Hamm, 235; Deutsch/Reeh/Pörtge, 100ff.)
In Bösenrode ertrinkt ein sechsjähriger Junge in den reißenden Fluten der **Tyra.** In Berga steht das gesamte Unterdorf unter Wasser, einige Scheunen und Ställe stürzen ein, ein Wohnhaus wird unbewohnbar. (Noack (2009), 13; Rohland/Noack, 632f.; 677f.)
Durch das Hochwasser der **Rhume** entstehen in der Feldmark von Katlenburg beträchtliche Schäden, da große Flächen guten Ackerbodens weggeschwemmt oder durch Anschwemmung von Kies unbrauchbar werden. (Schlegel, 227)
Das Hochwasser der **Behre** zerstört den mittleren Stützpfeiler des Viadukts der Harzquerbahn. An der Dietfurt tritt die **Zorge** weitflächig über die Ufer und bedeckt auf 3 km einen 500 m breiten Streifen Felder und Wiesen. In Salza werden zahlreiche Straßen überschwemmt und die Gleise der Harzquerbahn unterspült. Auch in Ilfeld, Niedersachswerfen und der unterhalb des Kohnsteins liegenden Schnabelsmühle richtet das Hochwasser erhebliche Schäden an.
(Tauchmann (2006), 63f.)

Am 13. und 14. Juni richtet ein von Nordost kommender **orkanartiger Sturm** von Windstärke 10/11 große **Windbruchschäden** an. Im Harz werden vor allem die Wälder der Forstämter St. Andreasberg, Oderhaus, Sieber, Ilfeld und der Stiftsforst Ilfeld durch Windbruch geschädigt.
(Allgemeine Forstzeitung, 1. Jg. 1946, 5; Jahrbuch *„Naturschutz und Landeskultur"*, 1955, 53)

Am 8. August trifft der Forstlehrling Eduard Fritze am Herzberg bei Ilfeld auf einen etwa 1,50 Meter langen und etwa 6 bis 8 cm breiten **Heerwurm.**
(Eduard Fritzes Pflichttagebuch für Forstlehrlinge, 1946)

In **Quedlinburg** wird in diesem Jahr das **Institut für Pflanzenzüchtung** gegründet. Es betreibt sowohl Grundlagenforschung als auch praxisorientierte Forschungen zur Saatgutproduktion. Viele neue Sorten werden in dieser später in Institut für Züchtungsforschung umbenannten Einrichtung gezüchtet. (Goroll, 5)

Wegen des fehlenden Düngers und ungünstiger Witterung kann nur eine **geringe Ernte** eingebracht werden. (Rohland/Noack, 636)

Nach dem Zweiten Weltkrieg fordern die Besatzungsmächte in Deutschland als **Reparationsleistungen** auch **umfangreiche Holzlieferungen.** Auch die Wälder des Harzes, durch den die Grenze zwischen der Sowjetischen und der Britischen Besatzungszone verläuft, sind davon betroffen. So gibt es zwischen Zellerfeld und Schulenberg sowie rund um Wildemann riesige Kahlflächen und keine alten Bäume mehr, weil die Briten seit diesem Jahr die **Wälder radikal abholzen.** In Katlenburg verlässt wöchentlich ein langer Güterzug mit Grubenholz aus dem Mandelbecker Forst die Holzrampe in Richtung englische Kohlengruben.
Die **Kahlflächen** werden vor allem mit schneller als viele andere Baumarten wachsenden **Fichten wieder aufgeforstet,** zumal in dieser Zeit meist kein anderes Saatgut zur Verfügung steht. (Peiffer (2012), 85; Dirks (1997), 138; Schmidt (2012), 224; Thieme (1976), 38; Kortzfleisch, 111; Schlegel, 230)
In den Staatswäldern im **Landkreis Goslar** werden die Kahlflächen **neben der Fichte auch mit Lärche, Kiefer und Schwarz-Kiefer aufgeforstet,** um die verwilderten Kahlflächen nach den Abholzungen durch die britische Besatzungsmacht und nach Brennholzabtrieben schnell wieder in Bestockung zu bringen. (Goslar (1970), 189f.)

1947
Dieser **Winter** ist **sehr kalt und schneereich.** Vom 19. Januar bis zum 16. März hält der Frost ununterbrochen an und bringt Eis und Schnee. Es kommt zu Verkehrsbehinderungen.

Von längeren Stromsperren sind nicht nur die Industrie, sondern vor allem die Haushalte betroffen. Im Februar werden in Nordhausen öffentliche Wärmehallen eingerichtet. Mit einer Durchschnittstemperatur von minus 6,1° C ist der Januar um 5,8° C und bei einem Mittel von minus 10,4° C ist der Februar um 10,4° kälter als die gleichen Monate vieler vorangegangener Jahre. (Nordhausen (2003), 427; Kohlmann, 17; Nussbaumer, 209)

Das plötzlich am 13./14. März einsetzende Tauwetter führt im Südharzgebiet zu **Hochwasser**, das allein in der Stadt und im Kreis Nordhausen Schäden in Höhe von über 120.000 Mark verursacht. (Nordhausen (2003), 427; Deutsch/Pörtge (2017), 130)

Die Schulkinder in Bösenrode helfen, die Kartoffelkäfer auf den Feldern abzulesen. An vielen Orten findet das **Sammeln der Kartoffelkäfer** durch die Schulkinder auch in den folgenden Jahren statt. (Rohland/Noack, 640, 660; Görner/Kaiser VI, 94)

Der außergewöhnlich **lange heiße und regenlose Sommer** bewirkt ein starkes Absinken des Grundwassers. Dieser Sommer ist seit 150 Jahren der trockenste in Niedersachsen. An mehr als 70 Tagen steigt die Temperatur auf über 25° C. (Hamm, 238; Görner/Kaiser VI, 51)

Durch die große Trockenheit kann nur eine **geringe Ernte**, insbesondere an Kartoffeln, Futter- und Zuckerrüben sowie an Grünfutter und Heu, eingebracht werden. (Rohland/Noack, 640f.)

1948
Anfang des Jahres führen die Flüsse des Südharzgebietes auf Grund einer plötzlichen Schneeschmelze im Harz infolge eines Föhns gewaltige Wassermassen und treten über ihre Ufer. Durch das **Hochwasser der Behre** wird am 14. Januar das Viadukt der Harzquerbahn zwischen Ilfeld und Netzkater zerstört. **Zorge** erlebt ein **Hochwasser wie seit 100 Jahren nicht**. Unterhalb des Kohnsteins ufert die Zorge aus und das schlammige Hochwasser ergießt sich über das Obersalza und über das Steinfeld zwischen Goetheweg und der Eisenbahnstrecke. Am Schurzfell stehen die Keller etwa einen Meter unter Wasser. Die Wassermassen durchfluten die Fichte- und Kantstraße, ergießen sich in die dortigen Keller, fließen an der Salzaer Bahnstation vorbei und gelangen durch die Nordhäuser Straße bis zur Gaststätte Eldorado. (Teichmann in BHN, Bd. 21 (1996), 113 und BHN, Bd. 28 (2003), 127f.; Thieme (1976),38) Die **Talsperre bei Neustadt läuft über**. Es wird befürchtet, dass Schmutz und Krankheitserreger in die Nordhäuser Wasserversorgungsanlage gelangen. Die Einwohner werden aufgefordert, Leitungswasser nur in abgekochtem Zustand zu genießen. (Nordhausen (2003), 430) In Bösenrode und Umgebung werden durch das Hochwasser die Fluren schwer verwüstet und die Gehöfte stark in Mitleidenschaft gezogen. (Rohland/Noack, 641f.) Auch im Nordostharz und seinem Vorland führt das **Flusssystem der Bode** am 13./14. Januar **Hochwasser** mit katastrophalen Auswirkungen. (Schönau/Werner, 8)

Am 30. Januar wird am Aspentalskopf oberhalb der Odertalsperre ein ausgewachsener, reinblütiger **Wildkater gefangen**. (Hamm, 239)

An **Kanarienzüchter** im Harz werden 15 to **Saatgut verteilt**, um mit den dadurch ab September ausfuhrbereiten 15.000 Kanarienvögeln Devisen für Nahrungsmittel zu erlangen. (Hamm, 239)

Zur Bekämpfung der **Sperlingsplage** wird in Bösenrode eine Prämie ausgesetzt. Bei der Ablieferung von 20 toten Sperlingen werden 20 Pfennig pro Stück bezahlt. (Rohland/Noack, 649)

1949
Am 3. Januar, zwischen 18.25 und 18.42 Uhr, wird auf der Brocken-Wetterwarte ein starkes **Sankt-Elms-Feuer** beobachtet. Die Meteorologen berichten über dieses grandiose Schauspiel:

„Jede Spitze, vor allem aber jede „Blume" des starken Nebelfrostes war mit einem Flämmchen besetzt. Der vollständig vereiste Windfahnenaufbau war mit Flämmchenbüscheln wie dekoriert. Sobald wir auf die Plattform heraustraten (23 m über dem Erdboden) waren wir fast im Handumdrehen in eine Gloriole eingehüllt. Leicht ausgestreckte Hände waren mit langen Geisterfingern besetzt. Das Knistern und Prickeln war deutlich fühlbar. Ich habe häufig Elmsfeuer auf Bergen erlebt, aber noch keines, wo die positiven Büschel, wie hier, mehr als Mittelfingerlänge aufwiesen. Das Rauschen steigerte sich bei starken Böen zu einem hellen Pfeifen..." (Kinkeldey et al, 38)

In der Nacht vom 25. zum 26. Januar kann in unserem Gebiet ein **Polarlicht** beobachtet werden. Der Nordhimmel zeigt eine starke Rotfärbung mit blauem bis blaugrünem Grundsaum. (Hamm, 242)

Am 14. Oktober wird vom Brocken aus zwischen 19.00 und 22.00 Uhr ein **Polarlicht** beobachtet. (Hamm, 243)

Die Stadt **Gandersheim nutzt** die schon seit dem Mittelalter bekannten **Solequellen** in ihrer Umgebung, um den **Badebetrieb neu zu eröffnen.** (Hamm, 240)

In diesem Jahr kann eine **bessere Ernte** als in den Vorjahren eingebracht werden. (Rohland/Noack, 654)

Eine **Invasion von Borkenkäfern** führt im Harz zum Einschlag von 300.000 m³ Fichtenholz. (Hamm, 241)

In diesem Jahr ist die **Chinesische Wollhandkrabbe**, die zu Beginn des 20. Jahrhunderts nach Europa eingeschleppt wurde, über das Flusssystem bis nach Braunlage in den Oberharz vorgedrungen. (Hamm, 243)

1950

Ab 1950 **sterben** durch **Industrieabwässer** Rhumspringes **alle Äschen in der Rhume** und die **Forellen verkrüppeln.** (Hamm, 249)

Am 8. Januar wird im Revier Braunsteinhaus bei Niedersachswerfen eine **Wildkatze** getötet. (Münch in: Urania 1954 H.10, 393)

Seit dem 16. März steht das 315 ha große, bei Walkenried gelegene Gebiet **Priorteich/Sachsenstein unter Naturschutz.** Es gehört neben dem Itelteich zu den ältesten NSG in Niedersachsen. Die vielfältige, vom Priorteich und weiteren kleineren Fischteichen des ehemaligen Zisterzienserklosters Walkenried, vom Sachsenstein, den Buchenwäldern mit hoher Eichenbeteiligung und von den Auen der naturnahen Uffe geprägte Landschaft bildet den Lebensraum für zahlreiche schutzbedürftige wild wachsende Pflanzen und wildlebende Tiere. Im Gebiet steht eine uralte, über 800 Jahre alte Eiche, das ND Sachseneiche. (Mitteilungsblatt des niedersächsischen Verwaltungsbezirks Braunschweig, Nr. 2 vom 16.3.1950, 6f.; Blankenburg, 296)

Am gleichen Tag wird das 120 ha große, südwestlich von Ellrich gelegene und an das NSG Priorteich/Sachsenstein grenzende **Gebiet um den Itelteich unter Naturschutz** gestellt. Es umfasst neben dem Itelteich, den Pontelteichen und weiteren kleineren Teichen auch die Itelklippen und das Gipsmassiv Himmelreich mit der Himmelreichhöhle. Die Laubwälder dieses Teils des Gipskarstgebiets des Südharzes haben meist eine gut ausgeprägte Strauchschicht, in der neben Orchideen auch das Ausdauernde Silberblatt gedeiht. Im Uferbereich der Karstquellen wächst der Zungen-Hahnenfuß , im Erlenbruch die Langährige Segge. Der Uhu und auch der Feuersalamander leben im NSG. Der Teich ist Rastgebiet für Zugvögel. (Mitteilungsblatt des niedersächsischen Verwaltungsbezirks Braunschweig, Nr. 2 vom 16.3.1950, 7f.; Blankenburg, 296)

Im Juli wird zum ersten Mal eine **Türkentaube** am Harzrand in Staufenburg, Kreis Gandersheim, beobachtet. Dieser hellbeige Vogel mit schwarzem Halbring am Hals stammt ursprünglich aus West- und Südchina sowie Indien, siedelt sich im 16. Jahrhundert in Kleinasien an und breitet sich seit Beginn des 20. Jahrhunderts schnell auch in Europa aus. Über Serbien (1912), Südungarn (1930) und Österreich (1940) erreicht sie 1946 Deutschland, 1955 England und 1964 Island. Die Türkentaube wird innerhalb weniger Jahre auch in unserem Gebiet bis 650 m über NN ein winterfester Brutvogel. (Skiba, 64ff.; Farkas 61; EHBr. vom 28.3.1968)

Am 15. August um 15.55 Uhr MEZ steigt und fällt der Wasserspiegel im Kaiser-Wilhelm-Schacht in Clausthal-Zellerfeld mehrmals etwa einen Meter über und unter den gewöhnlichen Stand. Ähnliche Erscheinungen zeigt gleichzeitig ein kleiner See bei Hamburg. Beide Wirkungen werden hervorgerufen durch das etwa 8.000 km entfernte, sehr starke **Erdbeben** in der Provinz Assam am Fuß des Himalayas, dessen Hauptbewegungen von den Geräten der Göttinger Erdbebenwarte zum gleichen Zeitpunkt aufgezeichnet werden. (Knolle (1981), 24; Hamm, 247f.)

Nach den Hochwasserkatastrophen der Vergangenheit im Bereich von Tyra und Helme wird in diesem Jahr damit begonnen, das **Bett der Tyra auszubaggern**. (Rohland/Noack, 657)

In der Goldenen Aue wird in diesem Jahr damit begonnen, **verstärkt Obstbäume**, insbesondere Kirsch- und Pflaumenbäume, **anzupflanzen**. (Rohland/Noack, 658)

1951
Am Vormittag des 14. März, gegen 9.45 Uhr, sind die Ausläufer starker **Erdbebenstöße** im Raum Brüssel und Euskirchen auch in unserem Gebiet zu spüren. In Göttingen rutschen Tische im Fernsprechamt hin und her. (Leydecker, 100; Hamm, 250f.)

In diesem Jahr wird eine **gute Ernte** eingebracht. (Rohland/Noack, 662)

Im Kreis Gandersheim werden zentnerweise **Weinbergschnecken** für die Ausfuhr nach Frankreich **gesammelt**. (Hamm, 249)

Um künftigen Schäden durch Hochwasser der Tyra vorzubeugen, wird südlich von Berga ein Überlaufkanal, der sog. **Hermannskanal, gebaut**, der bei hohem Wasser dieses zur Helme führt. (Rohland/Noack, 660, 678)

Der **Thomas Müntzer- Schacht** in Sangerhausen nimmt in diesem Jahr die **Kupfererzförderung** auf. Auch der erste Spatenstich für den **Bernhard Koenen-Schacht** in Niederröblingen erfolgt in diesem Jahr. (Edersleben, 42)

1952
Am 10. Januar suchen heftige **Wintergewitter** mit orkanartigen Böen den **Südharz** heim. (Hamm, 254)

Am 10./11.Februar setzen im Harz **sehr starke Schneefälle** mit hohen Verwehungen ein. Dächer brechen unter Schneelast zusammen. Festenburg, Schulenburg und Hohegeiß sind von der Umwelt abgeschnitten. Zum Freimachen der Straßen und Eisenbahnen werden viele tausend Mann mit modernsten Schneepflügen, Schneefräsen usw. eingesetzt. (Hamm, 254)

Ende März fällt ein **außergewöhnlich großer Krähenschwarm** von mehr als 20.000 Tieren in der Umgebung von Seesen ein und richtet an den Saatfeldern schweren Schaden an. (Hamm, 255)

Am Spätnachmittag des 4. Mai reißt eine **Windhose** zwischen Seesen und Lautenthal am Westharz eine sieben km lange Schneise wechselnder Breite (100 bis 500 Meter) in die Wälder und wirft etwa 60.000 m³ Holz. (Hamm, 256)

Im Juni wird der wahrscheinlich 1944 entstandene **Erdfall auf dem Rolandsberg** bei Pützlingen erstmalig näher untersucht. Die Vermessung ergibt eine Tiefe des Erdfalls von 49,10 m. Etwa in Höhe von 44,50 m erreicht der Trichter seinen größten Durchmesser von 11,20 m. Der Erdfall ist in der Nähe von zwei bereits bestehenden Erfällen entstanden. Die drei Erdfälle auf dem Rolandsberg bilden den Anfang einer vom unmittelbaren Harzrand weit südlich vorgelagerten zweiten Erdfall-Linie. (Schuster, 62ff.)

Im August beginnt eine **Schlechtwetterperiode,** die bis zum Winter anhält und die Ernte von Kartoffeln, Futter- und Zuckerüben erschwert. Die Aussaat des Winterweizens verzögert sich bzw. wird unmöglich. (Rohland/Noack, 666)

Im November wird die westlich von Wippra liegende **Talsperre Wippra fertiggestellt**, mit deren Bau im Februar 1951 begonnen wurde. Die 126 m lange Staumauer ist 18 m hoch. Der Stausee bedeckt eine Fläche von 32 ha, fasst maximal 2 Millionen m³ Wasser und weist eine Länge von rund 2 km auf. Das in der Talsperre gestaute Wasser der Wipper dient vor allem der Versorgung des Mansfelder Kupferschieferbergbaus mit Brauchwasser. (http://www.harzlife.de/extra/talsperre_wippra.html, abgerufen am 24.5.2018)

Im Dezember kommt bei *„hohem Schnee wie selten"* **hungerndes Wild** in Rudeln bis zu 10 Stück **bis an die Hausgärten** der Bergstadt **Wildemann**. Die Försterei fragt, wer Futter spenden kann. (Dirks (1997), 165)

In diesem Jahr wird das vom Krebsbach gespeiste **Rückhaltebecken Iberg** fertiggestellt, mit dessen Bau 1949 begonnen wurde. Das aus einem etwa 180 m langen und fast 17 Meter hohen Erddamm bestehende Absperrbauwerk dient vor allem dem Hochwasserschutz und kann mehr als eine Million m³ Wasser stauen. Bei Vollstau umfasst die Wasseroberfläche 21 ha. (Talsperren, 14)

Die **Türkentaube** brütet in diesem Jahr bereits im Oberharz in der Nähe der ehemaligen Clausthaler Brauerei. Das Brutvorkommen hält sich auch in den folgenden Jahren, wohl als Folge vorhandener Winterfütterungen bzw. Viehhaltungen. Eine starke Vermehrung und Ausweitung des örtlich sehr begrenzten Vorkommens findet erst in den 1960er Jahren statt. 1973 beträgt der Bestand in Clausthal-Zellerfeld etwa 40 Paare. (Skiba, 66)

In diesem Jahr wird der **Butterberg** bei Bad Harzburg wegen seiner seltenen Fauna unter **Naturschutz** gestellt. (Meier/Neumann, 631)

Im Erzbergwerk Grund werden in diesem Jahr **reiche Erzvorkommen** westlich des Westschachtes **erschlossen.** (Dennert (1986), Beilage Synopsis Oberharz)

Nach 1952
wird im **Straßberger Revier verstärkt Flussspat abgebaut**, denn er ist inzwischen zu einem wichtigen strategischen Industriematerial geworden, aus dem Fluorchemikalien gewonnen werden, die in den Atomfabriken der UdSSR zur Trennung von spaltbarem und nichtspaltbarem Uran benötigt werden. Unmittelbar südlich vom Herzogsschacht wird der **Fluorschacht niedergebracht.** Es werden mächtige Flussspatvorkommen erschlossen, so dass die Grube bis zur Einstellung der Produktion etwa 1 Million to dieses Minerals liefert. (Liessmann (2010), 328)

1952/53

Anfang Januar kommt es im Oberharz zu einer **Rauhreifkatastrophe.**Durch tagelangen Schneefall und Eisregen werden Bäume und Freileitungen immer dicker ummantelt und belastet. Hochspannungs- und Telefonmasten brechen, Leitungen reißen. Am 10. Januar wird aus Clausthal-Zellerfeld berichtet, man habe an einem Meter Leitung fünf kg Eismasse gewogen. Am 18. Januar **reißt** die **Hochspannungsleitung,** die Wildemann mit Strom versorgt und die Stadt ist tagelang ohne Strom. In den Waldungen fällt 40.000 m³ **Bruchholz** an. Der Obstbaum- und Birkenbestand wird fast vernichtet. Hungerndes Wild dringt in die Dörfer und Städte; es kann vielerorts nicht mehr zu den Wildfütterungsstellen kommen. **15% des Reh- und Rotwildbestandes fallen dem langen Winter zum Opfer.** (Dirks (1997), 165f.; Hamm, 259)

Auf dem Brocken liegt der Schnee in diesem Winter 3,20 m hoch. (Pörtner,13)

1953

Am 1. April tritt das vom Deutschen Bundestag am 29. November 1952 beschlossene **Bundesjagdgesetz** in Kraft. Darin wird das Jagdrecht als ausschließliche Befugnis definiert, auf einem bestimmten Gebiet wildlebende jagbare Tiere (Wild) zu hegen, auf sie die Jagd auszuüben und sie sich als Jagdbeute anzueignen. Das 46 Paragraphen umfassende Gesetz enthält u. a. Festlegungen darüber, welche Tiere jagbar sind, über Jagdbezirke sowie über sachliche und örtliche Jagdbeschränkungen. Jagd-und Schonzeiten werden durch Rechtsverordnung des zuständigen Bundesministers festgelegt. Jagdbare Tiere, für die eine Jagdzeit nicht festgesetzt ist – das trifft für einen großen Teil der folgenden jagbaren Tiere zu – sind während des ganzen Jahres mit der Jagd zu verschonen. Zu den jagbaren Tieren gehören Wisente, Elch-, Rot-, Dam-, Sika- und Rehwild; Gams-, Stein- und Muffelwild; Schwarzwild; Hasen, Schneehasen, Wildkaninchen, Biber und Murmeltiere; Wildkatzen und Luchse; Füchse; Steinmarder und Baummarder, Iltisse, Hermeline, Mauswiesel, Nerze, Dachse und Fischottern; Robben; Wildhühner; Wildtauben; Entenvögel; Schnepfenvögel; Rallen; Kraniche; Möwen; Alken; Taucher; Kormorane; Schreitvögel außer Weißstörchen; Trappen; Greifvögel außer Eulen; Kolkraben und Drosseln mit Ausnahme der Schwarzdrosseln. Die Bundesländer können weitere Tiere für jagbar erklären. (BGBl. 1952 I, 780ff.)

Dieses Gesetz wird mehrfach neu gefasst, darunter am 29. September 1976 (BGBl. 1976 I, 2849ff.)

Am 9. **Mai** fallen im Harz **20 cm Schnee.** Es kommt zu Schneebrüchen und Verkehrsstörungen. (Hamm, 260)

Am 3. Juli macht ein **Kugelblitz** 13 vor Unwetter in eine Oberharzer Schutzhütte geflüchtete Menschen vorübergehend bewusstlos. (Hamm, 261)

Am 16. September wird bei einer Brocken- Expedition des Zoologischen Instituts der Humboldt-Universität eine **Alpenspitzmaus lebend gefangen.** Damit ist der Nachweis erbracht, dass dieser überaus seltene Kleinsäuger – ein Relikt aus der Eiszeit – noch im Brockengebiet vorkommt. (NR, Oktober 1953, 134)

Am 25. November verabschiedet die Volkskammer der DDR das **Gesetz zur Regelung des Jagdwesens,** in dem alle jagbaren Tiere zum Eigentum des Volkes erklärt werden. In Durchführungsbestimmungen zu diesem Gesetz wird festgelegt, welche der freilebenden Wildtiere und Vögel jagbar sind und die Regeln und Termine für die Jagd bestimmt. (GBl. der DDR 1953, 1175)

Am gleichen Tag nimmt die Volkskammer der DDR das **Gesetz zum Schutz der Kultur- und Nutzpflanzen** an. Darin wird festgelegt, wie Kultur- und Nutzpflanzen vor Krankheiten, Krankheitserregern, tierischen Schädlingen und pflanzlichen Schädigern sowie vor Unkräutern zu schützen sind. (GBl. der DDR 1953, 1179)

1954

Nach der am 4. März erlassenen 1. Durchführungsbestimmung zum Gesetz zur Regelung des Jagdwesens der DDR sind **folgende Wildtiere jagdbar** in Sinne dieses Gesetzes:

a) Rot-, Dam-, Muffel-, Reh- und Schwarzwild, Hasen, Wildkaninchen, Ottern, Dachse, Füchse, Edelmarder, Steinmarder, Iltisse und Wiesel-Hermelin (Haarwild)

b) Auer- und Birkwild, Rackelwild, Rebhühner, Haselwild, Fasanen, Ringeltauben, Wacholder- und Wein- oder Rotdrosseln (Krammetsvögel), Waldschnepfen, Bekassinen, Wildenten, Wildgänse, Fischreiher, Blesshühner, Habichte, Sperber, Mäusebussarde, Rauhfußbussarde und Haubentaucher (Federwild) (GBl. der DDR 1954, 431)

In den Abendstunden des 9. Mai hemmen Schwärme **unzähliger Maikäfer** im Raum Osterode, Seesen, Göttingen und Alfeld den Autoverkehr durch das Verschmieren der Schutzscheiben.
Ende Mai werden in den Wäldern um Goslar Großzerstäuber zur Bekämpfung der Maikäferplage eingesetzt. (Hamm, 265)

Die **partielle Sonnenfinsternis** am 30. Juni kann in unserem Gebiet gut beobachtet werden. Sie beginnt in Mühlhausen um 12.32 Uhr, erreicht um 13.50 Uhr ihren maximalen Bedeckungsgrad von 82 Prozent und endet um 15.04 Uhr. (Görner/Kaiser VI,198; Oppolzer, 302f., Blatt 151)

Am 13. August tritt in der DDR das **Gesetz zur Erhaltung und Pflege der heimatlichen Natur** in Kraft. Durch dieses Naturschutzgesetz können Landschaften oder Landschaftsteile, die sich durch bemerkenswerte, wissenschaftlich wertvolle oder vom Aussterben bedrohte Pflanzen- oder Tiergemeinschaften auszeichnen oder deren Geländeformen von hoher Bedeutung für die erdgeschichtliche Entwicklung sind, zu **NSG** erklärt werden. Landschaften oder Landschaftsteile, die besondere nationale Bedeutung haben oder die besondere Eigenarten oder Schönheiten aufweisen, können zu **LSG** erklärt werden. Einzelne Gebilde der Natur, deren Erhaltung wegen ihrer nationalen, heimatkundlichen oder wissenschaftlichen Bedeutung im gesellschaftlichen Interesse liegt, können als **ND** ausgewiesen werden.
Auch **nichtjagdbare wildlebende Tiere**, die vom Aussterben bedroht sind und **wildwachsende Pflanzen**, die in ihrem Bestand bedroht sind, können unter den Schutz dieses Gesetzes gestellt werden. Von den Räten der Kreise und Bezirke werden **ehrenamtliche Naturschutzbeauftragte** bestellt. Ausführungsbestimmungen zu diesem Gesetz werden von der Naturschutzverwaltung erlassen. Mit Inkrafttreten dieses Gesetzes treten das Reichsnaturschutzgesetz vom 26. Juni 1935 und dessen Durchführungsbestimmungen, darunter die Durchführungsverordnung vom 31. Oktober 1935 sowie die Naturschutzverordnung vom 18. März 1936 auf dem Gebiet der DDR außer Kraft. Diejenigen Gebiete und Naturdenkmale, die bisher unter Naturschutz standen, genießen nunmehr Schutz nach Maßgabe dieses Gesetzes.
(Gesetzblatt der DDR, 1954 I, 695)

Am 16. August wird das 3.820 ha große Gebiet des **Süßen Sees bei Eisleben** mit den umliegenden Hängen und den Restgewässern des ehemaligen Salzigen Sees **zum LSG erklärt**. Wasservegetation, Salzvegetation, Röhrichte, Riede sowie Grasfluren und Erlen-Bruchwald bilden entsprechend den Standortverhältnissen ein Mosaik verschiedener natürlicher Vegetationstypen. In den Röhrichten brüten u. a. Rohrdommel, Zwergrohrdommel, Rohrweihe, Blaukehlchen, Rohrschwirl und Haubentaucher. Auf den trockenen Hängen leben Wildkaninchen und Rotfuchs, auch die Zauneidechse kommt dort vor. Zur Fischfauna des Süßen Sees gehören Karpfen, Brachse, Aal, Plötze, Zander Flussbarsch, Güster, Rotfeder und Kaulbarsch.
Überregional bedeutend ist das LSG auch für die Insektenfauna. So sind allein 25 Heuschreckenarten nachgewiesen, darunter die Blauflügige Ödlandschrecke, der Feldgrashüpfer, die Ameisengrille, die Kurzflügelige Schwertschrecke und die Große Goldschrecke.
(LSGSA, 367ff., 431; NLSGSA, 390)

In Niedersachsen wird in diesem Jahr ein **Naturschutzgebiet in den Hochlagen des Oberharzes** **eingerichtet** und 1958 um den Bereich des Wurmbergs erweitert. Besonders prägende Landschafts-elemente sind Felskomplexe sowie natürliche Block- und Geröllhalden mit ihrer charakteristischen Vegetation aus Flechten, Zwergsträuchern wie Heidelbeere, Besenheide und Draht-Schmiele. (Beug et al., 29; Brückner et al, 246)

Ein Landwirt in Tettenborn südlich von Bad Sachsa beobachtet in diesem Jahr die Entstehung eines **Erdfalls**. (Laub, 15)

1955

In Ausführung des im vorigen Jahr von der Volkskammer angenommenen Naturschutzgesetzes der DDR wird am 15. Februar die **Anordnung zum Schutze von nichtjagdbaren wildlebenden Tieren mit Ausnahme der Vögel** erlassen.
Gemäß dieser Verordnung werden zahlreiche Arten von nichtjagdbaren wildlebenden Säugetieren, Reptilien, Lurchen, Insekten und Weichtieren unter Naturschutz gestellt. Es ist verboten, diese Tiere zu beunruhigen, ihnen nachzustellen, sie zu fangen, zu quälen, zu verletzen, zu töten, in Gewahrsam zu nehmen oder mit ihnen Handel zu treiben. Ihre Puppen oder Larven sowie ihre Wohnstätten dürfen nicht beschädigt, zerstört oder weggenommen werden.
Zu den geschützten Säugetieren gehören u. a. Biber, Wildkatze, Mauswiesel, Igel, alle Fledermaus-arten, Haselmaus, Ziesel, Maulwurf und alle Arten von Spitzmäusen. Der Maulwurf darf auf den Grundstücken, auf denen er Schaden anrichtet, von den Grundstücksbewirtschaftern getötet werden. Die Wasserspitzmaus darf in Fischzuchtanlagen getötet werden.
Von den Reptilien werden Eidechsen, Blindschleichen, Schlangen und Sumpfschildkröten geschützt. Einzelne Zauneidechsen, Bergeidechsen, Blindschleichen und Ringelnattern dürfen zur eigenen Haltung gefangen werden. Kreuzottern dürfen in Gebieten gefangen und getötet werden, in denen sie in so großer Zahl vorkommen, dass sie eine Gefahr für die Bevölkerung darstellen.
Von den Lurchen stehen Laubfrosch, alle Kröten und Unken sowie Feuersalamander und Molche unter Naturschutz. In Forellenzuchtanlagen ist jedoch das Töten von Molchen erlaubt.
Zu den unter Naturschutz gestellten Insekten gehören Rote Waldameise, Hirschkäfer, Segelfalter, Apollofalter, Schwarzer Apollofalter, alle einheimischen Schwärmer, Ordensbänder und Bärenspin-ner sowie alle einheimischen Tagfalter mit Ausnahme der weißflügeligen Weißlingsarten. Auch Ro-senkäfer und Goldkäfer sowie Puppenräuber werden geschützt.
Von den Weichtieren stehen die Weinbergschnecke in der Zeit vom 1. März bis zum 31. Juli eines jeden Jahres sowie die Flussperlmuschel unter Naturschutz.
(GBl. der DDR 1955 II, 73f.)

Am 24. Juni erlässt das Amt für Wasserwirtschaft als zentrale Naturschutzverwaltung der DDR die **Anordnung zum Schutze der nichtjagdbaren wildlebenden Vögel**. Nach dieser Anordnung werden alle Adlerarten, Schwarzstorch, Höckerschwan, Uhu, Großtrappe, Kranich und Kolkrabe als vom Aussterben bedrohte Arten sowie alle nichtjagdbaren wildlebenden Vögel mit Ausnahme der Nebelkrähe, der Rabenkrähe, des Eichelhähers, der Elster, des Feldsperlings, des Haussperlings und der Saatkrähe, die jedoch in Brutkolonien geschützt ist, unter Naturschutz gestellt. Es ist verboten, unter Schutz gestellte Vögel zu beunruhigen, zu fangen, zu quälen, zu verletzen oder zu töten, ihre Eier oder ihre Brutstätten zu beschädigen, zu zerstören oder wegzunehmen sowie mit ihnen Handel zu treiben. Um die Brutstätten wirkungsvoll zu schützen, ist das Roden, Schneiden oder Abbrennen von in der freien Natur stehenden Hecken und Gebüschen, das Abbrennen von Wiesen und Feldrai-nen und ungeschütztem Gelände und das Beseitigen von Rohr- und Schilfbeständen in der Zeit vom 15. März bis zum 30. September eines jeden Jahres verboten. Bäume, auf denen sich Horste von Raubvögeln befinden oder in denen Höhlenbrüter nisten, dürfen nicht gefällt werden. Katzenhalter müssen dafür sorgen dass ihre Katzen den Vögeln in der Brutzeit vom 1. April bis zum 31. Juli eines jeden Jahres nicht nachstellen.

Zur Vermeidung erheblicher wirtschaftlicher Schäden kann die Kreis-Naturschutzverwaltung zeitlich befristet die Bekämpfung folgender Vogelarten gestatten: Dohle, Star, Gimpel, Grünling, Bluthänfling, Amsel, Misteldrossel, Singdrossel sowie Saatkrähe auch in Brutkolonien. Auch der Eisvogel kann an künstlichen Fischteichen in der Zeit vom 1. August bis zum 31. März bekämpft werden, wenn seine anderweitige Abwehr nicht möglich ist.

Es ist jedermann erlaubt, einzelne junge Dohlen zu eigener Haltung zu fangen.

Die Bezirks-Naturschutzverwaltung kann einzelnen Ornithologen gestatten, zu genau festgelegten Zeiten Vögel einzelner Arten für die Vogelhaltung zu fangen (**Wildvogelfang**), wenn dadurch eine Gefährdung des Bestandes dieser Vogelart im betreffenden Gebiet nicht zu befürchten ist. Erlaubnisse zum Wildvogelfang, die strengen Auflagen unterliegen, können u. a. für folgende Arten erteilt werden: Kernbeißer, Stieglitz, Bluthänfling, Dompfaff, Buchfink, Star, Feldlerche, Seidenschwanz und Heckenbraunelle. (GBl. der DDR 1955 II, 226ff.)

Am gleichen Tag erlässt die zentrale Naturschutzverwaltung der DDR die **Anordnung zum Schutz von wildwachsenden Pflanzen**. Durch diese Anordnung werden u. a. folgende Arten wildwachsender Pflanzen unter Naturschutz gestellt: Kuhschelle, Adonisröschen, Großes Windröschen, Seidelbast, Federgras, Märzenbecher, Türkenbundlilie, Diptam, Gelber Fingerhut, Wald-Geißbart, Trollblume, Akelei, Sibirische Schwertlilie, Silberdistel, Arnika, Sumpfporst, Eibe, Wacholder, Königsfarn und Hirschzungenfarn sowie alle Arten von einheimischem Enzian, Bärlapp, Eisenhut und einheimischen Orchideen. Auch Maiglöckchen, Leberblümchen sowie alle Arten von Schlüsselblumen stehen unter Naturschutz mit der Maßgabe, dass die Kreis-Naturschutzverwaltung in Kreisen, in denen sie häufig vorkommen, das Sammeln eines Handstraußes erlauben kann. Die insektenfressenden Pflanzen Fettkraut und alle Arten von Sonnentau werden mit der Maßgabe geschützt, dass die Kreis-Naturschutzverwaltung in Kreisen, in denen sie häufig vorkommen, die Entnahme einzelner Pflanzen erlauben kann. Als erste Insektennahrung im Frühjahr werden auch Knospen und blütentragende Zweige der wildwachsenden kätzchentragenden Weidenbäume geschützt. Die Kreis-Naturschutzverwaltung kann befristete **Sammelerlaubnisscheine zum Sammeln** folgender Arten **von Heil-, Duft- und Gewürzpflanzen für gewerbliche Zwecke** gestatten, soweit diese im Kreisgebiet häufig vorkommen: Wohlriechende und geruchlose Schlüsselblume, Leberblümchen, Maiglöckchen, Arnika, Sanddorn und Sonnentau. Zur Erhaltung der Bestände dieser Arten dürfen in der Erde befindliche Pflanzenteile nicht entnommen werden. (GBl. der DDR 1955 II, 229ff.)

Im Sommer führt die **Helme Hochwasser**, wodurch es im Rieth zu Überschwemmungen kommt und besonders bei den Hackfrüchten große Schäden eintreten und viel Futter verdirbt. (Rohland/Noack, 673)

Anfang September werden im nördlichen Harzvorland zwischen Goslar und Vienenburg **ungeheure Mückenschwärme** mit 30 m hohen und 3 m breiten Säulen zur Landplage. (Hamm, 271)

In **Langelsheim** entsteht in diesem Jahr eine **Zuchtanstalt für Weinbergschnecken**. (Hamm, 269)

Ab 1955
erzeugt die Okerhütte jährlich bis zu 12.000 kg **Thallium**. (Bachmann et al., 162)

Der **Radauberg** südlich von Bad Harzburg **verschwindet allmählich, weil** täglich 400 to seiner reinsten und härtesten **Gabbrogesteine** zur Erzeugung kantenfesten Splitts für Rauhasphaltdecken **abgebaut werden**. (Hamm, 276)

1956
Der Februar ist aufgrund der von Osten und Nordosten herangeführten Kaltluftmassen ein „**Kältemonat**". So liegt z. B. in Bad Sachsa den ganzen Februar über eine geschlossene Schneedecke, die

Monatsmitteltemperatur beträgt -9,6° C., was dem 30jährigen Mittelwert von Moskau entspricht. Auf dem Brockengipfel beträgt die Monatsmitteltemperatur -13,1° C. Das ist der kälteste je auf dem Brocken gemessene Monatsmittelwert. Starke Schneefälle treiben das Harzwild zu Tal. (Glässer, 183; Kohlmann, 17; Kinkeldey et al, 39; Hamm, 272f.)

In der Nacht zum 2. März bringen ein Tiefdruckgebiet und die mitkommende Warmluftströmung Regen und Tauwetter. Dadurch beginnt das Eis der Rappbode zu schmelzen, es bildet sich eine Eisversetzung, die plötzlich in Bewegung kommt und im Rappbodetal entsteht eine **zwei m hohe Eiswelle**, die im Baugelände der Rappbodetalsperre **große Zerstörungen** anrichtet, sich am Fuß der im Bau befindlichen Sperrmauer sechs m hoch aufschiebt und dort zum Stehen gebracht wird. (Wagner et al (1970),19)

Am 4. März führt auch die **Zorge**, die ein Wassereinzugsgebiet von 306 km² hat, **Gefahrenhochwasser**.Der Hochwasserdurchfluss beträgt 95,1 m³ je Sekunde und der Pegelstand 1,80 m. (Tauchmann (2006), 81)

Am 2. Juli geht über dem Ilsetal ein **Wolkenbruch** nieder. Innerhalb von 40 Minuten fallen schätzungsweise etwa 200 mm Niederschlag. Die kleinen Gebirgsbäche werden zu reißenden Wildwasserbächen und richten im Forstrevier Ilsenburg großen Schaden an. (Ilsenburg, 28)

Die Monate Juni und Juli sind außergewöhnlich kühl und regenreich. Ein fünfzigstündiger Dauerregen vom 14.bis 16. Juli führt in unserem Gebiet zu **Überschwemmungen** der Wiesen und Äcker. Die Heuernte wird weggeschwemmt, vielerorts ragen nur die Getreideähren aus den ziehenden Fluten. (Hamm, 273f.)

Am 19. Oktober wird die **Okertalsperre in Betrieb genommen**, mit deren Bau nach vorbereitenden Arbeiten in den Jahren 1938 bis 1942 (Straßen- und Brückenbauten) im Jahr 1952 begonnen wurde. Mit der 261m langen und 67 m hohen Staumauer wird ein Stauraum für 46,85 Millionen m³ Wasser von einem natürlichen Einzugsgebiet von 85 km² geschaffen. Hauptaufgaben der Talsperre sind **Hochwasserschutz und Niedrigwasseraufhöhung**. Während in Trockenzeiten nur 100 l/s talwärts fließen, kann in Hochwasserzeiten die Wassermenge auf das mehr als 1.000fache anschwellen. Hier schafft die Talsperre einen Ausgleich. Außerdem dient die Talsperre der **Energieerzeugung und der Trinkwasserversorgung**. Im Bereich der Grundablassmündung hat von 1570 bis 1579 der Große Juliusstau gelegen, um Holz ockerabwärts triften zu können. (Schmidt (2012), 75ff.; Hamm, 275)

Am 23. November beschließt der Rat des Kreises Nordhausen, mehrere **Baumgruppen und Bäume** in Nordhausen, Großwerther, Hainrode, Ilfeld und Neustadt, darunter die geschichtsträchtige **Merwigslinde** im Nordhäuser Gehege, unter der die Nordhäuser Schuhmacher seit alten Zeiten jährlich im Mai ihr Innungsfest feierten, bis der Nordhäuser Rat 1736 dieses Fest untersagte, sowie einige bemerkenswerte geologische Objekte im Kreisgebiet, die bereits im September 1936 zu Naturdenkmalen erklärt wurden, **unter Naturschutz** zu stellen. (Beschluss 114-26-56 des Rates des Kreises Nordhausen vom 23.11.1956; Nordhausen (1927), Bd. 1, 247)

Im November fliegen **Massen von Bergfinken und Birkenzeisigen** den Oberharz an. (Hamm, 275)

Am 13. Dezember gegen 18.00 Uhr wird in Mühlhausen ein **stark leuchtender Meteor** beobachtet, dessen Bahn von Nord nach Süd fast über den ganzen Himmel geht. (Görner/Kaiser VI, 226)

Im Kies- und Sandwerk Bielen wird in diesem Jahr der **Backenzahn eines Mammuts** gefunden. (NR, Januar 1957, 7)

Die Merwigslinde in Nordhausen

1957

Der stille Zauber eines überaus prächtigen **Polarlichts** kann in der ersten Nachthälfte des 21. Januar in ganz Mitteleuropa beobachtet werden. Von Nordost bis Westnordwest spannt sich am Himmel ein Bogen von heller grünlichblauer Farbe. Darüber ist eine purpurrote, vorhangartig mit hellen Streifen durchsetzte Lichterscheinung von wechselnder Intensität zu sehen. Die Strahlen reichen oft bis zum Zenit. (Hamm, 277f; Görner/Kaiser VI, 229)

Am 19. April und in den folgenden Tagen ist mit bloßem Auge am Westhimmel der nach seinen Entdeckern, den belgischen Astronomen Sylvain Arend und Georges Roland benannte **Komet Arend-Roland** zu sehen. Am 20. April erreicht der Komet die größte Erdnähe mit 85 Millionen km. (Görner/Kaiser VI, 230; Hamm, 279; Vanin, 29; Paturi, 365; Kronk IV, 508ff.)

Durch Verordnung vom 11. Juni werden das 75 ha große **Sudholz** und der 6 ha große **Lah** im Landkreis Goslar zum Zweck des Schutzes der dortigen **bronzezeitlichen Hügelgräberfelder** zu **Landschaftsschutzgebieten** erklärt. (Goslar (1970), 340)

Der am 2. August von dem slowakischen Astronomen Mrkos entdeckte **Komet** ist auch in Mühlhausen bei klarem Himmel nach 20.30 Uhr im Nordwesten in einer Höhe von 15 bis 20 Grad leicht zu finden. (Görner/Kaiser VI, 234; Kronk IV, 536ff.)

Am Abend des 29. September kann zwischen 21.00 Uhr und 22.00 Uhr in unserem Gebiet ein starkes **Nordlicht** beobachtet werden. (Hamm, 281)

Das zwischen Elend und Königshütte liegende **Hochwasser-Rückhaltebecken Kalte Bode**, auch Talsperre Mandelholz genannt, mit seinem 224m langen und 28 m hohen Erddamm wird in diesem Jahr in Betrieb genommen. Es hat einen Stauraum von 4,5 Millionen m³ und ein Einzugsgebiet von 34,50 km². In diesem Becken werden die häufigen Hochwasser der Kalten Bode gesammelt und durch eine kurze Speicherung so gestreckt, dass sie nach Passieren der Überleitungs-Talsperre

Königshütte mit ihrer 110 m langen und 18m hohen Betonmauer mit einem Stauraum von 1,20 Millionen m³ sowie eines Überleitungsstollens in die Rappbodetalsperre fließen können. Nach einem Hochwasser wird das Becken möglichst bald entleert, damit es für das nächste wieder aufnahmefähig ist. (Wagner et al (1970), 22ff.; Schmidt (2012), 91f.; Brückner et al., 348; Brumme, 175)

In diesem Jahr wird die **Türkentaube** erstmalig 3 km westlich der Stadt Osterode beobachtet. 1960 und 1961 wird sie am Westharzrand häufiger und besiedelt diesen in wenigen Jahren. Der Nordharzrand wird erst später Brutgebiet. (Skiba, 66)

1958
Am 1. April werden im Kreis Nordhausen mehrere alte Bäume und Baumgruppen, zwei Quellen südlich von Heringen, eine Kalksinterquelle südlich von Ilfeld, eine Wiese im Kleinen Helltal südöstlich von Rothehütte sowie die Lange Wand südlich von Ilfeld und die Kelle bei Appenrode **unter Naturschutz gestellt**. Die **Lange Wand** ist eine vegetationsfreie Steilwand mit einem klassischen geologischen Aufschluss, der eindrucksvoll die Erdgeschichte sichtbar macht. Im unteren Teil des natürlichen Aufschlusses stehen rötliche vulkanische Gesteine des Unterrotliegend an. Diese wurden noch im Rotliegend bei warm-trockenem Klima in Äquatornähe teilweise abgetragen und danach vom Zechsteinmeer überflutet. Die marinen Sedimente des Zechsteins beginnen mit dem Zechsteinkoglomerat, darüber liegen der Kupferschiefer und der Zechsteinkalk. Von der **Kelle**, einer ehemaligen Großhöhle, nunmehr einer **Halbhöhle mit Höhlensee** in einem ca. 20 Meter tiefen, unregelmäßig geformten Einsturztrichter, liegen bereits seit 1591 beschreibende Beobachtungen vor, so dass sich der **Zerfall einer Gipshöhle zu einem Erdfall** nahezu exemplarisch verfolgen lässt. Seit etwa 1770 setzte ein rascher Verfall der Höhle ein, so dass sie sich jetzt als ein ganzes Ensemble von Karsterscheinungen präsentiert. (Beschluss 29-6/58 des Rates des Kreises Nordhausen vom 13.3.1958; Putschkus/Taeger, 131; HL, 2. Jg. (1905/06), 135; GHBO, Faltblatt Nr.7; Rohr (1739), 153f.; Günther, 403, 911; Biese (1931), 27f.)

Der Einsturztrichter der Kelle bei Appenrode

Wolkenbrüche am 27. und 28. Juni bringen **im Brockengebiet** innerhalb von 24 Stunden 124 mm Niederschlag. Die Eckertalsperre läuft über, in Goslar, Seesen und Lutter am Barenberg gleichen die Straßen Wildbächen. Der Verkehr auf den Bundesstraßen 4 und 6 ist unterbrochen. Im nördlichen Harzvorland erleidet die Landwirtschaft erhebliche Schäden. (Hamm, 282f.)

Auch die Ilse führt **Hochwasser**. Der Suenbach und einige Teiche treten über die Ufer und überfluten Teile des Stadtgebiets von Ilsenburg. (Ilsenburg, 28)

Am Abend des 4. September erscheint ein kräftiges **Nordlicht** mit grünem Grundsaum, das bis zum Zenit in ein gelb- und lilagemustertes Rot übergeht. (Hamm, 284)

1959
Zwischen dem 8. und 12. Januar führt ein 60stündiger **Schneesturm im Oberharz** zu 3m hohen Verwehungen und zu erheblichen Verkehrsbehinderungen. Das Rotwild leidet große Not. (Hamm, 285)

Mitte Januar sind **zwei große Sonnenflecken** mit bloßem Auge zu erkennen. (Hamm, 285)

Wegen der **anhaltenden Trockenheit und Hitze in den Sommermonaten** kommt es auch im Harz zu einem **Wassermangel**. Die Oker oberhalb der Oker-Talsperre führt in diesem Sommerhalbjahr nur 0,58 m³/s Wasser, während ihre langjährige Mittelniedrigwasserführung im Sommerhalbjahr 1,43 m³/s beträgt. (Goslar (1970), 57)
Der **Spiegel der Okertalsperre sinkt um 14,5 m;** auf dem Grund ist das **Dorf Schulenburg wieder begehbar**.
Der Zufluss zu den Talsperren im Ostharz beträgt nur noch 0,35 m³/s. Allein das Hüttenwerk Thale benötigt aber, um die Produktion des Werkes zu sichern, 1,2 m³/s. Trotz des geringen Speichervorrats in der Rappbodetalsperre kann die Wasserabgabe so weit aufgehöht werden, dass das Eisenhüttenwerk vollen Betrieb fahren kann. (Wagner et al (1970), 38; Schmidt (2012), 36; Hamm, 286)

Im Juli wird im Gebiet Torfhaus – Brocken – Oderbrück einer der sehr selten gewordenen **Mohrenfalter** beobachtet, auch Brockenvogel oder Schwärzling genannt.
Er gehört zu den vier **boreoalpinen Schmetterlingsarten**, die als **Relikte aus der Kaltzeit** in den **Hochlagen des Harzes vorkommen**. Zu diesen Faltern, die kalte Lebensräume bevorzugen und sich nach dem Zurückweichen des Eises am Ende der Weichsel-Kaltzeit in den Hochharz zurückgezogen haben, gehören außerdem der Braungraue Bergwald-Steinspanner, Anomogyna speciosa, eine Eulenart, sowie der Bergmoor-Sackträger, der besonders in den Hochmooren des Harzes anzutreffen ist. Die Weibchen sind bei dieser Art flügellos. (Skiba, 123)

Die Sommerhitze führt im August zu einer **starken Vermehrung der Kreuzottern**, aber infolge der Dürre fehlen vielerorts deren Futtertiere. Deshalb sind die Schlangen auch in zuvor nahezu kreuzotterfreien Gegenden, z. B. im Südharz, zu finden. (Hamm, 287)

Am 7. Oktober wird die **Rappbodetalsperre** mit ihrer 415 m langen und 106 m hohen Betonmauer **ihrer Bestimmung übergeben**. Sie hat einen Stauraum von 108 Millionen m³, ein Einzugsgebiet von 269 km² und ist die **größte deutsche Talsperre** mit der höchsten Staumauer. Sie dient dem Hochwasserschutz, der Trinkwasserversorgung, der Niedrigwasseraufhöhung im Sommer und der Energieerzeugung. (Wagner et al (1970), 20f.; Schmidt (2012), 84ff.; Brückner et al., 348)

Mitte Dezember sind die **Wasservorräte der Harztalsperren beängstigend niedrig**. So haben die Sösetalsperre nur 21,4 %, die Odertalsperre 12,5 %, die Eckertalsperre 26,7 % und die Okertalsperre nur 12,2 % ihres Fassungsvermögens. (Hamm, 289)

1960
Am 24. November fasst der Rat des Bezirkes Erfurt den Beschluss zur **Einrichtung des LSG Südharz,** dessen Schutzwürdigkeit u. a. in dem hohen Anteil von Laubholz in der Gebirgslage und in der Erhaltung des Laubholzcharakters der Landschaft besteht.

Wesentlichen Anteil an der Vorbereitung und Begründung der Unterschutzstellung dieser und **anderer** wertvoller Naturlandschaften hat **Oberförster Dr. Walter Elmer**, der auch zu den Initiatoren der Einrichtung des **NSG Schlossberg-Solwiesen** und der **LSG Bleicheröder Berge** und **Dün-Helbetal** gehört. Dr. Elmer ist von 1960 bis 1988 Kreisnaturschutzbeauftragter in Nordhausen und leistet in dieser Funktion eine umfassende Öffentlichkeitsarbeit.
(Beschluss 198-70/60 des Rates des Bezirkes Erfurt vom 24.11.1960; Behrens, Naturschutzgebiete, 535ff., Schrödter, LNT 1993/H.4, 108f.)

Im November sind in den Morgen- und Abendstunden **zwei riesige Sonnenflecke** mit bloßem Auge erkennbar; sie stören den Funkverkehr erheblich. (Hamm, 293)

Am 4. Dezember entwurzelt ein **heftiger Sturm mit Starkregen im Ostharz** nicht nur Bäume, sondern verursacht auch **Hochwasser** in den Einzugsgebieten von Kalter und Warmer Bode. Im **Hochwasser-Rückhaltebecken Kalte Bode** werden an diesem Tag 2,8 Millionen m³ Wasser festgehalten. Am nächsten Tag nähert sich der Wasserspiegel der Dammkrone, der Stauinhalt erreicht die 4-Millionengrenze, als endlich am Nachmittag des 5. Dezember der Zulauf nachlässt.
Im Einzugsgebiet der Warmen Bode überströmt das Wasser die Wiesen sowie die Fernverkehrsstraße zwischen Tanne und Königshütte, bis an der Überleitungssperre eine Beruhigung eintritt. (Wagner et al (1970), 37)

In **diesem** Jahr erreicht die aus Nordamerika stammende, wegen ihres wertvollen Pelzes nach Europa eingeführte, 1905 bei Prag ausgesetzte und von dort entlang der Wasserwege nach Deutschland eingewanderte **Bisamratte** erstmalig auch von Osten her den Harz. Die Forellenteiche zwischen Wieda und Walkenried sind ein bekanntes Einzugsgebiet, in dem die Schilfburgen die Art verraten. Seit 1968 tritt die Bisamratte auch im Oberharz auf, wo sie sich u. a. am Hüttenteich bei Altenau und am Eulenspieglerteich in Clausthal-Zellerfeld vermehrt. Auch kleine Teiche, z. B. der Hasselteich bei Braunlage sind besiedelt. 1977 wird sie am Überlauf des Oderteichs (720 m über NN) beobachtet. (Skiba, 111f.; Farkas, 47)

Im niedersächsischen Teil des Harzes wird in diesem Jahr ein etwa 95.000 ha großes, in den Landkreisen Goslar und Göttingen liegendes Gebiet als **Naturpark Harz** proklamiert. (Brückner et al, 59)

In diesem Jahr kann erstmalig die Brut der **Türkentaube** in Nordhausen nachgewiesen werden. (Wagner/Scheuer, 243)

1961
Am Morgen des 15. Februar kann in unserem Gebiet eine **partielle Sonnenfinsternis** beobachtet werden. Um 8.48 Uhr beträgt die sichtbare Bedeckung nahezu 90 Prozent. Leider ist unser Tagesgestirn zeitweise von Wolken verdeckt. (Oppolzer, 302f., Blatt 151; Hamm, 294)

Am 9. April lässt ein **starker Gewittersturm** die Talsperren im Oberharz überlaufen und schädigt die Waldungen sehr schwer. Umgestürzte Bäume behindern vielerorts den Verkehr. (Hamm, 295)

Am 1. Mai werden durch Anordnung Nr.1 des Ministeriums für Landwirtschaft, Erfassung und Forstwirtschaft der DDR (Zentrale Naturschutzverwaltung) vom 30. März (GBl. der DDR 1961 II, Nr. 27, 166) 361 Landschaftsteile der DDR zu **Naturschutzgebieten** erklärt:
Im Harz und seinem Vorland gehören u. a. dazu die folgenden Landschaftsteile:
Im nördlichen Harzvorland wird ein 70,8 ha großer Bereich der höchsten Lagen des bewaldeten **Großen Fallsteins** unter Naturschutz gestellt. Rotbuchen bestimmen die Baumschicht, aber auch Eiche, Hainbuche, Berg-Ahorn, Traubeneiche, Winter-Linde, Sommer-Linde, Esche und Vogelkirsche gedeihen hier. In der üppigen Krautschicht dominiert die Waldhaargerste. Daneben sind

u. a. Waldschwingel, Erdbeer-Fingerkraut, Frühlings-Adonisröschen, Weißer Diptam, Weißes Fingerkraut, Frühlings-Platterbse, Leberblümchen und Märzenbecher zu finden. Im NSG brüten u. a. Waldschnepfe und Kolkrabe. (Handbuch der Naturschutzgebiete III, 80f.; NSGSA, 184)

Das 103,6 ha große NSG **Gräfenthal** liegt auf einer Unterharzhochfläche, die sich bei Sophienhof in Richtung Behretal erstreckt. Dort gedeihen u. a. über 300 Farn- und Blütenpflanzen und 40 Flechtenarten. Von der Fauna sind insbesondere die Wildkatze, die Wald- und Zwergspitzmaus sowie das reichliche Vorkommen des Feuersalamanders hervorzuheben. Es konnten 16 Heuschrecken-, 4 Libellen-, 33 Köcherfliegen-, 21 Steinfliegen- und 11 Eintagsfliegenarten nachgewiesen werden. (Wenzel et al., 48f.)

Der **Alte Stolberg**, ein 110,7 ha umfassender Teil des Südharzer Zechsteingürtels, wird wegen seiner einzigartigen Flora und Fauna zum NSG erklärt. Seine große floristische Bedeutung wird u. a. durch die Vorkommen von Felsen-Schaumkresse, Sumpf-Herzblatt, Zwerg-Steppenkresse, Einfacher Wiesenraute, Abgebissenem Pippau, Zimt-Rose und Spätblühendem Brand-Knabenkraut unterstrichen. Im NSG wurden bisher 268 Moosarten nachgewiesen.
Es ist u. a. Lebensraum der Wildkatze, von neun Fledermausarten sowie des Europäischen Laubfroschs, des Feuersalamanders, der Geburtshelferkröte, der Kreuzkröte und der Ringelnatter. Auch 25 Heuschreckenarten, darunter die Blauflügelige Ödlandschrecke und die Ameisengrille, sowie 35 Tagfalterarten leben hier. (Wenzel et al., 50ff.)

Der 15,1 ha große **Vogelherd** erhält den Status eines NSG wegen seiner für den Unterharz charakteristischen Standortformen und seiner naturnahen Vegetation. Hier wachsen 147 Farn- und Blütenpflanzen. Auch Waldspitzmaus und Zwergspitzmaus, 31 Brutvogelarten, die Waldeidechse, fünf Lurcharten, darunter der Fadenmolch, und etwa 40 Laufkäferarten leben hier. (Wenzel et al., 46f.)

Das durch RVO vom 21.2.1994 auf 660 ha erweiterte **NSG Selketal** erfasst das Tal der Selke vom Oberlauf bei Güntersberge einschließlich von Nebentälern bis nach Meisdorf. Die Wälder des NSG sind als Mittel- und Niederwälder überliefert und konnten in Hochwald erst überführt werden, nachdem 1826 die Weide der Domänen aufgehoben und in der Mitte des 19. Jh. die Weideberechtigungen der Gemeinden aufgehoben worden waren. Offene Vegetationseinheiten bilden mit wärmeliebenden, bodensauren Eichen- und Eichenmischwäldern ein Vegetations- und Standortmosaik an den Südhängen der Selke. Verbreitet ist der Pechnelken-Eichenwald, der durch wärmeliebende subkontinentale Arten, wie Gemeine Pechnelke und Gemeine Weißwurz gekennzeichnet ist.
Im NSG leben seltene Tierarten, darunter die Zweigestreifte Quelljungfer sowie die größte bekannte baumbrütende Kolonie von Mauerseglern in Deutschland. Die sehr seltene Kleine Hufeisennase, der Kleine Abendsegler und die Bechsteinfledermaus haben hier ihre Wochenstuben. Das NSG wird auch konstant von der Wildkatze besiedelt. (Handbuch der Naturschutzgebiete III, 133ff.; NSGSA, 402, 486)

Die Vegetation des 48 ha großen, zwischen Ecker- und Tuchfeldstal gelegenen **NSG Kienberg** wird durch naturnahe Laubwälder charakterisiert, die aus Schlagwäldern hervorgegangen sind und sich aus Traubeneichen und Rotbuchen zusammensetzen. Im NSG hat sich eine reiche Pilzflora erhalten. Hier wachsen u. a. Knollenblätterpilz, Franziger Wulstling, Narzissengelber Wulstling, Goldröhrling, Butterpilz, Satanspilz, Lärchenmilchling Kiefernreizger und Zinnoberroter Prachtbecherling. (Handbuch der Naturschutzgebiete III, 52f.; Ilsenburg, 40)

Das **NSG Rohn- und Westerberg** liegt am Westhang des Ilsetals und gehört zur Landschaft des Mittelharzes. In der Vegetation überwiegt ein mittelwüchsiger Buchenwald mit Schmalblättriger Hainsimse, Einblütigem Perlgras und Wolligem Reitgras. Auf den exponierten Felsen, den natürlichen Kiefernstandorten, hat sich die Kiefer halten können, die hier an der Westgrenze ihres Areals auf natürliche Sonderstandorte zurückgedrängt ist.

Zur reichen Pilzflora des NSG gehören u. a. Rauer Wulstling, Pantherpilz, Brauner Fliegenpilz, Pechschwarzer Milchling, Mohrenkopf, Dickfußröhrling, Wolfs-Röhrling und Krause Glucke. Im NSG brüten u. a. Wasseramsel und Gebirgsstelze. Es gehört zum Lebensraum der Wildkatze. Mit der Neuverordnung des Nationalparks Hochharz per Gesetz vom 6. Juli 2001 wird das NSG in den erweiterten Nationalpark Hochharz einbezogen.
(Handbuch der Naturschutzgebiete III, 53ff.; NSGSA, 350; Ilsenburg, 40, NLSGSA, 190)

Das **NSG Radeweg** liegt im Revier Hasselfelde-Süd auf einer Hochebene in 530 bis 540 m NN und gehört zum pflanzengeografischen Bezirk Unterharz. Dies wird besonders durch die Entfaltung montaner Arten, wie Siebenstern, Quirl-Weißwurz und Wolliges Reitgras charakterisiert. Bemerkenswert sind die Vorkommen von Großblütigem Fingerhut und Mädesüß. Das NSG erfasst eine repräsentative Fläche mit montanem, artenarmem Buchenwald, wie er für nährstoffärmere Plateaustandorte des südwestlichen Unterharzes typisch ist. Der einförmige Bestockungsaufbau wird von 140-160jährigen, durchschnittlich 30 m hohen Buchen geprägt. In einigen Partien ist die Fichte künstlich eingebracht worden. (Handbuch der Naturschutzgebiete III, 70f.; NSGSA, 336)

Das 22,87 ha große **NSG Tännichen** liegt auf der Wasserscheide zwischen Selke-Graben und Hassel und entspricht in seinem pflanzengeografischen Charakter weitgehend dem NSG Radeweg. Die Baumschicht setzt sich vorwiegend aus Rotbuche und vereinzelt Berg-Ahorn sowie Traubeneiche zusammen. In der Krautschicht kommen u. a. Gelber Eisenhut, Knotige Braunwurz, Waldmeister, Wald-Flattergras sowie Wald-Reitgras, Zweiblättrige Schattenblume und Schmalblättrige Hainsimse vor. Montane Arten sind Quirl-Weißwurz und Harzer Labkraut.
(Handbuch der Naturschutzgebiete III, 72f.; NSGSA; 432)

Das südlich von Stiege im Tal der Hassel gelegene, 7,70 ha große **NSG Hasselniederung** ergänzt als Wiesengebiet die nahe gelegenen NSG Radeweg und Tännichen in wertvoller Weise. Die Vegetation der Hasselniederung umfasst auf engem Raum einen großen Teil der für den submontanen Teil des Unterharzes charakteristischen Grünlandgesellschaften von den armen Borstgrasrasen bis zu den bachbegleitenden Hochstaudenfluren der Bergwiesen. Im NSG wachsen u. a. Trollblume, Wiesen-Knöterich, Kohldistel, Herbstzeitlose, Wald-Storchschnabel, Sumpfkratzdistel, Bärwurz und Breitblättriges Knabenkraut. Regelmäßig sind im NSG Sumpfrohrsänger, Bachstelze, Feldlerche und Wiesenpieper zu finden. An Insekten sind Charpentiers Grashüpfer, Sumpfgrashüpfer, Kleine Goldschrecke sowie die Tagfalter Braunfleck- und Feuchtwiesen-Perlmutterfalter besonders zu erwähnen. (Handbuch der Naturschutzgebiete III, 73f.; NSGSA, 210)

Das 73,69 ha große **NSG Elendstal** umfasst einen Abschnitt des Tals der Kalten Bode zwischen Schierke und Elend und gehört zum pflanzengeografischen Bezirk Oberharz, charakterisiert durch die Entfaltung montaner Elemente wie Alpen-Milchlattich und Wolliges Reitgras. Die an unterschiedlichen Blütenpflanzen reichen Feuchtwiesen beherbergen eine artenreiche Insektenfauna, darunter den Großen Pestwurzrüssler, den größten einheimischen Rüsselkäfer (Liparus germanus), der u. a. an der Weißen Pestwurz zu finden ist. Das NSG ist größtenteils von Wald bedeckt, wobei die Oberhänge von montanen, artenarmen Rotbuchenwäldern besiedelt sind, die hier ihre höchsten Bestandsvorkommen im Harz erreicht. Mit der Buche erreichen hier zugleich Grün- und Grauspecht sowie Hohltaube in etwa ihre Höhenverbreitungsgrenze im Harz. Im Gebiet brüten Wasseramsel und Gebirgsstelze. (Handbuch der Naturschutzgebiete III, 60ff.; NSGSA, 148; Brumme, 252)

Landschaftlich am Rand des Hasselfelder Plateaus der Unterharzfläche gelegen umfasst das **NSG Albrechtshaus** einen typischen Ausschnitt der Buchenwaldgesellschaften der Unterharzhochlagen. Neben der dominanten Rotbuche wachsen auch Traubeneiche, Schwarz-Erle und Moorbirke. In der Krautschicht sind u. a. Zwiebel-Zahnwurz, Waldhaargerste, Einblütiges Perlgras,Breitblättriges und Geflecktes Knabenkraut, Winkel-Segge, Arnika, Sumpfkratzdistel, Sumpf-Veilchen und Sumpf-

Schafgarbe zu finden. Im NSG brüten Bekassine, Hohltaube, Rauhfußkauz, Wiesenpieper und die Weidenmeise. (Handbuch der Naturschutzgebiete III, 75f.; NSGSA, 48)

Im 69 ha großen **NSG Wöbelsburg** bei Hainrode sind als botanische Besonderheiten u. a. Ausdauerndes Silberblatt, Deutsche Hundszunge, Rotblauer Steinsame, Astlose Graslilie, Weiße Waldrebe und Kriechende Rose zu nennen. (Handbuch der Naturschutzgebiete IV, 25ff.; Denkmale, 7)

Zu den ausgeprägten Karsterscheinungen des Südharzer Zechsteingürtels gehört der **Bauerngraben** nördlich von Roßla, ein über 7 ha großes ovales Becken mit zahlreichen kleinen Erdfalltrichtern, sog. Bachschwinden oder Schlucklöchern, in die das Wasser des in das Becken mündenden kleinen Glasebachs verschwindet und unterirdisch auf Klüften und Laughohlräumen zum Breitunger Erbstollen bzw. zum Nassetal abfließt. Das Becken füllt sich episodisch durch Zufluss des Glasebachs, wenn die Schlucklöcher durch Schlick, Laub usw. verstopft sind. Die Beckenfüllung erfolgt häufig innerhalb weniger Tage bis Wochen; die völlige Leerung dauert gewöhnlich mehrere Monate. Das Becken kann bis zu 200.000 m³ Wasser aufnehmen und eine Wassertiefe von 12m erreichen. Der das Becken säumende Laubmischwald mit recht naturnahen Vegetationsgemeinschaften wird zum Teil noch als Niederwald bzw. Mittelwald bewirtschaftet. Faunistisch sind im 63,5 ha großen **NSG** der Gartenschläfer und die Geburtshelferkröte von Bedeutung.
(Handbuch der Naturschutzgebiete III, 187f.; NSGSA, 78)

Die meisten dieser NSG sind bereits seit 1957 unter einstweiligen Schutz gestellt worden.

Am 1./2. Juni tobt ein stundenlanges **Unwetter.** Die Hälfte aller Dörfer in den Kreisen Göttingen und Duderstadt sind überschwemmt, so dass vielerorts die Bewohner mit ihrem Vieh den Oberstock ihrer Häuser aufsuchen. Das Wasser durchbricht Hauswände und reißt eine Brücke der Bundesstraße 27 hinweg. (Hamm, 295)

Am 7. Juni richten **Unwetter** mit wolkenbruchartigen Regengüssen im westlichen und nördlichen Harzvorland um Hildesheim, Braunschweig und Helmstedt schwere Verwüstungen an. Neun Menschen und viel Vieh ertrinken. (Hamm, 295)

1962
Am 14. Januar bringt ein **orkanartiger Weststurm** dem Harz 30 cm Schnee. (Hamm, 299)

Am 12. Februar richtet ein **Orkan mit Starkregen und Schneefällen** in den Wäldern des Harzes schwere Schäden an. (Hamm, 300)

Am 3. **Juli** bringt der kalte Sommer dem Harz sogar **Schneetreiben.** (Hamm, 302)

Am 26. Juli richtet ein **wolkenbruchartiger Gewittersturm** mit Windstärken 10 bis 12 im Oberharz und seinem Vorland große Schäden an Gebäuden und in den Wäldern an. Er verursacht u. a. 150.00 m³ **Windbruch.** (Hamm, 302)

Am 22. November verirrt sich ein **Wildschwein auf dem Nordhäuser Hauptbahnhof,** verschwindet jedoch wieder, bevor Jäger eintreffen. (Nordhausen (2003), 489)

Mit der allmählichen **Verringerung der Ausbeute** in den **Kupferschiefer-Lagerstätten** in der **Mansfelder Mulde** erfolgt die **schrittweise Stilllegung der dortigen Schachtanlagen.** Den Anfang macht in diesem Jahr die Schließung des Ernst Thälmann-Schachts. Ihm folgen 1964 der Max Lademann-Schacht und der Fortschritt-Schacht II, 1966 der Walter Schneider-Schacht, 1967 der Fortschritt-Schacht I und weitere Schächte. Als letzter Schacht wird im Dezember 1969 der Otto-Brosowski-Schacht stillgelegt.

Im Bergbaurevier der Mansfelder Mulde wurden im Zeitraum der Jahre von 1200 bis 1969 mehr als 80 Millionen to Erz mit mehr als 2 Millionen to Kupfer und 11.111 to Silber gefördert. Die drei großen Spitzkegelhalden und die zahlreichen verstreut liegenden kleinen Abraumhalden mit insgesamt 105 Millionen to Bergematerial sind die heute noch sichtbaren Zeitzeugen des 800jährigen Bergbaus in der Mansfelder Mulde. (Mansfeld (2008), 68ff.)

In der **Okerhütte** wird in diesem Jahr die **Gold- und Silber- Elektrolyse stillgelegt.** Zuletzt wurden jährlich ca. 200 bis 250 kg Gold hergestellt, davon etwa die Hälfte aus Erzen aus dem Unterharz. (Bachmann et al., 162)

Die **Türkentaube** brütet seit diesem Jahr in Lochtum. Der Zuzügler erscheint in diesem Jahr erstmalig auch bei Walkenried. Er wird aber im Gebiet zwischen Walkenried und Herzberg erst um 1969 regelmäßig Brutvogel. (Goslar (1970), 91; Skiba, 66)

In diesem Jahr wird mit dem Bau des in der Goldenen Aue zwischen Kelbra, Berga und Auleben gelegenen **Rückhaltebeckens Kelbra** begonnen, in dem das Wasser der Helme gestaut wird. Es dient zusammen mit einem vorgeschalteten Hochwasserrückhaltebecken dem Schutz vor Überschwemmungen sowie der Bewässerung, der Fischerei und der Erholung. Nach der Inbetriebnahme im Jahr 1969 hat das Rückhaltebecken ein Stauvolumen von 35,6 Millionen m³, bei Hochwasser kann es zusammen mit dem Hochwasserrückhaltebecken 45,10 Millionen m³ aufnehmen. Die Speicheroberfläche beträgt insgesamt 14,3 km². Das Feuchtgebiet ist auf Grund seiner Vogelvielfalt, die in ihrer Arten- und Individuenzahl die Besiedlung vergleichbarer Gewässer übertrifft, **von internationaler Bedeutung.** So sind hier Enten, Watvögel, Taucher, Rallen, Höckerschwan, Lachmöwen und Dommeln regelmäßig zu beobachten. Auch Seeadler, Fischadler, Wanderfalken und Kormorane sind hier regelmäßig anzutreffen. Während des Vogelzuges rasten hier zehnausende Kraniche und große Schwärme von Lerchen und Finken ziehen durch. (Talsperren, 17; Hirschfeld, 32; EHBr. vom 24.10.1968; Landschaftspflege und Naturschutz, 1974/ H. 2, 63; Deutsch (2007), 69f.)

1962/63

Der **sehr kalte Winter** beginnt bereits im November und hält bis zum Februar an. Von Anfang Dezember bis in den März hinein liegt eine geschlossene Schneedecke. Im Januar und Februar ist es außergewöhnlich kalt mit Temperaturen bis 15° C unter dem Gefrierpunkt. Die ungewöhnlich lange Frostdauer hat gravierende Folgen für die Wildtiere. Die Ornithologen registrieren massenweise Todfunde, insbesondere bei folgenden Arten: Wasseramsel, Zaunkönig, Bleßralle, Ringeltaube und Mäusebussard. (Rohland/Noack, 699; Görner/Kaiser VI, 289; Der Falke 1970 H.10, 328ff., 1975 H. 2, 47ff.; Hamm, 305; Nussbaumer, 209; Meldungen der Tagespresse vom Januar 1963)

1963

Die **Türkentaube** wird in diesem Jahr erstmalig in Seesen und in Goslar nachgewiesen. Ein Jahr später wird sie in Goslar bereits häufig beobachtet und brütet bereits in Schladen. Auch in Bad Harzburg tritt sie ab 1964 regelmäßig auf. (Skiba, 66; Goslar (1970), 91)

Am 16. August verfährt die vor 102 Jahren erstmals befahrene **Eisenerzgrube Friederike bei Bad Harzburg ihre letzte Schicht,** womit der dortige über 400 Jahre alte Erzbergbau endet. (Hamm, 307)

1964

Mit Verordnung vom 13. Januar erhält ein 100 ha großes Gebiet des **Innerstetals** zum Schutz seiner Schwermetallpflanzengesellschaften, seiner Vogel- und Kleintierwelt und seiner diluvialen Uferpartien des Status eines **LSG.** (Goslar (1970), 340)

Am 21. April nimmt das mit einem Investitionsaufwand von 8,4 Millionen Mark erbaute neue Kieswerk des **VEB Kieswerke Nordhausen** den Betrieb auf. Bereits seit den dreißiger Jahren des 20. Jahrhunderts wurden die in einem etwa vier km breiten Tal der Zorge und Helme bei **Nordhausen gelegenen Kieslagerstätten** zur Gewinnung von Kiesen und Sanden **aufgeschlossen**. Nach dem Zweiten Weltkrieg nimmt der Bedarf an diesen Baustoffen stark zu. Der Betrieb liefert große Menge an Kies und Sand für den Wohnungsbau, aber auch für den Bau der Rappbodetalsperre und andere große volkswirtschaftliche Vorhaben. (Nordhausen, Kieswerke, 4ff.)

Im Mai brechen nach einem schweren Gewitter im Altbergbaugebiet der Eisenerzgruben Büchenberg untertägige Hohlräume zusammen und werden zu übertägigen Brüchen. Der dadurch entstehende **Erdrutsch** beschädigt das Waldgasthaus Büchenberg und umliegende Gebäude (Forstamt, Forstwohnhäuser), die daraufhin abgerissen werden. (Elbingerode (2006), 230)

Infolge wochenlanger Dürre erklären Ende Juli mehrere Gemeinden im Harzgebiet den **Wassernotstand**. (Hamm, 310)

1965
Am 1. und 2. März fällt im Oberharz mehr Schnee als im ganzen schneereichen Winter zuvor. Viel Wild ist von seinen Futterplätzen abgeschnitten. Militär muß den Forstleuten helfen. (Hamm, 311)

In der zweiten Aprilwoche entsteht im Schlammteich der ehemaligen **Erzaufbereitung Clausthal-Zellerfeld** durch Einsacken eines alten, darunter liegenden Stollens ein mächtiger Einbruchtrichter. Die ausströmende bleihaltige Schlammflut richtet im Innerstetal schwere Schäden an und verursacht auch ein **Fischsterben**. (Hamm, 312)

Der **Sommer** ist **außergewöhnlich kühl und niederschlagsreich**. Clausthal-Zellerfeld hat im Juli nur 4 regenfreie Tage. (Hamm,313f.)

Im Oktober wird 762 m unter **Bad Harzburgs Kurpark** eine eisenhaltige **Solequelle erbohrt**. Sie hat eine Temperatur von 26°C und 2,5%Salzgehalt und schüttet täglich etwa 150 m³. (Hamm, 314)

Die etwa 120 m lange **Scharenberghöhle** bei Bad Harzburg wird im Oktober unter Naturschutz gestellt. (Hamm, 314)

Am 13. November wird im **Kurpark von Bad Harzburg** im 834 m Tiefe eine **Thermal-Schwefelsohle erbohrt**, die mit 23° C zu Tage tritt und täglich 200 m³ schüttet. (Hamm, 315)

In der Nähe der im Südharz gelegenen Eisfelder Talmühle wird in diesem Jahr ein **Waschbär erlegt**. (Stubbe, Waschbär, 80ff.)

1966
Mit Verordnung vom 30. September erhält das 800 ha große Gebiet des **Harly-Bergs** mit dem oberen Weddetal vom Weddebach bis zum Okertal zum Schutz der dortigen floristischen Seltenheiten und der frühgeschichtlichen Burgenstätte den Status eines **LSG**.
(Goslar (1970), 340)

In diesem Jahr wird der aus Sibirien stammende und um 1955 wegen seines geschätzten Winterpelzes auch im Westen der Sowjetunion angesiedelte **Marderhund,** der über Polen und die Tschechoslowakei nach Westen wandert, zum ersten Mal auch in Thüringen gesichtet, nachdem ein solches Tier bereits 1963 in Niedersachsen erlegt worden ist Er wird schnell auch in unserem Gebiet heimisch. (EHBr. vom 6.4. 1967; Hamm, 308)

Der bereits vor dem Jahr 1525 angelegte **Speicher Schiedungen**, der von der Helme gespeist wird und dessen Wassereinzugsgebiet im Südharz liegt, wird in diesem Jahr rekonstruiert. Die der gewerblichen **Fischerei dienende Anlage** hat eine Wasserfläche von 30 ha und ein Stauvolumen von 300.000 m³. (Lesser, 18f.; Talsperren, 12)

Am Vormittag des 20. Mai tritt eine in unserem Gebiet zu beobachtende **partielle Sonnenfinsternis** ein. (Oppolzer, 304f., Blatt 152; Hamm, 318)

Im Oktober wird bei Othfresen im Landkreis Goslar der ursprünglich aus Persien stammende, 1963/64 in die BRD für den Zwischenfruchtanbau eingeführte **Persische Knopfklee** erstmalig festgestellt. Der **Neophyt** ist sehr anpassungsfähig. (Goslar (1970), 86)

In diesem Jahr wird die zum System der Bodetalsperren gehörende **Talsperre Wendefurth** mit ihrer 230 m langen und 43 m hohen Betonmauer in Betrieb genommen. Sie hat eine Fläche von 78 ha, einen Stauraum von 8,54 Millionen m³ und ein Zuflussgebiet von 194,4 km². Der Stausee hat eine Länge von rund 3,5 km in das Große Bodetal. Die Talsperre ist das Unterbecken für das **Pumpspeicherwerk Wendefurth**, das der Erzeugung von zusätzlicher **Elektroenergie** in den Hauptabnahmezeiten im Stromnetz dient. Unter Verwendung von billigem Nachtstrom wird Wasser durch zwei mächtige, je 383 m lange Rohrleitungen von jeweils 3,4 m Durchmesser in das auf dem Kohlberg befindliche Oberbecken gepumpt, von wo aus es in den Hauptabnahmezeiten durch diese Rohre zur Stromerzeugung auf die Turbinen des am Ufer der Talsperre Wendefurth befindlichen Kraftwerks geleitet wird.
In dieser Talsperre wird eine **Forellenmästerei** eingerichtet. Jährlich werden hier Forellensetzlinge in großen Netzkäfigen ausgesetzt und über Jahre gefüttert. 1969 werden erstmalig 10 to Speiseforellen produziert, 1980 können bereits rund 150 to Forellen entnommen werden. (Wagner et al (1970), 29ff.; Schmidt (2012), 93ff.; Brückner et al., 348; Wüstemann (1982), 27)
Von der Rappbodetalsperre wird in diesem Jahr das erste Wasser an die Trinkwasseraufbereitungsanlage Wienrode abgegeben, die zum Ausgangspunkt von **Fernwasserleitungen nach Halberstadt, Eisleben und Halle** wird. (Schmidt (2012), 39)

Insgesamt verfügen die sechs Talsperren des in diesem Jahr fertiggestellten **Bodetalsperren-Systems** über ein Gesamtspeichervolumen von 126,26 Millionen m³ und über Hochwasserrückhalteräume von 17,49 Millionen m³ im Winter und 11,83 Millionen m³ im Sommer. (Schönau/Werner, 7)

Auch die in der Nähe von Langelsheim liegende **Innerstetalsperre**, mit deren Bau 1963 begonnen wurde, nimmt in diesem Jahr ihren Betrieb auf. Der 750 m lange und 34 m hohe Erddamm hat ein Stauvolumen von 19,26 Millionen m³ und dämmt ein rund 97 km² großes Abflussgebiet ein. Die Talsperre dient dem Hochwasserschutz, der Niedrigwasseraufhöhung, der Trinkwasserversorgung und der Energiegewinnung. Sie ist auch ein beliebtes Naherholungsgebiet.
Das weitverzweigte Gebiet, in dem die Innerste in die gestaute Fläche der Talsperre einfließt, hat sich zu einem begehrten Lebensraum für viele heimische Vogelarten und ökologisch wertvollen und abwechslungsreichen Feuchtbiotop entwickelt, das an seinen Rändern auewaldartig bestockt ist. (Schmidt (2012), 97ff.)

1967
Am 21. Februar richten **orkanartige Stürme** erhebliche Schäden an Gebäuden, Stromleitungen sowie Windbruch in den Wäldern an. Besonders betroffen ist in unserem Gebiet der Oberharz und der Kreis Nordhausen. In Wildemann wirft der Sturm den noch zwischen Straße und Kurpark stehenden Hochwald zu Boden. (Dirks (1997), 165f.;Das Volk vom 22. und 25.2.1967)

Durch Beschluss des Bezirkstages Magdeburg von 15. Juni wird der zu diesem Bezirk gehörende Teil des **Harzes zum LSG** erklärt. (LSGSA, 204ff., 430)

Am 23. Juli geht bei Ilsenburg ein **zerstörerischer Hagelschauer** nieder. (Ilsenburg, 24f.)

Am 11. September erlässt der Vorsitzende des Landwirtschaftsrates der DDR ein Anordnung zur Einrichtung des 1.980 ha großen **NSG Oberharz**, welches das Brockengebiet und andere Erhebungen des Harzes umfasst, die 500 bis 700 m über dem Niveau der Hochflächen des Unterharzes liegen. Die Vegetation des Gebiets wird von ausgedehnten, nur von offener Moor-, Zwergstrauch- oder Felsvegetation kleinflächig aufgelockerten Fichtenwäldern beherrscht.
Im NSG wachsen u. a. Alpen-Milchlattich, Alpen-Frauenfarn, Alpen-Flachbärlapp, Alpen-Habichtskraut, Besenheide, Brocken-Anemone, Brocken-Habichtskraut, Harz-Kreuzkraut, Harzer Labkraut, Heidekraut, Keulen-Bärlapp, Platanenblättriger Hahnenfuß, Rippenfarn, Roter Fingerhut, Scheidiges Wollgras, Siebenstern, Sprossender Bärlapp, Tannen-Bärlapp, Weiße Pestwurz, Wolliges Reitgras und Zwerg-Birke.
Weite Flächen nehmen auch Beerensträucher ein, darunter Heidelbeere, Krähenbeere, Moor-Heidelbeere, Preiselbeere und Gewöhnliche Moosbeere.
In den Mooren gedeihen u. a. Braunes Torfmoos, Spitzblättriges Torfmoos und Zartes Torfmoos.
Auch die Tierwelt ist gut an das rauhe Klima in den Hochlagen angepasst. Neben starken Populationen des Rothirsches und des Wildschweins sind u. a. Reh, Wildkatze Gartenschläfer, im Gebiet heimisch. Außerdem kommt hier die sehr seltene Alpenspitzmaus vor.
Im NSG brüten u. a. Alpenbraunelle, Baumpieper, Wiesenpieper, Rauhfußkauz, Ringdrossel, Schwarzspecht, Tannenhäher und Wasseramsel.
Von den Lurchen und Kriechtieren sind u. a. Bergmolch, Fadenmolch, Grasfrosch und die Bergeidechse in einer dunkel gefärbten Variante zu finden.
Das NSG ist auch Lebensraum für eine Anzahl seltener, teils boreo-alpiner Käfer, Schmetterlinge, Zikaden, Wanzen, Spinnen und anderer Gliederfüßer darunter für die Alpensmaragd-Libelle, die Arktische Smaragd-Libelle, den Hochmoor-Perlmutterfalter und den Moorbergwald-Steinspanner.
Von den boreomontanen Spinnen seien hier beispielhaft Diplocentria bidentata Emerton (Zwergspinne) und Clubiona norvegica Strand (Sackspinne) **genannt**.
Teile des Oberharzes mit dem Brockengebiet sind bereits mit Verordnung vom 10. Juli 1937 zum NSG erklärt worden.
(Handbuch der Naturschutzgebiete III, 55ff.; Pörtner,3; Brückner et al, 47ff, 175ff: Reidt, 6f.)

Am 20. August wird an der Stauanlage Kelbra erstmalig ein **Silberreiher** beobachtet. Seit den neunziger Jahren ist dieser Vogel häufiger an diesem Gewässer zu finden. (Wagner/Scheuer, 109)

Im Oktober wird der aus den Pyrenäen und den Gebirgen Südeuropas stammende, seit etwa 1800 in Deutschland eingebürgerte **Pyrenäen-Storchschnabel** erstmalig beim Kloster Riechenberg am Stadtrand von Goslar festgestellt. Der **Neophyt** ist aus Gärten verwildert, wo er als Zierpflanze angebaut wird. (Goslar (1970), 86)

Am 14. Dezember werden die **bei Auleben** im westlichen Kyffhäusergebiet gelegenen, 57,1 ha großen **Solwiesen mit der Solquelle** zum **Naturschutzgebiet** erklärt. Besonders wertvoll sind die Salzboden-Pflanzengesellschaften in diesem Gebiet.
(Beschluss Nr. 234-52/67 des Rates des Kreises Nordhausen vom 14.12.1967)

In der **Nachbarschaft** des NSG Solwiesen wird in diesem Jahr die **Naturschutzstation Numburg** am Stausee Berga-Kelbra eröffnet, zu deren Initiatoren und aktivsten Aufbauhelfern **Wolfgang Schrödter** gehört. Schrödter hat auch die Aufnahme des Stausees in die Liste der Feuchtgebiete von internationaler Bedeutung angeregt und an der Unterschutzstellung des Verlandungsgürtels dieses Stausees und zahlreicher weiterer Gebiete, darunter des LSG „Südharz", mitgewirkt. Darüber hinaus hat er sich bei der Gewinnung von Kindern und Jugendlichen für die Belange des Naturschutzes und der Landschaftspflege große Verdienste erworben. (Behrens (2015), 697f.)

Ende Dezember werden die Mitte des 16. Jahrhunderts entstandene **Bleihütte Clausthal** und die **Silberhütte Lautenthal stillgelegt**. Damit schließen die letzten Oberharzer Hüttenbetriebe. (Liessmann (2010), 125, 231)

In diesem Jahr wird mit 30.600 to Kupfer die **höchste Jahresproduktion** seit Bestehen des Mansfelder Kupferschieferbergbaus erreicht. (Mansfeld (2008), 11)

1968

Am 11. März stirbt in Nordhausen der am 22. Februar 1883 in Eisleben geborene **Lehrer und Botaniker Kurt Wein**, einer der besten Kenner der Flora des Harzgebietes. Seit 1905 hat er insgesamt 179 größere und kleinere Abhandlungen, insbesondere über floristische Neufunde aus Nordthüringen und dem Südharz, über vorlinnésche Botaniker und zur Einbürgerungsgeschichte von Pflanzen veröffentlicht, die unter Mithilfe von Menschen in unser Gebiet, wo sie natürlicherweise nicht vorkommen, gelangt sind (Neophyten). Von 1928 bis 1955 war er als Beauftragter für den Naturschutz tätig. Als Lehrer hat er viele Generationen von Schülern mit der Natur und Geschichte ihrer Heimat vertraut gemacht. (Barthel/Pusch, 343ff.)

In Artikel 15 (2) der am 6. April von der Volkskammer verabschiedeten **Verfassung der DDR** wird festgelegt: *„Im Interesse des Wohlergehens der Bürger sorgen Staat und Gesellschaft für den Schutz der Natur. Die Reinhaltung der Gewässer und der Luft sowie der Schutz der Pflanzen- und Tierwelt und der landschaftlichen Schönheit der Heimat sind durch die zuständigen Organe zu gewährleisten und darüber hinaus auch Sache jedes Bürgers."*
(GBl. der DDR 1968 I, 199)

Am Vormittag des 22. September ereignet sich eine **partielle Sonnenfinsternis**, die auch in unserem Gebiet beobachtet werden kann. (EHBr. vom 19. 9.1968; Oppolzer, 304f., Blatt 152)

Seit diesem Jahr ist die **Türkentaube** in Bad Grund heimisch. (Skiba, 66)

Um diese Zeit werden im Landkreis Goslar erstmalig **Bisamratten** an den Klärteichen unweit von Ohlei festgestellt. (Goslar (1970), 93)

1969

Vom 15. bis 17. Februar tobende **Schneestürme** von Stärke 6 bis 8 verursachen im Harz über 3 m hohe Schneewehen, die zu erheblichen Verkehrsbehinderungen führen.
(Hamm, 329)

Am 18./19. Juni richten nachts im Harz niedergehende gewaltige **Gewitterregen** schwere Schäden an.
(Hamm, 331)

In diesem Jahr wird die in der Nähe von Langelsheim erbaute **Granetalsperre** in Betrieb genommen, mit deren Bau 1966 begonnen wurde. Ein 590 m langer und 61m hoher Erddamm mit Asphaltdecke schafft einen Stauraum von insgesamt 46 Millionen m³ mit einer Wasserfläche von maximal 219 ha. Das Schüttmaterial für den Erddamm stammt aus einer eiszeitlichen Endmoräne am Harzrand in etwa 1,5 km Entfernung, in der sich während der Eiszeit die Schuttströme aus Skandinavien und dem Harz trafen. Neben Harzer Grauwacke enthält die Dammschüttung auch schwedischen Granit. Das in der Talsperre aus einem natürlichen Abflussgebiet von 22 km² gesammelte Wasser dient vor allem der **Trinkwasserversorgung** und gelangt durch zwei große **Fernwasserleitungen** bis an den Südwestrand von Hannover bzw. an den Südrand von Braunschweig. Durch ein Stollensystem kann die Talsperre auch noch überschüssiges Wasser aus dem Oker-, Gose-, Radau- und Innerstegebiet aufnehmen. (Schmidt (2012), 39,104ff.)

Im Hammental bei Sondershausen wird in diesem Jahr ein **Marderhund** erlegt. Es ist der erste sichere Beleg für das Vorkommen dieses Raubtiers in Thüringen. (Görner (2009), 198)

1969/70

Der **Dezember** ist mit einer Durchschnittstemperatur von minus 6° C **der kälteste seit 45 Jahren** in unserem Gebiet. Um den Jahreswechsel behindern **starke Schneefälle und strenge Nachtfröste** auch in unserem Gebiet den Verkehr. In den Höhenlagen des Harzes fällt auch im Februar und März fast Tag für Tag Neuschnee. Im März wird im Oberharz der Schneenotstand ausgerufen. Während im Harzvorland etwa 45 cm Schnee liegen, sind es in Schierke 160 cm. In Wildemann werden mehrere Gebäude durch die Schneelast zerstört, der innerstädtische Verkehr kommt fast zum Erliegen. Zur Fütterung des notleidenden Wildes müssen Hubschrauber und militärische Kettenfahrzeuge eingesetzt werden.

Mitte April werden an den Hängen des Wurmbergs stellenweise noch Schneehöhen von mehr als zwei Metern gemessen. Auf dem Brocken liegen am 14. und 15. April 380 cm Schnee. Die am Osthang zum Plateau führende Brockenstraße ist unter 600 cm Schnee verschwunden. Es dauert 2 Tage bis man mit der Schneefräse den Gipfel erreicht. Am 1. Mai 1970 liegen noch 290 cm und sogar am **1. Juni noch 40 cm Schnee auf dem Brockengipfel.**
(Nordhausen (2003), 507; Dirks (1997), 177; Schwarz (2004), 204; Harzer Pflanzenwelt, 11; Hamm, 334ff.; Meldungen der Tagespresse vom Januar 1970)

Vom 5. November 1969 bis zum 23. Mai 1970 fällt auf dem **Brocken** die Rekordmenge von **1.177 cm Niederschlag.** (Kinkeldey et al, 42)

1970

Im März/April kann bei klarem Nachthimmel der nach seinem Entdecker, John C. Bennett benannte **Komet Bennett** auch in unserem Gebiet beobachtet werden. Er hat etwa die Helligkeit der Wega im Sternbild der Leier.
(Hamm, 337; Reichstein, 35, Paturi, 453; Kronk V, 252ff.)

Zum **Osterfest** am 29. März fallen in **Nordhausen 10 cm Neuschnee,** die Ostereier müssen auch im Harz im Schnee gesucht werden.
(Nordhausen (2003), 507; Hamm, 336)

Bedingt durch die anhaltend kalte Witterung und durch die Speicherung des Schnees in den höchsten Lagen des Harzes erreicht **im April die Schneedecke auf dem Brocken** den absoluten Höchstwert vom **3,80 m.** (Glässer, 311; Kinkeldey et al, 41)

Am 14. Mai verabschiedet die Volkskammer der DDR das **Landeskulturgesetz** sowie vier Durchführungsverordnungen (DVO). Es handelt sich dabei um die 1. DVO zum Schutz und zur Pflege der Pflanzen- und Tierwelt und der landschaftlichen Schönheiten (Naturschutzverordnung), die 2. DVO zur Erschließung, Pflege und Entwicklung der Landschaft für die Erholung, die 3. DVO zur Sauberhaltung der Städte und Gemeinden und die Verwertung von Siedlungsabfällen und die 4. DVO zum Schutz vor Lärm. Mit diesen Rechtsvorschriften wird das Naturschutzgesetz der DDR von 1954 abgelöst. Auf der Grundlage des Landeskulturgesetzes, in dem erstmals auch schützenswerte Einzelgebilde der Natur mit einer Flächenausdehnung von bis zu drei ha als eigenständige Schutzkategorie definiert werden, werden zahlreiche Naturdenkmale in unserem Gebiet ausgewiesen.
(Gbl. DDR, 1970,Teil I, Nr.12, 67; DVO zum Landeskulturgesetz, Gbl. DDR, 1970,Teil II, Nr.46)

Nachdem sich das **Rotwild** im vergangenen langen und harten Harzwinter an den winterlichen Futterstellen so **an die Menschen gewöhnt** hat, dass es alle Scheu vor ihnen verloren hat, laufen noch Mitte Juni allabendlich in der Dämmerung am Molkenhaus bei Harzburg kapitale Edelhirsche, darunter ein Sechzehnender, unter buntgekleideten Sommergästen umher und suchen ausgestreute Nahrung wie im notvollen Winter, obwohl die Natur den Tieren jetzt reiche Äsung bietet. (Hamm, 337)

Am 24. August wird in **Bad Harzburg** das neue **Juliusbad** *„Thermal-Sole-Hallenbad"* **eröffnet**, nachdem 1965 im Kurpark durchgeführte Bohrungen nach einer neuen Quelle zuerst in 762 m und anschließend in 834 m Tiefe zum Erfolg geführt haben.
(Meier/Neumann, 642, 646)

Mit Wirkung vom 1. September werden die **Hainleite** (3.929 ha), der **Alte Stolberg** bei Stempeda (1.264 ha), der **Helmestausee** (1.717 ha) und die **Bleicheröder Berge** (1.172 ha) zu **Landschafts-schutzgebieten** erklärt. (Beschluss 92-18/70 des Bezirkstages Erfurt vom 26.8.1970)

In den Jahren nach dem Zweiten Weltkrieg entwickelte sich das bei Elbingerode gelegene **Eisenerzbergwerk Büchenberg** zum wichtigsten Eisenerzproduzenten der DDR. Das Erz wird im Eisenhüttenwerk in Calbe an der Saale in Niederschachtöfen mit Hilfe von Braunkohlenkoks verschmolzen. Bis Mitte der 60er Jahre kann die Produktion der Grube Büchenberg auf etwa 450.000 to pro Jahr gesteigert werden. Nach dem drastischen Preisverfall für Eisen auf dem Weltmarkt muß die Grube in diesem Jahr geschlossen werden, da die Erze zu arm sind, um nur annähernd rentabel verarbeitet werden zu können.
Aus dem gleichen Grund musste bereits 1969 die zwischen Jasperode und Hüttenrode gelegene **Grube Braunesumpf** stillgelegt werden, die als zweitgrößter Eisenlieferant der DDR jährlich etwa 420.000 to Eisenerz gefördert hat.
(Liessmann (2010), 302ff.)

1971

Am 10. Juni entsteht auf dem Bahnhofsgelände in **Seesen** ein **Erdfall**, wobei nach 10 Stunden der Boden unter den Schienen auf etwa 18 m Länge eingebrochen ist und der Erdfall eine Tiefe von 10 m erreicht. Er weitet sich danach noch aus und vertieft sich auf 12 m.
Für Seesen werden Erdfälle bereits in einem Protokoll aus dem 15. Jahrhundert erwähnt. 1817 gibt es dort schon 15 Erdfälle. 1845 und 1878 bilden sich neue, doch nur von geringer Ausdehnung. Seit 1878 kommt es auf dem Seesener Bahnhofsgelände sowie am Bahnkörper, etwa zwischen km 86,5 und 86,6, in unregelmäßigen Abständen bis 1958 zu 10 weiteren Erdfällen.
(Laub, 15)

Im gesamten mitteleuropäischen Raum ist der **Sommer ungewöhnlich trocken**. Deshalb ist auch in unserem Gebiet die Wasserführung der Flüsse und Bäche gering, das Wasser in den Stauseen nimmt bedenklich ab.

Seit diesem Jahr kommen **Waschbären** bereits regelmäßig im Gebiet von Ilfeld vor. Seit den 1990er Jahren steigt die Siedlungsdichte der an unterschiedliche Lebensräume gut anpassungsfähigen Waschbären in unserem Gebiet ständig an.
(Görner (2009), 202f.; Westhus et al. (2016), 156)

Die bei Königskrug am Weg auf den Achtermann im Oberharz wachsende, 12 m hohe und mehr als 200 Jahre alte **Kamelfichte** wird in diesem Jahr mit einem Metallgestell gestützt, weil sie umzustürzen droht. Der Baum ist als Naturdenkmal geschützt. Der untere Teil des Stammes hat die Form von zwei Kamelhöckern. Sie sind in der Jugend des Baums entstanden, als dessen Spitze zweimal durch starken Schneedruck umgeknickt ist, sich aber beide Male wieder aufrichten und weiter wachsen konnte. Der Abstand von der Wurzel bis zum Stamm betrug 1,65 m. Am Ende des 20. Jahrhunderts ist der weithin bekannte Baum abgestorben.
http://www.harzlife.de/bilder/kamelfichte.html (abgerufen am 13.12.2017)

Die Kamelfichte

1972

Im April wird im Zechsteingips des Lichtenbergs bei Osterode eine 115 m lange Klufthöhle entdeckt, die **Lichtensteinhöhle** genannt wird. Es handelt sich um eine spätestens am Anfang der Weichsel-Kaltzeit entstandene Gerinnehöhle mit prächtigem Gipssinterschmuck. 1980 werden im hinteren Teil der Höhle **Skelettreste von Menschen** gefunden, die in der **späten Bronzezeit** um das 1. Jahrtausend vor Chr. **gelebt haben**, wie die bronzenen Ringe, Spiralen usw. anzeigen, die neben den menschlichen Knochen gefunden werden. Insgesamt werden bei den erst 2011 abgeschlossenen Untersuchungen die gut erhaltenen Knochen von etwa 65 bis 70 Individuen gefunden. Anhand von DNA-Analysen der Knochen kann weltweit erstmals ein **rund 3.000 Jahre altes Verwandschaftssystem mit heute lebenden Menschen** aus der alteingesessenen Bevölkerung aus den umliegenden Orten **rekonstruiert** werden. Es können elf Personen identifiziert werden, die dieselben genetischen Muster wie ein Großteil der Toten aufweisen. Zwei Männer, die in Sichtweite der Höhle leben, weisen eine **äußerst seltene Erblinie** auf. Sie ist mit der eines Mannes aus der Höhle identisch, so dass dies ein Hinweis auf eine über 100 Generationen währende Familienkontinuität ist.
(Kempe/Vladi, 2; Häßler (1991), 500; https://de.wikipedia.org/wiki/Lichtenstein%C3%B, abgerufen am 06.02.2018).

Im **Juli und August** fallen mehr als doppelt so **viele Niederschläge** als im langjährigen Durchschnitt dieser Monate. (Görner/Kaiser VI, 355)

Am 13. November fegt ein **orkanartiger Sturm** mit Windgeschwindigkeiten bis zu 200 km/h über ganz Nord- und Mitteldeutschland. Auch in unserem Gebiet richtet er große Schäden an.
Er verursacht einen **hohen Schadholzanfall** von den Hochlagen des Harzes bis ins Tiefland. Im Gebiet um Walkenried werden die Fichtenbestände Geiersberg, Sachsenstein, Höllstein, Schäfertannen und Amtmanns Tännchen vernichtet. Nachbrüche finden bis in die Jahre 1974/75 statt. Aus Nordhausen, Hohegeiß, Wildemann sowie anderen Ortschaften des Harzes werden Gebäudeschäden sowie zerstörte Stromleitungen gemeldet.
(Brückner et al., 362; Dirks (1997), 181; Reinboth/Reinboth, 62; Schwarz (2004), 204; Kremser, 397)

Nachdem bereits im vergangenen Jahr im Jagdgebiet Braunsteinhaus bei Nordhausen ein **Waschbär** erlegt wurde, werden in diesem Jahr im Kreis Nordhausen weitere acht Exemplare dieser Zuwanderer in Kastenfallen gefangen. (Stubbe, Waschbären, 80ff.)

Die Erneuerung und Vergrößerung des am Rödelbach liegenden Franken-Teichs mit der 1970 begonnen wurde, wird in diesem Jahr abgeschlossen. Der Teich hat ein Speichervolumen von 462.000 m³ und dient der Trinkwasserbereitstellung, dem Hochwasserschutz, der Niedrigwasseraufhöhung und der Fischerei. (Krause, 122ff.)

1973
Nachdem der Bestand des **Uhus** auf Grund starker Nachstellung seit Beginn des 20. Jahrhunderts in Mitteldeutschland nahezu erloschen ist und diese größte Eule Europas seit einigen Jahrzehnten auch im Harz als Brutvogel nicht mehr vorkommt, sind im Rahmen des um 1966 begonnenen Projekts des Deutschen Bundes für Vogelschutz zur **Wiedereinbürgerung des Uhus im Harz** die ersten Erfolge zu verzeichnen.
Seit diesem Jahr brütet im Westharz in einem Steinbruch am Nordharzrand ein Uhu-Paar alljährlich mit Erfolg. 1979 wächst der Bestand auf drei, 1980 auf fünf und 1981 auf sechs Brutpaare an. 1981 werden insgesamt 15 Junge aufgezogen.
(Skiba, 66ff.)

Im Westharz wird in diesem Jahr damit begonnen, **Auerhühner wieder auszuwildern**. Sie benötigen jedoch vielfältig strukturierte Lebensräume und sind sehr empfindlich gegen Störungen, sodass bei der starken touristischen Nutzung des Gebiets kaum Lebensräume bleiben.
Im Jahr 1983 können noch freigesetzte Auerhühner u. a. an der Plessenburg, am Hanneckenbruch und am Scharfenstein beobachtet werden.
(Ilsenburg, 42f.; Brückner et al., 52)

In der Okerhütte werden in diesem Jahr 511 Tonnen **Cadmium** erzeugt. (Bachmann et al., 162)

1974
Der **Oktober** ist der **niederschlagsreichste Monat in Deutschland seit 1875**. Es regnet fast jeden Tag.
(Adler/Hey,225)

In der Gipsgrube der Firma Peinemann in der Gemarkung Förste werden in diesem Jahr Skelettteile vom fossilen **Wollhaarnashorn** sowie zwei Stoßzähne und Skelettteile eines **Mammuts** freigelegt.
(HswH, 1976/H 32, 49)

1974/75
Dieser **Winter** ist **sehr mild**. Der Dezember ist mit einer Durchschnittstemperatur von plus 4,2° C um 4° zu warm. (EHH 1974, 94)

1975
Durch Beschluss des Bezirkstages Magdeburg vom 15. Januar wird das **Nördliche Harzvorland zum LSG erklärt**. Die Landschaft wird überwiegend landwirtschaftlich genutzt. Naturnahe Laubwälder sind u. a. auf dem Hoppelberg großflächig erhalten geblieben. Auf trockenwarmen Hängen des hügeligen Gebiets breitet sich der Elsbeeren-Eichenwald aus, in dem auch der seltene **Speierling** wächst. Zur artenreichen Kleinvogelfauna des LSG gehören u. a. Kleinspecht, Wendehals, Uferschwalbe und neuerdings der **Bienenfresser**. Charakteristisch für das gesamte Harzvorland ist die hohe Brutdichte des Rotmilans. Überaus artenreich ist die Insektenfauna der Offenländer. So wurden mehr als 200 Schmetterlingsarten festgestellt. Bemerkenswert ist auch das Vorkommen der **Spornzikade**. (LSGSA, 234f., 430)

Im November wird im Osterholz bei Derenburg ein **Tintenfischpilz** gefunden. Sporen dieses Pilzes wurden im vorigen Jahrhundert in der Wolle von Schafen aus Australien bzw. Neuseeland nach Europa tranportiert. Der Pilz, der 1914 zum ersten Mal in den Vogesen gefunden und 1938 im Schwarzwald nachgewiesen wird, hat damit erstmalig auch unser Gebiet erreicht. Der exotische Pilz entwickelt sich aus einem rundlichen grauweißen Fruchtkörper, dem sog. Hexenei, aus dem sich innerhalb weniger Stunden ein bananenförmiger blassroter Fruchtkörper herausschiebt, der sich in vier bis sechs tiefrote Tentakeln teilt. Diese tragen eine olivgrüne, an Saugnäpfe erinnernde Sporenmasse, weshalb der Tintenfischpilz seinen Namen trägt. 1977 sind im Osterholz bereits sieben Fundstellen des Laubwälder bevorzugenden Pilzes bekannt, der sich in den folgenden Jahren weiter ausbreitet. (Schultz, 17)

Von den Niedersächsischen Landesforsten wird in diesem Jahr **bei Bad Grund ein Arboretum angelegt**. Auf einer Fläche von rund 65 ha werden verschiedene Waldgesellschaften aus der gemäßigten Klimazone mit ihrem Spektrum an Baum- und Straucharten angepflanzt. Insgesamt sind im Arboretum über 600 Baum- und Straucharten aus Europa, Nordamerika und Asien vertreten. Ziel ist es, die Anpassungsfähigkeit der fremden Bäume an das hiesige Klima und ihre Wuchseigenschaften zu untersuchen. Damit sollen ihre Standortansprüche bestimmt und ihre spätere Eignung als Wirtschaftsbaumarten geprüft werden.
Die weitläufige Parkanlage ist für Besucher frei zugänglich, erhält 2009 den Namen **WeltWald Harz** u. a. mit dem Ziel, das Interesse der Besucher für die Wälder anderer Kontinente zu wecken und entwickelt sich zu einer beliebten Erholungslandschaft.
(http://www.weldwald-harz.de, abgerufen am 15.5.2018)

In **Buntenbock** gelingt in diesem Jahr erstmalig ein **Brutnachweis der Türkentaube**, obwohl sie schon seit Jahren dort beobachtet wird. (Skiba, 66)

1976
Ein am 3. und 4. Januar mit Spitzengeschwindigkeiten von bis zu 145 km/h über Mitteleuropa hinweg ziehender **orkanartiger Sturm** richtet auch in unserem Gebiet beträchtliche Zerstörungen an. (Görner/Kaiser VII, 6; GJ 1977, 187)

Zwischen dem 5. und 12. März kann am Morgenhimmel der mit der Helligkeit des Jupiters vergleichbare **Komet West** beobachtet werden. Er wird nach seinem Entdecker, dem dänischen Astronomen Richard West, benannt und ist einer der spektakulärsten Kometen des 20. Jahrhunderts. (Reichstein, 36; Kronk V, 477ff.)

Am 6. Mai, gegen 23.00 Uhr, sind auch in unserem Gebiet die **Fernwirkungen des Erdbebens** zu spüren, dessen Herd bei Salzburg in den Alpen liegt. (Grünthal, 9; Leydecker, 108)

Durch die **lang anhaltende Trockenheit und Hitze im Sommer** wird die Landwirtschaft vor große Probleme gestellt. Die Wiesen, Weiden und Getreideanbauflächen leiden sehr unter Wassermangel. Die Flüsse und Bäche führen nur wenig Wasser. Der Stauinhalt der Talsperren geht stetig zurück. (EHH 1976, 283; Görner/Kaiser VII, 10; Chronik Wiegleben, 287; Schmölling et al, 122f.)

Am 27. Dezember kommt es unter dem Gleis der Bahnstrecke Walkenried-Bad Sachsa am Blumenberg bei km 137,268 zu einem **Erdfall**. Das Gleis wird bis zur Verfüllung des Erdfalls gesperrt. (Reinboth/Reinboth, 63)

1977
Am 1. Januar tritt das am 20. Dezember 1976 vom Deutschen Bundestag verabschiedete **Gesetz über Naturschutz und Landschaftspflege** (Bundesnaturschutzgesetz) in Kraft, mit dem das Reichsnaturschutzgesetz von 1935 auch in der BRD abgelöst wird. Im Bundesnaturschutzgesetz

werden die Ziele und Grundsätze des Naturschutzes und der Landschaftspflege festgelegt. Es sind Rahmenvorschriften für die Gesetzgebung der Bundesländer, die für diese Materie sachlich zuständig sind. Nach dem Gesetz können Teile von Natur und Landschaft zum Naturschutzgebiet, Nationalpark, Landschaftsschutzgebiet, Naturpark oder zum Naturdenkmal oder geschützten Landschaftsbestandteil erklärt werden. Es werden die Voraussetzungen genannt, unter denen bestimmte Arten wildwachsender Pflanzen und wildlebender Tiere unter besonderen Schutz zu stellen sind. (BGBl. 1976 I, 3573) Das Gesetz wird mehrfach überarbeitet am 21. September 1998 wird eine Neufassung des Gesetzes bekanntgemacht.
(BGBl.1998 I, 2994ff.)

Am 14. Juni verursachen heftige Gewitter mit wolkenbruchartigen Niederschlägen große **Überschwemmungen** u. a. im Kreis Nordhausen.
(Neues Deutschland sowie Das Volk vom 15.6.1977)

Am 22. Juli wird ein Exemplar des in unserem Gebiet noch seltenen **Tintenfischpilzes** drei km westlich von Ilfeld vorgefunden. Am 11. September gibt es mehrere weitere Exemplare dieses Pilzes am Bretterberg bei Mägdesprung.
(Schultz, 17)

Am Morgen des 17. September werden in Göttingen **Ausläufer des Erdbebens** in der norditalienischen Provinz Friaul registriert.
(GJ 1978, 235)

1978
Am 9. September von 19.24 Uhr bis 20.44 Uhr ist in unserem Gebiet eine **totale Mondfinsternis** zu beobachten. (Nordhausen (2003), 524)

Nachdem die Auerhühner im Harz zu Beginn des 20. Jahrhunderts ausgestorben sind, wurde 1974 im **Forstbezirk Lonau** eine **Aufzuchtstation mit Auerwild** aus dem Schwarzwald zum Zweck der **Wiedereinbürgerung** eingerichtet. Nach jahrelanger sorgfältiger Vorbereitung werden am 4. Oktober dieses Jahres 36 Auerhühner im Acker-Bruchberggelände in die Freiheit entlassen.
(Skiba, 60f.)

Da die Population des **Wanderfalken** durch die Aufnahme von in Pflanzenschutzmitteln enthaltenen chlorierten Kohlenwasserstoffen (DDT, HCB und PCB) mit den Mäusen und anderen Futtertieren zu Beginn der siebziger Jahre nördlich der Mainlinie erloschen ist, in unserem Gebiet hatte der Wanderfalke letztmalig um 1960 am Harzrand gebrütet, wird in diesem Jahr im NSG Plesse-Konstein mit der Auswilderung von Wanderfalken begonnen, die in Volieren des Deutschen Falkenordens gezüchtet worden sind. Seit 1974 ist die Anwendung von DDT und anderen chlorierten Kohlenwasserstoffen im Pflanzenschutzbereich verboten. Allein im Werra-Meißner-Kreis werden in den Jahren 1978 bis 1992 103 junge Wanderfalken ausgewildert. Der erste Brutversuch eines Wanderfalkenpaares findet 1983 an Basaltfelsen des Meißners statt. 1984 brütet das gleiche Paar erfolgreich in einem inzwischen angebrachten Brutkasten.
Im Jahr 1983 **brüten** auch **erstmals wieder Wanderfalken am Ilsestein im Harz.**
Im Jahr 1994 ist mit 30 Brutpaaren in Hessen nicht nur der alte Wanderfalkenbestand von 1950 wieder hergestellt, sondern weite Gebiete Ost- und Westdeutschlands sind ebenfalls mit besiedelt.
(Nitsche et al., 53; Unsere Jagd, H.6 1987, 170ff.; Brauneis (2012) 3; Skiba, 59; Ilsenburg, 45)

Im Rückhaltebecken Kelbra werden in diesem Jahr 500 Tonnen Speisekarpfen produziert. Die Satzfische für diese Stauanlage liefert die nahgelegene **Karpfenzuchtanlage Auleben.**
(Wüstemann (1982), 27)

Romantische Darstellung des Ilsesteins um 1840

1979

In der **Neujahrsnacht** setzt **starke Kälte mit anhaltendem Schneefall** ein. In den folgenden drei Tagen sind in unserem Gebiet insbesondere in den Höhenlagen Räumfahrzeuge pausenlos im Einsatz, damit der Straßenverkehr aufrechterhalten werden kann.
Die erste Januarwoche ist die kälteste der vergangenen 50 Jahre. Von Januar bis März liegt in den Höhenlagen unseres Gebiets eine geschlossene Schneedecke. Dadurch wird vielen Vögeln, insbesondere den Mäuse fressenden Greifvögeln, die Nahrungsquelle entzogen. Die Ornithologen stellen insbesondere Verluste bei den Mäusebussarden, Turmfalken und Eulen, aber auch bei Rebhühnern und Kleinvögeln fest. (Görner/Kaiser VII, 31; Nussbaumer, 209; Thüringer ornithologische Mitteilungen, 1986, H.34; Meldungen der Tagespresse vom Januar 1979)

Am 16. Januar erhält der etwa 17 Hektar große **Bereich der Erdfälle Finnenbruch, Großes Butterloch und Schwimmende Insel** in der Gemarkung Pöhlde des **Status eines NSG.** Der in einer Karstsenke entstandene Finnenbruch ist ein wachsendes Übergangsmoor mit Birken und Erlen, Hochstaudenfluren und Großseggengesellschaften. Das von einer mehrere Meter breiten Wasserfläche umgebene Zentrum des vermoorten Butterlochs besteht aus einer im Wasser schwimmenden Pflanzendecke, einem sog. Schwingrasen, auf dem auch einige Fichten und Birken wachsen. Die Schwimmende Insel ist ein besonders tiefer Erdfall mit der Tendenz zur Verlandung. Vom Ufer her wächst ein Schwingrasen mit teilweise seltenen Sumpf- und Moorpflanzen in die Wasserfläche des Erdfalls hinein. Wenn ein Teil dieses Schwingrasens abreißt, entsteht eine schwimmende Insel. (Abl. Brg Nr.2 vom 15.1.1979, 16f.)

Am 24. Mai gegen 15 Uhr zieht eine **gewaltige Gewitterfront über Nordhausen** hinweg. Es fallen 14,3 l Regen pro m². Es wird so dunkel, dass sich von 15.30 Uhr bis 15.50 Uhr die automatische Straßenbeleuchtung einschaltet. (Nordhausen (2003), 525)

Am Abend des 19. Oktober geht zwischen Nesselröden und Tiftlingerode ein **Meteorit** nieder. Der aus dem Raum zwischen Jupiter und Mars kommende Himmelskörper wiegt nach den Berechnungen der Astronomen vor seinem Eintritt in die Erdatmosphäre 40 Kilogramm, fliegt 64 km glühend durch die Lufthülle der Erde, wird dabei immer kleiner und landet mit einer Geschwindigkeit von nur noch 250 bis 300 km pro Stunde und mit einem Gewicht von nur noch etwa 100 Gramm auf der Erde. Das Max-Planck-Institut für Kernphysik in Heidelberg setzt für das Auffinden des Meteoriten eine Belohnung von 500 DM aus. (Kreißl, 444f.)

Nachdem die Quelle der Salza nahe der Stadt Nordhausen bereits seit einigen Jahren zur intensiven **Anzucht von Forellensetzlingen** in Betonrinnen genutzt wird, werden in diesem Jahr über drei Millionen Forellensetzlinge produziert. Speiseforellen wachsen auch in den Kiesgruben bei Nordhausen heran. (Wüstemann (1982), 27)

1980
Am Sonntag, den 6. April, wird in beiden deutschen Staaten aus energiepolitischen Gründen erstmalig seit Kriegsende wieder die **Sommerzeit eingeführt**. Die Uhren werden um 2.00 Uhr um eine Stunde vorgestellt. Die Sommerzeit endet am Sonntag, den 28. September, um 3.00 Uhr.
Ab 1981 beginnt die jährliche Sommerzeit jeweils am letzten Sonntag im März um 2.00 Uhr und endet am letzten Sonntag im September um 3.00Uhr. (Nordhausen (2003), 528)

Am 10. Juni wird **Hohegeiß** nach einem **Unwetter mit Starkregen**, bei dem in wenigen Stunden 135 mm Niederschlag fallen, von einem Hochwasser heimgesucht, das erhebliche Schäden an Gebäuden sowie an den Forst- und Wanderwegen rund um den Ort anrichtet. In Hohegeiß fallen im Monat Juni durchschnittlich nur etwa 75 mm Niederschlag. (Schwarz (2004), 204)

Nach einem fast windstillen Tag mit drückender Hitze wird unser Gebiet in den Morgenstunden des 15. Juli von einem **schweren Unwetter mit Sturm und Starkregen** heimgesucht. Durch den Sturm mit Spitzengeschwindigkeiten von bis zu 108 km/h werden viele Dächer sowie Strom- und Telefonleitungen beschädigt und zahlreiche Bäume entwurzelt. In Nordhausen fallen in wenigen Stunden 45 l

Waldschäden im Ilfelder Tal nach dem Wirbelsturm im Juli 1980

Regen pro m². Dieser hinterlässt auch in den Gartenanlagen große Schäden. Im Stadtpark werden 60 Prozent und im Wald- und Naherholungsgebiet Gehege ein Drittel der Bäume Opfer des Sturms. Auch am Tierbestand sind Verluste zu beklagen. Da Stallungen, Volieren, Einfriedungen usw. zerstört werden, flüchten Hirsche, Mufflons und die Vögel ins Freie und nur wenige können wieder eingefangen werden. Von den ursprünglich ca. 400 Baumarten im weithin bekannten Park Hohenrode werden 200 zerstört. Zahlreiche Straßen sind von umgebrochenen Bäumen blockiert. Besonders verheerend wütet der Sturm in den angrenzenden Südharzer Forstrevieren, wo er 240.000 m³ Bruchholz verursacht. Etwa 70 Prozent der getroffenen Bäume sind Buchen, der Rest Fichten. Viele Hänge werden zu Kahlflächen.
(Nordhausen (2003), 529f.; „Das Volk" vom 18. Juli 1980; Landschaftspflege und Naturschutz in Thüringen, 4/1981, 97; Tauchmann (1982), BHN, H.7, 18; Ders. (2006), 65f.)

Ende August beherrscht eine für diese Jahreszeit **seltene Kaltfront den Südharz**. Im Harz werden **Bodenfröste** registriert. Die Nordhäuser müssen heizen. (Nordhausen (2003), 530)

Seit diesem Jahr wird der **Buchenanbau im Harz**, vor allem durch Forstmeister Ernst Eberhard sowie Prof. Dr. Hans-Joachim Otto, **intensiv gefördert**. (Brückner et al., 362)

Um 1980

Die **Türkentaube** ist um diese Zeit in allen größeren Städten des Harzes bereits ständiger Brutvogel. In kleineren Orten, z. B. Wildemann, Sieber, Zorge, Wieda und Lonau, brütet sie nicht oder nur unregelmäßig, wahrscheinlich wegen unzureichender Futterversorgung im Winter. (Skiba, 66)

Um 1980 werden im 12 ha umfassenden **Großen Teich bei Veckenstedt** jährlich etwa 3.000 kg **Karpfen** je ha produziert. (Wüstemann (1982), 27)

1981

Am 3. Februar tobt ein **heftiger Orkan** mit einer maximalen Windgeschwindigkeit von 69 m/s (248 km/h) über den **Brockengipfel**. Innerhalb von 20 Minuten fällt der Wind nicht unter 40 m/s ab. Nur den meterdicken Raueispanzern an der Außenfassade ist es zu verdanken, dass die Wetterwarte keinen Schaden nimmt. (Kinkeldey et al, 36)

Durch das in der ersten Märzdekade einsetzende Tauwetter erfolgt eine schnelle Schmelze der beträchtlichen Schneemengen in den Höhenlagen des Harzes. Hinzu kommen starke Regenfälle, die zu **Hochwasser im Harz** führen. Im Okertal folgen drei Hochwasser sehr schnell aufeinander, von denen die Okertalsperre das dritte nicht mehr fassen kann. Das Hochwasser der Zorge erreicht am Pegel Nordhausen am 11. März mit 205 cm Alarmstufe 4.
(Deutsch/Reeh/Pörtge, 137; Schmidt (2012), 78; Nordhausen (2003), 532)

In der Nacht vom 3. zum 4. Juni führen kräftige Gewitter mit hohen Niederschlägen, die über Nordwestthüringen, Nordhessen und Südniedersachsen toben, zu einem **starken Hochwasser**, das auch im Kreis Nordhausen große Schäden an den landwirtschaftlichen Nutzflächen anrichtet.
In Südniedersachsen fallen in wenigen Stunden bis zu 125 Liter Regen pro m².
(GJ 1982, 229; EHZ, 2013, 221; Deutsch/Reeh/Pörtge, 135ff.)

Nachdem der Bestand des **Kolkraben** in unserem Gebiet durch starke Nachstellung Anfang dieses Jahrhunderts erloschen war, kommt es ab Mitte dieses Jahrhunderts zu einer Wiederausbreitung dieses Rabenvogels, der durch das Reichsjagdgesetz von 1935 gesetzlichen Schutz und ganzjährige Schonzeit erhalten hat.
Die **erste Wiederansiedlung** eines Kolkrabenpaares in unserem Gebiet wird in diesem Jahr in der **Badraer Schweiz** beobachtet. (Wagner/Scheuer, 405)

1982

Am Abend des 9. Januar tritt eine **totale Mondfinsternis** ein.
(Görner/Kaiser VII, 62; Oppolzer, 374)

Am 16. August wird das 73 ha große, bei Bad Sachsa liegende **Gebiet Weißensee-Steinatal unter Naturschutz** gestellt. Diese Gipskarstlandschaft schließt sich an das **NSG Steingrabental-Mackenröder Wald** an und weist einige karstmorphologische und hydrogeologische Besonderheiten, wie Dolinen – durch Lösungsvorgänge an der Erdoberfläche entstandene Karsttrichter –, Karstquellen, Karstseen und Bachschwinden, auf.
(Abl. Brg. Nr. 16 vom 15.8.1982, 171ff.)

Ende Oktober kommt es zu einem **Fischsterben in der Zorge**, weil durch Unachtsamkeit aus einem Nordhäuser Betrieb 25.000 l verdünnte Salzsäure und 200 kg 60%-ige Natronlauge in den Fluss gelangt sind.
(Nordhausen (2003), 537)

Von einem Hobbygärtner in Dransfeld wird in diesem Jahr eine ursprünglich im westlichen Kaukasus beheimatete **Heraklesstaude**, auch Riesen-Bärenklau genannt, aus Samen gezogen. Diese Pflanze mit einer Wuchshöhe bis zu drei Metern breitet sich anschließend an der Auschnippe entlang, die den Ort durchfließt, explosionsartig aus, weil sie bis zu 10.000 Samen hervorbringt. Die Heraklesstaude ist bereits im 19. Jahrhundert in verschiedenen mitteleuropäischen Gärten und Parks als Zierpflanze angebaut worden. In Nordwestthüringen tritt sie seit der zweiten Hälfte des 20. Jahrhunderts auf. Das Doldenblütengewächs hat vor allem Bach- und Flussauen sowie Straßenränder besiedelt. Die invasive Staude, deren Saft bei Bestrahlung durch Sonnenlicht giftig ist und bei Menschen und Säugetieren schwer heilende Schädigungen der Haut hervorruft, wenn sie die Pflanze berühren, verdrängt einheimische Arten und kann nur mit großem Aufwand bekämpft werden. Das ursprünglich aus dem Himalaya stammende **Drüsige Springkraut** ist im 19. Jahrhundert als Zierpflanze nach Mitteleuropa gebracht worden und hat sich wahrscheinlich über Botanische Gärten bei uns festgesetzt. 1854 sind die ersten eingebürgerten Pflanzen in Thüringen im Herbarium Georges mit der Bemerkung *„am Parkteich bei Gotha verwildert"* belegt.
Das Drüsige Springkraut breitet sich an Flüssen und Bächen, aber auch an feuchten Böden in Wäldern aus und verdrängt dort die örtliche Flora. Es ist auch in unserem Gebiet in Ausbreitung begriffen.
(Herdam et al, 186)
Auch der in Ostasien beheimatete **Japanische Staudenknöterich** wurde bereits 1823 als Zierpflanze nach Europa gebracht. Er dient darüber hinaus als Futter für Pferde und Kühe. Die bis zu vier Meter hohe Staude und ihr dichtes Blätterdach erleichtern es ihr, das Wachstum einheimischer Pflanzen zu behindern und sich gegen die örtliche Flora durchzusetzen.
Der Japanische Staudenknöterich breitet sich auch in unserem Gebiet weiter aus.
(Herdam et al, 127)
Die aus Nordamerika stammende **Kanadische Goldrute** wurde bereits 1632 in England als Zierpflanze und Bienenweide eingeführt. In Deutschland erscheint sie erstmals vor 1651 im herzoglich braunschweigischen Garten zu Hessem bei Wolfenbüttel und ist im 18. Jahrhundert bereits in vielen deutschen Gärten verbreitet. Nach 1930 beginnt die Art mehr und mehr zu verwildern und sich vielerorts auf Bahndämmen, Schuttflächen und anderen trockenen Standorten oftmals in riesigen Mengen auszubreiten, weil sie in Deutschland keinen einzigen Fressfeind hat, im Gegensatz zu ihrer Heimat, wo sie von etwa 300 Tierarten gefressen wird. Durch ihr großes Ausbreitungspotential (unterirdische Ausläufer und bis zu 19.000 Samen pro Pflanze) verdrängt sie vor allem auf Magerrasen heimische, Licht liebende Pflanzen.
Die Kanadische Goldrute ist im Harzvorland verbreitet, im Harz selten.
(Reuther, Neophyten, 10; Tillich, Flora Mühlhausen, 63, 68, 99; Kowarik, 10; Krausch, 444f.; Westhus et al (2016), 172; Herdam et al, 255)

Mit Verordnung der Bezirksregierung Braunschweig vom 18. August wird das östlich von Göttingen gelegene, etwa 115 ha große **Bratental unter Naturschutz gestellt.** Auf den artenreichen Halbtrockenrasen gedeihen mehrere Orchideenarten sowie der schutzbedürftige Acker-Wachtelweizen. Bei den Tieren bedürfen Neuntöter, Zauneidechse, Roesels Beißschrecke und der Schwalbenschwanz des gesetzlichen Schutzes. Im Gebiet brüten u. a. Wespenbussard und Mäusebussard und haben Ackerhummel, Baumhummel und Waldhummel einen Lebensraum.
(Abl. Brg Nr. 17 vom 1.9.1982)

1983
Durch Beschluss des Bezirkstags Halle vom 17. März wird ein 7.208 ha großes Gebiet des **Kyffhäusers** mit dem Stausee Berga-Kelbra **zum LSG** erklärt. Begründet wird der Beschluss mit der *„Bedeutung des Gebietes für die Erholung der Bevölkerung"* und mit den *„erhaltungswürdigen landschaftlichen Schönheiten"*.
(NLSGSA, 356)

Am 20. April führt die **Wipper**, die ein Wassereinzugsgebiet von 106 km² hat, **Gefahrenhochwasser**. Der Hochwasserdurchfluss beträgt 106,0 m³ je Sekunde und der Pegelstand 3,25 m.
(Tauchmann (2006), 81)

Die aus den Salzsteppen Osteuropas und Asiens nach Mitteleuropa eingewanderte **Dichtblütige Radmelde** wird in diesem Jahr erstmalig am Güterbahnhof Mühlhausen, festgestellt. In den folgenden Jahren verbreitet sich dieser Neophyt auf vielen Bahnanlagen unseres Gebiets.
(Tillich, Flora Mühlhausen, 71; Reuther, Neophyten, 9; Herdam et al, 124)

Am 30. November wird die nach 1945 zurückgebaute und auf Entscheidung des Verkehrsministers der DDR seit 1981 wieder aufgebaute Strecke der **Schmalspurbahn zwischen Straßberg und Stiege wiedereröffnet.** Damit werden die Selketalbahn und die Harzquerbahn wieder miteinander vernetzt.
(Lauerwald (2004), 242)

In diesem Jahr wird das **Purpur-Reitgras** für den Harz entdeckt. In den folgenden Jahren wird im Harz eine ganze Reihe von Fundorten entdeckt, darunter am Dammfuß des unteren Flambacher Teichs. Die Art ist boreal verbreitet und ist wohl eine der Glazialpflanzen des Harzes.
(Harzer Pflanzenwelt, 61)

1984
In diesem Jahr kann auch erstmalig die Brut des **Schwarzstorchs** als Rückkehrer in Thüringen nachgewiesen werden. Ab Mitte der 1980er Jahre werden regelmäßig die Daten seiner Brutzeit im Ellricher Stadtwald und im Forstrevier Rothehütte erfasst, wo 1987 ein sicherer Brutnachweis vorliegt.
(Wagner/Scheuer, 114)

Durch einen Bergschaden entsteht am 1. Juni hinter dem Kurhaus von Wildemann ein **Erdloch**, das verfüllt wird. Dennoch bricht im Januar des folgenden Jahres der Boden an derselben Stelle wieder ein, sodass das Kurhaus bis zum Ende der Sicherungsarbeiten geschlossen werden muss.
(Dirks (1997), 184)

In der Nacht vom 23. zum 24. November überquert ein **Sturmtief** unser Gebiet und richtet dabei beträchtliche Schäden an.
Am 24. November fegt ein **Orkan** mit 73 m/s (263 km/h) über den **Brockengipfel**. Das zehnminütige Windmittel erreicht unglaubliche 48 m/s (173 km/h). Es ist der heftigste Orkan seit Beginn der Wetteraufzeichnungen auf dem Brocken.
(Kinkeldey et al, 36)

Bei Bauarbeiten in dem etwa 300 m langen Zulaufstollen der Forellen-Rinnenanlage Altenbrak wird in diesem Jahr eine pigmentarme, gut an das Höhlenleben angepasste Population der **Westgroppe** entdeckt. Die Westgroppe gehört zu den charakteristischen Fischarten der Harzer Forellenregion. Verschlechterung der Wasserqualität, Überweidung der Bachufer, Beseitigung naturnaher Bach- und Flussbiotope durch Ausbaumaßnahmen der Land- und Wasserwirtschaft, Zerstückelung der Fließgewässer durch Wehre und Talsperren sowie sogenannte Bestandsregulierungsmaßnahmen tragen zum Rückgang dieser unter Naturschutz stehenden Fischart bei.

Vor allem diese Ursachen führen auch zu **Bestandsrückgängen beim Bachneunauge, der Bachforelle, der Schmerle und der Elritze** in unserem Gebiet.

Im Gegensatz zu diesen im Bestand gefährdeten *„Charakterfischen"* des Harzes haben sich **einige Fischarten**, die nur in wenigen Exemplaren in den Harzgewässern vorkamen, teilweise **explosionsartig entwickelt**. Vor allem durch die entstandenen Talsperren finden hier zahlreiche Fischarten gute Fortpflanzungsbedingungen, darunter **Barsch, Hasel, Plötze und Schleie**. Besonders die Hasel, ein kleinwüchsiger Fisch der Fließgewässer, und der Barsch, ein Raubfisch, steigen verstärkt in die Zuflüsse auf und verdrängen für die Harzgewässer charakteristische Fischarten.

In den Talsperren des Ostharzes haben sich die **Bachforellen** zunächst gut an den Anstau angepasst und bilden aufgrund des guten Nahrungsangebots großwüchsige Exemplare aus, sie werden aber durch große Bestände kleinwüchsiger **Barsche**, deren Laich durch Wasservögel **eingeschleppt** wurde, verdrängt. Den Barschen folgen die **Plötze** und andere Weißfischarten, sodass sich die **Talsperren von** anfänglichen **Forellengewässern** zu **Weißfischgewässern verändern**.

Mit Erfolg wurde die heringsartig aussehende und ausschließlich Plankton fressende **Kleine Maräne** aus dem Arendsee in die Rappbodetalsperre eingebürgert.

Für die vielen Teiche des Harzes sind Fische wie **Karpfen, Gründling, Schleie, Barsch, Plötze** und in höheren Lagen die **Regenbogenforelle** typisch, zu denen sich in tiefer gelegenen Gewässern Moderlieschen und Stichlinge gesellen. Zusätzlich zu diesen Fischarten finden aus wirtschaftlichem oder angelsportlichem Interesse auch **Aal, Hecht, Graskarpfen, Silberkarpfen und Marmorkarpfen Eingang in die Fischfauna des Harzes**.

Im Kreis Wernigerode gehören von den 27 nachgewiesenen Fischarten nur 15 zu den bodenständigen. Die Restvorkommen der einstmals reichen Bestände des **Edelkrebses** in den Harzgewässern stehen unter Naturschutz. (Wüstemann (1989),12ff.)

In den natürlichen Wasserläufen – hauptsächlich der Warmen Bode – spielte der Fang von **Flusskrebsen** bis in die Neuzeit eine gewisse Rolle. (Blankenburg, 167)

1985

Am 2. Februar wird die in der Nähe von Bad Frankenhausen liegende **Äbtissingrube** zum **Flächennaturdenkmal** erklärt. Dieser wahrscheinlich im Mittelalter entstandene **Erdfall**, an dessen nördlichem Rand es 1953 zu einem Nachbruch kam, ist mit einer Länge von ca. 160 m, einer Breite von ca. 120 m und einer Tiefe von ca. 40 m der größte des Kyffhäusergebirges. (Netzwerk Thüringer Geoparks, 36)

In diesem Jahr **brütet** der **Uhu erfolgreich im Südharzgebiet** bei Ellrich. (Görner, Acta H.1)

1986

Am 9. Februar erreicht der auch in unserem Gebiet sichtbare **Halley'sche Komet** seinen sonnennächsten Punkt. Er bleibt mit einem Abstand von 88 Millionen km zur Erde relativ weit von unserem Planeten entfernt, gehört dennoch zu den am meisten beobachteten Kometen aller Zeiten, weil er im November und Dezember 1985 sowie im März und April 1986 mit bloßem Auge sichtbar ist. (Kreißl, 441; Reichstein, 17; Kronk V, 765ff.).

Der **Februar** gehört mit einer Durchschnittstemperatur von minus 7° C **zu den kältesten** Februarmonaten der vergangenen fünf Jahrzehnte. (Görner/Kaiser VII, 105)

Am 26. April schmilzt im ukrainischen **Tschernobyl** in einem Atomkraftwerk der Reaktorkern. Innerhalb von 10 Tagen verbreitet sich eine **hochradioaktive Wolke über Europa.** Auch in unserem Gebiet sind viele Menschen besorgt, da bekannt wird, dass der Aufenthalt im Freien durch die Strahlenaufnahme schädlich sein kann. (Nordhausen (2003), 550)

Am 17. Oktober gegen 19.00 Uhr wird auch in unserem Gebiet eine **totale Mondfinsternis** beobachtet. Der Höhepunkt wird gegen 20.15 Uhr erreicht, als der Erdschatten den Mond vollständig verdunkelt. (Nordhausen (2003), 552)

1987
Das neue Jahr bringt **strengen Frost** mit Temperaturen bis zu minus 25° C und **ergiebigen Schneefällen.** Ein starker Nordost-Wind mit Spitzengeschwindigkeiten bis zu 70 km/h verursacht Schneeverwehungen in den Höhenlagen unseres Gebiets, so dass es zu erheblichen Verkehrsbehinderungen kommt. Durch eine Sprengung der dicken Eisdecke im Oberlauf der Innerste wird eine Flutwelle ausgelöst, die Eisschollen vor sich her schiebt und in Wildemann erhebliche Zerstörungen verursacht.
Auch in Nordhausen wird schwere Technik eingesetzt, um die Schneemassen aus der Stadt zu bringen. Es kommt auch zu Schäden an den Stromleitungen. Unter der schweren Schneelast knicken viele Fichten und auch Laubbäume um. Allein im Revier des Forstwirtschaftsbetriebs Nordhausen entstehen etwa 130.000 m³ **Schneebruchschäden.**
Am 14. Januar fällt in Nordhausen das Thermometer auf minus 26,5° C. Das ist die tiefste Temperatur seit 31 Jahren.
Der extrem schneereiche und sehr kalte Winter hinterlässt auch große Straßenschäden. Allein im Kreisgebiet und der Stadt Nordhausen muß eine Fläche von 300.000 m² repariert werden.
(Nordhausen (2003), 552f.; Dirks (1997), 185; Thüringer Tageblatt vom 14. Januar 1987)

Die Erneuerung und Vergrößerung des am Teufelsgrundbach liegenden **Fürsten-Teichs** mit der 1984 begonnen wurde, wird in diesem Jahr abgeschlossen. Der Teich hat ein Speichervolumen von 110.000 m³ und dient dem Hochwasserschutz, der Niedrigwasseraufhöhung, der Fischerei und wird für die Erholung genutzt. (Krause, 122ff.)

Der **Schwarzstorch** kehrt in diesem Jahr in unser Gebiet zurück. Im Kreis Nordhausen wird die erste Brut dieses scheuen Kulturflüchters registriert.(Wagner/Scheuer, 113)

1987/88
Zur Minderung der Bodenversauerung infolge des Eintrags von Stickoxiden erfolgt in den mittleren und hohen Lagen zwischen Ilsenburg und Elend eine **großflächige Düngung der Wälder** per Hubschrauber. (Brückner et al., 362)

1988
Die **Trockenheit von April bis September** wird als die längste dieses Jahrhunderts bezeichnet.

Am 30. Juni wird am **Rammelsberg** nach mehr als 1000jährigem Abbau **der letzte Förderwagen gehoben.** (Roseneck (1992), 117)

Im Oktober kann die im älteren Gips am Nordfuß des Kyffhäusers liegende **Numburghöhle**, die seit 1928 bekannt ist und in einem Erdfall durch Steinbruchbetrieb erschlossen ist, **erstmalig intensiv erforscht** werden. Die ganze Höhle ist gewöhnlich von zwei Seen bedeckt. Weil jedoch der Karstwasserspiegel durch den Kupferschieferbergbau bei Sangerhausen massiv gefallen ist, wird die Höhle begehbar. Sie ist größte Höhle des Kyffhäusergebiets, die riesigen Säle und hohen Dome übertreffen sogar die der Heimkehle. Nachdem die Absenkung des Wasserspiegels durch das Bergbauunternehmen eingestellt wird, kommt es zu einer erneuten Überflutung der Höhle, deren Eingang verschlossen wird. (Völker, Numburghöhle; Biese (1931), 35ff.; Wenzel et al., 54)

Gefrierender Regen vom 30. November bis zum 2. Dezember führt in unserem Gebiet zu **erheblichen Schäden an den Buchenbeständen** in den Wäldern. (Das Volk vom 3. Dezember 1988)

1989
Am 17. Januar erhält das südöstlich von Walkenried gelegene, 22, 4 ha große **Gebiet Juliushütte den Status eines NSG**. Aufgrund der seltenen räumlichen Abfolge von Gipswand, Blaugrasrasen, Wald, Feuchtgebiet und Fließgewässer weist das Gebiet ein vielfältiges Spektrum von trockenen bis feuchten, ebenen bis steil abfallenden, vegetationsfreien bis bewaldeten Standorten auf. Es bildet damit die Lebensstätte für vielfältige, artenreiche und seltene Pflanzen- und Tiergemeinschaften. (Abl. Brg Nr. 2 vom 16.1.1989, 26)

Mit Beschluss des Rates des Kreises Nordhausen vom 26. Januar werden **30 Landschaftsteile im Kreis Nordhausen** zu **Flächennaturdenkmalen** erklärt. Dazu gehören u. a.
- der Igelsumpf bei Gudersleben, ein Lebensraum der Geburtshelferkröte und von nacheiszeitlichen Pflanzenarten, die vom Aussterben bedroht sind,
- der Ibergstau am Oberlauf des Krebsbaches, ein stark besuchter Krötenlaichplatz,
- die Kiesgrube bei Wolkramshausen, ein bedeutender Laichplatz der Erdkröte,
- der Standort des einzigen Vorkommens von Alpengänsekresse in der DDR am Rand des Kammerforsts nordwestlich von Cleysingen,
- der Haldenkegel und das Mundloch des früher in Handarbeit betriebenen Steinkohlenbergwerks am Preßborn östlich von Netzkater,
- die vier Sülzquellen westlich der ehemaligen Sülzemühle bei Niedergebra,
- die Klippen im Steinmühlental an der Forststraße Appenrode-Rothehütte als Biotop für Wildkatze und Muffelwild,
- die Reiherkolonie im Forstrevier Königsthal mit durchschnittlich 100 Horstplätzen,
- der aufgelassene Gipssteinbruch an der Straße Krimderode-Rüdigsdorf mit zwei Horizonten von rein kristallinem Gips, dessen schneeweiße Alabasterknollen hier vom 17. bis 19. Jahrhundert abgebaut und zur Herstellung kunstgewerblicher Objekte verarbeitet wurden,
- die Ketterlöcher südlich von Limlingerode, eine seltene Konzentration von Erdfällen mit wässrigem oder moorigem Grund und vorwiegend naturnaher Waldumrandung,
- der Gesundbrunnen im Trebraer Wald, eine starke Quelle mit geschichtlicher Tradition, sowie
- der Kälberbruch, eine Moorfläche mit seltenen Pflanzen im Forstrevier Sophienhof.
(Beschluss 001889 des Rates des Kreises Nordhausen vom 26.1.1989; Geologische Besonderheiten, 17)

Am 13. März ereignet sich bei Völkershausen ein **bergbaubedingter Gebirgsschlag**, bei dem sechs Menschen verletzt und fast 80 Prozent der Gebäude des Ortes beschädigt werden. Die **Erdstöße** erreichen eine Stärke von 5,5 auf der Richterskala und sind bis nach Eisleben, Magdeburg, Göttingen, Braunschweig und Frankfurt/M. spürbar. („Das Volk" vom 14.3.1989; GJ 1990, 279)

Seit dem 2. Juni stehen die **Bachtäler im Oberharz um Braunlage unter Naturschutz.**
Das 377 ha große NSG umfasst die naturnahen Bachläufe der Bremke und der Warmen Bode sowie des Großen Goldbachs, des Brunnenbachs, des Großen Kronenbachs, des Schächerbachs, des Petersilienwassers und des Ebersbachs einschließlich der Quellbereiche. Die sommerkalten Bäche sind sehr strukturreich ausgeprägt. Sie fließen in Mäandern, haben Steil- und Flachufer, Sand- und Kiesbänke sowie Altarme. In den nährstoffarmen Quellsümpfen und –mooren treten Seggenrieder sowie Übergangs- und Schwingrasenmoore auf. Die bewaldeten Bereiche werden teilweise von naturnahen Auen- und montanen Fichtenwäldern eingenommen. Typische Pflanzenarten sind das Ausdauernde Silberblatt, der Platanenblättrige Hahnenfuß und an wenigen Stellen der Alpen-Milchlattich. Typische Vogelarten sind die Gebirgsstelze und die Wasseramsel.
(Brückner et al., 268f., 362; Beug et al., 29; https://www.nlwkn.niedersachsen.de/naturschutz/schutzgebiete, abgerufen am 20.8.2017)

Am 19. Juni tritt die auf der Grundlage des Landeskulturgesetzes der DDR erlassene **Verordnung zum Schutz und zur Pflege der Pflanzen- und Tierwelt und der landschaftlichen Schönheiten** in Kraft, die eine erhebliche Verbesserung der Rechtsgrundlagen des Arten- und Biotopschutzes beinhaltet. Mit der Verordnung werden u. a. die gesetzlichen Kategorien Totalreservat, Biosphärenreservat und geschütztes Feuchtgebiet eingeführt sowie die mögliche Schutzfläche von Flächennaturdenkmalen von drei auf fünf ha erweitert.
(Gbl. DDR, 1989, Teil I, Nr.12 vom 19.6.1989)

Unmittelbar nach der Öffnung der Grenze der DDR zur BRD am 9. November ergreifen Naturschützer in Ost und West Initiativen, um das 50 bis 250 Meter breite Vorland vor den Grenzanlagen der DDR, das jahrzehntelang nicht betreten werden durfte und in dem sich aufgrund seiner Abgeschiedenheit vielfältige Biotope mit einer großen Artenvielfalt entwickelt haben, unter Naturschutz zu stellen. Dieser Grenzbereich wird nach der Herstellung der Einheit Deutschlands zum **Grünen Band** erklärt. Zu diesem längsten Biotopverbundsystem Deutschlands, in das auch unmittelbar an der Grenze liegende Schutzgebiete der alten Bundesländer einbezogen sind, gehören in unserem Gebiet mehrere NSG, darunter die NSG Oberharz, die Bachtäler im Oberharz sowie Bockberg, Elendstal, Eckertal und Siebertal, von denen später einige, zumindest zum Teil, im Nationalpark Harz aufgegangen sind.
(Nitsche et al., 76ff.; Brückner et al, 358)

Am 28. November kann in unserem Gebiet ein **Polarlicht** beobachtet werden. (Schlegel, Kristian, 153)

Die an den windgeschützten Hängen des Wolfsbachtals in der Nähe von Hohegeiß stehenden, etwa 350 Jahre alten, mit Stammdurchmessern von 100 bis 180 cm mächtigsten Fichten Norddeutschlands, werden in diesem Jahr unter Naturschutz gestellt. Die mehr als 50 m hohen Bäume, im Volksmund als die **Dicken Tannen** bezeichnet, werden Ende des 18. Jahrhunderts erstmals in Forsturkunden erwähnt. (https://de.wikipedia.org/wikiDicke-Tannen (abgerufen am 13.12.2017; Blankenburg, 299)

Dicke Tannen bei Hohegeiss. - Harz.

Die Dicken Tannen um 1930

Am Horn wird in diesem Jahr die **erste Windkraftanlage Bad Harzburgs** errichtet.
(Meier/Neumann, 669, 700)

Die Erneuerung und Vergrößerung des am Teufelsgrundbach liegenden **Teufels-Teichs** mit der 1985 begonnen wurde, wird in diesem Jahr abgeschlossen. Der Teich hat ein Speichervolumen von 758.000 m³ und dient der Trinkwasserbereitstellung, dem Hochwasserschutz und der Fischerei.
(Krause, 122ff.)

1990

Mit Verordnung vom 8. Januar wird das 930 ha große, aus dem Fluss Rhume, einschließlich der Rhumequelle und dessen Zufluss Eller von der Grenze zum Landkreis Eichsfeld ab flussabwärts bis zur Mündung der Oder bei Katlenburg sowie einem Bach bei Gillersheim bestehende Gebiet **Rhumeaue/Ellerniederung/Gillersheimer Bachtal** endgültig **unter Naturschutz gestellt**, nachdem es bereits im April 1987 einstweiligen Schutzstatus erlangt hatte. Zu den geschützten Biotopen gehören der Auwald in der Flussaue sowie Röhrichte, Seggenriede und Staudenfluren.
(Abl. Brg Nr. 20 vom 30.10.2000, 237f.)

Am Abend des 25. Januar zieht ein **starker Sturm** mit Geschwindigkeiten von mehr als 100 km/h über unser Gebiet und verursacht beträchtliche Schäden an Gebäuden und Bäumen.
(TA, Lokalseite Heiligenstadt, vom 30. Januar 1990; EHSt. 3/1990, 130, EHSt. 4/1990, 176; GJ 1991, 244)

Am 27. Februar fegt erneut ein **Sturm mit Windstärke 11** über unser Gebiet und verursacht in den Wäldern starken **Windbruch**. Es entstehen zehntausende m³ Schadholz.
(TA vom 28.2.1990)

Der **Februar** dieses Jahres ist **der wärmste seit 40 Jahren.**
(TA vom 3.3.1990)

Am 1. März richtet der **orkanartige Sturm** Wiebke erhebliche Schäden an den Stromleitungen und in den Wäldern unseres Gebiets an. (TA vom 2.3.1990)

Mit Beschluss des Rates des Kreises Nordhausen vom 26. April werden **11 Landschaftsteile** im Kreis Nordhausen zu **Flächennaturdenkmalen** erklärt. Dazu gehören die Feuchtgebiete Wiedaseitental bei Woffleben, Alter Bahndamm bei Görsbach, Wiedaaue bei Obersachswerfen, Windlücke bei Petersdorf, Pfingstwiese bei Hainrode, Günzeroder Straße bei Hochstedt, Helenenhof bei Lipprechterode, Taternholz und Ellricher Teiche sowie die Erdfälle Ziegenlöcher bei Pützlingen und die Pfaffenköpfe bei Hohnsdorf.
(Beschluss 002990 des Rates des Kreises Nordhausen vom 26.4.1990)

Mit der Öffnung der Grenze zwischen der DDR und der BRD kann auch die unmittelbar auf der Grenzlinie stehende, etwa 250 Jahre alte **Wendel-Eiche bei Ellrich** wieder besucht werden. Dieser alte Grenzbaum markierte bereits die Grenze zwischen dem Herzogtum Braunschweig und dem Königreich Preußen. Die imposante Traubeneiche war bis zur Teilung Deutschlands im Ergebnis des Zweiten Weltkrieges ein beliebtes Ausflugsziel, lag danach bis 1989 im Sperrgebiet der DDR. Eine Anfang des 20. Jahrhunderts erbaute Wendeltreppe, die von den DDR-Grenztruppen wieder abgebaut wurde, führte zu einer Aussichtsplattform in der Krone.

Am 1. Juli tritt das **Umweltrahmengesetz** in Kraft, **mit dem die DDR** in Erfüllung ihrer Verpflichtungen aus dem Vertrag vom 18. Mai über die Schaffung einer Währungs-, Wirtschafts- und Sozialunion zwischen der DDR und der BRD das **Bundesnaturschutzgesetz und andere wesent-**

Die Wendel-Eiche bei Ellrich um 1930

liche **umweltrechtliche Vorschriften der BRD übernimmt.** Bis zum Inkrafttreten von Naturschutzgesetzen in den neuen Bundesländern gilt hier das Bundesnaturschutzgesetz in der am 1. Juli 1990 gültigen Fassung unmittelbar. (GBl. der DDR, 1990 I, 649)

Am 10. August **endet** die **Kupfererzförderung im Bergbaurevier Sangerhausen,** die 1951 mit dem Thomas Müntzer-Schacht und 1958 mit dem Bernhard Koenen-Schacht nach zeiteiligem Stillstand in der ersten Hälfte des 20. Jahrhunderts wieder aufgenommen worden ist. In diesen Schachtanlagen wurden von 1951 bis 1990 insgesamt 27,3 Millionen to Erz mit einem Metallinhalt von 598.000 to Kupfer und 2.993 to Silber abgebaut.
In der Landschaft zwischen dem Südrand des Harzes und dem Kyffhäuser erinnern drei weithin sichtbare Spitzkegelhalden mit insgesamt 38,6 Millionen to Haldenmaterial an die aktive Bergbauperiode nach dem Zweiten Weltkrieg in diesem Revier.
(Mansfeld (2008), 117ff.)

Am 1. Oktober wird in Sachsen-Anhalt der **Nationalpark Hochharz** eingerichtet, der die Hochlagen mit einer Fläche von etwa 5.900 ha umfasst. Der Nationalpark wird durch Gesetz des Landes Sachsen-Anhalt vom 6. Juli 2001 um ca. 3.000 ha erweitert, sodass nun alle Lebensräume von der kollinen Stufe bis zur subalpinen Brockenkuppe vertreten sind.
(Beug et al., 29; NLSGSA, 63)

Die **Schwefelkiesgrube Einheit** bei Elbingerode wird in diesem Jahr **stillgelegt.**
(Brückner et al., 379)

Im Kreis Wernigerode werden in diesem Jahr in den Oberförstereien Ilsenburg und Rothehütte jeweils zehn **Auerhühner** ausgewildert, doch kommen inzwischen nur noch wenige dieser großen Vögel vor. Sie benötigen vielfältig strukturierte Lebensräume und sind sehr empfindlich gegen Störungen, sodass bei der starken touristischen Nutzung des Gebiets kaum Lebensräume bleiben.
(Ilsenburg, 42; Brückner et al., 52)

Um die landwirtschaftliche Produktion durch die Bewässerung von Ackerflächen zu steigern, werden in der Zeit von 1945 bis 1990 in Thüringen **86 Wasserspeicher angelegt,** im Zeitraum von etwa 1970 bis 1990 allein 64. Diese Wasserspeicher entstehen durch das Anstauen von Bächen oder Wassergräben und dienen vorrangig der Bereitstellung von Beregnungs- und Brauchwasser.
(Görner, Gewässer, 101)

1991

Nach der Herstellung der Einheit Deutschlands findet das **Bergrecht der BRD** auch im Gebiet der ehemaligen DDR Anwendung, wodurch die Anlage und der Betrieb von Steinbrüchen wesentlich erleichtert werden. In Thüringen und Sachsen-Anhalt werden **zahlreiche, das Landschaftsbild verändernde Steinbrüche angelegt oder erweitert.**

Im April erhält das 33,6 ha große, zwischen Bad Lauterberg und Bartolfelde liegende **Gebiet Butterberg/Hopfenbusch** den Status eines NSG. Der artenreiche Kalkmagerrasen mit seinen trockenwarmen Lebensbedingungen bildet den Lebensraum für zahlreiche schutzbedürftige wildwachsende Pflanzen und wildlebende Tiere. (Abl. Brg vom 2.4.1991, 100f.)

Nachdem die neugebildete Kali-Südharz AG am 1. Juli vergangenen Jahres die Kaliwerke im Südharz-Unstrut-Gebiet übernommen hat, werden auf Beschluss des Aufsichtsrats der Mitteldeutschen Kali AG die **Kaliwerke Sondershausen, Volkenroda, Bleicherode und Sollstedt** mit Wirkung zum 31. Dezember **endgültig stillgelegt.** Tausende von Beschäftigten dieser Betriebe verlieren ihren Arbeitsplatz. (Bartl et al., Kali Bd.2, 464)

In diesem Jahr werden die **Altstadt von Goslar** und der **Bergbau des Rammelsbergs** zum **UNESCO-Weltkulturerbe** erklärt. (Bachmann et al., 162)

1992

Im Januar stürzt im **Kurpark von Wildemann** der Schacht der ehemaligen Grube Kleeblatt ein, über den ein Zierteich angelegt ist, und hinterlässt ein **riesiges Loch.** Im Juni ist der Schaden behoben. Weitere **Bergschäden** ereignen sich 1993 und 1994 am Gallenberg. Im März 1996 bricht der Boden genau vor dem Eingang des Kurhauses von Wildemann ein. (Dirks (1997), 187)

Am 31. März **stellt das Erzbergwerk in Bad Grund seine Förderung ein.**
Die Grunder Lagerstätte hat in 161 Jahren ununterbrochenen Betriebs fast 19 Millionen to Erz geliefert, mit einem Metallinhalt von etwa 1 Million to Blei, rund 700.000 to Zink und ca. 2.500 to Silber. Einige Millonen to Erz bleiben als Vorräte mittlerer und niedriger Qualität in der Grube zurück, weil ihre Förderung auf Grund der niedrigen Preise auf den Weltmetallmärkten wirtschaftlich nicht vertretbar ist. (Liessmann (2010), 211ff.)

Bis zur **Einstellung des Oberharzer Bergbaus in diesem Jahr** werden in den dortigen Revieren Bad Grund, Clausthal, Lautenthal, Zellerfeld, Wildemann, Bockswiese und Altenau insgesamt 1.910.000 to Blei und 1.463.000 to Zink produziert. Die gesamte Oberharzer Silberproduktion wird auf etwas mehr als 5.000 to veranschlagt, wobei fast die Hälfte davon (2.240 to) der Silbernaaler Gangzug (Erzbergwerk Grund) geliefert hat.
(Liessmann (2010), 12ff.; Kortzfleisch, 143)
Mit Ausnahme der Rammelsberger Lagerstätte **endet der Erzbergbau im Harz** nicht aufgrund der Erschöpfung der Lagerstätten, sondern stets **unter den Aspekten der Wirtschaftlichkeit.** Mit stark steigenden Rohstoffpreisen könnte der Harz in Zukunft wieder eine Bergbauregion werden. (Deicke, 45f.)

Im November ist der **Komet Swift-Tuttle**, der in rund 133 Jahren auf einer elliptischen Umlaufbahn um die Sonne läuft, auch in unserem Gebiet mit einem Fernglas sichtbar. (Kronk/Meyer/Seargent (2017), IX, 705)

In diesem Jahr wird das 217 ha große **NSG Bergwiesen bei St. Anderasberg** ausgewiesen, das den größten Bergwiesenkomplex mit eingestreuten montanen Borstgrasrasen im niedersächsischen Harz umfasst. Die artenreichen, farbenprächtigen Bergwiesen und Borstgrasrasen sind in der Vergangenheit

durch extensive Beweidung mit Harzer Rotvieh, einer an die besonderen Weideverhältnisse im Harz angepassten Rinderrasse, und der typischen Harzer Ziege sowie durch Heugewinnung entstanden. Das NSG bildet den Lebensraum für zahlreiche schutzbedürftige wild lebende Pflanzen und Tiere sowie deren Lebensgemeinschaften.
Auch **Teile des Siebertals** werden in diesem Jahr **unter Naturschutz gestellt.**
(Brückner et al., 358; Beug et al., 29; https://www.nlwkn.niedersachsen.de/naturschutz/schutzgebiete, abgerufen am 20.8.2017).

1993

Am 28. Januar wird das **vorläufige Thüringer Naturschutzgesetz** angenommen, in dem die Ziele und Grundsätze des Naturschutzes und der Landschaftspflege im Freistaat Thüringen definiert und Maßnahmen zu deren Realisierung festgelegt werden. (GVBl. 1993 Nr. 4 vom 8.2.1993, 57) Das Gesetz wird mehrfach novelliert und am 29.April 1999 wird eine Neufassung des Gesetzes bekanntgemacht. (GVBl. 1999, Nr.10 vom 21.5.1999, 298)

Das **Kaliwerk Bischofferode** wird auf Beschluss des Aufsichtsrats der 1990 gegründeten Mitteldeutschen Kali AG zum 31. Dezember **endgültig stillgelegt.** Die letzte Förderschicht wird am 22. Dezember verfahren. Hunderte von Beschäftigen werden anschließend entlassen. Damit endet die über 100-jährige Geschichte des Kalibergbaus im Südharz-Unstrut-Gebiet. (Bartl et al., Kali Bd.2, 641)
Die folgenden fünf großen **landschaftsprägenden Rückstandshalden** erinnern noch an den Kalibergbau in unserem Gebiet:
Im Kaliwerk Sondershausen wurde 1897/98 mit der Aufhaltung begonnen. Bei Stilllegung des Werkes im Jahr 1991 hat die 65 ha große Halde ein Rückstandsvolumen von 27 Millionen m³. Die 1902 angelegte Rückstandshalde des Kaliwerks Bleicherode umfasst 1991 32 ha mit einem Volumen von 17 Millionen m³. Auf der 1905 angelegten Halde des Kaliwerks Sollstedt befinden sich 1991 auf einer Fläche von 57 ha 24 Millionen m³ Rückstände. Das Kaliwerk Volkenroda hat 1906 in Menteroda die Rückstandshalde des Werkes angelegt, die 1991 ein Volumen von 21,5 Millionen m³ auf einer Fläche von 38 ha hat. Als letzte wurde im Jahr 1911 die Rückstandshalde des Kaliwerks Bischofferode angelegt. Bei Stilllegung des Werks im Jahr 1993 haben sich dort im Verlauf der jahrzehntelangen Kaliproduktion auf einer Fläche von 64 ha 53 Millionen m³ Rückstände angehäuft. (Bartl et al., Kali Bd.2, 889ff.)

In diesem Jahr wird die 1984 in der Nähe des Ohridsees in Mazedonien entdeckte und um 1989 nach Mitteleuropa eingedrungene **Rosskastanien-Miniermotte** erstmalig in Deutschland beobachtet. Deren Raupen richten Schäden an den Blättern der Gewöhnlichen Rosskastanien an. Der Kleinschmetterling breitet sich rasant auch in den Rosskastanien-Beständen in unserem Gebiet, darunter im Selketal, aus, weil er in Mitteleuropa nur wenige natürliche Feinde hat.
(Harzer Pflanzenwelt, 46; Görner/Kaiser VII, 340; Schütt et al (2006), 73f.)

1994

Am 1. Januar wird im niedersächsischen Teil des Harzes der 15.800 ha große **Nationalpark Harz gegründet,** zu dessen Kern die vormaligen Staatlichen Forstämter St. Andreasberg und Oderhaus gehören. (Brückner et al., 254)

Nachdem im Harz bereits seit dem Jahreswechsel 1993/94 hohe Niederschläge gefallen sind, kommt es am 12. und 13. April zu weiteren erheblichen Starkniederschlägen, die zusammen mit dem schnellen Abtauen der Schneemassen im Harz zu einem der bisher schwersten **Hochwasser** im **Einzugsgebiet von Innerste, Oker, Ilse und Wipper (Saale)** führen.
In den vom Hochwasser überfluteten Bereichen werden erhöhte Belastungen mit Blei, Kupfer, Zink, Cadmium und anderen Schwermetallen festgestellt, die durch die frühere Bergbau- und Hüttenindustrie im Harz freigesetzt worden sind. (Deicke/Ruppert, 80; Ilsenburg, 29)

Am Ende des 19. Jahrhunderts waren nach Überflutungen der Innerste derart hohe Bleieinträge durch den Harzer Bergbau in die Leineauen bis nach Hildesheim zu verzeichnen, dass Teile des Großviehbestandes an Vergiftungsfolgen zugrunde gingen. Die Haltung von Gänsen und Enten war in diesen Flussniederungen überhaupt nicht möglich. (Schutkowski et al., 96)

Auch die Bode führt Hochwasser. Durch das Talsperrensystem im Harz kann zunächst das Hochwasser der oberen Bode zurückgehalten werden. Der größte Zufluss zum Talsperrensystem wird am 13. April gegen Mittag mit 196 m³/s registriert. Innerhalb von 24 Stunden wird ein Hochwasserrückhaltevolumen von 13,1 Millionen m³ in den Talsperren des Bodewerks eingespeichert. Am 13. April gegen 23.30 läuft die Talsperre Wendefurth über. Noch bevor die Talsperre überläuft, sind bereits alle der Bode zulaufenden Bäche über die Ufer getreten, Hangwasser fließt der Bode zum Teil flächenhaft zu.

Durch dieses Hochwasser werden im Einzugsgebiet der Bode Schäden in Höhe von 248 Millionen DM verursacht. Folgende Ortschaften sind besonders stark vom Hochwasser betroffen:
- an der **Bode:** Staßfurt, Neundorf, Löderburg, Athensleben, Egeln, Oschersleben, Krottorf, Wegeleben und Hordorf,
- an der **Selke:** Gatersleben, Hoym, Reinstedt, Ermsleben, Meisdorf, Alexisbad, Silberhütte, Straßberg und Güntersberge sowie
- an der **Holtemme:** Halberstadt, Mahndorf, Derenburg und Wernigerode.
(Schönau/Werner, 9ff.)

Mit Erstverordnung vom 13. Juli wird das etwa 655 Hektar große, westlich von Göttingen gelegene **Waldgebiet Ossenberg-Fehrenbusch,** das eine abwechslungsreiche Geomorphologie aufweist, **unter Naturschutz gestellt.** Auf den Muschelkalkverwitterungs- böden mit naturnahen Laubwäldern gedeiht auch eine artenreiche Bodenvegetation. (Abl. Brg. Nr. 17 vom 15.8.1994, 164)

Der **Juli** ist der **heißeste Heumonat seit über 170 Jahren** in unserem Gebiet. Bei über 300 Stunden Sonnenscheindauer wird in diesem Monat eine Durchschnittstemperatur von 22,3° C erreicht. Das sind fünf Grad über dem langjährigen Mittel. (GJ, 1995, 183)

Am 5. August werden an der Wetterstation Nordhausen-Salza 38,1° C gemessen.
Die **diesjährige Jahresmitteltemperatur erreicht 10,00° C,** während der Mittelwert von 1956 bis 2005 nur 8,6° C beträgt. (Tauchmann (2006), 102)

Durch Bundesgesetz vom 24. Oktober wird **Artikel 20a in das Grundgesetz eingefügt,** wonach der **Schutz der natürlichen Lebensgrundlagen und der Tiere zum Staatsziel der BRD erklärt** wird. (BGBl. 1994, I, 3146)

Durch Verordnung vom 19. Dezember wird ein 448 ha **großer Teil des ehemaligen Salzigen Sees zum NSG erklärt.** Nachdem Pumpwerke an wassergefüllten Erdfällen im Seebodenbereich, z.B. an der „*Teufe"* und am Tausendsee stillgelegt wurden, können sich dort die Wasserflächen ausdehnen. An den Ufern bilden sich Schlamm- und Schilfflächen, auf denen u.a. Roggen-Segge, Gift-Hahnenfuß, Graugrüner und Roter Gänsefuß sowie Strand-Dreizack, Strand-Milchkraut, Queller, Salzbunge und Strand-Aster wachsen.
In den Feuchtgebieten und Röhrichten brüten u.a. Rothalstaucher, Knäckente, Zwergrohrdommel, Große Rohrdommel, Rohrschwirl, Flussregenpfeifer, Schilf- und Drosselrohrsänger, Braun- und Schwarzkehlchen, Kiebitz sowie Bart- und Beutelmeise. In den breiten Schilfzonen leben u.a. Rohrweihe, Rohrsänger und Rohrammer. Auch Wiedehopf, Neuntöter, Raubwürger, Grauammer, Rebhuhn und Sperbergrasmücke sind Brutvögel im NSG. Seltene Lurche, wie die Knoblauch- und die Wechselkröte und Kleinsäuger, wie die Wasserspitzmaus sind ebenfalls im NSG heimisch. Von großer Bedeutung ist das NSG auch für die Insektenfauna, von der u.a. 24 Libellenarten und 80 Wildbienenarten nachgewiesen sind. (NSGSA; 366, 486; NLSGSA, 198f.)

1995

Mit Verordnung vom 28. August wird das 66 ha große Gebiet **Gipskarstlandschaft Heimkehle unter Naturschutz gestellt.** Da seit der erstmaligen Unterschutzstellung des Gebiets mit Polizeiverordnung vom 31. Januar 1923 ein Abholzungsverbot besteht, war eine ungestörte Entwicklung der Laubholzbestände über einen langen Zeitraum möglich, sodass sich eine hohe Zahl von Baumarten, eine sehr differenzierte Altersstruktur und ein hoher Anteil an Totholz bilden konnte. Dieses Totholz bietet Lebensraum für zahlreich gefährdete Pilzarten, wie Totentrompete, Purpurbrauner Rübling und Laubholz-Harzporling. Das NSG zeichnet sich auch durch eine vielfältige Moosflora aus. Es gedeihen u. a. Streifenfarn-Flachmoos, Großes Mäuseschwanzmoos, Bleiches Lippenbechermoos, Echtes Sternmoos, Preiss-Lebermoos sowie Gewöhnliches Igelhaubenmoos, Dünnästiger Wolfsfuß und Berg-Zweizeilmoos. In der Heimkehle, mit 2 km Länge und bis zu 22 m Höhe eine der größten Höhlen des Südharzes, sind 13 Fledermausarten nachgewiesen, 10 Arten überwintern hier, darunter Mopsfledermaus, Mausohr und Bechsteinfledermaus. 86 Vogelarten brüten im NSG. (NSGSA, 174; NLSGSA, 125f.)

Durch Verordnung vom 11. September werden die **Waldgebiete des Großen und des Kleinen Hakels** im nordöstlichen Harzvorland **zum NSG erklärt.** Dieser 1.366 ha große vielgestaltige Laubwaldkomplex, der deutliche Züge einer jahrhundertelangen Mittelwaldbewirtschaftung aufweist, ist Lebensraum zahlreicher bestandsbedrohter Pflanzen- und Tierarten. Hier wachsen u. a. Elsbeere und Speierling, aber auch Seidelbast, Maiglöckchen, Leberblümchen, Erdbeer-Fingerkraut, Weißes Fingerkraut, Diptam, Schwarze Platterbse, Färber-Scharte, Zypressen-Wolfsmilch und Weidenblättriger Alant. Das NSG zeichnet sich durch einen außerordentlichen Reichtum an Greifvögeln aus. Neben Mäusebussard, Schwarz- und Rotmilan brüten hier Schreiadler, Wespenbussard, Habicht, Sperber und Zwergadler. 79 Arten von Brutvögeln leben im NSG. Außer den Greifvögeln sind Waldkauz, Waldohreule, Mittelspecht, Hohltaube, Gimpel, Neuntöter und Kolkrabe besonders hervorzuheben. (NSGSA, 196, 484)

Durch Verordnung vom 23.Mai 1939 sind die Waldgebiete des Großen und des Kleinen Hakels bereits zum **LSG** erklärt worden. (LSGSA. 192,430)

Im August warnt das Thüringer Landwirtschaftsministerium, dass dem **Fangen oder Töten eines Hamsters** oder der Zerstörung eines Hamsterbaus **Bußgelder bis zu 100.000 Mark** folgen können. Der kleine Nager, der vor einigen Jahrzehnten noch als Landplage betrachtet wurde, wird jetzt in der Roten Liste als *„stark gefährdet"* eingestuft. Der Lebensraum des Tieres wird vor allem durch die intensive Landwirtschaft bedroht. Getreide wird heute sofort nach der Reife abgeerntet. Deshalb kann der Hamster nicht mehr ausreichend Wintervorräte anlegen und immer mehr Tiere gehen deshalb im Winter ein. (TA vom 30.8.1995; Wild und Hund 1995/H.26)

Am 23. **August geht eine achtwöchige Hitzeperiode zu Ende**, die fast die Rekordtemperaturen des vorigen Sommers erreicht hat. (Görner/Kaiser VII, 292)

Im Herbst wird zwischen den Gleisen des Güterbahnhofs Mühlhausen das **Schmalblättrige Greiskraut** gefunden. Diese 1889 mit Wolltransporten aus Südafrika nach Mitteleuropa eingeschleppte und 1985 erstmalig für Hessen am Bahnhof Kassel-Bettenhausen nachgewiesene Art breitet sich inzwischen auch in unserem Gebiet aus. (Reuther/Weise (1996), 59; Reuther, Neophyten, 9)

Im **Südharzbereich** werden in diesem Jahr **zehn Haselhühner ausgewildert**. Die Aufzucht dieser Rauhfußhühner erfolgte in Sophienhof. (TA vom 5.8.1995)

Am **Hummelberg** bei Berga werden in diesem Jahr **19 ha Obstplantagen gerodet**. Es sind überwiegend moderne, erst kurz vor 1990 gepflanzte Apfelsorten. Bereits 1992 sind im Gebiet um Berga rund 30 ha Obstplantagen der ehemaligen Landwirtschaftlichen Produktionsgenossenschaft (LPG) gerodet worden. (Rohland/Noack, 743, 756)

In diesem Jahr wird **bei Straßberg eine Talsperre fertiggestellt**, mit deren Bau 1990 begonnen wurde und welche die Fläche des früheren Mittleren und Unteren Kiliansteichs einnimmt. Sie hat ein Speichervolumen von 1.027.000 m³ und dient der Trinkwasserbereitstellung, dem Hochwasserschutz, der Niedrigwasseraufhöhung und der Fischerei. (Krause, 124)

In der zweiten Hälfte dieses Jahrzehnts wird auch in unserem Gebiet verstärkt mit dem **feldmäßigen Anbau der Sonnenblume begonnen**, nachdem das Öl dieser Pflanze zur Herstellung von Biodiesel-Kraftstoff Verwendung findet.

1996
Der **Januar** ist im Eichsfeld der **trockenste seit 50 Jahren**. Es werden nur 0,6 mm Niederschlag gemessen. Auch die Frosttiefe von 56 cm ist äußerst selten im Eichsfeld. (Adler/Hey, 225)

Im Februar lässt **starker Frost** im Stadtgebiet von Elbingerode viele Wasserleitungen einfrieren. (Elbingerode (2006), 231)

Am letzten Sonntag im März beginnt wieder die **Sommerzeit**, die ab diesem Jahr aber nicht mehr wie seit 1981 am letzten Sonntag im September, sondern erst am letzten Sonntag im Oktober endet, also einen Monat länger als bisher gilt.

Im April erhält das 61,7 ha große **Gebiet des Himmelsbergs bei Woffleben den Status eines NSG**. Es bildet den westlichen Teil des schildförmigen Zechsteinrückens Mühlberg – Himmelsberg, dessen Vegetation überwiegend aus naturnahen Kalk-Buchenwäldern besteht. Das NSG beherbergt 340 Gefäßpflanzenarten, darunter das Hügel-Veilchen und 10 Orchideenarten. Es gedeihen auch 187 Moosarten und 32 Moosgesellschaften sowie 75 Flechtenarten. Von herausragender Bedeutung ist das Gebiet für Fledermäuse. Im NSG leben das Große Mausohr und die Mopsfledermaus, sowie der Große Abendsegler, die Große Bartfledermaus, die Breitflügelfledermaus und die Fransenfledermaus. Auch die Kleine Bartfledermaus, die Bechsteinfledermaus und die Zwergfledermaus wurden nachgewiesen. Im NSG brüten 53 Vogelarten. (TStA 1996, 900ff.; Wenzel et al., 596f.)

Am 11. April erscheint zum ersten Mal die **Nilgans** als Zuwanderer am Stausee bei Kelbra. In Afrika beheimatete Nilgänse wurden bereits Ende des 18. Jahrhunderts als Ziergeflügel nach England gebracht und bildeten dort eine kleine stabile freibrütende Population. Seit den 1970er Jahren erfolgt eine Ausbreitung von einer in den Niederlanden wahrscheinlich durch geflüchtete und ausgesetzte Tiere entstandenen Population in Mitteleuropa. Im Jahr 2000 wird die erste Brut dieser invasiven gebietsfremden Vögel an den Cumbacher Teichen bei Gotha festgestellt. Die Bestände der konkurrenzstarken und anpassungsfähigen Nilgans nehmen auch in unserem Gebiet schnell zu. (Wagner/Scheuer, 121; Roth, 180ff.; Westhus et al. (2016), 181)

Im Mai erhalten die **Sattelköpfe**, ein Teil des über 10 km langen Zechsteinrückens südlich des Wiedatals, den **Status eines NSG**. In diesem 127,4 ha großen Areal gedeiht u. a. eine reiche Moosflora mit mehr als 220 Arten und 44 Moosgesellschaften. Die Pilzflora ist u. a. durch den Satanspilz, den Schwarzen Steinpilz, den Sommerröhrling und den Exzentrischen Rötling vertreten. Zu den Brutvögeln im NSG gehören Grauspecht, Mittelspecht und Schwarzspecht sowie Neuntöter, Rotmilan, Uhu und Wendehals. Auch Baummarder, Glattnatter und Kreuzotter sowie Feuersalamander und Geburtshelferkröte leben im NSG. (TStA 1996, 1045ff.; Wenzel et al., 598f.)

Am 1. Juni wird die durch die Teilung Deutschlands nach 1945 unterbrochene **Eisenbahnverbindung zwischen Stapelburg und Vienenburg wieder eröffnet**. Die Linienführung der wiederaufgebauten insgesamt 15,2 km langen Strecke umfasst sowohl Trassenteile der alten Strecke als auch ein 8,2 km langes Neubaustück.
(Lauerwald (2004), 243)

Mit Verordnung vom 26. Juni wird das 3.891 ha große Gebiet **Gipskarstlandschaft Questenberg unter Naturschutz** gestellt. Bei der Unterschutzstellung werden die bisher selbständigen NSG Bauerngraben, Questenberg und Mooskammer in dieses NSG einbezogen.
Im NSG ist der gesamte Formenschatz der Gipskarstlandschaft in einer für Deutschland einmaligen Häufung und vielfältigen Ausprägung vorhanden, u. a. Gipsquellköpfe, Erdfalltrichter, Dolinen, Abrißklüfte, Absturzwände, Bergsporne, Schlucklöcher (Ponore) und Bachschwinden, versunkene Karstgewässer, Karstquellen, episodischer See, Trockentälchen und Durchbruchstäler. In großen Bereichen wird die Landschaft von Halden des historischen oberflächennahen Kupferschiefertiefbaus geprägt. Im Wechsel von naturnahen Landschaftsteilen und historisch gewachsenen Kulturlandschaften beherbergt das NSG ein sehr wertvolles Lebensraummosaik, in dem südlich verbreitete wärmeliebende Vertreter der Pflanzen- und Tierwelt ein letztes Häufungszentrum vor ihren nördlichen Verbreitungsgrenzen haben. (NSGSA, 178, 484; NLSGSA, 129f.)

Das 61 ha große Areal des **Mühlbergs** in der Nähe von Niedersachswerfen wird im Juli **unter Naturschutz** gestellt. Es gehört mit 189 Moosarten und 34 Moosgesellschaften zu den bedeutendsten Mooswuchsorten in Thüringen. Die Flechtenflora ist mit 45 Arten vertreten. Das NSG ist Lebensraum der Wildkatze und beherbergt 56 Brutvogelarten, darunter Wendehals, Mittelspecht und Neuntöter. In den Trockenrasen lebt die Zauneidechse, die Feuchtflächen und Felsschutthalden werden von mehreren Amphibienarten besiedelt, darunter vom Feuersalamander und der Geburtshelferkröte. (TStA 1996, 1419ff.; Wenzel et al., 186f.)

Am Nachmittag des 12. Oktober beobachten 200 Interessierte von der Göttinger Sternwarte aus eine **partielle Sonnenfinsternis**. (GJ, 1997, 250)

Im **Oktober** verzeichnen die Flüsse im südlichen Niedersachsen infolge **anhaltender Trockenheit** den niedrigsten Pegelstand seit 15 Jahren.
(GJ 1997, 250)

Im Dezember wird das 298,5 ha große Areal der nördlich von Nordhausen gelegenen **Rüdigsdorfer Schweiz unter Naturschutz** gestellt. Zu den bemerkenswerten Blütenpflanzen des NSG gehören der Dänische Dragant, das Hügel-Veilchen sowie das Breitblättrige Knabenkraut, das Blasse Knabenkraut und das Helm-Knabenkraut. Im Gebiet leben neun Fledermausarten, darunter Breitflügelfledermaus, Mopsfledermaus und Fransenfledermaus sowie der Große Abendsegler und das Große Mausohr. Auch die Geburtshelferkröte und die Gelbbauchunke sind hier beheimatet.
(TStA 1997, 138ff.; Wenzel et al., 594f.)

Der seit vielen Jahren **kälteste Dezember** ermöglicht auch das Schlittschuhlaufen auf dem zugefrorenen Kiessee bei Göttingen. (GJ, 1997, 256)

Das Restloch des ehemaligen **Braunkohlentagebaus Nachterstedt** wird in diesem Jahr geflutet. In den folgenden Jahren entsteht der **Concordiasee**, ein vielseitig nutzbarer See als Mittelpunkt einer sich entwickelnden Bergbaufolgelandschaft, der **Freizeitlandschaft Harzer Seeland**. Der Höchstwasserstand soll im Jahr 2020 mit einer Wasserfläche von 650 ha und mit einer maximalen Tiefe von 61 m erreicht sein. (https://de.wikipedia.org/wiki/Concordiasee_(Seeland)-abgerufen am 06.08.2018)

Die Schutzgemeinschaft Deutsches Wild wählt den in Deutschland vom Aussterben bedrohten **Feldhamster** zum **Tier des Jahres 1996**. (Wild und Hund 1995/H.26)

1997

Am 26. Februar wird das 81,9 Hektar große Gebiet **Badraer Lehde – Große Eller als NSG bestätigt**. Die Flora umfasst mehr als 510 Arten. Im NSG lebt die Wildkatze und 40 Vogelarten brüten hier, darunter Grauammer, Neuntöter, Raubwürger, Sperbergrasmücke (Sylvia nisoria), Steinschmätzer und Wendehals. Es gibt auch ein größeres Vorkommen der Glattnatter. Eine Erfassung der Webspinnen ergab 148 Arten mit Neufunden für Thüringen und Deutschland. Es wurden auch 25 Heuschreckenarten nachgewiesen, darunter Warzenbeißer, Feldgrille und Ameisengrille sowie Schwarzflügeliger Grashüpfer und Zwerg- Grashüpfer. Es gibt seltene Blattkäfer, Blatthornkäfer und Hirschkäfer sowie viele Arten bestandsbedrohter Wildbienen und Hummeln im NSG. Die Tagfalterfauna umfasst mehr als 70 Arten.
(TStA 1997, 655ff.; Wenzel et al., 600)

Im April kann auch der **Komet Hale-Bopp**, der am 1. April den sonnennächsten Punkt (Perihel) seiner Umlaufbahn erreicht und damit sehr hell wird, gut beobachtet werden. Er ist einer der hellsten der zurückliegenden Jahrzehnte und kann über Monate ohne Fernglas gesehen werden. (Vanin, 28f.)

Durch Verordnung vom 24. Juni wird das 82 ha große **NSG Okertal errichtet**, in dem vor allem die Schwermetallrasen auf den Flussschottern bemerkenswert sind, auf denen die Schwermetallpflanzen Hallers Grasnelke, Frühlings-Miere und Hallers Schaumkraut, aber auch Echte Becherflechte, Blättrige Cladonie, Isländisches Moos und Zarte Rentierflechte sowie Sternlebermoose wachsen. An den Ufern der Oker sind die **Neophyten** Kanadische Goldrute und Drüsiges Springkraut zu finden. In der Oker kommen Bachforelle, Elritze und Dreistachliger Stichling vor. Im NSG brüten u. a. Flussuferläufer, Flussregenpfeifer, Kiebitz und Eisvogel und auch der Mittelsäger.
(NSGSA, 306; NLSGSA, 180)

Durch Verordnung vom 15. Juli wird das 5.498 ha große, zwischen Schwanebeck und Dardesheim gelegene Waldgebiet des **Huy zum LSG erklärt**. Die weitgehend naturnahen Wälder bestehen aus Trauben-Eiche, Rotbuche und Winterlinde mit zahlreichen begleitenden Baumarten. Im LSG wachsen 16 Orchideenarten, darunter Breitblättriger Sitter, Schwarzroter Sitter, Bräunliche Nestwurz und Geflecktes Knabenkraut. Der Huy weist eine hohe Siedlungsdichte von Greifvögeln auf, darunter von Rotmilan, Mäusebussard, Habicht, Wespenbussard, Waldohreule und Waldkauz. Von den Kriechtieren des Gebiets wurden die Ringelnatter, Kreuzotter, Zauneidechse und Blindschleiche, von den Lurchen die Erdkröte, der Teichfrosch und der Grasfrosch nachgewiesen. (LSGSA, 251ff.; 430)

Die **totale Mondfinsternis** am Abend des 16. September kann auch in unserem Gebiet gut beobachtet werden.

Vermutlich durch die Ablagerung von Gartenabfällen dorthin gelangt, hat sich auf einem Waldweg im Göttinger Wald der **Japanische Staudenknöterich**, der innerhalb weniger Wochen eine Wuchshöhe von 3 bis 4 m erreichen kann, von einem Bestand von etwa 5 m² im Jahr 1982 auf eine Fläche von etwa 1.000 m² in diesem Jahr ausgedehnt. Dieses in Japan, China und Korea beheimatete Gewächs wurde 1823 nach den Niederlanden als Zier- und Futterpflanze eingeführt. Bereits 1844 kommt es in Westfalen und 1884 auch in Brandenburg zu Verwilderungen. In Thüringen werden eingebürgerte Vorkommen erstmals 1891 in Erfurt belegt. Aufgrund seiner dominierenden vegetativen Vermehrung, außergewöhnlichen Wuchskraft und Robustheit verdrängt er die heimische Flora und ist daher eine unerwünschte invasive Pflanze. Da die Bekämpfung dieses Neophyten bisher wenig erfolgreich war, ist er inzwischen in Mitteleuropa weit verbreitet.
(Schepker, 158f.; Krausch,385; Westhus et al. (2016), 169f)

Seit dem 31. Dezember ist der Südteil des Hainichs als 13. Nationalpark Deutschlands ausgewiesen. Im Hainich soll vor allem der weltweit nur in Europa vorkommende Rotbuchenwald geschützt werden. Der **Nationalpark Hainich** umfasst eine Fläche von rund 7.600 Hektar, wovon in der Kernzone von etwa 2.100 Hektar nutzende und lenkende Eingriffe des Menschen völlig unterbleiben, damit sich hier die Natur nach ihren eigenen Gesetzen entwickeln kann. In den die Kernzone umgebenden Wäldern wird eine naturnahe Waldwirtschaft betrieben. Die einzigartigen Laubwälder, die zu den ursprünglichsten in Mitteleuropa gehören, zeichnen sich durch eine artenreiche Flora und Fauna aus. Aufgrund der Großflächigkeit, des Reichtums an Baumarten und des hohen Totholzanteils leben im Hainich nicht nur die für mitteleuropäische Laubmischwälder typischen Tierarten, wie Reh, Dachs und Wildschwein, Buchfink und Buntspecht, Grasfrosch und Erdkröte, sondern auch sehr spezialisierte Arten, wie Wildkatze, verschiedene Fledermausarten, der Schwarzstorch, der Schwarzspecht und hochgradig gefährdete Totholzkäfer. Neben der Rotbuche gedeihen im Hainich auch Ahorne, Eichen, Eschen, Elsbeere und andere Baumarten sowie mehr als 20 Arten von Orchideen. Der Nationalpark ist **in den Naturpark Eichsfeld – Hainich – Werratal integriert,** der zur großräumigen Entwicklung dieser Kulturlandschaft beitragen soll.
(Görner/Kaiser VII, 327f.)

1998

Am 11. Januar besteht **auf dem Brocken** die bisher größte sicher festgestellte horizontale **Sichtweite von ca. 320 km**, die bis zum Erzgebirge reicht. Meist nur einmal im Jahr in den Wintermonaten sind gegen Sonnenaufgang mit hellem Hintergrund der Fichtelberg und der Keilberg auszumachen.
(Kinkeldey et al, 43, 80)

Am 1. Mai fängt der Angler Andreas Scheer in einem Bergaer Fischgewässer ein **88 cm langes Karpfenweibchen** mit einem **Gewicht von 13,8 kg.**
(Rohland/Noack, 768)

Mit Verordnung vom 11. Juni werden die Täler der Warmen Bode und der Rappbode mit ihren Nebenbächen und angrenzenden Berghängen endgültig unter Naturschutz gestellt. Das rund 1.300 ha große **NSG Harzer Bachtäler** umfasst einen typischen Komplex naturnaher Fließgewässer des Ober- und Mittelharzes und bietet Lebensraum für zahlreiche gefährdete Pflanzen und Tierarten. Auf den Bergwiesen der Hanglagen wachsen Bärwurz, Kleiner Klappertopf und Blutwurz sowie Trollblume, Breitblättriges Knabenkraut und Geflecktes Knabenkraut, Sibirische Schwertlilie, Wald-Storchschnabel, Moor-Labkraut und Sumpf-Veilchen. Auf Borstgrasrasen gedeihen das Harzer Labkraut, Rauhaariges Veilchen, Herbstzeitlose und die Arnika. Auf den Feuchtwiesen in Bachnähe sind Sumpfdotterblumen und Mädesüßstauden, Sumpfkratzdistel sowie die Gewöhnliche Pestwurz, in Sumpfgebieten das Schmalblättrige Wollgras sowie die vom Aussterben bedrohte Floh-Segge zu finden.
In den Teichen und Kleingewässern laichen Grasfrosch, Erdkröte sowie Bergmolch und Fadenmolch. In den sommerkalten Fließgewässern leben Bachforelle, Bachneunauge, Westgroppe, Elritze, Hasel und Schmerle sowie Bachflohkrebse und die Larven von Steinfliegen, Köcherfliegen und Eintagsfliegen.
Im NSG kommen zahlreiche Insektenarten vor, darunter die Blauflügel-Prachtlibelle, die seltene Gestreifte Quelljungfer, die Zweigestreifte Quelljungfer, die Torf-Mosaikjungfe, die Kleine Moosjungfer, der Große Feuerfalter, der Wachtelweizen-Scheckenfalter, die Kleine Goldschrecke, die Kurzflügelige Beißschrecke, die Gemeine Dornschrecke sowie die Gefleckte und die Rote Keulenschrecke.
Im NSG brüten u. a. Braunkehlchen, Gebirgsstelze, Karmingimpel, Neuntöter, Wiesenpieper, Wasseramsel und Eisvogel. Für den Schwarzstorch bietet das NSG gute Lebensbedingungen.
Hier sind auch Iltis und Feldhase heimisch. (Brückner et al, 312ff.; NSGSA, 206, 485)

Mitte Oktober findet Bäckermeister Günther Ehrhardt auf dem Hüflar bei Berga zwei **Riesenboviste**, von denen einer 4 kg wiegt. (Rohland/Noack, 769)

Am 1. November führt die **Helme**, die ein Wassereinzugsgebiet von 200,6 km² hat, **Gefahren-hochwasser**. Der Hochwasserdurchfluss beträgt 52,5 m³ je Sekunde und der Pegelstand 2,74 m. (Tauchmann (2006), 81)

1999

Am 5. Januar werden die an einem Prallhang der Wipper bei Hachelbich gelegenen **Gatterberge zum NSG erklärt**. In dem 44,4 Hektar großen Areal wachsen viele seltene Arten von Gefäßpflanzen, darunter Felsen-Fingerkraut, Gelbliches Filzkraut und Zwerg-Filzkraut, Bologneser Glockenblume, Streifen-Klee, Frühlings-Ehrenpreis, Violette Sommerwurz, Rauhe Nelke, Gelber Zahntrost, Frühe Segge und Echtes Federgras. Die Flechtenflora umfasst über 50 Arten, darunter die Hundsflechte. Im NSG kommen die Wildkatze und mehrere Fledermausarten, darunter das Große Mausohr, der Große Abendsegler sowie die Kleine Bartfledermaus vor. Die Vogelfauna umfasst 55 Arten, darunter Neuntö-ter, Rebhuhn, Rotmilan, Sperbergrasmücke, Wendehals und Wespenbussard. Zur Herpofauna gehören Zauneidechse, Glattnatter und Ringelnatter sowie Kammmolch. Unter den 16 Heuschreckenarten sind Feldgrille sowie Gefleckte Keulenschrecke und Rote Keulenschrecke hervorzuheben.
Die Schmetterlingsfauna umfasst über 500 Arten, darunter über 50 Tagfalter, wie den Großen und Kleinen Eisvogel, den Kommafalter, die Perlbinde sowie den Großen Fuchs. Besonders wertvolle Nachweise betreffen die Eulenfalter Consistra erythrocephala, Dichonia aprilina, Orthosia miniosa und Polipogon tentacularia sowie den Spanner Crocallis tusciaria.
(TStA 1999, 49f.; Wenzel et al., 602f.)

Am 29. April nimmt der Thüringer Landtag das **Gesetz über Naturschutz und Landschaftspflege** an, in dem die Ziele und Grundsätze des Naturschutzes und der Landschaftspflege in Thüringen fest-gelegt und Regelungen zu deren Umsetzung getroffen werden. In zwei Anlagen zu diesem Gesetz werden Aussagen über den Status von Naturschutzgebieten getroffen, die in früheren Jahrzehnten festgelegt worden sind. (Thüringer GVBl., 298)

Am 25. Juni erhält der wertvollste Teil der Gipskarstlandschaft am Kyffhäuser den **Status eines NSG.** Das 831,7 ha große Areal mit dem Namen **Süd-West-Kyffhäuser** besteht aus einem wertvollen Mo-saik von naturnahen Wäldern und Grasfluren. Von den etwa 685 Farn- und Blütenpflanzen im NSG ist ein hoher Anteil bestandsbedroht, darunter Venuskamm, Bitterer Enzian, Stängelloser Tragant, Gelbli-ches Filzkraut, Pontischer Beifuß, Kugelköpfiger Lauch und Flammen-Adonisröschen.. Im NSG wur-den bisher über 230 Moosarten und 50 Moosgesellschaften nachgewiesen. Das NSG ist wegen seiner Flechtenflora einzigartig in Mitteleuropa und hat für den Schutz dieser Artengruppe internationale Be-deutung. Hier gedeihen über 100 Flechtenarten, darunter die sehr seltene *Acarospora placodiiformis*, die *Caloplaca thuringiaca*, die *Rinodina mucronatula* und die *Diploschistes diacapsis*. Die Bunte Erd-flechtengesellschaft bedeckt größere Flächen. Im NSG leben die Wildkatze und 15 Fledermausarten, darunter die Bechsteinfledermaus, die Mopsfledermaus und die Nymphenfledermaus sowie die Kleine Hufeisennase und das Große Mausohr. Zu den zahlreichen Brutvogelarten gehören Mittelspecht, Rot-milan, Sperbergrasmücke, Uhu und Wendehals. Über 30 Heuschreckenarten und über 100 Laufkä-ferarten sowie einige sehr seltene Holz bewohnende Käfer, darunter Hirschkäfer, Kurzschröter, und Prachtkäfer, wurden nachgewiesen. Beobachtet wurden auch sehr viele bestandsbedrohte Wildbienen und Hummeln, darunter *Andrena viridescens, Colletes fodiens* und *Halictus leucaheneus*. Erstmals für Deutschland wurde die Seidenbiene festgestellt. Hinsichtlich der Tagfalter- und Widderchenfauna gehört das NSG zu den artenreichsten in Thüringen. (TStA 1999, 1349ff.; Wenzel et al., 608ff.)

Das der Hainleite vorgelagerte, 93,4 Hektar umfassende Areal **Filsberg – Großes Loh** wird ebenfalls am 25. Juni **unter Naturschutz gestellt**. Neben den Eichen-Hainbuchenwäldern machen die Halb-trockenrasen den besonderen Wert des NSG aus. Viele bestandsbedrohte Pflanzen wachsen im NSG, darunter Venuskamm, Flammen-Adonisröschen, Dreizähniges **Knabenkraut**, Frauenschuh, Violette Schwarzwurzel, Kugelköpfiger Lauch, Ackerkohl und Rundblättriges Hasenohr. Im NSG leben Mauswiesel, Hermelin, Braunbrustigel und 52 Vogelarten, darunter Rebhuhn, Feldlerche, Mittelspecht, Raubwürger, Neuntöter und Wendehals. Eine starke Population der Zauneidechse bildet die Hauptnahrung der Glattnatter. Unter den Lurchen ist die Kreuzkröte zu finden. Bedeutende Arten der Käferfauna sind die Weichkäfer *Malthinus bateatus, Malthinus glabellus und Malthodes holdhausi* sowie die Blattkäfer *Coptocephala rubicunda* und *Longitarsus obliteratoides.* Von den Tagfaltern kommen u. a. Braunauge, Kleiner Eisvogel, Kommafalter, Perlbinde und das Schwefelvögelchen vor. (TStA 1999, 1353ff.; Wenzel et al., 604)

Die **Sonnenfinsternis** am Vormittag des 11. August, die in unserem Gebiet eine Abdeckung der Sonne von etwa 95 Prozent erreicht, kann an vielen Orten trotz bewölkten Himmels gut beobachtet werden. (Rohland/Noack, 773; Görner/Kaiser VII, 356; GJ 2000, 241; Oppolzer, 306f., Blatt 153)

Am 2. Oktober erhält das etwa 590 ha große, bei Bad Sachsa gelegene **Gebiet Steingrabental-Mackenröder Wald** den **Status eines NSG**. Das Gebiet wird durch Karstquellen, Erdfälle, Trockentäler, Bachschwinden und andere Karsterscheinungen geprägt und ist Lebensraum für viele seltene Pflanzen und Tiere. Von den Säugetieren sind insbesondere die Wildkatze sowie die Bechsteinfledermaus und die Mopsfledermaus zu nennen. Im NSG brüten u. a. Schwarzstorch, Raubwürger, Rohrweihe, Neuntöter sowie Braunkehlchen und Schwarzkehlchen. In den zahlreichen Fließ- und Stillgewässern leben u. a. Bachneunauge, Bachforelle, Groppe, Geburtshelferkröte und Kammmolch. Auch der Feuersalamander und die Zauneidechse sind im NSG zu finden. (Abl. Brg Nr. 19 vom 1.10.1999)

Das orkanartige **Sturmtief Anatol** rast am 3. Dezember über unser Gebiet. (TA vom 4.12.1999) Am 26. Dezember folgt der **Orkan Lothar**, der erhebliche Schäden, darunter durch **Windwurf** in den Forsten, verursacht.

2000
Am 6. April erleuchtet rotes und grünes **Polarlicht** in etwa 150 bis 200 km Höhe den Nachthimmel in der Region. (GJ 2001, 155)

Am 4. Mai kommt es zu einer **Konjunktion der Planeten Merkur, Venus, Mars, Jupiter und Saturn.** Außerdem kommt es wie bei der Konjunktion vom 4. März 1524 auch noch zu einem Zusammentreffen mit dem Mond. (Kretzer)

Am 18. Mai wird das mit 400 Rosenpflanzen geschmückte **Rosarium** am Teichweg **in Göttingen eröffnet.** (GJ 2001, 157)

Am 10. Oktober erhält das 280,2 ha große, im Grenzbereich zum Zechsteingürtel des Südharzes liegende **Areal Sülzensee-Mackenröder Wald** den **Status eines NSG.** In diesem strukturreichen Waldgebiet leben u. a. die Wildkatze und etwa 70 Vogelarten, darunter der Schwarzstorch, der Raubwürger, die Rohrweihe und das Teichhuhn. Die Amphibien nutzen vor allem die Erdfallgewässer und den Teich zur Reproduktion und weisen eine hohe Individuendichte an Teichfröschen auf. Außerdem kommen Feuersalamander, Grasfrosch, Bergmolch und Teichmolch sowie die Erdkröte vor. An Schmetterlingen ist der Große Eisvogel bemerkenswert. (TStA 2000, 1970f.; Wenzel et al., 446f.)

Im Nationalpark Harz wird in diesem Jahr ein Projekt zur **Wiederansiedlung des Luchses** begonnen und am Ende des Jahres werden bereits drei dieser Raubtiere in die Freiheit entlassen. Bis 2005 werden insgesamt 24 Luchse angesiedelt. Nachdem am 17. März 1818 der letzte Luchs im Oberharz geschossen worden ist, zeigt das laufende Auswilderungsprogramm Erfolge und in den folgenden Jahren werden die größten europäischen Katzen flächendeckend im Harz wieder heimisch. (Görner (2009), 228ff., Brückner et al.,51)

2001

Zu Beginn des 21. Jahrhunderts sind **85 bis 90 % des Ober- und Mittelharzes mit Wald bestockt**, im Unterharz und der Ostabdachung sind es noch 50 bis 65 %, insgesamt durchschnittlich 76 %. Die Baumartenanteile des gesamten Harzes betragen: 64 % Fichte, 25 % Buche und 11 % anderes Hartlaubholz (Traubeneiche, Bergahorn, Esche, Schwarzerle u. a.). Ohne menschliche Einflussnahme wären die Anteile etwa 30 bis 40 % Fichte, 40 % Buche und 20 % anderes Laubholz. (Kurth (2003), 21ff.)

Mit Verordnung vom 28. Februar wird das zwischen Hettstedt und Gerbstedt liegende, 1.149 ha große **Kleinhaldenareal im nördlichen Mansfelder Land** zum **LSG** erklärt. Auf den Halden des Kupferschieferbergbaus aus unterschiedlichen Epochen haben sich Pflanzengesellschaften ausgebildet, die an die schwermetallhaltigen Standorte angepasst sind.

Zu den Pionierarten, welche die Besiedlung der Kupferschieferhalden einleiten, gehören das **Taubenkropf-Leimkraut** und die **Frühlings-Miere**, auch Kupferblümchen genannt. Außerdem ist **Hallers Grasnelke** zu finden, die sich in einem fortgeschritteneren Besiedlungsstadium einstellt, wenn Feinerde und Humus die nackten Halden bereits überzogen haben.

Im LSG wachsen in einem angepflanzten Gehölz auch **seltene Bäume**, darunter Eschen-Ahorn, Schwarz-Weide, Balsam-Pappeln, aber auch die inzwischen verbreitete Robinie.

Massenhaft ist die **Kerbelrübe** zu finden, die früher in den Gärten am Harzrand als nährstoffreiches Wurzelgemüse angebaut wurde. Auch der **Gewöhnliche Bocksdorn** bildet ansehnliche Gebüsche aus. Der ursprünglich in Ostasien beheimatete Strauch soll von Wilhelm und Alexander von Humboldt im Gebiet eingeführt worden sein.

Verbreitete Kriechtiere im LSG sind Zauneidechse, Glatt- und Ringelnatter sowie Kreuzotter. Im Bereich der Kleinsthalden ist regelmäßig das Rebhuhn anzutreffen. Von den Säugetieren ist das Vorkommen von Feldhase, Mauswiesel und Hermelin hervorzuheben. (NLSGSA, 354f.; Harzer Pflanzenwelt, 20f.)

2002

Am 1. Januar nimmt die Verwaltung des **Biosphärenreservats Karstlandschaft Südharz** ihre Tätigkeit auf, nachdem der Landtag von Sachsen-Anhalt die Landesregierung bereits am 8. Oktober 1992 beauftragt hatte, die Rahmenbedingungen für die Schaffung eines Biosphärenreservats im Südharz zu schaffen. Als Großschutzgebiet hat das Reservat von der UNESCO definierte Kriterien zu erfüllen, die u. a. dazu dienen, eine einzigartige Kultur- und bedeutsame Naturlandschaft zu schützen und nachhaltig zu entwickeln. Das 300 km² große Reservat schließt im Norden den Auersberg und einen Teil der Unterharzhochfläche ein, die südliche Grenze bildet der nördliche Bereich der Goldenen Aue. Das Gebiet gehört zum Naturpark Harz und dem Geopark Harz-Braunschweiger Land-Ostfalen. Es zeichnet sich durch die großflächigen Laubwälder, den Streuobstwiesengürtel, die Karstlandschaft und die Bergbaurelikte aus. Durch das bewegte Relief gibt es viele kleinklimatische Unterschiede in den Tälern und auf den Hochflächen mit ihren Felsen, Offenlandschaften und Karsthöhlen, die Lebensraum für eine große Vielfalt von Pflanzen- und Tierarten bieten. (Noack (2013), 8 ff.)

Im Reservat können etwa 1.500 Arten der Farn- und Blütenpflanzen nachgewiesen werden, davon gehören 28 % zu den geschützten und gefährdeten Arten. Dazu zählen der Gelbe Frauenschuh, die Echte Arnika, das Rote Waldvögelein, das Weiße Waldvögelein, das Schwertblättrige Waldvögelein, die Kleinblättrige Stendelwurz, die Rotbraune Stendelwurz , die Herbst-Drehwurz, die Berg-Waldhyazinthe, das Große Zweiblatt, die Vogel-Nestwurz, das Fuchs`Knabenkraut, das Breitblättrige Knabenkraut, das Dreizähnige Knabenkraut, das Brand-Knabenkraut, das Stattliche Knabenkraut, das Purpur- Knabenkraut, die Fliegen-Ragwurz, die Bienen-Ragwurz, Gewöhnliche Akelei, der Gewöhnliche Seidelbast, der Gelbe Eisenhut, der Bunte Eisenhut, der Gelappte Schildfarn, der Diptam, das Berg-Steinkraut, die Silberdistel, das Kreuz-Enzian, das Immenblatt, das Breitblättrige Wollgras, das Bach-Quellkraut, das Schmalblättrige Wollgras, der Hirschzungenfarn, der Rippenfarn, und der Gewöhnliche Bergfarn. Die Gewöhnliche Osterluzei kann als Zeuge ehemaligen Weinbaus bei Wallhausen angesehen werden. (Hoch (2011), 60ff.)

Im Biosphärenreservat ist auch eine Vielzahl von Tierarten heimisch. So werden 235 Arten von Webspinnen, darunter die Wolfsspinne Arctosa lutetiana und die Baldachinspinne Walckenaeria mitrata nachgewiesen. 38 Libellenarten sind bekannt, darunter die Falkenlibelle, der Frühe Schilfjäger, das Große Granatauge und die Gebänderte Prachtlibelle. Bisher wurden 35 Heuschreckenarten im Gebiet gefunden, darunter die Blauflügelige Ödlandschrecke, die Sumpfschrecke und der Sumpfgrashüpfer.

Im Gebiet sind 829 Käferarten nachgewiesen. Zu diesen gehören der Hirschkäfer, der Große Wespenbock, der Rotgelbe Buchen-Halsbock und der Rotköpfige Lindenbock.

Die Hautflügler, darunter Wildbienen, Hummeln und Grabwespen, sind mit über 370 Arten vertreten.

Auch über 600 Schmetterlingsarten sind im Reservat heimisch. Dazu gehören der Große Schillerfalter, die Perlbinde, der Große und der Kleine Eisvogel und der Schwarzbraune Würfeldickkopf.

Im Reservat gibt es 26 Fischarten. Die Fließgewässer werden von Bachforelle, Westgroppe, Bachschmerle und Elritze besiedelt. In einzelne Abschnitte der Forellenregion sind eher untypische Arten, wie Gründling, Dreistachliger Stichling, Flussbarsch und Plötze eingewandert, die hier die natürliche Fischfauna verfälschen. Neben den in den Staugewässern autochthon vorkommenden Arten wie Hecht, Karausche, Schleie und Aal kommen hier auch aus Asien stammende pflanzenfressende Karpfenarten und die Regenbogenforelle vor. Das Bachneunauge wurde in den letzten Jahren auch wieder in der Helme beobachtet. Der Edelkrebs besiedelt kleine Stillgewässer, die vom Amerikanischen Flusskrebs noch nicht erreicht wurden.

Im Reservat leben auch 14 Lurch- und 6 Kriechtierarten. Dazu gehören der Feuersalamander, der Kammmolch, der Fadenmolch, die Geburtshelferkröte, die Kreuzkröte, die Erdkröte, der Springfrosch sowie die Blindschleiche, die Waldeidechse, Zauneidechse, die Schlingnatter, die Ringelnatter und die Kreuzotter.

Bisher wurden 171 Vogelarten im Reservat nachgewiesen, davon 125 Brutvogelarten. Zu den seltenen Arten gehören Schwarzstorch, Sperlingskauz, Rauhfußkauz, Zwergschnäpper, Wachtelkönig, Sperbergrasmücke, Rebhuhn, Uhu, Wespenbussard und Wanderfalke. Auch Beutelmeise, Dohle, Drosselrohrsänger, Eisvogel, Gartenrotschwanz, Grauammer, Grauspecht, Mauersegler, Mehlschwalbe, Mittelspecht, Neuntöter, Rauchschwalbe, Schwarzspecht, Wasseramsel, Wendehals und zahlreiche weitere Vogelarten brüten im Gebiet.

Im Biosphärenreservat leben 64 Säugetierarten, darunter 19 Fledermausarten. Bei den Insektenfressern sind neben Maulwurf und Braunbrustigel auch Nachweise von Zwergmaus, Hausmaus, Waldmaus, Feldmaus und Wasserspitzmaus bekannt. Auch Siebenschläfer, Haselmaus, Feldhase, Wildkaninchen, Rötelmaus, Zwergmaus, Eichhörnchen, Bisamratte, Nutria, Wildkatze, Luchs, Steinmarder, Baummarder, Dachs, Mauswiesel, Hermelin, Waldiltis sowie Wildschwein, Reh und Rothirsch gehören zur heimischen Fauna. (Bock (2011), 86-107; Noack (2013), 31ff.)

Im höhlenreichen Sulfatkarst des Reservats befinden sich die Hotspots der Fledermausvorkommen. Hier leben u.a. Mopsfledermaus, Bechsteinfledermaus, Breitflügelfledermaus, Großes Mausohr, Wasserfledermaus, Teichfledermaus, Nymphenfledermaus, Große und Kleine Bartfledermaus, Fransenfledermaus und Zwergfledermaus. (Ohlendorf (2011), 108–126)

Am 17. Juli fällt bei einem vom Mittelmeer kommenden Regentief **auf dem Brocken innerhalb von 24 Stunden** die Rekordmenge von **154, 5 Litern Niederschlag pro m²**. Diese gewaltigen Regenmengen führen zu einem starken Hochwasser im Nord- und Ostharzbereich. (Kinkeldey et al, 40)

Am 27. Oktober richtet das **Sturmtief Jeanette** mit Orkanböen in den Harzwäldern große Schäden an.

Am 24. Dezember überzieht ein **Eisregen** die Bäume mit einem Eispanzer, wodurch viele Spitzen und Äste abbrechen. (Elbingerode (2006), 231)

In diesem Jahr wird der 9.800 km² große **Geopark Harz-Braunschweiger Land-Ostfalen gegründet**, der ein Gebiet von 100 km in Ost-West-Erstreckung (Breite des Harzes) und 120 km Länge in Nord-Süd-Erstreckung von Wolfsburg bis Allstedt umfasst. In diesem sowie in den anderen

Geoparks soll die Bedeutung geologischer und geomorphologischer Prozesse für die Gestalt der Erdoberfläche, für die Verteilung natürlichen Ressourcen, aber auch für die Landnutzung sowie für die Wirtschafts- und Kulturgeschichte für eine breite Öffentlichkeit erlebbar gemacht werden. Innerhalb des Geoparks vollzieht sich ein naturräumlicher Wechsel von der Geestniederung des Aller-Flachlands über das reich gegliederte ostfälische Hügelland bis zum Harz. Der Geopark mit seinen zahlreichen Geotopen bietet einen Überblick die wechselhafte Erdgeschichte der vergangenen 400 Millionen Jahre. Wo sich der Harz aus dem Braunschweiger Land heraushebt, gilt ein Teilgebiet des Geoparks zwischen Goslar und Bad Harzburg als Klassische Quadratmeile der Geologie. (GHBO (2009), 2ff.; Netzwerk Thüringer Geoparks, 11-27; www.harzregion.de/geopark/, abgerufen am 15.5.2018)

2003
Am 8. Juni, am Pfingstsonntag, wird das südliche Harzvorland um Nordhausen von einem **Unwetter** mit heftigem Sturm und Starkregen heimgesucht, das erhebliche Schäden, u. a. in Bleicherode und Wülfingerode, verursacht. (Tauchmann (2006), 67)

Im **Sommer** leidet Mitteleuropa unter einer **Hitzewelle und extremer Trockenheit**. Von Juni bis August fallen nur geringe Niederschläge. In Nordhausen liegt die Jahresmitteltemperatur 2003 mit 9,6° C um 1,0° C höher als der langjährige Durchschnittswert. Es fallen nur 466 mm Niederschlag. Das sind 134 mm weniger als langjährigen Durchschnitt. Flüsse und Bäche schrumpfen zu Rinnsalen oder fallen ganz trocken. In der Land- und Forstwirtschaft treten verbreitet Dürreschäden auf. (Tauchmann (2006), 30ff.)

In diesem Jahr wird in Sachsen-Anhalt ein etwa 166.000 ha großes, in den Landkreisen Harz und Mansfeld-Südharz liegendes Gebiet des Harzes als **Naturpark Harz/Sachsen-Anhalt** ausgewiesen. Zu den Hauptaufgaben der großräumigen Naturparks im Harz, in die zahlreiche NSG und LSG integriert sind, gehört die Förderung der Erholungsnutzung in Übereinstimmung mit dem Erhalt der Kultur- und Naturlandschaften. (Brückner et al, 59)

Im Forstbezirk Oberharz wird in diesem Jahr ein Anstieg des Stehendbefalls durch den **Borkenkäfer** um 6140 % gegenüber dem Vorjahr (auf 43.000 m³) festgestellt. (Brückner et al., 362)

2003/04
Dieser **Winter** ist **sehr mild**. Es gibt in Nordhausen nur 87 Bodenfrosttage, das sind 20 Tage weniger als in einem durchschnittlich kalten Winter. (Tauchmann (2006), 41f.)

2004
Vom 22. bis zum 24.**Mai** kommt es zu einem ausgeprägten **Kaltlufteinbruch**. Bei diesen verspäteten Eisheiligen beträgt das Minimum in 5 cm Höhe über dem Erdboden -1,5° C. An den Frühkulturen treten erhebliche Frostschäden auf. (Tauchmann (2006), 88)

2005
Nach der Verabschiedung des Klimaschutzabkommens im Jahr 1997 in Kyoto, das die Senkung des Ausstoßes der für die globale Klimaerwärmung mitverantwortlichen Treibhausgase, vor allem von Kohlendioxid, zum Ziel hat, werden auch in unserem Gebiet verstärkt Anstrengungen unternommen, zur **Deckung des Energiebedarfs** vor allem **nachwachsende Rohstoffe, wie Holz, aber auch Wind und Sonnenkraft**, einzusetzen.
So erfolgt am 18. Februar auf der Altdeponie Nentzelsrode, 8 km südlich von Nordhausen, der erste Spatenstich zum Bau eines **Solarkraftwerks**. Bereits im Sommer liefert die Fotovoltaikanlage mit

6.000 Modulen auf einer Fläche von 20.000 m² den ersten Strom ans Netz, der ausreicht, 250 Einfamilienhäuser mit Elektroenergie zu versorgen. (Tauchmann (2006), 105)

2006
Am 26. Juni nimmt die Selketalbahn den regulären Reisezugverkehr zwischen Quedlinburg und Gernrode auf, nachdem dieser bisher normalspurige Streckenabschnitt auf Meterspur umgespurt worden ist. (https://de.wikipedia.org/wiki/Selketalbahn, abgerufen am 4.11.2018)

2007
Der am 18./19. Januar in weiten Teilen Europas tobende **Orkan Kyrill** richtet auch in den Wäldern des Harzes große Schäden an, wo 1,5 Millionen m³ Holz geworfen werden. Innerhalb weniger Minuten fallen Bestände, die über 100 Jahre allen Stürmen getrotzt haben. (Brückner et al., 362; Kutscher (2007), 107)

Am 11. Juni stellt die im Südwestharzer Gangrevier gelegene Schwerspatgrube Wolkenhügel ihre Produktion wegen Erschöpfung der Lagerstätte ein. Sie war seit 1992 das **letzte produzierende Bergwerk im gesamten Harz**. (Liessmann (2010), 259, 269)

In diesem Jahr fällt auf dem Brocken die Rekordmenge von 2.725 l pro m² Niederschlag. Das trockenste Jahr auf dem Brocken war 1953 mit nur 948 l Niederschlag pro m². (Kinkeldey et al, 40)

2008
Der vom 29. Februar bis zum 2. März über Mitteleuropa hinwegziehende **Schadsturm Emma** verursacht im Harz einen z. T. erheblichen Anfall von Schadholz. (Brückner et al., 362)

Am 22. März, am Ostersamstag, tobt ein **Schneesturm über dem Oberharz** und bringt bis zu 30 cm Schnee in den mittleren Höhenlagen. Die Osterfeuer können vielerorts nicht stattfinden und werden am Walpurgisabend (30. April) nachgeholt. (Kutscher (2009), 87)

Am Vormittag des 1. August tritt auch in unserem Gebiet eine **partielle Sonnenfinsternis** ein. Der geringe Bedeckungsgrad von etwa 10 % bewirkt jedoch keine merkliche Abschwächung des Tageslichts.

In diesem Jahr wird der 305.000 ha große **Naturpark Kyffhäuser** gegründet, der unterschiedliche Gebiete des Kyffhäuser-Gebirges, der Hainleite und der Windleite sowie Teile der Goldenen Aue mit dem Rückhaltebecken Kelbra umfasst. (Kraniche im Blick. Hrsg.: Naturparkverwaltung Kyffhäuser, 2017)

2009
Nachdem im Oktober 2004 in Bad Frankenhausen der Verein Geopark Kyffhäuser e. V. gegründet worden ist, werden die inzwischen erreichten Fortschritte bei der Errichtung dieses Geoparks dadurch belohnt, dass dieser am 7. Mai als 12. Nationaler Geopark in Deutschland zertifiziert wird.
Der **Nationale Geopark Kyffhäuser** umfasst eine Fläche von 833 km² und erstreckt sich vom Kyffhäusergebirge sowie von den Buntsandstein-Rücken der Windleite und der Hohen Schrecke im Norden bis zum Muschelkalk-Höhenzug der Hainleite im Süden, der an der Sachsenburger Pforte in die Schmücke übergeht. Auch das Wippertal, die Diamantene Aue sowie Teile der Helme- und Unstrutaue sowie der Goldenen Aue liegen im Geopark. Mehr als 450 geowissenschaftlich bedeutsame Objekte sind zu besichtigen, darunter etwa 200 geologische Aufschlüsse, mehr als 30 Brunnen und Quellen sowie zahlreiche Dolinen, Erdfälle und Höhlen. (Netzwerk Thüringer Geoparks, 29-53; Geopfade)

Am Morgen des 18. Juli stürzt im **Bereich von Nachterstedt** ein etwa 350 mal 150 m breiter Landstreifen in den entstehenden Concordiasee. Dabei werden mehrere Wohnhäuser und ein Straßenabschnitt in die Tiefe gerissen, drei Personen sterben bei diesem **Erdrutsch**. (https://de.wikipedia.org/wiki/Concordiasee_(Seeland) -abgerufen am 06.08.2018)

2010

Von 1881 bis 2010 ist die **Jahresmitteltemperatur auf dem Brocken von 2,4° C auf 3,5° C ange-stiegen.** (Kinkeldey et al, 38)

In diesem Jahr wird der 26.700 ha große **Naturpark Südharz** gegründet. Zu dem im Landkreis Nordhausen liegenden Naturpark gehören u. a. Teile des Südabfalls des Unterharzes und des daran anschließenden Zechsteingürtels mit der Gipskarstlandschaft, in der sich zahlreiche Höhlen, Karst-quellen, Bachschwinden, Dolinen, und Erdfälle befinden. (Brückner et al, 59)

Am 1. August wird die **Oberharzer Wasserwirtschaft** als Erweiterung des bestehenden Welterbes Bergwerk Rammelsberg und Altstadt Goslar zum **UNESCO-Weltkulturerbe** erhoben. Die Erwei-terung der Welterbefläche umfasst die Oberharzer Hochfläche und reicht vom westlichen Harzrand über St.Andreasberg bis nach Walkenried.
Die Oberharzer Wasserwirtschaft ist mit 800 Jahren Energiegewinnung durch Wasserkraft für den Bergbau das mit Abstand **größte und bedeutendste vorindustrielle Energieversorgungssystem der Welt.** Im Laufe der Jahrhunderte wurden 149 Teiche als Energiespeicher für bergbauliche Akti-vitäten gebaut, von denen 107 heute noch erhalten sind, davon 65 Teiche wasserführend in Betrieb und 42 Teiche als Bodendenkmäler im Gelände. Außerdem sind von den seit dem Mittel-alter mehr als 500 km angelegten Sammel- oder Aufschlaggräben noch 310 km erhalten, die dazu dienten, das zu Tal strömende Niederschlagswasser in einem großen Bereich einzufangen und den Teichen zuzuleiten bzw. das Wasser von den Teichen zu den Verbrauchern zu leiten. Von diesen Gräben sind noch 69 km wasserführend in Betrieb und 241 km als Bodendenkmal im Boden ab-lesbar. Die zahlreichen von Menschenhand geschaffenen Teiche und Gräben prägen noch heute das Landschaftsbild des Oberharzes. (Roseneck (2012), 1ff.; Fessner et al (2002), 180)

UNESCO-Welterbe Oberharzer Wasserwirtschaft. Dazu gehört auch die Teichkaskade bei Clausthal-Zeller-feld. Im Bild oben der Hirschler Teich von 1660, darunter die Pfauenteiche (Oberer, Mittlerer und Unterer), die alle aus der Zeit vor 1579 stammen.

Quellen- und Literaturverzeichnis

Abel, Wilhelm (1978): Geschichte der deutschen Landwirtschaft vom frühen Mittelalter bis zum 19. Jahrhundert. Dritte neu bearbeitete Auflage. – Stuttgart

Acricola, Georg (1556): De re metallica libri XII. Basel. Deutsche Ausgabe. – Berlin 1928

Adler, Helmut/ Hey, Albert (1998): Chronik Lutter – Fürstenhagen (Eichsfeld). Hrsg. von der Gemeinde Lutter. – Lutter

Allewelt, Werner (1950): 700 Jahre Zorge. – Zorge

Alte Thüringische Chronicka oder Curieuse Beschreibung (…). – Frankfurt und Leipzig 1715 (anonymer Autor)

Amman, Jost (1568): Eygentliche Beschreibung aller Stände auff Erden (…). – Frankfurt M.

Anding, Edwin (1972): Hattorf und seine Umgebung in der Ur- und Frühgeschichte. In: HswH 28/1972, 63–71

Ders. (1987): Anmerkungen zum Alter der frühen Harzwege nach dem Kenntnisstand von 1987. In: HswH, H.43/1987, 3–27

Apfelstedt, H, F. Th. (1854): Heimathskunde für die Bewohner des Fürstenthums Schwarzburg-Sondershausen. Sondershausen 1854. Reprint Verlag Donhof Arnstadt 1998

Archäologischer Wanderführer Thüringen. (AWT). Hrsg. vom Thüringer Landesamt für Archäologie, Weimar.
Bd. I: Überblick zur Ur- und Frühgeschichte. – Langenweißbach 2004
Bd. IV: Landkreis Sömmerda. – Langenweißbach 2005
Bd. XI: Eisenach und Umgebung. Wartburgkreis Nord. – Langenweißbach 2007
Bd. XII: Wartburgkreis, Süd. – Langenweißbach 2010
Bd. XIII: Kyffhäuserkreis. – Langenweißbach 2012

Armbrecht, Friedrich (1976): Über das Kur- und Badewesen in Osterodes Vergangenheit. In: HswH 32/1976, 3–25

Artmann, Werner (1961): Historische Betrachtungen zur Waldwirtschaft auf dem Eichsfeld. In. EHH, H.3/1961

Bach, Herbert/Bach, Adelheid (1989): Paläoanthropologie im Mittelelbe-Saale-Werra-Gebiet. – Weimar

Bachman, Hans-Gert (2000): Zur Metallerzeugung im Harz während des Früh- und Hochmittelalters. In: Segers-Glocke, Christiane (Hg.): Auf den Spuren einer frühen Industrielandschaft. Naturraum – Mensch – Umwelt im Harz, 129–139. – Hameln

Bachmann, Hans-Gert, Christoph Bartels, Andreas Bingener, Lothar Klappauf (2000): Daten zur Geschichte der Harzregion. In: Segers-Glocke, Christiane (Hg.): Auf den Spuren einer frühen Industrielandschaft. Naturraum – Mensch- Umwelt im Harz, 157–163. – Hameln

Badenhausen (1968): 1000 Jahre Badenhausen 968–1968. Ein Festbuch. Herausgegeben von der Gemeinde Badenhausen. – Osterode am Harz

Baldermann, U. (1968): Die Entwicklung des Straßennetzes in Niedersachsen von 1768 bis 1960. – Hildesheim

Bange, Johann (1599): Thüringische Chronick oder Geschichtbuch von allerhand denckwürdigen Sachen, Thaten und Händeln. (…). – Mühlhausen

Barckefeldt, Johannes: Duderstadt oder Ausführlicher Traktatus von der Stadt Duderstadt Ursprung, Fortgang, Rechten, Privilegien und Gerechtsamkeiten. Hrsg. von Dr. Julius Jaeger. Duderstadt 1920

Barockdorf Bendeleben. Geschichte und Geschichten. Hrsg. Denkmalpflegeverein „Barockes Bendeleben."

Bartels, Christoph (2000): Der Bergbau- ein Überblick. In: Segers-Glocke, Christiane (Hg., 2000): Auf den Spuren einer frühen Industrielandschaft. Naturraum – Mensch – Umwelt im Harz, 106–111. – Hameln

Bartels, Christoph, Michael Fessner, Lothar Klappauf und Friedrich Albert Linke (2007): Kupfer, Blei und Silber aus dem Goslarer Rammelsberg. Von den Anfängen bis 1620. – Bochum

Barthel, Klaus-Jörg/Pusch, Jürgen (2005): Die Botaniker des Kyffhäusergebietes. Ein Beitrag zur Geschichte der floristischen Erforschung Nord-Thüringens und Südwest-Sachsen-Anhalts. – Jena

Bartl, Heinz, Günter Döring, Karl Hartung, Christian Schilder, Rainer Slotta (2003): Kali im Südharz-Unstrut-Revier, Bde.1 und 2. – Bochum

Baumgarten, Wilhelm (1933): Beziehungen zwischen Forstwirtschaft und Berg- und Hüttenwesen im Kommunionharz. Ein Beitrag zur Wirtschaftsgeschichte des Harzes. – Braunschweig

Becherer, Johann (1601): Newe Thüringische Chronica.(…). – Mühlhausen

Becker, Kurt/Kemper, Heinrich (1964): Der Rattenkönig. In: Beihefte der Zeitschrift für angewandte Zoologie, H.2/1964. – Berlin

Becker, Kurt/Baege, Ludwig (1967: Weiteres über Rattenkönige.
In: Zeitschrift für angewandte Zoologie, H. 13/1967, 183ff.

Behm-Blancke, Günter (1989): Heiligtümer, Kultplätze und Religion. In: Herrmann, Joachim, Hrsg. (1989): Archäologie in der Deutschen Demokratischen Republik. Denkmale und Funde. Bd. 1, 166-176. – Berlin

Behrens, Georg Henning (1703): Hercynia Curiosa oder Curiöser Harts-Wald (…). Nordhausen. Reprint Nordhausen 1899

Behrens, Hermann (2015): Naturschutzgeschichte Thüringens. – Berlin

Behringer, Wolfgang (2014): Kulturgeschichte des Klimas. Von der Eiszeit bis zur globalen Erwärmung. 4. Auflage. – DTV München

Benecke, Norbert (1994): Der Mensch und seine Haustiere. Die Geschichte einer jahrtausendealten Beziehung. – Stuttgart

Beug, Hans-Jürgen, Irmtraud Henrion u. Anneke Schmüser (1999): Landschaftsgeschichte im Hochharz. Die Entwicklung der Wälder und Moore seit dem Ende der letzten Eiszeit. – Clausthal-Zellerfeld

Biese, Walter (1931): Entstehung der Gipshöhlen am südlichen Harzrand und am Kyffhäuser. – Berlin

Ders. (1931): Über Höhlenbildung. I. Teil: Entstehung der Gipshöhlen am südlichen Harzrand und am Kyffhäuser. Abhandlungen der Preußischen Geologischen Landesanstalt, Neue Folge, H. 137. – Berlin

Ders. (1933): II. Teil: Entstehung von Kalkhöhlen (Rheinland, Harz, Ostalpen, Karst). Abhandlungen der Preußischen Geologischen Landesanstalt, Neue Folge, H.146. – Berlin

Bingener, Andreas (2000): Silber-, Kupfer-, Blei- und Vitriol-Handel in der Harzregion – Käufer, Märkte und Verkehrswege des Mittelalters. In: Segers-Glocke, Christiane (Hg., 2000): Auf den Spuren einer frühen Industrielandschaft. Naturraum – Mensch – Umwelt im Harz, 146–152. – Hameln

Binnewies, Werner (1990): Tausend Jahre Förste am Harz. Ein Mosaik der Ortsgeschichte. Förste

Binhard, Johann (1613): Newe vollkomme Thüringische Chronica. Leipzig. Reprint Verlag Rockstuhl Bad Langensalza 1999

Blankenburg. Der Landkreis Blankenburg (1971). Amtliche Kreisbeschreibung nebst Hinweisen zur Raumordnung und Statistischem Anhang. Bd. 25 der Reihe: Die Landkreise in Niedersachsen. – Bremen-Horn

Blom, Philipp (2017): Die Welt aus den Angeln. Eine Geschichte der Kleinen Eiszeit von 1570 bis 1700 sowie der Entstehung der modernen Welt, verbunden mit einigen Überlegungen zum Klima der Gegenwart. 4. Auflage. – München.

Blumenhagen, Wilhelm (1838): Wanderung durch den Harz. – Leipzig

Bock, Harald (2011): Vorkommen ausgewählter Tierarten. In: Natura 2000 im Südharz. Forschung und Management im Biosphärenreservat Karstlandschaft Südharz. 86–107

Bode, Georg (1892): Zur Geschichte des Bergbaus bei Goslar. In: Zeitschrift des Harzvereins für Geschichte und Altertumskunde, 25.Jg. (1892), 332–349

Bodehochwasser Silvester 1925 in Quedlinburg. Festschrift zur Einweihung der Bahnhofsbrücke am 27. November 1926. Herausgeber und Verleger Magistrat der Stadt Quedlinburg. – Quedlinburg

Böhme, H. W. (1978a): Der Erzbergbau am Rammelsberg. In: Goslar – Bad Harzburg. Führer zu vor- und frühgeschichtlichen Denkmälern. Bd. 35, 169–180. – Mainz

Ders. (1978b): Der Erzbergbau im Westharz und die Besiedlung des Oberharzes seit dem frühen Mittelalter. In: Westlicher Harz – Clausthal-Zellerfeld – Osterode – Seesen. Führer zu vor- und frühgeschichtlichen Denkmälern. Bd. 36, 59–126. – Mainz

Ders. (1978c): Bemerkungen zur vorgeschichtlichen Besiedlung des Oberharzes. In: Westlicher Harz – Clausthal-Zellerfeld – Osterode – Seesen. Führer zu vor- und frühgeschichtlichen Denkmälern. Bd. 36, 24–32. – Mainz

Böhme, Gottfried (1984): Fossilfunde aus den Rübeländer Höhlen. In: Der Harz. H. 11/12, 1984, 54ff.

Bolte, Ernst: Harzer Geschichtschronik. In Fortsetzungen im AHBK.

Bonnemann, Alfred (1984): Der Reinhardswald. – Hann. Münden

Borchert, Till-Holger/Waterman, Joshua P.: Das Wunderzeichenbuch. – Taschen-Verlag, Köln 2013

Bothmer, Volker (2017): Astronomische Faktoren und ihr Einfluss auf das Klima. In: Meller, Harald/ Puttkammer, Thomas (Hrsg.): Klimagewalten – Treibende Kraft der Evolution, 28–36

Brachmann, Hansjürgen (1989): Burg und Siedlung im deutschen Feudalstaat vom 8.–13. Jh. In: Herrmann, Joachim, Hrsg. (1989): Archäologie in der Deutschen Demokratischen Republik. Denkmale und Funde. Bd.1, 294-311. – Berlin

Brauneis, Wolfram (2012): Chronik über Niedergang und Rettung des Wanderfalken in Hessen. In: Eschweger Geschichtsblätter Jg. 22 (2012), 111ff.

Brederlow, C. G. Fr. (1851): Der Harz. Zur Belehrung und Unterhaltung für Harzreisende. – Braunschweig

Briffa, Keith R. et al (1998): Influence of volcanic eruptions on northern Hemisphere summer temperature over the past 600 years. In: Nature 393, 450–455

Brückner, Jörg, Dietrich Denecke, Haik Thomas Porada und Uwe Wegener (Hg., 2016): Der Hochharz – vom Brocken bis in das nördliche Harzvorland. Eine landeskundliche Bestandsaufnahme im Raum Bad Harzburg, Wernigerode, Sankt Andreasberg, Braunlage und Elbingerode. (= Landschaften in Deutschland – Werte der deutschen Heimat, Bd. 73). – Köln, Weimar, Wien.

Brumme, Karlheinz (2010): Elend. Chronik eines Harzdörfchens unterm Brocken. 2. erweiterte Auflage. – Halberstadt

Bürger, K. (1930): Die Baumannshöhle. Geschichte eines Harzer Naturdenkmals. In: ZHGA, Jg. 63 (1930), 82ff., 161ff.

Busch, Otto (1928): Busch, Otto: Die Vogtei Dorla in Thüringen. – Flarchheim

Ders. (1940): Vorgeschichte unseres Heimatgebietes Mühlhausen-Langensalza. – Eisenach.

Buschendorf, Herbert (1932): Die Kulturgeographie des Eichsfeldes. – Mühlhausen.

Calvör, Henning(1765): Historische Nachricht von der Unter- und gesamten Ober-Harzischen Bergwerke (…) Braunschweig 1765. – Reprint Hildesheim, Zürich, New York 1990.

Cammermeister, Hartung, Chronik. Bearb. von Robert Reiche. In: Geschichtsquellen der Provinz Sachsen und angrenzender Gebiete, 35. Bd., Halle, 1896.

Dehio, Georg: Handbuch der Deutschen Kunstdenkmäler. Thüringen. Bearbeitet von Stephanie Eißing, Franz Jäger und anderen Fachkollegen, hrsg. in Zusammenarbeit mit dem Thüringischen Landesamt für Denkmalpflege (1998). – München.

Deicke, Matthias (2000): Geologie und Erzlagerstätten des Harzes. In: Segers-Glocke, Christiane (Hg., 2000): Auf den Spuren einer frühen Industrielandschaft. Naturraum – Mensch – Umwelt im Harz, 42–46. – Hameln.

Deicke, Matthias/Ruppert, Hans (2000): Frühe Metallgewinnung und Umweltbelastung im Harz – umweltgeochemische Aspekte. In: Segers-Glocke, Christiane (Hg., 2000): Auf den Spuren einer frühen Industrielandschaft. Naturraum – Mensch – Umwelt im Harz, 78–82. – Hameln

Denecke, Dietrich (1992): Zum Stand der Kartierung und Untersuchung von Relikten des Bergbaus und Hüttenwesens im Harz für das Mittelalter und die frühe Neuzeit. In: Kaufhold, Karl Heinrich (Hg., 1992): Bergbau und Hüttenwesen im und am Harz, 21–29. – Hannover

Denecke, Dietrich/Kühn, Helga-Maria (Hrsg.1987): Göttingen, Geschichte einer Universitätsstadt. Bd.1. – Göttingen

Denker, H. (1911): Die Bergchronik des Hardanus Hake, Pastors zu Wildemann. Mit einem Glossar der technischen und veralteten Ausdrücke und einem Index. Hrsg. vom Harzverein für Geschichte und Altertumskunde. – Wernigerode

Denkmale der Natur und Geschichte im Kreis Nordhausen. Hrsg (1988): Rat des Kreises Nordhausen. – Nordhausen

Dennert, Herbert (1954): Kleine Chronik der Oberharzer Bergstädte und ihres Erzbergbaus. Dritte überarbeitete Auflage der Chronik der Bergstadt Clausthal-Zellerfeld von Heinrich Morich. Überarbeitet von Bergrat Herbert Dennert. – Clausthal-Zellerfeld

Ders. (1986): Bergbau und Hüttenwesen im Harz vom 16. bis zum 19. Jahrhundert dargestellt in Lebensbildern führender Persönlichkeiten. 2. erweiterte und ergänzte Auflage. – Clausthal-Zellerfeld

Deutsch, Mathias (2007): Untersuchungen zu Hochwasserschutzmaßnahmen an der Unstrut (1500-1900). Göttinger geographische Abhandlungen Heft 117. – Göttingen

Deutsch, Mathias/Pörtge, Karl-Heinz (2017): Hochwasser in Thüringen. Ursachen, Verlauf und Schäden extremer Abflussereignisse (1500 – 2015) In: Schriftenreihe der Thüringer Landesanstalt für Umwelt und Geologie, Nr. 113. – Jena

Deutsch, Mathias/Pörtge, Karl-Heinz (2003): Hochwasserereignisse in Thüringen. In: Schriftenreihe der Thüringer Landesanstalt für Umwelt und Geologie, Nr. 63, 2. durchgesehene/überarbeitete Aufl. – Jena

Deutsch, Mathias/Pörtge, Karl-Heinz (1996): Außergewöhnliche Niederschläge und Hochwässer in Thüringen am Beispiel des Hochwassers der Unstrut vom Juli 1926 im Altkreis Mühlhausen/ Thüringen. In: Beiträge zur Physiogeographie. Festschrift für Dietrich Barsch, hrsg. von Roland Mäusbacher und Achim Schulte. – Heidelberg

Deutsch, Mathias/Reeh, Tobias/Pörtge, Karl-Heinz (2015): Hochwasser in Thüringen. Texte, Karten und Bilddokumente (1500-2013). In: Schriftenreihe der Thüringer Landesanstalt für Umwelt und Geologie, Nr. 111. – Jena

Deutsch, Mathias/Rost, Karl Tilman (2005): Schwere Hochwasserereignisse in Mitteldeutschland (1500 bis 1900) und ihre sozio-ökonomischen Folgewirkungen. In: Siedlungsforschung Archäologie – Geschichte – Geographie 23, 209–226.

Diedrich, Rudolf: Das Dorf Hilkerode. Bd.I Duderstadt 1999, Bd.II Duderstadt 2005.

Diener (1900): Ellrich und seine Gipsindustrie. In: Die Provinz Sachsen in Wort und Bild. – Berlin

Diete, Wilhelm (1924): Chronik von Geisleden. – Heiligenstadt

Dirks, Hans G. (1996): Chronik der Bergstadt Wildemann. Teil 1, von Anbeginn bis 1914. – Clausthal-Zellerfeld

Ders. (1997): Chronik der Bergstadt Wildemann. Teil 2, von 1914 bis 1997. – Clausthal-Zellerfeld

Dobenecker, Otto (1896): Regesta Diplomatica Necnon Epistolaria Historiae Thuringiae. Bd. 1 (ca. 500–1152). – Jena

Dorschner, Johann (1998): Astronomie in Thüringen. Skizzen aus acht Jahrhunderten. – Jena

Duderstadt und das Untereichsfeld. Lexikon einer Landschaft in Südniedersachsen. Bearbeitet von Hans-Heinrich Ebeling und Maria Hauff (1996). – Duderstadt

Dülmen, Andrea van (1979): Deutsche Geschichte in Daten. Band 1: Von den Anfängen bis 1770. – dtv München

Dusek, Sigrid (1999): Ur- und Frühgeschichte Thüringens. – Stuttgart

Duval, Carl (1840): Wernigerode. In: Thüringen und der Harz mit ihren Merkwürdigkeiten, Volkssagen und Legenden, Dritter Band, 183–199. – Sondershausen

Ders. (1844): Kloster Ilfeld. In: Thüringen und der Harz mit ihren Merkwürdigkeiten, Volkssagen und Legenden, Vierter Band, 180-194. – Sondershausen

Ders. (1845): Das Eichsfeld oder historisch-romantische Beschreibung aller Städte, Burgen, Schlösser, Klöster, Dörfer und sonstiger beachtungswerther Punkte des Eichsfeldes. – Sondershausen

Eberhardt, Hans (1943): Das Krongut im nördlichen Thüringen von den Karolingern bis zum Ausgang des Mittelalters. In: Zeitschrift des Vereins für Thüringische Geschichte und Altertumskunde, Neue Folge, Bd. 37 (1943), 30ff.

Eckhardt; K. A.(Hg. 1967): Sachsenspiegel V. Landrecht in hochdeutscher Übertragung. – Hannover

Edersleben (1986). Geschichte der Gemeinde Edersleben von der Frühbesiedlung bis zur Gegenwart. (Kurzfassung). Hrsg: Rat der Gemeinde Edersleben.

Einhard: Jahrbücher. Übersetzt von Otto Abel und Wilhelm Wattenbach. Hrsg. von Alexander Heine, Phaidon Verlag, Essen und Stuttgart 1986

Ehrhardt, Johannes (1981): Harzer Wein. In: BHN, H.6 (1981), 45ff.

Eisenbahn im Harz (1994). In: Bahn-Special 1/94, hrsg. vom GeraNova Zeitschriftenverlag München

Elbingerode (2006): Festschrift zum 800jährigen Stadtjubiläum. Von Alvelingeroth bis Elbingerode. Die 800jährige Geschichte einer kleinen Harzer Stadt. 2. korrigierte Auflage.

Endler, Helmut (1974): Zum Brutvorkommen des Bienenfressers (Merops apiaster) im nordthüringisch-mitteldeutschen Raum 1973. In: EHH 1974/2, 160ff.

Engel, Karl (1930): Mitteldeutschland als Grenzland vorgeschichtlicher Kulturen. In: Grahmann, Bernhard/Hübschmann, Siegfried: Zwischen Werra und Elbe. Ein mitteldeutsches Heimatbuch, 31–50. – Leipzig

Ey, August (1854): Harzbuch oder Geleitsmann durch den Harz. – Goslar

Farkas, Henrik (1984): Wandernde Tierwelt. – Urania-Verlag Leipzig/Jena/Berlin

Fessner, Michael/Friedrich, Angelika/Bartels, Christoph (2002): „gründliche Abbildung des uralten Bergwerks". Eine virtuelle Reise durch den historischen Harzbergbau. – Bochum

Fischer, Alfons (1939): Heimat und Verbreitung der gärtnerischen Kulturpflanzen. II. Teil: Gemüse und Zierpflanzen. – Stuttgart

Fischer, Karl Berthold (1911): Alte Straßen und Wege in der Umgebung von Harzburg. In: HZGA, 44. Jg. (1911), 175–222

Ders. (1913): Die alte Wasserwirtschaft und Industrie im Amte Harzburg. In: HZGA, 46. Jg. (1913), 173–213

Feustel, Rudolf (1989): Der Homo sapiens und das Jungpaläolithikum. In: Herrmann, Joachim, Hrsg. (1989): Archäologie in der Deutschen Demokratischen Republik. Denkmale und Funde. Bd. 1, 41–47. – Berlin

Förstemann, Ernst Günther (1860): Friedrich Christian Lessers Historische Nachrichten von der ehemals kaiserlichen und des heil. röm. Reichs freien Stadt Nordhausen, gedruckt daselbst im Jahre 1740, umgearbeitet und fortgesetzt von Professor Dr. Ernst Günther Förstemann. – Nordhausen

Franz, Günther (1984): Geschichte des deutschen Gartenbaus. – Stuttgart

Frenzel, Burkhard/Kempter, Heike (2000): Der Einfluss von Erzbergbau und Erzverhüttung auf die Umweltbedingungen des Harzes in der Vergangenheit. In: Segers-Glocke, Christiane (Hg., 2000): Auf den Spuren einer frühen Industrielandschaft. Naturraum – Mensch – Umwelt im Harz, 72–77. – Hameln

Fritze, Eduard (2007): Der Eichsfelder Westerwald. – Bad Langensalza

Ders. (1946): Pflichttagebuch für Forstlehrlinge. Unveröffentlicht

Fromann, Conrad: Collectanea Northusana oder vermischte Nachrichten zur Nordhäuser Geschichte. Bd. V Aus dem Alltag der Reichstadt Nordhausen. Nach dem Manuskript im Stadtarchiv Nordhausen bearbeitet von Peter Kuhlbrodt. In: Schriftenreihe der Friedrich-Christian-Lesser-Stiftung, Band 15, 2004. – Nordhausen

Ders.: Collectanea Northusana oder vermischte Nachrichten zur Nordhäuser Geschichte. Aus dem Alltag der Reichstadt Nordhausen (Teil 2). Nach dem Manuskript im Stadtarchiv Nordhausen bearbeitet von Peter Kuhlbrodt. In: Schriftenreihe der Friedrich-Christian-Lesser-Stiftung, Band 31, 2015. – Nordhausen

Fromm, Günter (1996): Thüringer Eisenbahnlexikon 1846–1992. – Bad Langensalza

Fuchs, W. P. (1942): Akten zur Geschichte des Bauernkrieges in Mitteldeutschland, Bd. 2. – Jena

Gaevert, Horst (1987): Steinkohlen in Ilfeld und Neustadt. In: BHN, Bd. 12 (1987), 60ff.

Garleb, Helmut (2009): Neues zur Steinkohle von Neustadt. In: BHN, Bd. 34 (2009), 48ff.

Gebauer, Heinrich (Hrsg.): Bilder aus dem sächsischen Berglande, der Oberlausitz und den Ebenen an der Elbe, Elster und Saale. 1883. Bd. VII des Werkes: Unser Deutsches Land und Volk. Vaterländische Bilder aus Natur, Geschichte, Industrie und Volksleben des Deutschen Reiches. 2. gänzlich umgestaltete Auflage. – Leipzig und Berlin

Geologische Besonderheiten in Thüringen (2010). Beiheft zu der vom Thüringer Landesamt für Vermessung und Geoinformation herausgegebenen Spezialkarte. – Erfurt

Geopark Harz, Braunschweiger Land, Ostfalen (2009). Die klassischen Quadratmeilen der Geologie. Hrsg: Geopark Harz, Braunschweiger Land, Ostfalen, GbR. – Königslutter, Quedlinburg

Geopark Harz, Braunschweiger Land, Ostfalen. Faltblätter, hrsg. vom Regionalverband Harz e. V. – Quedlinburg

Geopfade (2008): Unerwartete Begegnungen auf steinigen Wegen. Wandern und Radwandern auf Geopfaden im Geopark Kyffhäuser. Hrsg.: Geopark Kyffhäuser in Zusammenarbeit mit Naturpark Kyffhäuser. 2. überarbeitete Auflage

George, Klaus: Harz grenzenlos. Entlang historischer Grenzwege durch Natur und Geschichte. – Nordhausen, o. J.

Gerhard, Hans-Jürgen (2006): Geld und Währungen, Maße und Gewichte der Frühen Neuzeit in Südniedersachsen. In: Hillegeist, Hans-Heinrich (Hg., 2006): Heimat- und Regionalforschung in Südniedersachsen. Aufgaben – Ergebnisse – Perspektiven, 161–175. – Duderstadt

Gerste, Ronald D. (2015): Wie das Wetter Geschichte macht. Katastrophen und Klimawandel von der Antike bis heute. 2. Auflage. – Stuttgart.

Gießberger, Hans (1922): Die Erdbeben Bayerns. I. Teil. In: Abhandlungen der Bayerischen Akademie der Wissenschaften. Mathematisch-physikalische Klasse, XXIX. Bd., 6. Abhandlung. – München

Glaser; Rüdiger (2013): Klimageschichte Mitteleuropas. 1200 Jahre Wetter, Klima, Katastrophen. 3. Aufl. – Darmstadt

Glässer, Rüdiger (1994): Das Klima des Harzes. – Hamburg

Goldmann, Liborius (1926): Unwetter auf dem Eichsfelde und in der Umgegend im vergangenen Jahrhundert. In: UE 2. JG. (1926) 38ff.

Goltz, Theodor Freiherr von der: Geschichte der deutschen Landwirtschaft. 2 Bde. 2. Neudruck der Ausgabe Stuttgart 1902 (Bd.1) und Stuttgart 1903 (Bd.2)

Görner, Gunter/Kaiser, Beate: Chronik der Stadt Mühlhausen. Bde. 5–8, 2006–2008. – Bad Langensalza

Görner, Martin (Hrsg.,2009): Atlas der Säugetiere Thüringens. – Jena

Ders. (2011): Die Gewässer Thüringens. – Jena

Ders. (2015): Thüringen, Wald und Wild, Gewässer und Fische, Landschaften und Arten. – Jena

Görner, Martin/Hackethal, Hans (1988): Säugetiere Europas, 2. Aufl. – Leipzig-Radebeul

Goroll, Susanne: Quedlinburg – eine Geschichte der Saat- und Pflanzenzucht. In: https://www.nutzpflanzenvielfalt.de/sites/.../Saatzuchtgeschichte%20Quedlinburg. (abgerufen am 22.11.2017)

Göschel, Carl Friedrich: Chronik der Stadt Langensalza, Bde.1 bis 4, 1818, 1842, 1847. – Langensalza

Goslar – Bad Harzburg (1978): Bd. 35 der Führer zu vor- und frühgeschichtlichen Denkmälern, hrsg. vom Römisch-Germanischen Zentralmuseum Mainz. – Mainz

Goslar (1970). Der Landkreis Goslar. Amtliche Kreisbeschreibung nebst Hinweisen zur Raumordnung und Statistischem Anhang. Bd. 24 der Reihe: Die Landkreise in Niedersachsen. – Bremen-Horn

Göttingen und das Göttinger Becken (1970). Bd.16 der Führer zu vor- und frühgeschichtlichen Denkmälern, hrsg. vom Römisch-Germanischen Zentralmuseum Mainz. – Mainz

Göttinger Jahrbuch. – Göttingen

Gottschalk, Werner (1999): Chronik der Stadt Goslar 919–1919 unter Einbeziehung des Reichs- und Landesgeschehens und des Umlandes der Stadt. Bd. I, 919–1802. – Goslar

Ders. (2000): Chronik der Stadt Goslar 919–1919 unter Einbeziehung des Reichs- und Landesgeschehens und des Umlandes der Stadt. Bd. II, 1802–1871. – Goslar

Götze, Alfred/Höfer, Paul/Zschiesche, Paul (Hrsg., 1909): Die vor- und frühgeschichtlichen Altertümer Thüringens. – Würzburg

Grahmann, Bernhard/Hübschmann, Siegfried (1930): Zwischen Werra und Elbe. Ein mitteldeutsches Heimatbuch. – Leipzig

Granzin, Martin (1972): 250 Jahre Harz-Kornmagazin in Osterode am Harz. In: HswH 28/1972, 1–11

Gregor von Tours: Fränkische Geschichte. Nach der Übersetzung von Wilhelm von Giesebrecht neu bearbeitet von Manfred Gebauer. Bände I bis III. – Essen und Stuttgart 1988

Gresky, Wolfgang (1963): Die kleine Wipper. In: Thüringer Heimatkalender, Jg. 1963, 68ff.

Grimm, Paul/Timpel, Wolfgang (1966): Die ur- und frühgeschichtlichen Befestigungen des Kreises Worbis. In: EHH, Sonderausgabe. – Worbis

Dies. (1972): Die ur- und frühgeschichtlichen Befestigungen des Kreises Mühlhausen. – Mühlhausen

Dies. (1974): Die ur- und frühgeschichtlichen Befestigungen des Kreises Nordhausen. – Nordhausen

Gringmuth-Dallmer, Eike (1983): Die Siedlungsentwicklung des 5. bis 7. Jahrhunderts in den Stammesgebieten. In: Krüger et al (1983): Die Germanen. Geschichte und Kultur der germanischen Stämme in Mitteleuropa. – Berlin

Ders. (1989): Landwirtschaft und Landesausbau in den germanisch-deutschen Gebieten vom 8.–13. Jh. In: Herrmann, Joachim, Hrsg. (1989): Archäologie in der Deutschen Demokratischen Republik. Denkmale und Funde. Bd.1, 238–248. – Berlin

Gringmuth-Dallmer, Eike/Lange, Elsbeth (1988): Untersuchungen zur frühgeschichtlichen Siedlungs- und Wirtschaftsentwicklung im nördlichen Thüringer Becken. In: Zeitschrift für Archäologie, Jg. 1988, 83ff. – Berlin

Groebler (1900): Das Kaliwerk der Gewerkschaft „Glückauf" bei Sondershausen. In: Thüringen in Wort und Bild, Bd. I, 341–351. – Leipzig

Grosse, W. (1929): Das Wildengestüt der Grafen zu Stolberg-Wernigerode. In: ZHGA, 62. Jg. (1929), 221–227

Grössler, Hermann/Sommer, Friedrich (Hrsg.,1882): Chronicon Islebiense. Eisleber Stadt-Chronik aus den Jahren 1520–1738. – Eisleben

Grotefend, Hermann (1982): Taschenbuch der Zeitrechnung des deutschen Mittelalters und der Neuzeit. 12. Auflage. – Hannover

Grünthal, Gottfried (1988): Erdbebenkatalog der Deutschen Demokratischen Republik und angrenzender Gebiete von 823 bis 1984. Veröffentlichungen des Zentralinstituts für Physik der Erde Nr. 99. – Potsdam

Grunwald, Lutz (2000): Der Oberharz und sein unmittelbares Vorland. Ein Abriss der Siedlungsgeschichte vor dem Einsetzen der schriftlichen Überlieferung im 8. Jahrhundert n. Chr. In: Segers-Glocke, Christiane (Hg., 2000): Auf den Spuren einer frühen Industrielandschaft. Naturraum – Mensch – Umwelt im Harz, 55–63. – Hameln

Grützmacher, W.: Kopia einer Schrift aus der St. Johanniskirche zu Gittelde. In: ZHGA, Jg. 25 (1892), 268–271

Günther; Friedrich (1888): Der Harz in Geschichts-, Kultur und Landschaftsbildern.– Hannover

Habenicht (1900): Ein Gang durch Quedlinburgs Gärtnereien. In: Die Provinz Sachsen in Wort und Bild. Hrsg. vom Pestalozziverein der Provinz Sachsen. – Berlin

Hamm, F. (1976): Heimatkundliche Chronik Nordwestdeutschlands. – Hannover

Handbuch der deutschen Eisenbahnstrecken. Eröffnungsdaten 1835–1935, Streckenlängen, Konzessionen, Eigentumsverhältnisse. Mit einer illustrierten Einleitung von Horst-Werner Dumjahn, Mainz 1984. Vollständiger, unveränderter Nachdruck der im Jahr 1935 unter dem Titel „Die deutschen Eisenbahnen in ihrer Entwicklung 1835–1935" von der Deutschen Reichsbahn herausgegebenen Druckschrift.

Handbuch der Naturschutzgebiete der DDR. Urania-Verlag Leipzig, Jena, Berlin. Bd. 3, Bezirke Magdeburg und Halle. 1973 ; Bd. 4, Bezirke Erfurt, Suhl und Gera, 1974

Hartmann, Werner (1979): Wölfe im Harzgebiet. In: Der Harz, H. 2 (1979), 15ff.

Ders. (1982): Vogelwelt und Vogelfang im Harz – eine namenkundliche Studie. In: HZL, H. 6 (1982), 16ff.

Der Harz. Heimatzeitschrift für das Harz- und Kyffhäusergebiet, Braunschweig und Elm-Lappwald. Amtliches Organ des Landesfremdenverkehrsverbandes Harz e. V. Monatsschrift, 1943 Erscheinen eingestellt.

412

Harzer Pflanzenwelt erleben. Unterwegs im Natur- und Geopark. (Hrsg.,2017): Regionalverband Harz e. V. Quedlinburg. 3. Auflage. – Quedlinburg

Hasel, Karl/Schwartz, Eckehard (2002): Forstgeschichte. – Remagen

Häßler, Hans-Jürgen (1991): Ur- und Frühgeschichte in Niedersachsen. Theiss-Verlag Stuttgart. Lizenzausgabe 2002 für Nikol-Verlagsgesellschaft Hamburg.

Ders. (1991a): Vorrömische Eisenzeit. In: Häßler, Hans-Jürgen (1991): Ur- und Frühgeschichte in Niedersachsen, 193–237. – Lizenzausgabe 2002 Hamburg

Ders. (1991b): Völkerwanderungs- und Merowingerzeit. In: Häßler, Hans-Jürgen (1991): Ur- und Frühgeschichte in Niedersachsen, 285–320. – Lizenzausgabe 2002 Hamburg

Hauptmeyer, Carl-Hans (1992): Bergbau und Hüttenwesen im Harz während des Mittelalters. In: Kaufhold, Karl Heinrich (Hg.): Bergbau und Hüttenwesen im und am Harz. – Hannover

Hausbrand, O. (1934): Die ehemaligen Blaufarbenwerke bei St. Andreasberg und bei Braunlage. In: ZHGA 67. Jg. (1934), 56–69

Hausrath, Hans (1982): Geschichte des deutschen Waldbaus. Von seinen Anfängen bis 1850. – Freiburg

Heege, Elke/Maier, Reinhard: Jungsteinzeit. In: Häßler, Hans-Jürgen (1991): Ur- und Frühgeschichte in Niedersachsen, 109–154. – Lizenzausgabe 2002 Hamburg

Heerda, Ewald (1993): Entdeckungen im Eichsfeld. Wissenswertes aus Wald und Flur. – Heiligenstadt

Heese, Bernhard/Peper, Hans (2004): Ballenstedter Chronik. Eine Geschichte des Schlosses und der Stadt in Einzeldarstellungen. Von den Anfängen bis 1920. Neu herausgegeben Ballenstedt 2004

Hehn, Victor (1894): Kulturpflanzen und Hausthiere in ihrem Übergang aus Asien nach Griechenland und Italien sowie in das übrige Europa. 6. Aufl., neu herausgegeben von O. Schrader mit botanischen Beiträgen von A. Engler. – Berlin

Heimatborn, Heimatbeilage zum Eichsfelder Volksblatt, Jg. 1929, Nr.4ff.

Heimatblätter für den südwestlichen Harzrand. Hrsg. vom Heimat- und Geschichtsverein Osterode/Harz und Umgebung

Heimatkundliches Lesebuch für den Kreis Nordhausen (1957). – Nordhausen

Heine, Heinrich (1908): Heimatkundliches Lesebuch für Nordhausen und die Grafschaft Hohenstein. – Nordhausen

Ders. (1914): Unsere Heimat. Heimatkunde von Nordhausen und Umgebung. – Halle

Ders. (1926): Geschichte der Heimat. – Langensalza

Heine, K. (1899): Chronik der Stadt Ellrich. – Ellrich

Heinemann, Wolfgang (2003): Die Chronik des Amtes Harzburg. – Hanau

Hellmann, G./Meinardus, W. (1901): Der große Staubfall vom 9. bis 12. März 1901 in Nordafrika, Süd- und Mitteleuropa. Abhandlungen des Königlich Preußischen Meteorologischen Instituts Bd. II 1901. – Berlin

Henke, Winfried (1991): Zur Untersuchung anthropologischer Funde in Niedersachsen.

Hennig, R. (1904): Katalog bemerkenswerter Witterungsereignisse von den ältesten Zeiten bis zum Jahre 1800. Abhandlungen des Königlich Preußischen Meteorologischen Instituts Bd. II Nr. 4 1904. – Berlin

Henning, Richard (1962): Das Wetter in Deutschland. – Stuttgart

Hentrich, Konrad (1919): Die Besiedelung des Thüringischen Eichsfeldes auf Grund der Mundart und der Ortsnamen. In: Thüringisch-Sächsische Zeitschrift für Geschichte und Kunst, Bd. IX (1919), 106ff. – Halle

Herbst, Albert (1926): Die alten Heer- und Handelsstraßen Südhannovers und angrenzender Gebiete nach archivalischem Material auf geographischer Grundlage dargestellt. – Göttingen

Herdam, Hagen (1993) unter Mitwirkung von Hans-Ulrich Kison, Uwe Wegener, Christiane Högel, Werner Illig, Alfred Bartsch, Achim Groß, Peter Hanelt: Neue Flora von Halberstadt. Farn- und Blütenpflanzen des Nordharzes und seines Vorlandes (Sachsen-Anhalt). Hrsg. vom Botanischen Arbeitskreis Nordharz e. V. – Quedlinburg

Herrmann, Albert (1936): Katastrophen, Naturgewalten und Menschenschicksale. – Berlin

Herrmann, Bernd (1988): Erste anthropologische Befunde aus der Lichtensteinhöhle bei Dorste. In: HswH, 44/1988, 13–15

Herrmann, Joachim, Hrsg. (1989): Archäologie in der Deutschen Demokratischen Republik. Denkmale und Funde. Bd. 1. Archäologische Kulturen, geschichtliche Perioden und Volksstämme. – Leipzig, Jena, Berlin

Ders. Hrsg. (1989a): Archäologie in der Deutschen Demokratischen Republik. Denkmale und Funde. Bd. 2. Fundorte und Funde. – Leipzig, Jena, Berlin

Ders. (1989b): Burgen und befestigte Siedlungen der jüngeren Bronzezeit und frühen Eisenzeit. In: Herrmann, Joachim, Hrsg. (1989): Archäologie in der Deutschen Demokratischen Republik. Denkmale und Funde. Bd. 1, 106–118. – Leipzig, Jena, Berlin

Ders. (1989c): Archäologische Forschungen zur Herausbildung mittelalterlicher Städte. In: Herrmann, Joachim, Hrsg. (1989): Archäologie in der Deutschen Demokratischen Republik. Denkmale und Funde. Bd. 1, 330–343. – Leipzig, Jena, Berlin

Hersfeld, Lampert von: Annalen. Neu übersetzt von Adolf Schmidt, erläutert von Wolfgang Dietrich Fritz. Ausgewählte Quellen zur deutschen Geschichte des Mittelalters. Freiherr vom Stein-Gedächtnisausgabe. Hrsg. von Rudolf Buchner. Bd. XIII, 1957. – Berlin

Hessel (1927): Die Sösetalsperre oberhalb Osterodes. In: Osterode a. H. – Hannover

Heyder, Manfred/Kohlrausch, Jürgen (1990): 250 Jahre Stadt Benneckenstein 1741–1991. Eine Chronik. – Clausthal-Zellerfeld

Hildebrandt, Hugo: Ornis Thüringens (3 Sonderhefte). In: Thüringer Ornithologischer Rundbrief, 1975 u. 1976

Hillebrand, W. (1978): Goslar – Stadtgeschichte. In: Goslar – Bad Harzburg. Führer zu vor- und frühgeschichtlichen Denkmälern. Bd. 35, 51–58. – Mainz

Hillebrecht, Marie-Luise (2000): Der Wald als Energielieferant für das Berg- und Hüttenwesen. In: Segers-Glocke, Christiane (Hg., 2000): Auf den Spuren einer frühen Industrielandschaft. Naturraum – Mensch – Umwelt im Harz, 83–86. – Hameln

Hillegeist, Hans-Heinrich (1984): Die Königshütte in Bad Lauterberg und die ersten Drahtseile im Oberharz. In: HswH, 40/1984, 73–82

Ders. (Hg., 2006): Heimat- und Regionalforschung in Südniedersachsen. Aufgaben – Ergebnisse – Perspektiven. – Duderstadt

Ders. (2017): Aus den Baurechnungen der Königshütte 1733–1737 bei dem damaligen Flecken Lauterberg/Harz. In: HZ, 69. Jg. (2017), 84–97

Hiller, Herrmann (1927): Geschichte der Stadt Heringen an der Helme. – Nordhausen

Hirschfeld, Hartmut (1996): Der Weißstorch im Kreis Nordhausen. In BHN, Bd. 21 (1996), 32ff.

Hoch, Armin (2011): Geschützte und gefährdete Farn- und Blütenpflanzen. In: Natura 2000 im Südharz. Forschung und Management im Biosphärenreservat Karstlandschaft Südharz, 60–85

Höfer, Paul (1907): Die Frankenherrschaft in den Harzlandschaften. In: ZHGA, 40 Jg. (1907), 115–179

Hoff, Karl Ernst Adolf von: Chronik der Erdbeben und Vulcan – Ausbrüche mit vorausgehender Abhandlung über die Natur dieser Erscheinungen. Erster Teil. Vom Jahre 3460 vor bis 1759 unserer Zeitrechnung. Gotha 1840. Zweiter Teil. Vom Jahre 1760 bis1805 und von 1821 bis 1832 n. Chr. Geb. Gotha 1841

Hoffmann, Albrecht (1969): Der Harz – Land der Teiche und Talsperren. Schriftenreihe der Harz und sein Vorland, Heft 6/1969. – Clausthal-Zellerfeld

Hoffmann, Hans (1994): Bad Harzburg und seine Geschichte. Bis Ende des 19. Jahrhunderts.– Bad Harzburg.

Hoffmann, Hans (1899): Der Harz. – Leipzig

Hohl, Rudolf (1974): Unsere Erde. – Leipzig, Jena, Berlin

Holze, Otto (1979): Die Imkerei und ihre Entwicklung im Kreis Worbis. In: EHH, 1979, 149ff.

Holtzmann, Robert (1925): Die Quedlinburger Annalen. In: Sachsen und Anhalt. Jahrbuch der Historischen Kommission für die Provinz Sachsen und für Anhalt, Bd. 1, 64–125. – Magdeburg

Honemann, Rudolph Leopold (1754): Die Alterthümer des Harzes. – Clausthal

Horst, Fritz (1989): Die Stämme der Lausitzer Kultur und des Nordens in der jüngeren Bronzezeit. In: Herrmann, Joachim, Hrsg. (1989): Archäologie in der Deutschen Demokratischen Republik. Denkmale und Funde. Bd. 1, 98–105. – Leipzig, Jena, Berlin

Ders. (1989a): Die Hallstattzeit – Beginn der Eisenzeit. In: Herrmann, Joachim, Hrsg. (1989): Archäologie in der Deutschen Demokratischen Republik. Denkmale und Funde. Bd. 1, 123–129 – Leipzig, Jena, Berlin

Hosemann (1911): Die Berg- und Hüttenindustrie des Oberharzes und ihre heutigen veränderten Produktionsbedingungen. In: Das Wirtschaftsleben des Harzgebietes, 55–81. – Berlin

Humberg, Felix (1985): Chronik der Wartburgstadt Eisenach und ihrer Umgebung. Teil 7 H. 34 1985. – Eisenach

Ilsenburg (Hrsg. von der Stadt Ilsenburg (1995): 1000 Jahre Ilsenburg/Harz 995–1995

Jacobs, Eduard (1868): Geschichtliche Aufzeichnungen, die Harzgegenden betreffend. In: ZHGA, Jg. 1 (1868), 139–144

Ders. (1869a): Geschichtliche Aufzeichnungen, die Harzgegenden betreffend. In: ZHGA, Jg. 2 (1869), 101–110

Ders. (1869b): Wein- und Hopfenbau in der Grafschaft Wernigerode. In: ZHGA, Jg. 2(1869), 145–147

Ders. (1870): Die Bedeutung und Verbreitung des Weinbaus am Harz. In: ZHGA, Jg. 3 (1870), 726–731

Ders. (1874): Die Stolbergische Hochzeit auf dem Schlosse zu Wernigerode im Juni 1541. In: ZHGA, Jg. 7 (1874), 1–50

Ders. (1892): Das Bärenführen des Halberstädter Dompropstes. Der Bär am Harze. In: ZHGA, Jg. 25 (1892), 271–276

Ders. (1893): Zur Jagdgeschichte des Harzes. In: ZHGA, Jg. 26 (1893), 423–430

Ders. (1897): Brockenbesuch zu volkswirtschaftlichen Zwecken. In: ZHGA, Jg. 30 (1897), 495–498

Ders. (1900): Die Jagd auf dem Harze, insbesondere dem wernigerödischen und elbingerödischen, in der ersten Hälfte des sechzehnten Jahrhunderts. In: ZHGA, Jg. 33 (1900), 1–91

Ders. (1901): Der älteste Weg nach dem Brocken. In: ZHGA, Jg. 34 (1901), 129–133

Ders. (1908): Vertrag Graf Bothos des Glückseligen von Stolberg mit der Stadt Nordhausen über Holzflößerei auf dem Feldwasser der Zorge und eine Holzniederlage vor Nordhausen. In: ZHGA, Jg. 41 (1908), 175–179

Jäger, Klaus-Dieter (1989): Geologische, geographische und topographische Grundlagen ur- und frühgeschichtlicher Ökologie. In: Herrmann, Joachim, Hrsg. (1989): Archäologie in der Deutschen Demokratischen Republik. Denkmale und Funde. Bd. 1, 18–23. – Leipzig, Jena, Berlin

Jankuhn, Herbert (1969): Vor- und Frühgeschichte vom Neolithikum bis zur Völkerwanderungszeit. Bd. I der Reihe: Deutsche Agrargeschichte, hrsg. von Prof. Dr. Günther Franz. – Stuttgart

Jordan, Reinhard: Chronik der Stadt Mühlhausen, Bde. 1–4, 1900–1908. – Mühlhausen

Junker, Jörg-Michael (2004): „Da die diesjährige Ernte sich so außerordentlich verspätet hat" – die Auswirkungen der Agrarkrise 1816/1817 auf Nordhausen und Umgebung. In: BHN, Bd. 29 (2004), 63ff.

Ders. (2007): Miss Baba in Nordhausen. In: Nordhäuser Nachrichten. Südharzer Heimatblätter. Hrsg. vom Stadtarchiv Nordhausen. 16. Jg., Nr. 2 (1.6.2007), S. 10f. – Nordhausen

Kabisch, Karl-Heinz (1978): Naturerscheinungen und ihre einstige Deutung. In: EHH 1978, 336ff.

Kahlke, Hans Dietrich (1981): Das Eiszeitalter. – Leipzig

Kahnt, Helmut/Knorr, Bernd (1986): Alte Maße, Münzen und Gewichte. BI-Lexikon. – Leipzig

Kaiser, Ernst (1933): Landeskunde von Thüringen. – Erfurt

Kasch (1911): Beiträge zur Geschichte der Entstehung und Entwickelung des Torfhauses. In: ZHGA, 44. Jg. (1911), 241–259

Kaufhold, Karl Heinrich (Hg., 1992): Bergbau und Hüttenwesen im und am Harz. – Hannover

Kaufmann, Dieter (1989): Pflanzenbau und Viehhaltung. Der Beginn einer neuen Epoche von Wirtschaft, Kultur und Siedlungsgeschichte. In: Herrmann, Joachim, Hrsg. (1989): Archäologie in der Deutschen Demokratischen Republik. Denkmale und Funde. Bd. 1, 65–73. – Leipzig, Jena, Berlin

Keiling, Horst (1989): Jastorfkultur und Germanen. In: Herrmann, Joachim, Hrsg. (1989): Archäologie in der Deutschen Demokratischen Republik. Denkmale und Funde. Bd. 1, 147–155 – Leipzig, Jena, Berlin

Kellner, Karl (1977): M. Johann Thal und seine Sylva Hercynia. In: BHN, 1/1977, 29–36

Kempe, Stephan/Vladi, Firouz (1988): Die Lichtenstein-Höhle. Eine präholozäne Gerinnehöhle im Gips und Stätte urgeschichtlicher Menschenopfer am Südwestrand des Harzes. In: HswH, 44/1988, 1–12

Kempen, Wilhelm van (1953): Göttinger Chronik – Göttingen

Kindervater, Joh. Henr. (1712): Curieuse Feuer- und Unglücks-Chronica. Darinnen die Feuers-Brünste der uhralten Kayserl. und des H. R. Reichs freyen Stadt Nordhausen, auch anderer sehr vieler Oerter in und ausser Teutschland, nicht weniger allerhand andre Glück- und Unglückliche Dinge und Denkwürdigkeiten ordentlich erzehlet werden … – Nordhausen

Kinkeldey, Marc, Gertrud Nöth, Klaus Adler, Ingo Nitschke, Olaf Schulze, Peter-René Sosna (2015): 120 Wetterbeobachtung auf dem Brocken (Harz): eine Chronik der Wetterwarte und des Observatoriums. Selbstverlag des Deutschen Wetterdienstes. – Offenbach am Main.

Klappauf, Lothar (1985): Die Grabungen 1981 bis 1985 in Düna/Osterode. In: HswH 41/1985, 2–7

Ders. (2000a): Spuren deuten – Frühe Montanwirtschaft im Harz. In: Segers-Glocke, Christiane (Hg., 2000): Auf den Spuren einer frühen Industrielandschaft. Naturraum – Mensch – Umwelt im Harz, 19–27. – Hameln

Ders. (2000b): 1000 Jahre Bergbau? In: Segers-Glocke, Christiane (Hg., 2000): Auf den Spuren einer frühen Industrielandschaft. Naturraum – Mensch – Umwelt im Harz, 119f. – Hameln

Ders. (2000c): Zusammenfassung. In: Segers-Glocke, Christiane (Hg., 2000): Auf den Spuren einer frühen Industrielandschaft. Naturraum – Mensch – Umwelt im Harz, 153–156. – Hameln

Ders. (2006): Frühe Industrielandschaft Harz – ein Bodenarchiv ersten Ranges. In: Hz, 58. Jg. (2006), 127–134

Klaube, Manfred (2007): Torfhaus, Oderbrück, Königskrug und Sonnenberg – die Hüttensiedlungen des Hochharzes.– Bockenem

Kleinpaul, Rudolf (1895): Das Mittelalter. Bilder aus dem Leben und Treiben aller Stände in Europa. Unveränderter Nachdruck der Ausgabe von 1895, Würzburg 1998

Klöppner, Uwe (1996): Untersuchungen zur pleistozänen Vergletscherung des Ostharzes. Diplomarbeit, angefertigt im Geographischen Institut der Georg-August-Universität zu Göttingen, unveröffentlicht.

Knappe, Hartmut (2011): Wackersteine, Wald und Wüste – unterwegs im Harz. Wanderungen in die Erdgeschichte, Bd. 28. – München.

Knappe, Hartmut, Horst Gaevert, Horst Scheffler (1983): Schaubergwerke im Südharz. In: HZL, Doppelheft 7/8, 1983.

Knappe, Hartmut/Scheffler, Horst (1990): Im Harz. Übertage – Untertage. – Haltern

Knolle, Friedel (1980): Mensch und Vogel im Harz. – Clausthal-Zellerfeld

Ders. (1981): Erdbeben im Harzgebiet, eine kommentierte historische Übersicht. In: Unser Harz, H. 2/1981, 23–26

Knolle, Friedhard/Marbach, Wilhelm (2004): Bergwerke & Höhlen im Harz. – Goslar

Kohlmann, Kurt (1958): „Der Winter ist ein rechter Mann, kernfest und auf die Dauer…" In: NR, H. 1/1958, 15–19

Korf, Ilse/Korf, Winfried (1987): Jagd und Jagdbauten im Harz. – Aschersleben

Körber-Grohne, Udelgard (1995): Nutzpflanzen in Deutschland von der Vorgeschichte bis heute. – Hamburg

Kortzfleisch, Albrecht von (2008): Die Kunst der schwarzen Gesellen. Köhlerei im Harz. – Clausthal-Zellerfeld

Kowarik, Ingo (2010): Biologische Invasionen. Neophyten und Neozoen in Mitteleuropa. 2. Aufl. – Stuttgart

Kraus, Gregor (1894): Geschichte der Pflanzeneinführungen in die europäischen Botanischen Gärten. – Leipzig

Krausch, Heinz-Dieter (2003): Kaiserkron und Päonien rot. Entdeckung und Einführung unserer Gartenblumen. – München, Hamburg

Krause, Karl-Heinz: Historische bergbauliche Wasserwirtschaft im Ostharz – das Beispiel Unterharzer Teich- und Grabensystem. In: UNESCO-Weltkulturerbe Oberharzer Wasserwirtschaft. Schriften der Deutschen Wasserhistorischen Gesellschaft (DWhG) Bd. 19, 113–152. – Siegburg

Kreißl, Egon (1987): Chronik von Nesselröden im Eichsfeld, Bd. 2. – Duderstadt

Kremser, Walter (1990): Niedersächsische Forstgeschichte. Eine integrierte Kulturgeschichte des nordwestdeutschen Forstwesens. – Rotenburg (Wümme)

Kretzer, Olaf (2000): Astronomische Erscheinungen in der „Thüringischen Chronica" des Johann Binhard (1613). Eine astronomische Analyse. – Bad Langensalza

Kreuz, Angela (2010): Die Vertreibung aus dem Paradies? Archäobiologische Ergebnisse zum Frühneolithikum im westlichen Mitteleuropa. In: Bericht der Römisch-Germanischen Kommission. Bd. 91 (2010), 32ff. – Frankfurt/Main 2012

Kriege, Jörg/Wette, Wolfgang (1995): Landschaftsführer Leinetal, Südharz, Eichsfeld. 2. verbesserte Auflage. – Wartberg Verlag Gudensberg

Kronenberg, Kurt (1978): Chronik der Stadt Bad Gandersheim. – Bad Gandersheim

Krönig, Fr. (1902): Chronik des Dorfes Niedergebra. – Bleicherode

Ders.: Mancherlei aus unserer heimischen Tierwelt. In: Heimatland, 8. Jg. (1911/12)

Kronk, Gary W. (2009): Cometography. A Catalog of Comets. Volume 1: Ancient-1799. Cambridge University Press, 1999; Volume 2: 1800–1899. Cambridge University Press, 2003; Volume 3: 1900–1932. Cambridge University Press, 2007; Volume 4: 1933–1959. Cambridge University Press

Kronk, Gary W./Meyer, Maik (2010): Cometography. A Catalog of Comets. Volume 5: 1960–1982. Cambridge University Press

Kronk, Gary W./Meyer, Maik/Seargent, David A. (2017): Cometography. A Catalog of Comets. Volume 6: 1983–1993. Cambridge University Press

Krüger, Bruno et al (1983): Die Germanen. Geschichte und Kultur der germanischen Stämme in Mitteleuropa. Ein Handbuch in zwei Bänden. Bd. II: Die Stämme und Stammesverbände in der Zeit vom 3. Jahrhundert bis zur Herausbildung der politischen Vorherrschaft der Franken. – Akademie-Verlag Berlin

Krüger, Bruno (1989): Germanische Stämme und Kulturen des 3.–6. Jh. und die Völkerwanderung. In: Herrmann, Joachim, Hrsg. (1989): Archäologie in der Deutschen Demokratischen Republik. Denkmale und Funde. Bd. 1, 209–219. – Leipzig, Jena, Berlin

Kuhlbrodt, Peter (1985): Zur Geschichte der Gipsindustrie des Südharzes. In: BHN, Bd. 10, (1985), 19ff.

Ders. (2000): Das alte Ellrich. Geschichte einer Südharzstadt. – Nordhausen

Ders. (2015): Nordhausen – Eine Reichsstadt im Jahrhundert der Reformation. Schriftenreihe der Friedrich-Christian-Lesser-Stiftung Bd. 30. – Nordhausen

Kurfürstentum Hessen in malerischen Original Ansichten in Stahl gestochen von verschiedenen Künstlern (1858). Von einem historisch topographischen Text begleitet. – Darmstadt

Kürsten, Otto (1930): Sprachgrenzen in Mitteldeutschland. In: Grahmann/Hübschmann: Zwischen Werra und Elbe. Ein mitteldeutsches Heimatbuch, 59–63. – Leipzig

Kurth, Franz (1976?): Geschichte des Dorfes Obernfeld. – Duderstadt, o. J.

Kurth, Horst (2003): Der Harz, seine natürlichen Reichtümer und ihre Nutzung. Freie Schriftenreihe. Europäischer Köhlerverein e. V., Heft 7. – Mengersgereuth-Hämmern

Küßner, Mario (2015): Alt-, Mittel- und Jungsteinzeit im Erfurter Gebiet. In: Erfurt und Umgebung. Hrsg. von Ines Spazier und Thomas Grasselt, Thür. Landesamt für Denkmalpflege und Archäologie. Bd. 3 der Schriftenreihe: Archäologische Denkmale in Thüringen 12ff. – Langenweißbach

Kutscher, Rainer (1998): Ereignisse, Unglücksfälle und Geschehen in Lerbach, Osterode und Umgebung sowie in den Bergstädten. – Lerbach

Ders. (2007): Zeitreise in die Vergangenheit. Heimatgeschichte aus Lerbach und Umgebung. Bd. II. – Lehrbach

Ders. (2009): Zeitreise in die Vergangenheit. Heimatgeschichte aus Lerbach und Umgebung. Bd. III. – Lehrbach

Kyffhäuser und seine Umgebung. Ergebnisse der heimatkundlichen Bestandsaufnahme in den Gebieten von Kelbra und Bad Frankenhausen (1976). Bd. 29 der Reihe: Werte unserer Heimat, hrsg. von der Akademie der Wissenschaften der DDR. – Berlin

Lagatz, Uwe (2004): Wernigerode. Eine Stadt im Spiegel der Jahrhunderte. – Wernigerode

Ders. (2005): „… ich fand das Elend in Schierecke auf einen sehr hohen Stand gestiegen." Die Hungerkrise 1816/17 und ihre Auswirkungen in Stadt und Grafschaft Wernigerode. In: HZ 57. Jg. (2005), 70–82

Lage, Georg Wilhelm von der (1720): Die vollständigen Acta der Thüringischen Sünd-Flut des Jahres 1613. (…). – Weimar

Landau, Georg (1849): Beiträge zur Geschichte der Jagd und der Falknerei in beiden Hessen. – Kassel

Ders.(1862): Die Straßen zwischen den Hansestädten und Nürnberg. In: Hessische Forschungen zur geschichtlichen Landes- und Volkskunde. Heft 1, 88–99. – Kassel und Basel 1958

Die Land- und Forstwirtschaft des Fürstenthums Schwarzburg – Sondershausen in ihrer Entwickelung aus der Vergangenheit in die Gegenwart. (Festschrift; 1862). – Sondershausen

Landschaftsschutzgebiete Sachsen-Anhalts. Hrsg: Landesamt für Umweltschutz Sachsen-Anhalt. 2000. – Magdeburg

Lange, Eckhardt (2003): Die Geschichte des Dorfes Nägelstedt von seinen Anfängen bis zum Jahr 2003. – Nägelstedt

Laub, Gerhard (1989): Vom Sagenkreis um Erdfälle zwischen Osterhagen und Osterode. In: HswH, 45/1989, 6–33

Lauerwald, Paul (2004): Die eisenbahnseitige Erschließung des Harzes. Ein Überblick. In: HZ, 54./55. Jg. 2002/2003, 227–244

Ders. (1998): Der Tabakanbau auf dem Eichsfeld. In: Knasterkopf. Mitteilungen für Freunde irdener Pfeifen, Jg. 1998/H. 11, 13ff.

Laufer, Johannes (1992): Das Eisenhüttenwesen des hannoverschen Harzes zwischen Anpassung und Verdrängung in der Zeit des ersten allgemeinen Aufschwungs der Metallindustrie (1835–1871). In: Kaufhold, Karl Heinrich (Hg., 1992): Bergbau und Hüttenwesen im und am Harz, 96–116. – Hannover

Lehmann, Christian (1699): Historischer Schauplatz derer natürlichen Merckwürdigkeiten (…). – Leipzig

Leibrock, Gustav Adolph: Chronik der Stadt und des Fürstenthums Blankenburg, der Grafschaft Regenstein und der Klöster Michaelstein und Walkenried. Bd. 1 1864, Bd. 2 1865. – Blankenburg

Lemcke, Paul (1895): Geschichte des Freien Reichsstifts und der Klosterschule Walkenried. – Leipzig

Lerch, Christoph (1979): Duderstädter Chronik von der Vorzeit bis zum Jahre 1973. – Duderstadt

Lesser, Friedrich Christian: Historie der Grafschaft Hohnstein. Nach dem Manuskript in Thüringischen Hauptstaatsarchiv zu Weimar, hrsg. von Peter Kuhlbrodt. Schriftenreihe der Friedrich-Christian-Lesser-Stiftung, Bd. 5. – Nordhausen 1997

Letzner, Johannes (1598): Die Walkenrieder Chronik. Chronica und historische Beschreibung des löblichen und weiterbürümten keyserlichen freien Stiffts und Closters Walckenrieth. Nach dem Original der Niedersächsischen Landesbibliothek Hannover bearbeitet und herausgegeben von Fritz Reinboth. – Walkenried und Berlin 2002

Leube, Achim (1983): Die Sachsen. In: Krüger et al (1983): Die Germanen. Geschichte und Kultur der germanischen Stämme in Mitteleuropa. 443–485. – Berlin

Ders. (1989): Germanische Stämme und Kulturen des 1. und 2. Jh. In: Herrmann, Joachim, Hrsg. (1989): Archäologie in der Deutschen Demokratischen Republik. Denkmale und Funde. Bd. 1, 156–165. – Leipzig, Jena, Berlin

Leydecker, Günter (2011): Erdbebenkatalog für Deutschland mit Randgebieten für die Jahre 800 bis 2008. In: Geologisches Jahrbuch, Reihe E (Geophysik), Heft 59. – Hannover

Liessmann, Wilfried (2010): Historischer Bergbau im Harz. 3. vollständig neu bearbeitete Auflage. – Berlin, Heidelberg

Lindner, Kurt (1924): Beiträge zur Jagdgeschichte in Schwarzburg-Sondershausen. – Sondershausen

Lintzel, Martin (1928): Untersuchungen zur Geschichte der alten Sachsen. In: Sachsen und Anhalt. Jahrbuch der Historischen Kommission für die Provinz Sachsen und für Anhalt, Bd. 4, 1–28. – Magdeburg

Löhneyss, Georg Engelhard von (1690): Gründlicher und außführlicher Bericht von Bergwercken/ wie man dieselbigen nützlich und fruchtbarlich bauen (…). Allen denen/so Bergwercke bauen/und dabey interessirt sind/zu Dienst und Gefallen auffs neue wiederumb an den Tag gegeben. – Leipzig

Lommatzsch, Herbert (1961): Die Bergstädte Clausthal und Zellerfeld in der Barockzeit. In: HZ, Jg. 13 (1961), 10–50

Lubecus, Franciscus: Göttinger Annalen von den Anfängen bis 1588. Bearbeitet von Reinhard Vogelsang. Quellen zur Geschichte der Stadt Göttingen, Bd. 1. – Göttingen 1994

Lückert, Manfred (2009): Im Märzen der Bauer. Bäuerliches Leben aus Thüringen, Werra-Meißner und dem Eichsfeld. 3. Auflage. – Bad Langensalza

Lutze, Günther: Aus Sondershausens Vergangenheit. Ein Beitrag zur Kultur- und Sittengeschichte früherer Jahrhunderte. Bd. II, Sondershausen 1909; Bd. III, – Sondershausen 1919

Mania, Dietrich (2017): Am Anfang war die Jagd. In: Meller, Harald/Puttkammer, Thomas (Hrsg.): Klimagewalten – Treibende Kraft der Evolution, 241–279. – Halle (Saale)

Ders. (1989a): Die ältesten Spuren des Urmenschen im eiszeitlichen Altpaläolithikum. In: Herrmann, Joachim, Hrsg. (1989): Archäologie in der Deutschen Demokratischen Republik. Denkmale und Funde. Bd. 1, 24–33. – Leipzig, Jena, Berlin

Ders. (1989b): Archäologische Kulturen des Mittelpaläolithikums. In: Herrmann, Joachim, Hrsg. (1989): Archäologie in der Deutschen Demokratischen Republik. Denkmale und Funde. Bd. 1, 34–40. – Leipzig, Jena, Berlin

Mansfeld – Die Geschichte des Berg- und Hüttenwesens. Bd. 3: Die Sachzeugen/hrsg.vom Verein Mansfelder Berg- und Hüttenleute e. V. Eisleben und vom Deutschen Bergbau-Museum Bochum (2008). – Bochum

Mantel, Kurt (1980): Forstgeschichte des 16. Jahrhunderts unter dem Einfluss der Forstordnungen und Noe Meurers. – Hamburg, Berlin

Ders. (1990): Wald und Forst in der Geschichte. Ein Lehr- und Handbuch. – Alfeld/Hannover

Ders. (1965): Forstgeschichtliche Beiträge. – Hannover

Marcinek, Joachim (1985): Droht die nächste Kaltzeit? 2. verbesserte Auflage. – Leipzig, Jena, Berlin

Marshall W. (1899): Die Tierwelt des Harzes. In: Hoffmann, Hans: Der Harz. – Leipzig

Märtin, Ralf-Peter (2004): Die Spur der Sterne. In: National Geographic Deutschland, H. 1/2004, 38ff.

Meier, Harald/Neumann, Kurt (2000): Bad Harzburg. Chronik einer Stadt. – Hildesheim

Meinecke, Franz (1937): Die Bodenschätze des Südharzgebietes. In: Nordhausen 1937. Festschrift zur 39. Hauptversammlung des Deutschen Vereins zur Förderung des mathematischen und naturwissenschaftlichen Unterrichts (…), 56–79. – Nordhausen

Mélard, Nicolas (2017): Auf den Hund gekommen? – Die Geschichte der Annäherung von Menschen und Caniden. In: Meller, Harald/Puttkammer, Thomas (Hrsg.): Klimagewalten – Treibende Kraft der Evolution, 384f. – Halle (Saale)

Meller, Harald/Puttkammer, Thomas (Hrsg., 2017): Klimagewalten – Treibende Kraft der Evolution. Begleitband zur Sonderausstellung im Landesmuseum für Vorgeschichte Halle (Saale). – Halle (Saale)

Menzel. Cl. (1876): Der Wein- und Hopfenbau um Sangerhausen im Mittelalter. In: ZHGA 8. Jg. (1876), 227–261

Merian, Matthäus (1650): Topographia Superioris Saxoniae, Thuringiae, Misniae Lusatiae etc: (…) Frankfurt/Main 1650. Faksimileausgabe Bärenreiter-Verlag Kassel und Basel 1964

Ders. (1653): Topographia Saxoniae Inferioris. Das ist Beschreibung der Vornehmsten Stätte unnd Plätz in dem hochl: NiederSachß: Crayß. Frankfurt/Main 1653. Faksimileausgabe Bärenreiter-Verlag Kassel und Basel 1962

Ders. (1654): Topographia und Eigentliche Beschreibung der Vornembsten Stäte, Schlösser auch anderer Plätze und Örter in denen Hertzogthümer Braunschweig und Lüneburg (…) Frankfurt/Main 1654. Faksimileausgabe Bärenreiter-Verlag Kassel und Basel 1961

Merkwürdige und Auserlesene Geschichte von der Berühmten Landgrafschaft Thüringen (1685). Der Verfasser dieses anonym erschienenen Werkes war der Gräfentonnaer Superintendent Georg Michael Pfefferkorn. – Frankfurt und Gotha

Merseburg, Thietmar von: Chronik. Ausgewählte Quellen zur deutschen Geschichte des Mittelalters. Freiherr vom Stein-Gedächtnisausgabe. Hrsg. von Rudolf Buchner. Bd. IX. – Berlin.

Metzler, Alf/Wilbertz, Otto Mathias (1991): Bronzezeit. In: Häßler, Hans-Jürgen (1991): Ur- und Frühgeschichte in Niedersachsen, 155–192. – Lizenzausgabe 2002 Hamburg

Meyer, Klaus-Dieter (1991): Die geologische Entwicklung im Eiszeitalter. In: Häßler, Hans-Jürgen (1991): Ur- und Frühgeschichte in Niedersachsen, 25–37. – Lizenzausgabe 2002 Hamburg

Meyers Reiseführer (1901). Der Harz. Große Ausgabe. 16. Auflage.– Leipzig und Wien

Michel, Kai (2017): Werk des Feuers. In: Meller, Harald/Puttkammer, Thomas (Hrsg.): Klimagewalten – Treibende Kraft der Evolution, 231–239

Mildenberger, Gerhard (1959): Mitteldeutschlands Ur- und Frühgeschichte. – Leipzig

Möller, Ludwig (1873): Flora von Nordwest-Thüringen. – Mühlhausen

Möller, Lenelotte/Vogel, Manuel (Hrsg.): Die Naturgeschichte des Caius Plinius Secundus. Ins Deutsche übersetzt und mit Anmerkungen versehen von Prof. Dr. G. C. Wittstein. Neu gesetzte, korrigierte und überarbeitete Ausgabe für marixverlag, Wiesbaden 2007

Morich. H. (1935): Der Ernst-August-Stollen im Oberharz. In: AHBK 1935, 39–42

Ders. (1936): Der alte Kupferbergbau in Lauterberg. In: AHBK 1936, 42–44

Ders. (1940): Die Straßen im Oberharz. In: AHBK 1940, 45f.

Moritz, Karl (1960): Chronik der Stadt Braunlage.– Braunlage

Müller, Johannes (1911): Frankenkolonisation auf dem Eichsfelde. – Halle

Müller, Samuel (1731): Chronika der uralten Berg-Stadt Sangerhausen: Darinnen von dessen Erbauung, Lage, Grösse (…) bis aufs Jahr 1639 gehandelt wird. – Leipzig, Frankfurt

Müller, Hans (1984): Dome, Kirchen, Klöster. Kunstwerke aus zehn Jahrhunderten. – Berlin/Leipzig

Nachtsheim, Hans/Stengel, Hans (1977): Vom Wildtier zum Haustier. 3. neubearb. Auflage. – Berlin, Hamburg

Natura 2000 im Südharz. Forschung und Management im Biosphärenreservat Karstlandschaft Südharz. Hrsg: Landesamt für Umweltschutz Sachsen-Anhalt. In: Naturschutz im Land Sachsen-Anhalt, 48. Jg. 2011 (Sonderheft)

Naturschutzgebiete Sachsen-Anhalts. Hrsg: Landesamt für Umweltschutz Sachsen-Anhalt, 1997. – Jena

Natur- und Landschaftsschutzgebiete Sachsen-Anhalts. Ergänzungsband. Hrsg: Landesamt für Umweltschutz Sachsen-Anhalt (2003).

Naturwanderungen am Kyffhäuser (2004). Hrsg.: Denkmalschutzverein „Barockes Bendeleben e. V." – Bad Frankenhausen

Nehse, Carl Eduard (1841): Der Brocken. In: Thüringen und der Harz, Vierter Band, 5–27. – Sondershausen

Neunhöfer, Horst (2009): Erdbeben in Thüringen, eine Bestandsaufnahme. In: Zeitschrift für Geologische Wissenschaften, Berlin, Bd. 37 (2009), H. 1/2; 1–14

Das Netzwerk Thüringer Geoparks (2011). Hrsg: Thüringer Landesanstalt für Umwelt und Geologie (TLUG), Jena. Schriftenreihe der TLUG, Nr. 98. – Jena

Niedersachsen, Entdeckungen zwischen Natur und Kultur. Bd. 2 (1994): Der Süden. – Hannover

Niemann, Hans-Werner/Niemann-Witter, Dagmar (1992): Die Geschichte des St. Andreasberger Bergbaus – ein Überblick. In: Kaufhold, Karl Heinrich (Hg., 1992): Bergbau und Hüttenwesen im und am Harz, 152–173. – Hannover

Niethammer, Günther (1937): Handbuch der Deutschen Vogelkunde. Bd. I, – Leipzig

Ders. (1963): Die Einbürgerung von Säugetieren und Vögeln in Europa. – Hamburg, Berlin

Nitsche, Lothar, Sieglinde Nitsche und Marcus Schmidt (2005): Naturschutzgebiete in Hessen schützen – erleben – pflegen. Bd. 3 Werra-Meißner-Kreis und Kreis Hersfeld-Rotenburg. – Zierenberg

Noack, Heinz (2009): Geschichten aus der Goldenen Aue. – Erfurt

Ders. (2013): Unterwegs im Biosphärenreservat Karstlandschaft Südharz. – Clenze

Noback, Carl August (1840): Ausführliche geographisch-statistisch-topographischen Beschreibung des Regierungsbezirks Erfurt. Auf Anordnung der Königlichen Regierung nach amtlichen und anderen zuverlässigen Quellen, so wie nach den vom Professor Völker hinterlassenen Materialien bearbeitet und herausgegeben. Teile I und II. – Erfurt

Nordhausen (1863): Statistische Darstellung des Kreises Nordhausen. Nach amtlichen Quellen zusammengestellt im landräthlichen Bureau. – Nordhausen

Nordhausen (1926): Nordhausen. Die tausendjährige Stadt am Harz. Hrsg. vom Magistrat der Stadt Nordhausen. – Berlin

Nordhausen (1927): Das tausendjährige Nordhausen 927–1927. 2 Bde. Zur Jahrtausendfeier herausgegeben vom Magistrat. – Nordhausen

Nordhausen (1984): 20 Jahre VEB Kieswerke Nordhausen. – Nordhausen

Nordhausen (2003): Chronik der Stadt Nordhausen 1802 bis 1989. Hrsg. vom Stadtarchiv Nordhausen. – Nordhausen

Northeim-Südwestliches Harzvorland-Duderstadt (1970). Bd. 17 der Führer zu vor- und frühgeschichtlichen Denkmälern, hrsg. vom Römisch-Germanischen Zentralmuseum Mainz. – Mainz

Nussbaumer, Josef (1996): Die Gewalt der Natur. Eine Chronik der Naturkatastrophen von 1500 bis heute. – Grünbach

Ohlendorf, Bernd (2011): Fledermäuse – Leitarten im Biosphärenreservat Karstlandschaft Südharz. In: Natura 2000 im Südharz. Forschung und Management im Biosphärenreservat Karstlandschaft Südharz, 108–126

Olearius, Johann Christoph: Rerum Thuringicarum Syntagma, allerhand denckwürdige Thüringische Historien und Chronicken. Bd. I, Erfurt 1704 und Bd. II, Erfurt 1707

Opfermann, Bernhard (1959): Die thüringischen Klöster vor 1800. Eine Übersicht. – Leipzig/Heiligenstadt

Ders.: Die Geschichte des Heiligenstädter Jesuitenkollegs, Teile I (1992) und II (1989). – Mecke Duderstadt

Ders. (1968): Gestalten des Eichsfeldes. – Leipzig/Heiligenstadt

Oppolzer, Th. Ritter von (1887): Canon der Finsternisse. In: Denkschriften der Kaiserlichen Akademie der Wissenschaften. Mathematisch – Naturwissenschaftliche Classe. 52. Band. – Wien

Ornithologisches Centralblatt 1879 (Beiblatt zum Journal für Ornithologie)

Osterode a. H. (1927). Hrsg. im Auftrage des Magistrats der Stadt Osterode am Harz durch den Deutschen Städte-Verlag. – Hannover

Otto, Bernhard (1957): Bilder aus der Urgeschichte der Goldenen Mark. – Duderstadt

Paturi, Felix R. (1996): Harenberg Schlüsseldaten Astronomie. Von den Sonnenuhren der Babylonier bis zu den Raumsonden im 21. Jahrhundert. – Harenberg Lexikon Verlag, Dortmund

Patzelt, Gerald (1994): Streifzüge durch die Erdgeschichte Nordwest-Thüringens. – Gotha

Peiffer, Karsten (2012): Ohne Wald kein Bergbau – 500 Jahre Forstwirtschaft im Harz. In: UNESCO-Weltkulturerbe Oberharzer Wasserwirtschaft. Schriften der Deutschen Wasserhistorischen Gesellschaft (DWhG), Bd. 19, 83–89. – Siegburg

Peitzmeier, Josef (1979): Avifauna von Westfalen. – Münster

Peschel, Karl (1994): Thüringen in ur- und frühgeschichtlicher Zeit. – Wilkau-Haßlau

Petry, Arthur (1910): Beiträge zur Kenntnis der heimatlichen Pflanzen- und Tierwelt. In: Wissenschaftliche Beilage zum Jahresbericht des Königlichen Real-Gymnasiums zu Nordhausen für das Schuljahr 1909 bis 1910. – Nordhausen

Pfaff, A. H. (1874): Chronik der Stadt Mühlhausen. Bd. 1: Die Geschichte der Stadt bis einschließlich zum Jahre 1525. – Nordhausen

Pfeifer, Sebastian (1973): Taschenbuch für Vogelschutz – Stuttgart

Pfeiffer, Albrecht (1999): Zur Geschichte der Landwirtschaft des Landkreises Nordhausen. In: BHN, Bd. 24 (1999), 19ff.

Ders. (2004): Aufstieg und Niedergang der Zichorienproduktion im Landkreis Nordhausen. In: BHN, Bd. 29 (2004), 130ff.

Pitz, Ernst (1963): Die Entwicklung der Forstwirtschaft im Oberharz vom 16. bis zum 18. Jahrhundert. In: HZ 16. Jg. (1963), 55–68

Pohl, Peter: 100 Jahre Nordhäuser Talsperre bei Neustadt. In: BHN, 30. Bd. (2005), 150ff.

Pörtner, Ernst (1956): Der Brocken im Harz. Hrsg. von der Leitung des Heimatmuseums Wernigerode. – Wernigerode

Preuß, Joachim (1989): Archäologische Kulturen des Neolithikums. In: Herrmann, Joachim, Hrsg. (1989): Archäologie in der Deutschen Demokratischen Republik. Denkmale und Funde. Bd. 1, 74–84. – Leipzig, Jena, Berlin

Preußisches Fischereirecht. Sammlung der auf dem Gebiete des Fischereirechts in Preußen geltenden gesetzlichen und polizeilichen Vorschriften, hrsg vom Ministerium Landwirtschaft, Domänen und Forsten. – Berlin 1919

Prochaska, Walter (1970): Eichsfelder Jagd und Forst in früheren Jahrhunderten. In: EHH 1968 bis 1970

Putschkus, Barbara-Regina/ Taeger, Martin (2000): Geotope und Geotopschutz im Landkreis Nordhausen. In: Geowissenschaftliche Mitteilungen Thüringen, Beiheft 10, 127ff. – Weimar

Regel, Fritz: Thüringen – Ein geographisches Handbuch. Erster Teil: Das Land, Jena 1892; Zweiter Teil: Biogeographie, Jena 1895; Dritter Teil: Kulturgeographie, Jena 1896

Reichardt, Hermann Paul (1941): Darlingeröder Chronik. Gemeinverständliche Darstellung der Ortsgeschichte von Darlingerode – Altenrode. – Darlingerode, Auflage 2005

Reichstein, Manfred (1985): Kometen. Kosmische Vagabunden. – Leipzig, Jena, Berlin

Reidt, Lutz (1995): Der Nationalpark Harz. Ein Natur- und Wanderführer. – Berlin

Reinboth, Fritz (1987): Vom Heer- oder Haselwurm. Sonderdruck aus der Zeitschrift Unser Harz, Nr. 10/1987

Ders. (2017): Zur Gipsbrennerei und Gipsindustrie am Harz. In: HZ 69. Jg. (2017), 98–119

Reinboth, Friedrich/Reinboth, Walther senior (1994): Walkenrieder Zeittafel. Abriß der Orts- und Klostergeschichte. 3. Auflage. – Walkenried

Reinhardt, Guido (1892): Geschichte des Marktes Gräfentonna. – Langensalza

Renner, J. G. Fr. (1832): Aus der Geschichte der Stadt Osterode am Harz. Historisch-topographisch-statistische Notizen vom Ursprung der Stadt bis zum Jahre 1831. – Osterode 1926

Reuther, Rolf (2000): Beobachtungen zur Ausbreitung von Neophyten in der Flora von Mühlhausen und seiner Umgebung in den vergangenen Jahrzehnten. In: MB, H. 23 (2000), 7 ff.

Reuther, Rolf/Weise, Ralf (1996): Der Unstrut-Hainich-Kreis mit seinen Landschaften, Naturschönheiten und Schutzgebieten. Hrsg. vom Naturschutz- und Informationszentrum Nordthüringen e. V., Mühlhausen. – Mühlhausen

Richter, Otto J.W.(Hrsg., 1883): Bilder aus dem westlichen Mitteldeutschland. Bd. VI des Werkes: Unser Deutsches Land und Volk. Vaterländische Bilder aus Natur, Geschichte, Industrie und Volksleben des Deutschen Reiches. 2. gänzlich umgestaltete Auflage. – Leipzig und Berlin

Riehl, G (1968): Die Forstwirtschaft im Oberharzer Bergbaugebiet von der Mitte des 17. bis zum Ausgang des 19. Jahrhunderts. Heft 15 der Mitteilungen aus der Niedersächsischen Landesforstverwaltung, Hannover. – Hannover

Riemenschneider, Otto (1926): Johann Heinrich Christian Hüpeden. Ein Erinnerungsblatt anläßlich der 200. Wiederkehr seines Geburtstages. – Nordhausen

Rippel, Johann Karl (1958): Die Entwicklung der Kulturlandschaft am nordwestlichen Harzrand. Veröffentlichungen des Niedersächsischen Amtes für Landesplanung und Statistik. Reihe A, Bd. 69. – Hannover

Ritter, Friedrich (1994): Norddeutsche Jagdchronik. – Hannover

Rivander, Zacharias (1596): Düringische Chronica. (o. O.)

Rokahr, Herbert (1973): Die Chronik von Katlenburg. – Katlenburg

Rohkamm, Otto (1976): 1000 Jahre Harzburg. Aus der Chronik einer kleinen Stadt. – Bad Harzburg

Rohland, Steffi/Noack, Heinz (1999): Ein Heimatbuch. Aus der Geschichte von Berga, Bösenrode & Rosperwenda. – Berga

Rohr, Julius Bernhard von (1736): Geographische und Historische Merckwürdigkeiten des Vor- oder Unter-Hartzes (…). – Frankfurt und Leipzig

Ders. (1739): Geographische und Historische Merckwürdigkeiten des Ober-Hartzes (…). – Frankfurt und Leipzig

Roseneck, Reinhard (2012): Die Oberharzer Wasserwirtschaft als UNESCO-Weltkulturerbe. In: UNESCO-Weltkulturerbe Oberharzer Wasserwirtschaft. Schriften der Deutschen Wasserhistorischen Gesellschaft (DWhG) Bd. 19, 1–21. – Siegburg

Ders. (1992): Der Rammelsberg in Goslar – Bedeutung und Zukunftsperspektiven. In: Kaufhold, Karl Heinrich (Hg., 1992): Bergbau und Hüttenwesen im und am Harz, 117–128. – Hannover

Rösler, Horst (1989): Mittlere Bronzezeit im Süden. In: Herrmann, Joachim, Hrsg. (1989): Archäologie in der Deutschen Demokratischen Republik. Denkmale und Funde. Bd. 1, 95–97. – Leipzig, Jena, Berlin

Roth, Wilhelm (2016): Die Nilgans (Alopochen aegyptiacus) im Obereichsfeld. In: EHZ 60.Jg (2016) 180ff.

Rothe, Johann: Düringische Chronik. Hrsg. von Rochus v. Liliencron. Thüringische Geschichtsquellen. Dritter Bd. – Jena 1859

Rudloff, H.(1967): Die Schwankungen und Pendelungen des Klimas in Europa seit Beginn der regelmäßigen Instrumentenbeobachtung 1670. Die Wissenschaft Bd. 12. – Vieweg Verlag

Schäfer, Bernd/Eydinger, Ulrike/Rekow, Matthias (2016): Fliegende Blätter – Die Sammlung der Einblattholzschnitte des 15. und 16. Jahrhunderts der Stiftung Schloss Friedenstein Gotha. Hrsg. von der Stiftung Schloss Friedenstein Gotha. – Gotha

Scharff, Bernd (1984): Der Garten im Wandel der Zeiten. – Urania-Verlag Leipzig/Jena/Berlin

Schätze des Harzes (1994). Archäologische Untersuchungen zum Bergbau- und Hüttenwesen des 3. bis 13. Jahrhunderts n. Chr. Begleithefte zu Ausstellungen der Abteilung Urgeschichte des Niedersächsischen Landesmuseums Hannover, Heft 4. – Oldenburg

Schedel, Hartmann (1493): Buch der Chroniken. – Koberger Nürnberg 1493. Faksimiledruck Landmark Press New York 1979

Schell, Fr. (1884): Kulturhistorische Bilder aus dem Oberharze. In: ZHGA, 16.Jg. (1884), 347–357

Schepker, Hartwig (1998): Wahrnehmung, Ausbreitung und Bewertung von Neophyten. Eine Analyse der problematischen nichteinheimischen Pflanzenarten in Niedersachsen. – Stuttgart

Scherr, Johannes: Illustrierte deutsche Kultur- und Sittengeschichte. Von den Anfängen bis 1870. Neubearbeitung in zwei Bänden von Alexander Heine. – Magnus Verlag Stuttgart o. J.

Schirwitz, Karl (1937): Zum Alter unserer Ortschaften. Die siedlungsgeschichtlichen Vorgänge im Gebiet des Harzvorlandes. In: ZHGA 70. Jg. (1937), 27–40

Ders. (1963): Beiträge zur Vor- und Frühgeschichte des Harzes und seines Vorlandes. In: HZ 16. Jg. (1963), 1–12

Schlegel, Birgit (Hrsg. (2004): Katlenburg und Duhm. Von der Frühzeit bis in die Gegenwart. – Duderstadt

Schlüter, Otto/August, Oskar (1960): Atlas des Saale- und mittleren Elbegebietes. Zweite, völlig neu bearbeitete Auflage des Werkes Mitteldeutscher Heimatatlas. – Leipzig

Schmaling, Gottlieb Christoph (1791): Sammlung vermischter Nachrichten zur Hohnsteinischen Geschichte, Erdbeschreibung und Statistik, nebst beygefügten Nützlichen Bemerkungen zur Aufnahme der Gesundheit, des Feld-, Garten- und Hausbaus, der Haushaltung und Viehzucht. Als Hohnsteinisches Magazin in den Jahren 1788 bis 1791 herausgegeben. – Halberstadt

Schmidt, Friedrich (1906): Geschichte der Stadt Sangerhausen. In zwei Teilen. – Sangerhausen

Schmidt, Berthold (1983): Die Thüringer. In: Krüger et al (1983), 502–548

Ders. (1989): Thüringer, Franken und Sachsen vom 6. bis 8. Jh. In: Herrmann, Joachim, Hrsg. (1989): Archäologie in der Deutschen Demokratischen Republik. Denkmale und Funde. Bd.1, 220–228. – Leipzig, Jena, Berlin

Schmidt, Martin (2012): WasserWanderWege. Ein Führer durch das Oberharzer Wasserregal – UNESCO-Weltkulturerbe. Überarbeitet und aktualisiert von Justus Teicke und Rainer Tonn. 4. überarbeitete Auflage. – Clausthal-Zellerfeld.

Ders. (2012): Talsperren im Harz: Ost- und Westharz. Überarbeitet und aktualisiert von Rainer Tonn. 9. überarbeitete Auflage. – Clausthal-Zellerfeld

Schmidt, Karl Ewald/Schmidt, Ilselotte (1953): Chronik und Heimatkunde des Pfarrdorfes Harlingerode, Amt Harzburg, Landkreis Wolfenbüttel. – Bad Harzburg

Schmidt, Horst/Walter, Hans-Henning (1988): Geschichte des Kreuzburger Salzwerks. In: ESzH, Heft 39, 1988. – Eisenach

Schmölling, Andreas, Mathias Deutsch und Hans-Joachim Büchner (2015): Die Unstrut – Geschichte(n) vom Fluss zwischen der Sachsenburger Pforte und dem Wendelstein. Sonderschrift des Heimatvereins Aratora

Schoon, R. (2001): Drosselbraten aus der Burgküche. In: Archäologie in Niedersachsen, 2001/H. 4, 49ff.

Schönau, Monika/Werner, Edmund (2000): Die Bode. Ein Fluß führt Hochwasser! Hrsg: Land Sachsen-Anhalt, Staatliches Amt für Umweltschutz Magdeburg

Schönichen, W. (1839): Hagenrode und Mägdesprung. In: Thüringen und der Harz mit ihren Merkwürdigkeiten, Volkssagen und Legenden. 1. Band, 160–168. – Sondershausen

Ders. (1840): Die Marmormühle bei Rübeland. In: Thüringen und der Harz mit ihren Merkwürdigkeiten, Volkssagen und Legenden. 2. Band, 163–165. – Sondershausen

Ders. (1841): Gernrode am Unterharze. In: Thüringen und der Harz mit ihren Merkwürdigkeiten, Volkssagen und Legenden. 5. Band, 81–95. – Sondershausen

Ders. (1842): Die Baumanns- und Bielshöhle. In: Thüringen und der Harz mit ihren Merkwürdigkeiten, Volkssagen und Legenden. 7. Band, 243–253. – Sondershausen

Ders. (1844): Die Ascanienburg, die Burg Anhalt und das Schloss Ballenstedt. In: Thüringen und der Harz mit ihren Merkwürdigkeiten, Volkssagen und Legenden. 8. Band, 388–409. – Sondershausen

Schotte, Hermann (1906): Rammelburger Chronik. Geschichte des alten Mansfeldischen Amtes Rammelburg (…). – Halle/Saale

Ders. (1907): Rammelburgisches aus dem 13. bis 16. Jahrhundert. Ein Nachtrag zur Rammelburger Chronik. Sonderdruck aus den Mansfelder Blättern, XXI. Jg. 1907

Schreiber, Hermann (1989): Geschichte der Päpste. – Gondrom Verlag, Bindlach

Schroeder, Julius von/ Reuss, Carl (1883): Die Beschädigung der Vegetation durch Rauch und die Oberharzer Hüttenrauchschäden. – Berlin. Nachdruck Zentralantiquariat Leipzig 1986

Schroeter, Jens Fredrick (1923): Spezieller Kanon der zentralen Sonnen- und Mondfinsternisse, welche innerhalb des Zeitraums von 600 bis 1800 n. Chr. in Europa sichtbar waren. – Kristiania

Schrödter, Wolfgang (1955): Sibirische Gäste in Nordhausen. In: NR, Heft 2/1955, 30f.

Schubart, Winfrid (1966): Die Entwicklung des Laubwaldes als Wirtschaftswald zwischen Elbe, Saale und Weser. Heft 14 der Mitteilungen aus der Niedersächsischen Landesforstverwaltung. – Hannover

Ders. (1978): Die Verbreitung der Fichte im und am Harz vom hohen Mittelalter bis in die Neuzeit. Heft 28 der Mitteilungen aus der Niedersächsischen Landesforstverwaltung. – Hannover

Schucht, H. (1888): Chronik und Heimatskunde des Hüttenortes Oker. – Harzburg

Schulze, Mechthild (1978): Die Burgen am West- und Südrand des Oberharzes. In: Westlicher Harz – Clausthal-Zellerfeld – Osterode – Seesen. Führer zu vor- und frühgeschichtlichen Denkmälern. Bd. 36, 33–58. – Mainz

Schultz, Thomas (1989): Der Tintenfisch im Kreis Wernigerode. In: HZL, H. 21, S. 17f.

Schultze-Motel, Jürgen/Gall, Werner (1994): Archäologische Kulturpflanzenreste aus Thüringen. – Stuttgart

Schuster, Friedrich (1955): Tiefster Erdfall am Südharz. In: NR, Sonderheft: Ausstellung „Natur und Heimat", 61–79. – Nordhausen

Schutkowski, Holger, Alexander Fabig, Bernd Herrmann (2000): Schwermetallbelastung bei Goslarer Hüttenleuten des 18. Jahrhunderts. In: Segers-Glocke, Christiane (Hg., 2000): Auf den Spuren einer frühen Industrielandschaft. Naturraum – Mensch – Umwelt im Harz, 96–99. – Hameln

Schütt, Weisgerber, Schuck, Lang, Stimm, Roloff (2006): Enzyklopädie der Laubbäume. – Landsberg am Lech.

Schwarz, Wolfgang (1991): Römische Kaiserzeit. In: Häßler, Hans-Jürgen (1991): Ur- und Frühgeschichte in Niedersachsen, 238–284. – Lizenzausgabe 2002 Hamburg

Schwarz, Friedemann (2004): Hohegeiß. Chronik eines Harzdorfes. – Braunlage

Schwarz-Mackensen, Gesine (1978): Spätpaläolithische und Mesolithische Funde am nordwestlichen Harzrand. In: Westlicher Harz – Clausthal-Zellerfeld – Osterode – Seesen. Führer zu vor- und frühgeschichtlichen Denkmälern. Bd. 36, 16–23. – Mainz

Sebicht, Richard (1888): Die Cisterciensier und die niederländischen Kolonisten in der Goldenen Aue. In: ZHGA, Jg. 21 (1888), 1–74

Sefcakova, Alena (2017): Neandertaler Sala 1 – ein Mensch des oberen Pleistozän aus der Slowakei. In: Meller, Harald/Puttkammer, Thomas (Hrsg.): Klimagewalten – Treibende Kraft der Evolution, 280f.

Segers-Glocke, Christiane (Hg., 2000): Auf den Spuren einer frühen Industrielandschaft. Naturraum – Mensch – Umwelt im Harz. Arbeitshefte zur Denkmalpflege in Niedersachsen, Bd. 21. – Hameln

Seidel, Gerd (1978): Das Thüringer Becken. Geologische Exkursionen. – Gotha/Leipzig

Silva, Shanaka L./Zielinski, Gregory A.(1998): Global Influence of the AD 1600 eruption of Huaynaputina, Peru. In: Nature 393 (1998), 455–458

Simon (1931): Über die in Nordthüringen beobachteten deutschen und mitteleuropäischen Raubvögel. In: Mitteilungen des Vereins für deutsche Geschichts- und Altertumskunde in Sondershausen, Heft 6, 1931. – Sondershausen

Skiba, Reinald (1983): Die Tierwelt des Harzes. – Clausthal-Zellerfeld

Spangenberg, Cyriacus (1572): Mansfeldische Chronica. (…). – Eisleben

Ders.: Mansfeldische Chronica. Der vierte Teil. Im Auftrag des Vereins für Geschichte und Altertümer der Grafschaft Mansfeld herausgegeben von Prof. Dr. Rudolf Leers. In: Mansfelder Blätter, 30. sowie 31/32. Jg. 1916 und 1918. – Eisleben

Sponheuer, Wilhelm (1952): Erdbebenkatalog Deutschlands und der angrenzenden Gebiete für die Jahre 1800 bis 1899. – Berlin

Staesche, Ulrich (1991): Die Entwicklung der Tierwelt in Niedersachsen während des Eiszeitalters. In: Häßler, Hans-Jürgen (1991): Ur- und Frühgeschichte in Niedersachsen, 54–65. – Lizenzausgabe 2002 Hamburg

Statistische Darstellung des Kreises Worbis (1867): Nach amtlichen Quellen zusammengestellt im landräthlichen Bureau. – Worbis

Stedingk, Klaus (2016): Geologie und Tektonik. In: Brückner, Jörg, Dietrich Denecke, Haik Thomas Porada und Uwe Wegener (Hg., 2016): Der Hochharz – vom Brocken bis in das nördliche Harzvorland, 15–20. (= Landschaften in Deutschland – Werte der deutschen Heimat, Bd. 73). – Köln, Weimar, Wien

Ders. (2016): Bodenschätze. In: Brückner, Jörg, Dietrich Denecke, Haik Thomas Porada und Uwe Wegener (Hg., 2016): Der Hochharz – vom Brocken bis in das nördliche Harzvorland, 23–29 (= Landschaften in Deutschland – Werte der deutschen Heimat, Bd. 73). – Köln, Weimar, Wien

Steinmetz, Erwin (1986): Geschichte des Landkreises Göttingen von 1807 bis zur Gegenwart im Überblick. In: GJ 1986, 145ff.

Sternickel, F. W. (1829): Chronik der Stadt Greußen. – Sondershausen

Stolberg, Friedrich (1926): Die Höhlen des Harzes. Bd. I: Einleitung und Südharzer Zechsteinhöhlen. – Magdeburg

Ders. (1969): Die Höhlenforschung im Harz, ein geschichtlicher Überblick. In: Mitteilungen des Verbandes der deutschen Höhlen- und Karstforscher, 15. Jg. (1969). – München

Ders. (1983): Befestigungsanlagen im und am Harz von der Frühgeschichte bis zur Neuzeit. – Hildesheim

Stolle, Konrad: Memoriale – thüringisch-erfurtische Chronik, bearb. von Richard Thiele In: Geschichtsquellen der Provinz Sachsen und angrenzender Gebiete, 39. Bd. (1900). – Halle

Stubbe, Michael: Die expansive Arealerweiterung des Minks Mustela vison (Schreber, 1777) in der DDR in den Jahren 1975 bis 1984. In: Beiträge zur Jagd- und Wildforschung Bd. 15, 75ff.

Stück, Helmut/ König, York-Egbert (2015): Martin Menthe (1802–1889) – Aufzeichnungen aus Grebendorf o. O., o. J.

Tacitus, Publius Cornelius: Germania. Übertragen und erläutert von Arno Mauersberger. – Lizenzausgabe 2009 Anaconda Verlag Köln

Talsperren in Thüringen. Verzeichnis und Karte (1994). In: Schriftenreihe der Thüringer Landesanstalt für Umwelt, Jena. – Jena

Tauchmann, Josef (1982): Wetterkundliche Betrachtungen des letzten Vierteljahrhunderts im Raum Nordhausen. In: BHN, Bd. 7 (1982), 13ff.

Ders. (1996): 40 Jahre meteorologische Beobachtungen in Nordhausen. In: BHN, Bd. 21 (1996), 102ff.

Ders. (2003): Der Hartmannsdamm – ein Meisterwerk der Zorge-Regulierung. In: BHN, Bd. 28 (2003), 120ff.

Ders. (2005): Niedrigster Wasserspiegel am Salza-Spring. In: BHN Bd. 30 (2005), 178ff.

Ders. (2006): 50 Jahre Wetter, Witterung und Naturkatastrophen. Kleine Klimatologie von Nordhausen am Südharz 1956–2005. – Nordhausen

Teichert, Manfred (1974): Tierreste aus dem germanischen Opfermoor bei Oberdorla. Museum für Ur- und Frühgeschichte Thüringens. – Weimar

Ders.(1988): Untersuchungen der Tierreste aus den bronzezeitlichen Kulthöhlen im Kyffhäusergebirge. In: Horst, Fritz/Schlette, Friedrich (Hrsg., 1988): Frühe Völker in Mitteleuropa. – Berlin

Teichert, Manfred/Müller, Roland (1993): Die Haustierknochen aus einer ur- und frühgeschichtlichen Siedlung bei Niederdorla, Kreis Mühlhausen. In: Zeitschrift für Archäologie, Jg. 27 (1993), 207ff.

Teichert, Manfred/Müller, Roland (1996): Die Wildtierreste aus der ur- und frühgeschichtlichen Siedlung bei Niederdorla, Unstrut-Hainich-Kreis. In: Beiträge zur Archäozoologie VIII. Weimarer Monographien zur Ur- und Frühgeschichte. Hrsg. vom Thüringischen Landesamt für Archäologische Denkmalpflege, Weimar, 51ff. – Stuttgart

Thielemann, Otto (1977): Urgeschichte am Nordharz. – Goslar

Thieme, Wilhelm (1976): Die Geschichte der Gemeinde Zorge. Eine chronologische Übersicht. – Walkenried

Thieme, Hartmut (1991): Alt- und Mittelsteinzeit. In. Häßler, Hans-Jürgen (1991): Ur- und Frühgeschichte in Niedersachsen, 77–108. – Lizenzausgabe 2002 Hamburg

Tillich, Hans-Jürgen (1996): Flora von Mühlhausen/Thüringen. – Jena

Thürich, Th. (1928): Unwetter- und Hochwasserkatastrophen in Worbis. In: ME 4. Jg. (1928) 77ff.

Die Thüringische Sintflut von 1613 und ihre Folgen für heute. Hrsg. im Auftrag der Deutschen Wasserhistorischen Gesellschaft (DWhG) von Christoph Ohlig. Schriften der DWhG, Bd. 22, 2013. – Siegburg

Timpel, Wolfgang (1989): Archäologisch-kulturelle Gebiete und materielle Kultur in den germanisch-deutschen Gebieten vom 8.–13.Jh. In: Herrmann, Joachim, Hrsg. (1989): Archäologie in der Deutschen Demokratischen Republik. Denkmale und Funde. Bd. 1, 257–267. – Leipzig, Jena, Berlin

Tenner, F. (1925): Die ehemaligen Glashütten im Harz. In: ZHGA 58. Jg. (1925), 1–22

Trebra: Festschrift 700 Jahre Trebra. 125 Jahre Freiwillige Feuerwehr Trebra

Treue, Wilhelm: Vorwort in: Calvör, Henning (1765): Historische Nachricht von der Unter- und gesamten Ober-Harzischen Bergwerke (…) Braunschweig 1765. Reprint Hildesheim, Zürich, New York 1990

Tromm, Friedhelm (2013): Die Erfurter Chronik des Johannes Wellendorf (um 1590). Veröffentlichungen der Historischen Kommission für Thüringen. Große Reihe, Bd. 16. – Böhlau Verlag Köln/Weimar/Wien

Trübenbach, Arno (1941): Beiträge zur Geschichte der Dörfer des Kreises Langensalza. – Langensalza

Ullrich, Wolfgang (1968): Wilde Tiere in Gefahr. – Leipzig, Jena, Berlin

UNESCO-Weltkulturerbe Oberharzer Wasserwirtschaft. Schriften der Deutschen Wasserhistorischen Gesellschaft (DWhG) Bd. 19. – Siegburg

Vahlbruch, Wilhelm (1927): Heimatbüchlein der Grafschaft Hohnstein im Kreise Ilfeld (Südharz). – Crimderode

Vanin, Gabriele (1998): Große kosmische Phänomene. Kometen, Sternschnuppen, Sonnen- und Mondfinsternisse. – Augsburg

Vergil – Aeneis. Mit 136 Holzschnitten der 1502 in Straßburg erschienenen Ausgabe. Edition Leipzig 1987

Vladi, Firouz (1979): Die Nashornfunde von Düna (NSG Hainholz) vom Jahre 1751 – und ihre Bedeutung für „die physische Geschichte unseres Planeten." In: HswH 35/1979, 39–54

Vocke, Carl (1852): Kurzgefasste Chronik der Stadt Nordhausen. – Nordhausen

Voges, H. (1927): Albert Schneider, der Erbauer der Zahnradbahn von Blankenburg nach Tanne. In: ZHGA 60. Jg. (1927), 113–147

Voigt, Heinrich August (2002): Chronik von Lerbach

Völker, Christel, Völker Reinhard (1991): Die Numburghöhle. In: Mitteilungen des Karstmuseums Heimkehle, Bd. 21. – Uftrungen

Wagenbreth, Otfried/Steiner, Walter (1982): Geologische Streifzüge. – Leipzig

Wagner, R. (1883): Preußische Jagdgesetzgebung. – Berlin

Wagner, Georg, Erhard Beuschold, Helmut Pape (1970): Ostharztalsperren. Gigant der Wasserwirtschaft. 4. Auflage. – Leipzig, Jena, Berlin

Wagner, M./Scheuer, J. (2003): Die Vogelwelt im Kreis Nordhausen und am Kelbrastausee. – Bürgel

Walsleben, Max (1964): Aus Bad Lauterbergs Vergangenheit. Von der gewesenen Bergstadt über Ritschers Kaltwasserheilanstalt zum Kneippheilbad. – Bad Lauterberg.

Walter, Hans-Henning (1984): Siedesalzproduktion in Thale vor 400 Jahren. In: HZL, H. 11/12, S. 46–51

Ders. (1986): 2000 Jahre Salzproduktion am Kyffhäuser. Geschichte der Salinen Frankenhausen, Auleben und Artern. In: Historische Beiträge zur Kyffhäuserlandschaft. Veröffentlichungen des Kreisheimatmuseums Bad Frankenhausen. H. 1 1986. – Bad Frankenhausen

Ders. (1989): Alte Salinen in Aschersleben und Bad Suderode. In: HZL, H. 21(1989), 65–67

Walter, Diethard (1989a): Frühe Bronzezeit. In: Herrmann, Joachim, Hrsg. (1989): Archäologie in der Deutschen Demokratischen Republik. Denkmale und Funde. Bd. 1, 85–90. – Leipzig, Jena, Berlin

Ders. (1989b): Nacheiszeitliche Höhlenfundplätze im Mittelgebirgsraum. In: Herrmann, Joachim, Hrsg. (1989): Archäologie in der Deutschen Demokratischen Republik. Denkmale und Funde. Bd. 1, 119–122. – Leipzig, Jena, Berlin

Ders. (2015): Bronzezeit. In: Erfurt und Umgebung. Hrsg. von Ines Spazier und Thomas Grasselt, Thür. Landesamt für Denkmalpflege und Archäologie. Bd. 3 der Schriftenreihe: Archäologische Denkmale in Thüringen, 33 ff. – Langenweißbach

Walther, Wulf (2002): Zum ur- und frühgeschichtlichen Besiedlungsablauf in der Gemarkung Körner. In: 1200 Jahre Körner 802–2002. – Körner und Bad Langensalza

Wandsleb (1929): Weinbau und Winzerfreuden um Mühlhausen. In: MA, 1929, Nr. 2

Wattenbach, W. (1889) Hrsg.: Die Jahrbücher von Fulda und Xanten. Die Geschichtsschreiber der deutschen Vorzeit. Zweite Gesamtausgabe, Bd. 23. 3. unveränderte Auflage. – Leipzig 1941

Ders. (1891) Hrsg.: Die Jahrbücher von Quedlinburg. Geschichtsschreiber der deutschen Vorzeit. Zweite Gesamtausgabe, Bd. 56. 3. unveränderte Auflage. – Leipzig 1941

Ders. (1894) Hrsg.: Die Jahrbücher von Pöhlde. Geschichtsschreiber der deutschen Vorzeit. Zweite Gesamtausgabe, Bd. 61. 3. unveränderte Auflage. – Leipzig 1941

Wätzel, Alfred (2007): Geologische Heimatkunde des Unstrut-Hainich-Kreises. In: MB, H. 30 (2007), 20 ff.

Wedemann H. (1899): Chronik von Bendeleben. – Sondershausen

Wegener, Uwe/Borchert, Gerd (1997): Der Brocken. Vom Hexenberg zum Nationalpark. – Goslar

Weikinn, Curt: Quellentexte zur Witterungsgeschichte Europas von der Zeitwende bis zum Jahr 1850.
Teil 1 (Zeitwende – 1500) Berlin 1958
Teil 2 (1501–1600) Berlin 1960
Teil 3 (1601–1700) Berlin 1961
Teil 4 (1701–1750) Berlin 1963
Teil 5 (1751–1800) Hrsg. und bearbeitet von Michael Börngen u. Gerd Tetzlaff, Berlin, Stuttgart 2000
Teil 6 (1801–1850) Hrsg. und bearbeitet von Michael Börngen u. Gerd Tetzlaff, Berlin, Stuttgart 2002

Wein, Kurt (1926): Nordhausen und seine Umgebung im Spiegel der Natur. In: Festbuch zur Lehrertagung in Nordhausen, 45 ff. – Nordhausen

Ders. (1955): Geologischer Bau und Landschaftsbild um Nordhausen. In: NR, Sonderheft: Ausstellung „Natur und Heimat" Nordhausen, 6–48

Wenzel, Holm, Werner Westhus, Frank Fritzlar, Rainer Haupt und Walter Hiekel (2012): Die Naturschutzgebiete Thüringens. – Jena

Westhus, W., U. Bösneck, F. Fritzlar, H. Grimm, H. Grünberg, R. Kleemann, D. v. Knorre, H. Korsch, R. Müller, C. Serfling & W. Zimmermann (2016): Invasive gebietsfremde Tiere und Pflanzen in Thüringen – welche Arten bedrohen unsere heimische Natur? In: LNT 53. Jg. H. 4 /2016 (Sonderheft)

Westlicher Harz – Clausthal-Zellerfeld – Osterode – Seesen. Führer zu vor- und frühgeschichtlichen Denkmälern. Bd. 36, 1978. – Mainz

Wieries R. (1905): Aus der Chronik des Harlingeröder Pastors Rudolphi. In: ZHGA, 38. Jg. (1905), 90–128

Ders. (1907): Das Amt Harzburg im dreißigjährigen Kriege. In: ZHGA, 40. Jg. (1907), 180–240

Ders. (1929): Die ältesten Nachrichten über das Harzburger Gestüt. In: ZHGA, 62. Jg. (1929), 216–220

Wintzingeroda-Knorr, Levin, Freiherr von (1903): Die Wüstungen des Eichsfeldes. – Halle 1903. Reprint Duderstadt 1995

Wiese, Albert (1979): Harzer Geschichts- und Lebensbilder. – Clausthal-Zellerfeld

Willerding, Ulrich (1987): Landnutzung und Ernährung. In: Denecke, Dietrich/Kühn, Helga-Maria (Hrsg) Göttingen, Geschichte einer Universitätsstadt. Bd. 1, 437ff. – Göttingen

Ders. (1988): Zur Entwicklung von Ackerunkrautgesellschaften im Zeitraum vom Neolithikum bis in die Neuzeit. In: Der prähistorische Mensch und seine Umwelt. Festschrift für Udelgard Körber-Grohne zum 65. Geburtstag. 31ff. – Stuttgart

Ders. (2000 a): Weitere paläo-ethnobotanische Ergebnisse über die Entwicklung der Vegetation im Oberharz seit dem Mittelalter. In: Segers-Glocke, Christiane (Hg., 2000): Auf den Spuren einer frühen Industrielandschaft. Naturraum – Mensch – Umwelt im Harz, 64f. – Hameln

Ders. (2000 b): Ernährung. In: Segers-Glocke, Christiane (Hg., 2000): Auf den Spuren einer frühen Industrielandschaft. Naturraum – Mensch – Umwelt im Harz, 66–69. – Hameln

Winkelmann, Eduard (1862): Die Jahrbücher von Hildesheim. Nach der Ausgabe der Monumenta Germaniae. – Berlin

Wintzingerode-Knorr, Sittich, Freiherr von (1879): Statistische Übersicht des Kreises Mühlhausen. – Mühlhausen

Wittich, Volker (1989): Der Blankenburger Tiergarten 1668 bis 1945. In: HZL, H. 21(1989), 22–28

Wohlfahrth, Hermann (1894): Tennstedt in Gegenwart und Vergangenheit. Tennstedt 1894. – Reprint Bad Langensalza 2011

Wolf, Johann: Politische Geschichte des Eichsfeldes mit Urkunden erläutert. Bd. 1, Göttingen 1792; Bd. 2, Göttingen 1793

Ders. (1800): Geschichte und Beschreibung der Stadt Heiligenstadt. – Göttingen

Ders. (1803): Geschichte und Beschreibung der Stadt Duderstadt. – Göttingen

Ders. (1818): Denkwürdigkeiten der Stadt Worbis und ihrer Umgegend. – Göttingen

Ders. (1819): Eichsfeldisches Urkundenbuch. – Göttingen

Wulf, Friedrich-Wilhelm (1991): Karolingische und Ottonische Zeit. In: Häßler, Hans-Jürgen (1991): Ur- und Frühgeschichte in Niedersachsen, 321–368. – Lizenzausgabe 2002 Hamburg

Wüstemann, Otfried (1982): Die Fischerei im Harzgebiet. In. HZL, H. 6, 1982

Ders. (1985): Einbürgerungsgeschichte des Muffelwildes im Harzgebiet. In: HZL, H. 13/14, 1985

Ders. (1989): Die Fischfauna des Harzes – ökologisch betrachtet. In: HZL, H. 21, 1989, 12–16.

Zahn, Gustav (1910): Geschichtliches zur Flora unserer Dorfgärten. In: Thüringen in Wort und Bild, Bd. II, 2. Aufl., 461–465. – Leipzig

Zander, Otto (1983): Historische Streifzüge durch den Südwestharz. 6. Auflage. – Herzberg-Pöhlde

Zeitfuchs, Johann Arnold (1717): Stolbergische Kirchen- und Stadthistorie (…). Frankfurt und Leipzig 1717. – Reprint Regionale Verlag Auleben 2003

Ders. (1727): Supplementum Historiae Stolberg. oder Vermehrter und adjoustirter Zusatz der Stolbergischen Kirchen- und Stadt-Historie, von dem Verfasset M. Joh. Arn. Zeitfuchs, Anno 1727. ediret.

Zimmermann, Christian (1834): Das Harzgebirge in besonderer Beziehung auf Natur- und Gewerbekunde. Teil 1 und 2. – Darmstadt

Zittwitz, K. von (1835): Chronik der Stadt Aschersleben. Mit einem Grundriss der Stadt. – Aschersleben

Zückert, Johann Friedrich (1762): Die Naturgeschichte und Bergwercksverfassung des Ober-Hartzes. – Berlin

Ders. (1763): Die Naturgeschichte einiger Provinzen des Unterharzes. – Berlin

Personennamenverzeichnis

434

Stolberg am Harz. Aus: Zeitfuchs, Stolbergische Kirchen- und Stadthistorie (1717).

Geografisches Namenverzeichnis

Angaben über Höhlen, Quellen, den Eisenbahn- und Straßenbau, über von Menschenhand geschaffene Wasserflächen, Wasserversorgungssysteme, National-, Natur- und Geoparks, Natur- und Landschaftsschutzgebiete sowie einzelne Naturdenkmale werden **gesondert im Sachwortverzeichnis** ausgewiesen.

444

446

452

Homann´sche Erben: „Prospecte des Hartzwalds", um 1750 (Ausschnitte)
Darstellung bergbaulicher Aktivitäten, darunter die Absteckung eines Grubenfeldes, Kraftübertragung durch ein Feldgestänge, ein Pochwerk, sowie Göpel über Gruben und Arbeit der Bergleute in einer Grube.

Sachwortverzeichnis

Das Sachwortverzeichnis ist in folgende Kategorien untergliedert:

1. Himmelserscheinungen

2. Klima/Wettergeschehen

3. Geologie

4. Botanik

4.1 Pilze

4.2 Flechten

4.3 Moose

4.4 Farn- und Blütenpflanzen (Siehe auch Kulturpflanzen, Bäume, Neophyten)

4.5 Kulturpflanzen (Siehe auch Farn- und Blütenpflanzen)

4.6 Bäume

4.7 Verbreitung nichteinheimischer Wildpflanzen (Neophyten)

4.8 Funde fossiler Pflanzen

5. Zoologie

5.1 Schnecken

5.2 Muscheln

5.3 Spinnen

5.4 Krebstiere

5.5 Insekten

5.6 Fische

5.7 Lurche und Kriechtiere

5.8 Vögel

5.9 Säugetiere

474

5.10 Hominiden

5.11 Fossile Tiere

5.12 Verbreitung nichteinheimischer Wildtiere (Neozoen)

6. Nachhaltige menschliche Eingriffe in die Natur

6.1 Landwirtschaft und Gartenbau

6.1.1 Landwirtschaft

6.1.2 Gartenbau

6.2 Haustierhaltung, Jagd und Fischerei

6.2.1 Haustierhaltung, -zucht

6.2.2 Tiergarten, Tierschau

6.2.3 Jagd

6.2.4 Fischerei, Fischereirecht

6.3 Wald- und Forstwirtschaft (Siehe auch 4.6 Bäume)

6.4 Bergbau und Hüttenwesen, Gewinnung von mineralischen Rohstoffen und Energieträgern

6.4.1 Bergbau und Hüttenwesen

6.4.2 Gewinnung von mineralischen Rohstoffen und Energieträgern

6.5 Straßenbau

6.5.1 Straßenbau, -technik

6.5.2 Alte Verkehrswege

6.5.3 Verkehrswege der Neuzeit

6.6 Eisenbahnbau

6.7 Von Menschenhand geschaffene Wasserflächen

6.8 Wasserversorgungssysteme, Flussregulierungen, Flößerei

6.8.1 Wasserversorgungssysteme

6.8.2 Flussregulierungen

6.8.3 Flößerei, Schifffahrt

6.9 Trockenlegung von Gewässern, Wasserläufen und Sümpfen

6.10 Schädigungen der natürlichen Umwelt

7. Natur- und Landschaftsschutz

7.1 Rechtsgrundlagen

7.2 Nationalparks, Naturparks und Geoparks

7.3 Naturschutzgebiete

7.4 Landschaftsschutzgebiete

7.5 Biosphärenreservate

7.6 Einzelne Naturdenkmale

8. Sonstiges

Frontispiz in Bernhard von Rohrs Buch „Geographische und Historische Merckwürdigkeiten des Ober-Hartzes...“ aus dem Jahr 1739

Alte Maße, Gewichte und Münzen

Vor der Einführung des metrischen Maß- und Gewichtssystems im Deutschen Reich am 1. Januar 1872 galten in den einzelnen Landesherrschaften unterschiedliche Maßsysteme, die überwiegend aus Naturmaßen hervorgegangen sind. Volumen- und Massemaße waren mit ihren Größen häufig an das zu messende Gut gebunden. So war ein Scheffel Hafer meist größer als einer für Roggen oder Weizen. Einzelne Maße und Gewichte unterlagen im Laufe der Jahrhunderte erheblichen Veränderungen. Jede der vielen Landesherrschaften im Harz und seinem Vorland hatte zudem ihr eigenes Münzsystem.

Im Folgenden werden deshalb einige in dieser Chronik genannte alte Maße und Gewichte in ihrem Verhältnis zum metrischen System sowie einige alte Münzeinheiten und ihre Stückelung angegeben. Bei den Maßen, Gewichten und Münzeinheiten handelt es sich um ungefähre Werte.

Längenmaße

1 Zoll (Hannover)		= 2,43	cm
1 Zoll (Preußen)		= 2,62	cm
1 Fuß (Hannover)	= 12 Zoll	= 28,8	cm
1 Fuß (Preußen)	= 12 Zoll	= 31,39	cm
1 Elle (Preußen)		= 66,69	cm
1 Elle (Nordhausen)		= 55,49	cm
1 Elle (Eisleben)		= 57,54	cm
1 Elle (Sondershausen)		= 56,54	cm
1 Elle (Braunschweig)		= 57,74	cm
1 Elle (Hannover)		= 58,42	cm
1 Klafter (Hannover)		= 1,75	m
1 Lachter (Hannover)	= 80 Zoll	= 1,95	m
1 Lachter (Mansfeld)		= 2,01	m
1 Lachter (Preußen)		= 2,09	m
1 Rute (Preußen)	= 12 Fuß	= 3,77	m
1 Meile (Preußen)		= 7,53	km
1 Meile (Hannover)		= 10,63	km
1 Postmeile (Hannover)		= 7,42	km

Flächenmaße

1 Morgen	= 25 Ar	= 2.500	m²
1 Hektar	= 4 Morgen	= 10.000	m²

Volumen- und Gewichtsmaße

1 Metze (Braunschweig)		= 1,95	Liter
1 Metze (Preußen)		= 3,43	Liter
1 Himten (Braunschweig, Hannover)		= 31,0	Liter
1 Himten Roggen (Braunschweig, Hannover)		= 22,0	kg
1 Malter Roggen (Braunschweig, Hannover)		= 132,0	kg
1 Scheffel (Preußen)	= 16 Metzen	= 54,96	Liter
1 Scheffel (Nordhausen)		= 45,63	Liter
1 Scheffel (Mühlhausen)		= 40,33	Liter
1 Scheffel (Eisleben)		= 73,92	Liter
1 Scheffel (Hannover)	= 2 Himten	= 62,0	Liter
1 Malter (Preußen)	= 12 Scheffel	= 660,0	Liter

1 Malter (Mühlhausen)	= 4 Scheffel	=	161,31	Liter
1 Wispel (Preußen)	= 2 Malter	=	1 320,0	Liter
1 Eimer (Hannover)	= 16 Stübchen	=	62,3	Liter
1 Eimer (Preußen)	= 2 Anker	=	68,70	Liter
1 Malter (Oberharz)		=	1,99	m³
1 Malter Brennholz (Braunschweig)		=	1,86	m³
1 Klafter Brennholz (Südniedersachsen)		=	5,4	m³
1 Klafter Brennholz (Preußen)		=	3,34	m³
1 Karre Holzkohlen (Hannover)	= 100 Kubikfuß	=	2,49	m³
1 Fuder Holzkohlen (Braunschweig)		=	3,78	m³
1 Pfund (Hannover, bis 1858)		=	467,7	Gramm
1 Centner (Hannover, bis 1858)	= 100 Pfund	=	46,77	kg
1 Pfund (Braunschweig, bis 1858)		=	498,50	Gramm
1 Pfund (Deutscher Zollverein, ab 1858)		=	500,0	Gramm

Münzeinheiten und Münzsorten im Berichtsgebiet in Auswahl

Grundlage der Silberwährung: die „Cölnische Mark" zu 234 g Feinsilber

| bis 1734 eine Mark fein | = 20 Gulden | = 13 ½ Reichstaler |
| 1750 bis 1857 eine Mark | = 20 Gulden | = 14 Taler |

ab 1858 das Pfund zu 500 g Feinsilber Grundlage der Währung = 30 Taler

1 Reichstaler	= 24 Gute Groschen	= 36 Mariengroschen	= 288 Pfennige
1 Guter Groschen			= 12 Pfennige
1 Mariengroschen			= 8 Pfennige
1 Gulden	= ⅔ Taler	= 16 Gute Groschen	= 24 Mariengroschen
1 Pfennig			= 2 Heller

Die Mark (= 100 Pfennige) wurde Währungseinheit mit der Reichseinigung und dem Münzgesetz vom 4.12.1871.

alte Stückzahlen

1 Dutzend	= 12 Stück
1 Mandel	= 15 Stück
1 Schock	= 60 Stück